內燃機

薛天山　編著

全華科技圖書股份有限公司　印行

國家圖書館出版品預行編目資料

內燃機 / 薛天山編著. -- 三版. -- 臺北縣土城市
：全華圖書, 2008.06
面 ； 公分

ISBN 978-957-21-6464-8(平裝)

1.CST： 內燃引擎

446.4 97009163

內燃機

作者／薛天山

發行人／陳本源

執行編輯／吳政翰

出版者／全華圖書股份有限公司

郵政帳號／0100836-1 號

印刷者／宏懋打字印刷股份有限公司

圖書編號／0554301

三版九刷／2022 年 12 月

定價／新台幣 520 元

ISBN／978-957-21-6464-8(平裝)

全華圖書／www.chwa.com.tw

全華網路書店 Open Tech／www.opentech.com.tw

若您對本書有任何問題，歡迎來信指導 book@chwa.com.tw

臺北總公司(北區營業處)
地址：23671 新北市土城區忠義路 21 號
電話：(02) 2262-5666
傳真：(02) 6637-3695、6637-3696

南區營業處
地址：80769 高雄市三民區應安街 12 號
電話：(07) 381-1377
傳真：(07) 862-5562

中區營業處
地址：40256 臺中市南區樹義一巷 26 號
電話：(04) 2261-8485
傳真：(04) 3600-9806(高中職)
　　　(04) 3601-8600(大專)

編輯大意

一、本書內容介紹一般理論及實際問題，由淺入深，說明精簡，附圖清晰，一目瞭然，對於內燃機無基礎之同學，亦能得到基礎性的認識與了解。作者於執教內燃機課程時，深感一般內燃機原文課本，理論太深，實際問題討論太少，引不起讀者之興趣，因此編著本書，並以淺近精簡的方式講解，使讀者易於吸收。

二、本書共分十八章，每張圖力求放大清晰。文字敘述要求簡明，並以圖片來配合文字說明，使學生一目瞭然，容易吸收。尤其是第十六章故障排除與檢修，全用流程圖方式說明，使學生更容易且快速的研判其故障所在，並加以排除之。

三、本書每章最後均附有習題，供學生練習。

四、本人雖已盡心盡力編寫此書，疏漏及疏誤之處，在所難免；另，本書部份參考原文，因此名詞翻譯，恐有所不同，尚祈學者專家賜予指正，以利再版時，得以更正，謝謝。

五、本書能順利修版，謝謝採用本書的老師鼓勵及全華科技的鼎力相助。

六、本書應多位前輩老師的建議，增加第七章汽油噴射引擎基本原理，及第八章 8.8.3 汽車排氣淨化裝置。

七、為使學生能了解內燃機實習步驟，特增加第十七章 GM6-71 柴油機的實習。

八、為使學生自己能 DIY 又增加第十八章介紹遙控飛機(OS 引擎)。

九、國際度量衡局為促使各測量單位統一決議採用國際標準制，簡稱 SI 單位制，國內近二十年來學界均採用 SI 單位制，為使本書讀者，能順應需求，特增國際標準 SI 單位制介紹。

國際標準 SI 單位制介紹

一、前言

本內燃機係參考美軍海軍教課書所編訂，因此所使用之度量衡是採用英制單位系統，目前國內學界已趨向採用國際標準制(The International Ssystem of Unit)簡稱(SI 單位制)，為使本書讀者能應需要特將國際度量衡 SI 單位新制介紹如后：

二次世界大戰後，世界各地存在各種不同的測量系統，主要的有公制及英制，另外尚有日制、台制、中國標準制與市田制等，為促使各單位統一，在 1940 年國際度量衡局(The International Bureau of Weights and Measures)召開第九屆度量衡大會中，要求調查科技界對此方面的需要，並在 1954 年第十屆度量衡大會時，結果將六項基本單位建立為國際共用的單位系統，除了提供力學或電磁學測量外，亦可測量溫度和光學輻射等，此六項基本單位為公尺、公斤、秒、安培、凱氏溫度和燭光等，直至 1960 年 10 月第十一屆度量衡大會時，決議將 1866 年 7 月 8 日所制訂的公制，改為「國際 SI 單位制」並公布實施，以求國際間度量衡單位之統一，以方便國際間之交流與更具科學化，1971 年第十四屆度量衡大會時增加第七個基本單位莫耳(mol)，並接受 Pa 為壓力和應力的單位。此外，對平面角與立體角原歸屬為補助單位(Supplementary Units)，但因其屬無因次的導出單位，為求單位分類之簡單化，因此在 1995 年第二十屆度量衡大會中通過廢除補助單位的分類。2000 年後採用英制國家，如英國、加拿大、南非、紐西蘭及其他原採用英制或公制的歐洲國家與世界許多國家，亦開始採用 SI 單位制。美國與已採用 SI 單位制國家交流時，亦不得不被驅策而採用，今 2004 年以後「國際 SI 單位制」將會普遍化。

「SI 單位制」是英文(The International System of Units)簡稱為「SI 單位制」，是取自法文(Le systeme International d'Units)，此 SI 制的基本單位如表一。

二、SI 單位之優點

㈠ SI 單位是一貫的、合於邏輯的，各種誘導單位間無換算因子，如一牛頓(newton)的力作用一公尺的能量為一焦耳(joule)，若在一秒鐘所作的功為一瓦特(watt)，毋需作任何換算手續。

表一

量	單位名稱	單位記號
長度	公尺	m
質量	公斤	kg
時間	秒	s
電流	安培	A
熱力學溫度	凱耳文	K
物質量	莫耳	mol
光度	燭光	cd

(二) SI 單位是一絕對制單位：如力與地心引力無關，而依質量之加速度而變化。

(三) SI 單位是一致的：不論物理學上的力、熱、電等只有一個單位，如引擎或冷氣機內的功率單位一律用「瓦特(watt)」。

三、SI 單位之特性

(一) 通用性：它適用於科技領域，也適用於商品流通與日常生活。

(二) 簡明性：採用 SI 單位制可以取消其他單位制的單位，明顯簡化量的表示形式，避免多種單位制和單位的併用，消除很多混亂現象。

(三) 實用性：它的基本單位和大多數導出單位的主單位量值都比較實用，而且保持歷史的連續性，如安培、伏特、歐姆、米等。

(四) 準確性：SI 單位的七個基本單位，都有嚴格的科學定義，實現方法也有重大的改進，其相應的量測標準，代表當代科學技術所能達到的最高量測準確度。

四、SI 單位使用規則(Rules for use)

(一) SI 單位制中不可使用 "S" 符號，以避免與秒(s)發生混淆。

(二) SI單位制中，除了SI符號G(giga)與M(mega)使用大寫字母外，其餘均以小寫字母表示，如表二。

表二

倍數或約數	指數形式	字首	SI 符號
1 000 000 000	10^9	giga	G
1 000 000	10^6	mega	M
1 000	10^3	kilo	k
0.001	10^{-3}	milli	m
0.001 001	10^{-6}	micro	μ
0.000 000 001	10^{-9}	mano	n

㈢ SI 單位制中，若一個量由數個單位相乘而得，其間應以(實心點)隔間，以避免與字首混淆。

例如：$N = kg \cdot m/s^2$，$m \cdot s$(公尺·秒)與 ms(四分之一秒)是不相同的。

㈣ SI 單位制中，以指數形式表示單位時，應同時包含字首及單位部份。

例如：$\mu N^2 = (\mu N)^2 = \mu N \cdot \mu N$ 是同樣的 mm^2 代表 $(mm)^2 = mm \cdot mm$

㈤ 通常在公制單位中，在四位數以上時，每三位數均以逗點加以區隔，但在 SI 單位中為避免混亂起見，每三位數則以間隔分開，如公制的 35,245,216 應寫成 35 245 216；有小數點數值仍以小數點表示外，小數點以下亦以每三位數加以間隔分開，如公制 2,153.2167 應寫成 2 153.216 7。

㈥ SI 單位制中，有關計算過程，是先將各數值寫成 10 的乘幕，運算結果以一適當的字首代之數值部份使其介於 0.1 與 1000 之間。

例如：

$(50kN)(60nm) = [50(10^3) N][60(10^{-9}) m]$

$= 3000(10^{-6}) N \cdot m = 3 (^{-3}) N \cdot m = 3mN \cdot m$

㈦ SI 單位制中，字首部份不可加以組合

例如：$k\mu s$(Kilo-micro-second)必須表示為 ms(millisecond)，因

$1k\mu s = 1(10^3)(10^{-6}) s = 1(10^{-3}) s = 1ms$

㈧ SI 單位制中，除了 kg 這基本單位外，應避免在分母部份使用字首。

例如：N/mm 可將其寫成 KN/m，而 m/mg 可將其寫成 Mm/kg

(九) SI 單位制中，分鐘與小時並非是秒 10 的倍數，但仍爲秒的整數部，雖然平面角度的測量以強度(rad)爲單位，其中 $180° = \pi(rad)$。

(十) SI 單位制中，沒有重量單位，質量在 SI 單位中用公斤(kg)，力在 SI 單位中用牛頓(N)；所以在工程結構上的載重或外力，爲質量所受的加速度。

例如：一公斤質量在作用於工程結構上的應力爲 9.807 牛頓(N)

(十一) SI 單位制中採用 1000 爲一進階，在倍數以 10 的 3 次方表示。

例如：長度一公尺(m)以公厘(mm)表示時 $1m = 1 \times 10^3 mm$，因此在 SI 單位中沒有公分(cm)，因爲公分(cm)爲 10 的 2 次方，與 SI 單位 10 的 3 次方不相符合。

五、英制、公制單位與 SI 單位的換算

英制、公制與 SI 制雖然代表的單位不同，但彼此是可以換算的。例如：在工程應力單位，英制爲磅平方時(psi)，公制爲公斤平方公分(kg/m^2)，在 SI 單位中可以牛頓平方公厘(N/mm^2)表示。

表三

英制	公制	SI 單位
1in	25.4mm	0.025 400m
1in²	645.16mm²	$6.415\ 600 \times 10^4 m^2$
1ft	304.800mm	0.304 800m
1lb	0.454kg	4.448 222N
1kip	0.454tonONT>	4 448.222N = 4.448 222kN
1psi	$0.070kg/cm^2 = 700kg/m^2$	$6.894\ 757kN/m^2 = 0.006\ 895MN/m^2$ $= 0.006\ 895N/mm^2$
1psf	$0.488g/cm^2 = 4.880t/m^2$	$47.880N/m^2 = 0.047\ 880kN/m^2$
1Ksi	$488.0g/cm^2 = 4.88t/m^2$	$6.894\ 757MN/m^2 = 6.894\ 757MPa$
1in-lb	1.153kg-cm = 115.3kg-m	0.112 985N·m
1ft-lb	0.138kg-m	1.355 818N·m
1in-k	11.53kg-m	112.985N·m
1ft-k	128.379kg-m	1 355.820kN·m

牛頓平方公厘，又稱為「派斯葛(pascal)，縮寫為(Pa)」，1000 牛頓平方公尺，以「kN/m²」表示。縮寫為「KPa」；1000 000 牛頓平方公尺，可以「MN/m²」表示，縮寫為「MPa」，1MPa 換算為英制為 0.145ksi 換算為公制等於 1.413t/m²，又如 13MPa 英制等於 20ksi，公制等於 97.7t/m²，這些換算的結果，均有換算值，如表三所示。

六、結語

國際度量衡 SI 單位自 1960 年公布採行以來，已近四十四年，國際間已逐漸普遍採用，在國內仍採用舊公制或英制，一旦正式進入世界貿易組織，將使 SI 單位國家無法適應台灣的環境而退縮，因此國內學術界已全面採用 SI 單位國際度量衡新制，但是目前業界仍無法全面更新，因此對讀者建議應雙制並進，才能應目前環境的需求。

編輯部序

　　「系統編輯」是我們的編輯方針，我們所提供給您的，絕不只是一本書，而是關於這門學問的所有知識，它們由淺入深，循序漸進。

　　本書作者執教多年，將多年的教學經驗，針對教學需要編成此書，迥異於艱深的原文書，而以淺顯精簡的方式說明理論，並專章探討故障排除，全以流程圖說明，一目了然，每章後均附習題供學生練習，加強學習效果，是一本極佳的教科書，非常適合大學及科大機械相關科系「內燃機」課程使用。

　　同時，為了使您能有系統且循序漸進研習相關方面的叢書，我們以流程圖方式，列出各有關圖書的閱讀順序，以減少您研習此門學問的摸索時間，並能對這門學問有完整的知識。若您在這方面有任何問題，歡迎來函連繫，我們將竭誠為您服務。

相關叢書介紹

書號：0254004
書名：進入汽電共生的世界
　　　(第五版)
編著：涂　寬
20K/304 頁/340 元

書號：0507401
書名：混合動力車的理論與實際
　　　(修訂版)
編著：林振江、施保重
20K/288 頁/350 元

書號：0609602
書名：油氣雙燃料車－LPG 引擎
編著：楊成宗、郭中屏
20K/248 頁/基價 7.6 元

書號：0591703
書名：自動變速箱(第四版)
編著：黃靖雄、賴瑞海
16K/424 頁/470 元

書號：0587301
書名：汽車材料學(第二版)
編著：吳和桔
16K/552 頁/580 元

書號：0618002
書名：車輛感測器原理與檢測
　　　(第三版)
編著：蕭順清
16K/224 頁/300 元

◎上列書價若有變動，請
以最新定價為準。

流程圖

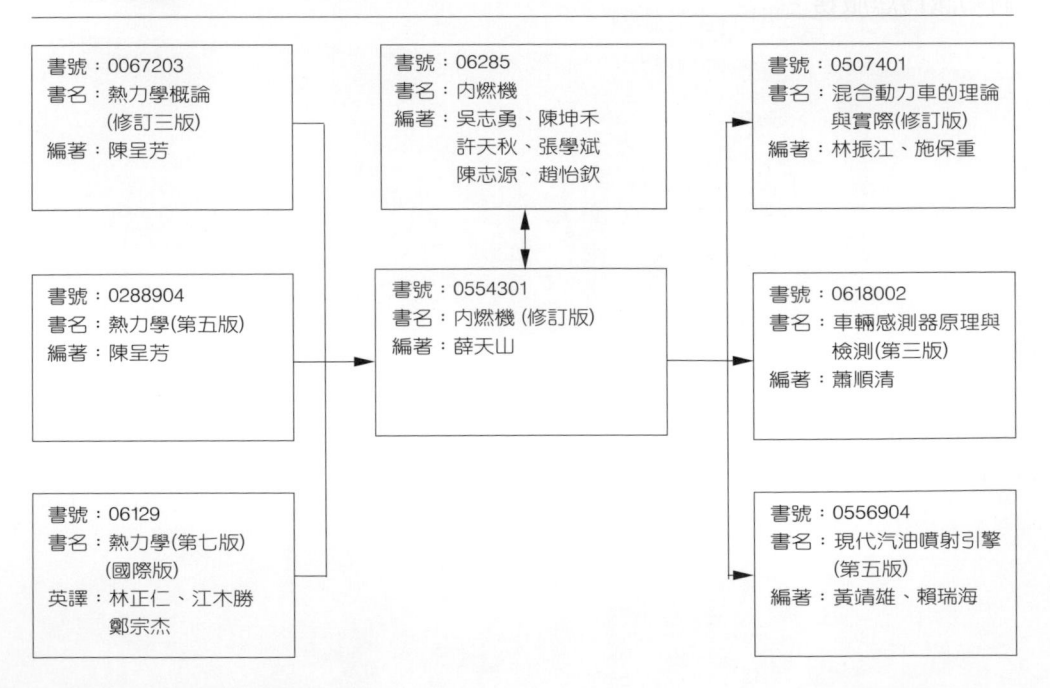

書號：0067203
書名：熱力學概論
　　　(修訂三版)
編著：陳呈芳

書號：06285
書名：內燃機
編著：吳志勇、陳坤禾
　　　許天秋、張學斌
　　　陳志源、趙怡欽

書號：0507401
書名：混合動力車的理論
　　　與實際(修訂版)
編著：林振江、施保重

書號：0288904
書名：熱力學(第五版)
編著：陳呈芳

書號：0554301
書名：內燃機 (修訂版)
編著：薛天山

書號：0618002
書名：車輛感測器原理與
　　　檢測(第三版)
編著：蕭順清

書號：06129
書名：熱力學(第七版)
　　　(國際版)
英譯：林正仁、江木勝
　　　鄭宗杰

書號：0556904
書名：現代汽油噴射引擎
　　　(第五版)
編著：黃靖雄、賴瑞海

目 錄

第 3 章　燃料與燃燒 3-1

第 12 章　潤滑與冷卻 **12-1**

第 18 章　遙控模型飛機引擎(OS 引擎)實習 18-1

CHAPTER 1

INTERNAL CONBUSTION ENGINE

概　說

本章主要的目的是使讀者對內燃機先有一些基本概念，包括內燃機(Internal Combustion Engine)的定義、基本原理、發展史分類、四行程引擎、二行程引擎、火花點火式引擎、壓燃式引擎之比較及一般內燃機之基本構造，讀者必須在本章中瞭解並熟記各專有名詞，對於一般內燃機的原理及構造要有全盤的認識。

1.1　概　說

1.1.1　內燃機的定義

內燃機是**熱機**(heat engine)的一種，所謂熱機乃是利用物質所含的化學能，經由燃燒過程而變成熱能，再由熱能產生機械動力的發動機。熱機又可分為**外燃機**(external combustion engine)與**內燃機**(internal combustion engine)。

外燃機如圖 1.1 所示。燃料在汽缸外燃燒，使水變成蒸汽，再將蒸汽導入一汽缸中，使其產生機械動力的機器，稱為外燃機。如**蒸汽機**、**蒸氣渦輪機**(steam turbine engine)等。

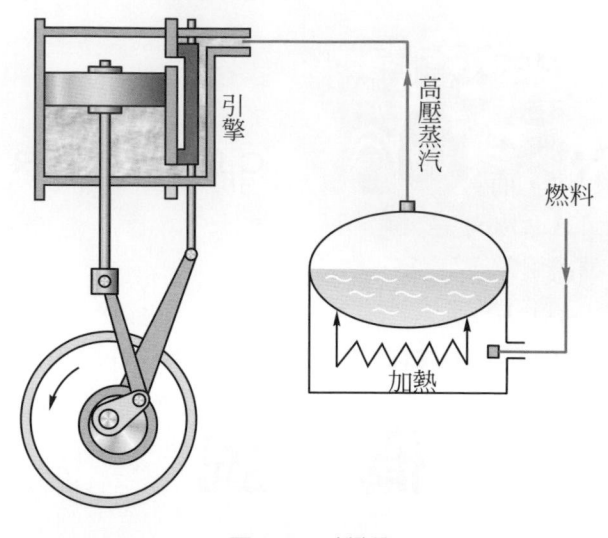

圖 1.1 外燃機

內燃機如圖 1.2 所示。燃料直接在汽缸中燃燒,將燃燒後所得到之膨脹氣
壓,推動活塞,使其膨脹所產生之壓力轉變成機械動力,如汽油機、柴油機及
燃氣渦輪機(gas turbine engine)等。

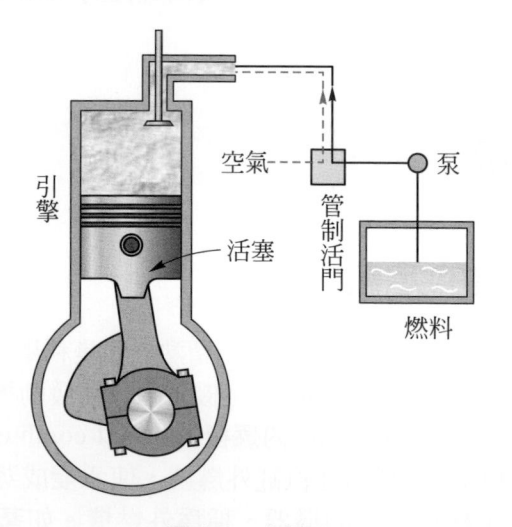

圖 1.2 內燃機

1.1.2　內燃機的基本原理

　　內燃機又稱為引擎，引擎要把熱所產生的能量轉變成機械式的動力，必需經過一定的工作程序，而且連續不斷，稱為**引擎循環**(engine cycle)。此乃德國科學家奧圖(Dr. N.A. Otto)在 1862 年所發表，並在 1878 年巴黎世界博覽會中展出第一具**奧圖循環**引擎，為表揚其功績，所以後人就把基本汽油引擎循環稱為**奧圖循環**(Otto cycle)。根據奧圖所提出之基本循環步驟，可分成四個**形態**(phase)銜接而成。引擎的基本原理，可由引擎之標準壓容圖說明之，如圖 1.3 所示。

1. **進氣形態**：(又稱吸氣過程)

　　　　將適當比例之燃料與空氣混合成可燃之氣體，吸入一個封閉的容器(汽缸)中，如圖 1.3 中之 $a-b$ 過程。

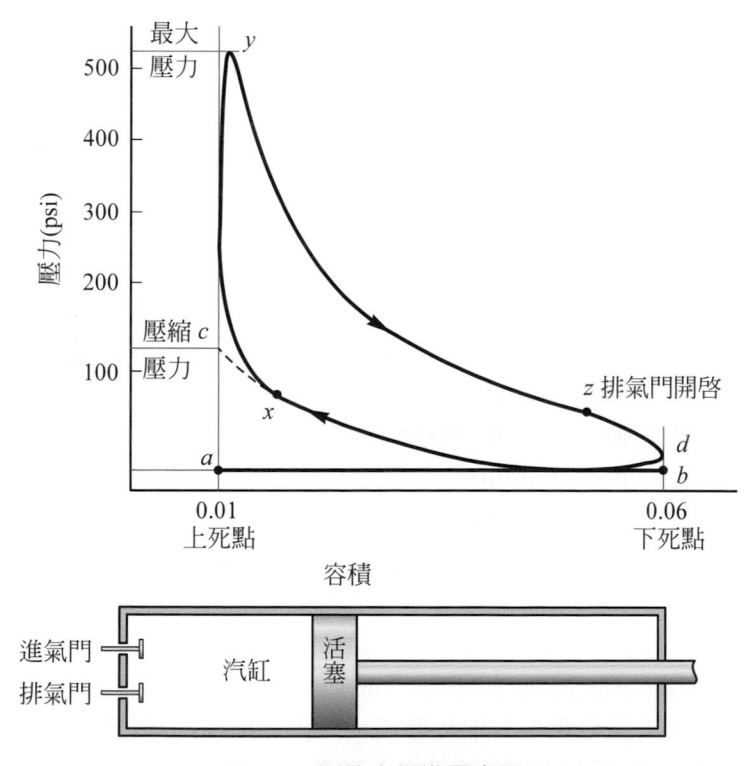

圖 1.3　引擎之標準壓容圖

2. **壓縮形態：**(又稱壓縮過程)

　　將可燃之氣體，經由活塞壓縮，使其容易著火，而產生更大的能量，如圖 1.3 中之 b-x 過程。

3. **動力形態：**(又稱爆發過程)

　　利用火花點燃受壓的可燃氣體，使其爆發，產生高壓，推動活塞，將燃料所產生的能量變爲機械動力，如圖 1.3 中之 x-y-z 過程。

4. **排氣形態：**(又稱排氣過程)

　　將燃燒生成物(廢氣)，從容器中排出，準備作下一次新循環，如圖 1.3 中之 z-d-a 過程。

1.1.3　內燃機的重要性

　　今日交通的發達，有賴於內燃機之發明，因此內燃機直接影響近代人類之生活，現在的汽車、輪船、飛機大部份均採用內燃機，可見內燃機之用途日漸普遍廣泛。

1.1.4　內燃機的發展史

　　內燃機從開始研究時算起，到現在已有三百多年歷史，各國人民都曾貢獻了相當力量，今將其發展過程略述於後：

1. 1660 年荷人海根史(Huyghens)製造一具汽缸，內裝有活塞，活塞的一端放一些火藥，用火花點燃火藥使其爆炸，將汽缸內之空氣經排氣門排出，冷卻後汽缸中產生眞空，外界的大氣壓力，使活塞產生移動，利用活塞移動的動力，來做一些碼頭重力的工作，此法稱爲爆炸眞空法(explosion vacuum method)是內燃機發展之始。

2. 1791 年英人巴柏(John Barber)用煤或石油所蒸餾出來的氣體作爲燃料，混合適量空氣送入汽缸，利用燃燒之膨脹力衝擊於一葉輪(paddle wheel)之葉片上，使其產生旋轉運動，此爲現代燃氣渦輪機之始。

3. 1794 年英人斯特里特(Robert Street)發明一種機械，其方法是用火加熱汽缸之底部，使滴入之松節油(turpentine)氣化，與空氣混合後，再以火花點燃，使其發生爆炸而推動活塞，再以槓桿連接於抽水機，作抽水之用，是爲最早利用液體燃料之內燃機。

4. 1799 年法人雷朋(Philip Lebon)發明以煤氣爲燃料的內燃機，此內燃機的活塞爲雙擊式(double acting type)，點火採用電火花(electric spark)點火。

5. 1820 年英人塞希耳(Reverend W. Cecil)，在劍橋哲學會(Cambridge Philosophical Society)中發表其設計之內燃機，利用氫與空氣之混合氣體，其原理與 Huyghens 相似，燃燒後產生壓力推動活塞，然後利用冷卻後之部份眞空使活塞恢復原狀，如此發生往復運動，此種方式稱爲爆炸眞空法(explosion vacuum method)。

6. 1838 年英人巴內特(Willam Barnett)始倡壓縮法(compression system)，巴內特先將燃料與空氣的混合氣體壓縮，使其溫度增高，然後點火燃燒，可以增強爆炸力，這種方法對於現在內燃機發展影響甚大，此法稱爲壓縮法。

7. 1862 年法人羅查斯(Beau De Rochas)認爲欲使內燃機之熱效率提高，必須具備下列之條件：
⑴　汽缸容積宜大，但對外之冷卻面積宜小。
⑵　活塞之速率宜大。
⑶　膨脹比(expansion ratio)宜大。
⑷　開始膨脹時之壓力宜大。
　　※同時更列舉四行程之工作爲：
⑴　吸氣(suction)。
⑵　壓縮(compression)。
⑶　點火(ignition)及膨脹(expansion)。
⑷　排氣(exhaust)。
　　因此才正式奠定內燃機理論上之基礎，以後之發展大部以此爲根據，爲紀念起見，特將此種連續之動作稱爲 Beau De Rochas 循環。

8. 1876 年德人奧圖(Nikolausa A. Otto)根據 Beau De Rochas 之理論，製成實際之內燃機，得到英、美、德、法諸國之專利權，現稱爲奧圖引擎，故此循環亦稱爲奧圖循環。

9. 1879 年德人勳賴氏(Sohnlein)，把四行程引擎的四個步驟改在兩個行程中完成，稱爲二行程引擎，此二行程引擎最大特點爲不裝進氣門(此法爲勳賴氏所發明)而在汽缸上開一個氣縫，由活塞的行程來控制氣縫的開關，非常的簡便。

10. 1893 年德人狄塞爾(Rudolf Diesel)鑒於奧圖引擎中混合氣體若壓縮過甚，極易達到燃料之自燃點，產生不良效果，故改為先吸入空氣而將其壓縮達到足夠之溫度，噴入燃料，以供燃燒，此即所謂狄塞爾引擎，其循環稱為狄塞爾循環。

11. 1895 年內燃機正式用作汽車引擎。1903 至 1904 年完成第一架飛機引擎的設計，近數十年間更有從往復式的內燃機，已進展到氣旋式內燃機，且在不斷的研究發展中，其應用範圍亦日益廣大，前途不可限量。

1.1.5 內燃機之發展趨勢

1. 早期之內燃機，體積大轉速低，為了改良此一缺點，後來增加壓縮比，改善燃燒，提高機器之熱效率。

2. 其後之發展乃在於選擇採用強度較高之材料，並減輕機器之重量，例如現在用合金代替以前的鑄鐵。

3. 現在有改變機器的形狀，以增加功率之輸出，減輕機器之重量，縮小機器之體積，例如 V 形汽缸之採用。

4. 未來主要的趨勢，不外乎繼續增高其轉速，獲得更完全的燃燒及向著氣漩渦輪機方面發展，惟由於目前之機器溫度及壓力幾已達到其安全之限度，進一步之改進，當將愈感困難。

1.2 內燃機之分類

1. **按行程分**
   (1) 四行程引擎：四個行程完成一個工作循環的引擎。
   (2) 二行程引擎：二個行程完成一個工作循環的引擎。

2. **按活塞運動方式之不同分**
   (1) 活塞往復式引擎(reciprocating engine)。
   (2) 迴轉活塞引擎(rotary engine)：利用迴轉活塞在汽缸內旋轉的迴轉活塞引擎如圖 1.4 所示，它直接承受動力並輸出，體積小、轉速高、馬力輸出更大。

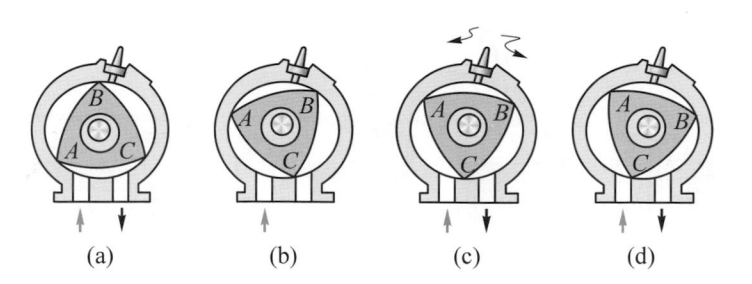

(a)　　　　　(b)　　　　　(c)　　　　　(d)

圖 1.4　迴轉活塞引擎

3.　按點火方式分

⑴　壓縮點火式引擎(compression ignition engine)。

⑵　火花點火式引擎(spark ignition engine)。

①　蓄電池點火(battery ignition)：蓄電池點火系統之電源來自電瓶，容易發動，低速性能較磁電機點火系統為佳。

②　磁電機點火(magneto ignition)：磁電機點火系統則由本身發電，發動比較困難，低速性能較差，但在高速時，其點火效果要比蓄電池點火良好。

4.　按閥排列之不同分，如圖 1.5 所示。

⑴　T 型頭引擎(T-head engine)：閥裝在汽缸之二邊，需由二組閥操縱機構操作，且進氣阻力大，進氣不良，故現在的引擎已經不採用 T 型缸頭。

⑵　F 型頭引擎(F-head engine)：一個閥在汽缸之旁，另一個閥在汽缸蓋上，此為吉甫車上所採用。

⑶　I 型引擎(I-head engine)：閥均在汽缸蓋上，故有 OHV(over head valve)之稱，因其有進、排氣容易，調整閥之間隙方便，壓縮比較高等之優點，故為現在大部份引擎所採用。

⑷　L 型頭引擎(L-head engine)：進氣門與排氣門，同在汽缸之一旁，閥之操作在閥下，以一凸輪軸控制閥之開關，因裝在汽缸之旁，易受高溫影響，且進氣阻力亦大，調整閥之間隙不易，現在也很少被採用。

5.　按汽缸數目分

⑴　單汽缸引擎(single-cylinder engine)：由一個汽缸構成之引擎。

⑵　多汽缸引擎(multi-cylinder engine)：由兩個以上汽缸構成之引擎。

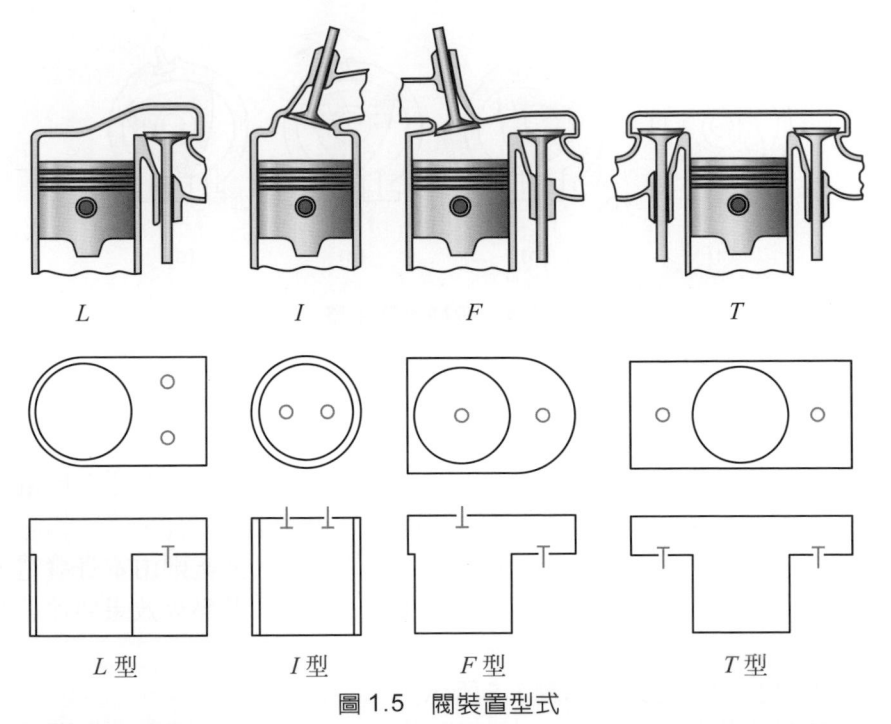

L   I   F   T

L 型   I 型   F 型   T 型

圖 1.5　閥裝置型式

6. 按汽缸排列分(engine classification by cylinder arrangement)

　　如圖 1.6 所示。

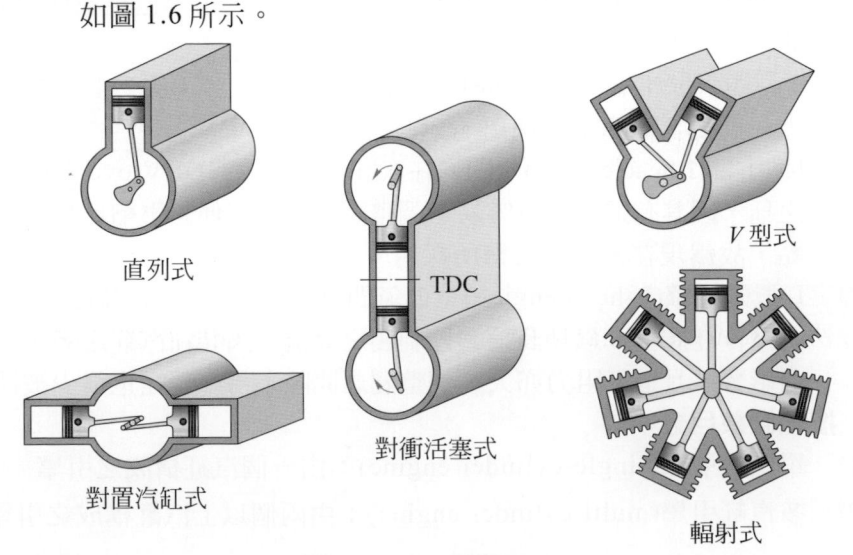

直列式   TDC   V 型式

對置汽缸式   對衝活塞式   輻射式

圖 1.6　汽缸排列型式

⑴ 直列式(in-line type)：汽缸作垂直直線排列。

⑵ 對置汽缸式(opposed cylinder type)：兩個汽缸左右相對，曲軸在中央。

⑶ 對衝活塞式(opposed pistion type)：兩個活塞在一個汽缸中對衝活動。

⑷ V 型式(V-type)：兩組直列式汽缸作 V 型排列。

⑸ 輻射式(radial type)：多個汽缸作輻射狀星型排列。

7. 按冷卻方式分

⑴ 水冷式引擎(water cooled engine)：利用冷卻水在汽缸體水套內循環，使引擎冷卻之內燃機。

⑵ 空氣冷卻式引擎(air cooled engine)：利用汽缸周圍之散熱片，經風扇吹動氣流，使引擎冷卻之內燃機。

8. 按燃料分

⑴ 輕油引擎：利用汽油或柴油為燃料之內燃機。

⑵ 重油引擎：利用重油為燃料之內燃機。

⑶ 煤氣引擎：利用煤氣為燃料之內燃機。

9. 按用途用

⑴ 汽車用引擎：用於汽車動力之內燃機。

⑵ 飛機用引擎：用於飛機動力之內燃機。

⑶ 輪船用引擎：用於輪船動力之內燃機。

⑷ 動力用引擎：用於一般動力機之內燃機。

1.3 四行程火花式內燃機

　　火花式內燃機是利用高壓放電所產生的火花，點燃在汽缸中被壓縮之空氣與燃油之混合氣，使其發生爆炸，產生高壓而推動活塞之一種機器，此種機器是根據法人 Beau de Rochas 所創之作用原理，由德人 Otto 於 1862 年首次應用於實際引擎。慢慢的，這種循環方式遂被稱為奧圖循環(Otto cycle)。這種火花點火引擎主要用於轎車、貨車、大客車、小艇、飛機及農業機械等。

　　火花點火式內燃機可以用二行程循環(曲軸每轉一週有一次動力行程)或四行程循環(曲軸每轉兩週有一次動力行程)，但是二行程引擎由於有大量之可燃混合物隨廢氣排出而遭受損失，故除了在某些情況為舷外機(outboard motor)

或摩托車等外，二行程火花內燃機並不廣泛採用。故大部份火花式內燃機都採用四行程循環，此循環之各行程順序如下：

1. **進氣行程**(intake stroke)

　　進氣門開啟，排氣門關閉，活塞向下行並由化油器處吸入燃料與空氣之新鮮可燃混合物，如圖 1.7(a)所示。

2. **壓縮行程**(compression stroke)

　　進排氣門均關閉，活塞上行，將可燃之混合物壓縮，如圖 1.7(b)所示。

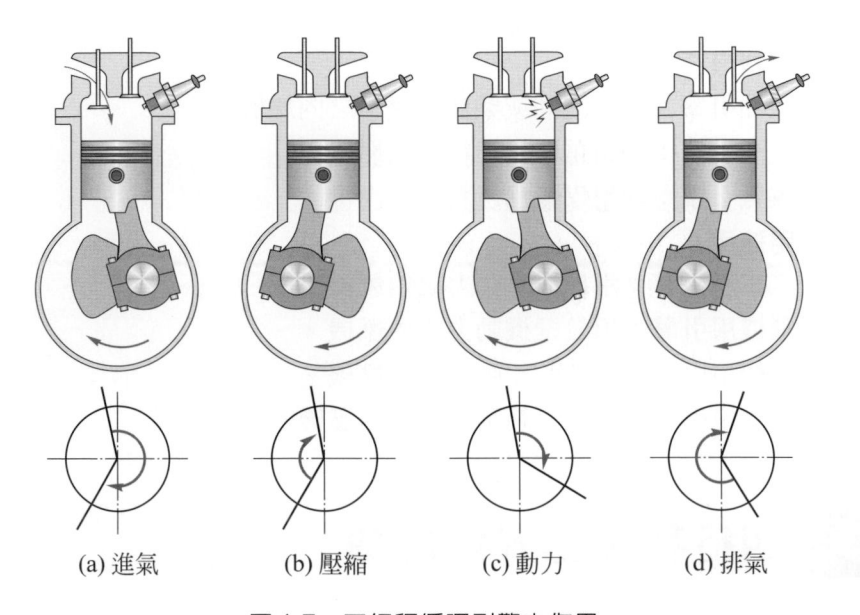

(a) 進氣　　　(b) 壓縮　　　(c) 動力　　　(d) 排氣

圖 1.7　四行程循環引擎之作用

3. **動力行程**(power stroke)

　　進排氣門均關閉，被壓縮之可燃混合物為火花塞所點著，膨脹之氣體驅活塞下行產生動力，如圖 1.7(c)所示。

4. **排氣行程**(exhaust stroke)

　　排氣門開啟，進氣門關閉，燃燒後之廢氣被上行之活塞驅趕，經由排氣門排出，如圖 1.7(d)所示。

1.4　二行程火花式內燃機

　　為了要瞭解二行程火花式內燃機基本原理之前，先要知道一些有關於內燃機中，有關容積之名詞解釋如圖 1.8 所示。

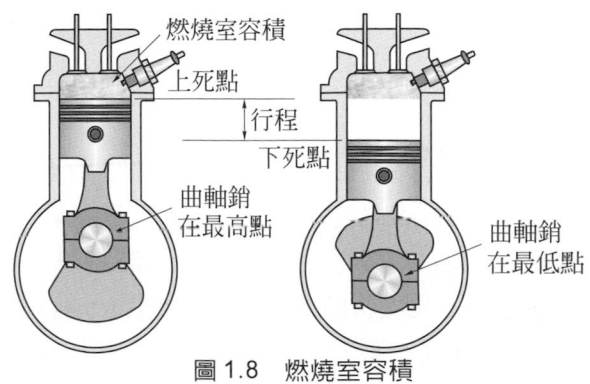

圖 1.8　燃燒室容積

1.　**上死點**(top dead center)，簡稱 TDC

　　當曲軸梢在最高點，即曲臂與連桿成一直線時，活塞頂面所在的位置稱為上死點，在上死點時，活塞的瞬間速度為零。

2.　**下死點**(bottom dead center)，簡稱 BDC

　　當曲軸梢在最低點時，即曲軸臂與連桿重合在一直線上時，活塞頂面之位置稱為下死點，在下死點時，活塞瞬時間速度也是零。

3.　**行程**(stroke)

　　在上死點和下死點間的距離，稱為活塞移動的行程，簡稱為行程(stroke)。

4.　**排氣量**(piston displacement)

　　活塞在上死點與下死點間的容積，稱為活塞排氣容積或稱排氣量(piston displacement)其值等於行程和汽缸橫截面積的乘積，亦稱行程容積。

5.　**汽缸容積**(cylinder volume)

　　活塞在下死點時，活塞頂面上端汽缸內的總體積，稱為汽缸容積，亦即為混合氣體壓縮前的總體積。

6.　**餘隙容積**(clearance volume)

　　當活塞在上死點時，活塞頂面上端的汽缸容積，稱為汽缸餘隙容積(clearance volume)。

7. **燃燒室**(combustion chamber)

當燃燒過程時，汽缸上部和活塞頂部所包圍之容積稱爲燃燒室。

8. **壓縮比**(compression ratio)(γ)

活塞在下死點時之容積(V_1)與活塞在上死點時之容積(V_2)之比，稱爲壓縮比

$$壓縮比 = \gamma = \frac{V_1}{V_2}$$

在上節說明中，已經提過火花式內燃機除了有四行程外，還有二行程引擎，二行程引擎事實上與四行程之基本循環相同，就是進氣、壓縮、動力、排氣，但這四個過程僅在活塞的兩個行程中便完成了如圖 1.9 所示(此圖爲沒有排氣門之二行程引擎)活塞向下死點行時，排氣口(A)開啓，進氣口(B)亦打開，空氣經化油器與燃油之混合氣便在壓力下進入汽缸，驅使大部分剩餘之廢氣自排氣口(A)排出，活塞上行時排氣口(A)被關閉，進氣口(B)亦關閉，活塞續向上死點移動，並將困於汽缸內之空氣與燃油之混合氣壓縮，當活塞快要到上死點時，火星塞點火，並使被壓縮之混合氣產生爆炸，使汽缸中的氣體膨脹將活塞趨向下行，在活塞將要打開進口(B)之際，排氣口(A)便開啓，由於汽缸與排氣歧管之壓力差，部份之廢氣便自排氣口(A)逸出，進氣口(B)接著打開，剩餘之廢氣便被進入之空氣與燃油之混合氣壓力所清除，於是循環又再重覆，就這樣在曲軸轉一週時有一個動力行程並完成了一個循環。

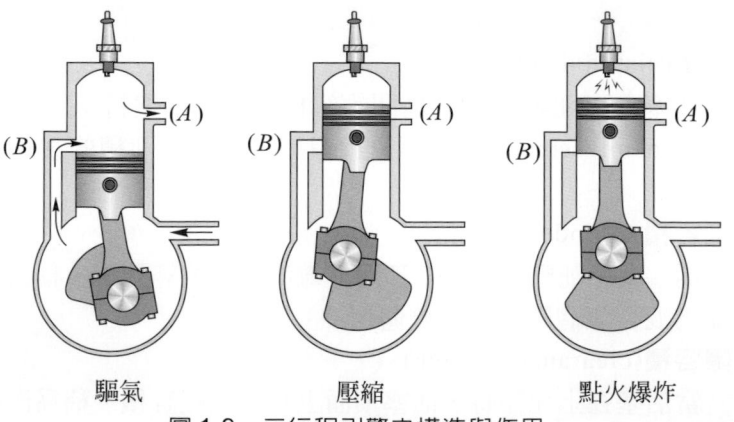

驅氣　　　　　　　壓縮　　　　　　　點火爆炸

圖 1.9　二行程引擎之構造與作用

1.5　壓燃式內燃機

　　壓燃式內燃機是由德人羅道狄塞爾(Rudolph Diesel)依據狄塞爾循環製成，它是利用壓縮行程中之壓縮空氣所產生之高溫，點燃噴入汽缸之燃油而發生爆炸，產生動力，不必借用火花點燃之引擎，稱為壓燃式內燃機；其主要應用範圍在重型汽車及客車、農耕機械、重型機械及推土機，或其他固定式動力設備及若干船舶主機等各方面，由於其壓縮力較火花點火之內燃機為高，因此構造較堅固，重量也較重；壓燃式內燃機亦可以使用四行程循環及二行程循環，兩者均被採用。分別說明如後：

1.　四行程壓燃式內燃機與火花式內燃機相似，同樣的分進氣、壓縮、動力、排氣等四個過程，曲軸每轉二週，有一個動力行程，但在各循環之作用上有點差別，壓燃式內燃機，進氣行程只有空氣吸入，而在壓縮行程時亦只有空氣被壓縮，而且壓縮比(compression ratio)較火花式者為高，遂使燃燒室中增加較高之溫度及壓力，燃油則在壓縮形成將終了時直接噴入，由被壓縮之高溫、高壓空氣所點著而產生燃燒。故壓燃式內燃機，並不需要一化油器來將燃料與空氣混合，也不需要一點火系統來點著燃料，但需要一個噴油系統強令燃油噴入相當高壓之汽缸中。

2.　二行程壓燃式內燃機亦與火花式內燃機相似，但二行程循環在火花式內燃機中較不被採用，其原因是由於二行程循環的驅氣法為單向流動式，不用進氣門，小型引擎排氣門也沒有，全由活塞之移動來控制汽缸之敞開與關閉，從化油器來的新鮮空氣與燃油混合物，經過排氣門而損失，使燃油消耗量增高，故很少被採用。至於二行程之壓燃式內燃機，因為吸入者僅為空氣，燃油只在排氣門關閉後才噴入，故二行程壓燃式內燃機廣泛被採用。

1.5.1　火花式內燃機與壓燃式內燃機之比較

　　如表 1.1 所示。

表 1.1　火花點火式內燃機與壓縮點火式內燃機之比較

基本循環	火花點火式(奧圖循環)	壓縮點火式(狄塞爾循環)
燃料之引入	1. 大部份 S.I.內燃機，燃料和空氣混合後再進入汽缸 2. 需要化油器及一節流閥，控制混合氣體送進之量	1. 燃油與空氣混合過程再汽缸中進行 2. 需要一噴油嘴，將油直接送進燃燒室，不需化油器
點火	需要一點火系統，利用火花塞點火	利用壓縮空氣之高溫高壓點火
壓縮比範圍	1. 一般由 5 至 9(效率較低) 2. 壓縮比之上限，受燃料和爆震限制	1. 一般由 12 至 30(效率較高) 2. 壓縮比之上限受材料限制
重量	較輕	較重

1.5.2　二行程引擎與四行程引擎之比較

如表 1.2 所示。

表 1.2　二行程引擎與四行程引擎之比較

項目　　名稱	二行程引擎	四行程引擎
進氣過程	需要鼓風機增壓	不需要鼓風機
換氣過程	不完全且較耗油	較完全且省油
曲軸與動力之關係	曲軸每轉一週產生動力一次	曲軸每轉兩週產生動力一次
轉動扭力	較均勻，運轉時亦較平穩	較不均勻，運轉時不平穩
在同一功率之下機器之重量與體積	較小	較大
保養工作	省去進排氣門，保養工作可減少	需要進排氣門構造複雜，保養工作困難
容積效率	較小	較大

1.6 引擎構造簡述

　　內燃機引擎的種類很多，型式亦很多，但是各種內燃機的引擎基本構造是相同的，這並不是說每一台引擎都是一樣，而是說某些特點相同，其主要的幾部份裝置方法大都相似，因此任何引擎可分為兩大部份，即**主要固定部份**與**主要活動部份**。

1.6.1 引擎之主要固定部份

　　引擎主要固定部份之功用，係使各運動或工作部份保持其關係位置，可分為引擎支架、曲柄軸箱、汽缸、汽缸蓋等。

1. **引擎支架**(engine frame)

　　　　引擎支架係連接汽缸頂部與曲柄軸間之支柱，又可稱為汽缸體。在早期及近代大型低速機器的引擎支架包括汽缸壁(A)、曲柄箱(B)及附有油槽的底座(D)等，均係個別鑄造，然後用螺栓(C)結合固定成為機架如圖1.10所示。

　　　　在高速內燃機主機中，視其強度之需要，由不同厚度之鋼板鉚接而成機架如圖1.11所示，但在小型高速內燃機中，其機體與曲柄軸箱仍然採用鑄鐵(cast iron)。

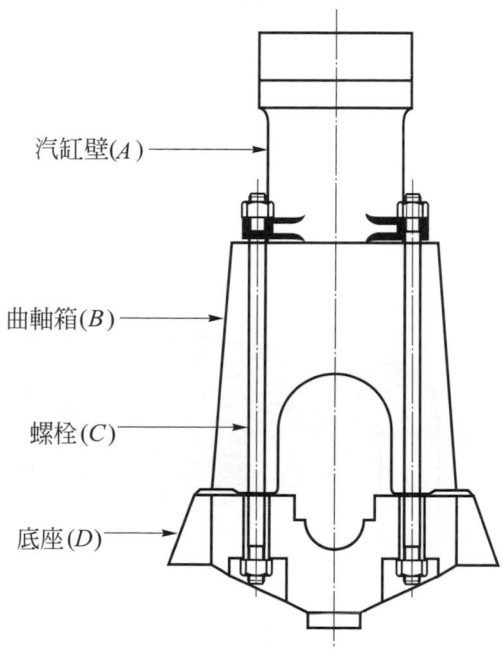

汽缸壁(A)

曲軸箱(B)

螺栓(C)

底座(D)

圖 1.10　螺栓式引擎支架

2. **曲柄軸箱**(crank case)

　　　　曲柄軸箱是以曲軸為中心，分成上下兩部份，上曲柄軸箱與汽缸體常連成一體，而下半部則為金屬鑄成或鋼板壓成之油底殼(oil pan)，用螺絲固定於上半曲柄軸箱上，其中間加有一墊片，以防漏油。油底殼為

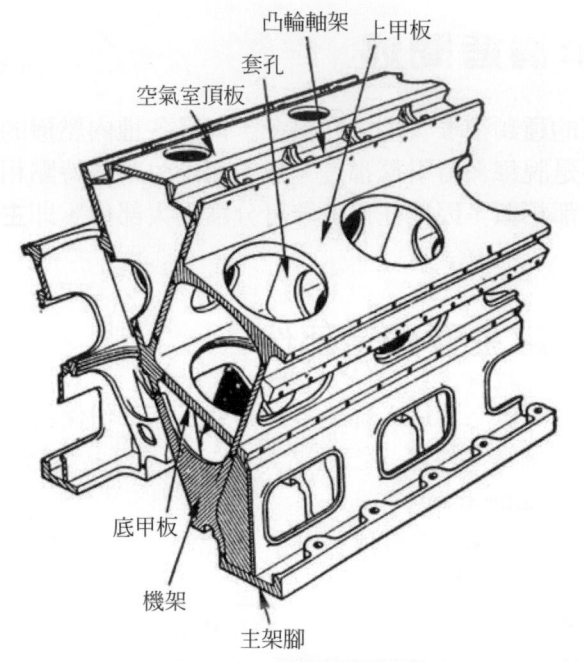

凸輪軸架　上甲板

套孔

空氣室頂板

底甲板

機架

主架腳

圖 1.11　銲接機架切面

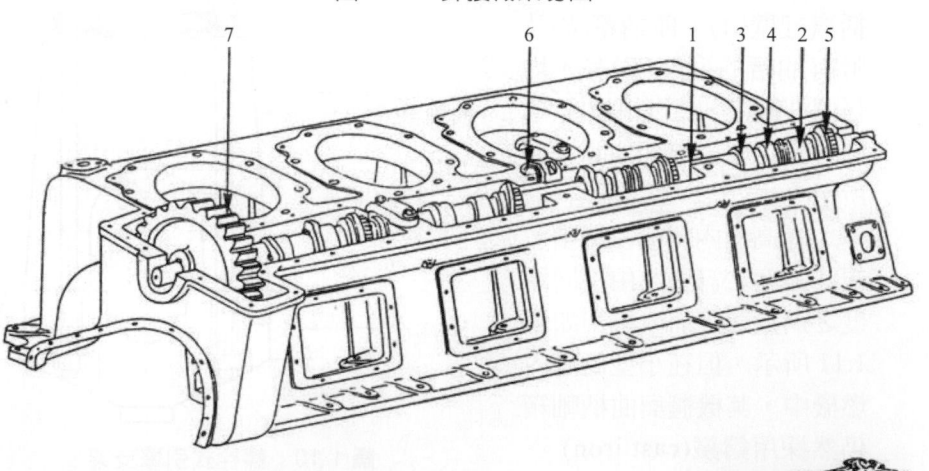

7　　　　　　　6　　　1　3　4　2　5

1. 凸輪軸　　　5. 燃油凸輪
2. 排氣凸輪　　6. 凸輪軸泵
3. 進氣凸輪　　7. 凸輪齒輪
4. 起動凸輪

圖 1.12　曲柄軸箱

儲存潤滑油的所在，內部做成高低不平，並加隔板以防晃動。當汽缸內動力產生時，活塞與曲軸間之壓力，必須由曲柄軸箱壁承受，故箱壁必須堅固耐用如圖 1.12 所示。

3. **汽缸**(cylinder)

　　汽缸是圓柱形空心筒，一端開口，一端要用汽缸蓋緊密封閉，活塞是在汽缸內不斷作往復運動，是熱能變成機械能裝置的主要部份，因它必須保持氣密，故必須作成圓形，表面需光滑，且能使潤滑油黏附其上，為了減少汽缸之磨損，可在汽缸內壁鍍上一層鉻(Chrome)。一般小型引擎汽缸與汽缸體是一體的，但是大部份船用內燃機在汽缸體內裝有可換裝的汽缸襯套(cylinder liner or sleeve)，以便磨損後可以更換。

　　在引擎運轉時，汽缸內之溫度甚高，影響機件作用，故必須加以冷卻，冷卻的方式有兩種，一種是氣冷式，另一種是水冷式，氣冷式是利用汽缸的散熱片散熱，水冷式是利用水的循環，將引擎的熱帶走。大型內燃機，大部份採用水冷式冷卻系統，根據冷卻水的安排方法，汽缸襯套可分乾式、濕式及水套式三種，分別敘述於後：

(1) 乾式缸套(dry type of cylinder liner)：凡是缸套鑲入汽缸體中不與冷卻水直接接觸的稱為乾式缸套如圖 1.13 所示。這種缸套很容易換裝，因為它與汽缸之間無水密的接合，而且它不直接冷卻水接觸，缸壁的厚度可以較小，磨損後還可以搪缸(boring)，將缸壁加大換新活塞，大多數小型引擎用乾式缸套。

(2) 濕式缸套(wet liner)：凡是缸套鑲入汽缸體中與冷卻水直接接觸的，稱為濕式缸套如圖 1.14 所示。其缸壁的厚度較大，並且足以抵抗爆燃氣體之最高壓力，它的頂部與汽缸體密合，底部與冷卻水接觸，故底部裝有橡皮墊圈(A) 2 至 3 條，以防漏水，其最大的優點是修理起來很快，因為汽缸磨損後，只須更換新缸套(B)，不必再有搪缸的麻煩，但是仍然有易漏水且成本高的缺點。

(3) 水套式缸套(water jacketed type of cylinder liner)：凡是汽缸套本身就具有水套的缸套，稱為水套式缸套如圖 1.15 所示，冷卻水由下部進入水套，而後由上部逸出，大部份二行程引擎用水套式缸套。

　　缸套之製成材料必須使活塞及活塞環等在最小之阻力下，在接觸面間之最小磨損下，而可作自由往復之運動。缸套有時用鋼質材料製成，但普通則均用鑄鐵，近來亦有在缸套內壁表面藉電鍍方法加鍍一厚度約為0.003″至0.004″之多孔質鉻層，鉻之硬度，可減輕其本身之磨損，其所有之小孔亦足以保存滑油，使維持滑油油膜層，以減輕活塞運動之阻力及刮劃作用。

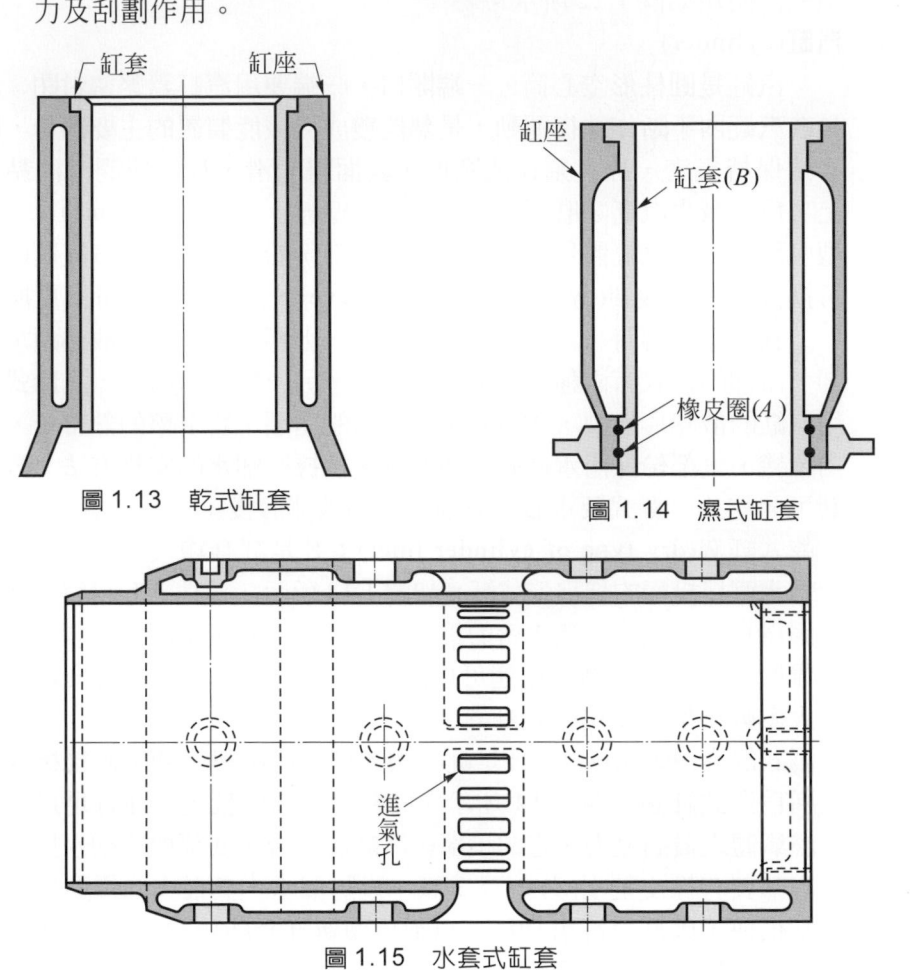

圖 1.13　乾式缸套

圖 1.14　濕式缸套

圖 1.15　水套式缸套

4. **汽缸蓋**(cylinder head)

　　汽缸蓋又稱汽缸頭，係用一種耐熱高級合金鑄鐵製成，有時用鋁合金製成，取其具有良好導熱性可幫助冷卻。汽缸蓋的功用為封閉燃燒室，為了保持氣密，在汽缸蓋與汽缸體之間加一汽缸墊(cylinder head gasket)以防止漏氣、漏水、漏油等。汽缸墊之材料必需能耐高溫與高壓；通常用二層薄鋼板或銅板，或一層鋼板，一層銅板，內包石棉(asbestos)製成。其厚度與壓力有關，壓力大的引擎，必須用厚度較小的汽缸墊，以減少受熱與受壓面積，壓力較小者，可用較厚的汽缸墊。

　　汽缸蓋上裝有四種不同的閥，即燃油閥(噴油閥)(*A*)、起動閥(*B*)、進汽閥(*C*)、排汽閥(*D*)等如圖 1.16，但這些閥並非每部柴油機上都有，例如電動馬達起動之柴油機便沒有起動閥，如果柴油機採用進汽孔進汽者，則無進汽閥，除了以上四種之外，有些柴油機裝有安全閥。另外汽油機只有進排汽閥，無起動閥。

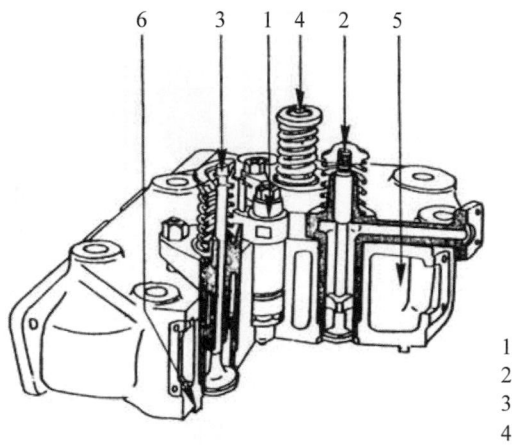

1. 燃油閥(*A*)
2. 起動閥(*B*)
3. 進氣門(*C*)
4. 排氣門(*D*)
5. 冷卻水套
6. 插口

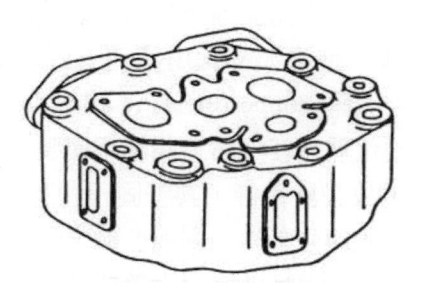

圖 1.16　汽缸蓋(或汽缸頭)

1.6.2　引擎之主要活動部份

1. **曲柄軸**(又稱曲軸)(crank shaft)

　　曲軸是安裝於曲軸箱內主軸承支架上，將各缸所承受之動力，經由連桿，將活塞之上下運動變成旋轉運動並將動力經飛輪，離合器而輸出如圖 1.17 所示。

　　曲軸是由曲軸與汽缸體支持部份之曲柄主軸(crank main shaft)或稱軸頸(journal)(A)，連接軸頸與曲柄銷(B)之曲臂(crank arm)(C)及與連桿大端連接之曲柄梢(B)(crank pin)等組合而成；在曲臂(C)上加有配重鐵(balance weight)用來減少震動，使曲軸旋轉平穩，曲軸內有滑油之通道，滑油先由主軸進入，經油道再到曲軸梢而出，並去潤滑各機件。

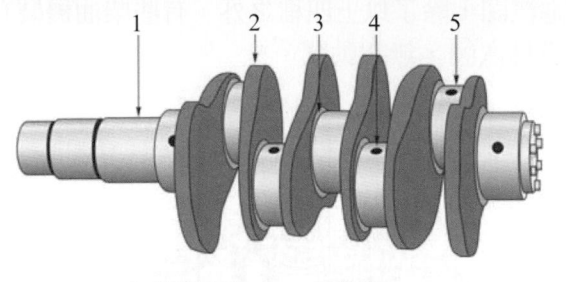

1. 軸頸(A)　　　4. 油孔
2. 曲軸臂(C)　　5. 曲軸銷(B)
3. 內圓角填料

圖 1.17　曲軸

　　曲軸有如引擎之脊骨，需承受由動力引起的歪曲，扭轉及摩擦等力量。且旋轉時要很平穩，故製造要非常堅固。通常採用鎳鉻合金鋼鍛製而成，或用強力鑄鐵所製之鍛造品等作材料，製造得非常堅固。由於材料之改良，技術之進步，進來大都採用鑄造方式，使製造成本大為減低，其材料為銅軸承合金鋼(copperobearing alloy steel)，鑄成後需加工磨光，最後表面需作硬化熱處理；鑄造曲軸不僅製造工程簡易，同時其吸收震動之性能良好，故設計完善，其堅固程度勝過鍛造曲軸。

　　引擎是否能很平穩的產生動力，則與曲軸之排列及汽缸發火次序有密切關係，曲柄角度排列由汽缸數目與引擎的循環方式來決定，今將曲柄排列，曲柄角及點火順序之關係，列表於後，如表 1.3 所示。

2. **軸承片**(plain bearing)又稱連桿軸承(connecting rod bearing)

　　軸承片是由上下兩片半圓形銅殼組成，表面附以一種特別金屬如鉛青銅合金的襯面，這種軸承耐磨性極佳，當其磨耗程度超過規定限度時，可以換新。上下兩軸承片不一樣，上軸承片有兩個油孔，裝於曲軸的上部與連桿相接觸，兩個油孔對準連桿上的油孔，以便送油至活塞

表 1.3　曲柄角與點火順序之關係

汽缸數	曲柄的位置	曲柄的配置 曲柄的順位	四行程 曲柄角	四行程 點火順序	二行程 曲柄角	二行程 點火順序
1	（曲柄位置圖）	（曲柄配置圖）				
2	（曲柄位置圖）	（曲柄配置圖）	360	1,2	180	1,2
2	（曲柄位置圖）	（曲柄配置圖）				
3	（曲柄位置圖）	（曲柄配置圖）		1,3,2	120	1,2,3
4	（曲柄位置圖）	（曲柄配置圖）	180	1,2,4,3	90	1,4,2,3
4	（曲柄位置圖）	（曲柄配置圖）				
5	（曲柄位置圖）	（曲柄配置圖）	72	1,3,5,4,2	72	1,4,3,2,5
6	（曲柄位置圖）	（曲柄配置圖）	120	1,5,3,6,2,4	60	1,6,2,4,3,5
6	（曲柄位置圖）	（曲柄配置圖）				
8	（曲柄位置圖）	（曲柄配置圖）	90	1,5,2,6,4,8,3,7	45	1,7,5,4,2,8,6,3
8	（曲柄位置圖）	（曲柄配置圖）				

梢，下軸承瓦有一道油槽，如圖 1.18，上下兩片軸承片不能互換使用，
否則軸承片上的油孔，不能與連桿上的油孔相對。

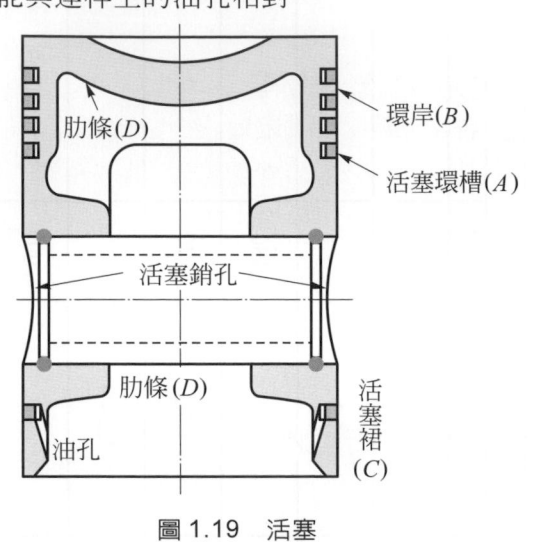

圖 1.18　軸承片　　　　　　　　　　圖 1.19　活塞

3.　**活塞**(piston)

　　活塞是在汽缸內作上下運動。在動力行程時，受高溫與高壓，經連
桿將動力傳到曲軸，而產生迴轉作用，使在進氣，壓縮與排氣行程時，
受曲軸的慣性在汽缸內作上下運動，完成進氣、壓縮與排氣作用。

　　在活塞上部周圍有 3 至 4 個活塞環(piston ring)，除可保持密封外，
並可防止滑油進入燃燒室內，活塞環均裝在環槽(ring groove)(A)內，環
槽之間凸出部份稱環岸(land)(B)，活塞環由上向下數，第一活塞環，第
二活塞環等；在活塞下有活塞裙(C)，內裝有肋條(D)(rib)，除協助散熱
外，並作為加強活塞頂與活塞裙間之強度，如圖 1.19 所示。

　　早期活塞材料使用鑄鐵，最近很多改用鋁合金，鑄鐵活塞有強度
大，膨脹係數小，活塞間隙小，不易漏氣，活塞不會卡死等優點。但是
因重量大，運動中消耗之動力太大，故高速引擎並不適用。鋁合金活塞
較輕，並有良好之導熱性，摩擦阻力小，但是有膨脹係數大，強度較弱
之缺點，最近很多利用 Y 合金(A192，Cu4，Ni2，Mg1.5)作活塞，它
除有重量輕，傳熱佳，耐磨之優點外，且有膨脹係數小，機械強度大之
特性。

4.　**活塞環**(piston ring)

　　活塞環係一具有彈性的金屬環，一端有開口，利用其彈性作用緊貼於汽缸壁，用來保持氣密，如圖 1.20 所示。

　　活塞環分壓縮環(compression ring)(*A*)及油環(oil ring)(*E*)兩種；壓縮環是防止在壓縮行程與動力行程時，保持活塞於汽缸壁之間密封而不漏氣，同時將活塞頂端所受的熱傳到汽缸壁，再傳到引擎水套內冷卻；油環是刮除汽缸壁上過量的滑油，以免進入燃燒室內，並保持在汽缸壁上有適當之滑油，以維護活塞與汽缸間之潤滑、冷卻、清潔及密封作用。

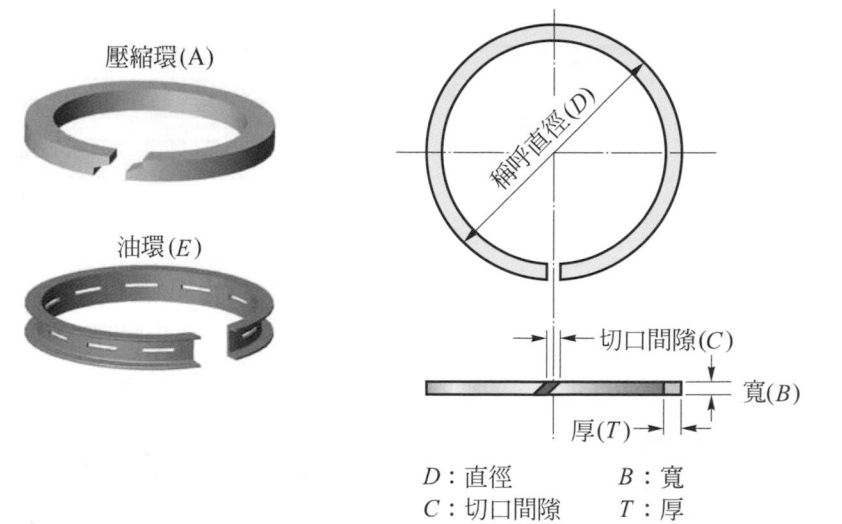

壓縮環(*A*)

油環(*E*)

稱呼直徑(*D*)

切口間隙(*C*)

寬(*B*)

厚(*T*)

D：直徑　　　　*B*：寬
C：切口間隙　　*T*：厚

圖 1.20　活塞環

　　壓縮環由灰鑄鐵製成，亦有另裝環面，如用青銅嵌入或在表面上鍍以磷酸(phosphate)，氧化鐵(iron oxide)或錫等軟金屬使其容易和汽缸磨配(wear-in)。並增強吸油性，使潤滑良好，防止曳行(scuffing)。有的活塞環表面鍍鉻後再磨光，或在鐵環內加鉬(molybdenum)，以增加其耐磨性。

　　為使活塞環保有張力，並使裝在活塞上時容易，故活塞環作成一端開口，其開口的形狀有平切口(*A*)、右斜切口(*B*)、左斜切口(*C*)，右 "Z" 形切口(*D*)，左 "Z" 形切口(*E*)等五種。如圖 1.21 所示。活塞環接口間隙不能太大亦不能太小，太大則易漏氣，太小受熱膨脹，會刮傷缸壁，加速磨損。

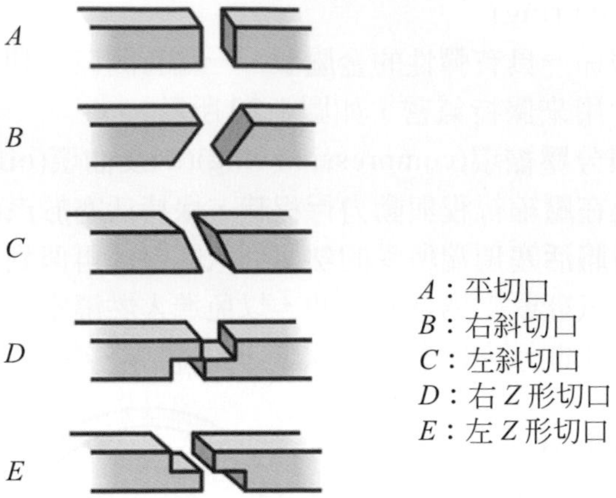
A
B
C
D
E
A：平切口
B：右斜切口
C：左斜切口
D：右 Z 形切口
E：左 Z 形切口

圖 1.21　活塞環切口

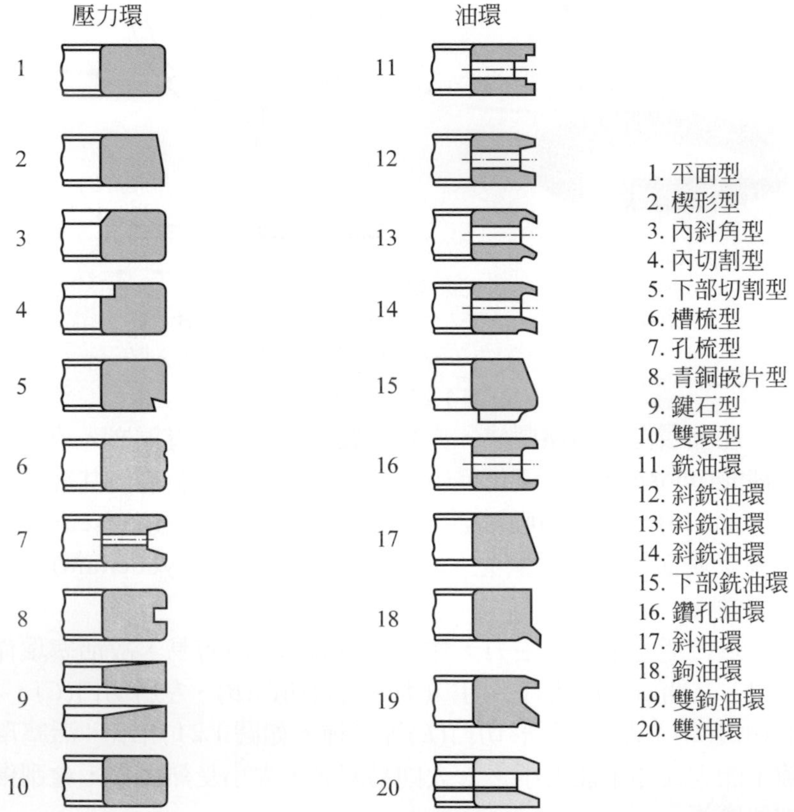
壓力環
油環
1
2
3
4
5
6
7
8
9
10
11
12
13
14
15
16
17
18
19
20
1. 平面型
2. 楔形型
3. 內斜角型
4. 內切割型
5. 下部切割型
6. 槽梳型
7. 孔梳型
8. 青銅嵌片型
9. 鍵石型
10. 雙環型
11. 銑油環
12. 斜銑油環
13. 斜銑油環
14. 斜銑油環
15. 下部銑油環
16. 鑽孔油環
17. 斜油環
18. 鉤油環
19. 雙鉤油環
20. 雙油環

圖 1.22　活塞環斷面

　　　活塞環斷面有各種不同的形狀，如圖 1.22，其主要的目的，在使環在槽內扭轉，使環與汽缸壁接觸面減小，接觸壓力增高，以達密封的效果。安裝壓縮環時「TOP」記號應朝上。

　　　油環均用開窗式，當活塞下降時，可以將滑油刮下，經油窗流到活塞之排油孔再向下流，但引擎在高速時，刮油較困難，效果較差，為了提高油環之刮油效果，必需增強其張力，通常加擴張環(expander ring)，使油環對汽缸壁之壓力平均且增強，並可使油環在使用日久而磨損後，仍能保持適當的壓力。

5.　活塞銷(piston pin)

　　　活塞銷是連接活塞與連桿小端(small end)，使活塞所承受之壓力傳到連桿，它與活塞在汽缸內同時作上下運動，故質量宜輕，同時必需能承受高負荷，扭曲力，在活塞銷孔內不易磨損等。通常採用合金鐵製成空心管狀，以減輕重量，表面經淬硬磨光，增強其耐磨性。

　　　為了防止活塞銷隨活塞上下運動時而左右移動，以致撞擊汽缸，必須將活塞銷加以固定，其固定方式，有固定式(*A*)、半浮式(*B*)、全浮式(*C*)等三種，如圖 1.23 所示。

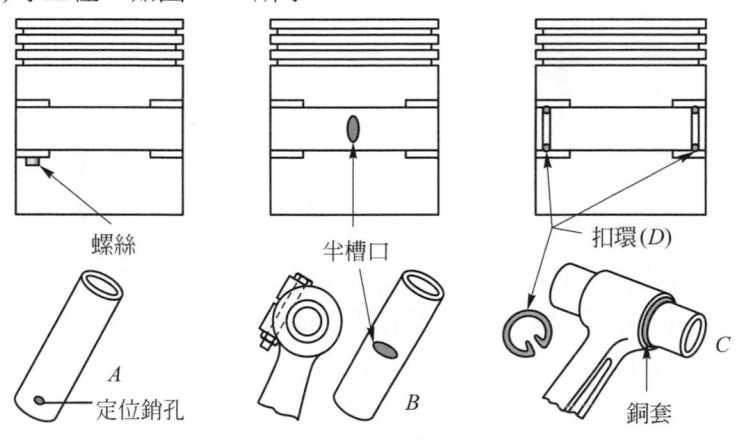

螺絲　　　　　　半槽口　　　　　　扣環(*D*)

A　　　　　　　　*B*　　　　　　　　*C*
定位銷孔　　　　　　　　　　　　銅套

圖 1.23　活塞銷固定方式

(1)　固定式(lock type)：固定式活塞銷，是被一螺絲固定在活塞上，而在連桿小端裝配軸承，使活塞銷與連桿轉動配合。

(2)　半浮式(semi-floating type)：半浮式活塞銷，是被一螺絲固定在連桿小端，而在活塞銷孔二端內配裝軸承，使活塞銷與活塞轉動配合，增加軸承面。

(3) 全浮式(full floating type)，全浮式活塞銷，是不固定在活塞上，也不固定在連桿小端，而是利用二個扣環(snap ring)(D)，梢住在活塞銷二端之活塞銷孔中，以防滑出，軸承面接觸最大。

6. 連桿(connecting rod)

連桿是連接活塞與曲軸，使活塞承受動力而作運動，經連桿傳到曲軸而變成旋轉運動。如圖1.24連桿小端與活塞連接，連桿大端(big end)則與曲軸連接。

連桿除了需承受強大的壓力之外，同時又需承受離心力的扭曲，故連桿必需質輕而且堅固，通常使用鎳鉻合金鍛製而成。桿部作成工字形斷面，以增強抗撓曲性，並使重量減輕。

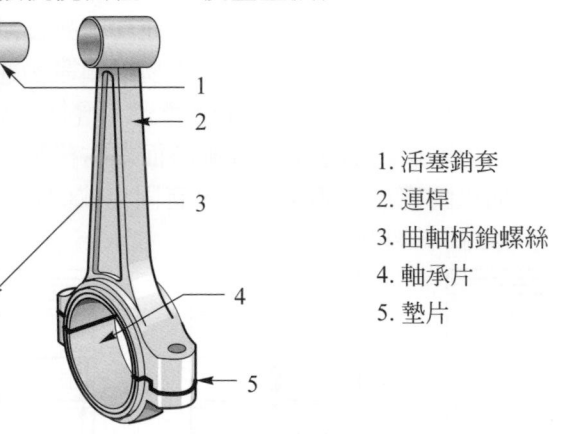

1. 活塞銷套
2. 連桿
3. 曲軸柄銷螺絲
4. 軸承片
5. 墊片

圖 1.24 連桿

連桿大端均分製成二半，以便於安裝在曲軸上，下半圓形為連桿軸承蓋，與連桿材料相同，用二支螺絲固定於連桿本體之上，其內有表面為軸承面，稱連桿軸承，大都採用平面軸承(plan bearing)，有用軸承材料澆在內表面上，亦有用壓力模鑄法鑄成軸承面片，此軸承片分別安裝於蓋及連桿上。有些連桿內，從大端到小端之間，鑽有油孔道，以便滑油可由連桿軸承通往桿小端軸承，再由小端噴出作潤滑作用。

7. 活塞桿(piston rod)

活塞桿是藉十字頭使活塞與連桿相連接，而活塞桿與活塞作相同之往復直線運動，使活塞在汽缸中運動不受側壓力，減少汽缸壁之磨損。

8. 十字頭(cross head)

十字頭是將活塞桿之負荷傳至連桿，並且接受所有的側壓力。十字

頭是用一種球形凹狀連合法，以連接活塞桿尾端，以避免任何可能發生
之非直線運動，如圖 1.25 所示。

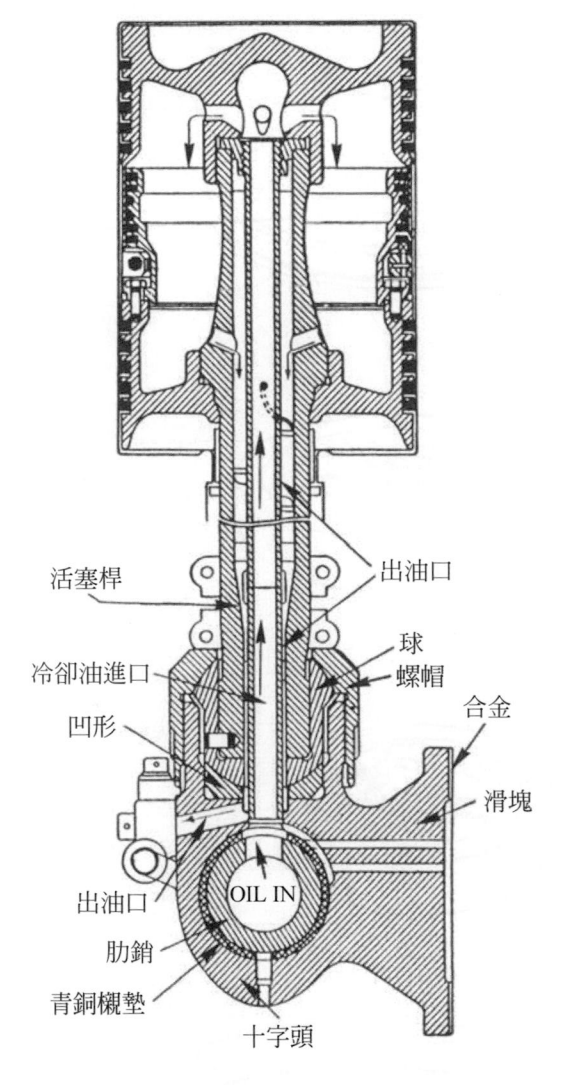

活塞桿

冷卻油進口

凹形

出油口

肋銷

青銅襯墊

出油口

球

螺帽

合金

滑塊

OIL IN

十字頭

圖 1.25　十字頭

在複動往復式引擎中，因十字頭，使活塞及活塞桿構成巨大之往復
運動重量，在轉速超過 720 rpm 時，因此一重量所構成之週期變化之動
力甚為可觀，故必須具備有良好之潤滑以減少軸承損壞之機會。

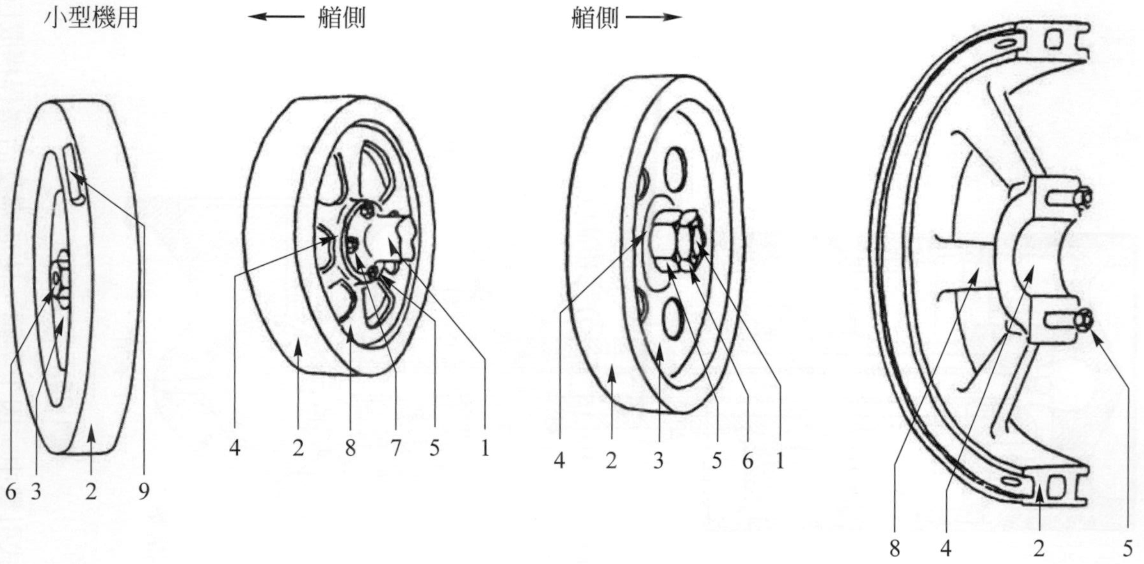

小型機用

← 輪側

輪側 →

1. 曲軸柄
2. 輪　緣
3. 輪　盤
4. 轂
5. 裝配螺母
6. 鑽緊螺帽
7. 凸緣接頭
8. 臂
9. 起動把手

圖 1.26　飛輪

9. **飛輪**(flywheel)

　　由於引擎之作用，只在動力行程時輸出動力，使引擎有加速之傾向，但在進氣、壓縮與排氣三行程時吸收動力，使引擎有減緩之傾向，則動力輸出不平衡，故為在動力行程時，吸收並儲存引擎的動能，而在其他三個行程時再將動能輸出，使引擎動力輸出平衡，故在曲軸後端加一飛輪如圖 1.26 所示。

　　飛輪之大小與汽缸數有關，因缸數愈多，動力重疊度數愈大，要儲存之動能可減小，則所需之飛輪便可愈小，另外，飛輪愈重，引擎愈平穩，然而因其慣性關係，太重的飛輪，引擎加速與減速較慢，故重機械之引擎的飛輪大而重，高速引擎的飛輪小而輕。

1.6.3　內燃機引擎之其他機件構造

1. **閥**(valve)

(1) 閥的功用及構造

　　在四行程引擎中，每一個汽缸有兩種閥，一為進氣門(inlet valve)，一為排氣門(exhaust valve)，而二行程引擎中每個汽缸只有排氣門，這些閥在壓縮及動力行程時將汽缸密封，以保持壓縮壓力與燃燒壓力，因此良好之閥必需使進、排氣容易，並能承受高溫與高壓、耐磨、散熱良好，且需質輕，以減少運動時之慣性。一般內燃機所用之閥為菌狀式(poppet type)閥，其構造是由閥頭(A)、閥桿(B)、閥接觸面(C)等所構成，如圖 1.27 所示。

　　閥通常採用耐熱特殊合金鋼製成，進氣門大多採用鎳鉻合金，而排氣門則採用耐熱特高之鉻合金。進氣門因受進入之混合氣冷卻，溫度較低，而排氣門經常在高溫下工作，故排氣門之構造、形狀及材料均需特別加以考慮。通常使用鈉冷卻的排氣門(sodium cooled valve)如圖 1.27 所示。因鈉的比熱很高，熔點為95℃，但沸點高達882.9℃，通常鈉閥之鈉只裝一半，當鈉流到閥之頂端時，可吸收大量熱量，流至閥桿下端時，將此熱量經閥導管傳出而幫助冷卻。

(2) 閥座(valve seat)

　　閥座是與閥保持緊密接觸，防止漏氣，並需能承受閥不斷的敲擊而不損傷。閥座係汽缸上通往燃燒室之圓形開口座，與閥互相配合，如圖 1.28 所示。

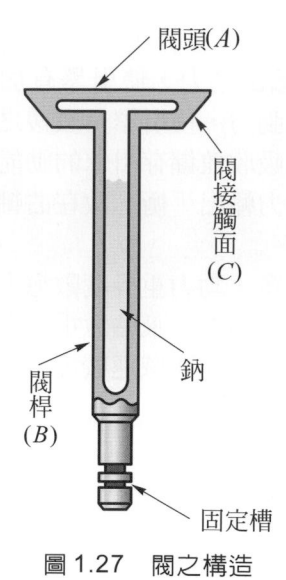

閥頭(A)

閥接觸面(C)

閥桿(B)

鈉

固定槽

圖 1.27 閥之構造

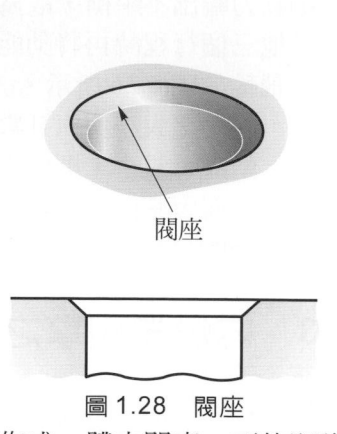

閥座

圖 1.28 閥座

在鑄鐵或鋁的汽缸體或汽缸蓋上作成一體之閥座,不夠堅強,所能承受之敲擊力小,故不適於現代引擎。現在大都採用耐熱合金鋼鐵製成一個閥座環(valve seat insert)壓入汽缸蓋或汽缸體中作為閥座,其優點在於磨損後可磨光或更換。如圖 1.29 所示。

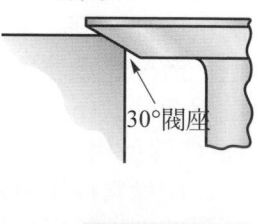

30°閥座

45°閥座

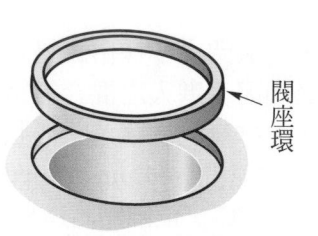

閥座環

圖 1.29 閥座環

圖 1.30 閥座角

閥與閥座之配合要緊密,通常進氣門座作成 30 度,排氣門座作成 45 度,如圖 1.30,角度大者,閥座接觸面大可以密接,不易漏氣,散熱良好,但開口小,進排氣不易;角度小者,開口大,但接觸面少,易漏氣,散熱不良。為使閥與閥座關閉時更緊密,閥與閥座之角度差一度,如閥座 45 度,則閥 44 度,或閥 45 度,閥座 44 度均可。

(3)　閥導管(valve stem guide)

　　閥導管用鋼或特種合金鑄鐵製成，壓鑲在汽缸體或汽缸蓋之中，其內徑與閥桿精密滑動配合，以引導閥在固定位置上下移動，如圖 1.31 所示，閥桿與閥導管間必需有一適當之間隙，通常進氣門與導管之間隙為 0.025～0.050 mm，排氣門為 0.05～0.10 mm。間隙太大，則氣密性將會受閥之跳動的影響而導致不良；進氣門與導管間之間隙大，則潤滑油易漏入燃燒室燃燒成碳，排氣門與導管間之間隙太大，則滑油易隨廢氣消失，增加滑油之消耗量，反之間隙太小，則易使閥桿磨損、燒壞。

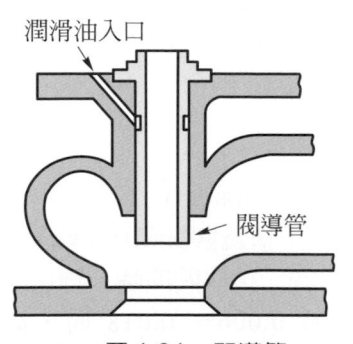

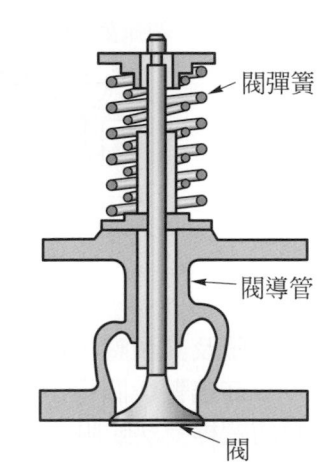

圖 1.31　閥導管　　　　　　　　圖 1.32　閥彈簧

(4)　閥之散熱

　　引擎運轉時所產生之熱，會導致汽缸體或汽缸蓋之變形，同樣也會影響到閥及閥座，閥受高溫影響，其熱量一部份由閥頭到閥座而傳至汽缸體的冷卻水中，一部份由閥桿到閥導管再傳到汽缸體冷卻水中散熱。

(5)　閥彈簧(valve spring)

　　閥受凸輪推動而打開，受閥彈簧彈力而關閉，閥彈簧係以鉻錳鋼絲製成，必須能受高溫與高壓而彈力不變，其彈力因引擎而異，高速引擎需較強的彈簧；推桿、閥、搖臂等較粗之引擎，亦需較強之彈簧。彈簧之彈力必須要一定，彈力太大，不但磨損凸輪，同時需要很大動力，才能使閥打開，因此降低了引擎的有效動力，彈力太弱，則閥關閉不緊密，易漏氣。

由於彈簧在引擎高速運轉時，彈簧之週期伸縮反覆數，即震動次數增加，致使有高速時震動現象產生，而使閥不能關閉緊密之缺點，為了防止它，現在引擎上很多使用震動數互異之二個閥彈簧，或使用疏密不同之彈簧互相抵銷反覆次數，抑制震動，使閥能緊密關閉，如圖 1.32 所示。

(6) 閥彈簧承盤(valve spring retainers)

閥彈簧承盤為一鋼墊圈，用可移動的連接物，連接於閥桿上，如圖 1.33 所示。下座為一凹狀物，裝於汽缸蓋上。

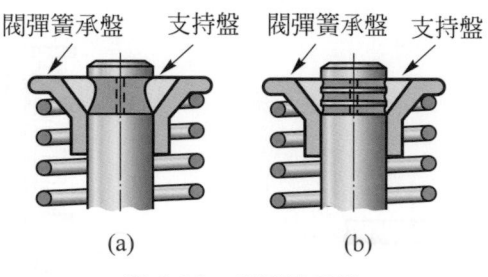

閥彈簧承盤　支持盤　　閥彈簧承盤　支持盤

(a)　　　　　　(b)

圖 1.33　閥彈簧承盤

(7) 閥間隙及其調整(valve clearance and adjustment)

在搖臂與閥桿頂之間留有一間隙，稱為閥間隙(valve clearance)以防閥桿受熱膨脹，而使閥關閉不緊密。這些閥間隙，均由製造廠方決定，記在說明書中，通常進氣門是 0.006～ 0.018 吋，排氣門是 0.008～0.018 吋，排氣門因受溫較高，所留間隙較大。如果閥間隙太小，則閥與閥座之接觸不良，接觸時間亦短，以致散熱不良，溫度增高，如閥間隙太大，則操作時會有響聲及增加閥之磨耗，閥開啟時間短，進排氣不充分，故閥之間隙必須時常加以注意，並調整之。

閥間隙調整的方法有兩種，一是機械調整，二是自動調整。機械調整是用一調整螺調整之，並以止頭螺絲將調整螺固定於閥搖臂之一端，調整時，用一厚薄規插入閥桿之尖端及搖臂滾動子之間，測量其間隙，並調整使達規定之間隙。自動調整也有兩種方法，一為機械式閥間隙自動調整，它是用一彈簧與柱塞，隨時壓緊閥間隙自動調整偏心凸輪，如圖 1.34 所示，保持與閥桿緊密接觸；另一種是液壓式閥間隙自動調整，如圖 1.35 所示，當間隙過大時，有壓力之潤滑油(A)，由搖臂內油道進入油室(B)，推活動缸(C)，使推桿變長，此時搖臂油

孔(D)被塞住，油室(B)成為密
閉，當搖臂向下壓時，推動推
桿末端(E)使閥開啟。當閥間
隙太小時，油室(B)壓力增大，
將球止回閥(F)頂開，使油外
漏，縮短了推桿之長度，因此
得到自動調整效果，液壓式自
動調整裝置，只須開始時調整
一下調整螺絲，然後用固定螺
帽固定之，操作時不必要再調
整。

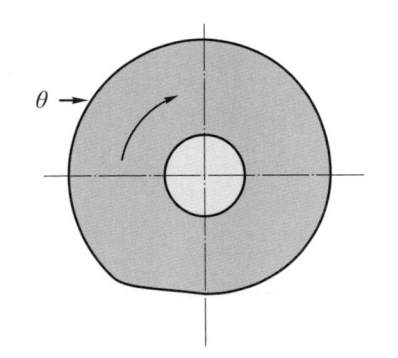

圖1.34 機械式閥間隙自動調整之偏心凸輪

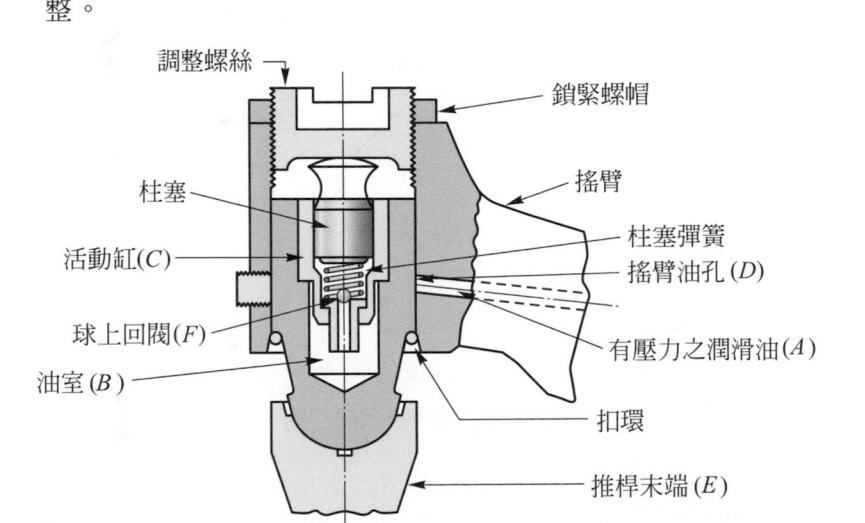

圖1.35 液壓式閥間隙自動調整

2. **閥機構**(valve mechanism)

(1) 凸輪(cam)

凸輪的作用可使圓周運動變成直線往復運動，用以控制閥的開啟
及關閉，早期的凸輪是分別製成後，再裝於凸輪軸上，而近代的引
擎，尤其是大型者，其凸輪與凸輪軸鍛成一體，然後再經過加工而製
成。

凸輪之形狀決定進排汽閥之開啟時間，開啟及關閉時之速率，開
啟之升程，故其表面形狀必須作正確之設計，如圖 1.36 所示，凸輪

凸起之兩邊稱爲翼面(flanks)(A)而其頂端最高處稱爲鼻部(nose)(B)。
翼面外凸者稱謂凸翼面(convex-curve flanks)，翼面爲直線者稱爲切
翼面(tangential flanks)。圖 1.36(a)(b)爲四行程柴油機之進氣及排氣
凸輪型式，圖 1.36(c)爲二行程柴油機之排氣凸輪型式，如圖 1.37 爲
燃油噴油凸輪，圖 1.37(a)表四行程柴油機噴油凸輪，可供作微量之
時間調整，且其「鼻部」可以拆換，圖 1.37(b)爲二行程柴油機之燃
油噴油凸輪，如圖 1.38 爲柴油機空氣起動閥(air staring valve)之凸輪
形狀，圖 1.38(a)爲四行程柴油機空氣起動閥凸輪；此項凸輪使用作
急驟之開啓，以防止高壓空氣之滲流(throttling)作用。而在閥關閉時
作徐緩下降，圖 1.38(b)爲二行程柴油機之空氣起動閥之凸輪形狀。

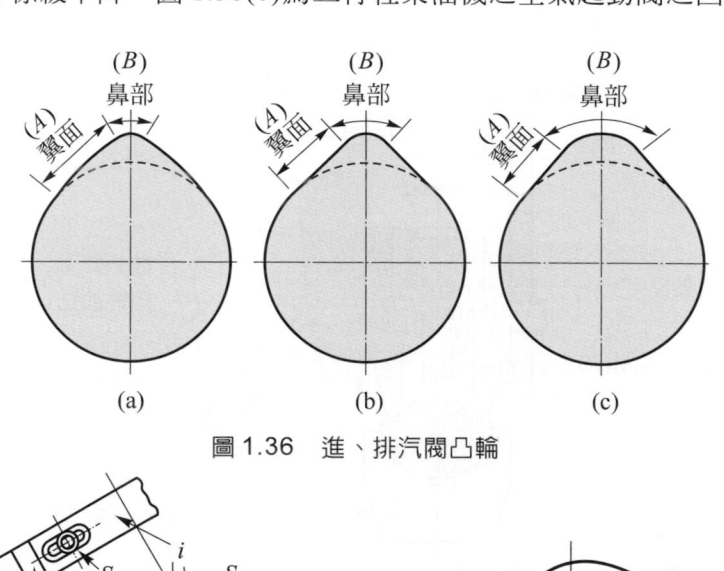

圖 1.36　進、排汽閥凸輪

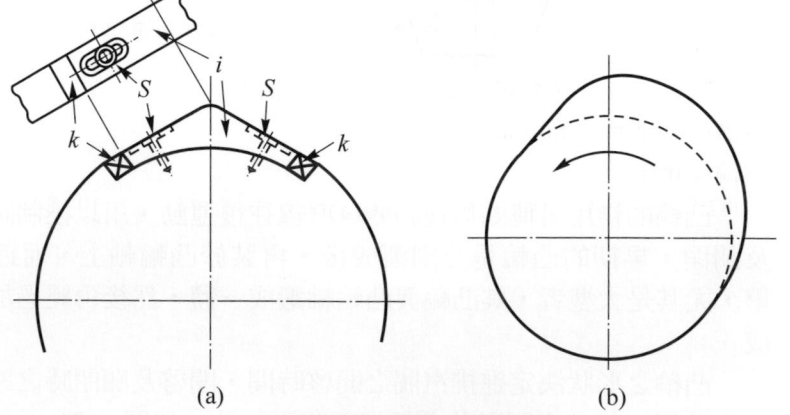

圖 1.37　噴油閥凸輪

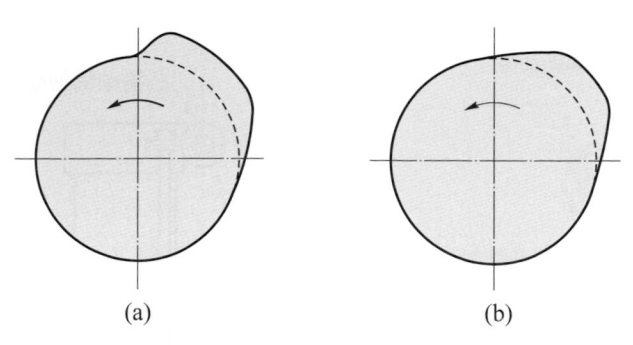

(a)　　　　　　　　　　　　　　(b)

圖 1.38　空氣起動閥凸輪

(2)　凸輪軸(camshaft)

　　　凸輪軸是用來帶動凸輪，故軸上有與閥相同數之凸輪，除此之外，尚有驅動燃油泵之凸輪，及帶動機油泵之齒輪，如圖 1.39 所示，大多數凸輪軸係由鎳鉻合金鋼鍛造製成，大直徑之凸輪軸則多為空心。凸輪軸須經過熱處理，使凸輪表面硬化，不易磨損。一般支持凸輪者用普通軸承(plain bearing)或軸套。

凸輪

凸輪軸

圖 1.39　凸輪軸

(3)　凸輪軸之傳動(camshaft drives)

　　　凸輪軸之轉動，完全是依靠曲柄軸之帶動，其帶動的方法，不外乎以下四種方法，如圖 1.40 所示。

①　連串式正齒輪帶動，如圖 1.40(a)所示。

②　一對齒輪與中間直軸帶動，如圖 1.40(b)所示。

③　兩對斜角式齒輪帶動，如圖 1.40(c)，圖中(c)為曲軸 p、i、g 為斜齒輪。

④　鏈條式帶動，如圖 1.40(d)，圖中 d 為曲軸，p 為曲軸鏈輪，g 為凸輪軸鏈輪，m 為凸輪。

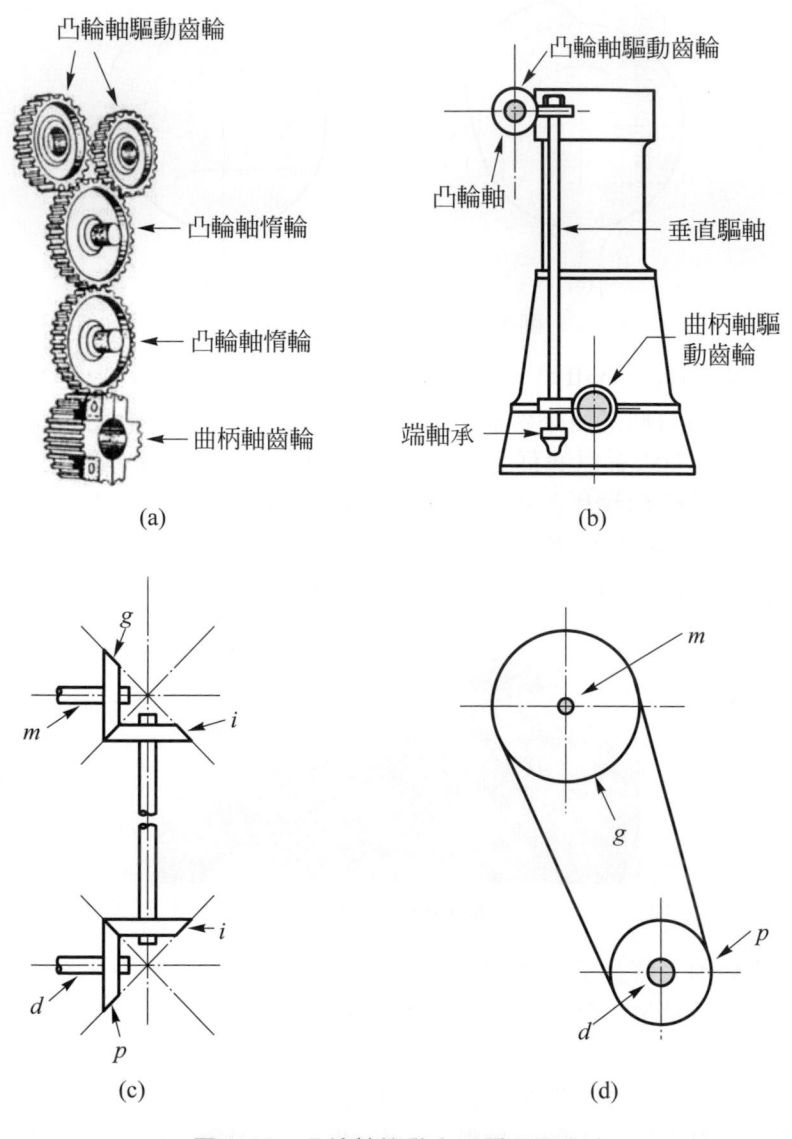

圖 1.40　凸輪軸傳動之四種不同方法

(4)　凸輪隨動輪(cam followers)

　　　　凸輪隨動輪又稱凸輪隨動滾子，一般內燃機中，凸輪隨動滾子有

下列三種型式，如圖 1.41 所示。

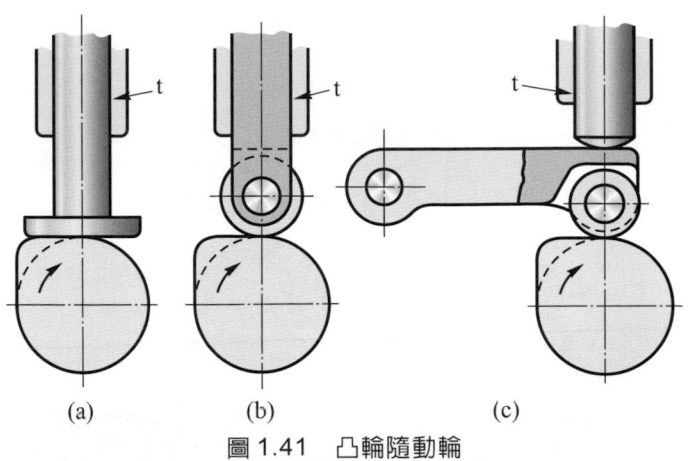

圖 1.41　凸輪隨動輪

① 平面或菌形隨動輪(flat or mushroom follower)如圖 1.41(a)所示。

② 滾動式隨動輪(roller-type follower)，如圖 1.41(b)所示。

③ 樞紐式隨動輪(pivoted follower)，如圖 1.41(c)所示。

　　第 1.41(a)圖中菌形隨動輪能使閥裝置在開啓或關閉時，具有極高之加速度，故用於高速小型機器中。當隨動輪接近最大升程時，凸輪之用，要求隨動輪具有減速度，然隨動輪由加速度轉變爲減速運動之一瞬間，閥機構已具最大之慣性速度或動能，如閥彈簧力量不足以迫使閥裝置達到凸輪要求之相等減速運動時，則隨動輪將於一短暫時間脫離凸輪，此一瞬間之脫離與再度接觸，將使閥機構產生一項「跳開」。此項「跳開」，爲閥機構中應極力避免，否則將使各項機體產生過度之應力，及衝碰所形成重大之磨損。

⑸ 搖臂及推桿(rocker arms and push rods)

　　搖臂之一端與汽閥桿之上端接觸，如凸輪軸裝於汽缸蓋上時，搖臂之另一端藉滾輪與凸輪相接觸。如凸輪軸裝於下方時，則搖臂之一端與推桿上端相接觸，大多數搖臂係由樞梢(A)(pivot pins)支持，樞梢則由裝於汽缸蓋之支架以支持之，而樞梢則接近搖臂之中點，在二行程機器如通用公司(general motors company)出品之若干機器中，同一搖臂同時開啓或關閉兩個以上之排汽閥時，則搖臂之一端，用於橫架兩閥桿上之閥橋(B)(Bridge)如圖 1.42 閥橋與閥桿接觸處具有可供調整之特別凸輪，閥橋下之延長部份作爲導桿(C)，導桿外裝有輔助彈簧(D)，用以抵銷閥橋及搖臂之慣性動力，使凸輪隨動滾子與凸輪在任何時間相接觸。

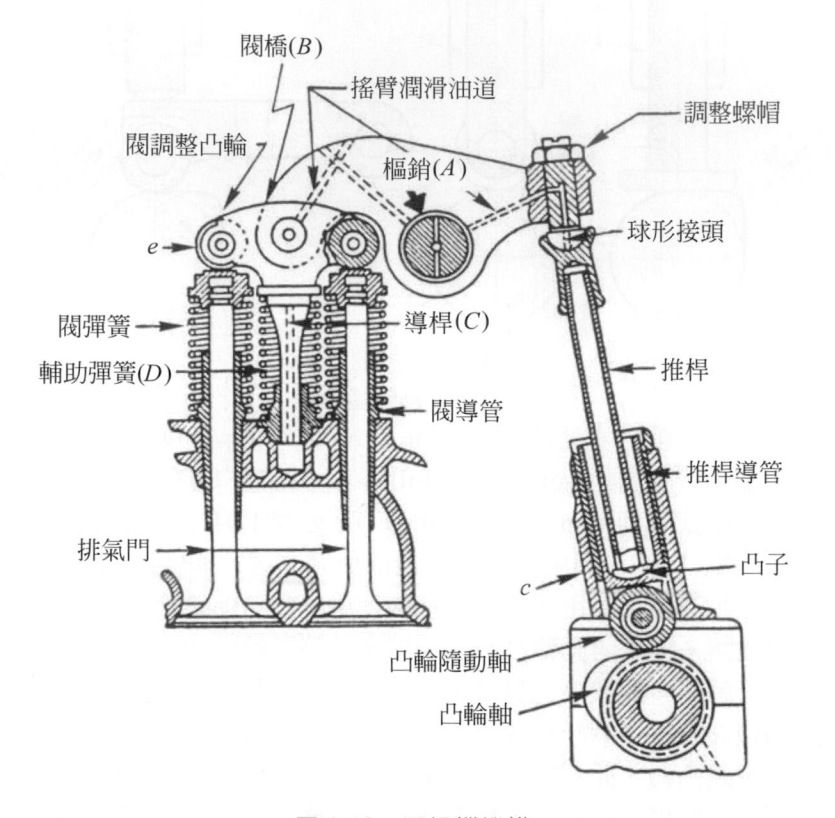

圖 1.42　閥操縱機構

3.　引擎主軸承(engine main bearing)

主軸承是分置於曲軸之前後二端，托住主軸使其主軸承上轉動，一般四缸引擎有三個主軸承，六缸引擎有四個主軸承。主軸承分成二半，上半之主軸承裝於汽缸體上，下半之主軸承裝於主軸承蓋內，如圖 1.43 所示。主軸承通常以青銅製成，內刻有油槽。裝主軸承時，為使軸承瓦與軸承座或軸承蓋內徑緊密起見，軸承片裝軸承座時便須要有凸出與外張之現象。

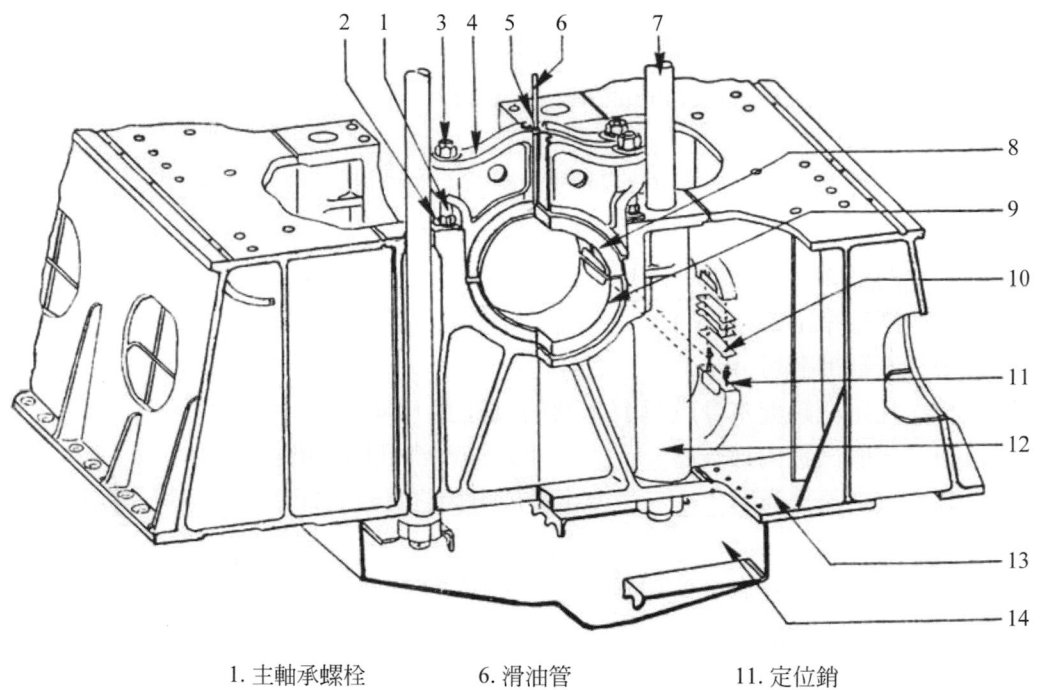

1. 主軸承螺栓	6. 滑油管	11. 定位銷
2. 鎖　扣	7. 繫緊螺栓	12. 軸承支柱
3. 軸承螺母	8. 軸承上殼	13. 底　座
4. 主軸承蓋	9. 軸承下殼	14. 滑油池
5. 鎖扣板	10. 墊　片	

圖 1.43　引擎主軸承

習　題

1.　解釋名詞

(1)　上死點(TDC)。

(2)　下死點(BDC)。

(3)　行程(stroke)。

(4)　排氣量(piston displacement)。

(5)　餘隙容積(clearance volume)。

(6)　汽缸容積(cylinder volume)。

(7)　壓縮比(compression ratio)。

(8) 熱機(heat engine)。

(9) 外燃機(external combustion engine)。

(10) 內燃機(internal combustion engine)。

2. 填充題

(1) 內燃機引擎之主要固定部份包括_____ 、_____ 、_____ 、_____。

(2) 曲柄軸箱油底殼內加隔板，其目的是_____。

(3) 汽缸冷卻的方法有_____ 、_____兩種。

(4) 汽缸襯套可分_____ 、_____ 、_____等三種。

(5) 凡是汽缸套本身就具有水套的汽缸套，稱為_____。

(6) 一般汽缸內鍍一層_____可以減輕汽缸壁之磨損。

(7) 汽缸蓋普通用_____合金製成，因它具有良好_____可以幫助冷卻。

(8) 汽缸壓力大者，使用較_____的汽缸墊，汽缸壓力小者，使用較_____的汽缸墊。

(9) 汽缸蓋上最多有_____ 、_____ 、_____ 、_____ 、_____等五個不同的閥。

(10) 內燃機之主要活動部份有_____ 、_____ 、_____ 、_____ 、_____ 、_____ 、_____ 、_____等。

(11) 引擎所以能平穩的產生動力，與曲軸的_____及汽缸發火_____有密切的關係。

(12) 曲柄角為120°之曲軸，其發火次序為_____。

(13) 換裝軸承瓦時上下兩片不能互換，有油孔的一片應裝_____面，有油槽的一片裝_____面。

(14) 活塞與汽缸壁之間靠_____密封。

(15) 裝活塞環時應先裝_____環。安裝壓縮環時(TOP)應朝_____方。

(16) 一般油環均採用_____式。

(17) 固定活塞銷的方法有_____ 、_____ 、_____三種。

(18) 連桿是連接_____與_____使活塞承受動力而運動。

(19) _____是將活塞桿之負荷傳至連桿，並接受所有的側壓力。

⒇ 活塞桿是藉_____使活塞與_____相連接。

(21) 四行程引擎中，每一個汽缸有_____、_____等兩種閥，而二行程引擎只有_____。

(22) 良好的計排氣門條件爲_____、_____、_____、_____等。

(23) 一般內燃機所用之閥爲_____式，它的構造爲_____、_____、_____等。

(24) 一般引擎進氣門採用_____合金、排氣門採用_____合金。

(25) 通常排氣門內裝_____金屬，幫助冷卻。

(26) 現在引擎之閥座都採用合金鋼製成之_____，以便更換。

(27) 爲使閥座關閉時更緊密，閥與閥座之角度應相差_____度。

(28) 通常進氣門與導管之間隙爲_____ mm，排氣門爲_____ mm。

(29) 閥彈簧彈力太強，則易磨損_____，相反彈力太弱，則閥關閉_____。

(30) 在高速引擎運轉時，閥震動次數增加，使閥不能關閉緊密，爲防止此缺點，則使用閥彈簧時採用_____、_____之兩彈簧，使彈簧抵消反覆次數，抑制震動。

(31) 搖臂與舉閥桿之間留有一間隙，稱爲_____。

(32) 通常進氣門之閥間隙爲_____吋，排氣門之閥間隙爲_____吋。

(33) 閥間隙過大，則產生閥之_____現象，閥間隙過小，則產生閥之_____現象。

(34) 閥間隙調整之方法有_____、_____兩種。

(35) 凸輪的作用是可使_____運動變成_____運動。

(36) 凸輪的形狀影響閥之開啓或關閉的_____、_____及_____。

(37) 一般四缸引擎有_____個主軸承，六缸引擎有_____主軸承。

(38) 爲了使軸承瓦與軸承蓋內徑保持緊密，則軸承瓦裝於軸承座時，須要有_____與_____之現象。

(39) 高速小型引擎中，凸輪隨動滾子須採用_____，因爲此形隨動滾子具有極高之加速度。

(40) 在同一搖臂同時開啓兩個或兩個以上的閥時，則搖臂之一端，應作用於橫架兩閥之_____上。

3. 問答題

(1) 何謂四行程引擎？

(2) 何謂二行程引擎？

(3) 何謂火花點火引擎？

(4) 何謂壓縮點火引擎？

(5) 按閥排列之不同分類內燃機有那幾種？那一種最常用？爲何常被採用？

(6) 火花式引擎與壓燃式引擎有何區別？

(7) 四形成引擎與二形成引擎有何不同？

(8) 排氣門大多數內部裝有鈉金屬，何故？

(9) 閥彈簧有何功用？彈力之強弱對引擎有何影響？

(10) 驅動凸輪軸的方法有那幾種？

(11) 爲何需要閥間隙？閥間隙太大或太小對閥之開關有何影響？

(12) 引擎所用之主軸承或連桿軸承爲何要外張與凸出？

(13) 說明凸輪軸與曲軸轉速之關係？

(14) 何謂固定式、半浮式及全浮式活塞銷？

(15) 簡述一般內燃機之構造。

CHAPTER **2**

INTERNAL CONBUSTION ENGINE

熱力學基本原理的複習

　　本章是介紹熱力學的基本原理，使讀者對熱力學作簡單的複習。未學過熱力學的讀者，必須下功夫研究，熱力學是一種研究能量轉換(Energy Transformation)的科學，它是藉著能吸熱及散熱功能的流體(例如水、空氣、燃油等來完成)在這熱轉換過程中，有一定的規則，這些規則就是熱力學的定理。熱力學有第一、第二、第三等三個定理，讀者必須先認識基本的熱力特性，例如比容(specific volume)、比重量(specific weight)、壓力(pressure)、絕對壓力(absolute pressure)、溫度(temperature)、絕對溫度(absolute temperature)、內能(internal energy)、流功(flow work)、性質(properties)、狀態(state)、過程(processes)、熱量(heat)、熱功當量(Jonle's mechanical of heat)、焓(enthalpy)、熵(entropy)、比熱(specific heat)、等容狀況下的比熱(constant volume specific heat)、等壓狀況下的比熱(constant pressure specific heat)、比熱比(ratio of specific heat)等專有名詞，及何謂系統、熱力學的各種熱力過程變化。

　　熱力學(thermodynamic)一字是由希臘字 "Theme" 及 "Dynamis" 延伸而成(thermodynamic)，希臘字 "theme" 是指熱(heat)的意思，"dynamis" 是指**強度**(strength)的意思，而熱力學(thermodynamic)是指**熱強度**(heat strength)的意思，什麼是**熱強度**，簡單的說就是物質燃燒後便會放出熱能的現象，如果用

能量來解釋比較容易瞭解，熱力學是一種研究能量轉換(energy transformation)
之科學，例如熱能轉成功或化學能轉換成電能等，如何來分析能量轉換？熱力
學提供了兩種方法，一種是巨觀分析法稱爲**巨觀熱力學**(macroscopic thermod-
ynamic)，另一種是微觀分析法或統計分析法稱爲**微觀熱力學**(microscopic ther-
modynamic)或**統計熱力學**(statistical thermodynamic)。巨觀分析法是由外在的
現象去分析，比較容易，例如外表尺寸、溫度、時間的變化等，但微觀分析，
比較不容易，因爲它要從一個**分子**(molecule)用統計分析法來分析它們的集合
作用，用微觀分析法有時可以解釋一些巨觀分析法無法解釋的現象。爲了要實
際瞭解熱能轉換的問題，用微觀分析法比較容易，但是必需要先瞭解熱力學中
之術語，如工質、性質等。

2.1　工質及其性質

1. **工質**(working substances)

在一熱力系統中，具有吸熱及散熱效能之流體稱爲工作物質簡稱工
質。如空氣是內燃機的工作物質。水蒸汽是蒸汽機、汽旋機之工作物
質。Freon-12，Ammonia 是冷凍機之工作物質等。

2. **工質之性質**

(1) 比容(specific volume)

物質每單位重量所佔之體積，其代表符號爲v。

$$v = \frac{體積}{重量} = \frac{V}{W} \text{ ft}^3/\text{lb}$$

(2) 比重量(specific weight)

物質每單位體積所具有的重量，其代表符號爲γ(是比容的倒數)。

$$\gamma = \frac{重量}{體積} = \frac{W}{V} \text{ lb/ft}^3$$

(3) 壓力(pressure) psi

物體每單位面積內所受之力量，稱爲壓力，如一個標準大氣壓力
爲 29.92 吋水銀柱高，相當於 33.9 英呎水柱高或等於 14.7 psi(psi 爲
每單位平方吋中多少磅)。

$$壓力(P) = \frac{力量}{面積} = \frac{F}{A} \text{ psi}$$

(4)　絕對壓力(absolute pressure) psia

絕對壓力＝大氣壓力＋表壓力
絕對壓力＝大氣壓力－眞空表壓力

(5)　溫度(temperature)

物體冷熱的程度，謂之溫度，表示法°F(華氏)或°C(攝氏)，華氏與攝氏換算公式如下：

$$\frac{C}{100} = \frac{F-32}{180}$$

(6)　絕對溫度(absolute temperature)

物體由絕對零度開始算起的溫度，謂之絕對溫度，絕對零度爲零下 273°C 或零下 460°F。

$T(\text{K}) = t(°\text{C}) + 273°\text{C abs}$
$T(\text{R}) = t(°\text{F}) + 460°\text{F abs}$

(7)　內能(internal energy)

儲存於物質內部的熱能量，謂之內能，內能隨物質的溫度及物質本身之分子構造而改變，其代表符號爲 U，單位爲 Btu 或以 u 代表則單位爲 Btu/lb。Btu 是英熱單位(british thermal units)，一個 Btu 的定義爲使一磅的水從 32°F 上昇至 212°F 時所需要之能量的 $\frac{1}{180}$，定爲 1 Btu。

(8)　流功(flow work)

保持一穩流狀況下之流體流動所具之流能，亦稱爲位移能量，代表符號爲 Wk 單位爲 ft-lb 或以 wk 代表則單位爲 ft-lb/lb。

$Wk = PV$ ft-lb 或 $wk = Pv$ ft-lb/lb

$Wk =$ 流功 ft-lb
$wk =$ 比流功 ft-lb/lb
$P =$ 壓力 psf

$V =$ 體積ft^3

$v =$ 比體積ft^3/lb

注意： 流功是在液體流動情況下才能產生，如果流體不流動時，沒有流功之產生。

(9) 性質(properties)狀態(state)及過程(processes)

① 性質(properties)是工作物質在一個熱力系統中，所具有之狀況，例如溫度、壓力、比容、內能、焓、熵等都是工作物質的性質之一。

② 狀態(state)是由工作物質本身的幾個性質來決定，例如一個標準狀況是壓力在 14.7 psi，溫度在 0°C時的情況，工作物質情況的改變是隨著性質的改變而改變。

③ 過程(processes)是工作物質情況改變時所進行的途徑，例如工作物質由情況A到情況B，亦就是過程由A到B。

(10) 熱量(heat)

熱量是越過一個熱力體系界限的熱能，亦是物體中所含熱之多少，例如物質由低溫至高溫時需要加入熱量，物質由高溫到低溫需要放出熱量。質量相同之物質，其溫度高者，所含之熱量愈多，溫度低者所含之熱量亦就愈少。熱量以Q表示之單位為 Btu 或以q代表則單位為 Btu/lb。

(11) 熱功當量(joule's mechanical of heat)

熱功當量是一個換算的常數，它是說明熱與功之間的關係，即$J = 778$ ft-lb/Btu，(1 個 Btu 的熱量可產生 778 ft-lb 的功)。

(12) 焓(enthalpy)

焓是工作物質性質之一，亦是工作物質吸收熱量後，不但內能增加，並有外功之表現。以H或h表之。

$$H = U + \frac{PV}{J} \text{ Btu}$$

$$h = u + \frac{Pv}{J} \text{ Btu/lb}$$

(13) 熵(entropy)

熵也是工作物質之一，其意義比較抽象，只能以數學式表示之：

$$ds = \frac{dq}{T}$$

$$S_2 - S_1 = \int_1^2 \frac{dq}{T} \text{ Btu/lb}^\circ\text{F abs}$$

$ds =$ 熵的變化率
$dq =$ 熱量的變化率
$T =$ 絕對溫度

$$q_{12} = \int_1^2 Tds \text{ Btu/lb}$$

當
$ds = 0$ 爲可逆反應
$ds \neq 0$ 爲不可逆反應

(14)　比熱(Specific heat)

　　比熱是一磅物質升高(或降低)溫度華氏一度時，所需要(或放出)之熱量，其代表之符號爲C_x單位爲 Btu/lb°F。

$$C_x = \frac{q_{12}}{t_2 - t_1} \text{ Btu/lb}^\circ\text{F}$$

$$q_{12} = \int_1^2 C_x dt$$

$C_x =$ 比熱 Btu/lb°F
$t_2 - t_1 =$ 升高之溫度 °F
$q_{12} =$ 所需之熱量 Btu/lb

(15)　等容狀況下的比熱(C_v)(constant volume specific heat)

　　等容比熱是物質在等容狀況下加熱時，一磅物質升高絕對溫度一度時，所需之熱量，其代表符號爲C_v單位爲 Btu/lb°Fabs

$$C_v = \frac{q_{12}}{T_2 - T_1} \text{ Btu/lb}^\circ\text{Fabs}$$

或
$$q_{12} = C_v(T_2 - T_1) \text{ Btu/lb}$$

(16)　等壓狀況下的比熱(C_p)(constant pressure specific heat)

　　等壓比熱是物質放於容器中加熱，使其壓力不變，則一磅物質升高絕對溫度一度時，所需之熱量，其代表符號爲C_p單位爲Btu/lb°Fabs

$$C_p = \frac{q_{12}}{T_2 - T_1} \text{ Btu/lb}°\text{Fabs}$$

或

$$q_{12} = C_p(T_2 - T_1) \text{ Btu/lb}$$

⒄ 比熱比(ratio of specific heat)(K)

比熱比是等壓比熱與等容比熱之比值，其代表符號為K，沒有單位，空氣的比熱比大約為 1.4。

$$K = \frac{C_p}{C_v}$$

2.2 理想氣體

理想氣體並不是實際氣體，但要瞭解實際氣體的性質以前，必須要從理想氣體之狀態方程式(equation of state)著手。因為我們假設理想氣體在一個系統中是具有均質的特性，就是理想狀態，才能使用理想氣體狀態方程式，可是實際氣體受其他因素的影響不一定是理想狀態，若實際氣體的溫度越高，壓力越低時，此實際氣體就越接近理想氣體。

理想氣體狀態方程式是由波義耳(Boyle)及查理(Charle)之氣體定律結合成波義耳查理方程式如(2.1)式。

$$\frac{P_1 V_1}{T_1} = \frac{P_2 V_2}{T_2} = \frac{PV}{T} \tag{2.1}$$

由以上之波義耳查理定律，對一理想氣體某一物態點之狀態方程式(equation of state)可以發展成理想氣體方程式如下：

$Pv = RT$ ft-lb/lb (R＝氣體常數)

$PV = WRT$ ft-lb (W＝重量，$V = vW$)

$PV = n\bar{R}T$ ($n = \dfrac{W}{M}$，W＝重量，M＝分子量)

$\bar{R}$＝萬有氣體常數(universad gas constant)

　＝MR ($\bar{R}$＝ 1544) ft-lb/lb°F abs Molecular weight

R＝氣體常數(specific gas comstant)

P＝絕對壓力(absolute pressure) lb per sqft

V＝總體積(total volume)Cu ft

v＝比容(specific volume)Cu ft per lb

W＝重量(total weight) lb

T＝絕對溫度(absolute temperature)°Fabs

M＝分子量(molecular weight) lb

　　各種氣體的氣體常數都不同如空氣＝ 53.3 ft-lb/lb°Fabs，氧＝ 48.3 ft-lb/lb°Fabs，氮＝ 55 ft-lb/lb°Fabs，氫＝ 766 ft-lb/lb°Fabs，氦＝ 386 ft-lb/lb°Fabs，但萬有氣體常數都接近 1544 爲常數。

2.3　能與能量公式

2.3.1　能

　　能是一種動力，它是由工作物質(working substances)的分子運動，而產生工作物質的溫度、壓力、體積及內能的變化，使能轉換成爲功，因此我們由物體所作的功，就可以感覺出能來，依據熱力學第一定律，能量是不會消滅的，所謂能量不滅定律。能雖然很抽象，但可由各種形式表示，內燃機所產生各式的能，可分爲下列幾項：

1.　**機械功**(mechanical work)

　　　　在系統中工作物質作用後，所做出或做入之功，做出的功爲正號，做入的功爲負號。功的代表符號爲：

$$\frac{wk_{12}}{J} = 由情況一至情況二所做之功\ \text{Btu/lb}$$

2.　**位能**(potential energy)

　　　　工作物質因位置而受重力作用，所產生的位能，位能的代表符號爲：

$$\frac{z}{J} = z高度之工作物質所具有之位能\ \text{Btu/lb}$$

3. **動能**(kinetic energy)

工作物質因運動而產生之動能,動能的代表符號為:

$$\frac{V^2}{2gJ} = \text{以} V \text{速度運動之工作物質所具有之動能 Btu/lb}$$

4. **內能**(internal energy)

工作物質因分子運動和分子的排列結構所具有的能量,內能的代表符號為:

$$u = \text{工作物質所具有之內能 Btu/lb}$$

5. **流功**(flow work)

工作物質在保持穩流狀況時,因流動所產生之流功,又稱位移能量,流功的代表符號為:

$$\frac{p_1 v_1}{J} = \text{工作物質在流動時所具之流功 Btu/lb}$$

6. **熱能**(heat energy)

工作物質在系統中所吸收或放出之熱,吸收之熱量為正號,放出之熱能為負號,熱能的代表符號為:

$$q_{12} = \text{工作物質在情況一至情況二所吸收或放出之熱能 Btu/lb}$$

2.3.2 能量公式

依據能量不滅定律,得知工作物質在穩流過程中,經過一個系統時,進入的總能量(包括位能、動能、內能、流功、熱能及功)與出去的總能量是相等的如圖 2.1,情況 1 為進入系統,情況 2 為出系統,結果可由能量公式表示之。

1. **一般能量公式**(the general energy equation)如(2.2)式

$$\frac{z_1}{J} + \frac{V_1^2}{2gJ} + \frac{p_1 v_1}{J} + u_1 + q_{12} = \frac{z_2}{J} + \frac{V_2^2}{2gJ} + \frac{p_2 v_2}{J} + u_2 + \frac{wk_{12}}{J} \qquad (2.2)$$

$$\frac{z_1}{J} = \text{工作物質在第一情況之位能 Btu/lb} \ (z_1 \text{第一情況之高度})$$

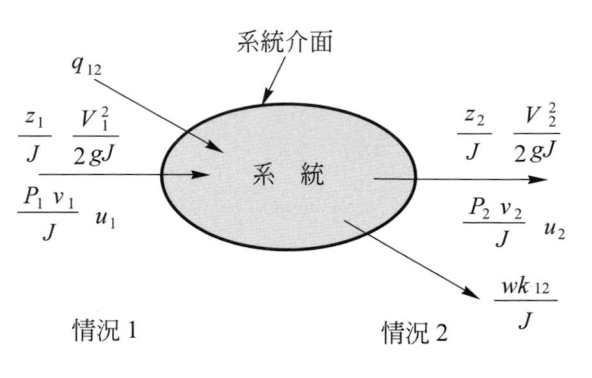

圖2.1　穩定流能量變化

$\dfrac{z_2}{J} = $ 工作物質在第二情況之位能 Btu/lb（z_2第二情況之高度）

$\dfrac{V_1^2}{2gJ} = $ 工作物質在第一情況之動能 Btu/lb

　　　　（V_1第一情況之速度 ft/sec）

$\dfrac{V_2^2}{2gJ} = $ 工作物質在第二情況之動能 Btu/lb

　　　　（V_2第二情況之速度 ft/sec）

$u_1 = $ 工作物質在第一情況所具有的內能 Btu/lb

$u_2 = $ 工作物質在第二情況所具有的內能 Btu/lb

$\dfrac{p_1 v_1}{J} = $ 工作物質在第一情況所具有的流功 Btu/lb

　　　　$\begin{pmatrix} p_1第一情況之壓力 \\ v_1第一情況之比容 \end{pmatrix}$

$\dfrac{p_2 v_2}{J} = $ 工作物質在第二情況所具有的流功 Btu/lb

　　　　$\begin{pmatrix} p_2第二情況之壓力 \\ v_2第二情況之比容 \end{pmatrix}$

$q_{12} = $ 工作物質在系統中所吸收(符號爲正)或所放出(符號爲負)
　　　之熱 Btu/lb

$\dfrac{wk_{12}}{J} = $ 在系統中工作物質作用後，所做出(符號爲正)或做入(符
　　　號爲負)之功

2. **不流動過程能量公式**(the energy equation for non-flow processes)

　　當工作物質處於靜止狀態時，則位能、動能、流功由情況一至情況二相等，因此 $\frac{z_1}{J} - \frac{z_2}{J}$、$\frac{V_1^2}{2gJ} - \frac{V_2^2}{2gJ}$ 及 $\frac{p_1v_1}{J} - \frac{p_2v_2}{J}$ 均為零，能量公式可寫成(2.3)式。

$$u_1 + q_{12} = u_2 + \frac{wk_{12}}{J} \tag{2.3}$$

2.4　熱力過程變化系統

　　在一個密閉系統(closed system)中，熱力過程包括了等壓過程、等容過程、等溫過程、等熵過程及多變過程等，這些熱力過程可由多變過程方程式 (polytropic process equation)如(2.4)式演變而成，也可以由 $P-V$ 及 $T-S$ 圖表示，如圖 2.2 所式。

$$P_1 V_1^n = P_2 V_2^n = P V^n = C \text{(Constant)} \tag{2.4}$$

$$\frac{T_2}{T_1} = \left(\frac{P_2}{P_1}\right)^{\frac{n-1}{n}} = \left(\frac{V_1}{V_2}\right)^{n-1}$$

$$dh = C_p dt$$

$$du = C_v dt$$

$$K = \frac{C_p}{C_v}$$

$$\frac{R}{J} = C_p - C_v$$

當　　$n = 0$ 等壓過程(constant pressure) or (isobaric)

　　　$n = 1$ 等溫過程(constant temperature) or (isothermal)

　　　$n = \infty$ 等容過程(constant volume) or (isometric)

　　　$n = k$ 等熵過程(constant entropy) or (isentropic)

　　　$n = n$ 多變過程(polytropic)

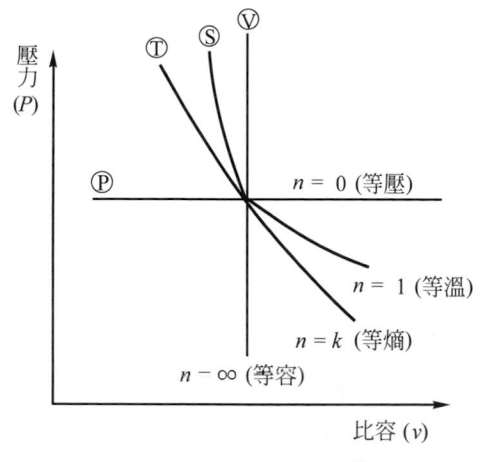

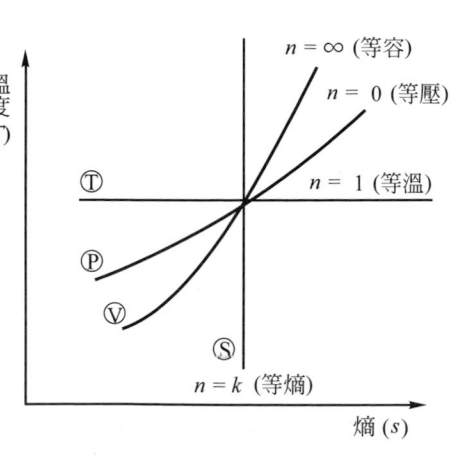

圖 2.2　理想氣體之多變過程

2.4.1　各種過程說明

1.　等壓過程(constant pressure)又稱(isobaric process)

　　在一個密閉的汽缸中加熱，活塞由情況一升至情況二，汽缸中體積由V_1變成V_2，溫度由T_1升至T_2，但活塞重量W不變也就是$P_1 = P_2$，此過程稱為等壓過程，如圖 2.3 所示。等壓過程說明可由P-V及T-S圖中顯示，如圖 2.4 所示。

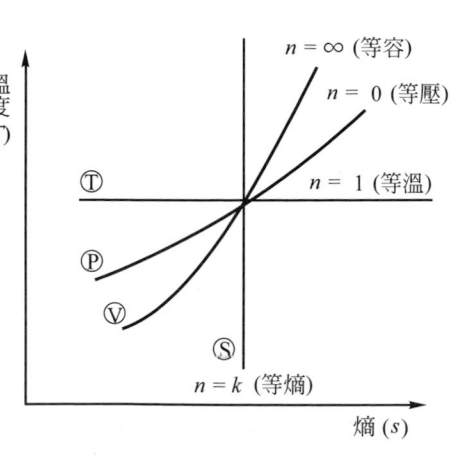

圖 2.3　等壓過程

　　多變公式(2.4)$P_1 V_1^n = P_2 V_2^n = P V^n = C$(Constant)中當$n = 0$時稱為等壓過程，依理想氣體方程式$P_1 V_1 = R T_1$，$P_2 V_2 = R T_2$，因$P_1 = P_2$化簡後得：

$$\frac{V_1}{V_2} = \frac{T_1}{T_2} \tag{2.5}$$

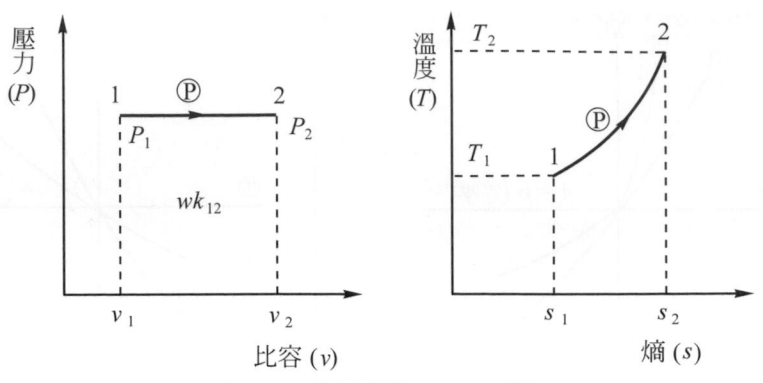

圖 2.4　等壓過程$p\text{-}v$、$T\text{-}s$圖

2. 等溫過程(constant temperature)又稱(isothermal process)

　　在一個冷凍系統中，蒸發過程是當冷媒進入蒸發器的溫度與離開蒸發器的溫度相同，稱爲等溫過程。等溫過程可由P_V及T_S圖說明，如圖2.5所示。

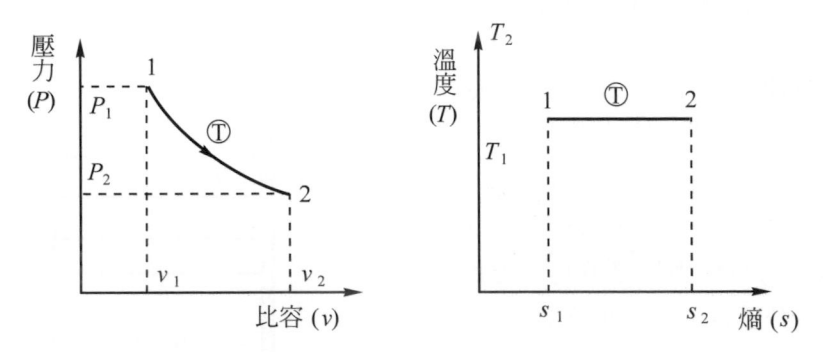

圖 2.5　等溫過程$p\text{-}v$、$T\text{-}s$圖

　　多變公式(2.4)$P_1V_1^n = P_2V_2^n = PV^n = C$(Constant)中當$n = 1$時稱爲等溫過程，則

$$PV = C\,(C = 常數) \tag{2.6}$$

3. 等容過程(constant volume)又稱(isometric process)

　　在一個密閉的汽缸中，將活塞鎖定，不讓它活動，然後在密閉的汽缸加熱，溫度由T_1升至T_2，體積因活塞鎖住而不變，壓力由P_1升至P_2，此過程稱爲等容過程，如圖 2.6 所示。等容過程可由$P\text{-}V$及$T\text{-}S$圖說明，如圖 2.7 所示。

多變公式(2.4)$P_1V_1^n = P_2V_2^n$ $= PV^n = C$(Constant)，若將此公式化成$P_1^{\frac{1}{n}}V_1 = P_2^{\frac{1}{n}}V_2 = P^{\frac{1}{n}}V = C^{\frac{1}{n}}$，當$n = \infty$時，$V_1 = V_2 = V = C'$，稱爲等容過程，依理想氣體方程式$P_1V_1 = RT_1$，$P_2V_2 = RT_2$，因$V_1 = V_2$化簡後得：

$$\frac{T_1}{T_2} = \frac{P_1}{P_2} \qquad (2.7)$$

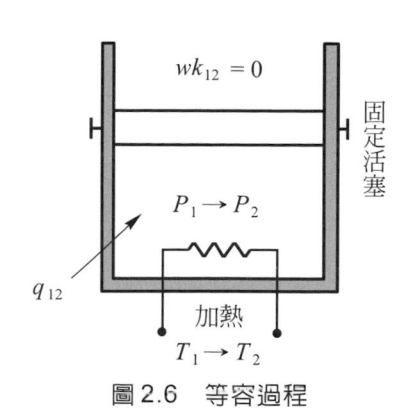

圖 2.6　等容過程

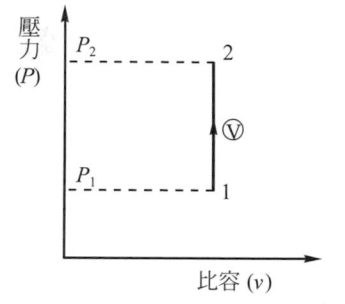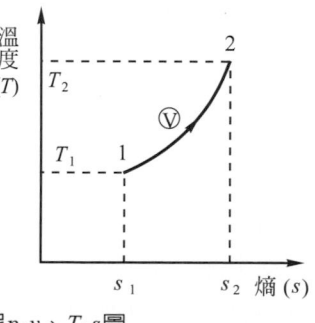

圖 2.7　等容過程p-v、T-s圖

4. **等熵過程**(constant entropy)又稱(isentropic process)

等熵過程又稱爲**絕熱可逆過程**(adiabatic reversible process)，在一個過程中，若工作性質由情況一至情況二，無任何熱能由系統傳出或傳入，此過程稱爲等熵過程，等熵過程可由P-V及T-S圖說明，如圖 2.8 所示。

多變公式(2.4)$P_1V_1^n = P_2V_2^n = PV^n = C$(Constant)中當$n = k\left(k = \dfrac{C_p}{C_v}\right)$時稱爲等熵過程，則

$$PV^k = C\,(C = 常數)\left(k = \frac{C_p}{C_v}\right) \qquad (2.8)$$

C_p＝等壓比熱(contant pressure specific heat)
C_v＝等容比熱(contant volume specific heat)
k＝比熱比(空氣$k = 1.4$)

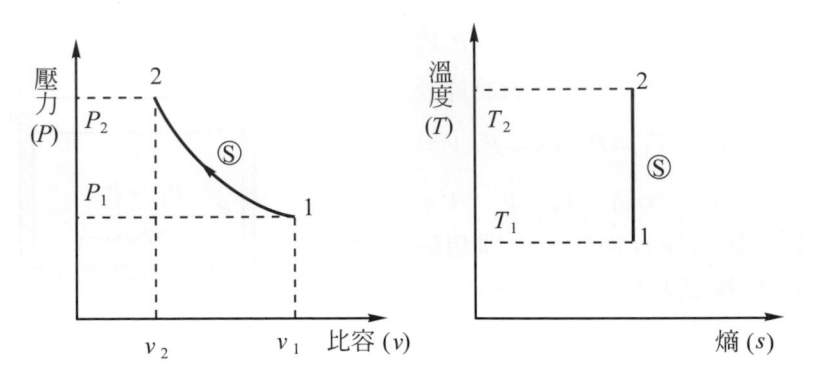

圖2.8　等熵過程p-v、T-s圖

5. **多變過程**(polytropic process)

　　多變過程是多變公式$PV^n = C$當n為 0 到$\propto$之間的任何數值時，它是一條曲線，如圖 2.9 所示。

　　當$n = 0$時，此曲線為平行於V軸之直線P值由C常數而定。若$n = -1$時，此曲線為一斜線，其斜度依C常數而定。若$n = \propto$時，此曲線為一垂直V軸之垂直線，其V值依C常數而定。若n由 0 到$\propto$間，任取一值均可在$P-V$圖中劃一曲線，每一個曲線都是一過程，此過程隨n值而變，若n值選的適當，可以劃出無數個過程，稱為多變過程。

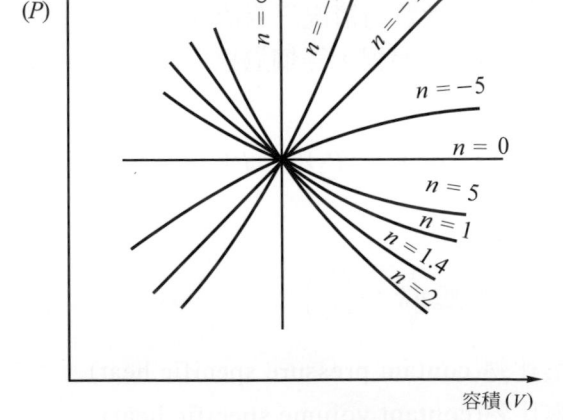

圖2.9　多變過程P-V圖

2.4.2　各種過程之功與熱量之變化

1. **等壓過程**($n = 0$，$P =$ Constant)

   $$wk_{12} = P(v_2 - v_1) = R(T_2 - T_1) \text{ ft-lb/lb}$$

   $$q_{12} = C_p(T_2 - T_1) \text{ Btu/lb}$$

   $$S_2 - S_1 = C_p \ln \frac{T_2}{T_1} \text{ Btu/lb°Fabs}$$

2. **等容過程**($n = \infty$，$V =$ Constant)

   $$wk_{12} = 0$$

   $$q_{12} = C_v(T_2 - T_1) \text{ Btu/lb}$$

   $$s_2 - s_1 = C_v \ln \frac{T_2}{T_1} \text{ Btu/lb}$$

3. **等溫過程**($n = 1$，$T =$ Constant)

   $$wk_{12} = P_1 v_1 \ln \frac{v_2}{v_1} = P_2 v_2 \ln \frac{v_2}{v_1} = RT \ln \frac{v_2}{v_1} \text{ ft-lb/lb}$$

   $$q_{12} = \frac{RT}{J} \ln \frac{P_1}{P_2} \text{ Btu/lb}$$

   $$S_2 - S_1 = \frac{R}{J} \ln \frac{P_1}{P_2} \text{ Btu/lb°Fabs}$$

4. **等熵過程**($n = k$，$S =$ Constant)

   $$wk_{12} = \frac{R(T_2 - T_1)}{1 - K} \text{ ft-lb/lb}$$

   $$q_{12} = 0$$

   $$S_2 - S_1 = 0$$

5. **多變過程**($n = 0 \rightarrow \infty$)

   $$wk_{12} = \frac{R(T_2 - T_1)}{1 - n} \text{ ft-lb/lb}$$

   $$q_{12} = \left[C_v + \frac{R}{J(1-n)} \right] [T_2 - T_1] \text{ Btu/lb}$$

   $$S_2 - S_1 = \left[C_v + \frac{R}{J(1-n)} \right] \ln \frac{T_2}{T_1} \text{ Btu/lb°Fabs}$$

2.5 可逆性

在一個**可逆過程**(reversible process)中，參與這過程的工作物質，不需環境的影響，可以自然的依照原來進行過程所經的狀態，回到原始狀態，換句話說，就是工作物質在一個過程中由狀態一到狀態二，不需要其他的因素也可以由狀態二回到狀態一，這種特性稱為**可逆性**。

實際上內燃機的過程，都是不可逆的，因為任何一個過程中只要具有下列四種情況之一，就是不可逆過程，①**摩擦**，②**有溫度差的情況下導熱**，③**溫度不等的流體，互相攪和**，④**有擾動的膨脹等**。如圖 2.10 表示一汽缸的絕熱膨脹過程，當活塞由 A 快速移動到 B 時，汽缸內壓力就很快膨脹，這時 X 室內的氣壓必大於活塞面 F 的壓力，因此就發生攪動，活塞由 A 到 B 過程中，有了攪動情況，此過程是不可逆過程。如果使活塞慢慢的移動，則 X 室中的氣壓始終與活塞面 F 的氣壓相等，這樣的過程可趨近於絕熱過程，也稱為等熵過程，就是圖中的 AB 過程，如果將活塞面的壓力，按 BA 順序慢慢的增加，則氣體的壓力，可以經由以前由 A 到 B 所經歷的情況，回到原來的 A 情況，在往返之間，過程中的有關個體，均能回原點，所以稱為可逆過程。假如活塞由 A 至 B 快速移動，則 X 室內的氣壓變化，可由 AX 曲線表示，活塞面 F 上的氣壓變化可由 AF' 曲線表示，由圖可知 AF' 過程的功小於絕熱過程 AB 的功。在絕熱過程中，機械功 (AF' 的功) 若小，則內能的損失也小，因此過程到達終點時，內能必大，溫度也較高，所以當氣體到達平衡時，氣壓將升至 P_F，由圖中得知，終點的壓力 P_F 大於絕熱過程終點 P_B 的壓力，同時氣壓平衡後，終點的熵 S_F，必大於絕熱過程終點的熵 S_B，所以不再是等熵過程，顯然，在不可逆過程中，氣體不能按原路回到原始狀態。總結可逆與不可逆的不同，可由以下三點說明。

1. 過程中的機械功小於絕熱過程的功：$(wk)_{AF'} < (wk)_{AB}$。
2. 過程終點的內能大於絕熱過程的內能：$u_{F'} > u_B$。
3. 過程終點的熵大於絕熱過程的熵：$S_F > S_B$。

可逆過程，很難找到實際例子說明，圖 2.11 表示一個比較趨近於可逆過程的說明：在一個密閉的汽缸中，放八塊重量相等的法碼於活塞上，慢慢地，將法碼平行移開活塞，汽缸內的氣壓因法碼移去重量減輕而膨脹，使活塞漸漸上升，最後達到(c)圖的位置，活塞由 A 到 C 過程中，因汽缸是密閉的，系統內無任何型式之摩擦效應，系統內任何時刻都是均勻狀態，系統不受電力、磁力、重力或毛細現象的影響，而且此過程又可以由C狀態，將法碼慢慢的放回活塞，反回原來的A狀態，此種能雙向來回而沒有任何能量的損失之過程稱為可逆過程。

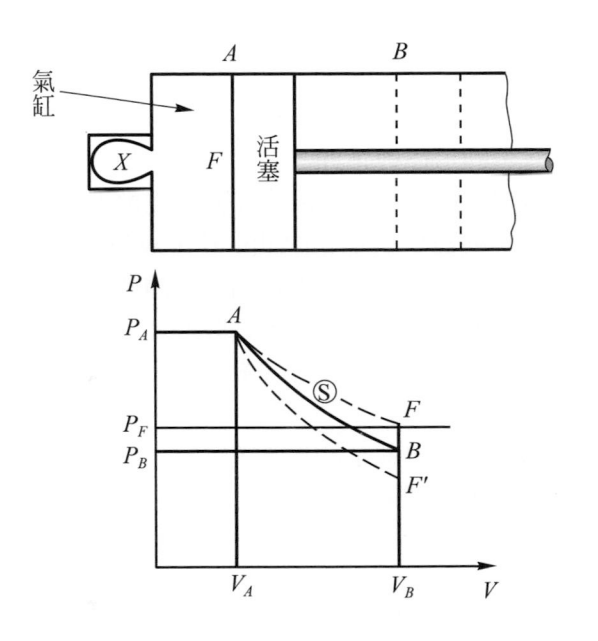

圖 2.10　不可逆絕熱膨脹過程

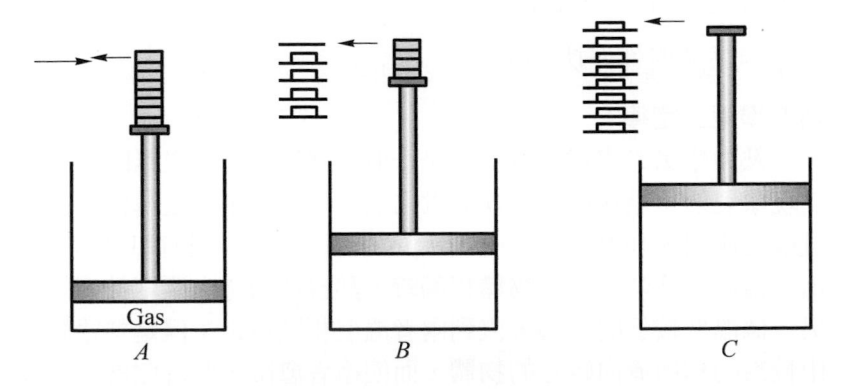

圖 2.11　趨近於可逆過程例子

2.6 熱力學第二定律

熱力學中有一個零定律及三個熱力學定律，稱為熱力學第零定律、第一定律、第二定律、第三定律，這四個定律在熱力學中是非常重要的觀念，分別說明如下：

1. **熱力學第零定律**

當熱力學一二三定律被發現後，科學家們又發現熱力學中早已存在的另一項更基本的定律被遺漏，但熱力學定律名稱早已用之多年無法再做更改，只得將這項後來居上的定律命名為熱力學第零定律。所謂熱力學第零定律，英國數學家福勒(Ralph H. Fowler)解釋為「若兩個物體分別與第三個物體達熱平衡時，則這兩個物體彼此之間也達熱平衡」。簡單的說就是當兩個系統達到熱平衡(即兩者溫度相同)，而它們分別及與另一個系統保持熱平衡，則此三系統均為等溫。

2. **熱力學第一定律**

熱力學第一定律也就是能量不滅定律，簡單的說就是能量可以轉變形態，但無法被創造或毀滅。若以公式表示則

$$E_f - E_i = Q - W/J$$

$E_f = $ 系統最終能量 Btu

$E_i = $ 系統最初能量 Btu

$Q = $ 系統吸收之熱量 Btu

$\dfrac{W}{J} = $ 系統對外作功 Btu

3. **熱力學第二定律**

熱力學第二定律，實際上是一個自然定律，但很難瞭解，必須用自然現象說明：早在第一定律問世之前，熱力學第二定律便已被人提出，且廣泛應用。1824 年，一位年輕的法國工程師卡諾(N.L.Sadi Carnot)指出，當兩個冷熱不同的物體相觸時，熱自然的會由溫度較高的物體流向另一個溫度較低的物體，直到兩者溫度相同為止；但是熱絕對不會自動由較冷的物體流向較熱的物體，而使冷者愈冷，熱者愈熱，同樣地，在斜坡上放置一塊圓形石頭，它只會向下滾，在自然環境中它也不會向上

滾。另外如水也會自然地由上往下流，如果想要使其往相反過程進行，必須用冰箱使低溫變成愈低，用起重機將圓石吊起，用抽水馬達將水由下往上抽，但是所有這些逆向過程，都必需用外界對系統作功才能完成。在自然定律中這些逆向過程是不可能存在的，這個結論就是熱力學第二定律。科學家凱爾文-普朗克(kelvin-Plank Statement)解釋熱力學第二定律為「建造一種運行於一個循環中，除了作功和與一個單一的熱槽作熱交換之外不產生其他效應的裝置是不可能的」。

　　在自然界中，熱力學的過程會使輸出的功減少，其原因由於摩擦及熱損失，依照熱力學第一定律能量是不會毀滅的，因此當功減少時，內能會增加，這個增加的內能就是熵(entropy)，一個過程中如果熵增加($ds > 0$)就是不可逆過程，熵不變($ds = 0$)就是可逆過程，熱力學第二定律簡單的說就是，實際的熱力過程都是不可逆過程，在這過程中，能量自然而然會降低它的可用性，同時熵則在增加。

3. **熱力學第三定律**

　　德國化學家奈恩斯特(Walter H. Nernst)認為一純的結晶物質，在內部完全平衡時，在絕對零度($-273.16°C$)時之絕對熵為零，簡單的說：任何物質，當溫度在絕對零度時之內能為零。

習　題

1. 解釋名詞
   ⑴　工質。
   ⑵　壓力。
   ⑶　溫度。
   ⑷　絕對溫度。
   ⑸　內能。
   ⑹　流功。
   ⑺　焓(enthalpy)。
   ⑻　熵(entropy)。
   ⑼　等容比熱(C_v)。
   ⑽　等壓比熱(C_p)。

⑾　理想氣體。

⑿　性質。

2.　問答題

(1)　何謂等溫過程？

(2)　何謂等壓過程？

(3)　何謂等熵過程？

(4)　何謂等容過程？

(5)　何謂多變過程？

(6)　何謂可逆過程？

(7)　試述熱力學第二定律？

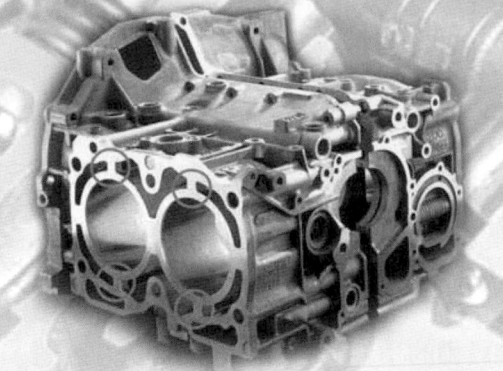

CHAPTER **3**

INTERNAL CONBUSTION ENGINE

燃料與燃燒

　　本章主要的目的是使讀者對燃料與燃燒有一個基本的認識，尤其是對於液體燃料的石油，它的組成、煉製、及它的特性。例如爆燃性(detonation)、揮發性(volatility)、燃燒性(burning quality)及熱值(heat value)、汽油的辛烷數是如何定的、汽油與柴油的比較、燃燒的理論、燃燒的原理、完全燃燒所需的空氣量、燃燒速率、燃燒的化學熱值及廢氣分析等。

　　燃料與內燃機之發展，彼此具有不可分離之關係，內燃機之研究與改良，如無可茲應用之燃料，則將毫無價值可言，早期應用之內燃機，如保留至今，則由於燃料性質及生產方式之改變，將發現其不勘使用。反之，近代優良之內燃機，如應用以前之燃料，亦將不能發揮其最大之功效，故在繼續討論內燃機本身問題以前，須對燃料之性質，有所瞭解，一般內燃機應用之燃料多為液體燃料；氣體燃料與固體燃料，則很少應用。其他若干植物油經過加工後，雖然極適宜作內燃機之燃料，但使用者極少。煤焦爐之副產品如苯(benzol)及醇(alcohols)等，亦為優良之內燃機燃料，可是很少用。內燃機實際用的燃料是由原油煉製出來的燃油(fuel oil)，有輕柴油(diesel oil)，煤油(kerosene)及汽油(gasoline)等。這些都是石油提煉物(refined produce of petroleum)。

3.1　燃料的種類

3.1.1　固體燃料

　　此類燃料包括木材、粉煤、焦炭及木材加工後的各種產品,如木屑、木炭、木柴等。固體燃料中所含的易揮發物質、灰粉及硫對空氣污染有明顯影響,灰粉所易熔之特性,決定各種燃燒設備的積垢程度,這些灰粉處理困難,因此基於經濟因素,商業上尚未被用來作內燃機的燃料,只限於試驗用。

3.1.2　液體燃油

1.　石油的組成

　　　　從油井抽出暗綠色或棕色之石油,通稱原油。其主要成分為碳氫化合物(hydrocarbons)或烴之混合物,其中尚存有少量之氧、氮或硫之衍生物,原油之成因,論者不一,然一般認為係從埋藏沈積地下之動植物之油脂衍生而成。烴或碳氫化合物,雖具有數百種形式,但可分數系,每一系之各烴間,則存有極規則之關係,其各系之名稱及關係公式簡述如後。

(1)　烷屬烴或石蠟(methane series or paries or paraffins)C_nH_{2n+2}

　　　　正烷屬烴(normal methane)均為直鏈(chain)化合物,烴分子中碳之原子數由含一碳之甲烷CH_4至約含有 30 個碳原子的石蠟,此等化合物之碳原子,無法再與氫原子結合,故稱為飽和化合物(satuated compound),此類化合物之分子結構式多成直鏈形狀,今以正戊烷C_5H_{12}(pentane)為例,其分子結構式為:

```
      H    H    H    H    H
      |    |    |    |    |
  H － C － C － C － C － C － H
      |    |    |    |    |
      H    H    H    H    H
```

　　　　正烷屬烴常有各種異構體(isomers),所謂異構體,係指具有相同的原子數及分子量,但其分子結構式或排列方式及性質完全不同之兩種化合物，例如正戊烷之一項異構物甲基丁烷(methyl butane)其分子式仍為C_5H_{12}，但其結構式為：

```
     H    H    H    H
     |    |    |    |
H  - C  - C  - C  - C  - H
     |    |    |    |
     H    C    H    H
        / | \
       H  H  H
```

　　以上正戊烷與甲基丁烷兩項異構體，雖然分子式相同，但因結構式不同，使兩化合物之比重、沸點、點火溫度及其影響燃燒之性質均不大相同。

(2)　烯屬烴或油脂屬(acetylene or dio lefin series)C_nH_{2n}

　　烯屬烴為不飽和化合物，其與烷屬烴不同之點乃在結構式中釋出兩個氫原子，而於一對碳原子間以雙原子價線彼此連結，例如戊烯C_5H_{10}之結構式為：

```
     H    H    H    H    H
     |    |    |    |    |
H  - C  - C  - C  - C  = C  - H
     |    |    |
     H    H    H
```

(3)　炔屬烴或重油脂(dislefins)C_nH_{2n-2}

　　炔屬烴較烯屬烴更不飽和，在結構式上更增加兩個氫原子釋出，而於兩對碳原子間以雙原子價線彼此連結，例如丁炔C_4H_6(butadiene)之分子結構式為：

```
     H    H    H    H
     |    |    |    |
H  - C  = C  - C  = C  - H
```

(4)　環烷屬烴(naphthenes)C_nH_{2n}

　　環烷屬烴之分子式與烯屬烴者相同，但為飽和之環式構造化合物，其與正烷屬烴在結構上大致相同，所不同者僅將鏈形結構兩端之氫原子釋出，而成爲環形予以連接，例如環戊烷C_5H_{10}之結構式爲：

```
          H        H
            \     /
      H      C      H
        \   / \   /
      H - C     C - H
          |       |
      H - C  -  C - H
          |       |
          H       H
```

(5) 苯屬烴(benzene or aromatics series)C_nH_{2n-6}

　　苯屬烴爲與環烷屬烴相同而不飽和之環式結構化合物，例如苯C_6H_6其中之對碳原子以雙價線使彼此相連結，苯之結構式爲：

```
            H
            |
            C
          /    \\
    H - C        C - H
        ||       |
    H - C        C - H
          \     //
            C
            |
            H
```

(6) 各類屬烴之特性，可歸納爲下述幾點：

① 用於 SI 引擎之燃料時，其抗爆震性質，以正常之石蠟爲最差，然後依次序漸次改善，以苯屬烴爲最佳。

② 用於 CI 引擎之燃料時，恰好與 SI 引擎相反，其抗爆震性質，則以正常石蠟爲最好，而以苯屬最差。

③ 一般言之，在分子結構中，其原子數目增加，其沸點溫度亦隨之增高，所以其分子之原子數目較少者(沸點降低)，揮發亦較易。

④ 若分子中氫原子對碳原子之比例增加，其熱值通常亦增加(因氫之熱值較碳之熱值高)，故在上述各屬燃料中，石蠟熱值最高，而苯屬之熱值最低。

※石油之組成，隨產地不同而有所變更，美國東部所產之油大部份為烷屬烴所組成，而加利福尼亞州所產者，則含有多量的瀝青物質及環烷屬烴，爪哇之油富於苯及其同系物，其他大多數油田所產之石油，則以通式C_nH_{2n-2}之環烴為重要成分。

2. 石油的煉製

(1) 分餾法(fractional distillation)

石油中各種不同組成之成分各具有不同沸點，分餾乃利用各種不同溫度使各種不同沸點成分加以分離之方法。分餾之主要設備為精餾塔，內部分層裝置具有漏孔之蒸餾板，原油經油管進入塔底即化為油氣從底上升，從底部蒸餾板至頂部者溫度由約 600°F，逐漸減至 300°F，油氣每通過一層較冷之蒸餾板時，即有一部份較重之油氣予以冷凝抽出，在塔頂未經冷凝之部份稱為油醚(petroleum ether)而自塔頂離開精餾塔，其僅佔全部石油百分之零點幾。自頂至底冷凝之各部份油類之名稱順次為汽油(gasoline)、揮發油(naphthas)、燈油(kerosene)、中油或煤汽油、柴油或燃油及滑油，其殘存在底部者，視原油之來源而為石蠟或瀝青等。

(2) 裂煉法(cracking process)

利用分餾方法或「直流」方法所得之汽油僅佔全部原油的百分之二十，如目前仍僅利用此法煉製汽油，其能供消汽油量之微小，將使全世界至少有一半以上現存之汽油機無法開動，因此需要其他的方法來提煉。汽油裂煉法是將分子量較重之烴正確分裂成較輕之烴。裂煉的方法甚多，但基本原理則大致相同，都是將分子量較大，且不穩定之化合物，加熱至化合物之臨界溫度(critical temperature)以上，並且加高壓使其分裂成結構簡單分子量較小且較穩定之烴分子，如以下方程式：

$$C_{12}H_{24} \xrightarrow{\triangle} C_6H_{14} + C_5H_{10} + C$$

沸點 216°C　　沸點 96°C　　沸點 36°C

$$C_{12}H_{26} \xrightarrow{\triangle} C_7H_{16} + C_5H_{10}$$

沸點 216°C　　沸點 98°C　　沸點 36°C

此法稱爲熱裂法(thermal cracking)其最大的缺點，常常因裂化不夠而產生碳渣或自由碳，如此不但使製成之汽油品質過差，且碳渣常使爐管堵塞妨礙操作，故近代採用觸媒裂煉法(catalytic cracking)此法是採用較低的溫度及壓力，但須使用觸媒劑，所製成之燃料，具有較佳之抗爆性質。

(3)　觸媒氫化法(catalytic hydrogenation process)

　　　氫化法是利用觸媒將不飽和之烴在高壓下，使與烴作選擇性化學結合，而成飽和穩定之烴的方法，此項方法肇始於德國，用以從煤中加氫以製成燃油及汽油等液體燃料，但近代此一方法一般僅應用於對現有液體燃料之處理，其法乃將液體油料及氫抽入反應室內，在3000 psi壓力下加熱，以促使發生反應。

(4)　精煉法(second stage-seperation)

　　　分餾及裂煉所得之油料，必須再加精煉後才能成爲最後產品，其首一目的在將第一步煉出之油料再行細分或混合，使成市場需要之最後產品，其次一目標當在去除油料中之雜質，自由碳等不良成分，並將不穩定及不飽和之化合物使之飽和穩定，如此始能保持燃料純正之色澤，其精煉方法由以下幾個例子說明：

① 滑油之精煉：滑油內不能具有石蠟質，因其在低溫時妨礙滑油之流動性，除去石蠟質的方法爲使用某項溶劑使滑油稀釋，使其低溫時仍能流動，再用冷卻法將石蠟凝結，並過濾使滑油中不含石蠟質。

② 煤油精煉法：煤油內不能含有苯屬烴(芳香族烴)，故其將使煤油在燃燒時發生黑煙或火焰太短，光度不夠之缺點，故必須利用適當溶劑或烴酸去除之。

③ 脫硫精煉法：任何燃料之含硫量均有一最大限制必須加以洗除，現代所用者多爲觸媒脫硫法，利用觸媒將硫化物分解使變成烴化氫以除去之。

④ 汽油精煉法：一般汽油中含高度不飽和烴常使汽油顏色變壞，且易產生膠質以膠結機器之運轉，故常用煤氫化法使不飽和之烴飽和，且在操作進行中，發生有限度之裂解，恰可使有害之硫化物裂解除去，純汽油之抗爆性較差，故常混以少量汽油醚提高其品質。

3.1.3 氣體燃料

過去，氣體燃料多數是由煤、油或木材等燃料製成，通常是將燃料燒成一氧化碳(CO)，並分解水使之產生氫氣，如煤氣(coal gas)，然而這些人工製造的煤氣，目前使用範圍並不廣泛，這類氣體大多被在經濟及安全上大量增進的天然氣及液化石氣取代。

天然氣係由**烷類**(C_nH_{2n+2})化合物之**甲烷**(mathane)(CH_4)所組成，另外還包括了**乙烷**(C_2H_6)、**丙烷**(C_3H_8)及**丁烷**(C_4H_{10})。其中丙烷及丁烷，可由天然氣中或由石油中提煉之，這些天然氣，可以裝入加壓的鋼瓶中，以液體狀態儲存，使用時成為氣態，稱**液化石氣**。目前正研究作為汽車引擎燃料，因天然氣價錢較汽油便宜，而且與空氣混合容易均勻，發動也比較容易，不需要在進氣系統中加熱。目前最大的困難是氣體燃料需具備大小與重量相當的容器及考慮其安全性，因此未被廣泛的運用於汽車上。

3.2 汽 油

汽油是一種具有揮發性、可燃及複雜的石油燃料，幾乎都是由原油所提煉，它是由碳氫化合物所組成，汽油的碳氫化合物包括了**烷屬烴**、**環烷屬烴**和**芳烴**等，烷屬烴含量為 10～85 ％，環烷屬烴為 15～85 ％，芳烴約為 4～40 ％，其運用特性，列舉如下：

1. **爆燃性**(detonation)

     汽油在燃燒時，自引爆點上以超音速的震波或爆波的方式傳遞，這個程序稱為爆燃，又稱爆震。爆燃與燃燒相似，但是燃燒是以火焰藉著熱傳導和擴散，相當慢地自一層傳到下一層，而爆燃則是藉著速度超過 8000 m/sec 的震波傳遞。

2. **揮發性**(volatility)

     汽油蒸發易難的性質稱為揮發性，揮發性愈好的燃料，愈容易變成蒸氣，亦就是其沸點愈低。燃料的揮發性直接影響內燃機的起動性、汽鎖性、行駛性、滑油稀化、暖車性和加速性等。

   ⑴ **起動性**

     內燃機的起動需要汽油與空氣混合成為容易燃燒的混合汽，因此當汽油的沸點愈低時，容易揮發，亦容易與空氣混合，起動時比較容易點燃，因此汽油的揮發性直接影響其起動性。

(2) **汽鎖性**(vapor lock characteristics)

所謂汽鎖，是指汽油在管路中，受壓力的影響揮發性良好的汽油容易蒸發成氣體，阻礙了汽油的流通，稱為汽鎖，內燃機中不希望有汽鎖的現象發生，因此只好選用揮發性較差的汽油，或增加汽油輸送壓力，或降低溫度。

(3) **行駛性**(runing performance)

所謂行駛性，是指引擎運轉的性能，揮發性高的汽油，可使引擎運轉良好，行駛較穩定。

(4) **滑油稀化**(oil dilution)

若汽油內有部份沸點較高之燃油，其揮發性較差，不容易汽化，殘留於汽缸內，由缸壁活塞間隙，進入曲軸箱，滲入潤滑油中，使潤滑油稀化，失去潤滑作用，這種現象，都是由於汽油中含有揮發性較低的燃油。

(5) **暖車性**(warm-up characteristics)

暖車時，因汽缸內溫度較低，需要揮發性較高之汽油，使引擎容易起動，因此汽油的揮發性直接影響內燃機之暖車性。

(6) **加速性**(accelerated characteristics)

引擎在突然加速時，需要較多的汽油，同時需在短時間內蒸發與空氣混合成為可燃混合氣，此時需要揮發性較高之汽油才能滿足需求，因此要使內燃機加速性良好，必須選用揮發性良好之汽油。

3. **燃燒性**(burning quality)

燃料燃燒後所殘留下來之廢物(包括硫、碳化物及膠質)的程度，稱為燃料的燃燒性。汽油的燃燒性直接將影響到內燃機內產生膠質物及硫的含量，這些殘留物將會腐蝕汽缸壁、氣閥座及活塞頭等。汽油中膠質物含量會影響引擎使用壽命，因為膠質物在汽缸中不易燃燒，殘留於汽缸燃燒室、活塞頭、氣閥座等，使燃燒室及活塞散熱不良及氣閥座失靈等現象。汽油中的硫含量或造成汽缸壁及活塞頭之侵蝕作用，因在燃燒後產生二氧化硫或三氧化硫與水作用成次硫酸或硫酸，直接腐蝕缸壁。

4. **熱值**(heat value)

燃料燃燒時放出之熱量稱為燃料的熱值，氫的熱值為 61,000 Btu/

lb，碳之熱值爲 14,000 Btu/lb，故燃料中含氫愈多者，熱值愈高，因此由於燃料的種類不同，熱值也不同，熱值可分高熱值(higher heating value)(HHV)及低熱值(lower heating value)(LHV)兩種。燃料中含有氫燃燒時與氧作用成爲水。如果燃料燃燒時這些水成水蒸汽狀態存在時，則此時之熱量稱爲低熱值。

3.3　爆燃及辛烷數

3.3.1　爆　燃

在火花式引擎中，扮演自動點火的主要角色就是燃燒室中未燃燒燃料之最後部份(the last portion of the unburned charge)，當正常之火焰前進面越過燃燒室時，便使未燃燒燃料之剩餘部份之壓力及溫度升高，而在未燒燃料之某種壓力溫度及密度下，這些燃料可能自動點著，並且幾乎於瞬間燃燒，很快的便將能量釋放，且較諸正常燃燒過程要快得多，這種快速釋放能量，在燃燒室內引起相當幅度的壓力差，遂使氣狀產物發生徑向震動，引起可聽見之敲擊聲，這種情況稱之爲爆震(detonation)。但是假如未燃燒燃料未達到臨界溫度(燃料之自燃點)時，便不會產生爆震，如果點火遲延的時間較之火焰前進面燒越未燃燒之燃料所需之時爲長，也不會產生爆震，故如要防止火花式引擎產生爆震，必須採用具有較高之自動點火臨界溫度及點火遲延較長之燃料，較爲理想。

3.3.2　辛烷數

辛烷數(octance number)：辛烷數是表示汽油的號數，汽油的號數決定是由異辛烷(iso-octane)(C_8H_{18})與正庚烷(normal heplane)(C_7H_{16})所組成的％而決定，異辛烷所佔汽油之百分比決定汽油之號數如 100 號汽油爲 100 ％異辛烷 0 ％正庚烷，又如 80 號汽油爲 80 ％異辛烷，20 ％正庚烷。辛烷數之測定，係將該汽油置於一特殊可變壓縮比內燃機內，使之燃燒運轉，同時增大其壓縮比，直至發生爆震(detonation)，然後再用異辛烷和正庚烷之混合物，使之在同一內燃機，同一壓縮比下燃燒運轉，同時調節異辛烷與正庚烷之混合比，直至發生爆震，則該異辛烷和正庚烷之混合物中，所含異辛烷容積之百分數，即爲所求汽油之辛烷數。辛烷數之決定僅為異辛烷與正庚烷兩項燃油抗爆性之比較而已，其與實際應用之燃料中是否含辛烷烴無關，實際燃油中，混以少量之四乙基鉛$(C_2H_5)_4Pb$或乙基碘C_2H_5I可減輕爆震，換句話說，當燃油中加入四乙基鉛或乙基碘之後，能增加燃油之抗爆性，也就是在沒有產生爆震之情況下燃油之最大動力提高，這樣便無法用辛烷數來表示汽油的抗爆性，因為辛烷數最高只有100(即100％的異辛烷)因此必須用性能數(performance number 簡稱 PN)來表示之，性能數是燃料在沒有爆震之情況下所產生的最大動力與異辛烷(即辛烷數為 100 之燃料)在沒有爆震時所產生的最大動力之比較指示數，例如在沒有爆震之情況下，某汽油所產生之最大動力是異辛烷所產生最大動力之 1.3 倍，則該汽油的性能數為 130，因異辛烷本身的辛烷數為 100，它的性能數亦定為 100，故可得以下公式。

$$性能數 = \frac{燃料在沒有爆震時所能產生之最大動力}{異辛烷在沒有爆震時所能產生之最大動力} \times 100 \%$$

性能數的測定法是用一個可以調整汽缸壓力之增壓(super charged)標準引擎，運轉時改變其壓力，使燃油產生爆震，測出引擎在還沒有發生爆震時之最大指示動力，然後代入以上求性能數之公式，便可求得。

3.4 柴 油

柴油一般用於壓縮式引擎。此類燃料油主要可分為三級，1-D、2-D 及 4-D，此分級主要是配合燃燒器。第 1-D 為輕度蒸餾燃料油，一般用於高速運轉下之引擎，此引擎所承受的負載及速率變化極大。第 2-D 級為蒸餾燃料油，一般用於可在均勻轉速下承受高負載的高速引擎。第 4-D 級為高度蒸餾或轉輕殘留燃油，一般用於相當穩定速率下承受一定負載的低速或中速引擎。

3.4.1 燃油之性質

1. **燃燒點**(combustion point)

燃料與氧起巨烈的氧化作用，以致於發出光及熱的現象稱為燃燒，利用點火劑使燃料開始燃燒的溫度稱為燃燒點。

2. 自燃點(spontaneous combustion point)

　　不用點火劑也可使燃料燃燒，只要增加溫度使燃料自行發火而燃燒，燃料開始自行發火的溫度稱爲自燃點。

3. 閃點(flash point)

　　將燃料慢慢地加熱，使發生蒸汽，再用火焰來接近它發生閃燃，但一閃就滅並沒有繼續燃燒，這時的溫度叫閃點，閃點是表示燃料的揮發性，揮發性愈好的燃料其閃點愈低。

4. 揮發性(volatility)

　　表示燃料蒸發難易的一種性質，揮發性愈好的燃料，愈容易變成蒸氣，亦就是其沸點愈低。

5. 黏度(viscosity)

　　測度液體燃料內摩擦的阻力，以 SSU(second saybolt universal)表示之。

6. 凝固點(pour point)

　　燃油凝固或凝結時的溫度稱爲凝固點。

7. 酸度(acidity)

　　燃料中含酸的程度稱爲酸度。

8. 點火性能(ignition quality)

　　點火性能又稱發火性它是燃料的重要特性之一，由一指示器表示之，名爲發火比值或稱點火比值，(高速柴油機之點火比值爲 50)，發火性能良好的燃料，其燃燒愈容易亦愈快，發火比值愈高。

3.4.2　16 烷數

　　16 烷數(cetane number)：16 烷數是表示柴油的號數，柴油是 16 烷烴(cetane) $C_{16}H_{34}$ 與甲基萘(alpha-methyl-naphthalene)$C_{11}H_{10}$ 之混合液體，前者爲點火性能極佳或點火迅速之燃料，而後者爲點火延遲極長或點火性能極差之燃料。柴油的號數亦是由 16 烷烴與甲基萘所佔之百分比來決定，例如 90 號柴油爲 90 ％ 16 烷烴，10 ％甲基萘所組成。其測量的方法與辛烷數測量法相同，將未知號數燃料置於一標準引擎並在規定情況下試驗，來和已知燃料產生同樣點火延遲之混合物比較，得知 16 烷烴之百分比。

3.4.3 汽油與柴油之比較

汽油的自燃點約在415℃(779℉)左右，燃燒點在6℃～12℃(42.8℉～53.6℉)左右。柴油的自燃點在300℃(572℉)左右，燃燒點為100℃(212℉)左右。由以上所知汽油的燃燒點比柴油低，自燃點比柴油高，故汽油適合於火花式引擎而柴油適合於壓縮式引擎。

3.5 酒精及其他液體燃料

3.5.1 酒 精

酒精是一種含有原子基OH之有機化合物，又稱為醇，一般能作為內燃機燃料的酒精有**甲醇**(CH_3OH)、**乙醇**(C_2H_5OH)、**丁醇**(C_4H_9OH)。一般市面所稱的酒精就是乙醇，無毒可以作飲料、香料、藥用、醫用等。另一種工業用酒精又稱變性酒精，是將100份體積乙醇加上10份體積的甲醇(有毒)及1/2份體積苯所合成，或將100份體積之乙醇加上2份體積的甲醇及1/2體積的妣啶(C_5H_5N)合成。

甲醇是一種非常好燃燒而且乾淨的汽車加熱燃料，但其價格一直比汽油和其他從石油衍生物的燃料貴，因此並沒被利用。甲醇大部份由天然氣所製造，事實上所有的有機物包括煤炭、木材、農業原料和垃圾都能被製成甲醇。其製造方法是先在高溫下分解成合成氣體，包括氫氣及一氧化碳，然後將此合成氣體使其催化轉成甲醇。

乙醇是用含有酸醇的黑麥片、穀類或穀物產生，經蒸餾此酸醇液而成。在1970年商業界引用酒精10％加上無鉛汽油90％之混合物作為汽車燃料，稱為汽油醇。它和無鉛汽油一樣，可以用於裝有催化轉化器的汽車上，其燃燒值大約與無鉛汽油相同。

醇類的性質如表3.1所示，一般醇裡面含有氧，表示有些可燃素質被氧化了，因此每單位醇的熱質，較汽油為低，各種燃料，只要每單位面積內具有正確的空氣與燃料比的混合劑，其燃料不論是汽油或醇，其熱值均大致相等，因此只要內燃機的條件相同，不論是用汽油或醇為燃料，其輸出馬力，也應相等。

表 3.1　醇類的性質

名稱	比熱	比重	沸點(°F)	潛熱 (BTU/lb)	A/F	熱值 (BTU/lb)	適用壓縮比
甲醇	0.60	0.796	151	503	6.46	9,790	5.2
乙醇	0.65	0.789	173	396	8.99	12,780	7.5
丁醇		0.810	242	254	11.18		

3.5.2　酒精與汽油燃料之比較

如表 3.2 所示。

表 3.2　酒精與汽油比較

種類＼項目	空氣／燃料 A/F	熱值 BTU/lb	潛熱 BTU/lb	燃燒速度	適用壓縮比	沸點°C
酒精	8.99	12,780	396	較低	7.5	78.4
汽油	15.1	19,000	150	較高	6～8	50～200

　　由以上比較表得知，酒精的空氣與燃料比為 8.99，汽油為 15.1。因此在混合氣中酒精所佔重量比汽油所佔重量為高，但酒精的燃燒速度較汽油為低，在同一汽缸中所需燃料時間要長，於是為了取得較大的功，使用酒精時需要提早點火時間。汽油的熱值 19,000 Btu/lb，比酒精熱值 12,780 Btu/lb 為高，但實際上兩者差不多，因同一汽缸中酒精所發熱量為 12,780/8.99 = 1414 Btu，而汽油為 19,000/15.1 = 1254 Btu。酒精的潛熱雖比汽油高出約兩倍，但實際上，混合氣進入汽缸前酒精的揮發程度較汽油低，因此若使用酒精燃料時，有較多的液態酒精進入汽缸，造成點火困難，尤其是在冷車時，有時需要先由汽油起動，再交由酒精運轉。酒精的燃燒速度比汽油燃燒低，故酒精較適合用於較低轉速的引擎。

3.5.3 其他液體燃料

1. **煤油**(kerosine)

    煤油是從石油中提煉得，它的沸點為 180℃～290℃ 之間。煤油再經精煉除去硫化物及部份碳氫化合物後，得到的液體稱為芳香碳氫化合物。煤油可作普通的燃料及噴射引擎之燃料及加熱爐燃料，它的最小發火點為 49℃ 煤油較汽油更容易產生爆燃，因此煤油用於內燃機時，其壓縮比不能超過 4.2。

2. **苯油**(benzol)

    苯油是由 70 ％的苯加 24 ％的甲苯及 60 ％的重油混合而成，苯油的 90 ％是在 212℉以下蒸餾，其性質如表 3.3。

表 3.3　苯之性質

項目　　性質	比重	比熱 BTU/lb℉	潛熱 BTU/lb	黏度 SSU
苯油	0.88	0.4	190	20

    苯油比汽油不容易爆燃，因此可用於壓縮比為 6.9 之內燃機，通常在汽油中加入 20 ％苯油，可以防止汽油之爆燃，純苯之凝固點為 42℉，因此在汽油中加 40 ％的苯，可以防止汽油在 −6℉ 以上凝固。

3. **丙烷**(propane)

    丙烷是一種無味、無色、無毒性的氣體，丙烷在天然氣及原油中，由分離自天然氣、原油或精製油的氣體中製造而成。它的熱值大約為 2550 Btu/cuft(天然氣為 1050 Btu/cuft)丙烷在普通溫度及壓力為 250 psi 時是液體，可裝在桶內，作為卡車的燃料，或作燃氣機的備用油，它的辛烷數為 125，因此可以用於高壓縮比(8.8)的內燃機。

4. **丁烷**(butane)

    丁烷為氣體的碳氫化合物，有正丁烷及異丁烷兩種型式，正丁烷的凝固點為 −138.4℃，沸點為 −0.5℃，而異丁烷的凝固點為 −159.6℃，沸點為 11.7℃，其主要來源來自天然氣，或石油精煉。在丁烷中加 20 ％的丙烷，可作卡車及固定型發電機之燃料，它的防止爆燃性非常好，因此它可用於壓縮比為 10 之內燃機。

5. **茶油、桐油、花生油、大豆油**

　　二次世界大戰期間，我國試用過茶油、桐油，都可以作爲內燃機燃料，只是它的黏度較高，使用時必需預熱；另外植物油如花生油、大豆油均可作爲內燃機的液體燃料。

3.6　氣體燃料

　　氣體燃料可分爲天然煤氣、人造煤氣及副產煤氣等。氣體燃料是一種非常理想的燃料，因爲它非常容易與空氣混合成混合氣。而且用於內燃機時，燃燒容易，燃燒效率高，燃燒後沒有灰燼，但是它的儲存容量較大，不適用於汽車引擎。

1. **天然煤氣**

　　天然煤氣是蘊藏於地下之有機物氣體，開採時可直接用導管通到各地方使用，也可以將它壓縮變爲液體裝入鋼瓶中，運往各處使用。天然氣大多在石油礦附近，從油礦中採出的稱爲表層氣(casting-head gas)，它的成份隨產地而異，如表 3.4 所示。

2. **焦爐氣**

　　焦爐氣是煉焦碳過程中的副產品，它的成份如表 3.4 所示，隨其煤的成分及煉焦方法之不同而異，焦爐氣是屬於工業煤氣之一種，雖然它的熱值(Btu/ft^3)低爲天然煤氣之一半，但是它的混合劑熱值卻相等，因此使用起來與天然氣差不多。

3. **鼓風爐氣**

　　鼓風爐氣是鼓風爐煉鐵法中的副產品。它的成分也隨著煉鐵時所用的鐵礦、燃料、熔劑及煉鐵的方向不同而異。鼓風爐氣用於內燃機時，必須先要過濾，因該氣中含約 $1\sim1.5$(厘/呎^3)之灰燼。這些灰燼如不除去，將會損壞汽缸及活塞。除去灰燼方法，普通需要經過二道或三道手續，第一道是在靜止的灰燼澄清箱中澄清，第二道是用潮濕磨洗器(wet scrubbers)或潮濕旋動清洗器中將鼓風爐器洗清，然後再經木屑磨洗器濾過，如此可將灰燼降至 0.0054 厘/呎^3 以下。

表 3.4 氣體燃料的成份及特性

成份 種類 / 百分比	天然煤氣 限度	天然煤氣 平均	焦爐氣 限度	焦爐氣 平均	鼓風爐氣 限度	鼓風爐氣 平均	發生爐氣 限度	發生爐氣 平均	沼氣 限度	沼氣 平均
氫H₂	0~26	—	48~57	50	2~5	3.5	10~20	15	1~5	2
甲烷CH₄	32~98	83	27~36	31	0.2~1.6	0.5	0~4	2	60~77	67
乙烯C₂H₄	—	—	2~4	3	—	—	—	—	—	—
乙烷C₂H₆	0~20	15	—	—	—	—	0~0.5	—	—	—
其他烴	0~2	—	0~1	—	—	—	0~1	—	—	—
一氧化碳CO	0~3	—	3~6	5	25~28	27	20~29	24	0~1	—
二氧化碳CO₂	0~26	1	1~3	2	6~13	11	4~8	5	14~30	25
氧O₂	0~2	—	0~12	1	0~2	—	0.2~2	1	0~1	0.5
氮N₂	0~20	1	2~13	8	56~63	58	50~58	53	2~14	5
硫化氫H₂S	0~2	—	0.2~1.6	0.5	—	—	0~2	1	0~2	0.5
比重	0.57~0.89	0.62	0.35~0.42	0.40	0.80~1.02	1.00	0.80~0.90	0.84	—	0.81
低熱值BTU/呎³	760~1350	980	400~500	475	90~110	100	110~175	135	600~700	625
理論 A/F 呎³/呎³	—	10.5	—	4.7	—	0.78	—	1.12	—	7.06
實際 A/F 呎³/呎³	—	13.5	—	6.0	—	0.94	—	1.4	—	8.9
過量空氣%	20~40	28	—	28	—	21	—	25	—	26
混合劑熱值Btu/呎³	—	68	—	68	—	52	—	56	—	67

4. **發生爐氣**(producer gas)

　　發生爐氣是一種人造燃氣，其製造的方法是將空氣通過極厚的煤層而成。另一種方法是將煤炭、焦炭、木炭、木柴等可燃物堆積成厚厚的使其燃燒，由於堆積甚厚，因此上下層溫度相差甚大，將空氣由底部向上通過，空氣中的氧氣即與碳化合而成CO_2，當CO_2繼續向上流動時，又與碳化合還原成為可燃的 CO，便產生爐氣，該氣的溫度很高，體積較大，如果要將 CO 冷卻後再送入內燃機使用，則熱量會損失 28 ％，所損失的熱量正好等於碳與氧化合成一氧化碳的熱量，如果不經冷卻，直接通入內燃機使用，則其充氣之容積效率較低，因此在發生爐氣中，噴入水汽，使它利用碳與氧化合為一氧化碳，所產生之熱量，將水汽分解成為氫及氧氣，其中氫是可燃氣體，而氧氣又可再與碳化合，使所需空氣量減少，同時可以降低發生爐氣之溫度，增加其充氣容積效率。另外在發生爐氣中的氮氣(N_2)含量很高，因此每立方呎的熱值較低，約為$120 \sim 133$ Btu/ft^3，同時氣溫較高，充氣效率降低，如果使用發生爐氣作為內燃機燃料，則馬力只能達汽油引擎之 $60 \sim 65$ ％，但發生爐氣不容易爆燃，可以使用於較高壓縮比之引擎，約為 8：1 至 15：1 均可，因此也可提高其熱效率，最後輸入功率與汽油引擎差不多。

5. **沼氣**(sewage-sludge gas)

　　沼氣是陰溝中污水所產生的一種氣體。其成分不穩定，表 3.4 中所示只是表明它的範圍及平均值，一般將陰溝中所產生之沼氣收集，供給排除陰溝中沼氣收集，作為農家炊膳之用。

　　天然瓦斯作為內燃機的燃料是非常乾淨、寧靜，但耗油量較同型之柴油機為大。為了環保的需求，因此氣體燃料非常適合用於市區內巴士車上。1975年 Mercedes-Benz 公司，為市區巴士發展的天然瓦斯引擎，其廢氣含量 CO 只有 2 g/bhp-hr，HC 及 NO 為 3.8 g/bhp-hr，此種引擎初次試驗時，採用壓縮之天然瓦斯，但由於儲存困難，後改用液態天然瓦斯，但在使用時，需加裝一個以冷卻水加熱蒸發器。另外液態瓦斯在一般壓力下之儲存溫度為 162℉(72.2℃)以下，因此必須使用絕熱容器。

3.7 燃 燒

3.7.1 燃燒理論

關於燃燒理論是非常的複雜，雖然對這一方面已作了廣泛的研究，並且仍在不斷的努力，可是對某些現象仍然無法瞭解，目前各種理論所提供之有關資料，雖然有實驗數據來支持，但經常還是相互抵觸。一般認為燃燒是燃料中之碳與氫和空氣中之氧所起之相當快速之化學結合，然後放出熱能，驅動內燃機，其燃燒方程式為$C_8H_{18} + 12.5O_2 = 8CO_2 + 9H_2O$此式僅說明了燃燒過程是各有關原子之簡單而直接化合，但實際的燃燒過程，無法瞭解，只是臆測而已，大多數關於燃燒學說本質，認為燃燒過程有兩個普通階段，即"預備"階段(preparation phase)及"實際燃燒"階段(actual burning phase)在"預備"階段，火花引發一局部的反應，形成一些中間反應分子(intermediate reactors)。這些中間反應分子，於是一方面預備實際燃燒之混合物，一方面也引發實際燃燒。

3.7.2 燃燒的原理

各種燃料用化學方法分析的結果，發現其中所含的成分能夠燃燒的主要成分是碳和氫，有時參雜一點硫質在裏面，硫雖然也能氧化，硫氧化時對機件有不良影響，故選擇內燃機的燃料時，應該以含硫成分極少者為對象。今將汽油及柴油中所含碳、氫、氧、硫等成分，分析於後，如表 3.5 所示。

表 3.5 汽油與柴油所含化學成分之硫比

燃料	C	H	O	S
汽油	85	14.9	—	0.1
柴油	85	13	1.7	0.3

燃料在燃燒時，燃料中的碳及氫和空氣中的氧化合成為碳酸氣及水，例如$C + O_2 = CO_2$或$2H_2 + O_2 \rightarrow 2H_2O$像這樣的燃燒在內燃機中有兩種情形，一為完

全燃燒，另一種爲不完全燃燒，完全燃燒的意思是燃料中所含的碳氫能和氧得到充分的化合，完全變成CO_2和H_2O，反過來，可燃的物質之中，如果只燃燒了一部份，例如 $2C + O_2 \rightarrow 2CO$ 這就是不完全燃燒，內燃機中必須要有完全燃燒，才能放出燃料中儲蓄的全部熱能，不完全燃燒所放出的熱量少，於是產生了燃燒損失，不合經濟原則，要想得到完全燃燒，必須要有充分的氧來供應，不但如此，而且要有適當的混合情況，以及適當的溫度下進行燃燒，故要研究內燃機中燃料燃燒的原理，是一件非常複雜的問題。

3.7.3　完全燃燒所需的空氣量

一定量的燃料，完全燃燒時，所需助燃的氧氣在理論上是應該爲定量，但實際上，因速度的不同而有變化，當引擎轉速快時，氧氣量需要也多一點，但是不能太多，因爲逾量的氧氣，對於燃燒沒有作用，反而在燃燒之後作爲廢氣帶走大量的熱量，熱效率因而降低。在火花式引擎中，空氣與燃料的混合比爲多少可由下列公式求得：

$$C_8H_{18} + 12.5O_2 \rightarrow 8CO_2 + 9H_2O$$
$$[(8 \times 12) + (18 \times 1)] + (12.5 \times 32) \rightarrow \cdots$$
$$\frac{C_8H_{18}}{O_2} = \frac{8 \times 12 + 18 \times 1}{12.5 \times 32} = \frac{114}{400} = \frac{1}{3.509}$$

由上式得知：1 磅的汽油需要 3.509 磅之氧才能完全燃燒，空氣中氧的重量，由表 3.6 中得知爲空氣重量的 23.2％，在理論上 1 磅汽油所需空氣 3.509/0.232 ＝ 15.12 磅，故空氣與燃料之比爲 15.12：1，或以 A/F ＝ 15.12：1 表示之。

表 3.6　空氣的成分

成分	符號	分子量	分析		比值		各成分的重量 每分子數空氣
			體積%	重量%	體積	重量	
氧	O_2	32.0	20.99	23.2	1	1	6.717
氮	N_2	28.02	78.03				21.484
氬	A	40.0	0.94	76.8	3.76	3.31	0.376
二氧化碳	CO_2	44.0	0.03				0.013
其他			0.01				
空氣		28.95	100.0	100.0	4.76	4.31	28.95

3.7.4 燃燒速率

燃料在汽缸內燃燒時，從一點發火後向四面蔓延，逐漸擴張及於全部一起燃燒，這是正常的燃燒方式，這種燃燒傳播的速度非常之快，一般每秒鐘數公尺乃至數十公尺，如果以時間論，通常在汽缸中從開始燃燒到全部燃著，約在二百分之一秒到三百分之一秒之間，燃燒速度的快慢，要看混合燃氣中燃料和空氣的混合比，混合燃氣的混合情況、比重、導熱性、溫度、壓力等等情況來決定。在一定的情況之下，燃燒速度應爲一定數。

3.7.5 燃燒所產生之高熱值與低熱值

燃料燃燒後所產生的熱值是指在過量空氣或氧氣供應之狀況下，燃燒時所產生的熱量，以 Btu/lb 或 kcal/kg 表示之。一般熱值可分爲高熱值(higher heat value)及低熱值(lower heat value)二種。高熱值包含燃燒生成物的水蒸汽之凝結熱(latent heat)在內，低熱值則不含該項熱量(高熱值＝低熱值＋水蒸汽之凝結熱)。通常所用的石蠟油屬汽油，其低熱值平均約爲每磅燃油可產生 19,000 Btu 之熱量，碳氫化合物中的含氫量增大時，其熱值也隨之提高，因爲氫之熱值爲 29,000 kcal/kg 或 61,000 Btu/lb，碳之熱值爲 8100 kcal/kg 或 14,000 Btu/lb，硫之熱值爲 2500 kcal/kg 或 4000 Btu/lb。

3.7.6 實際燃燒之狀態

當燃料達到燃點之溫度時，仍需要獲得足夠之空氣供應方能使燃燒狀態繼續，而各種燃料完全燃燒時，對理論空氣量之需求，吾人可依據其燃燒化學式計算中得出，已於 3.7.3 節中提過，但在實際燃燒中，由於燃燒環境難達到全理想之境界，因此僅用理論空氣量往往未能達到完全燃燒。不完全燃燒之結果係燃料熱值未能充分利用，故實用上多供給較理論空氣量更多的空氣，該過量空氣(excess air)，常用它與理論空氣量之百分比表示，稱爲過量空氣比。則公式

$$過量空氣比 = \frac{過量空氣量}{理論空氣量} \times 100\,\%$$

$$實際空氣量 = 理論空氣量(1 + 過量空氣比)$$

各種引擎一般過量空氣比如表 3.7 所示。

表 3.7　過量空氣比

種類	過量空氣比
汽油機	1～1.3
煤油機	1.2～1.5
柴油機	1.6～2.0

3.7.7　正常的燃燒

　　在理想循環及空氣循環中，假設熱量是在瞬息間加入的，同樣在燃料-空氣循環(fuel-air cycle)，也是假設燃燒發生於瞬息間，可是，在實際之火花式引擎循環中，燃燒是發生於一段時間之內的，因此在這段燃燒的時間內是非常的複雜，一般認為在燃燒時火焰前進面越過燃燒室之運動率(rate of motion)是被"反應率"(reaction rate)及"移置率"(transposition rate)所決定。反應率是純化學結合過程中，火焰"吃"進未燃燒部份之結果，其情形就好像在沒有風時，森林之火燒進樹叢那種樣子一樣，移置率是火焰前進面對於汽缸壁之物理運動之結果，運動之原因則是由於燃燒室中之燃燒氣體與其他氣體間之壓力差所致。

　　圖 3.1 可以幫助瞭解火焰面前進移置的情形：圖 3.1(a)是假設將汽缸內之容積及可燃混合物均分為三等分。並假定火焰從左向右越過汽缸，若在 A 部份混合物已完全燃燒，它將膨脹並向 B 及 C 部份加以壓縮至較小的容積及較高之密度，如圖 3.1(b)所示。火焰前進面由於"反應率"的關係行進越過 A 部份，但是由於"移置率"的關係，而更為向右移動，現在，假設火焰前進面已越過 B 部份，這一部份又會膨脹並將 C 部份壓縮得更小，同時亦將 A 部份壓縮使其減小一些。該火焰前進面又繼續向右移置。假如當初將該汽缸劃分為無數部份，則其結果便是產生一前進相當平均之火焰前進面，這不只是由於反應效應(reaction effect)同時也是因為在膨脹的燃燒氣體的移置效應所致。

　　由於實際照相的分析，火焰穿越燃燒室之形成似乎經過三個相當明顯的階段如圖 3.2 所示，最初在面積 I 中，火焰前進面進行得比較慢，主要是由於"移置率"低及擾動較輕之故。由於在開始時已燃燒之燃料質量比較少，所以火焰前進面之移置也很小，且幾乎完全是依靠反應率來傳播，因而前進得很慢，且因火花塞需要裝在接近汽缸壁較平靜之氣層(layer of gas)處，所以沒有擾動便減輕其"反應率"，更減低了火焰的速度。當火焰前進面行進到較為擾動之地區並開始消耗較多質量之混合物後，它便已較均衡的速度較快地進行如圖 3.2 面積 II 部份，在這一段行程內，火焰之平均速度通常稱為"火焰速度"(flame velocity)或者是"火焰速率"(flame speed)當接近火焰行程之末了時，尚未燃燒之燃料體積已大大減少，而"移置率"又再度降為很小，甚至可加忽略不計，因此又減低了火焰的速度，同時，因為火焰已進入擾動很低之地區

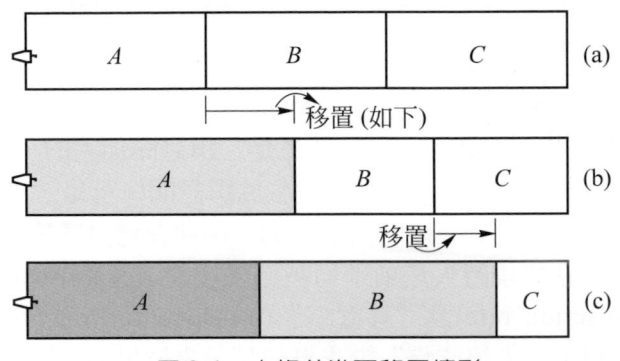

圖 3.1 火焰前進面移置情形

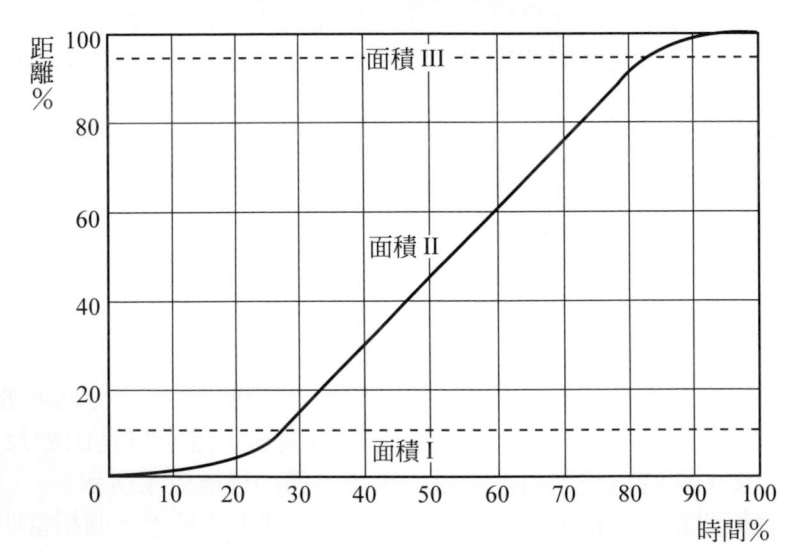

圖 3.2 火焰越過燃燒室距離與時間之關係

"反應率" 又再度降低如圖 3.2 面積Ⅲ部份，實際上在燃燒時眞正發生之反應尚不太清楚，但似乎是，火焰前進面燃燒部份所放出之熱，正好爲鄰近未燃燒部份 "準備" 作燃燒反應。

3.8　化學能熱值

所謂化學能，就是當燃料燃燒時，燃料與氧氣發生化學反應後所產生的熱能，此熱能也可稱爲燃料燃燒後所能產生動力的熱值，實際上有兩種熱值，一爲等容熱值(heating value at constant volume)，一爲等壓熱值(heating value at constant pressure)。

1.　**等容熱值**(heating value at constant volume)

所謂等容熱值，是指在等容狀況下，使燃料與空氣之混合劑燃燒，所放出的熱量，其單位爲英熱單位/磅，燃料或英熱單位/磅分子數，燃料。等容熱值可用**等容卡計**(constant volume calorimeter)測定，等容卡計過程如圖 3.3 所示，假設有一容量不變的容器，其中放置燃料及過量空氣，燃料的重量需先測定，然後將此燃料與空氣的混合劑點燃，燃燒後混合劑中的化學能變成熱能，使容器的溫度升高，再設法使容器冷卻，恢復到燃燒前的溫度，此時容器中所放出的熱量，用燃料的重量或分子數除後所得的商，稱爲**等容熱值**，如公式(3.1)及公式(3.2)

$$C + U_m = U_p + Q_v \tag{3.1}$$

$$或 C = Q_v + (U_p - U_m)_{T_1} \tag{3.2}$$

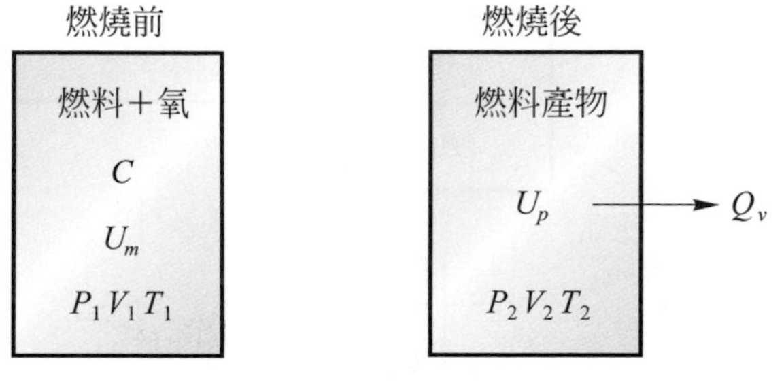

圖 3.3　等容卡計過程

C：每磅或每磅分子數燃料的化學能 Btu/lb

U_m：混合劑之內能 Btu/lb

U_p：燃燒後產物的內能 Btu/lb

Q_v：等容熱值 Btu/lb

T_1：混合劑之原來絕對溫度 °R

2. **等壓熱值**(heating value at constant pressure)

　　所謂等壓熱值，是指在等壓狀況下，使燃料與空氣之混合劑燃燒，所放出的熱量，其單位為英熱單位/磅，燃料或英熱單位/磅分子數，燃料。等壓熱值可用**等壓卡計**(constant pressure calorimeter)測定，實際上是將燃料與空氣在穩流運動中流入等壓卡計中，如圖 3.4 所示之穩流卡計過程，流經時即行燃燒及冷卻，理論尚應使流出的燃燒產物恢復到混合劑的原始溫度，此時所傳出的熱量，除以經過流卡計的燃料重量或分子數所得的商，稱為等壓熱值，如公式(3.3)及公式(3.4)

$$C + U_m + A(PV)_m = U_p + A(PV)_p + Q_p \tag{3.3}$$

$$C = Q_p + (H_p - H_m)_{T_1} \tag{3.4}$$

C：每磅或每磅分子數燃料的化學能

U_m：混合劑內能

U_p：燃燒後產物之內能

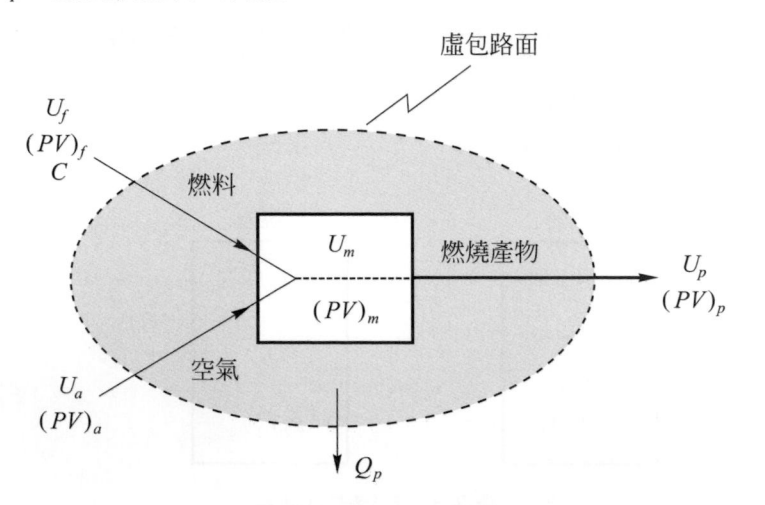

圖 3.4　穩流卡計過程

A：卡劑之截面積

$(PV)_m$：混合劑之流功

$(PV)_p$：燃燒後，產物之流功

H_m：混合劑的焓

H_p：燃燒後產物之焓

T_1：混合劑之原來絕對溫度°R

3. **高熱值與低熱值**

　　所謂高熱值，是指燃料在燃燒後的熱值中包含了水的潛能。所謂低熱值，是指燃料在燃燒後的熱值中不包含水的潛能。因為燃料中若含有氫元素，此氫元素燃燒後，會變成水，如果測定熱值時，使燃燒產物中的水汽完全凝結成為水，這樣所測定的熱值中包含了水的潛熱，稱為高熱值。測定高熱值時，只要在卡計內放一些水，使卡計內的水汽達到飽和狀態，這樣卡計內就無法再容納超量的水汽，因此燃燒後的產物中所含的水汽，必定全部凝結成為水，把它的潛熱釋放出來。其公式如下：

$$(Q_v)_L = (Q_v)_h - W_w(u_2 - u_1)_T \tag{3.5}$$

$$(Q_p)_L = (Q_p)_h - W_w(h_2 - h_1)_T \tag{3.6}$$

$(Q_v)_L$：等容低熱值

$(Q_p)_L$：等壓低熱值

$(Q_v)_h$：等容高熱值

$(Q_p)_h$：等壓高熱值

W_w：燃燒產物中的水份

u_1：飽和水在溫度T時所含的內能

u_2：飽和水汽在溫度T時所含的內能

h_1：飽和水在溫度T時所含的焓

h_2：飽和水汽在溫度T時所含的焓

　　$(h_2 - h_1)$為水的潛能，若水汽的分壓低，其潛能值$(h_2 - h_1)$約為 1.050，則

$$(Q_p)_L = (Q_p)_h - W_w \times 1.050 \tag{3.6a}$$

　　實際上，在內燃機高溫的排氣之下，很難使燃燒產物中的水汽恰好在飽和水汽狀態，因此事實上燃料在內燃機中燃燒，無法達其高熱值，普通均為低熱值，各種燃料的低熱值如表 3.8 所示。

表 3.8　各種燃料之低熱值

燃料種類	低熱值(kcal/kg)
汽油	10400～10600
輕油	10400
重油	10000
苯	9600
天然氣	8000～13000
煉焦爐氣	4200

3.9　廢氣分析

　　所謂廢氣，就是燃料燃燒後，所產生的產物，其成分理論上都能推算，但在實際的燃燒過程中，因反應時間短暫，及燃料與空氣混合不均勻的結果，燃燒後的產物成分與理論分析結果有差別，因此需要將實際燃燒產物加以分析，以確定實際燃燒後產物的成分，這種分析，稱為廢氣分析。由於廢氣的分析，可以推算出混合劑中空氣與燃料比例及瞭解燃料的大概性質，目前最常用的廢氣分析設備為渥薩特廢氣分析器(Orsat apparatus)，使用該廢氣分析器時，必需採用絕對乾燥的廢氣，否則廢氣中含有水汽，將會被吸收液所吸收，不容易得到正確的分析結果。廢氣分析原理及方程式如下：

　　設已知乾廢氣的體積分析為 a-CO_2，b-CO，c-O_2，d-H_2，e-CH_4，f-N_2，表示廢氣中含二氧化碳的體積為 a、一氧化碳的體積為 b、氧的體積為 c、氫的體積為 d、甲烷的體積為 e、氮的體積為 f。

　　令未知烴為 xC ＋ yH，空氣中的氧為 z-O_2，廢氣中的水汽為 g-H_2O，燃料燃燒後的反應公式如下：

$$xC + yH + zO_2 + f N_2 \rightarrow aCO_2 + bCO + cO_2$$
$$+ dH_2 + eCH_4 + gH_2O \tag{3.7}$$

上式中 a、b、c、d、e、f 為已知，可由渥薩特廢氣器測得，其中 x、y、z 為未知數。

1. 因空氣中氮與氧的體積比為 $3.76 : 1$(即 $f : z = 3.76 : 1$)可得

$$z = \frac{f}{3.76} \tag{3.8}$$

2. 公式(3.7)反應式左右兩邊的氧原子數應相等，則

$$z = a + \frac{b}{2} + c + \frac{g}{2} \tag{3.9}$$

$$g = 2(z-a-c)-b \tag{3.10}$$

3. 公式(3.7)左右兩邊的 C 及 H 原子數相等，則

$$x = a + b + e \tag{3.11}$$

$$y = 2d + 4e + 2g \tag{3.12}$$

(3.10)代入(3.12)得

$$y = 2(d-b) + 4(e + z - a - c) \tag{3.13}$$

4. 由公式(3.11)及公式(3.13)可得 x、y 值，因此

$$燃料中氫的重量百分數 = \frac{y}{12x + y} \tag{3.14}$$

$$燃料中碳的重量百分數 = \frac{12x}{12x + y} \tag{3.15}$$

$$空氣與燃料之比值 = \frac{32x + 28f}{12x + y} \tag{3.16}$$

例題 3.1　已知廢氣分析的結果：$CO_2 = 10\%$，$CO = 4\%$，$H_2 = 2\%$，$CH_4 = \frac{1}{2}\%$，其餘為 N_2。試估算燃料中氫及碳的重量百分比及混合氣的空氣與燃油之比值。

解 化學反應式如下：

$$xC + yH + zO_2 + 0.835N_2 \rightarrow 0.1CO_2 + 0.04CO$$
$$+ 0.02H_2 + 0.005CH_4 + 0.835N_2 + gH_2O$$

因為

$$f = 1-(0.01 + 0.04 + 0.02 + 0.005)$$
$$= 1-0.165 = 0.835$$

$$z = \frac{f}{3.76}(公式\ 3.9)$$

$$= \frac{0.835}{3.76} = 0.222$$

$$g = 2(z-a-c)-b(公式\ 3.10)$$
$$a = 0.10，c = 0，b = 0.04$$
$$g = 2(0.222-0.10)-0.04 = 0.204$$
$$y = 2d + 4e + 2g(公式\ 3.12)$$
$$d = 0.02，e = 0.005$$
$$y = 2\times0.02 + 4\times0.005 + 2\times0.204$$
$$= 0.468$$
$$x = a + b + e(公式\ 3.11)$$
$$= 0.10 + 0.04 + 0.005 = 0.145$$

得　$H_2 = \dfrac{y}{12x + y} = \dfrac{0.468}{12\times0.145 + 0.468}\times100\ \%$

$$= 21.2\ \%$$

$$C = \frac{12x}{12x + y} = \frac{12\times0.145}{12\times0.145 + 0.468}\times100\ \%$$

$$= 78.8\ \%$$

$$A/F = \frac{32z + 28f}{12x + y} = \frac{32\times0.222 + 28\times0.835}{12\times0.145 + 0.468}$$

$$= \frac{13.8}{1} = 13.8 : 1$$

　　由廢氣分析的結果，在各種的汽油機及柴油機的廢氣中，H_2與CO的成分幾乎成為直線關係，而CH_4的成分，幾乎不受烴的族類及空氣與燃料比的影響，統計結果如下：

$$[H_2] = 0.51[CO]$$
$$[CH_4] = 0.22\%$$

因此在廢氣分析中，只須要測定CO_2、CO 及O_2就夠了。在一般的汽油引擎所排放的廢氣中，大約百分之八十為氮氣(N_2)及水(H_2O)，百分之二十為二氧化碳(CO_2)、一氧化碳(CO)、碳化氫(HC)及氮氧化物(NO_x)。

習　題

1.　解釋名詞
　　(1)　燃燒點。
　　(2)　自燃點。
　　(3)　閃點。
　　(4)　揮發性。
　　(5)　黏度。
　　(6)　凝固點。
　　(7)　酸度。
　　(8)　辛烷數。
　　(9)　16 烷數。
　　(10)　發火性能。
2.　問答題
　　(1)　簡述石油之由來及組成。
　　(2)　簡述石油之煉製。
　　(3)　何謂高熱值及低熱值。
　　(4)　燃料之燃燒點與自燃點有何同？
　　(5)　為何汽油適合火花式引擎？而柴油適合壓縮式引擎？
　　(6)　如何測定辛烷數與 16 烷數？
　　(7)　汽油為了防止爆震，應加入什麼化學物？
　　(8)　何謂燃燒速率(combustion speed)？
　　(9)　何謂過量空氣比？
　　(10)　詳述液體燃料、氣體燃料及固體燃料之優劣點？

⑾　詳述汽油燃料之各種性質？

⑿　酒精可分爲那三大類？

⒀　氣體燃料可分那幾類？各有何優點？

⒁　何謂廢氣分析？其目的何在？

⒂　爲何廢氣分析時，需要乾燥的廢氣？

內燃機循環

本章是內燃機的理論基礎，本來是屬熱力學範圍，在第二章未提及是怕重複。一般內燃機的作用就是依照本章的熱力循環來完成，包括了奧圖循環(Otto cycle)、狄塞爾循環(Diesel cycle)、二重燃燒循環(Dual combustion cycle)，尤其是奧圖與狄塞爾循環的比較，是內燃機中的重要考題之一，要特別弄清楚，另外提到理想循環與實際循環之間有何差異及影響熱損失的各種因素、容積效率、充量效率等的計算也非常重要，讀者要用心研究。

4.1 循環類別

內燃機內常用之各種動力循環(power cycles)：

1. **奧圖循環(Otto Cycle)** v s 如圖 4.1

    奧圖循環是定容及定熵循環，其四個過程說明如下：

    (1) 第一過程：吸氣過程，活塞先將燃氣吸入汽缸，活塞是由a行至 1。

    (2) 第二過程：壓縮過程，活塞將燃氣加以壓縮，由 1 行至 2 壓力增高，但從 2 到 3 時容積沒有變動，稱為等容過程。

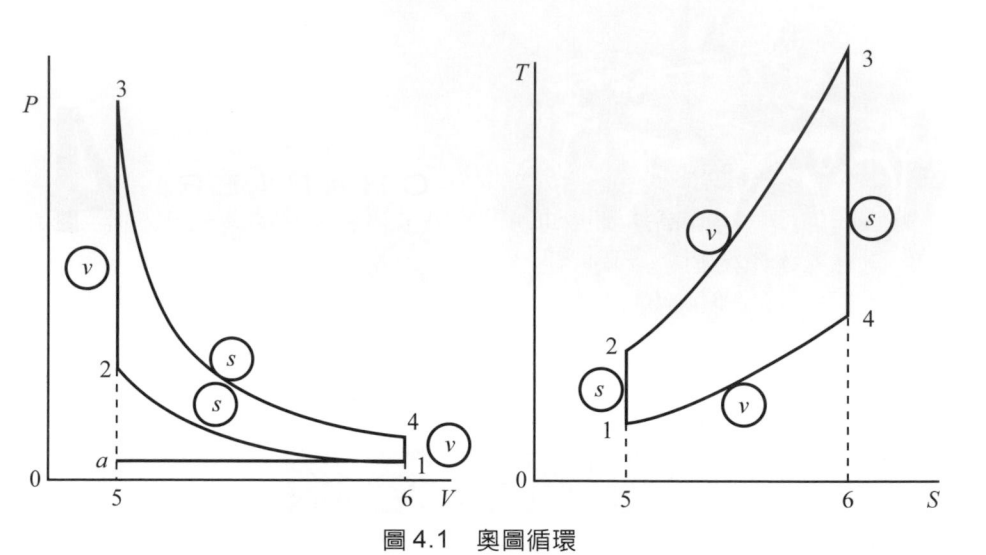

圖 4.1　奧圖循環

(3)　第三過程：動力過程，壓縮後之燃氣點燃後膨脹，且推動活塞向外做功，活塞由 3 到 4，熱量沒有損失，稱為等熵過程。當活塞到 4 點時，排氣門打開，廢氣自動逸出，壓力降低到 1 點，這是一個等容過程。

(4)　第四過程：排氣過程，活塞將燃燒後之廢氣排出缸外，活塞從 1 行至 a。

2.　狄賽爾循環(Diesel Sysle) s p v，如圖 4.2

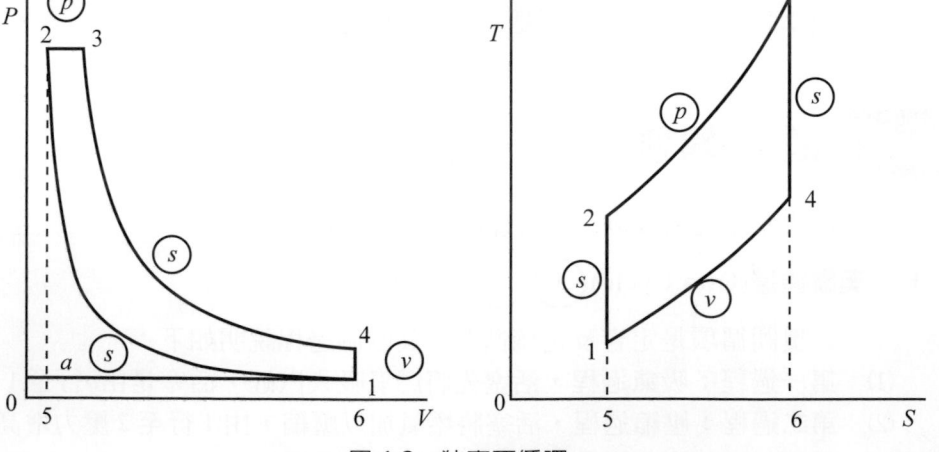

圖 4.2　狄賽爾循環

狄賽爾循環是定熵、定壓、定容循環，其四個過程說明如下：

(1) 第一過程：吸氣過程，活塞由 a 到 1，這時鼓風機送入汽缸的都是純粹空氣。

(2) 第二過程：壓縮過程，活塞由 1 到 2，將空氣壓縮使壓力升得很高，同時溫度也升高達到燃油的自燃點，再將燃油噴入汽缸，使其燃燒。

(3) 第三過程：動力過程，柴油又噴又燃，保持一定壓力，活塞在等壓情況下由 2 到 3，此過程稱為等壓過程，當活塞到 3 點時，噴油完畢，高熱的廢氣作絕熱膨脹，使活塞由 3 至 4，當活塞到 4 點時，排氣門打開，廢氣自動逸出，這是一個等容過程，壓力將降低到 1 點。

(4) 第四過程：排氣過程，活塞由 1 回到 a，將殘餘廢氣排出缸外。

3. 二重燃燒循環(dual combustion cycle)，如圖 4.3

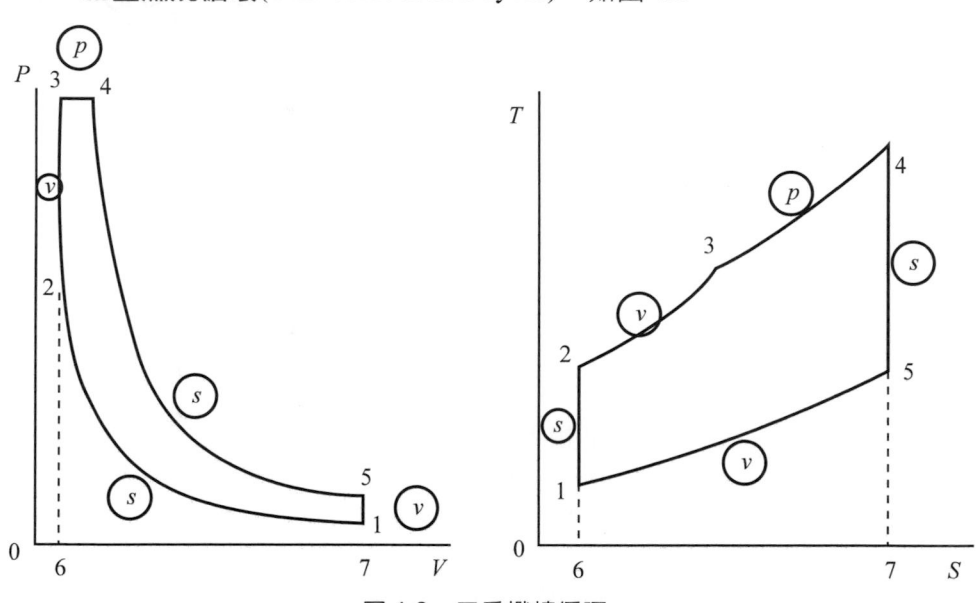

圖 4.3　二重燃燒循環

二重燃燒循環，又稱雙燃循環，此循環乃是奧圖循環與狄塞爾循環合併在一起的循環，給熱過程分二部供給，等容過程給熱及等壓過程給熱，如圖 4.3 所示。

(1) 給熱過程方程式

$$q_s = q_{23} + q_{34} = (u_3 - u_2) + (h_4 - h_3)$$
$$= C_V(T_3 - Y_2) + C_P(T_4 - T_3) \text{ Btu/lb} \tag{4.1}$$

(2) 散熱過程方程式：

$$q_R = q_{15}(u_5 - u_1) = C_V(T_5 - T_1) \text{ Btu/lb} \tag{4.2}$$

4. 奧圖循環與狄塞爾循環之比較

(1) 在同樣壓縮比及同樣供熱量之情況下如圖 4.4

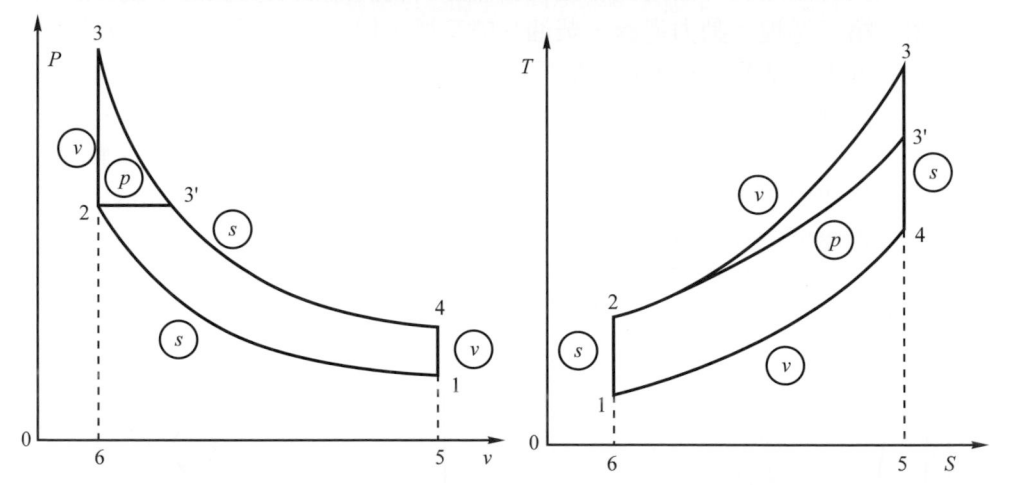

圖 4.4　在同樣壓縮比及同樣供熱量奧圖循環與狄塞爾循環之比較

① 奧圖循環之給熱方程式，散熱方程式及熱效率。

$$q_s = \text{面積 } 1234561 \qquad (T\text{-}S\text{圖})$$

$$q_R = \text{面積 } 14561 \qquad (T\text{-}S\text{圖})$$

$$\eta_{th}(\text{otto}) = \frac{q_s - q_R}{q_s} = \frac{\text{面積 } 1234561 - \text{面積 } 14561}{\text{面積 } 1234561}$$

$$= \frac{\text{面積 } 12341}{\text{面積 } 1234561}$$

② 狄塞爾循環之給熱方程式，散熱方程式及熱效率

$$q_s = \text{面積 } 123'4561 \qquad (T\text{-}S\text{圖})$$

$$q_R = \text{面積 } 14561 \qquad (T\text{-}S\text{圖})$$

$$\eta_{th}(\text{diesel}) = \frac{q_s - q_R}{q_s} = \frac{\text{面積 } 123'4561 - \text{面積 } 14561}{\text{面積 } 123'4561}$$

$$= \frac{\text{面積 } 123'41}{\text{面積 } 123'4561}$$

③ 由 η_{th}(otto)與 η_{th}(diesel)比較得知

$$\eta_{th}(\text{otto}) = \frac{\text{面積 } 12341}{\text{面積 } 1234561}$$

$$= \frac{\text{面積 } 123'41 + \text{面積 } 233'2}{\text{面積 } 123'4561 + \text{面積 } 233'2}$$

$$\eta_{th}(\text{diesel}) = \frac{\text{面積 } 123'41}{\text{面積 } 123'4561}$$

故 η_{th}(otto) $>$ η_{th}(diesel)

④ 比較結果：當在同樣壓縮比及同樣供熱量之情況下奧圖循環之熱效率大於狄塞爾循環之熱效率。

(2) 在同樣最大壓力及同樣供熱量之情況下，如圖4.5

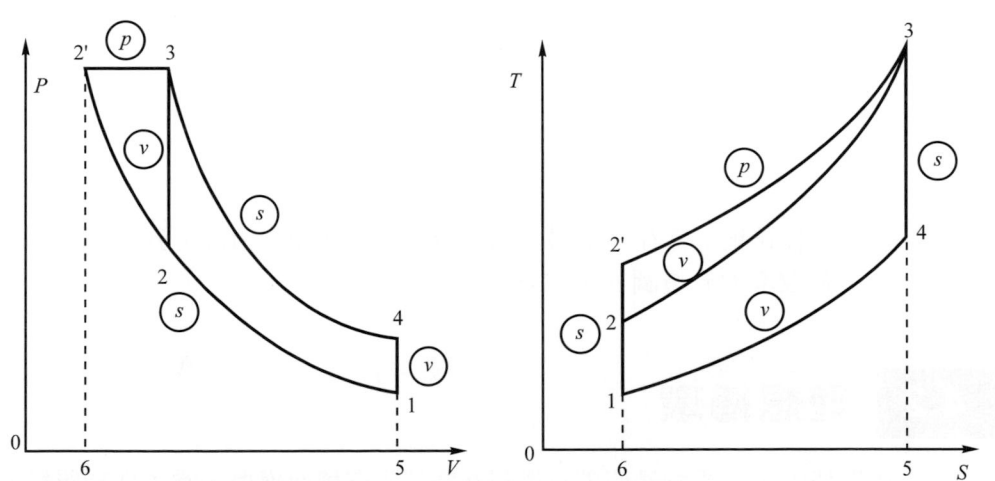

圖4.5 在同樣最大壓力及同樣供熱量之情況下奧圖循環與狄塞爾循環之比較

① 奧圖循環之給熱方程式，散熱方程式及熱效率。

$$q_s = \text{面積 } 1234561 \qquad (T\text{-}S\text{圖})$$

$$q_R = \text{面積 } 14561 \qquad (T\text{-}S\text{圖})$$

$$\eta_{th}(\text{otto}) = \frac{q_s - q_R}{q_s} = \frac{\text{面積 } 1234561 - \text{面積 } 14561}{\text{面積 } 1234561}$$

$$= \frac{\text{面積 } 12341}{\text{面積 } 1234561}$$

② 狄塞爾循環之給熱方程式，散熱方程式及熱效率

$q_s =$ 面積 $122'34561$　　(T-S圖)

$q_R =$ 面積 14561　　　　(T-S圖)

$$\eta_{th}(\text{diesel}) = \frac{q_s - q_R}{q_s} = \frac{\text{面積 } 122'34561 - \text{面積 } 14561}{\text{面積 } 122'34561}$$

$$= \frac{\text{面積 } 12'341}{\text{面積 } 122'34561}$$

③ $\eta_{th}(\text{otto})$ 與 $\eta_{th}(\text{diesel})$ 比較得知

$$\eta_{th}(\text{otto}) = \frac{\text{面積 } 12341}{\text{面積 } 1234561}$$

$$\eta_{th}(\text{diesel}) = \frac{\text{面積 } 12'341}{\text{面積 } 122'34561}$$

$$= \frac{\text{面積 } 12341 + \text{面積 } 22'32}{\text{面積 } 1234561 + \text{面積 } 22'32}$$

故 $\eta_{th}(\text{diesel}) > \eta_{th}(\text{otto})$

④ 比較結果：當在同樣最大壓力及同樣供熱量之情況下狄塞爾循環之熱效率大於奧圖循環之熱效率。

4.2　理想循環

　　在內燃機中，熱或能是使碳氫燃料在空氣中燃燒而獲得，當工作物質經過引擎且引起燃燒時，各種複雜的化學，熱力學及物理之變化均隨之發生。由於工作介質與引擎之間，及引擎與機件之間，有摩擦發生，因此對這些變化作定量的檢定及對各種變數之計算是非常複雜的問題，故平常要分析內燃機循環的種類可由以下四種循環來說明之①理想氣體循環，②空氣循環，③燃料與空氣循環，④實際循環，其差別如下：

1. 理想氣體循環(ideal cycle)

　　理想循環是假定工作介質為一理想氣體，且 $C_P = 0.24$ Btu/lb°Fabs，$C_V = 0.171$ Btu/lb°Fabs，$K = 1.4$ 等之條件下的循環，在整個循環中並

不發生任何改變，且能理想地吸熱或排熱，並可在瞬時內完成吸熱或排熱。這種理想循環可以制定內燃機性能在理論上所可達到的最高極限，此循環可以用理想氣體定律之簡單數學來分析之。

2. **空氣循環**(air cycle)

　　空氣循環是假設工作介質爲空氣，且在遭遇之溫度範圍中，比熱是一個變數，吸熱或排熱均能理想地進行，且在需要時可瞬時間完成，在此循環中沒有熱損失；要計算時關於空氣比熱的變化，常用空氣在各物態時及等熵過程時之性質計算之，熱及功均直接用內能及焓來表示之。

3. **燃料與空氣循環**(fuel-air cycle)

　　燃料與空氣循環是最接近用數學分析的實際內燃機循環，在火花點火式內燃機之壓縮過程時，其工作介質假定爲燃料，空氣及剩餘氣體之混合物，於燃燒開始後，工作介質便含有燃燒之產物CO_2，CO，H_2O，N_2等，這樣將使比熱變化更大，而比熱再進一步之變化，是由於有些較輕之分子在高溫時變成游離狀態；游離反應是一種吸熱反應，會將燃燒所生之熱吸去一部份；由於比熱之增加及吸熱之游離反應，遂使其顛峰溫度及壓力與熱效率均較空氣循環分析所計算者爲低，故要作燃料與空氣循環之分析，對燃燒產物須要使用經驗之熱力學數據，並要假設吸熱或排熱均可在瞬時間內完成，而且在該系統之周界處沒有熱之損失。

4. **實際循環**(actual cycle)

　　實際循環是用實驗的方法使用任何一種內燃機示功器(engine indicator)去量取一運轉中引擎汽缸內之壓力與容積，這些示功器所量取的就是示功圖，由示功圖可顯示引擎之熱損失、燃燒率，內部液體摩擦損失，汽門正時，火花或噴射正時及排氣沖放(blowndown)損失等之效應，另外還有排吸(pumping)損失可由低壓示功圖中求得，實際引擎之淨功也可由這些示功圖中計算而得。

　　在以上內燃機的循環分析中，爲了要建立內燃機性能的合理標準，因此必須由理想內燃機循環著手，因爲由於實際內燃機循環中有化學反應，而且氣體與機件之間，又有熱傳的問題存在，因此分析起來非常複雜，爲了簡化分析結果，採用理想循環說明，理想內燃機循環的特點如下：

1. 汽缸內的情況與實際情況一樣，缸中包括了空氣、燃料及前一循環所留下的廢氣。

2.　循環各部份假設是絕熱的，其中壓縮及膨脹過程即爲可逆絕熱過程(等熵過程)。

3.　空氣與燃料間的化學反應，可依照化學平衡定律。

4.　各氣體的比熱，都是溫度函數。

　　在此介紹一名詞—**壓縮比**(compression ratio)，所謂壓縮比，就是汽缸內的氣體在開始被壓縮時的體積，與壓縮終了時的體積之比，或爲當發動機活塞在下死點時的汽缸容積，與活塞在上死點時汽缸的餘隙容積之比，常以r代表之，如圖 4.6 所示。

$$r = \frac{V_1}{V_2} \tag{4.3}$$

r＝壓縮比
V_1＝氣體在壓縮開始時體積
V_2＝氣體在壓縮終了時體積

設　　$V_1 = 80 \text{ cm}^3$
　　　$V_2 = 10 \text{ cm}^3$

則　　$r = \dfrac{V_1}{V_2} = \dfrac{80}{10} = 8 : 1$

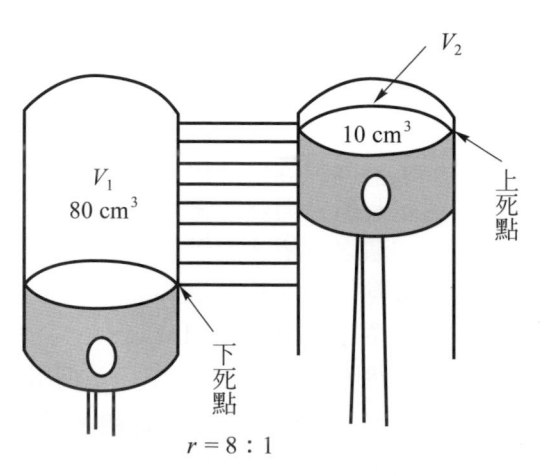

　　活塞在下死點的汽缸容積與活塞在上死點的汽缸容積之差，稱爲活塞的排氣量(piston diaplacement) $(V_1 - V_2)$

$$V_1 - V_2 = 80 - 10 = 70 \text{ cm}^3$$

圖 4.6　內燃機的壓縮比

4.3　理想奧圖循環

　　理想奧圖循環，如圖 4.1 所示，實際上是一個等容及等熵的過程，其分析法有以下三種情形：

1. 全開節流活門奧圖循環(full throttle Otto Cycle)：如圖 4.7

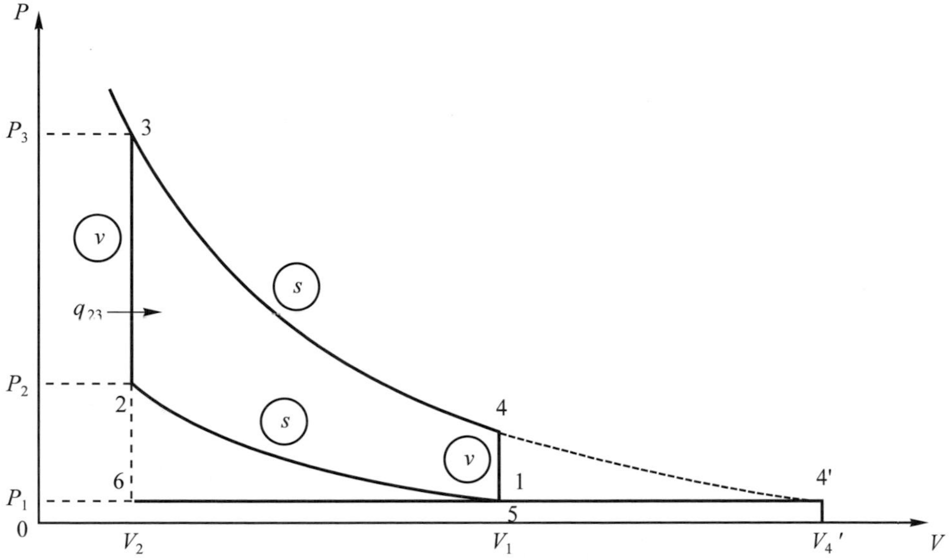

圖 4.7　全開節流閥奧圖循環

　　過程 1-2 為等熵壓縮過程，氣體體積從 V_1 至 V_2，壓力也從 P_1 至 P_2，溫度從 T_1 至 T_2，則其壓縮功為 ω_c。

$$\omega_c = \frac{R(T_2 - T_1)}{1 - K}$$　　　　(參考 2.4.2 等熵過程)

$R =$ 氣體常數

$K =$ 比熱比，$K = \dfrac{C_P}{C_V}$

　　過程 2-3 為等容絕熱燃燒過程，氣體的體積不變，壓力從 P_2 至 P_3，溫度也從 T_2 至 T_3，則其燃燒產生的熱能為 q_{23}。

$$q_{23} = C_V(T_2 - T_1)$$　　　　(參考 2.4.2 等容過程)

$$S_3 - S_2 = C_V \ln\frac{T_3}{T_2}$$

$C_V =$ 等容比熱

　　過程 3-4 為燃燒產物的膨脹，體積從 V_3 至 V_4，$(V_3 = V_2，V_4 = V_1)$ 此過程又為等熵過程 $S_3 = S_4$，溫度由 T_3 至 T_4，則膨脹功為 ω_e。

$$\omega_e = \frac{R(T_4 - T_3)}{1 - K}$$

過程 4-5 為放氣(release)過程，當排氣門開放時，汽缸內的燃燒產物，按照等熵過程繼續膨脹，直到排氣壓力(4'點之壓力，即 14.7 psi)為止，但實際汽缸的體積為V_4，因此在汽缸中還留有部份廢氣，其中所含的內能與焓(U_5及H_5)應與體積成正比。

$$\frac{U_5}{U_{4'}} = \frac{V_5}{V_{4'}}$$

U_5，$U_{4'}$為 5 及 4'點之內能

$$\frac{H_5}{H_{4'}} = \frac{V_5}{V_{4'}}$$

H_5，$H_{4'}$為 5 及 4'點之焓

過程 5-6 為排氣過程，在排氣過程中，汽缸內所留下之廢氣情況不變，僅體積由V_5至V_6($V_5 = V_4$，$V_6 = V_2$)，f為**餘隙廢氣重量分數**(clearance-gas weight fraction)，V_2為餘隙廢氣的體積，$V_{4'}$為廢氣總重量同樣情況的體積，故$V_2/V_{4'}$代表餘隙廢氣重量分數。則

$$f = \frac{V_2}{V_{4'}}$$

過程 6-1 為吸氣過程，在吸氣過程中吸入新鮮混合劑之重量分數為$(1-f)$ f 為餘隙廢氣重量分數，這兩種氣體在等壓過程中混合，又無化學反應產生，當吸氣終了時，汽缸中新鮮混合劑的焓為H_1，則

$$H_1 = fH_{4'} + (1-f)H_m$$

H_m為新鮮混合劑的焓

$H_{4'}$為餘隙廢氣的焓

在全開節流活門奧圖循環中，每一循環的淨功$\omega = \omega_e - \omega_c$($\omega_e$為膨脹功，$\omega_c$為壓縮功)。

2. **節流奧圖循環**(throttled Otto Cycle)

　　當引擎在節流狀態中運行時，進氣歧管的壓力，較排氣壓力為低，因此當進氣門打開時，汽缸內的餘隙廢氣隨著膨脹，而溢入進氣歧管，當活塞開始吸氣時，這些餘隙廢氣再和新鮮混合劑一同吸入汽缸，如圖 4.8 所示。

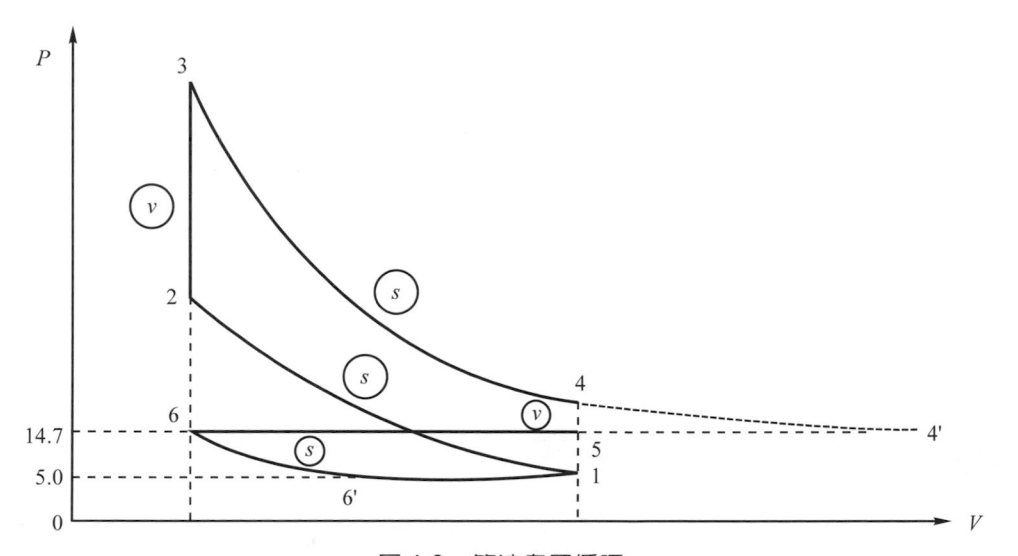

圖 4.8　節流奧圖循環

　　1-2 為壓縮過程，2-3 為等容絕熱燃燒過程，3-4 為等熵膨脹過程，4-5 為放氣過程，5-6 為排氣過程，此過程兩端壓力相同(即 $P_5 = P_6$)，僅體積由 V_5 至 V_6，6-6' 為餘隙廢氣膨脹過程，此過程為等熵過程，6'-1 為吸氣過程。

3. **增壓奧圖循環**(supercharged Otto Cycle)，如圖 4.9 所示

　　在增壓奧圖循環中，吸氣壓力較排氣壓力為高，因此當進氣門打開時，新鮮混合劑將會衝入汽缸，把餘隙廢氣壓縮，直到餘隙廢氣與新鮮混合劑壓力相等為止。當活塞移動時，新鮮混合劑被活塞吸入汽缸。1-2 為壓縮過程，2-3 為等容絕熱燃燒過程，3-4 為等熵膨脹過程，4-5 為放氣過程，5-6 為排氣過程，6-6' 為加壓過程，可當等容過程來分析，6'-1 為吸氣過程，較排氣壓力高。

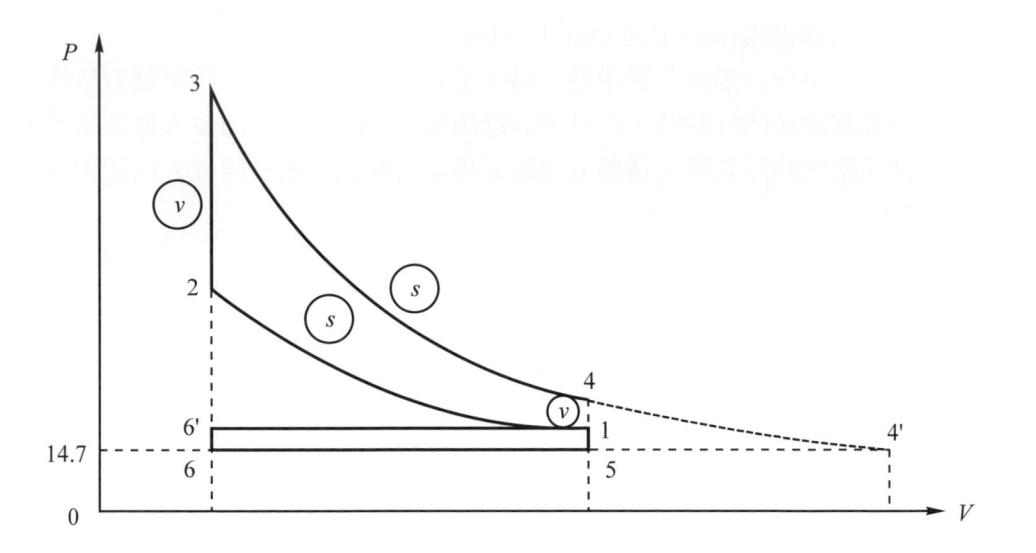

圖4.9　增壓奧圖循環

4.4 理想狄賽爾循環

　　狄賽爾循環如圖 4.10 所示，它是一個等熵、等壓及等容的循環，在壓縮過程中僅將空氣及少量的餘隙廢氣壓縮，當活塞壓縮到上死點時，燃料才由噴油嘴噴入汽缸，與被壓縮後產生的高溫空氣接觸，使燃料點火燃燒，在理想狄塞爾循環中，假定燃燒過程為等壓過程，如圖 4.10 中之 2-3 等壓過程(即$P_2 = P_3$)，要分析此等壓過程之燃燒情形，需參考第三章等壓熱值公式(3.3)，得

$$(M_a U_a + M_r U_r)_2 + M_f(U_f + C_f) + AP_f V_f$$
$$= (M_p U_p + M_e C_e)_3 + AP_2(V_3 - V_2) \tag{4.4}$$

$(M_a U_a + M_r U_r)_2$：為第 2 點的內能，其中a代表空氣的性質，r
　　　　　　　　　代表餘隙廢氣的性質，M代表分子數。

M_f：為噴入汽缸的燃料分子量

$(U_f + C_f)$：為燃料的內能及化學能

A：為汽缸的截面積

$P_f V_f$：為燃料的流功

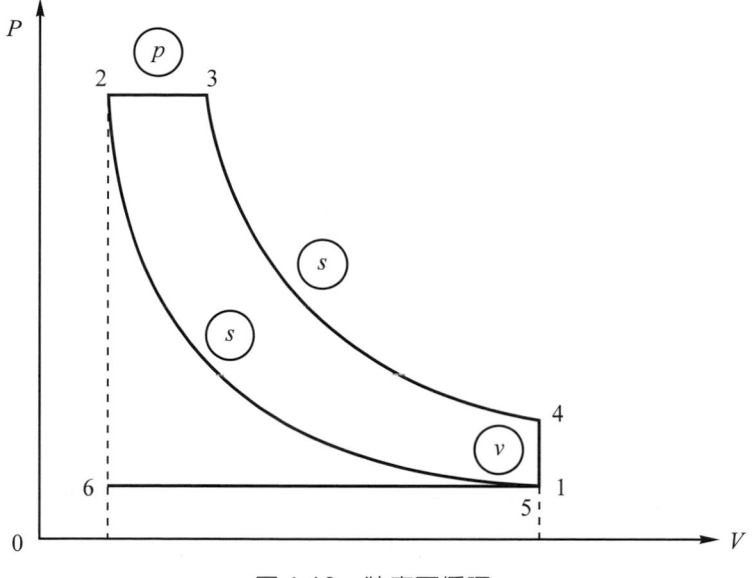

圖 4.10　狄塞爾循環

$(M_p U_p + M_e C_e)_3$：為燃料燃燒後產物的內能及化學能，其中P代表燃
燒產物的性質，e代表燃燒產物中可燃成份的性質，
M代表分子數。

P_2：為第二點壓力$(P_2 = P_3)$

V_2：為第二點體積

V_3：為第三點體積

　　圖 4.10 中，1-2 為等熵壓縮過程，2-3 為等壓燃燒過程，3-4 為等熵膨脹過
程，4-5 為等容放氣過程，5-6 為等壓排氣過程。

4.5　理想雙燃燒循環

　　在高速柴油內燃機中，燃燒過程，一部份為等容過程，其餘的一部份為等
壓過程，如圖 4.11 所示。

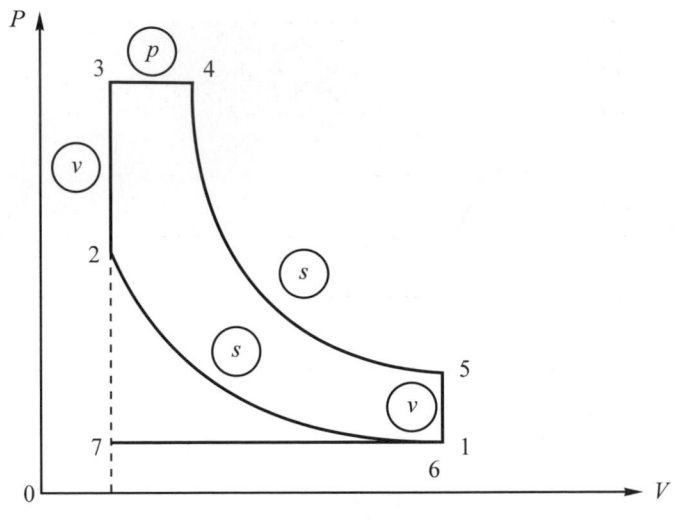

圖4.11 理想雙燃燒循環

在理想雙燃燒循環中，初步燃燒是照等容過程進行，直到壓力升高至限定壓力，然後按等壓絕熱過程進行。在開始燃燒中，因過量空氣很多，因此燃燒溫度不會太高，所以沒有燃燒物的分離現象，但當等壓絕熱燃燒終了時，溫度已經相當高，將會引起分離現象。分析此循環在等壓燃燒過程的情況與理想狄塞爾循環分析相似，只需將公式(4.4)稍加改良得：

$$(M_a U_a + M_r U_r)_3 + M_f(U_f + C_f) + AP_f V_f$$
$$= (M_p U_p + M_e C_e)_4 + AP_3(V_4 - V_3) \qquad (4.5)$$

$(M_a U_a + M_r U_r)_3$：為第三點的內能，其中a代表空氣的性質，r代表餘隙廢氣的性質，M代表分子數。

M_f：為噴入汽缸的燃料分子量

$(U_f + C_f)$：為燃料的內能及化學能

$P_f V_f$：為燃料的流功

A：為汽缸的截面積

$(M_p U_p + M_e C_e)_4$：為燃料燃燒後產物的內能及化學能，其中p代表燃燒產物的性質，e代表燃燒產物中可燃成份的性質，M代表分子數。

P_3：為第三點壓力$(P_3 = P_4)$

V_3：為第三點體積

V_4：為第四點體積

　　圖 4.11 中 1-2 為絕熱壓縮過程，2-3 為等容加熱或燃燒過程，3-4 為等壓加熱或燃燒過程，5-6 為等容放氣過程，6-7 為等壓排氣過程。

4.6　溫度－熵的關係圖

　　所謂溫度－熵的關係圖，就是以溫度為縱座標，以熵為橫座標，來表示內燃機的各種循環，簡稱為 T-S 圖，如圖 4.12 及圖 4.13 所示。

　　圖 4.12 中為當壓縮比及輸入熱量相等，壓縮開始情況也相同的條件下，奧圖、雙燃及狄塞爾三循環之比較，圖中 12341 表示奧圖循環，123′4′5′1 表示雙燃燒循環，123″4″1 表示狄塞爾循環，因為輸入熱量相等則 6′123456′ 的面積

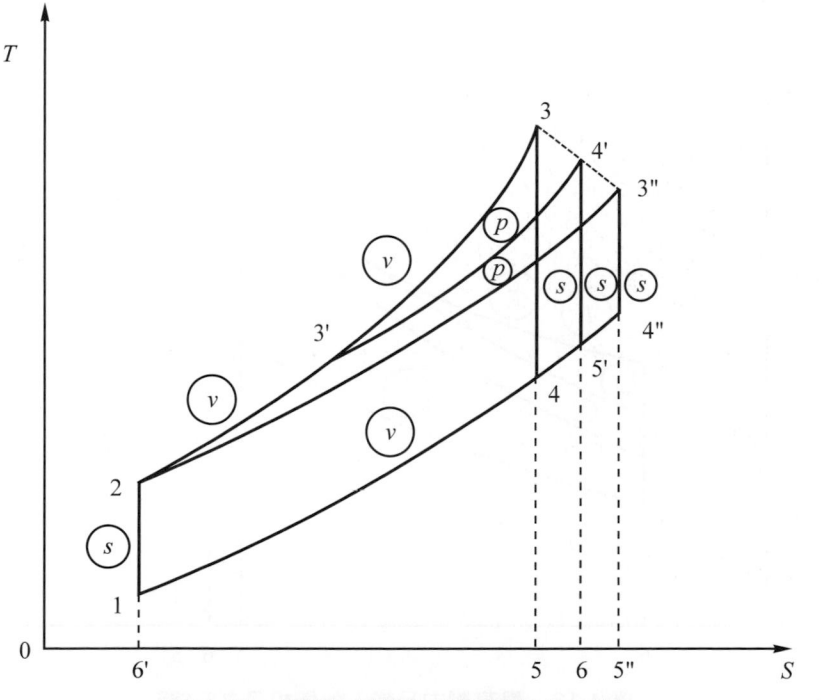

圖 4.12　壓縮比及輸入熱量相等之 T-S 圖

與6'123'4'5'66'面積及6'123"4"5"6'面積要相等，由圖中得知，6'14"5"6'面積大於6'15'66'面積大於6'1456'面積，同樣的面積減去較大的面積，結果反而小，因此得知 12341 面積大於123'4'5'1面積大於123"4"1面積。結論：當壓縮比及輸入熱量相等的條件下奧圖循環的效率大於雙燃燒循環的效率大於狄塞爾循環的效率，如果用公式法計算求得之結果必與 T-S 圖中分析的結果是相同的。

圖 4.13 中為當最高壓力及輸入熱量相等，壓縮開始時的情況也相同之下，奧圖、雙燃及狄塞爾三循環之比較，圖中 12341 狄塞爾循環，12'3'4'5'1 為雙燃燒循環，12"3"4"1 為奧圖循環，因為輸入熱量相等則6'123456'面積與6'12'3'4'5'66'面積及6'12"3"4"5"6'面積均相等，由圖中得知，14"5"6'1面積大於15'66'1面積大於1456'1面積，同樣的面積減去較大的面積，結果反而小，因此得知 12341 面積大於12'3'4'5'1面積大於12"3"4"1面積。結論：當最高壓力及

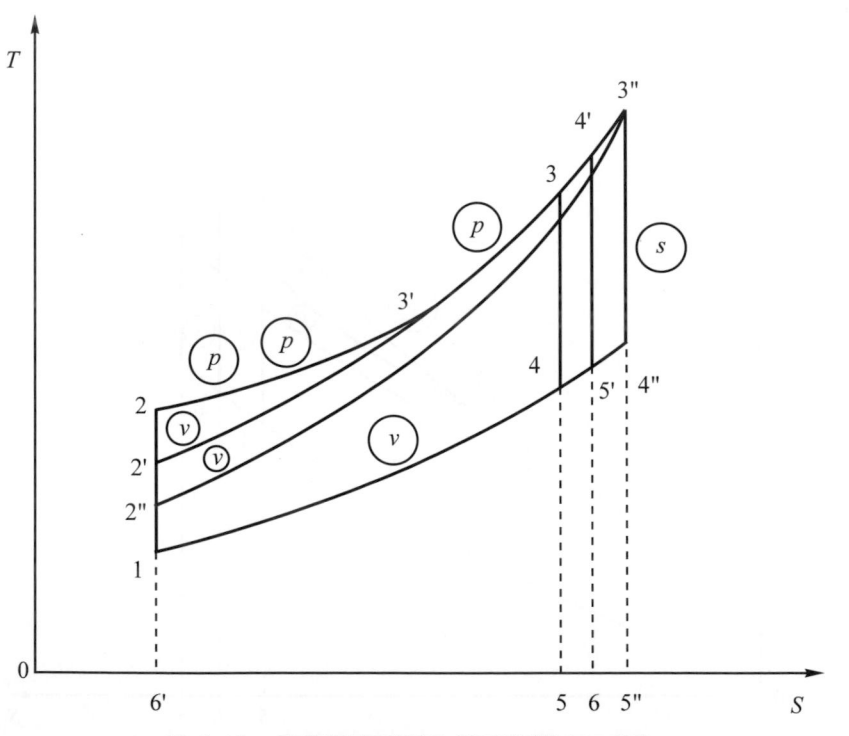

圖 4.13　最高壓力及輸入熱量相等之 T-S 圖

輸入熱量相等的條件下，狄塞爾循環的效率大於雙燃燒循環的效率大於奧圖循環的效率。三種循環之比較除了可由$T-S$圖中分析，也可以用公式法求得。

4.7 理想內燃機循環效率

所謂理想內燃機循環效率，就是一種以理想狀況的內燃機作為條件，其中每一個循環所產生的效率。所謂理想狀況的內燃機包括了以下四點特點：

1. 汽缸內的充氣與真正內燃機完全一樣，包括了空氣、燃料及少許餘隙廢氣(前一循環所遺留下來的廢氣)。

2. 全部的循環過程都是絕熱過程，其中壓縮及膨脹過程，均為可逆絕熱過程(等熵過程)。

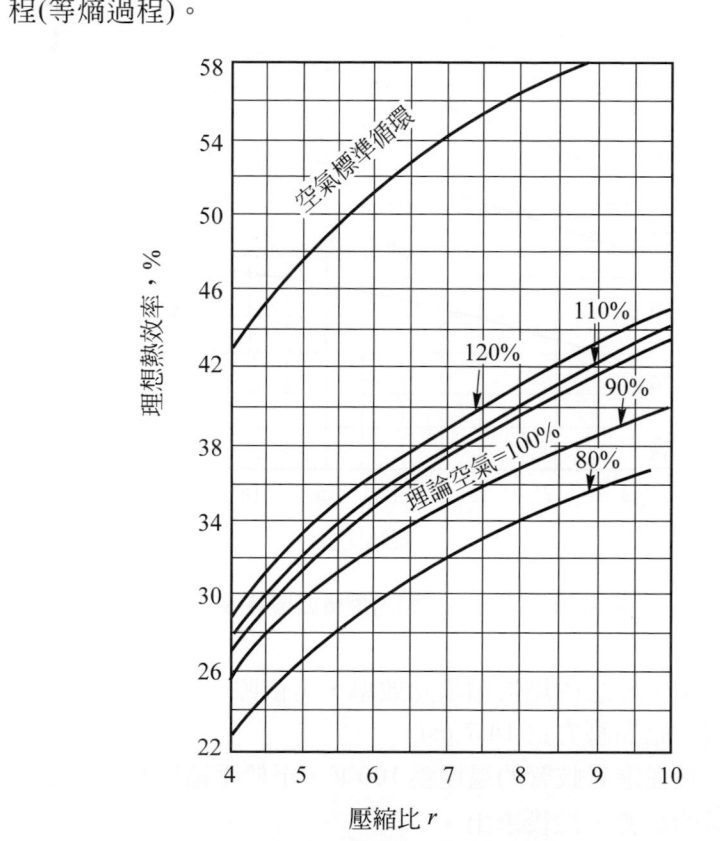

圖4.14　理想奧圖內燃機熱循環效率

3. 空氣及燃料間的化學反應，均可符合化學平衡定律。

4. 各氣體的比熱，都是溫度的函數。這些特性中不包括因化學平衡，導致燃燒不完全而造成能量損失，也不包括因氣體未完全膨脹，以致能無法放出而造成能量損失。

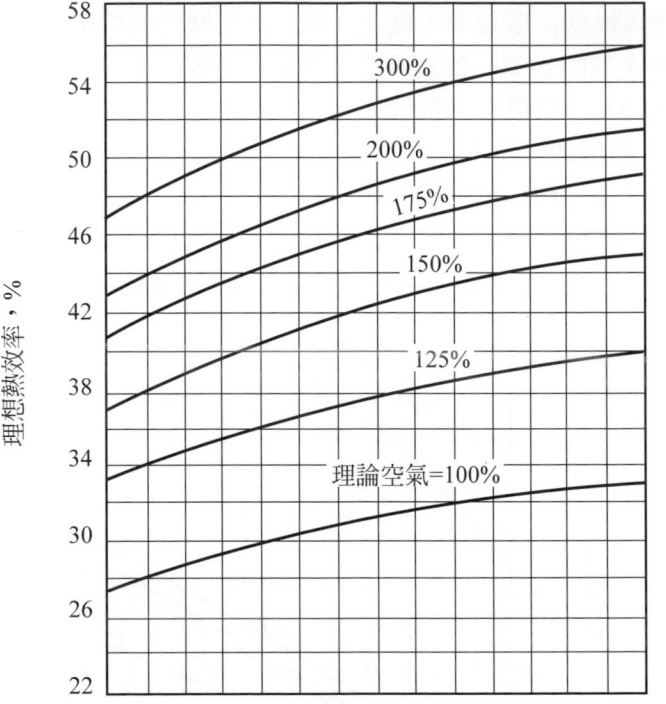

圖 4.15　理想狄塞爾內燃機循環熱效率

在實際狀況中，理想內燃機循環熱效率，可依照下列條件：

1. 充量在壓縮始點壓力為 14.7 psi。

2. 設新鮮充量在進氣歧管的溫度為 100°F，至於壓縮始點的溫度，應考慮餘隙廢氣的影響，然後求出。

3. 奧圖循環在燃料進入汽缸前，假定已全部汽化，而且燃燒過程爲等容絕熱過程，燃料採用C_8H_{18}，

4. 狄塞爾循環所用之燃料是用無氣噴入法噴入汽缸，噴入前的溫度與吸氣溫度相同，燃燒過程爲等壓絕熱過程，燃料是用$C_{12}H_{26}$。繪得燃燒圖，如圖 4.14 及圖 4.15。

　　由圖 4.14 及圖 4.15 中得知，循環熱效率隨過量空氣增加而增高，也隨壓縮比的增大而增高，理想內燃機循環熱效率較空氣標準循環熱效率低很多，也比較接近實際內燃機循環熱效率，因此理想內燃機循環熱效率，可作爲實際內燃機熱效率的基準。

　　圖 4.16 爲理想雙燃燒內燃機循環熱效率，在這個循環中，有兩個變數，就是壓力比b(係指汽缸中最高壓力與壓縮始點的壓力之比)，及停熱比a(係指停止供熱與開始供熱時汽缸容積之比)，因此η_{id}(理想效率)，e(理想空氣%)，a(停熱比)及b(壓力比)等四變數之關係，無法用一套曲線來表示，但可由圖 4.16 中估計出理想循環熱效率約值，其中效率曲線，分成三個壓縮比表示如$r = 14$、

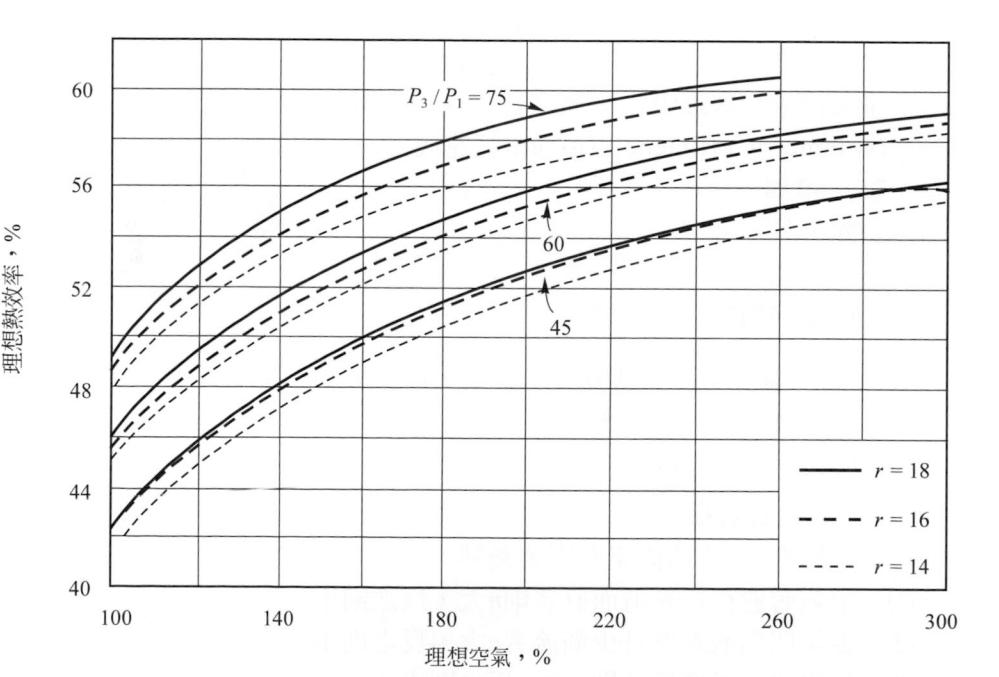

圖 4.16　理想雙燃燒內燃機循環熱效率

16 及 18，每一個壓縮比又分成三個壓力比，如 $\dfrac{P_3}{P_1}$ ＝ 45、60 及 75(其中P_3為循環中最高壓力，P_1為壓縮始點的壓力)，至於其他壓縮比及壓力比均可由圖中內插法求得。

4.8　實際循環與理想循環的偏差

4.8.1　內燃機之實際循環

內燃機無論爲何種循環，除氣旋渦輪機略有不同外；其餘的總不外有吸氣、壓縮、膨脹和排氣等四種基本動作，現就此四種動作分別討論於後：

1. **吸氣**

內燃機在吸氣過程中將受到種種阻礙，例如進氣管內的摩擦，氣閥入口處的渦流阻滯，汽缸中溫度高使氣體體積膨脹，以及還有部份廢氣餘留在燃燒室中未完全清除，這許多原因使得吸入氣體的數量比理想數量來得少。實際吸入氣體之數量比理想數量稱爲吸氣效率或容積效率(volumetric efficiency)(η)通常低速機之η約爲 82～90 ％高速機之η約爲 75～80 ％

公式

$$\eta = \frac{V_W}{V_C + V_h}$$

η＝吸氣效率或容積效率(volumetric efficiency)

V_W＝實際吸入之氣體

V_C＝燃燒室容積

V_h＝汽缸容積

影響η大小的因素有下列幾點：

(1) 進氣管愈粗短光滑而直者則η大，反之則小。

(2) 進氣門爲流線形且少渦流者η大，反之則小。

(3) 外界空氣溫度低，則η大，反之則小。

(4) 外界空氣加以預壓者，則η大，反之則小。

(5) 氣閥關閉的時間控制得宜，則η大，反之則小。

(6) 引擎轉速低或怠速時，則η大，反之則小。

2.　壓縮

　　壓縮行程將氣體在汽缸中壓縮，由於體積減小，溫度升高，故壓力亦隨之大增，從理論上言，壓縮比愈大，壓力愈高者，效率也愈高，但是壓縮比不能無限制提高，因壓縮比大，壓力高，則汽缸蓋及汽缸等之材料亦必須隨之加厚才能承受高壓，如此引擎的重量相對增加，如果用貴重能承受高壓的材料，則造價又太貴，不合經濟原則，如果加強各種附屬零件，則使引擎體積龐大而粗笨，奧圖機更受燃料的限制，壓力愈高、溫度愈高，愈能引起燃料之自燃，因而發生爆震現象。為此緣故，壓力又不能太高，茲將內燃機中壓縮比，壓力以及溫度互相間的數字關係列表，如表 4.1 以供參考。

表 4.1　內燃機之壓縮比、壓力、溫度之關係表

名稱	壓縮比	壓縮終結溫度	壓縮終結壓力(atm) (絕對壓力)
奧圖機	5～9	350℃	6～8
狄塞爾機	12～25	500℃～600℃	30～35

3.　發火、燃燒、膨脹

　　從理論上，奧圖機的點火動作在上死點處，事實上並非如此，因燃料從點火開始直至全部燃燒發生最高工作壓力時，尚須經過一定的時間，倘燃燒情況一定，則此時間亦為一定，如此必須將點火時間稍微提前，要在活塞尚未到達上死點前幾度處就須點火，以便有充分的時間去燃燒，如圖 4.17 中，設$2r$為活塞行程長度，亦即與曲軸柄運動直徑相等，提前點火(或噴油)之點稱為提前發火點即F''點，用曲軸旋轉角α度表示位置，通常奧圖機$\alpha = 10°～40°$，狄塞爾機$\alpha = 5°～15°$，從F'點開始點火，直到F''點才見壓力有顯著的上升。從F'到F''一段時間曲柄轉過β角，稱為點火延時距，約在二百分之一至三百分之一秒之間，設燃燒後產生最高工作壓力點F之曲軸角度為上死點後γ角，則根據 Ricado 之實驗報告得表 4.2 中諸數字關係。

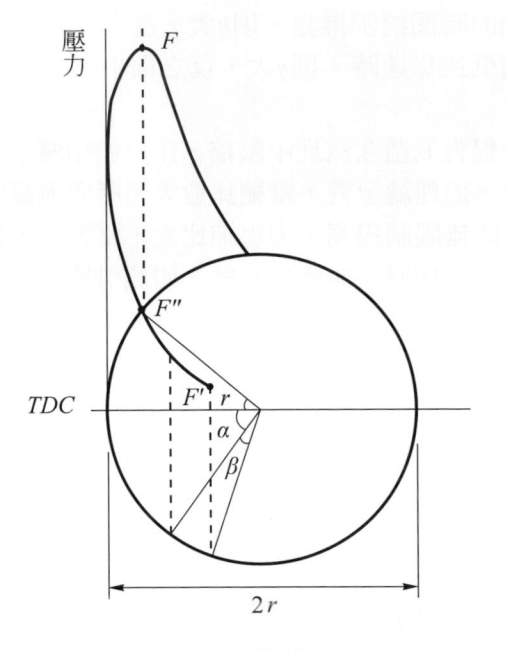

圖 4.17 提前點火

表 4.2 Ricado 之實驗結果

提早點火 $\alpha°$	汽缸內溫度	點火延時距 $\beta°$	最高壓力點 $\gamma°$	最高壓力 P(atm)
39	314℃	20	5	43(絕對壓力)
34	335℃	18	6	40
29	356℃	16	12	38
24	377℃	15.5	18	35
19	397℃	15	23	33
14	415℃	15	27	30
9	427℃	13	32	26

　　由表中可知，若點火愈早，α 大 γ 小，壓力 P 愈大，效率亦愈高。點火愈遲，α 愈小，γ 愈大，壓力 P 愈小，效率就愈低，但 α 亦不能太早，

否則變成早燃，反而不合適，根據 Ricado 的實驗，γ 在 12°左右為宜，則壓力 P 不超過 40 大氣壓力，因此 α 角在 30°左右最好，在一定引擎中，轉速改變時，提前發火角度也應隨之改變，轉速愈快，愈要提前，以求得最高工作壓力的需要為原則。

　　狄塞爾機因將燃料噴得極細，且和空氣取得良好的混合，可以縮短點火延時距，但點火角度亦不能太遲，太遲即發生遲燃現象，例如每分鐘八千轉以上的高速引擎，平均每秒鐘 133 轉，曲軸每週旋轉 360°，每秒將旋轉 $360 \times 133 = 4788°$，則 1/300 秒時間內曲軸已轉了 159°，換言之，等燃料燒著時活塞已將到達下死點而接近排氣了，這樣當然不能成為等容燃燒，如此產生的熱量亦大部由排氣管中排出，效率因而大大的減低，如圖 4.18 所示，遲燃使最高壓力點降低而且退後，其所增加的工作面積乃小於損失的工作面積 A，得不償失，同時廢氣溫度高，除增加的熱量損失，浪費燃料外，新鮮燃氣進入汽缸時，容易引起早燃而發生回火現象，引起災害，尤其是在二行程奧圖機用燃氣清除汽缸更容易引起早燃，所以必須防止遲燃現象之發生。

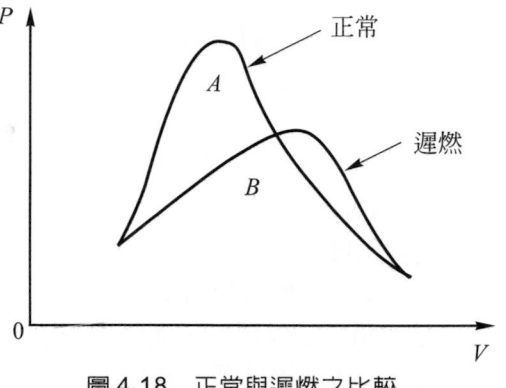

圖 4.18　正常與遲燃之比較

4. **排氣**

　　在理論上當第三行程完畢，活塞到達下死點排氣門開放時，曲軸已轉過 540°，而且是等容過程，可是事實上，由於排氣的種種困難，如果在下死點時才打開排氣門，因排氣通道有限發生擁擠，勢必引起背壓而增加排氣所消耗的工作，在工作圖形上就是增加負的面積，因此效率必然降低，而且有大量廢氣未能排出，如此在第二次循環時將降低吸氣效率妨礙燃燒，所以必須提前開放排氣門，其提前之曲軸角度約在

25°～30°之間，此數值和引擎轉速有密切關係。因為轉速愈高的引擎，提前排氣角度亦愈大，但提前角度愈大，則排氣時，汽缸內之壓力也愈高，廢氣帶走的熱量就愈多，此種熱量損失稱之為沖放損失，在內燃機中廢氣損失量很大，通常奧圖機約為30％～37％，狄塞爾機約為23％～30％。

4.8.2 實際循環與理想循環的偏差

內燃機的實際循環非常複雜，有化學的、熱力的及機械上的變更，分析起來比較困難，空氣標準循環雖然比較容易用理論來分析，因為這兩種循環所用的介質不一樣，空氣標準循環的介質是空氣，而實際循環的介質是空氣與燃料，所以分析的結果循環效率相差很遠。為了方便分析，限制一些實際循環中的條件，如假設各過程均為絕熱狀況，其中壓縮及膨脹過程為可逆絕熱過程，化學反應是依照化學平衡定律，各氣體的比熱，都是溫度函數等，稱為理想循環。因此分析的結果，理想循環的效率與實際循環的效率相近。但是理想循環並未考慮實際循環中所存在的流體阻力或機械摩擦力，所以兩者間仍有差異，綜合以上各種情況，其相互差異，有以下幾點說明：

1. 在火花點火式引擎的實際循環中，燃燒過程並非如理想循環中的絕對等容。
2. 在壓縮點火式引擎的實際循環中，燃燒過程並非如理想循環中的絕對等容及絕對等壓過程所合成。
3. 在實際循環中，混合劑燃燒時，並非如理想循環的化學反應，完全依照化學平衡現象進行。反而由於實際循環中，因混合劑混合不均勻或時間短暫，無法在規定時間內完成燃燒，促使化學平衡現象無法完全。
4. 實際循環的內燃機構造並非絕熱體，因此在各過程中，均有傳熱現象，導致熱能損失。
5. 在實際的內燃機中，有流體阻力，造成吸排損失及吸入充量減少，因此直接或間接的影響到每一循環的示功。
6. 在實際內燃機中，氣門正時，無法依理想循環一樣瞬時完成，必須要有適當的定時。
7. 在實際內燃機中，多缸引擎的混合劑分配，無法做到像理想循環一樣，每缸均相同。

8.　實際內燃機中具有機械阻力，因此實際功率必小於理想循環之指示功。

綜合以上所述，從空氣循環演變到實際輸出功率，以圖表明，如圖 4.19 所示。

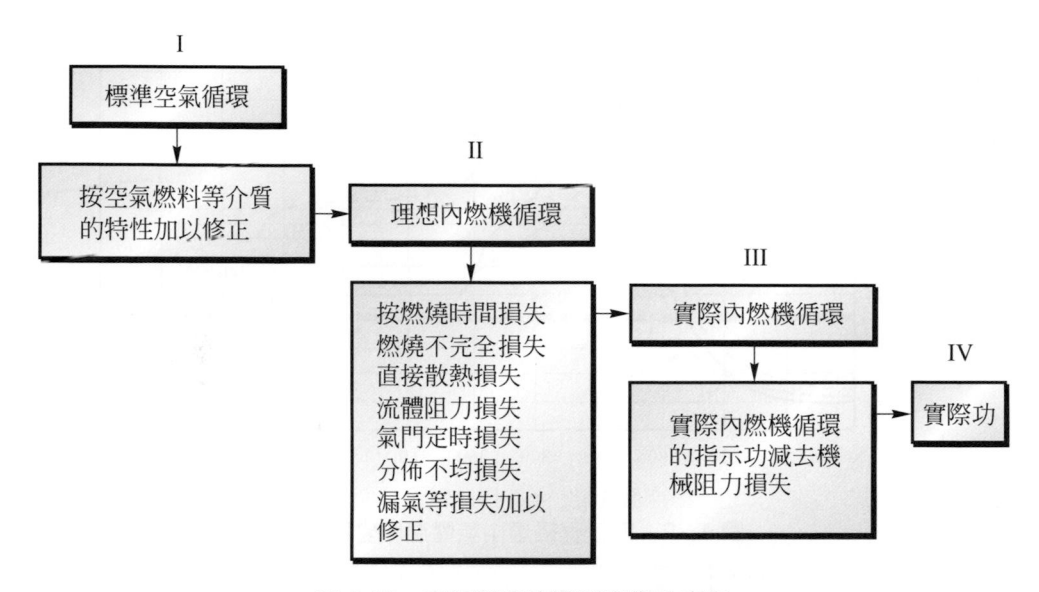

圖 4.19　空氣循環演變到實際功率圖

4.9　熱損失

所謂熱損失，簡單的說就是在一個內燃機的循環中，引擎的指示功減去實際功，所得的值，稱為熱損失，其中包括了直接熱損失及間接熱損失兩種。所謂直接熱損失，是指在內燃機中，因為介質與其接觸面的溫度差，引起熱傳現象。由於這種現象所造成的熱損失。另外一種因機械摩擦作用所生的熱量，消散而造成的熱損失，稱為間接熱損失，本節僅討論直接熱損失。

當內燃機的循環在燃燒、膨脹，排氣及壓縮等過程終了時，汽缸內氣體的溫度，往往要比燃燒室壁面溫度來的高。因此氣體的熱量將會經過汽缸壁傳至冷卻水或空氣中，使汽缸壁不致過熱，但是當進氣過程及壓縮過程的初期氣體的溫度被新鮮空氣吸收後，反而氣體的溫度比汽缸壁的溫度為低，如圖 4.20 及圖 4.21 所示。

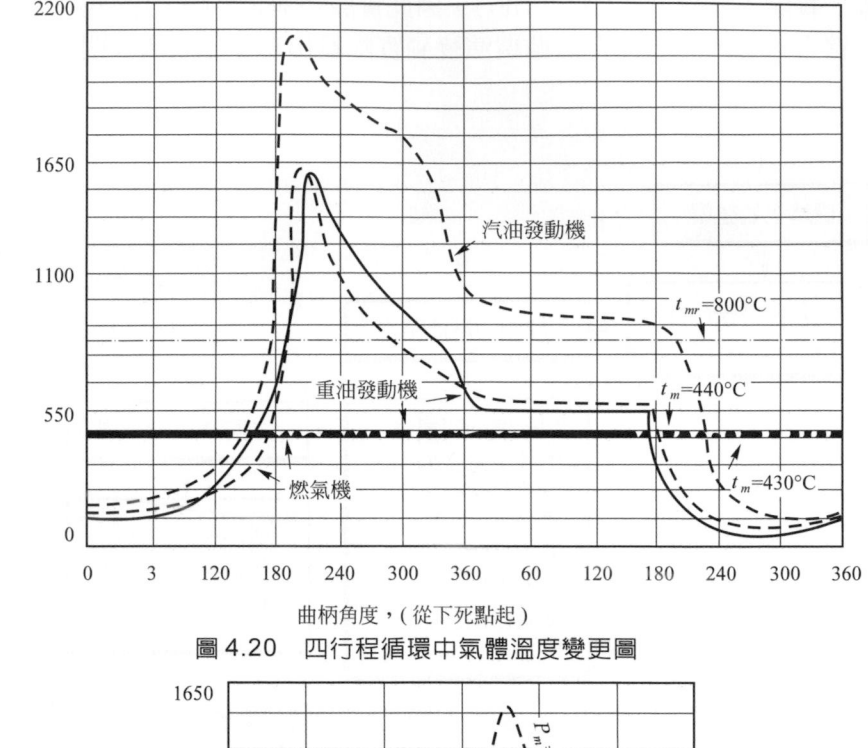

圖 4.20 四行程循環中氣體溫度變更圖

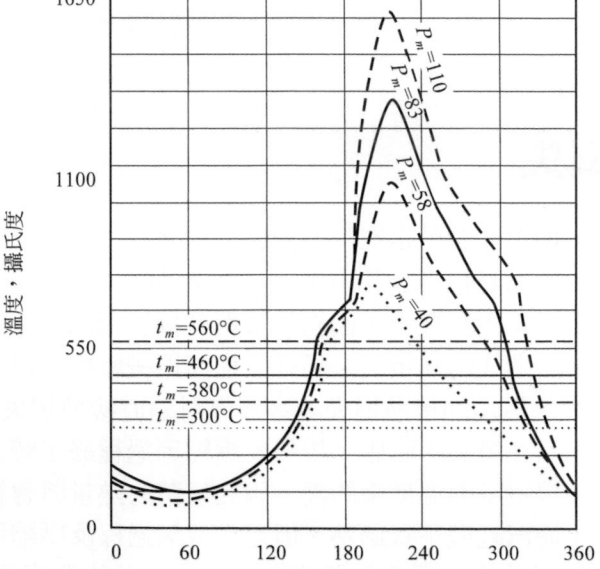

圖 4.21 二行程循環中氣體溫度變更圖

　　圖 4.20 中表示三種不同四行程內燃機在滿載時的氣體溫度變更的情形，此三種內燃機為飛機發動機(汽油機)，天然煤氣發動機、空氣噴射式柴油機等，由圖中得知雖循環有差別，但是三線的特性，大致相類似，飛機引擎因飛行時不需高量空氣而溫度較高。

　　圖 4.21 中表示一個壓縮點火式內燃機在各種載荷下氣體溫度的變更情形，其中P_m為各種載荷下之指示均效壓力，滿載時之指示均效壓力設為$P_m = 83$ psi，也就是圖中實線部份。

4.10　影響熱損失的各種因素及計算

4.10.1　影響熱損失的各種因素

　　內燃機是由於汽缸內的混合劑(燃油與空氣的混合氣)，點燃爆炸後產生高溫及高壓而推動活塞，因此產生動力。這些因爆炸所產生的高溫，小部份是由輻射經氣體界限層傳給汽缸壁，大部份是經過一層黏著於燃燒室壁的氣體膜(gas film)傳導致燃燒室壁，再經由冷卻系統將熱消散於空氣中，這些消散的熱稱為熱損失。再內燃機的循環中以燃燒過程的熱損失，影響效率最大。在壓縮過程中，因壓縮開始時所受的熱量與壓縮末了所放出的熱量相等，因此影響效率不大，可以略去。排氣過程雖有大量的熱損失，可是這些熱損失已不再影響效率，因此時介質內所含的能，已屬無用能。在一般的狀況下，輻射熱損失只佔熱損失總值的 10 ％以下，大部份的熱損失，是由熱傳導所致。內燃機中熱傳導損失路徑是熱量由氣體經過氣膜(有時也有油膜或碳漬澱)傳給汽缸、氣門及活塞，然後經一液膜，再傳至冷卻液的主體。其中以氣膜對傳導所發生阻力最大，若是沒這些大阻力的氣膜，熱的傳導將極迅速，使熱損失過大，而導致內燃機無價值可用。

　　平常分析熱量傳導問題時，均採用因次分析法(dimensional analysis)，所謂因次分析法，係設有一理想氣體與一表面溫度均勻的固體物發生相對運動時，由氣體傳導至固體的熱量，接著因次分析法所得的結果，可以由下列公式表示之：

$$g = K_3 \Delta T A C_p (\rho s)^n \left(\frac{l}{\mu}\right)^{n-1} \tag{4.6}$$

$g=$ 每單位時間所傳導的熱量

$\Delta T=$ 氣體與汽缸壁的平均溫度差

$A=$ 暴露在氣體中的表面面積

$C_p=$ 氣體等壓比熱

$\rho=$ 氣體的平均密度

$s=$ 活塞平均速度

$\mu=$ 氣體的平均黏度

$l=$ 固體的特性長度

$K_3=$ 常數

$n=$ 常數

根據(公式 4.6)，可以分析各種因素對於熱損失的影響。

1.　冷卻液溫度及燃料與空氣比所引起的變更，將會影響ΔT，以致傳入水套中的熱量亦跟著變更，如圖 4.22 所示，得知冷卻液溫度與熱損失成反比。

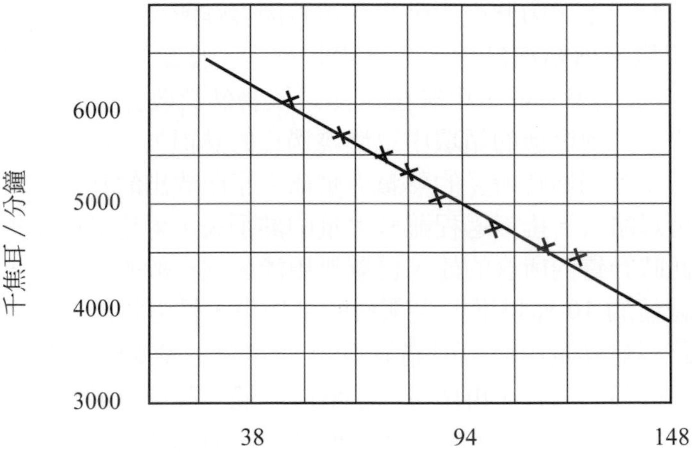

圖 4.22　冷卻液溫度對傳入水套熱量的影響

2.　燃料與空氣的比值(F/A)，也會影響到ΔT的變動，因此影響熱損失，如圖 4.23 所示，得知當$F/A = 0.065$時，其傳熱量為最高。

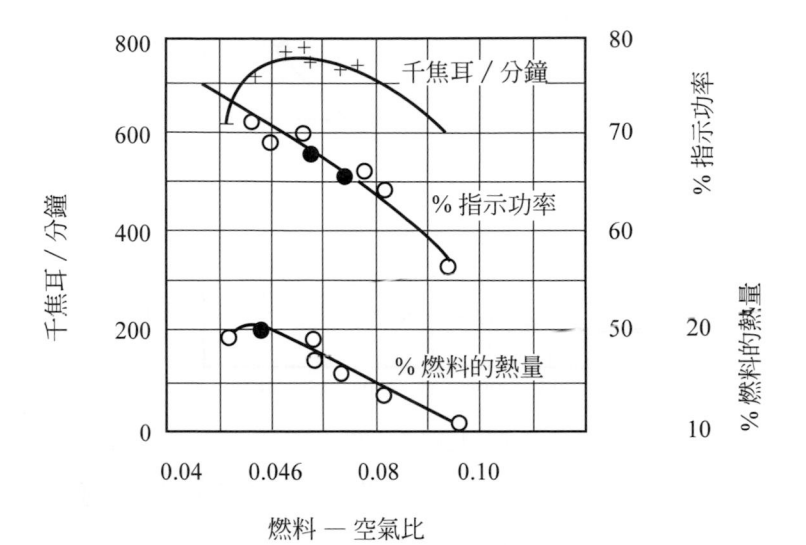

圖 4.23　燃料與空氣之比值對熱量損失的影響

3.　內燃機的壓縮比(r)直接影響 ΔT，同時也影響 ρ 及 A，如圖 4.24 所示，其熱損失與壓縮比成正比。

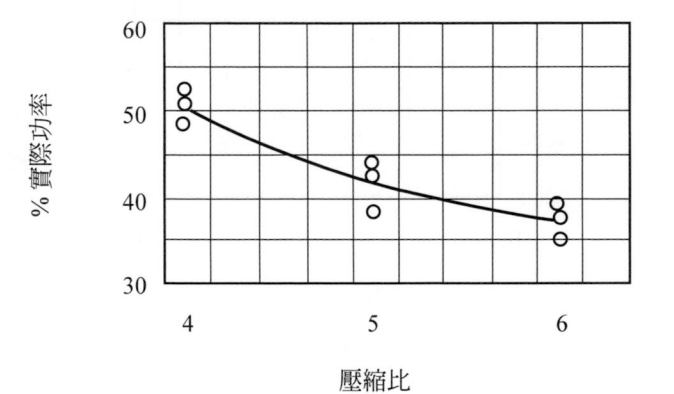

圖 4.24　壓縮比對傳入水套熱量的影響

4.　在內燃機中，若火花點火角度提早可使燃燒的氣體與汽缸壁相接觸的時間愈長，因此 ΔT 的平均值增高，傳熱量也增加，相反的若點火時間延遲，則廢氣溫度增高，使熱損失增加，因此點火角所引起的熱損失變動、差異並不太大，如圖 4.25 所示。

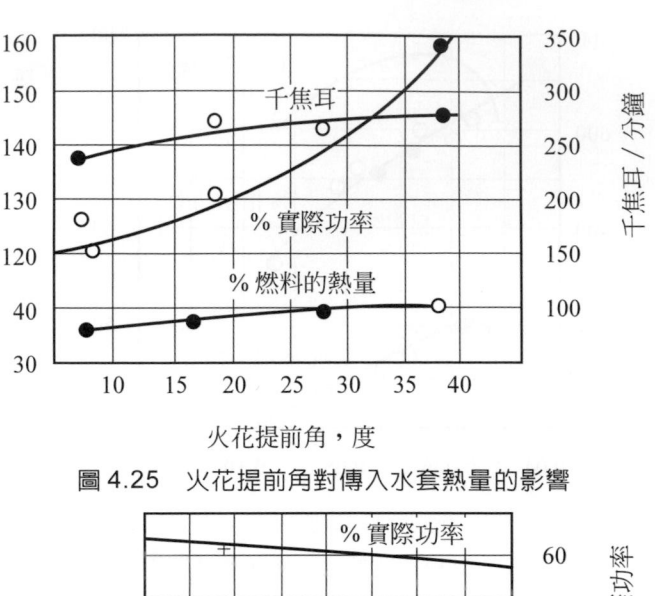

圖 4.25　火花提前角對傳入水套熱量的影響

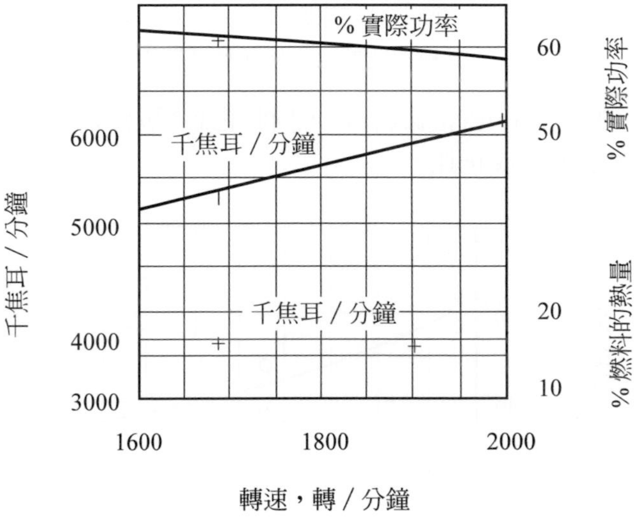

圖 4.26　轉速對傳入水套量的影響

5. 內燃機熱損失是隨引擎轉速的增加而增大，其主要原因是氣體在汽缸內速度之變更而起，當引擎轉速愈快時，氣體在汽缸內的流速也愈大，因此熱損失增加，如圖 4.26 所示。

6. 進氣壓力對於汽缸熱損失的影響，主要是受氣體平均密度ρ的影響，當進氣壓力增大時，ρ值變大，因此熱量損失隨進氣壓力增高而增大，如圖 4.27 所示。

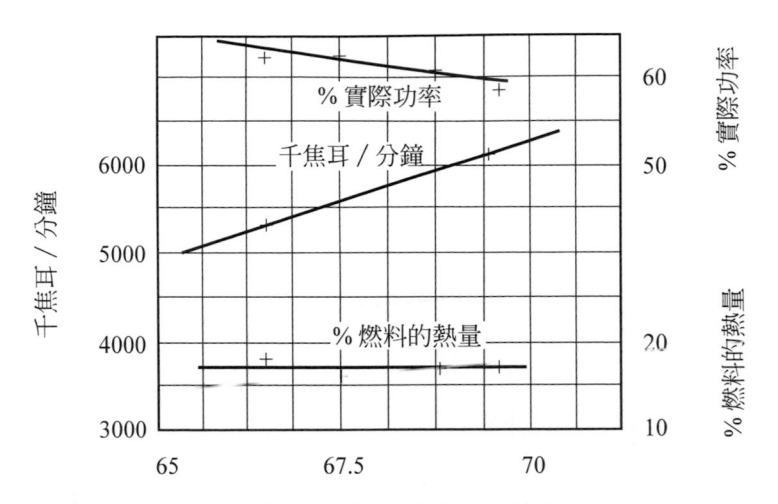

進氣歧管壓力，公分，水銀柱

圖 4.27　進氣壓力對傳入水套熱量的影響

7. 汽缸大小對引擎之熱損失影響，可由公式 4.6 得知，熱損失 q 與 $\Delta TA(l)^{n-1}$ 成正比，或與 $\Delta T(l)^{n+1}$ 成正比，若 ΔT 保持不變，則 q 與 $(l)^{n+1}$ 成正比，表明在幾何形狀相似的汽缸，其熱損失與固體特性長度 (l) 的 $n+1$ 次方成正比。

8. 引擎輸出功率對熱損失的關係，由下列公式得知

引擎輸出功率 $(P_{out}) = K_p l^2 P_m S$

$K_p =$ 常數
$l =$ 汽缸長度
$P_m =$ 汽缸中平均壓力
$S =$ 活塞速度
　熱損失 (q) 與 $l^{n+1}(\rho S)^n$ 成正比
$l =$ 固體特性長度
$\rho =$ 氣體平均密度
$S =$ 活塞速度
$n =$ 常數
因 P_m 與 ρ 成正比
則熱損失 (q) 與 $l^{n+1}(P_m S)^n$ 也成正比。

$$q = K_q l^{n+1}(P_m S)^n$$

$$\frac{q}{P_{out}} = \frac{K_q l^{n+1}(P_m S)^n}{K_p l^2 (P_m S)} = k(l P_m S)^{n-1}$$

因在同一內燃機中，其l為相等。

則q(熱損失)為$(P_m S)$的函數亦為輸出功率(P_{out})的函數。

9. 爆燃對熱損失的影響，經實驗結果，影響不大，但會造成局部的熱損失，如爆燃區及火花塞附近。

4.10.2 熱損失的計算

汽缸中燃燒後氣體傳給燃燒室壁的熱量，可用下列熱傳公式計算之。

$$Q = h_m A(T_g - T_\omega)\tau \tag{4.7}$$

Q＝轉移熱量(Btu)

h_m＝平均熱量轉移係數(Btu/ft²-°R-hr)

A＝暴露的室壁面積(ft²)

T_g＝氣體的平均溫度(°R)

T_ω＝室壁面的平均溫度(°R)

τ＝時間(hr)

$$h_m = h_r + h_c \tag{4.8}$$

h_r＝輻射平均熱量轉移係數

h_c＝對流及傳導平均熱量轉移係數

$$h_r = \frac{C}{T_g - T_\omega}\left[\left(\frac{T_g}{1000}\right)^4 - \left(\frac{T_\omega}{1000}\right)^4\right] \tag{4.9}$$

上式為**斯忒蕃、波爾茲曼**(Stefan-Boltzman)輻射定律，其中C值按照**努賽爾脫**(Nusselt)用燃氣機研究的結果$C = 0.013$，又根據努賽爾脫研究結果，發動機每次循環h_c的平均值為：

$$h_c = b(160 + S)\sqrt[8]{P^2 T_g} \tag{4.10}$$

S＝活塞平均速度(ft/min)

P＝平均壓力(psi)

T_g＝氣體平均溫度(°R)

b＝係數，在擾動小的發動機中b＝ 0.0002，而在擾動大的發動機中b＝ 0.0004

將公式 4.9 及公式 4.10 代入公式 4.7 得

$$Q = C\left[\left(\frac{T_g}{1000}\right)^4 - \left(\frac{T_\omega}{1000}\right)^4\right]A\tau + \left[b(160 + S)\sqrt[8]{P^2 T_g}\,\right]A(T_g - T_\omega)]\tau \qquad (4.11)$$

熱傳公式 4.7，$Q = h_m A(T_g - T_\omega)\tau$中，平均熱量轉移係數$h_m$，如表 4.3 所示，暴露的燃燒室壁面積$A$，如表 4.4 所示，汽缸內氣體平均溫度$T_g$，可根據理想內燃機約略估計，每一過程中，取其起始溫度及終點溫度的平均值，已足夠近似。燃燒室壁或活塞頂面平均溫度T_ω，如表 4.5 所示，時間τ，可採用相當於某一過程的曲柄角與整個循環的曲柄角之比，整個循環的曲柄角，在二行程引擎為 360 度，在四行程引擎為 720 度。

表 4.3 h_m在各過程之值

過程		h_m(Btu/ft²-°R-hr)
燃燒過程	火花點火引擎	180～300
	壓縮點火引擎	100～160
膨脹過程		25～40
排氣過程	擾動大流速高	50～80
	溫差低流速低	6
從燃燒至排氣終了止平均		75～100

表 4.4 燃燒室壁面積

引擎種類	燃燒室壁面積(A)/活塞頂面積
火花點火引擎(r＝ 6)	1.8～3.0
壓縮點火引擎(r較高)	1.3

表 4.5　燃燒室壁平均溫度(T_ω℉)

	名稱	T_ω(℉)
火花點火式引擎	汽缸蓋平均溫度	600～700
	鋁質活塞頂溫度	500
	鑄鐵活塞頂溫度	700
	汽缸壁(水冷式水溫 110℉～120℉)	175
二行程引擎平均值		300
四行程引擎平均值		200
壓縮點火式引擎	汽缸蓋平均溫度	500～600
	鋁質活塞頂溫度	450
	鑄鐵活塞頂(無特殊冷卻)	700～800
	鑄鐵活塞頂(水或油冷卻)	400
	汽缸襯套內層	500
	汽缸襯套外層	150

例題 4.1　有一四行程汽油引擎，直徑為7″，衝程8.5″，轉速為 840 rpm。每汽缸輸出功率為 25 匹馬力，過量空氣為 10 ％，燃料消耗率為 0.5 P/hp-hr，汽油熱值為 19,480 Btu/lb，壓縮比為 5.5 活塞為鋁製，壓縮終點溫度為$t_2 = 630$℉，燃燒後溫度$t_3 = 3,700$℉，膨脹終點溫度$t_4 = 2,660$℉，排氣溫度$t_5 = 1,500$℉，試估計因熱損失而引起循環效率的降低。

解　設火焰速度為 70 ft/sec，則燃燒時間τ_1為

$$\tau_1 = \frac{7}{12 \times 70} = 0.00833 \text{ sec}$$

τ_1相當於曲柄角θ_1

$$\theta_1 = \frac{360}{60} \times 840 \times 0.00833 = 42°$$

設燃燒過程在上死點前 30°起始，而排氣門在下死點 40°之前開啟，則膨脹行程時間，相當於曲柄角θ_4，排氣行程相當於曲柄角θ_5。

$$\theta_4 = 180 - (42-30) - 40 = 128°$$

$$\theta_5 = 180 + 40 = 220°$$

$$活塞面積 = \frac{7^2}{4 \times 144} \times 3.1416 = 0.267 \text{ ft}^2$$

$$燃燒室面積 = 0.267 + \frac{7\pi + 8.5}{(5.5-1) \times 144} = 0.556 \text{ ft}^2$$

$$汽缸壁側面積 = \frac{7\pi \times 8.5}{144} = 1.297 \text{ ft}^2$$

$$輸入熱量 = 19,480 \times 0.5 \times 25 = 243,500 \text{ Btu/hr}$$

0.5 為燃料消耗率(P/hp-hr)

25 為汽缸輸出功率(hp)

1. **燃燒時期的熱損失**

設$h_m = 240$，燃燒室溫度 $= 700°F$，活塞頂溫度為 $500°F$，由熱損失公式 4.7，$Q = h_m A (T_g - T_\theta)\tau$得

$$Q_1 = 240\{0.556[0.5(630 + 3,700) - 700]$$
$$+ 0.267[0.5(630 + 3,700) - 500]\} \times \left(\frac{42}{720}\right)$$
$$= 17,600 \text{ Btu/hr}$$

$$損失熱效率 = \frac{熱損失}{輸入熱量} = \frac{17,600}{243,500} = 0.072 = 7.2 \%$$

設平均循環效率為$y_d = 0.343$

則功率損失為 $7.2 \times 0.343 = 2.5 \%$

2. **膨脹時期的熱損失**

設$h_m = 33$，汽缸側壁溫度為 $175°F$，由公式 4.7 得

$$Q_2 = 33\{0.556[0.5(3,700 + 2,660) - 700]$$
$$+ 0.267[0.5(3,700 + 2,660) - 500]$$
$$+ \frac{1,297}{2}[0.5(3,700 + 2,660) - 175]\}\left(\frac{128}{720}\right)$$
$$= 23,700 \text{ Btu/hr}$$

$\dfrac{1,297}{2}$為側壁暴露面積取$\dfrac{1}{2}$計算，如此已夠近似。

$$損失熱效率＝\dfrac{23,700}{243,500}= 0.0972 = 9.73\,\%$$

在膨脹過程中熱量的平均可用性約為 $0.5(0.343＋0)＝ 0.172$，因此功率損失為 $9.73×0.172 = 1.7\,\%$

3.　排氣時期的熱損失

設 $h_m= 60$ 則

$$Q_3 = 60\{0.556[0.5(1,500-700)]+ 0.267(1,500-500)$$
$$+\dfrac{1,297}{2}(1,500-175)\}\times\left(\dfrac{220}{720}\right)$$
$$=28,800\ \text{Btu/hr}$$

$$功率損失＝\dfrac{28,800}{243,500}= 0.118 = 11.8\,\%$$

由以上得知引擎總損失為 $17,600＋ 23,700 + 28,800= 70,100$ Btu/hr。總損失功率為 $70,100/243,500 = 0.288 = 28.8\,\%$ 非常適合一般平均數據，因此本題為設的 h_m 值合乎實際。

另外功率的損失只有 $2.5＋1.7 = 4.2\,\%$，但總損失為 $28.8\,\%$，其他 $24.4\,\%$ 的功率完全無用。若由平均理想循環效率 0.343 減去損失功率 0.042 得 0.301 或 $30.1\,\%$，即為引擎的效率，設機械效率為 $85\,\%$，可求出實際指示熱效率 η。則

$$\eta＝\dfrac{2,545}{0.5×19480×0.85}= 0.307 = 30.7\,\%$$

$\eta= 30.7\,\%$ 與引擎效率 $30.1\,\%$，頗為相似。

4.11　容積效率

所謂容積效率，是指在每一個進氣行程中吸入的新鮮充量空氣在大氣壓力中測定的體積與活塞排量的比，可用下列公式表示

$$\eta_v＝\dfrac{V_{ch}}{V_s} \tag{4.12}$$

η_v＝容積效率

V_{ch}＝在大氣壓力下所測得的充量空氣體積

V_s＝活塞的排氣量

　　一般容積效率是受到進氣系統的摩擦阻力及節流閥的影響。在一個多汽缸的內燃機汽缸中，若節流閥全開變到惰速運轉位置時，汽缸中的吸力，可由$3''$水銀柱增到$20''$或$25''$水銀柱。

　　容積效率的求法，可利用簡易測定法，先測繪出一弱彈簧示功圖，如圖4.28進氣圖。在圖中量出其V_{ch}及V_s，即可算出容積效率η_v。圖中的$c-b$及$a-d$曲線為多變過程，V_c為壓縮空隙容積由多變方程式設$n=13.5$可以求出V_a、V_b，因此也可以計算出$V_{ch}=V_a-V_b$及$V_s=V_d-V_c$代入公式4.12，可求出容積效率η_v。

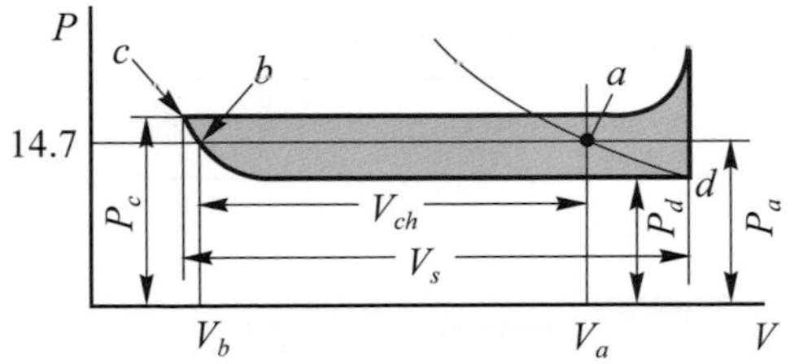

圖 4.28　進氣圖

例題 4.2　試估計一個$7''\times8.5''$單汽缸內燃機的容積效率，其壓縮空隙容積為72.7 in^3；排氣反壓力為 1.3 psi；進氣真空度為 1.2 psi，假定膨脹及壓縮過程的指數均為$n=1.35$。

解

$V_s = \dfrac{7^2}{4}\times\pi\times8.5 = 327$ in^3

$P_c = 14.7+1.3 = 16$ psi

$P_d = 14.7-1.2 = 13.5$ psi

因多變方程式為$PV^n=C$

$V_a = V_d\left(\dfrac{P_d}{P_a}\right)^{\frac{1}{n}}=(327+72.7)\left(\dfrac{13.5}{14.7}\right)^{\frac{1}{1.35}} = 399.7\times0.9385$

$\quad = 375.1$ in^3

$V_b = V_c\left(\dfrac{P_c}{P_b}\right)^{\frac{1}{n}}=72.7\times\left(\dfrac{16}{14.7}\right)^{\frac{1}{1.35}}$

$\quad = 72.7\times1.064 = 77.4$ in^3

$$\eta_v = \frac{V_a - V_b}{V_s} = \frac{375.1 - 77.4}{327} = 0.908$$

各種引擎之容積效率，如表 4.6 所示。

表 4.6　各種引擎之容積效率

引擎種類	容積效率 η_v
低轉速，高壓縮柴油機	0.92～0.95
燃氣機，用節流閥調節	0.85～0.93
高轉速、低壓縮的化油器汽油機	0.70～0.60

4.12　充量效率

　　所謂充量效率，是指每缸每循環所吸入氣體重量與理論上在外界壓力及溫度中充滿活塞排量的新鮮充量之重量相比，其公式如下：

$$\eta_{ch} = \frac{\omega_{ch}}{\omega_a V_s} = \frac{\omega_d - \omega_c}{\omega_a V_s}$$

η_{ch}＝充量效率

ω_{ch}＝新鮮充量的重量

ω_a＝充量在外界壓力及溫度的重量密度

V_s＝活塞的排氣量

ω_d＝汽缸內氣體總重量

ω_c＝餘隙廢氣重量

內燃機的充量效率受下列各種因素影響：

1. **餘隙廢氣**(residual gases)

　　所謂餘隙廢氣，是指從前一階段留下之廢氣，這些廢氣對新鮮充量的影響有三：

(1)　減少吸入的新鮮充量。

(2)　增高新鮮充量的溫度，使其體積增大而減少重量。

(3)　增加混合氣中的純氣成分，以致影響其點火及燃燒。

2.　汽缸壁傳熱

　　在四行程引擎中，新鮮充量在進氣行程時，將從汽缸壁吸收熱量，以致於溫度增高，使進入的充量減少，因此使內燃機的輸出功率減少。

3.　充量沖淡(charge dilution)

　　所謂充量沖淡，是指新鮮充量被餘隙廢氣混入後，使充量沖淡，其沖淡的程度，可用汽缸內餘隙廢氣重量(ω_c)與汽缸內氣體總重量(ω_d)之比來表示，公式如下

$$d_c = \frac{\omega_c}{\omega_d} + \frac{\omega_c}{\omega_{ch} + \omega_c} \tag{4.13}$$

d_c＝充量充淡程度

ω_c＝餘隙廢氣重量

ω_d＝汽缸內氣體總重量

ω_{ch}＝新鮮混合氣重量

　　新鮮充量被餘隙廢氣沖淡的程度，隨壓縮比，氣門阻力，尤其是進氣壓力及氣體的溫度而變，沖淡現象在高轉速發動機及採用節流活門操縱的發動機中，最為顯著。在火花點火式發動機中，充淡現象特別重要，只因其影響燃燒，若超過一限度，點火就極無規律，且有嚴重的過後燃燒。

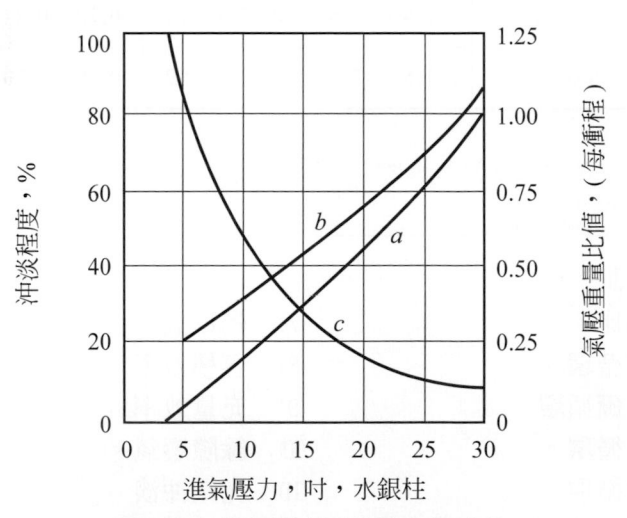

圖 4.29　進氣壓力及餘隙廢氣成分

　　充淡程度與進氣壓力之間的關係可由圖 4.29 表示之，圖中 a 曲線代表新鮮混合氣重量(ω_{ch})的變化，b 曲線代表新鮮混合氣重量加上餘隙廢氣重量之和($\omega_{ch}+\omega_c$)，c 曲線代表充淡程度，a、b 曲線之縱座標差代表餘隙廢氣(ω_c)之相對值。a、b 曲線的縱座相除的商，代表充淡程度，由此可見當進氣壓力低的情形中，充淡情形十分嚴重。

　　內燃機有傳熱的現象，因此充量效率(η_{ch})，小於容積效率(η_v)。而且 η_{ch}/η_v 之比值，隨內燃機功率之增大而降低。充量效率為分析發動機性能及輸出功率時，非常重要特性之一，但當發動機在運行時，容積效率(η_v)，較容易測定，而充量效率(η_{ch})比較不易分析，因此有時用容積效率來估計充量效率。表 4.7 提供有關各種轉速之火花點火式發動機之容積效率及充量效率的有關資料。

表 4.7　火花點火式發動機的 η_v 及 η_{ch} 數據

發動機型式	壓縮比 r	進氣壓力 P_e lb/in²	容積效率 η_v	充量效率 η_{ch}	η_{ch}/η_v
低轉速	4.0～5.8	13.3～14.0	0.88～0.95	0.85～0.90	0.90～0.95
中級轉速	4.0～5.8	12.4～13.4	0.84～0.91	0.75～0.85	0.85～0.94
低轉速	6.0～8.5	13.3～14.0	0.91～0.96	0.84～0.89	0.88～0.93
中級轉速	6.0～8.5	12.4～13.5	0.87～0.92	0.72～0.84	0.82～0.91
高轉速	6.0～8.5	11.5～13.0	0.83～0.89	0.60～0.79	0.76～0.89

習　題

1.　解釋名詞：

(1)　壓縮比。

(2)　奧圖循環。

(3)　狄塞爾循環。

(4)　雙燃循環。

(5)　理想循環。

(6)　實際循環。

(7)　熱損失。

(8)　容積效率。

(9)　充量效率。

(10)　餘隙廢氣。

(11)　充量沖淡。

(12)　充量沖淡程度。

2. 問答題

(1) 內燃機的循環種類有那些？試說明之。

(2) 試述奧圖循環與狄塞爾循環之比較？

(3) 何謂溫度－熵的關係圖？

(4) 內燃機之理想循環與實際循環有何區別？

(5) 簡述影響熱損失的各種因素？

(6) 內燃機的熱損失如何計算？

(7) 內燃機的充量效率受那些因素影響？

(8) 試分別說明理想循環、空氣循環、燃料循環及實際循環之區別？

(9) 為何內燃機之轉速愈快時，點火提前須要愈早，說明其理。

(10) 每一行程吸入的新鮮充量，因溫度增高而減少，進氣時汽缸溫度升高之原因有那兩種？

CHAPTER 5

INTERNAL CONBUSTION ENGINE

氣體燃燒混合器

內燃機的動力來自燃料與空氣混合後在汽缸中燃燒產生動力，如何使燃料與空氣混合使其達到一定的比例，需要一個設備來完成，這個設備稱爲氣體燃料混合器。它一共分成三類，稱爲第一類空氣－燃氣混合器，第二類空氣－燃氣混合器，第三類空氣－燃氣混合器。這種氣體燃燒混合器就是下一章的化油器以及第七章燃料噴射系統。

5.1 氣體燃料與空氣的組合

氣體燃料雖然本身可以自燃，但是完全燃燒，還需要氧氣來助燃，因此當氣體燃料進入汽缸中燃燒前，必須先與適當的空氣混合，成爲燃料與空氣的混合氣，此混合氣之混合比是否適當、是否均勻，直接影響內燃機燃燒是否完全，燃料的消耗量及內燃機的效率等。

近代的氣體燃料與空氣的混合器，可分爲三類，第一類混合器是空氣與燃氣，在一個混合箱內空氣與燃氣由兩個不同而且可調整的隙縫流入互相混合，因此在進入汽缸前，已經成爲均勻的混合氣了。第二類混合器是利用活塞運動所產生的吸力，使空氣與燃氣流經一個**文氏管**(Venturitube)，在文氏管的細腰處混合，而將混合氣吸入汽缸內。第三類混合器是空氣與燃氣，在剛要進入汽缸前由兩個不同的管路，使燃氣與空氣混合後進入汽缸。

　　為了要得到良好的混合效果，必需要調整燃氣的氣壓，一般燃氣的壓力不應太高，只要能克服氣流的阻力便可，對於濃的燃氣(熱值高的燃氣)，如天然煤氣，其氣壓應在4″水柱左右，但不得超過7″水柱，對於較稀的燃氣(熱值低的燃氣)，可用較高的氣壓。

　　當活塞往復運動時，因其間歇性的關係，將引起吸氣時的波動氣壓，為了避免該波動氣壓，將在燃氣管中加一個橡皮袋或儲氣箱，以便緩衝波動氣壓，其容積為活塞總排氣量的二倍至三倍，有時也用一個筒形鐘罩浮在水面或油面上，成為一氣流表(gas meter)，這樣也能減少活塞吸力的間歇性，並保持所需的微小氣壓。

5.2　空氣－燃氣混合器及其調節法

5.2-1　空氣－燃氣混合器

1. **第一類空氣－燃氣混合器：如圖 5.1**

　　　　圖 5.1 為一種天然煤氣的混合器屬於第一類空氣與燃氣的器合器，空氣由a口進入，燃氣由b口進入，經過空心活動瓣桿f，再通過汽門g，與a口進入之空氣混合後進入汽缸；調整燃氣與空氣混合比時，可操作l臂，將空心瓣桿轉動，使上端隙縫邊緣d及e產生相對移動，可以改變隙縫的有效流通面積，使燃氣流入空氣內的流量改變，可以調整混合比。如欲調整混合器之流量時，可以操作m柄，使瓣桿 f 上下移動，改變燃油隙縫高度h及空氣高度H，但仍然保持隙縫面積比不變，因此混合比不會改變，只改變混合汽的流量，達到調整流量的目的。這種混合器通常只用在單汽缸引擎，因為如果用在多汽缸引擎，將會造成各缸充量不均勻的缺點。

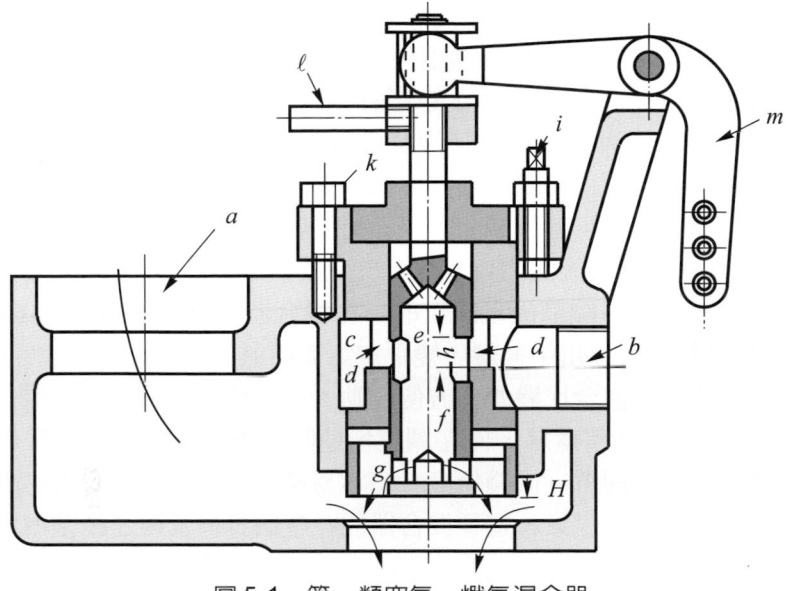

圖 5.1　第一類空氣－燃氣混合器

2.　第二類空氣－燃氣混合器：如圖 5.2

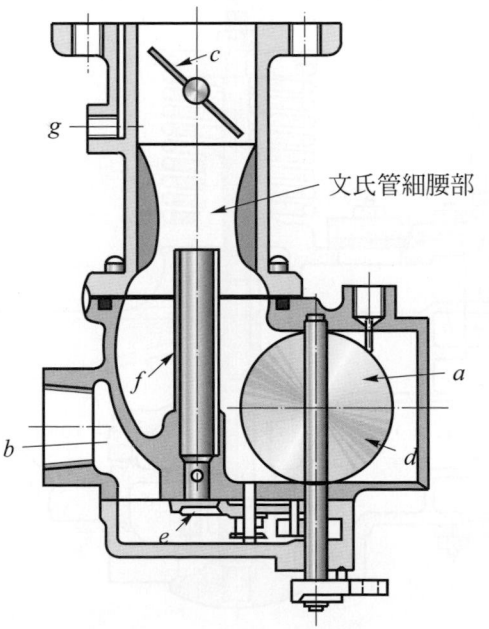

文氏管細腰部

圖 5.2　第二類空氣－燃氣混合器

　　圖 5.2 表示一種第二類空氣－燃氣混合器，它是利用文氏管原理使
燃氣與空氣混合，這種混合器，空氣由 a 口進入，燃氣由 b 口進入，經 f
管後到達文氏管細腰處，因文氏管的原理，文氏管細腰部壓力隨空氣流
經此細腰部的流量而定，其流量愈大，則壓力就愈小，因此燃氣經過 f
管的量也隨此壓力而變，壓力愈低，則流入的燃氣就愈多，因此空氣與
燃氣之混合比，可自行調節，不必另加裝操縱設備。在混合器上方有一
個蝴蝶門(又稱節流活門) c，空氣的流量，可隨此節流活門 c 變化而增加
或減少，便可達調節流量的目的。在混合器的下右方另有一個蝴蝶門 d
及滑動瓣 e，可以用手操縱，變更空氣與燃氣的混合比，此蝴蝶門 d 僅用
於起動時，使混合比變濃，方便起動，一般稱為阻風門。在混合器的左
上方有一個 g 調整螺絲，僅在調整惰速時調整之。此類混合器較第一類
混合器、構造簡單、價錢低廉，也容易校正，且不需很有力的調節器。
如果燃料是天然煤氣，這種混合器能在整個負荷及轉速範圍內獲得良好
的效果。

3.　第三類空氣－燃氣混合器：如圖 5.3

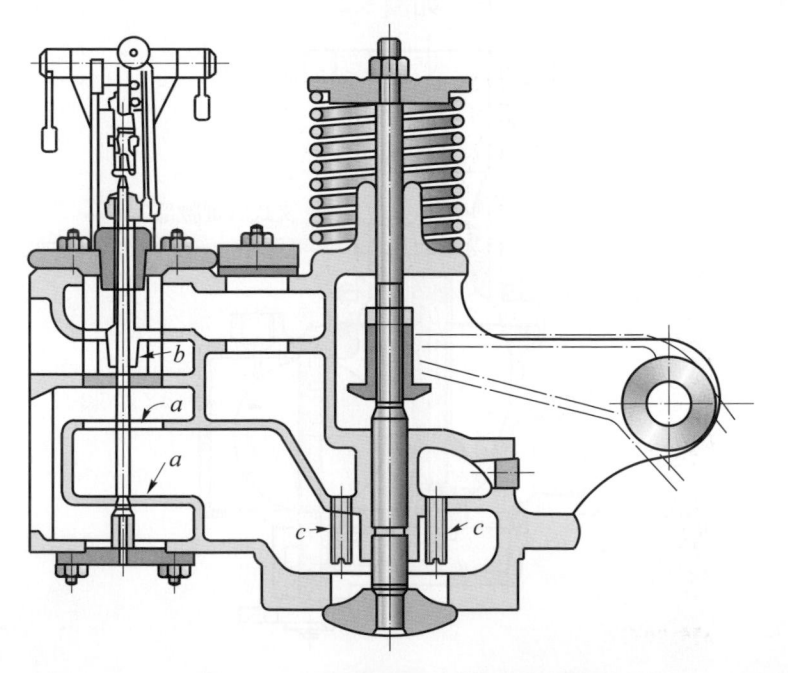

圖 5.3　第三類空氣－燃氣混合器

　　圖 5.3 表示一種第三類混合器，此種混合器，空氣由一個平衡雙圓盤式的閥 *a* 進入，燃氣由一個錐形閥 *b* 進入，經過數個噴油嘴 *c*，使燃氣與空氣混合，若需要調整空氣與燃氣之混合比時，可將錐形閥 *b* 上下移動，以便調整空氣與燃氣之混合比，如果需要充量調整時，可同時移動空氣閥 *a* 及燃氣閥 *b*，使其上升或下降，其混合比不變。此種混合器因沒有接觸面，因此摩擦阻力及黏著危險，均可降低，在進入每一汽缸之混合汽，也可以分別用調整閥來調整其混合比，故可將進入各汽缸之混合汽分別予以適當調整，同時可以將進氣歧管取消。

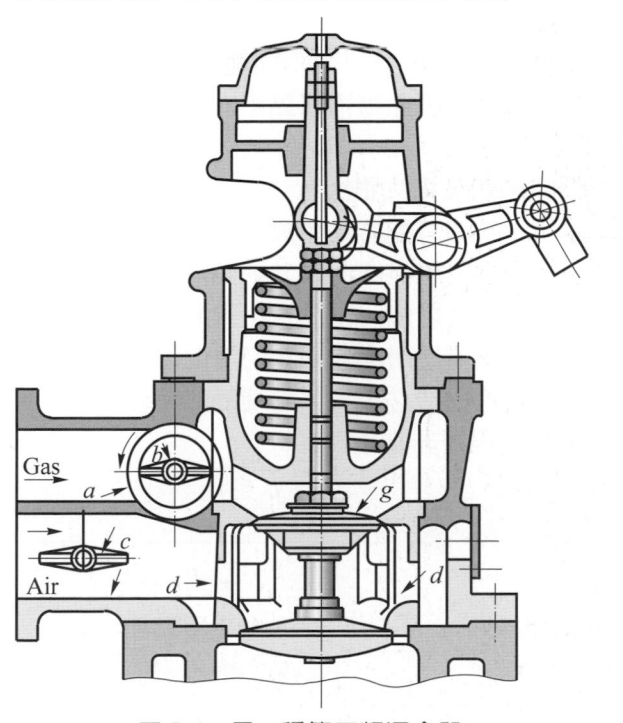

圖 5.4　另一種第三類混合器

　　圖 5.4 表示另一種第三類混合器，此種混合器，空氣由 Air 口進入，經肋片 *d* 將空氣流分散，燃氣由 Gas 口進入，經過燃氣閥 *a* 及 *b*，再經過 *g* 閥，與空氣混合，其中應用雙重調節法，若引擎從最高負荷到半負荷範圍內，使用變質調節，只需將筒形燃氣閥 *a* 轉動，來控制燃氣，這樣便得到變質調節，如果同時調整燃氣閥 *b* 及空氣閥 *c*，使其漸漸關閉，則得到變量調節。空氣與燃氣的混合，是靠肋片 *d* 將空氣流分散，使其混

合均勻。此種混合器僅適用於稀的燃料，如鼓風爐、煤氣等。如果燃氣係為較濃的氣體，則空氣與燃氣比較高，因此需要把氣流分散得更細，才能得到理想均勻的混合氣。

5.2-2　調節法

在理論上，燃氣的調節法有兩種，變量調節法與變質調節法。所謂變量調節法，是分別可以調節空氣及燃氣量，或是同時可以調節已經固定空氣與燃氣混合比之混合氣，其優點是構造簡單，充量的重量，可用節氣門操縱，這種調節法，在內燃機全負荷內(最高負荷至惰速範圍)，都能適用，其缺點為：

(1)　因吸氣壓力降低，因此壓縮終點壓力也跟著下降，直接影響燃燒及熱效率。

(2)　在負荷低時，唧吸損失很大。

所謂變質調節法，是指只能調節燃氣，利用調節燃氣的方法，來達成調節引擎出力的目的，其優點為燃料經濟。其缺點為燃氣與空氣的比小於某一限度時，混合氣太稀，不能正常燃燒，因此當引擎的負荷低到一限度之後，若再降低燃氣與空氣之比，就不能使用變質法，必需改用變量調節，或是變質與變量合用，如此一來調節器的構造必複雜，這種變質與變量雙重調節法，僅用在大的燃氣機上，其中燃料經濟非常重要。

習　題

1.　解釋名詞：
   (1)　第一類混合器。　　　　　(4)　變質調節。
   (2)　第二類混合器。　　　　　(5)　變量調節。
   (3)　第三類混合器。

2.　問答題：
   (1)　何謂混合器與調節器？
   (2)　變量調節及變質調節的優缺點為何？
   (3)　試述第一類機械式混合器之優缺點為何？
   (4)　試述第二類文氏管混合器之優缺點為何？
   (5)　試述第三類雙重調節法混合器之優缺點為何？

CHAPTER **6**

INTERNAL CONBUSTION ENGINE

化油器

化油器也是內燃機中很重要的課題，如何能使空氣與燃料混合，而且能提供各種需要的空燃比，要達到各種需要的條件，它的構造是非常精密的，所以化油器的原理、構造、作用，是本章重要的主題。為了要符合各種情況的需要，化油器可分成五種油路，即浮筒油路、阻風門油路、高速油路、加速裝置油路、高負荷加濃裝置油路，每個油路要調整至最佳狀況，才能得到最高的效率，所以維修化油器是一門高度的技術，每一個老技士，都有自己的一套手法。

6.1 化油原理

6.1.1 燃料及氣化系統

燃料及氣化系統包括燃油箱，燃料油管、油邦浦、燃料油濾清器、化油器、空氣濾清器及進氣歧管等如圖 6.1，但習慣上亦包括排氣系統各分件，如排氣歧管(exhaust manifold)，節熱門(heat control valve)，及消音器(muffler)等。

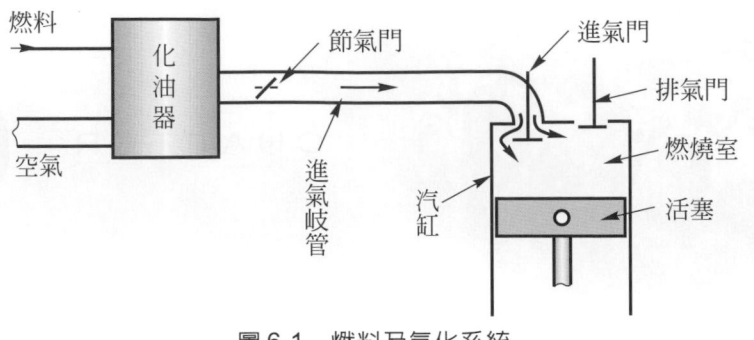

圖 6.1　燃料及氣化系統

6.1.2　燃料及氣化系統的設計要求

1.　適時適量地供應汽油和空氣，並將汽油氣化，和空氣混合成適當比例的混合氣，以配合引擎各種操作情況的需要，並能符合經濟省油的原則。
2.　配合引擎燃燒室和點火系統的設計，使混合氣燃燒良好，以提高引擎的熱效率。
3.　提供一組機構，以便於簡易地控制引擎的轉速和動力。
4.　使引擎操作安全，保養和修理方便。

6.1.3　化油器

　　在火花點火式引擎中，通常是液體燃料與空氣在到達燃燒室以前即已混合，這個混合過程及所牽涉的理論與實際應用，稱為氣化作用(carburetion)，負責氣化作用的機件就是氣化器(carburetor)，又稱化油器。

6.1.4　化油器的基本原理

　　普通家用的DDT噴霧器如圖 6.2 在噴霧器上有一蓋子，以防液體之溢出，蓋上並有一小孔，與大氣相通，二端開口的小圓管，下端浸入液中，上端高於液面而伸出蓋上。當用手操作噴霧器時，使空氣吹過小圓管上端之開口，空氣流經速度越快，開口處壓力愈小，因而使儲存在噴霧器內之液體，受蓋上小孔通入之大氣壓力所產生之壓力差作用而上升並成噴霧狀噴出。

圖 6.2　噴霧器

　　化油器之基本工作原理與噴霧器作用之原理一樣，如圖 6.3，化油器之主噴油嘴，裝在文氏管中，一端接到浮筒室汽油內，與噴霧器小圓管相似。當空氣流經文氏管時，因其流速加快，壓力減小，而使安裝在文氏管中之噴油嘴處產生部份眞空，而浮筒室有通氣孔與大氣相通，其壓力等於大氣壓力，因此形成壓力差，而使汽油被吸出與空氣混合成混合氣再進入汽缸內。

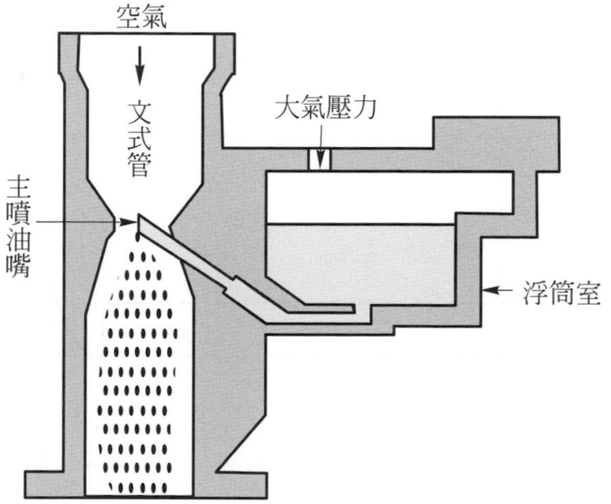

圖 6.3　化油器之基本工作原理

6.2　化油器之作用及條件

6.2.1　化油器之作用

　　化油器的主要功用在於能依照引擎之工作情況之不同，準備並供應適當比例之混合氣分送到各缸，作爲有效之燃燒。因引擎之速度、溫度及負荷等，隨時都不斷地在改變，要能適時適地供給適當比例之混合氣是很不容易的，例如當引擎剛起動或溫度低時，為使引擎容易發動，則需較濃之混合氣，當引擎到達正常工作溫度時(140°F至180°F)，氣化作用較佳，原有之混合氣又顯過濃，應改用較稀之混合氣，否則如繼續供給原來過濃之混合氣，引擎動力不但不會增加，反而使引擎效率降低，還有，當引擎轉速變化時，流經化油氣之空氣量亦隨之改變，低速時，流經化油器之空氣量少，而轉速最大時，空氣流量最多，可能有低速時之 100 倍以上，這些問題均增加化油器設計上之困難，而需一一克服。故設計化油器時需分為三個範圍即：(1)怠速範圍，(2)巡航範圍，(3)高馬力範圍等如圖 6.4 所示。

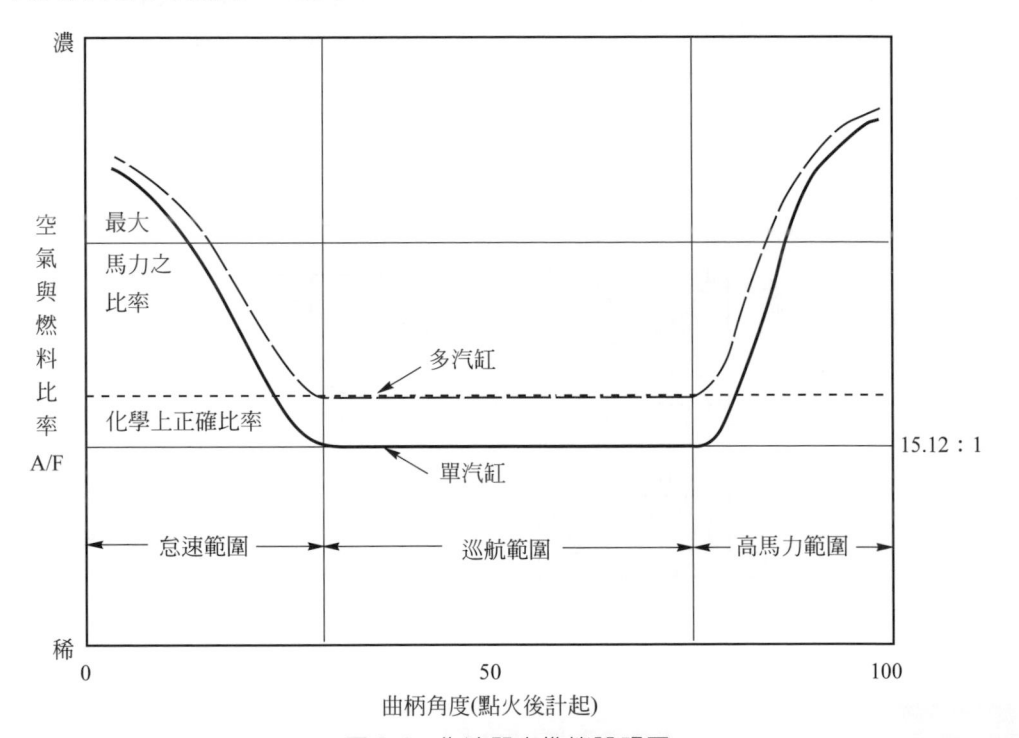

圖 6.4　化油器之性能說明圖

1. **怠速範圍**(idling range)

   　　怠速就是當引擎在無負荷且節氣門幾乎完全閉合之狀態下運轉者，在怠速時，因為由於燃燒室內與進氣歧管內之壓力不同，會使新鮮的燃料被廢氣所稀釋，故怠速時引擎須要較濃之混合物。其實由於餘隙容積(clearance volume)是一個常數，在整個節氣開啟範圍中，每一個排氣行程終了時，汽缸內廢氣之質量大致亦維持一個常值，可是，在怠速運轉時，由於節氣門幾乎完全關閉，其新鮮燃料之吸收量，遠低於節氣門全開時之吸入量，結果便形成在怠速時，有非常大比例的廢氣與新鮮燃料混合。還有，當節氣瓣近乎關閉時，使得廢氣倒流入進氣歧管，而當進氣行程活塞向下行時，這些廢氣便和新鮮燃料一起被吸回汽缸，結果燃燒室中的燃料與空氣混合物更被廢氣所稀釋。

2.　**巡航範圍**(cruising range)

　　在巡航範圍內，廢氣將新鮮燃料稀釋的問題便比較不關重要，這時候的主要關鍵在使燃料作最經濟的使用，所以，在這範圍中，最好是化油器對引擎提供最經濟的混合物。依化學上正確之空氣與燃料之比率為 15.12：1，故最經濟之混合物為 $A/F = 15.12：1$。

3.　**高馬力範圍**(power range)

　　引擎在高馬力的情況下運轉時，須要較濃的燃油與空氣之混合物，其原因為：

(1)　供給最大馬力：由於需要高的馬力，應將巡航範圍中之經濟定位，移至能產生最大馬力之定位，或者是移至鄰近於最高馬力混合物之部位，通常是稍為濃一點的混合物之部位。

(2)　防止排氣門周圍過熱：在高馬力時，流過汽缸的氣體大增，故須要將大量的熱從一些重要的地方如排氣門周圍等地區移去，如果使混合物變濃，便可以減低火焰之溫度及汽缸之溫度，即可減少冷卻問題，並使排氣門在高壓力時損壞之可能性降低，在巡航範圍時，輸入之燃料變少，排氣門燒壞之可能性亦不大。

(3)　抑止引擎產生爆震：把混合物變得較化學正確之混合比略濃可以降低火焰之溫度，因而可以減少爆震，如使混合物較高馬力之調定比率還要濃的話，將需更多之燃料，在氣化中將使燃燒室之溫度更要降低，更有助於降低爆震的可能性。

6.2.2　文氏管

　　文氏管是由二個喇叭形之管，構成一個喉管(throat)使管的斷面積由大變小，再由小變大，如圖 6.5 所示。在文氏管外最上面空氣流速幾乎等於零，氣壓約為大氣壓力，流經 A 處時，流速稍快，氣壓減小，產生約 1 吋水銀柱高的眞空，*B*處斷面積最小，空氣流速最快，氣壓最小，產生3吋水銀柱高的眞空，*C*處斷面積又加大，空氣流速又減慢，氣壓增大，故僅產生2吋水銀柱高的眞空。

由於流體的性質得知，在同一時間內，流經文氏管每一個斷面的空氣體積是相等的，因此斷面積愈大的地方其空氣的流速亦愈慢，相反地在斷面積愈小的地方其流速就愈快，又由柏努利公式(Bernoulli's Formula)得知，流速快的地方壓力小，因此文氏管在喉口的地方其流速最快，壓力為最小，所產生的眞空度亦最大。

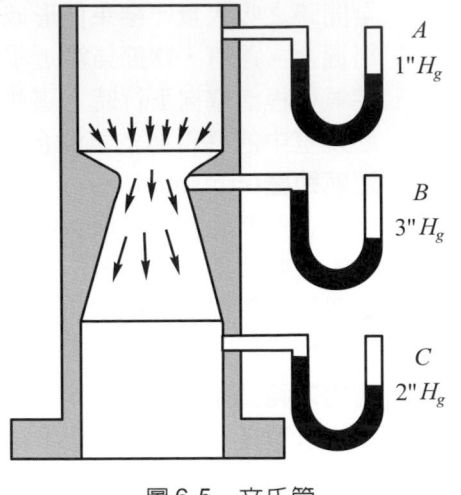

A
1" H_g

B
3" H_g

C
2" H_g

圖6.5 文氏管

6.2.3 化油器之條件

1. 容易起動，尤其在天冷的時候。
2. 引擎發動後，必須很快調整馬力大小。
3. 使內燃機加速性良好。
4. 在高轉速時，有較高之馬力。
5. 使內燃機惰速性能良好。
6. 使內燃機節省燃油。
7. 在海拔較高地區，空氣稀薄，仍能維持相同之混合比。

要滿足以上條件，必須要設計一個能適應任何轉速及負荷之良好化油器。而良好的化油器，必須能自動供給發動機所需要的空氣與燃料比。一般在一個固定的發動機中，其空氣與燃料比，只要能符合經濟的條件便可，但是實際用於運輸上之發動機，其轉速與負荷的變化是相當的大，有時需要最大馬力，有時需要轉速一定，有時需要負荷變化，有時又需要燃油耗量能符合經濟條件等，因此必需能隨時操縱空氣與燃油的比。圖6.6說明空氣與燃氣的混合劑之可燃限度和化油器在各種工作情況下所需的燃料與空氣比值。縱座標為燃料與空氣比，橫座標為發動機之空氣充量的百分率，也可用發動機額定馬力百方比為橫座標。因為發動機馬力，與空氣充量(air capacity)成正比。圖中*X*線代表：濃混合劑的可燃限度，*Y*線代表：稀混合劑的可燃限度，*B*線代表：當節流活門被操縱時，化油器所應供給的燃料與空氣比。*A*線代表：節流活門全開時，化油器所應供給的燃料與空氣比。在理論上稀混合劑的可燃限度，可以代表最經濟，但實際上必須顧到燃料分佈不均及油量不準等現象，因此實際最經濟的燃料與空氣比，必須稍高。若要發動機在任何轉速均能發出最大馬力，這時節氣活門必須全開，同時也需要較濃的混合劑，務使汽缸內的氧氣，儘量被利用。這時混合劑中的汽油量，約較理論之正確混合劑油量超過 20 %。

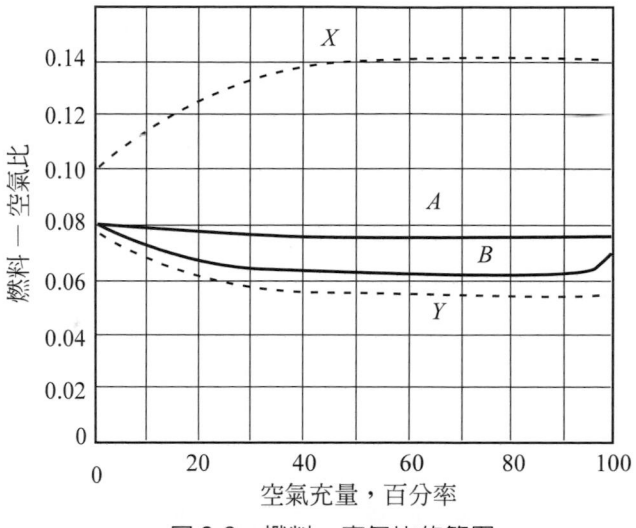

圖 6.6　燃料－空氣比的範圍

　　圖 6.6 中，B 線在趨近於 100 %空氣充量時，不再與 Y 線平行，反而與 A 線趨近，因為當 B 線趨近 100 %空氣充量時，其節流活門已趨近於全開位置，因此所需要的不是最經濟的燃料的混合劑，而是最大馬力。所以其燃料與空氣比必增高，使 B 線趨向於 A 線。另外的原因：當空氣充量大時，其排氣廢氣流量也必增加，此時若仍保持用經濟混合劑，則燃燒速率較低，故在動力行程時，燃燒仍在進行，因此廢氣溫度較高，同時流速也大，則傳熱效率也高，所以排氣活門若設計不良，很可能被燒壞，此時若採用濃混合劑，即可避免此弊病。圖中 X 及 Y 線，在空氣充量小的時候，相互匯合，其原因小空氣充量，實際上是靠節流活門關閉才能得到，但當節流活門關閉時，進氣歧管的氣壓降低，如圖 6.7 所示，$(P_m = 3 \text{ lb/in}^2)$，而餘隙廢氣壓力$(P_c = 14.7 \text{ lb/in}^2)$，約為大氣壓力，所以當進氣活門開啟時，餘隙廢氣將衝入進氣歧管，因此在吸氣過程中，吸入的氣體，大部份仍為餘隙廢氣，因此需要較濃的混合劑，以抵消餘隙廢氣的沖淡作用。

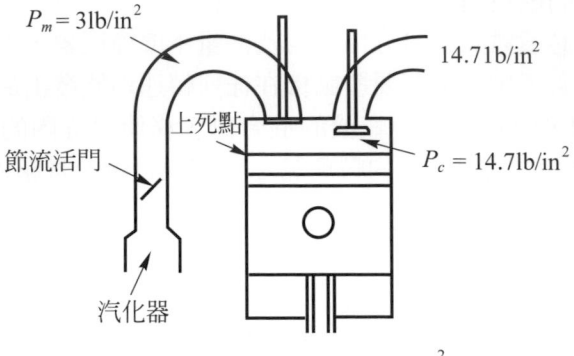

$P_m =$ 進氣岐管絕對壓力，lb/in^2

$P_c =$ 絕對排氣壓力，lb/in^2

圖 6.7　發動機在惰轉時的情況

6.3　簡單式化油器

　　簡單化油器是由空氣管(air horn)、文氏管、噴油嘴(nozzle)、輸油管(delivery tube)、浮筒室(float chamber)、阻風閥(chokes vave)、節氣門(throttle valve)等構成。如圖 6.8 所示，它僅適用於轉速和負荷都不變的引擎，但亦為現代構造複雜的化油器之主要組成部份，故又稱為化油器之主要系統(main system)。浮筒室為一個小儲油室，內裝有浮筒與控制活門等機構，可保持油面高度一定，浮筒室要與大氣相通，故浮筒室內油面受到大氣壓力之作用。噴油嘴位於文氏管中喉口處，該處流速最快，氣壓最低，與浮筒室內壓力構成一壓力差，而使汽油能散成霧狀和流經文氏管之空氣混合成混合氣。噴油嘴之噴口要比浮筒室油面高，通常比油面高 1/16 吋(約 1～2 公厘)，此一高度是配合文氏管喉口處的空氣流速及氣壓，可使一定量的汽油經噴油嘴噴出，故保持浮筒室內油面之高度一定是很重要，如果油面太高，汽油會自動溢出，使混合氣過濃，如果油面太低，噴出油會變太少，混合氣便過稀。

　　簡單化油器有一個缺點是：當引擎轉速增大，則空氣流經文氏管的速率亦增大，噴油嘴處壓力降低，噴油量增加，但因空氣的增加量確不能照比例混合，故混合氣會變濃，引擎轉速愈快混合氣愈濃，故僅能在某一設計轉速範圍內才能供應適當比例之混合氣，因而引擎負荷亦需固定不變。

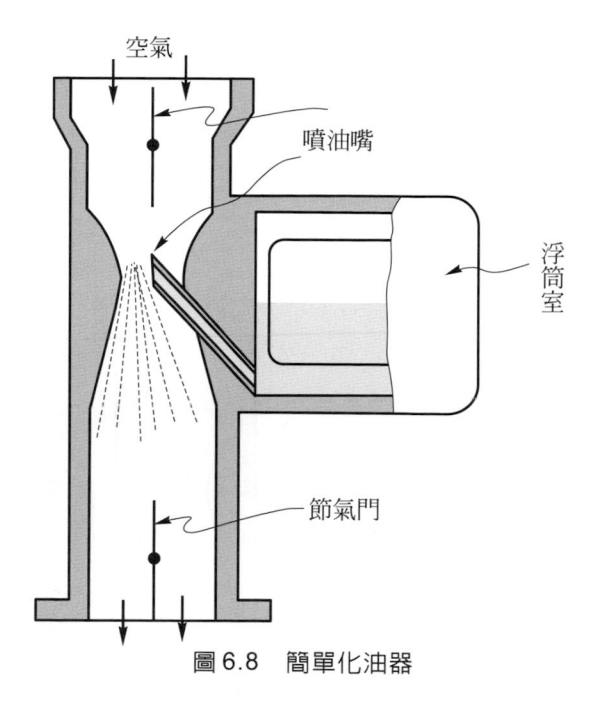

空氣

噴油嘴

浮筒室

節氣門

圖 6.8　簡單化油器

6.4　輔氣限流式化油器

　　由於引擎轉速之不同，所需之混合氣之混合比亦不同，但化油器確有轉速愈快，混合氣變成愈濃之缺點，故化油器仍能供應適當比例之混合氣。依構造及作用原理而分，化油器補償系統可分為：

　⑴　空氣井式(air well type)。

　⑵　進氣分供輸油管式(air bleed delivery type)。

　⑶　可變油孔式(variable fuel orific type)等三種，分別敘述於後。

1.　空氣井式補償系統

　　　空氣井式補償系統的構造原理，如圖 6.9 所示，在浮筒室和輸油管之間，加裝一空氣井(air well)，汽油自浮筒室先經補償油孔(compensating jet)，流至空氣井中，再經輸油管由噴油嘴噴出，極大多數的甄尼士牌(Zenith)化油器都利用此空氣井式補償系統配合主要系統。由於空氣井與浮筒室同受大氣壓力之作用，故不論空氣流經文氏管的速度如何增大，自浮筒室補償油孔流到空氣井之油量不變，則由噴油嘴噴出之最大油量亦固定不變，既然最大噴油量已固定不變，故當引擎轉速增大，文氏管內的空氣流速變大時，則由於補償系統的作用而使混合氣變稀。校準補償油孔或噴油嘴之大小，則當引擎轉速增大時，補償系統混合氣變稀之作用，可以恰好抵消主要系統使混合氣變濃的作用，保持混合比適宜。

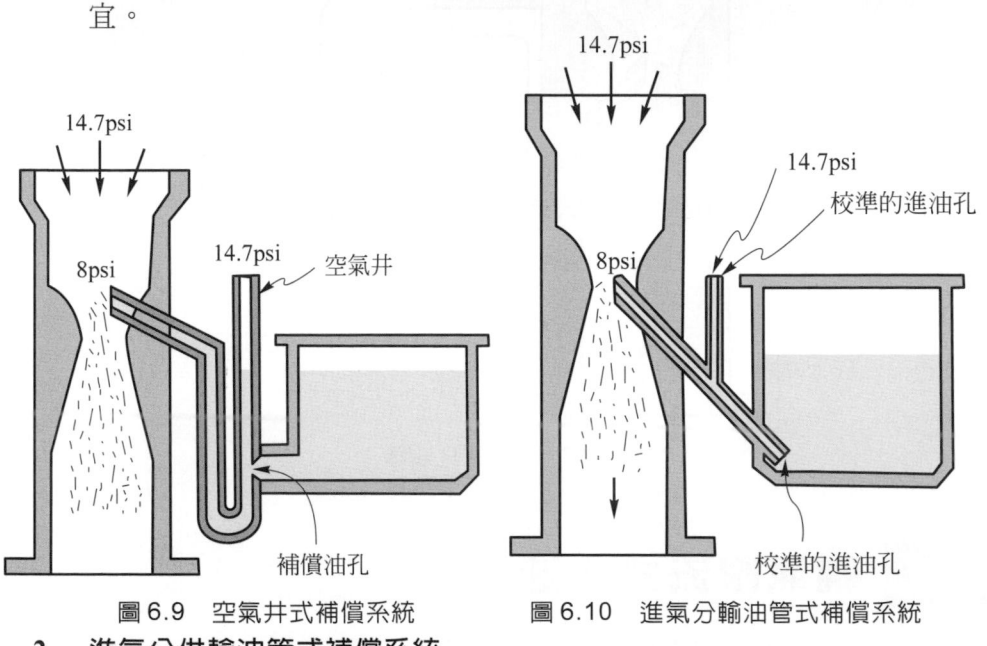

圖 6.9　空氣井式補償系統　　　圖 6.10　進氣分輸油管式補償系統

2.　進氣分供輸油管式補償系統

　　進氣分供輸油管式補償系統的構造很簡單如圖 6.10 僅在主要系統的輸油管中間，加一個進氣孔及一主噴油孔即可。史脫母柏爾(Stromberg)與羅吉士特(Rochester)牌，化油器皆採用此式。其作用是當引擎轉速增大時，主噴油嘴處的壓力降低，浮筒室中之汽油經輸油管，此時空氣亦自進氣孔被吸入，且由於進氣孔的存在，使進入輸油管中的汽油量減少，同時汽油與空氣先行混合，則混合氣變稀，故校準主噴油孔及空氣孔之大小，則進氣孔使混合氣變稀，可以恰好抵消主要系統混合爲變濃之作用，而不管引擎轉速爲何，皆可保持適宜之混合比。

3.　可變油孔式補償系統

　　可變油孔式補償系統是利用一根計量桿(metering rod)，以改變油孔之大小。計量桿的尖端分爲三段，由化油器的節氣門推動連桿或進氣歧管的眞空操作，配合文氏管中空氣的流速，在油孔中上下移動，而改

變油孔有效通道之大小，大多數卡特牌(Carter)化油器所採用。如圖
6.11，引擎在低速時，計量桿最粗一段在油孔中，輸油量增加，引擎在
高速時，計量桿最細一段在油孔中，輸油量最多。此油孔的輸油量隨引
擎轉速而增大，並不違反要抵消轉速增大時混合氣變濃趨勢的原則，因
為高速時引擎需要的混合氣量大，而供油量之多少，是指配合空氣比例
而言，使用計量桿以改變油孔有效通道之大小，其功用仍為使混合氣在
各種轉速時，皆能保持適當的混合比。

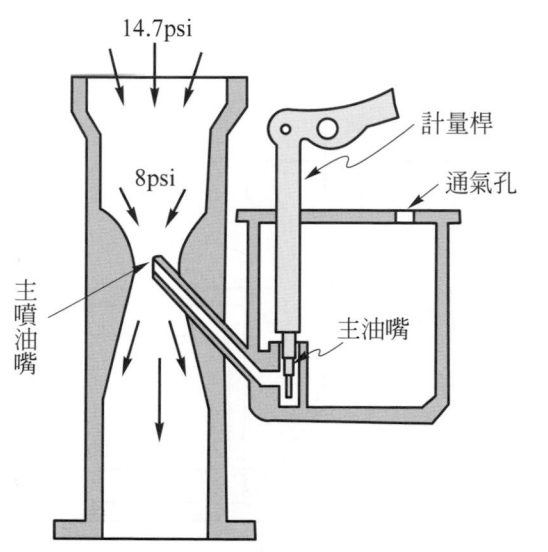

圖 6.11　可變油孔式補償系統

　　化油器中必須裝置一節氣門，以控制進入引擎中的混合氣量，也就
是控制引擎的動力大小；同時裝置一個阻風門(choke valve)，以控制進
入引擎中的空氣量。化油器除了要適應引擎轉速的變化之外，尚需適應
引擎在負荷不同時，突然加速時，空氣慢車時，冷引擎發動時各種不同
之需要，故通常包含有六種不同之油路，即

⑴　浮筒油路(float circuit)。
⑵　空轉及低速油路(idle and low speed circuit)。
⑶　高速油路(high speed circuit)。
⑷　加速油路(accelerating circuit)。
⑸　強力油路(power circuit)。
⑹　阻風門油路(choke circuit)等。

6.5 增氣式化油器

　　增氣式化油器如圖 6.12 所示，其原理與輔氣限流式化油器略有差異，此係當節氣門逐漸開大時，位於節氣門上方的進氣孔a處之壓力低於補氣活瓣b上方之壓力，因此漸漸將b活瓣打開，使空氣經a孔進入汽缸，於是可使空氣與燃料比不致逐漸降低，造成燃油過多而變濃。輔氣活瓣b所用彈簧之彈力不能過大，否則需較大的壓力才能打開輔氣活瓣b，造成引擎之容積效率降低，馬力變小。彈簧壓力也不可太小，否則由於引擎之振動，容易失去控制。

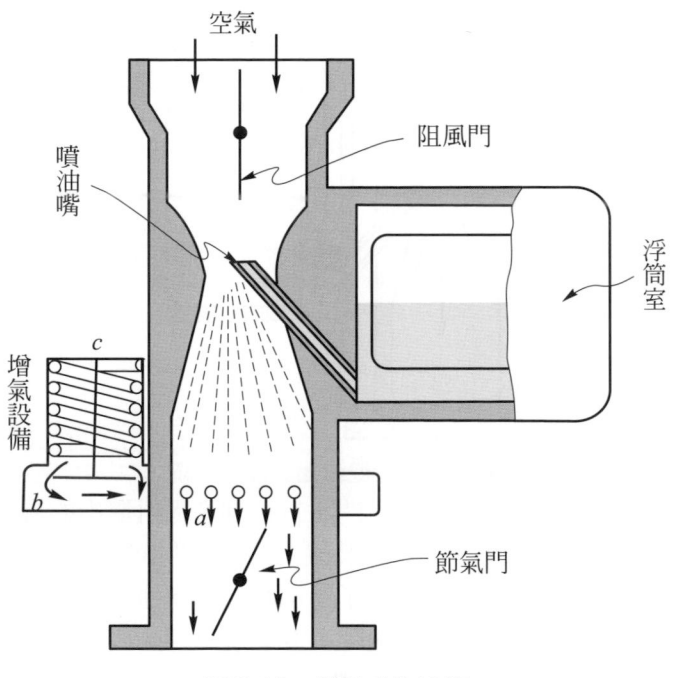

圖 6.12　增氣式化油器

6.6 化油器起動裝置

　　化油器之起動裝置：包括了浮筒油路，使供油正常、阻風油路，使冷車時容易發動，高速油路(又稱主油路)，提供低速以上至高速間所需之混合氣。

6.6.1　浮筒油路

　　浮筒油路之功用是使進入化油器浮筒室內之汽油，在任何情況下，皆能保持油面高度一定，可使供給之混合比適當，並可將所儲存的汽油供應至其他油路如圖 6.13，當浮筒油面降低時浮筒(float)及針閥(neddle valve)俗稱三角針，隨之下降，針閥與針閥座分離，浮筒活門開啟，汽油便流進浮筒室中，使油面升高，在油面升高時，浮筒隨之升高，將針閥向上推，並在到達油面最高點時，針閥將浮筒活門關閉，切斷供油，由於油面之高低可使浮筒直接控制針閥的上下，使活門開或關，故隨時可保持浮筒室內油面的高度不變。通常在浮筒室蓋上開一個小孔，稱為通氣孔(air vent)，以保持浮筒室內油壓為大氣壓力；另外一種利用通風管亦稱平衡管(vent)，從汽化器進口處通往浮筒室，以保持油面之壓力如圖 6.14 所示。

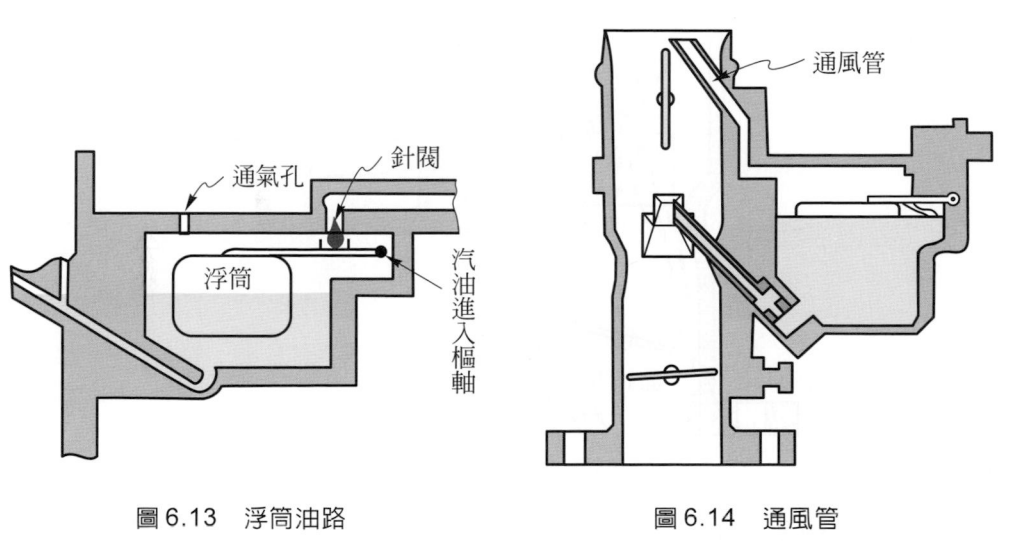

通風管

通氣孔　　針閥

浮筒　　　　　汽油進入樞軸

圖 6.13　浮筒油路　　　　　　圖 6.14　通風管

6.6.2　阻風門油路

　　阻風門油路是為使冷引擎容易發動而設的，因引擎冷車時，引擎各部機件均冷，尤以汽缸、進氣歧管等，在起動時汽油之氣化不容易，加上馬達搖轉速率太慢，空氣流速亦慢，在化油器文氏管處不能構成足夠真空，主噴油口不噴油，故有混合器過稀現象，因此亦必須額外汽油使氣化機會加多，混合器稍濃，而使引擎容易發動，阻風門油路是安裝在化油器進氣口上，主要控制空氣進入化油器中之多少如圖 6.15 所示，其作用很簡單，在起動引擎時，先將阻風門關閉，當引擎一轉動，在阻風門下整個文氏管中，皆因為活塞的下行而產生真空，則主噴油口及二個低速噴油口均同時噴出汽油，油量充份，雖然引擎冷，會有部份汽油凝結，但油量多，有一部份汽油仍能和空氣混合構成可燃而較濃混合氣，使引擎容易發動。阻風門在平時是保持在大開位置，故除起動時關閉外，引擎一旦發動之後就應將阻風門慢慢退回至開啟位置，以免混合氣過濃現象之產生。

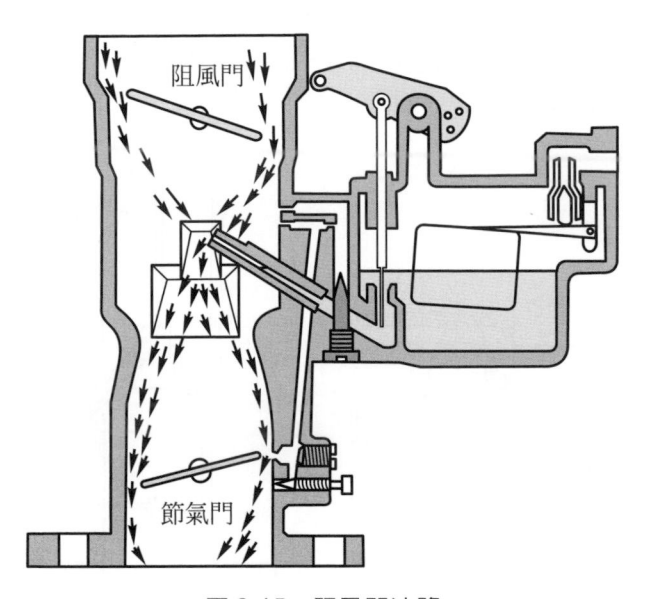

圖 6.15　阻風門油路

有些化油器在阻風門上附裝一個帶有彈簧之下吹式空氣閥(air valve)如圖6.16 所示，此活門被很弱的彈力關閉，在引擎一發動而引擎轉速增快，阻風門仍在關閉時，阻風門下面的引擎真空加大，將空氣閥吸開，增加進入之空氣量。

通風阻風門是由駕駛者在引擎室內推拉一鋼索而控制其開關，為了免除駕駛者操作之麻煩或在引擎發動後忘記退回到全開位置，而使混合氣過濃，現在汽車上很多均裝置自動阻風門裝置(automatic choke)，因自動阻風門不僅可在任何溫度時，控制適當混合氣比例，而使引擎容易發動之外，且在引擎逐漸加溫時期，可變化阻風門開關之大小，而供給適當之混合氣如圖 6.17 所示，其作用是當引擎冷時，熱控彈簧(thermostatic coil)在捲鬆狀態，彈力向左，保持阻風門在關閉位置，混合氣較濃，使引擎易於發動。

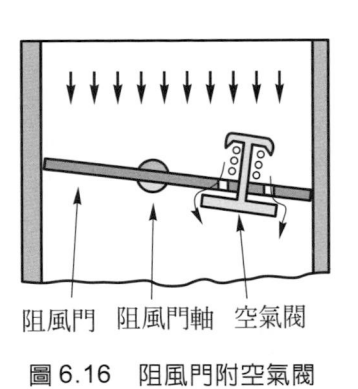

圖 6.16　阻風門附空氣閥

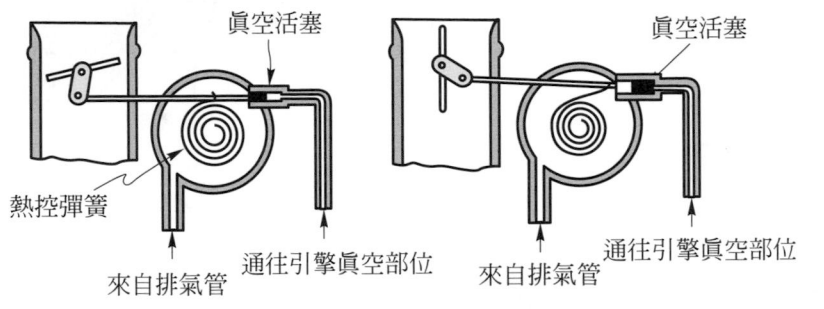

圖 6.17　自動阻風之作用

在引擎發動後，因轉速增高，真空活塞右面的真空加大，抵消一部份彈簧左推的力量，協助流經阻風門之空氣，將阻風門稍微打開，使混合氣濃度變小；由於引擎之發動，溫度漸漸升高，熱控彈簧因溫度之增高而捲緊，彈力轉而向右壓，協助真空活塞，逐漸將阻風門拉開，在引擎正常工作溫度時，熱控彈簧是可將阻風門拉至最大開放位置。

6.6.3　高速油路

高速油路又稱為主噴油路(main metering circuit)，其功用是將汽油自浮筒室內送到文氏管中噴出，以供在低速範圍以上，即中速及高速時所需之混合氣，即自節氣門部份開啟到全部開啟時期中，供應所需之混合氣，其作用如前述簡單化油器工作原理所述相同如圖 6.18 所示，當活塞下行時，汽缸內與外界大氣壓力發生壓力差，空氣因此經由喉管吸入汽缸，當經文氏管時，速度增加，而壓力減少，產生眞空，浮筒室內汽油便被吸而由主噴油口噴出，與空氣混合再進汽缸內。當引擎之轉速增高時，混合氣會變成過濃現象，影響引擎性能，並浪費汽油，爲了要使節氣門在各種開啓部位，即各種轉速，均能供應適當比例之混合氣，在高速油路上，加一個補償空氣孔如圖6.19所示。

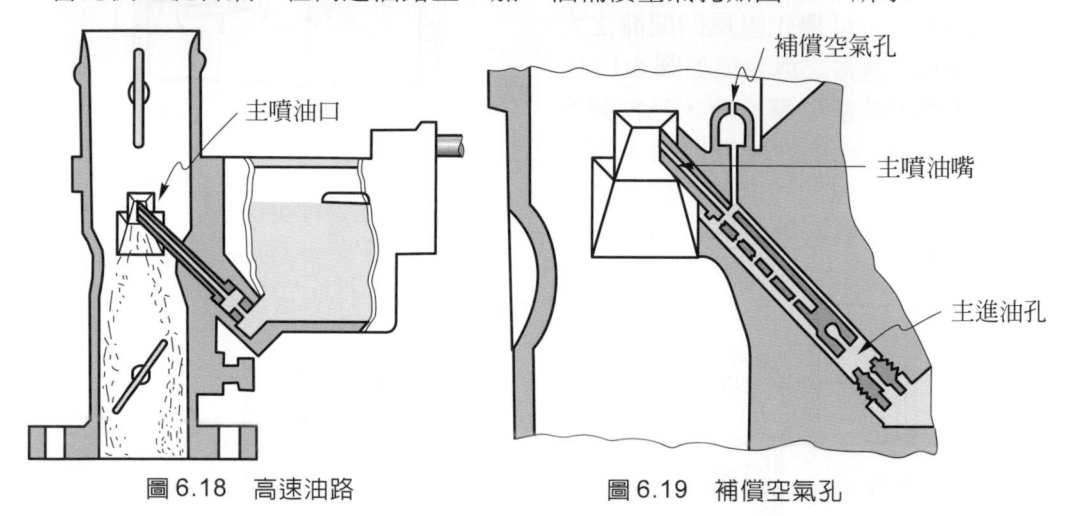

圖6.18　高速油路　　　　　　　　圖6.19　補償空氣孔

6.7　化油器之加速裝置

　　爲了要適應突然需要加速時，猛力踏下加速板，空氣與燃油比變化，因此在化油器中設有一套**加速油路**(accelerating circuit)。

　　當踩下加速踏板(俗稱油門)時，節氣門的開啓增大，因爲空氣的質量較輕，其流速可以迅速增大，大量空氣可以立即通過文氏管進入化油器內，但汽油質量較重，流速之增加緩慢，等空氣流經一部份之後，主噴油口才能依比例而增加汽油之噴出量。故在踩下加速踏板之瞬間，使混合氣變稀，致使引擎有停滯(flat spot)現象產生，並可能發生化油器回火現象。加速油路之功用就在補救這一缺點，其方法是噴入額外油量，反而使混合氣稍稍變濃，以便引擎轉速能夠迅速加快如圖6.20所示，在加速油路中有一小柱塞，其柱塞係由機械操縱，由節氣門連桿控制其作用，在柱塞下，化油器浮筒室之油道上，有一單向進油閥及另一單向出油閥，並有一單向通氣閥，其作用如下：

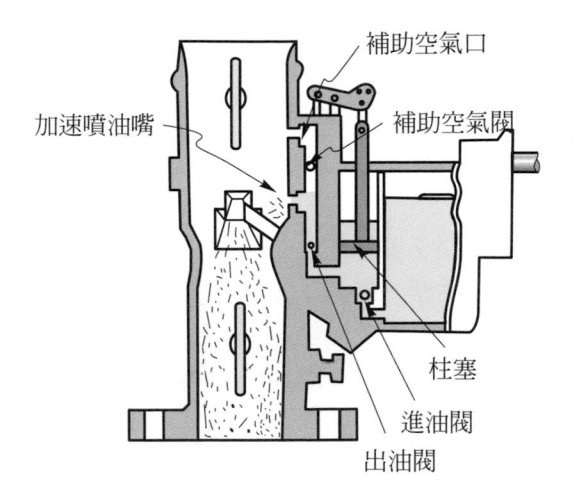

補助空氣口

加速噴油嘴

補助空氣閥

柱塞

進油閥

出油閥

圖 6.20　加速噴油嘴

1. 放鬆加速踏板，節氣門連桿下移，經加速泵總成(accelerating pump assembly)，並泵彈簧協助，將泵柱塞向上推，柱塞下方之泵缸中容積加大，壓力減小，產生部份真空，大氣壓力將浮筒室內的汽油壓開進油閥而進入泵缸(pump cylinder)中，此時單向出油閥保持在關閉位置。

2. 踏下加速踏板時，節氣門大開，節氣門連桿上移，加速泵之柱塞總成向下推動，泵缸中的油壓增加，將進油閥關閉，同時推開出油閥，汽油便從泵缸經出油閥而到加速噴油口噴出，與文氏管外圍空氣混合，增加混合氣中之汽油量，使混合比變濃，通常加速噴油口均在文氏管旁之上。

3. 加速油路只在加速踏板突然踩下時作用一下，當節氣門慢慢開啓時，加速踏板不起作用，因此，加速泵柱塞不動作，對於汽油並無壓力(要鬆開再重新踏才能再作用一次)，此時單向通氣閥開啓，空氣立即通至加速油路，而阻止汽油連續經加速油口噴出。

6.8 高負荷加濃裝置

　　當引擎在高負荷時，正常油路所提供之空氣與燃油比，無法提供足夠的動力，必須使空氣與燃油比變濃才能達到高負荷時需求，因此在化油器中設置一套**強力油路**(power circuit)。來適應高負荷時的需要。因爲由於高速油路與補助空氣孔之配合，僅能構成 15 比 1 之混合比，但車輛在超車，上坡及急遽加

速時，引擎需要最大馬力，以混合比在 12 比 1 至 13 比 1 最佳，因此汽化器內
裝置有強力油路，其功用在於注入額外更多的汽油，以便構成最強力的濃混合
氣，使引擎產生最大動力，故有人稱強力油路是高速油路之補助油路，由於構
造與作用方式之不同主要分有二大類如下：

1. 真空式強力油路

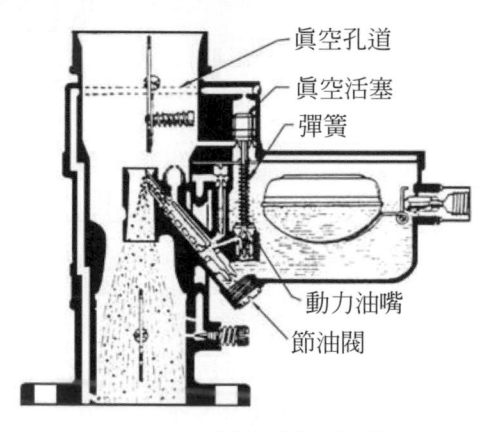

　　真空式強力油路主要包括，
有真空孔道、真空活塞、彈簧、
節油閥等如圖 6.21，其作用是
當化油器節氣門在部份開啟位
置，而引擎操作穩定時，進氣
歧管內產生真空吸力較大，通
常約在 10 吋水銀柱高以上，將
真空活塞向上吸，使彈簧在壓
縮的位置，此時強力油路之節
油閥保持在關閉位置，便無額
外汽油注入主油道中。當化油

圖 6.21　真空式強力油路

器節氣門在部份開啟位置而突然開大時，或當節氣門在完全開啟位置而
引擎轉速降低時，進氣歧管內真空度降低，約在 10 吋水銀柱高以下，
不能克服彈簧之彈力而將真空活塞向下壓，將節油閥推開，額外的汽油
便可經節油閥流至油道中，使混合氣變濃。有的真空式強力油路不用真
空活塞，而用膜片及彈簧，利用真空直接作用膜片而操作強力油路之作
用。

2. 機械式強力油路

　　機械式強力油路，是利用計量桿(metering rod)，代替節油閥以變
更高速油孔開啟之大小，而達成同樣的目的。因計量桿的尖端作成級數
大小不同之直徑，插入高速油孔(high-speed jet)時，可因直徑之不同，
而獲得桿與孔間大小不同的間隙，以操縱油量進入之多寡如圖 6.22 當
節氣門開啟時，計量桿便提起，使桿與孔之間間隙加大，因此多量之
油，可經高速油路而到主噴油口噴出，當節氣門全開，計量桿提升最
高，使油孔有效通道增大，汽油之流出量最大，使混合比變為濃以應最
大馬力之需；反之，節氣門關閉時，計量桿下降，使直徑最大處在油孔
中，則桿與孔之間隙縮小，故汽油進入量減少，故計量桿的位置與節氣

門開啓之大小要配合，方可使引擎在各種轉速情況下，獲得適當比例之混合氣。

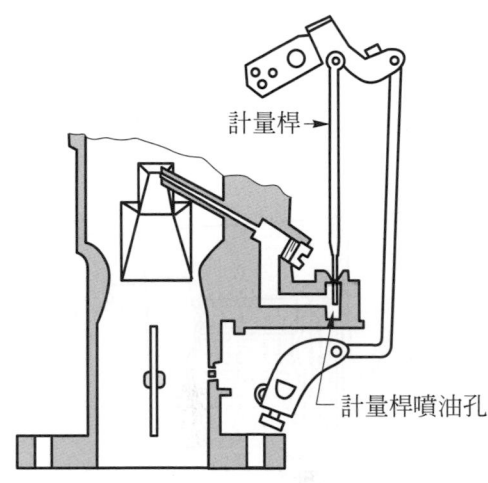

圖6.22　機械式強力油路

計量桿

計量桿噴油孔

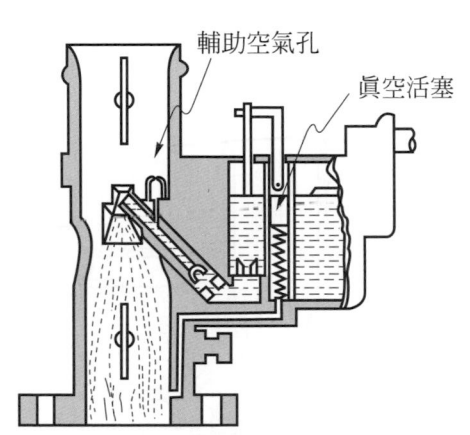

圖6.23　機械真空兼具之強力油路

輔助空氣孔

真空活塞

　　因為機械式強力油路僅在化油器節氣門完全開放時才產生作用，故有的化油器在計量桿頂端，連接眞空活塞使兼具有眞空式強力油路作用，在節氣門部份開啓時亦可額外注油，以增大引擎的動力如圖 6.23 所示。

6.9　空轉機構

　　引擎在空轉及低速(idle and low speed circuit)時，因節氣門尙未打開或打開的程度太小，無法達到空轉或低速時的空氣與燃油比，因此化油器中設有空轉或低速油路，其功用在於當節氣門關閉時，供應引擎空轉及在低速的混合氣，並與高速油路配合，供應從低速到高速期間的混合氣，其構造為二個低速噴油口，在節氣門完全關閉時，恰好在節氣門上者為上噴油口，又稱第二噴油口；位於節氣門下者為下噴油口，又稱第一噴油口。還有在化油器上有一補助空氣孔，使汽油先與空氣作初步的混合，並可使低速油路不作用時，補助空氣孔之空氣進入油道中以防止汽油因吸虹作用而自浮筒室流喉管。且在節氣門完全關閉時，上噴油口也變成補助空氣孔之作用，協助汽化，當節氣門逐漸開啓時，上噴油口由補助空氣孔之作用變成噴油口如圖 6.24 所示，至於低速油路之作用很簡單，當節氣門完全關閉，即引擎空轉時，汽油從低速油嘴至低速油道，先上行經補助空氣孔，使汽油得到空氣之初步混合，再下行與上噴油孔進來之空氣再度混合，最後從下噴油口噴出，在低速油路之下噴油口上有一惰速調整螺絲(idle adjusting needle)，控制下噴油量，旋進螺絲，使噴出的混合氣量減少，引擎空轉速率降低，旋出時則噴出的混合氣量增加，引擎空轉速率加大。

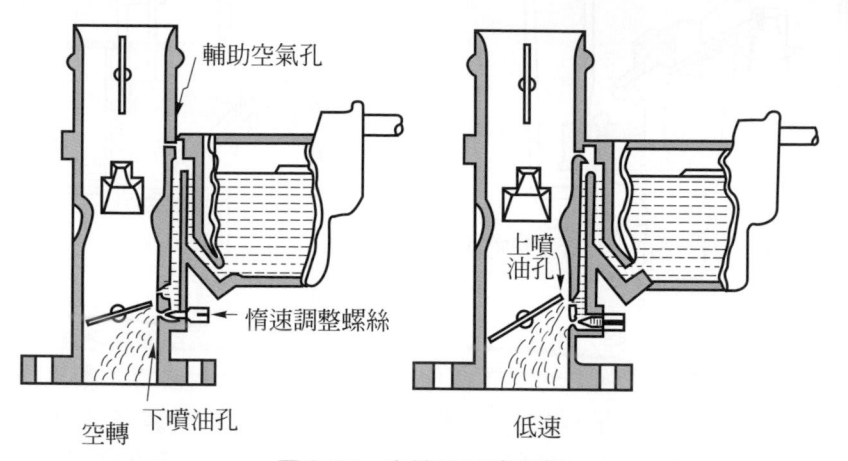

圖 6.24　空轉及低速油路

在高速噴油開始，與低速噴油有一段時間重疊，此重疊時期稱為轉變時期(transfer range)。當節氣門關閉時，其下方壓力較低，文氏管中空氣流速亦小，因此只有低速油路作用；當節氣門逐漸開啓，通常在節氣閥開大至約 1/4 位置以上時，空氣在文氏管流速增加，而在低速噴油口處減少。因此低速油路工作漸行停止，而高速油路工作也漸開始。

6.10　化油器實例

6.10.1　化油器之型式

1. 按化油器出口至進氣歧管，混合氣流動方向分有：
　　(1)　上吸式(up-draft)化油器：如圖 6.25 所示

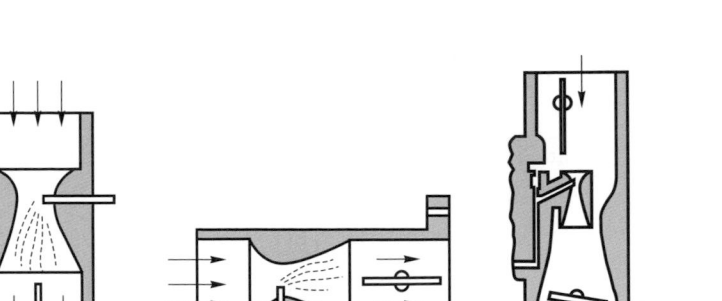

圖 6.25　上吸式　　圖 6.26　下吸式　　圖 6.27　旁吸式　　圖 6.28　單管式
化油器

　　上吸式化油器係裝於引擎下方之一側，燃料利用重力供給法 (gravity feed)使混合氣向上行經進氣歧管而進入引擎內。此種化油器因空氣速度必須高，化油器喉管及進氣歧管直徑較小，結果動力輸出受限制。

⑵　下吸式(down-draft)化油器：如圖 6.26 所示

　　下吸式化油器裝在進氣歧管上方，混合氣由上向下流通；此種化油器優點是空氣速度低時，混合氣也很容易達到引擎，化油器喉管及進氣歧管也可以製造得大些，因此引擎動力輸出較高，為現今汽車上採用最多之一種型式。

⑶　旁吸式(side-draft)化油器：如圖 6.27 所示

　　旁吸式化油器之混合氣是從一旁進入，再由另一旁輸出，是一種橫向流動，使用於引擎室空間較少之引擎，一般用於機車上，以及用於那些利用水套熱水來使混合氣加熱的引擎上。

2.　按化油器之筒數(barrel)即喉管數分有：

⑴　單管式(single barrel)化油器：如圖 6.28 所示

　　單管式化油器只有一個出口通往進氣歧管，引擎在各種工作情況下，所需之適當混合比，均由此一管來負責，單管化油器大都廣泛應用於六缸或六缸以下之引擎。

(2)　雙管式(dual barrel)化油器：如圖 6.29 所示

　　　雙管式化油器有二個出口通往進氣歧管，在基本上它是由二個化油器組合起來的，包括二組完整之低速油路、高速油路、加速油路、二個節氣門，阻風門則不相同如圖 6.29A、B所示，但只有一個浮筒油路。雙管式化油器可分成二組，而按照點火順序，一管供給 1、3、2 缸，另一管供給 5、6、4 缸，但亦有二管共用，一管先供應低速時所需，另一管則在高速時作用，二管同時作用，使汽油之消耗最經濟，而馬力最大。

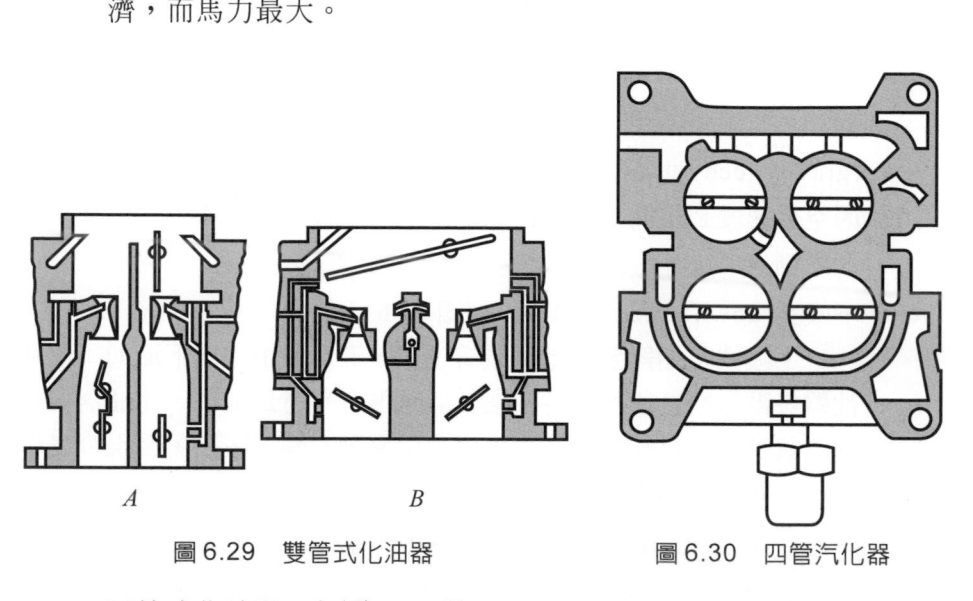

A	*B*
圖 6.29　雙管式化油器	圖 6.30　四管汽化器

(3)　四管式化油器：如圖 6.30 所示

　　　四管式化油器有四個開口通往進氣歧管，大都是V-8型引擎，通常區分為二組，其中有二個主管(primary side)，是構成化油器之主要系統，包含有一個低速油路、加速油路、強力油路。用於輕載，中速巡行時。另二管為副管(secondary side)，包括一低速油路，及高速油路，是作為補助之用，在引擎最大動力時，供應額外的混合氣。主管在整個引擎速度範圍內均供應燃料，低速時，副節氣門是關閉，當節氣門開大，主管的文氏管真空增大到某一定值時，此真空作用在一膜片上，經由彈簧及連桿作用，將副管節氣門拉開，使副管主噴油口開始噴油，供應額外汽油到引擎中，通常在主管節氣門開啟 50 度時，副管之節氣門便開始開啟。當引擎速度減低，二個主管內文氏管處需真空降低，副管節氣門開始關閉，操作副管節氣門的連桿機構，可以克服真空系統之遲滯，使副管節氣門關閉迅速，以保持正確而快速的減速作用。

6.10.2　化油器實例

化油器的種類很多、構造非常複雜，但是基本原理是相同的，為了能適應各種狀況的需要，一般化油器均包括了以下幾種油路、燃油油路(Fuel inlet system)，主油路(main-metering system)、怠速油路(idle system)、加速泵油路系統(Accelerating-pump system)、阻風油路(choke system)及強力油路(Full-power circuit system)等。

1.　**福特單管化油器(Ford Motor One-barrel carburetors)**

以下是福特公司單管化油器的各種油路圖，如圖 6.31 至圖 6.37。

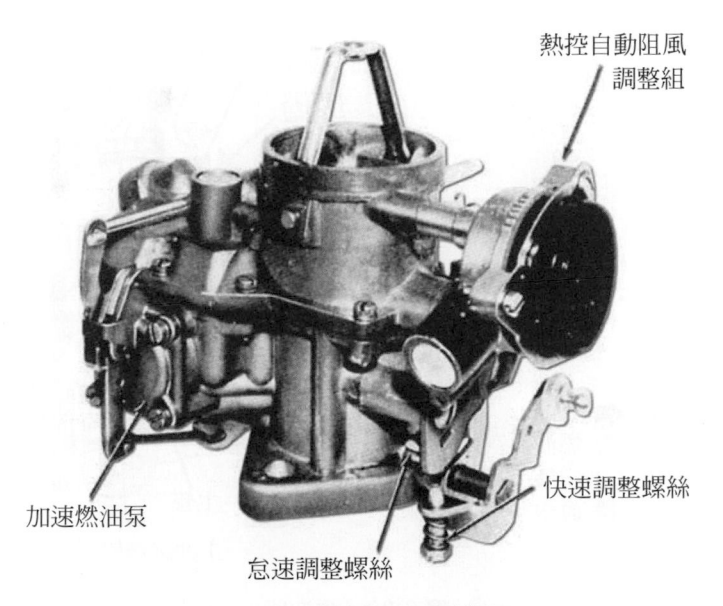

熱控自動阻風
調整組

加速燃油泵

怠速調整螺絲

快速調整螺絲

圖 6.31　單管化油器外觀圖

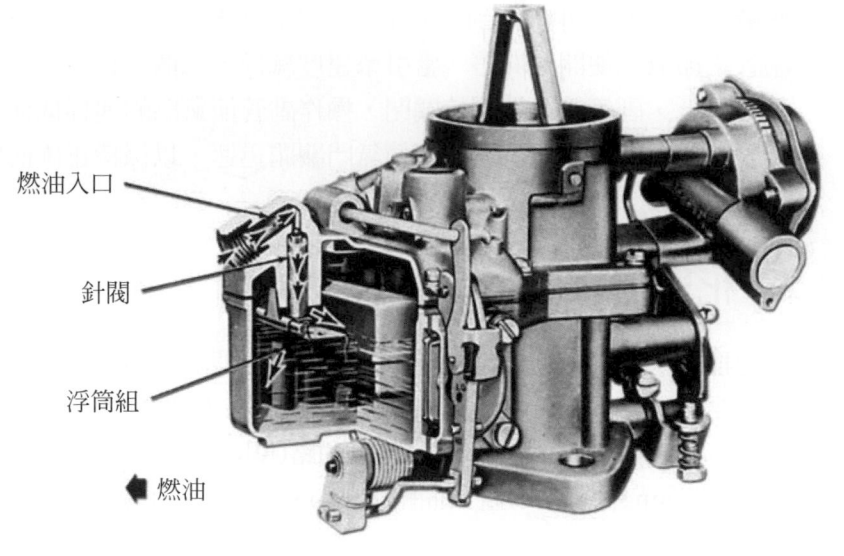

燃油入口

針閥

浮筒組

◀ 燃油

圖 6.32　燃油油路

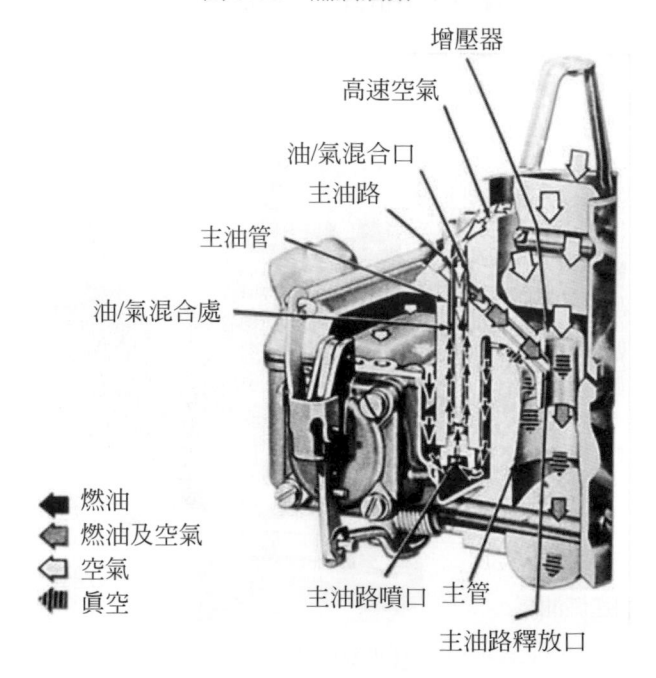

增壓器

高速空氣

油/氣混合口

主油路

主油管

油/氣混合處

◀ 燃油
◀ 燃油及空氣
◁ 空氣
◀ 眞空

主油路噴口　主管

主油路釋放口

圖 6.33　主油路

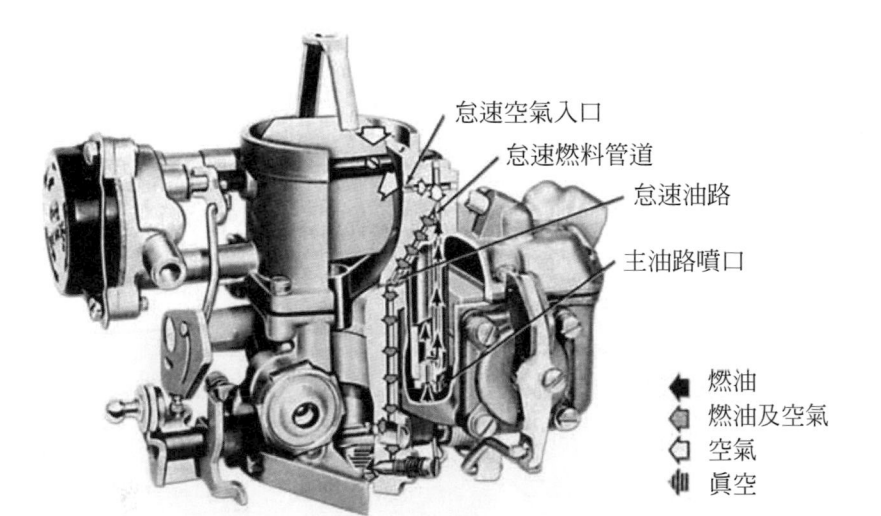

怠速空氣入口

怠速燃料管道

怠速油路

主油路噴口

◀ 燃油
◁ 燃油及空氣
◁ 空氣
⫘ 眞空

圖 6.34　怠速油路

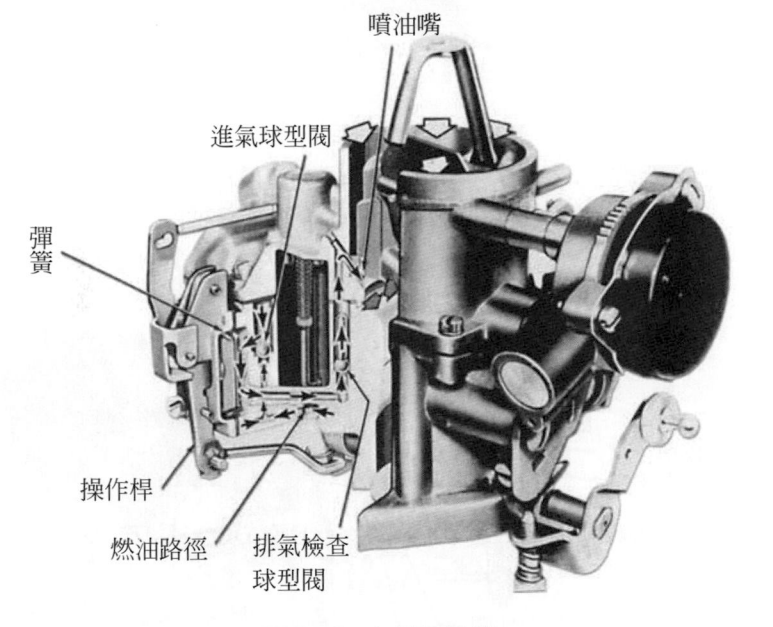

噴油嘴

進氣球型閥

彈簧

操作桿

燃油路徑

排氣檢查
球型閥

圖 6.35　加速泵油路

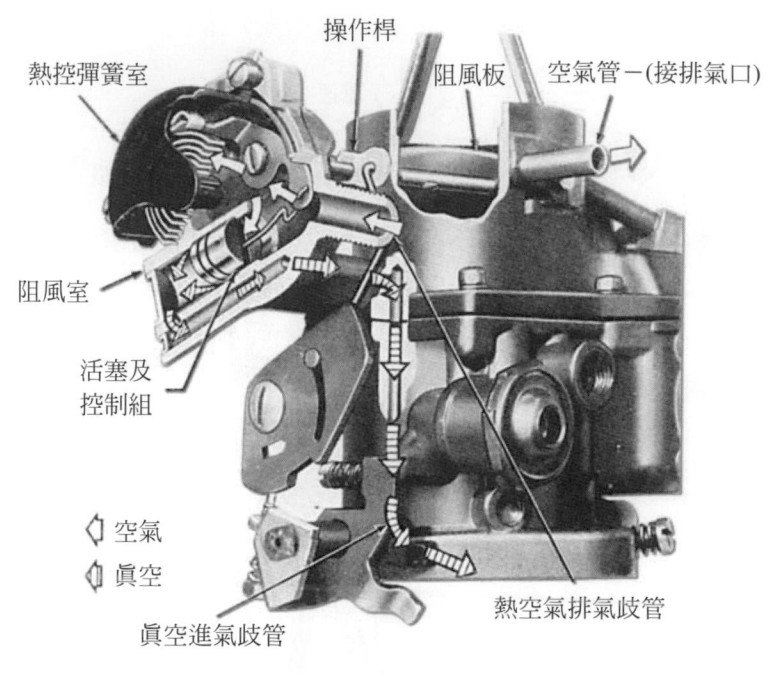

操作桿

阻風板

空氣管—(接排氣口)

熱控彈簧室

阻風室

活塞及
控制組

◁ 空氣
◁ 真空

真空進氣歧管

熱空氣排氣歧管

圖 6.36 阻風油路

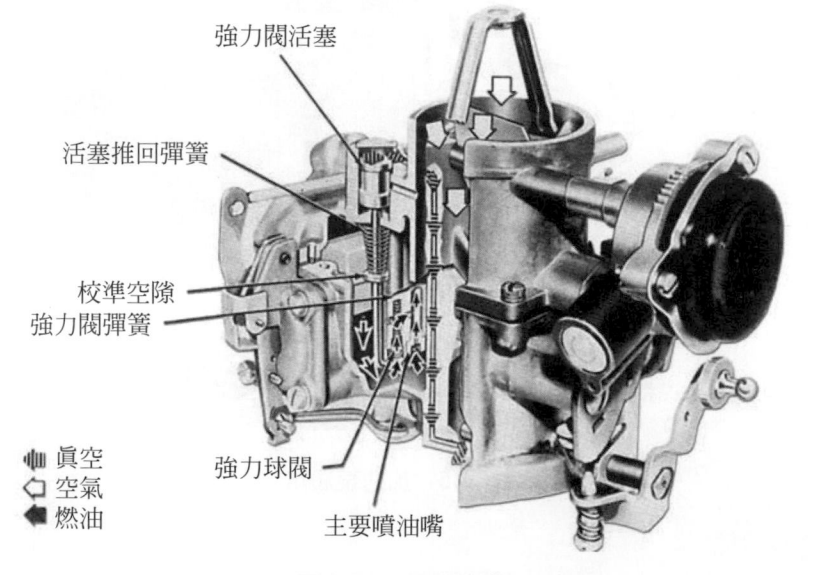

強力閥活塞

活塞推回彈簧

校準空隙
強力閥彈簧

真空
◁ 空氣
燃油

強力球閥

主要噴油嘴

圖 6.37 加力油路

2. **福特雙管化油器(Ford Motor Two-barrel or dual carburetor)**

以下是福特公司雙管化油器的各種油路圖，如圖 6.38 至圖 6.45。

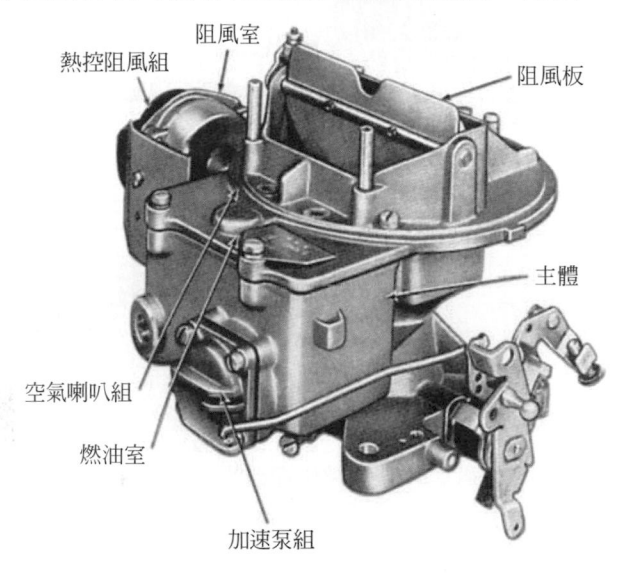

圖 6.38　雙管化油器外觀圖

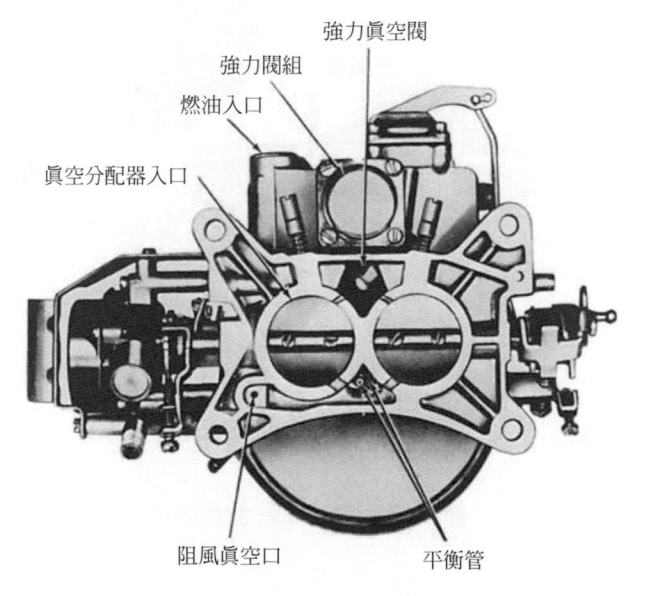

圖 6.39　雙管化油器的俯視圖

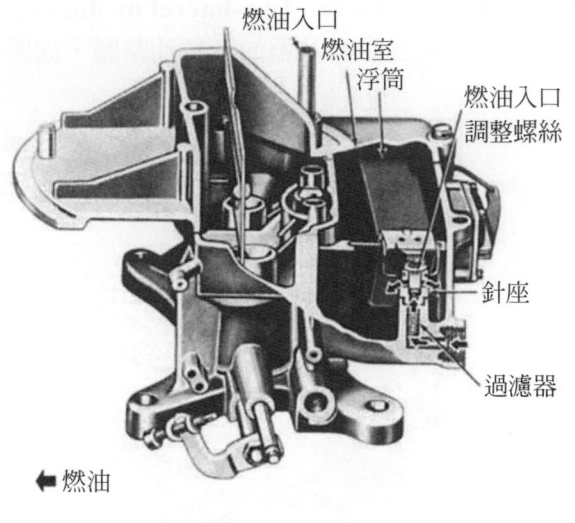

燃油入口
燃油室
浮筒
燃油入口
調整螺絲
針座
過濾器

← 燃油

圖 6.40　雙管化油器燃油油路

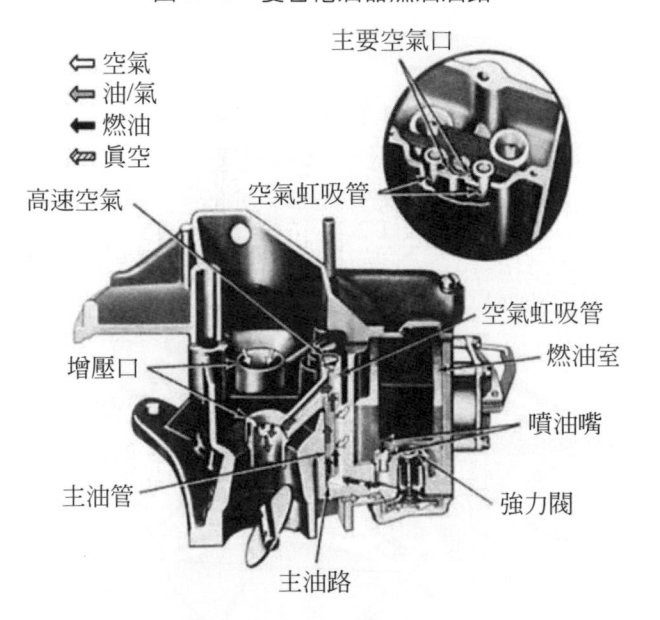

⇦ 空氣
⇦ 油/氣
← 燃油
⇐ 眞空

高速空氣
主要空氣口
空氣虹吸管
增壓口
空氣虹吸管
燃油室
主油管
噴油嘴
主油路
強力閥

圖 6.41　雙化油器主油路

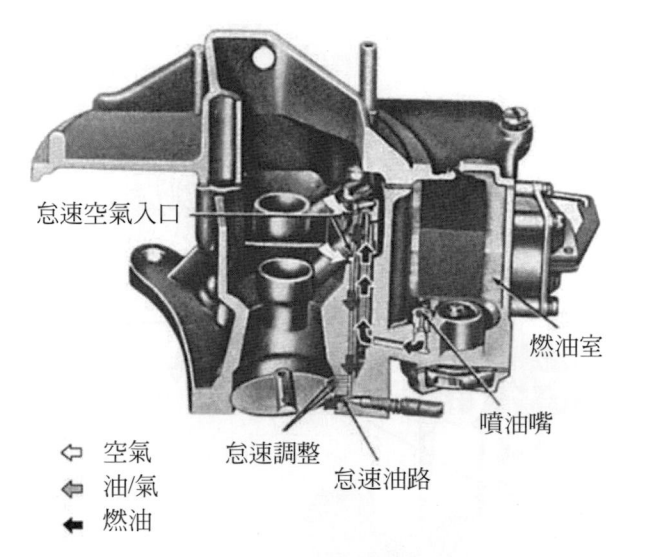

怠速空氣入口

燃油室

怠速調整

噴油嘴

怠速油路

⇦ 空氣
⇦ 油/氣
← 燃油

圖 6.42 雙管化油器怠速油路

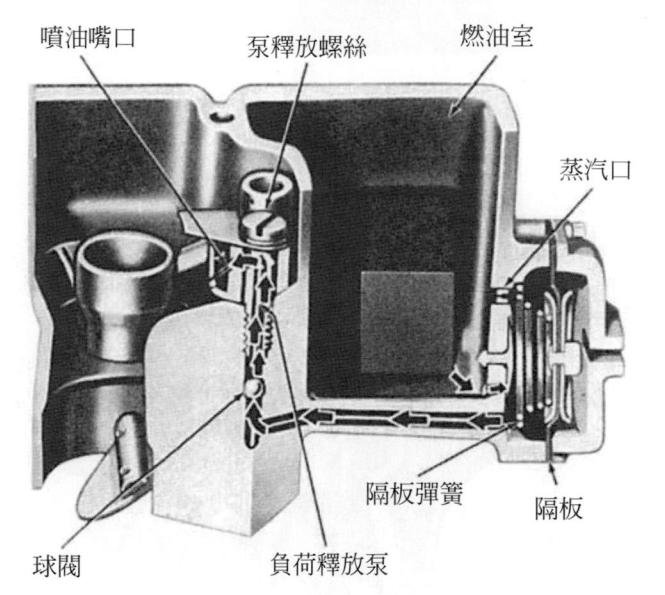

噴油嘴口

泵釋放螺絲

燃油室

蒸汽口

隔板彈簧

隔板

球閥

負荷釋放泵

圖 6.43 雙管化油器加速泵油路

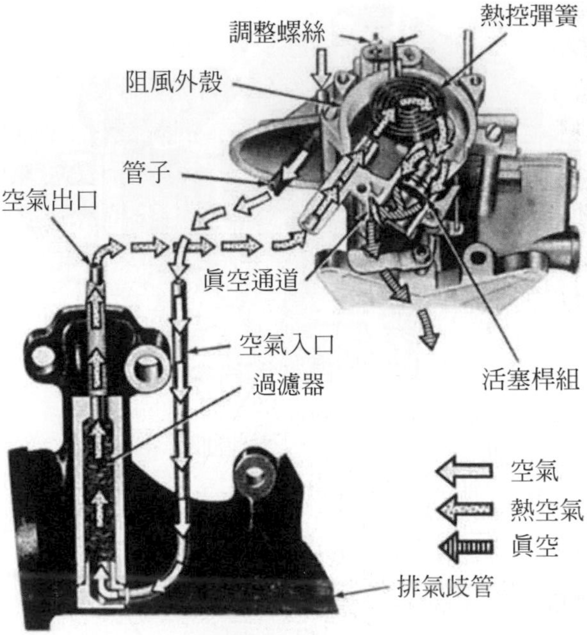

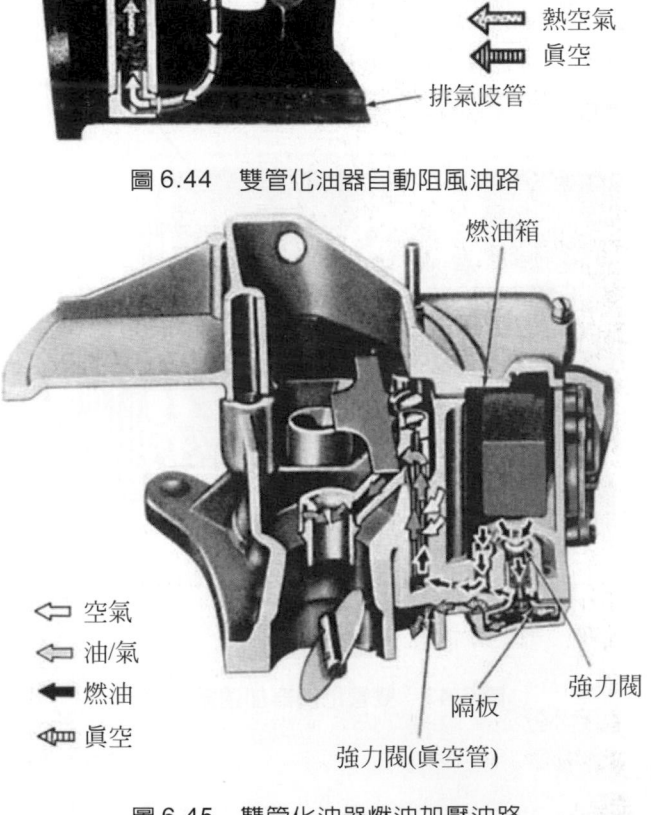

調整螺絲　　　熱控彈簧

阻風外殼

管子

空氣出口

真空通道

空氣入口

過濾器

活塞桿組

⟸ 空氣
⟸ 熱空氣
⟸ 真空

排氣歧管

圖 6.44　雙管化油器自動阻風油路

燃油箱

⟸ 空氣
⟸ 油/氣
⟸ 燃油
⟸ 真空

隔板

強力閥

強力閥(真空管)

圖 6.45　雙管化油器燃油加壓油路

3. **福特四管化油器(Ford Motor Four-barrel Carburetor)**

以下是福特公司四管化油器的各種油路圖，如圖 6.46 至圖 6.47。

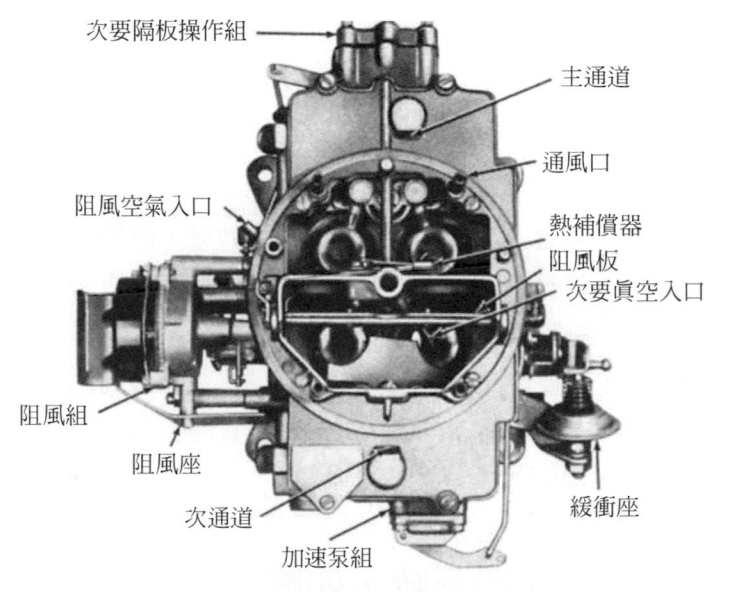

次要隔板操作組

主通道

通風口

阻風空氣入口

熱補償器

阻風板

次要真空入口

阻風組

阻風座

次通道

緩衝座

加速泵組

圖 6.46　四管化油器上視圖(Top View)

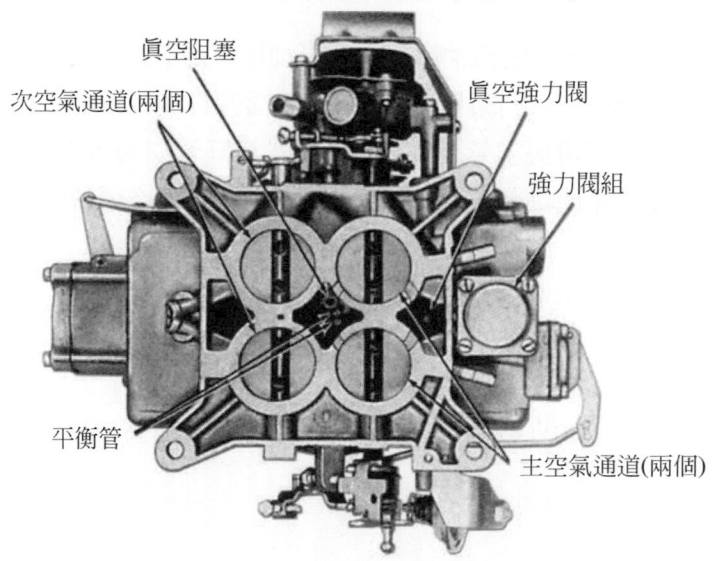

真空阻塞

次空氣通道(兩個)

真空強力閥

強力閥組

平衡管

主空氣通道(兩個)

圖 6.47　四管化油器俯視圖

6.11 汽油噴射裝置

　　汽油噴射系統不需要文氏管，所以空氣的流通不會像化油器一樣的受到限制，進氣歧管不必負責使空氣與汽油能完全的混合，也不要加裝「加熱絲」協助加速氣化，又不必擔心空氣與汽油的混合比的改變等等。因此比較起來，汽油噴射系統可得到更大的引擎動力和更好的加速效果，汽油的消耗量也較省，因為混合氣的分配均勻有效，改變負荷時，引擎的反應也特別快速，因為化油器節流門控制時，尚有少許的時間滯後影響，而噴射系統，要比節流門控制的更有效，噴射系統的主要缺點是製造成本太貴，比雙管系統化油器還要貴，並且維護與修理，非要有訓練有素的專門技師才可實施。汽油噴射裝置有機械式及電動式兩種，分別說明如後。

6.11.1　機械式噴油系統，如圖 6.48 所示

　　機械式噴油系統，是將汽油經過一個泵加壓再由噴油嘴噴入各汽缸，噴油嘴構造，如圖 6.49 所示，高壓汽油將噴油嘴活門打開，汽油自孔內高速噴出細小霧狀，到進氣門邊與空氣充分混合後進入汽缸，如圖 6.50 所示，噴油嘴的位置裝於各個進氣門之前，噴油量是由一個汽油定量分配器來控制。

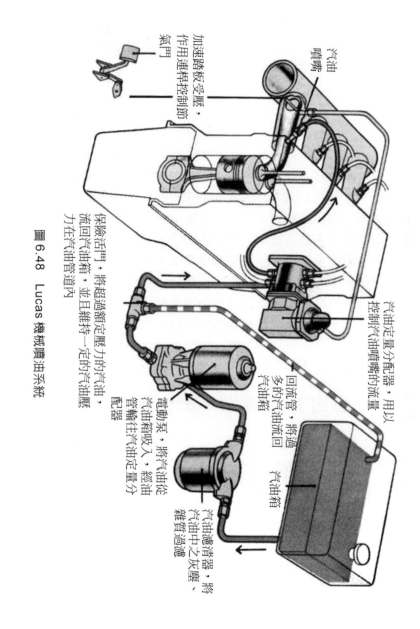

汽油噴嘴

加速踏板受壓，作用連桿控制節氣門

汽油定量分配器，用以控制汽油噴嘴的流量

回流管，將過多的汽油流回汽油箱

電動泵，將汽油從汽油箱吸入，經油管輸往汽油定量分配器

汽油箱

汽油濾清器，將汽油中之灰塵、雜質過濾

保險活門，將超過額定壓力的汽油，流回汽油箱，並且維持一定的汽油壓力在汽油管道內

圖 6.48　Lucas 機械噴油系統

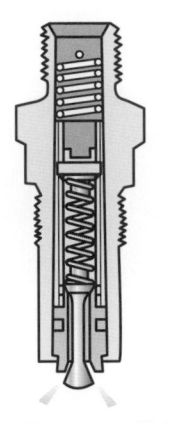

圖 6.49　噴油嘴

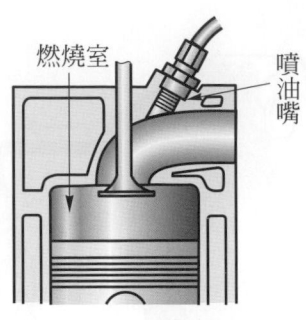

燃燒室

噴油嘴

圖 6.50　噴油嘴位置圖

6.11.2　電動式噴油系統，如圖 6.51 所示

　　電動式噴油系統是用一個能維持在 25～30 psi 的壓力泵，從汽油箱中吸取比噴油嘴所消耗還多的汽油，供應所需，過多的汽油可經一個壓力調整器，再回到汽油箱，以防止發生汽阻。噴油嘴是受彈簧的作用而關閉，受電磁線圈的作用而開啟，汽油量的多少是靠電磁線圈打開噴油嘴的作用長短而定，電子控制元件則以信號操作電磁線圈。而電子控制元件又是由好幾個靈敏的感應裝置所作用，量出不同的引擎情況，如進氣歧管壓力，冷卻水的溫度、加速作用情況，節氣門的位置等等。這些靈敏的感應裝置可以使電子控制元件迅速的發出信號，正確的操縱噴油嘴。以簡化電動式系統，通常在進氣門剛要開啟前的瞬間，噴油嘴就噴出適量的汽油，供應汽缸所需的混合氣。

　　在飛機的發動機上，亦有採用汽油噴射裝置，有的將汽油噴入進氣歧管，也有的將汽油直接噴入汽缸，其優點為：

1.　在節氣門處可消除溫度低而結冰現象。
2.　容易操縱空氣與汽油比。
3.　可避免化油器之回火。
4.　可避免汽阻現象。
5.　汽缸燃料分配情況良好且均勻。
6.　無浮筒室之裝置。
7.　可增加發動機之容積效率。
8.　發動機之加速性良好。

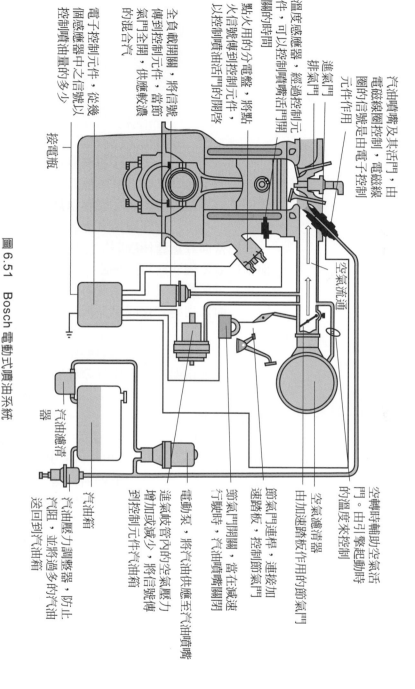

汽油噴嘴及其活門，由電磁線圈控制，電磁線圈的信號是由電子控制元件作用

進氣門

排氣門

溫度感應器，經過控制元件，可以控制噴嘴活門開關的時間

點火信號傳到控制元件，以控制噴油活門的開啟

火信號傳到分電盤，將點

全負載開關，將信號傳到控制元件，當節氣門全開，供應較濃的混合汽

電子控制元件，從幾個感應器中之信號以控制噴油量的多少

接電瓶

空氣流通

空轉時輔助的空氣活門。由引擎起動時的溫度來控制

空氣濾清器由加速踏板作用的節氣門

節氣門連桿，連接加速踏板，控制節氣門

節氣門開關，當在減速行駛時，汽油噴嘴到控制元件，汽油噴嘴關閉

電動泵，將汽油供應至汽油噴嘴

進氣歧管內的空氣壓力增加或減少，將信號傳到控制元件

汽油壓力調整器，防止汽油濾清阻，並將過多的汽油送回到汽油箱

汽油箱

汽油濾清器

圖 6.51 Bosch 電動式噴油系統

9. 發動機無爆震現象。
10. 發動機可採用辛烷數較低之燃料。
11. 可節省二行程引擎之燃料。

習 題

1. 解釋名詞
   (1) 文式管(Venturi throat)。　(6) 強力油路。
   (2) 空氣與燃料比(A/F)。　(7) 節流閥。
   (3) 化油器(carburetor)。　(8) 噴油嘴。
   (4) 主油路。　(9) 阻風門。
   (5) 高速油路。　(10) 汽化系統。
2. 問答題
   (1) 簡述化油器之基本原理及作用。
   (2) 化油器具備條件為何？
   (3) 簡述化油器之六大油路。
   (4) 說明輔氣限流式化油器之作用原理。
   (5) 說明增氣式化油器之作法原理。
   (6) 說明化油器之空轉至低速油路之作法原理。
   (7) 比較化油器與汽油噴射裝置有何異同？
   (8) 汽油噴射裝置有何優點？
   (9) 機械式與電動式汽油噴射系統有何不同？
   (10) 雙管化油器與複式化油器有何不同？
   (11) 化油器有那幾種型式？
   (12) 化油系統之設計要求為何？

CHAPTER **7**

INTERNAL CONBUSTION ENGINE

汽油噴射引擎

　　因為環保的要求，使汽車排放之廢氣的規定嚴格，一般化油器引擎的排放廢氣無法達到，世界各國所規定的標準，因此汽車廠商紛紛的採用噴射引擎，用微電腦來控制噴油量，使汽車所排放之廢氣，減少CO、HC及NO_x的有毒氣體，汽油噴射引擎種類很多，各有不同，如電子控制式汽油噴射引擎、空氣計量式電子控制汽油噴射引擎、壓力計量式電子控制汽油噴射引擎、機械電子控制式連續噴射汽油引擎等。本章謹以電子控制式汽油噴射引擎作簡單的介紹，共分三部份。燃料系統、空氣系統及 J-Jetronic 引擎電子控制系統。現代汽油噴射系統分成電子控制式與機械控制連續噴射式。電子控制式又分，壓力計量式(如 B-Jetronic 引擎)、空氣流量計量式(如 L-Jetronic 引擎)及機械控制式(如 K-Jetronic 引擎)。本章圖出自吳啟明先生編著「汽油噴射引擎」壹書。

7.1　概　說

　　早期的汽油引擎大都採用化油器，只有飛機採用噴射裝置，因為化油器在高空容易結冰，高度增加時混合比會變濃，近二十多年來，由於電子科技進步、環保要求苛刻，化油器無法滿足排廢氣的要求，因此汽車業紛紛改用汽油噴射裝置。

7.1.1　噴射引擎優點

使用汽油噴射裝置有以下的優點：

1. **可以解決進汽歧管混合汽分配不均的問題**

化油器是將油氣混合後，經進汽歧管送到各汽缸中，因為汽油粒子較重，由於慣性的關係，使末端缸的混合汽變濃，但噴射引擎的噴射器，裝於每一個汽缸靠進汽門位置，這樣可使每一缸得到相同的濃度，解決進汽歧管混合汽分配不均的問題。

2. **可以減少排汽中 HC、CO、NO_x 之毒氣**

大部份噴射裝置是用微電腦來控制油量，因此使引擎在各種轉速下得到適當的混合比，可減少排汽的 HC、CO、NO_x 含量。

3. **可以省油**

噴射引擎與化油器引擎的比較，噴射引擎單位馬力之汽油消耗量減少，能節省燃料。

4. **可以提高輸出馬力**

噴射引擎比化油器引擎之單位排汽量的馬力提高，尤其是低速時扭力增大，因此提高了輸出馬力。

5. **可以使各汽缸之燃燒完全**

噴射引擎，用微電腦控制噴油量，可使每個汽缸得到適當的噴油量，使燃燒完全。

6. **可以使低溫起動性提高**

低溫起動時，使引擎暖機其間的性能提高，因此低溫起動性能也提高。

7. **可以增加靈敏度**

噴射引擎加減速時，靈敏度比化油器引擎來的高。

7.1.2　噴射引擎之發展史

1. 噴射引擎於 1930 年以後，首先被用於飛機引擎上，爲了飛機能適應在高空環境的需要，二次大戰德國採用水冷式燃料噴射引擎，並用於軍機上，後稱爲德國戴姆拉、朋馳 DB601 引擎。

2. 1950 年德國將戴姆拉、朋馳裝於賽車上，是噴射引擎裝於汽車的首創。

3. 1952 年德國發表梅西蒂、朋馳(Mercedes Benz)300SL 型，採用波細式(Bosch Type)噴射泵爲汽缸內直接噴入，後來發生一些問題，改爲吸入噴射裝在梅西蒂、朋馳 220SE 車上。

4. 1961 年本的士公司，發展出電子控制汽油噴射系統之後，此項專利被波細公司買去，於 1967 年推出電子控制汽油噴射引擎(D-Jetronic System)用於 VW(Volkswagen)車上。

5. 1970 年至 1980 年間噴射引擎由壓力計量式(D-Jetronic)改爲吸入空氣式之電子控制間歇式(L-Jetronic)及機械控制連續噴射式(K-Jetronic)。電子控制間歇式引擎有日本的日產、豐田、馬自達、西德的BMW等。機械控制連續噴射式有，日產與西德 VW 技術合作在日本生產的車輛。

6. 1980 年美國 GM 公司，生產凱迪拉克的 V8 6800CC 引擎及福特公司生產的林肯 V8 5800CC 引擎，均採用電子控制一點噴射(Single point injection)方式。

7. 近年來豐田公司推出新壓力計量式的 EFI-D 系統及本田HONDA、PGM-FI 的引擎，但其原理均與 D-Jetronic 相似。

8. 1980 年後，世界各大汽車廠推出微電腦集中控制系統，將燃料噴射及點火時間由微電腦控制。

7.2　燃料系統

7.2.1　燃料流動路線示意圖

如圖 7.1 所示。

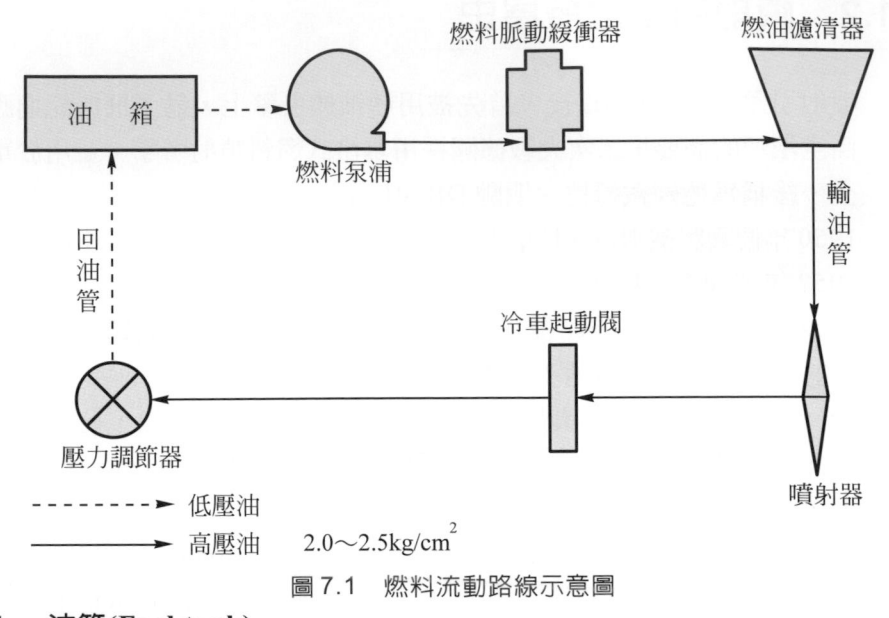

圖 7.1　燃料流動路線示意圖

1.　油箱(Fuel tank)

　　　儲存燃料的容器。

2.　燃料泵浦(Fuel pump)

　　　供應燃料系統所須的燃料及產生油壓的地方,如圖 7.2,電動燃料泵浦。

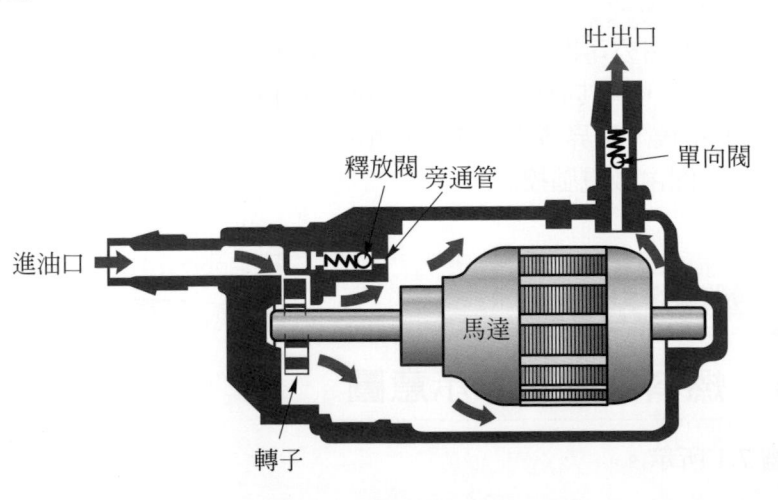

圖 7.2　電動燃料泵浦

　　當馬達轉動時，因轉子的離心力將進油口的燃料吸入泵浦內，產生高壓經單向閥，將高壓燃料送出，進入燃料脈動緩衝器，如果單向閥故障無法將燃料送出時，泵浦內的高壓燃料經釋放閥回到進油管，造成一條回路，如此能保護泵浦內的壓力增高，而發生危險，只要調整釋放閥的壓力，便可控制泵浦內的壓力。一般釋放閥的壓力設在 $3.0 \sim 4.5 \, kg/cm^2$ 之間。

　　泵浦的轉速因各種車輛的需求不同約在 $2000 \sim 2500$ rpm 左右，其燃料輸出量約為 $90 \sim 150$ 升/小時。燃料泵浦在沒有燃料時運轉，稱為乾燥卜運轉，因為轉子與空壁無法密封產生真空吸力，容易使馬達燒損，一旦損壞，就是再補充燃料也無法起動，所以請注意在沒有燃料時應立即停止轉動，不可使泵浦在乾燥下運轉。

3. **燃料脈動緩衝器(Fuel damper)**

　　燃料脈動緩衝器如圖 7.3，燃料泵浦所送出的燃料，因轉子吸力成脈動狀態，因此須要緩衝裝置，使其燃料壓力穩定，當緩衝器燃料入口的壓力變高時，緩衝器內部的膜片，受壓上升，使燃料壓力下降，當緩衝器燃料入口的壓力變低時，緩衝器內部膜片室內的彈簧會將膜片下壓使燃料室內的燃料壓力增高，經過緩衝器燃料由脈動的狀況變成穩定的壓力輸出。由泵浦送出的燃料產生脈動的壓力，經緩衝器膜片的吸收，使燃料輸出穩定，稱為燃料脈動緩衝器。

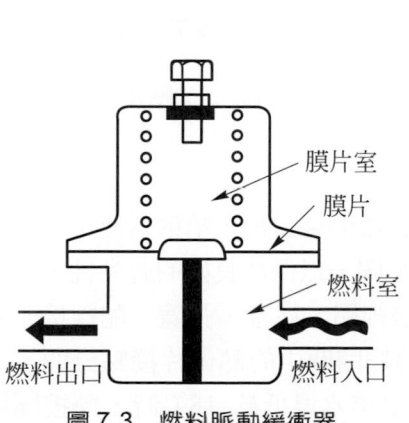

圖 7.3　燃料脈動緩衝器

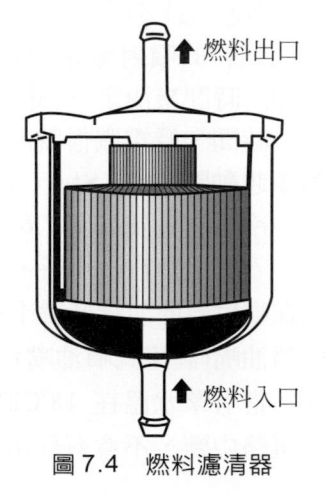

圖 7.4　燃料濾清器

4. **燃料濾清器(Fuel filter)**

　　燃料濾清器如圖 7.4。

　　為避免雜質進入噴射器，使其噴油嘴、堵住，而失去噴油作用，因此在噴射器前需裝置燃料濾清器將燃料內不純物過濾。燃料由濾清器下方進入濾清器，經過濾芯，將燃料中之雜質或水份，留在濾清器的底部，乾淨的燃料由上例流出，一般濾清器每 40000 km 更換壹次。

5. **噴射器(Fuel Injector)**

　　噴射器如圖 7.5。

　　噴射器位於各汽缸進汽門前，受電腦的控制供給引擎須要的燃料，它是由噴油嘴、針型閥、電磁線圈、彈簧、柱塞及接線頭所構成。當噴射信號由電腦送出時，電腦內的動力電晶體，使電磁線圈接通，產生吸力，將線圈內的鐵芯向上吸，因為噴射器的針型閥是與鐵芯連成一體，所以針型閥跟著上升，燃料就由噴油嘴噴出。由於針型閥上升量一定，燃料壓力與進汽歧管壓力也為一定，因此燃料的噴射量是由針型閥打開的時間來決定，針型閥打開的時間，受電腦信號的控制，噴射器的動作電壓為 3～5 V。

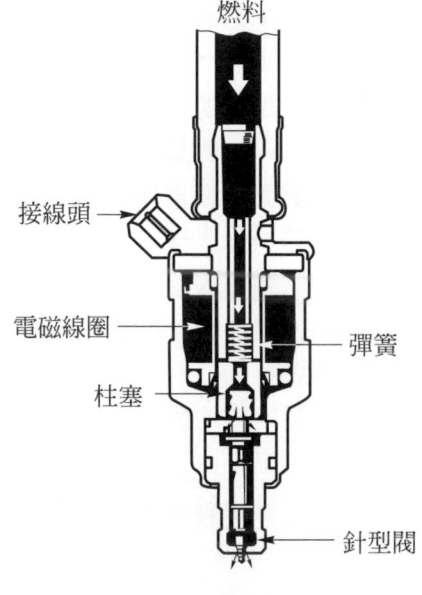

圖 7.5　噴射器

6. **冷車起動閥(Cold Start Valve)**

　　冷車起動閥如圖 7.6。

　　一般引擎在冷車時，需要較濃的混合汽，噴射器無法滿足需要，因此在噴射器的前端裝置冷車起動閥，以保持良好的起動性，冷車起動閥由噴油嘴(渦流式噴油嘴)，電磁線圈、柱塞、彈簧、配線接頭及閥座組成。當引擎水溫在 18℃時，熱控開關中的熱偶片接點分開，冷車起動閥電路中斷，不會有作用。當引擎水溫低於 18℃時，熱控開關中的熱偶片，因熱漲冷縮的原理，會使冷車起動閥的電路接通，供應較濃的混合汽，等到引擎的冷卻水高過 18℃時，自動會切斷冷車起動閥。

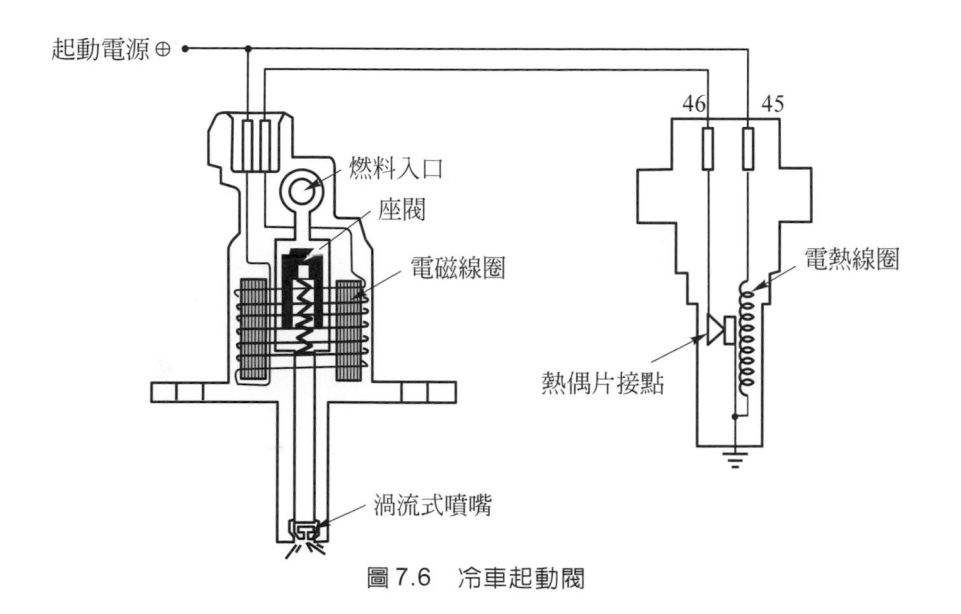

圖 7.6　冷車起動閥

7.　壓力調整器(Pressure Regulator)

壓力調整器如圖 7.7。

壓力調整器是用來調整噴射器的燃料壓力，當壓力過高時，產生過濃的混合汽，壓力太低時，混合汽會過稀。它是由燃料入口、燃料室、彈簧膜片、膜片室、燃料出口回油孔及進汽歧管、連通管所組成，燃料由燃料入口進入燃料室，當燃料壓力超過 2.55 kg/cm²時，因壓力大於彈簧的彈力，使膜片上升，回油孔打開，燃料由燃料出口流回油箱，如此的裝置，可以保持一定的燃料壓力。當進汽歧管真空為零時，設定彈簧彈力為 2.55 kg/cm²，壓力調整器，膜片室與進汽歧管連通，所以進汽歧管的真空度，會影響燃料壓力。當引擎起動時，怠速真空為 400 mmHg(壓力為負 0.55 kg/cm²)，這時燃料壓力調整為 2.0 kg/cm²(怠速時燃料壓力＝ 2.55－0.55 ＝ 2.0 kg/cm²)，當節汽門全開，歧汽管的真空度為 40 mmHg(壓力為負 0.05 kg/cm²)，這時燃料壓力調整值為 2.5 kg/cm²(節汽門全開時燃料壓力＝ 2.55－0.5 ＝ 2.5 kg/cm²)。

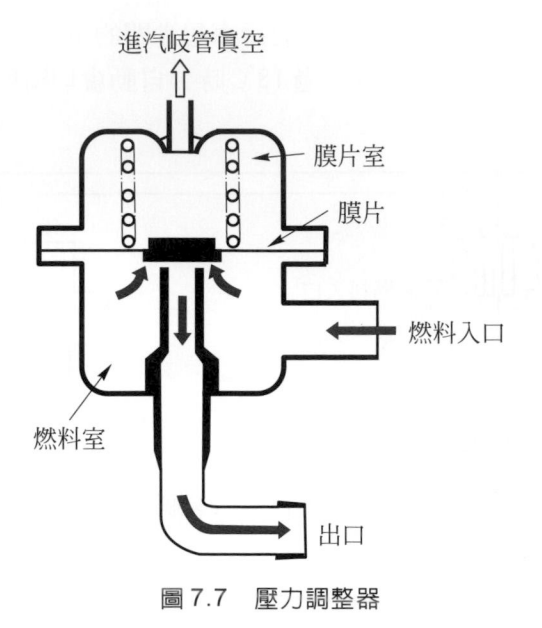

進汽岐管眞空

膜片室

膜片

燃料入口

燃料室

出口

圖 7.7　壓力調整器

7.2.2　燃料系統(Fuel system)

　　各種噴射裝置的燃料系統都不盡相同，今舉一空氣計量式電子控制汽油噴射裝置(L-Jetronic)如圖 7.8。

　　L-Jetronic 燃料系統是由油箱、燃油泵、脈動緩衝器、燃油過濾器、冷車起動閥、噴射器、壓力調整節器、進汽歧管通道等構成。燃油由油箱，經燃油泵加壓後，因壓力不穩定，經脈動緩衝器使高壓燃油穩定，再經燃油過濾器將雜質與水份過濾，經噴油嘴將燃油送入進汽歧管靠近進汽門處。當汽門打開時混合汽被吸入汽缸燃燒。暖車時因進汽歧管壓力為 0.55 kg/cm^2(眞空度為 400 mmHg)，經過進汽歧管通道，進入壓力調整器，調整燃油壓力為 2.0 kg/cm^2 (2.55 kg/cm^2－0.55 kg/cm^2＝ 2.0 kg/cm^2)。冷車時當水溫低於 18℃電腦會起動冷車起動閥，使混合汽變濃，增加冷車時的起動性。

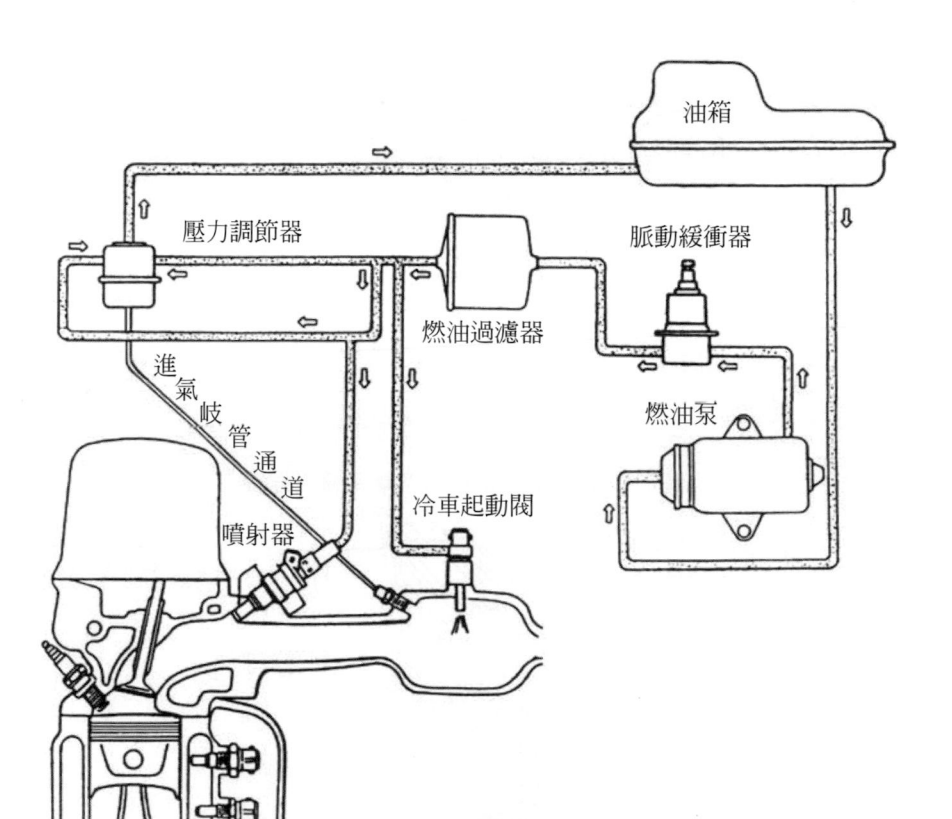

圖 7.8　L-Jetronic 燃料系統

7.3　空氣系統(Air System)

7.3.1　L-Jetronic 引擎空氣系統流程圖

如圖 7.9 所示。

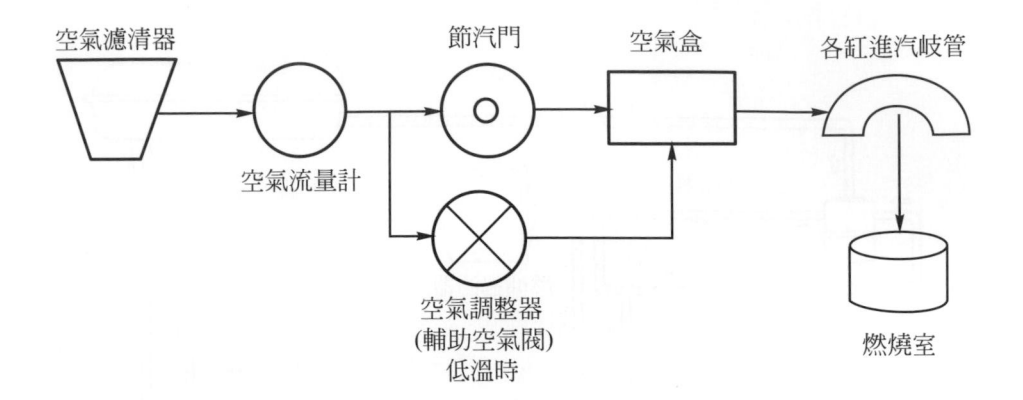

空氣濾清器　　　　　節汽門　　　空氣盒　　　各缸進汽岐管

空氣流量計

空氣調整器
(輔助空氣閥)
低溫時

燃燒室

圖 7.9　L-Jetronic 引擎空氣系統流程圖

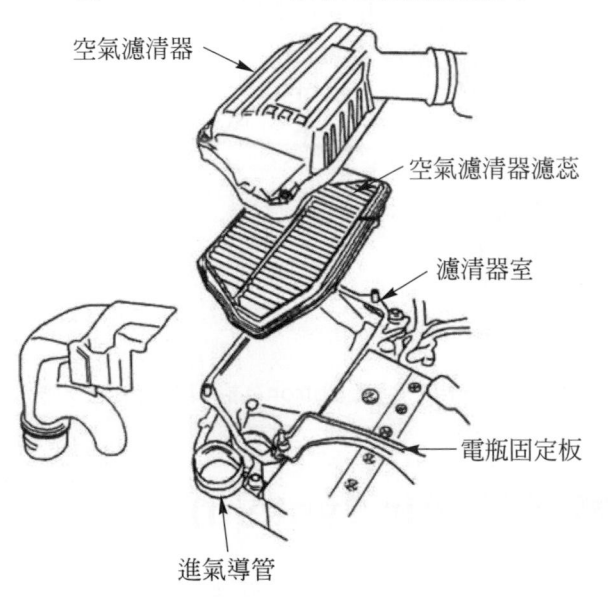

空氣濾清器

空氣濾清器濾蕊

濾清器室

電瓶固定板

進氣導管

圖 7.10　空氣濾清器

1. **空氣濾清器(Air filter)**

　　　　空氣濾清器位於進氣歧管的前端，如圖 7.10。

　　　　空氣由進氣口進入濾清器，經過濾網將空氣中的灰塵、雜質、濕氣過濾，使乾淨空氣進入空氣流量計。

2. **空氣流量計(Air flow meter)**

　　　　空氣流量計如圖 7-11。

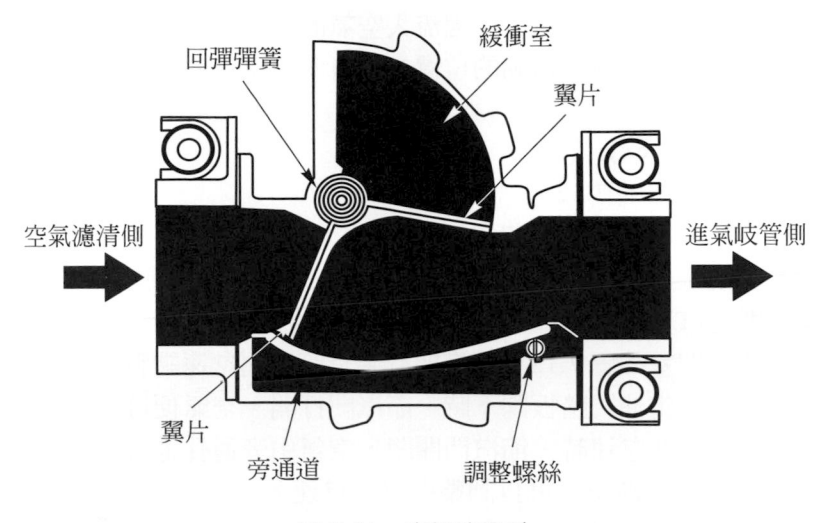

圖 7.11　空氣流量計

　　空氣流量計是裝於空氣濾清器後面，它的功能是將吸入的空氣量，轉換成電壓信號送至電腦作為控制燃料之供應量，它的構造有進氣口(靠近空氣濾清器)、出氣口(靠近進氣歧管)、緩衝室、回彈彈簧、翼片、進氣溫度感知器、旁通道怠速空氣調整螺絲等。

　　當空氣由空氣濾清器端進入空氣流量計時，因空氣的吸力，改變翼片的位置，翼片的轉動會帶動電壓計的可變電阻，使信號變化，電腦依信號的改變而控制噴油量。當吸入空氣使翼片動作時，因引擎的各缸之間有小的壓力變化，因此在翼片後面設有緩衝室和緩衝板，使翼片的脈動緩和。當引擎起動時，翼片還未開啟，少量空氣經由旁通道進入進氣歧管，在旁通道的末端有一個怠速空氣量調整螺絲，當節汽門大開時，

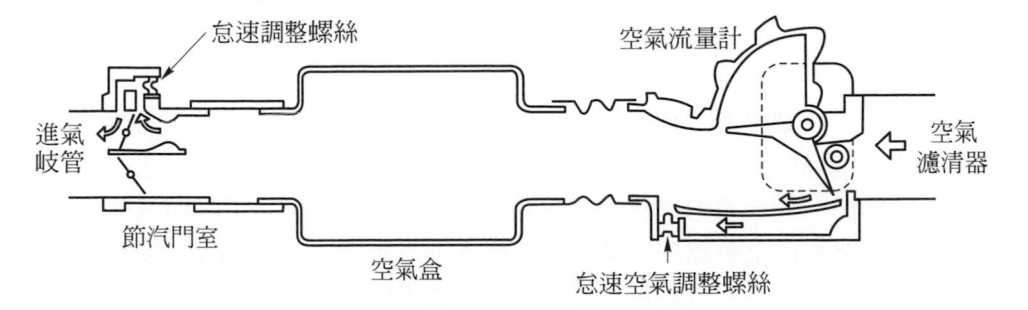

圖 7.12　空氣盒及節汽門室

大量氣體進入空氣流量計。因流入空氣的壓力大於回彈彈簧的彈力,使翼片轉動。由於翼片轉動的位置,便可測出空氣的流量,再由電腦供給需要的燃料量。

3. **空氣盒(Air Box)**

空氣盒如圖 7.12。

空氣位於節汽門室和空氣流量計之間,主要的作用是防止吸入空氣的脈動現象。因為空氣盒前端由軟管連結,可以緩衝空氣的脈動。

4. **節汽門室(Throttle Chamber)**

節汽門室如圖 7.12,節汽門室裝有節汽門怠速調整螺絲、空氣通路及旁通孔。當油門踏板踩下時,節汽門打開,空氣便可由主汽道進入汽缸,當引擎在怠速時,節汽門關閉,空氣由旁通孔進入汽缸,在旁通道內有怠速調整螺絲,可以調整引擎之怠速。

5. **空氣調整器(Air Regulator)**

空氣調整器如圖 7.13。

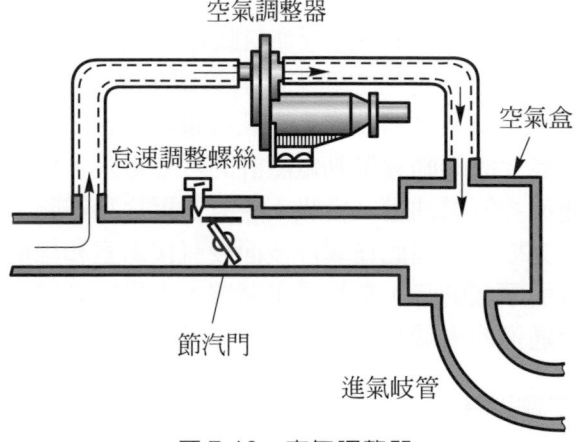

圖 7.13 空氣調整器

空氣調整器,相當於化油器引擎的自動阻風,當引擎起動時或冷車時,使輔助空氣閥打開,增加進氣量,是一種快惰速裝置,它位於空氣盒與節汽門後方的進汽歧管(與節汽門並聯),引擎冷車時節汽門尚未打開,空氣由空氣盒經空氣調整器流入進汽歧管,使引擎怠速變快成為快惰速狀態,引擎發動後,發火線圈的低壓線路接通,使空氣調整器內的電熱線圈加熱,使熱偶片變形,慢慢的關閉空氣調整器中的遮門,如圖

7.14。空氣的流入量減少，引擎轉速下降，進入溫車階段，這時空氣調整器中的遮門完全關閉，恢復怠速運轉，空氣調整器中的遮門約在－20℃以下全開，20℃左右開 1/2，60℃以上全關。

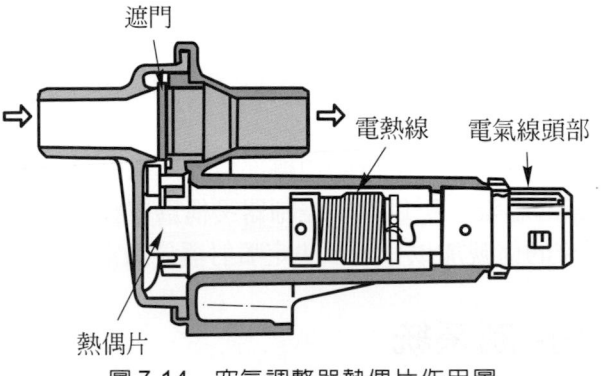

圖 7.14　空氣調整器熱偶片作用圖

7.3.2　L-Jetronic 空氣系統

L-Jetronic 空氣系統如圖 7.15。

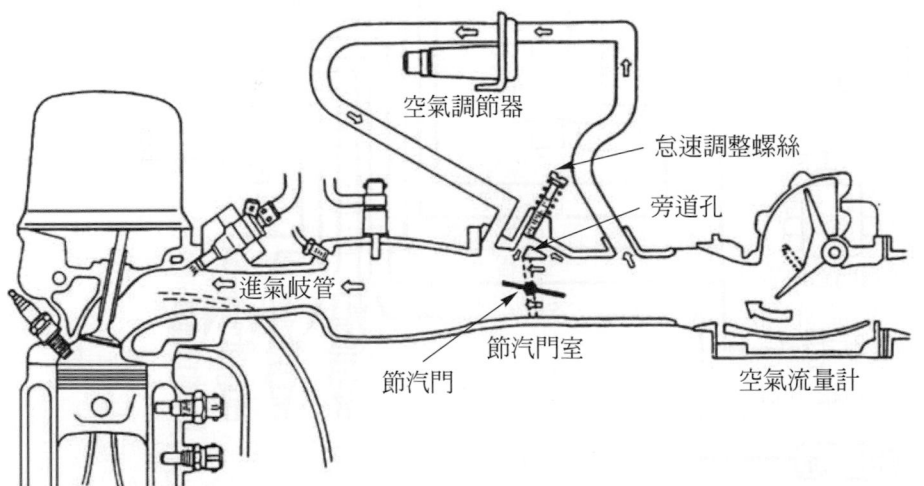

圖 7.15　L-Jetronic 空氣系統

　　L-Jetronic 空氣系統是由空氣流量計、空氣盒、節汽門室、空氣調整器、進氣歧管等組成，起動時空氣由濾清器進入空氣流量計，再經空氣調整器進入進汽歧管，當空氣調整器溫度達 60℃ 以上時，空氣調整器中遮門關閉，空氣由節汽門室旁通孔進入進氣歧管，引擎成怠速狀態，所以空氣調整器是引擎在冷車起動時至起動後，達熱機時增加空氣量的機構(又稱自動阻風)。

7.4 L-Jetronic 電子控制系統

電子控制系統是汽油噴射引擎的中樞部份，如果引擎是車輛的心臟，那電子控制系統就是車的腦袋，所以電子控制器又稱為電腦，它可將各部門感知器(sensor)所傳送過來的信號加以分析，決定噴射器最適當的噴油量及噴油時間。

7.4.1 電子控制系統

電子控制系統如圖 7.16。

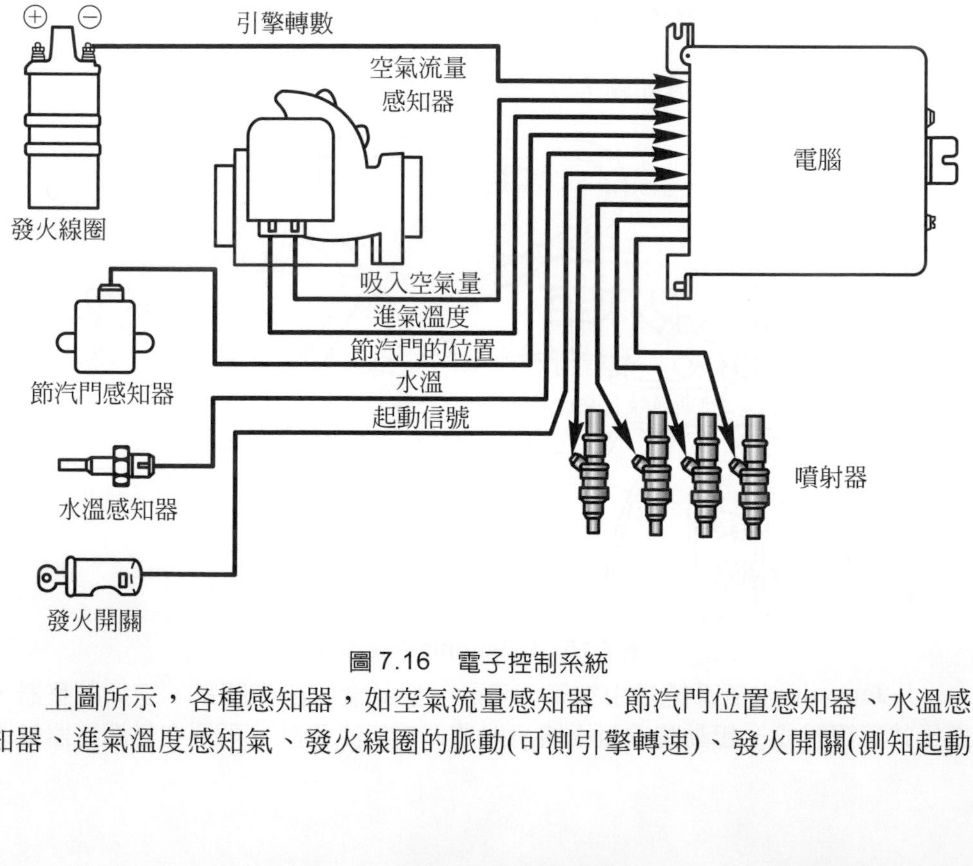

圖 7.16　電子控制系統

上圖所示，各種感知器，如空氣流量感知器、節汽門位置感知器、水溫感知器、進氣溫度感知氣、發火線圈的脈動(可測引擎轉速)、發火開關(測知起動信號)等所產生的各種信號，送到電腦中加以分析，最後決定以最適當的噴射時間將適當的燃料送入汽缸。這種以電腦控制噴油量的方式稱為電子控制系統。

7.4.2　電子控制系統的各種感知器

1.　空氣流量計

空氣流量計如圖 7.17。

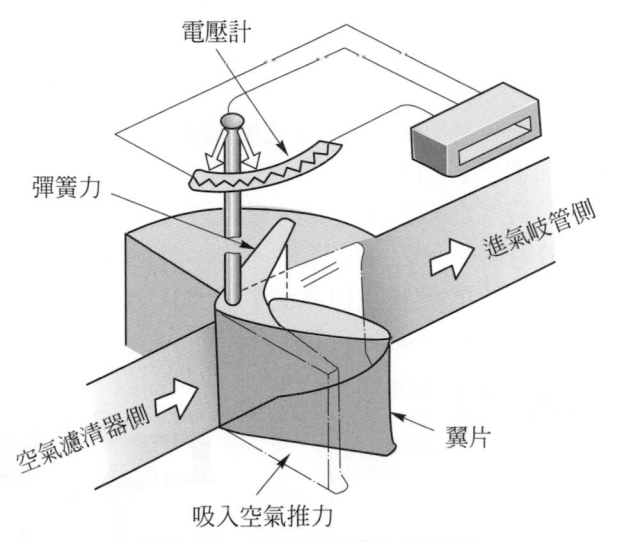

圖 7.17　空氣流量計的作用圖

當空氣由空氣濾清器進入空氣流量計中，吸入的空氣會推動翼片，使空氣進入進氣歧管，當翼片轉動時會帶上方電壓計的指針，使指針在可變電阻上滑動，因可變電阻的位置改變，使電壓計的信號改變，並傳送到電子控制器，經過計算分析，決定適當的噴油量及噴油時間。一般電壓比與引擎轉速的關係如表 7.1。

表 7.1　電壓比與引擎轉速的關係

引擎狀態	空氣流量電壓比	引擎轉速(rpm)	燃料噴射時間(ms)
怠速	1/2	600	2.04
部份負荷	6/80	2000	3.44
全負荷	1/80	6000	6.24

2. 水溫感知器(Sensor)

水溫感知器如圖 7.18。

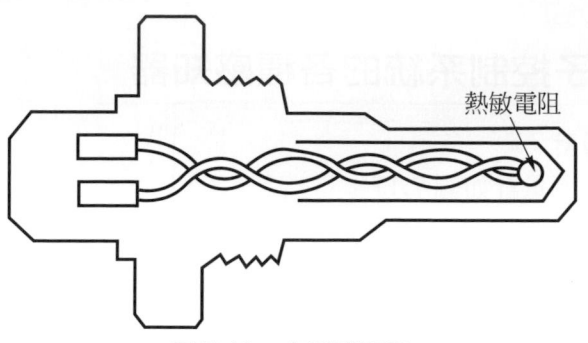

圖 7.18 水溫感知器

水溫感知器裝於引擎冷卻水出口處，它的內部裝有熱敏電阻(ther-mistor)，它的特性為當溫度上升時電阻變小，因此水溫低時電阻變大，電腦將會使噴射器噴入較多的燃料。若水溫高時電阻會變小，電腦會指示噴射器噴入較少的燃料，但水溫約在 60℃ 以上時，電腦就無作用。一般水溫與電阻的關係如表 7.2。

表 7.2 一般水溫與電阻的關係

水溫(℃)	電阻(kΩ)
−10	7～11
10	3～5
20	2～3
50	700～1000
80	200～400

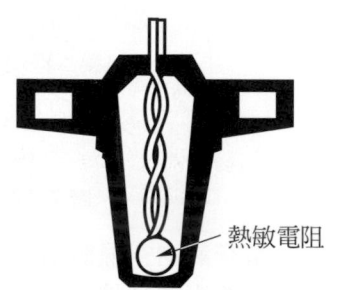

圖 7.19 進氣溫度感知器

3. 進氣溫度感知器

進氣溫度感知器如圖 7.19。

進氣溫度感知器裝於空氣流量計進氣端，其內部構造與水溫感知器相同，使用熱敏電阻改變電壓信號傳送至電腦，進氣溫度低時，電腦能補助增加燃油量，當進氣溫度達 40℃ 以上時，電腦就沒有補助增加燃油作用。

4. 節汽門開關(Throttle Valve Switch)

節汽門開關如圖 7.20。

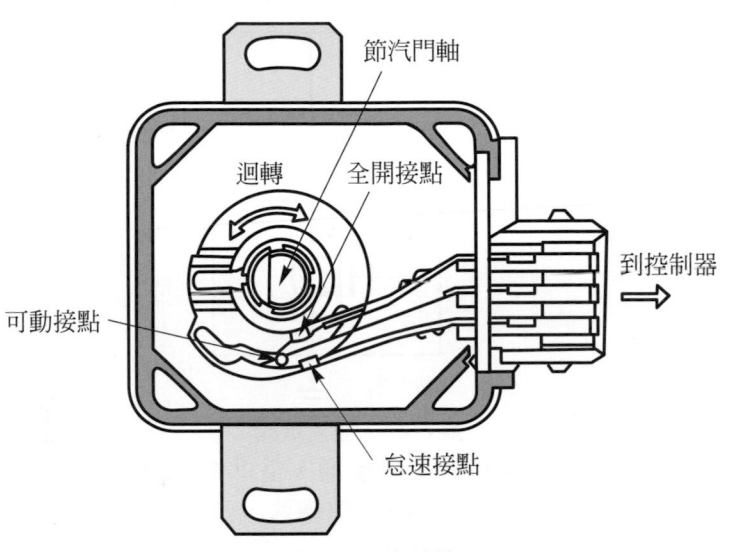

圖 7.20　節汽門開關

　　節汽門開關裝置於節汽門室與節汽門軸連接,由節汽門軸的凸輪,因轉動的角度分別使怠速接點、可動接點及全開接點接通,再將各種接通轉送到電腦,使電腦分別怠速狀態與高負荷狀態。

5. 發火開關

發火開關如圖 7.21。

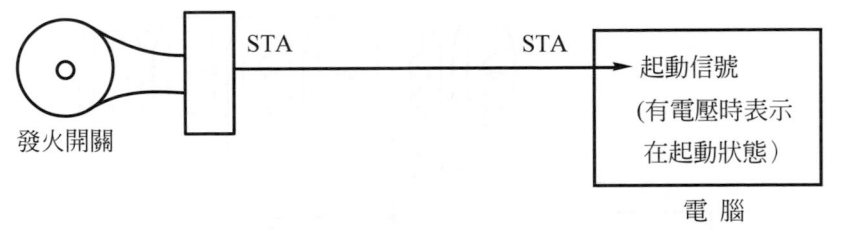

圖 7.21　發火開關

　　發火開關是當電源開關切在起動位置時,便將起動信號送至電腦,電腦接受起動信號後使增加起動補助燃油量,達到起動的要求。

6. 發火線圈

發火線圈如圖 7.22。

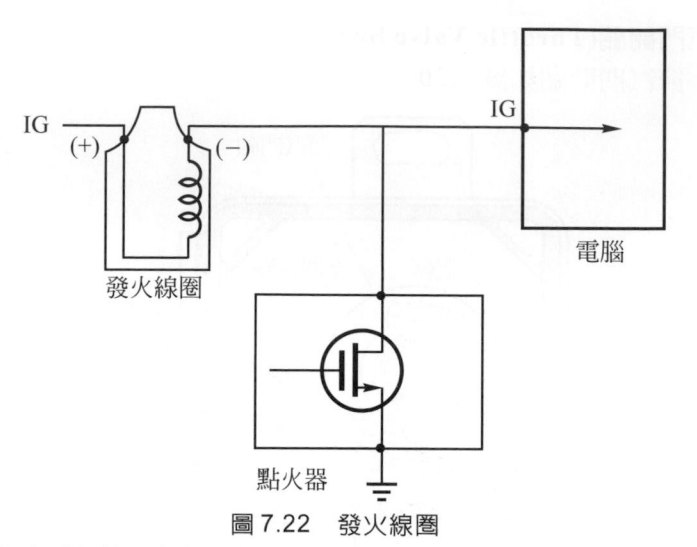

圖 7.22 發火線圈

　　發火線圈低壓線路與電腦接通，當低壓線路脈動信號轉送至電腦時，電腦會利用此信號來判斷引擎轉速，及決定噴射器之噴射正時。

7. 噴射器電阻(Injector resistor)

　　噴射器電阻如圖 7.23。

　　因為噴射器的電壓約為 3～5 V，為了保護噴射器，因此電瓶與噴射器中必須串聯一個電阻，使電壓降低。一般採用鎳鉻絲，外包覆絕緣材料作為電阻，使 12 V 電壓降至 3 V。

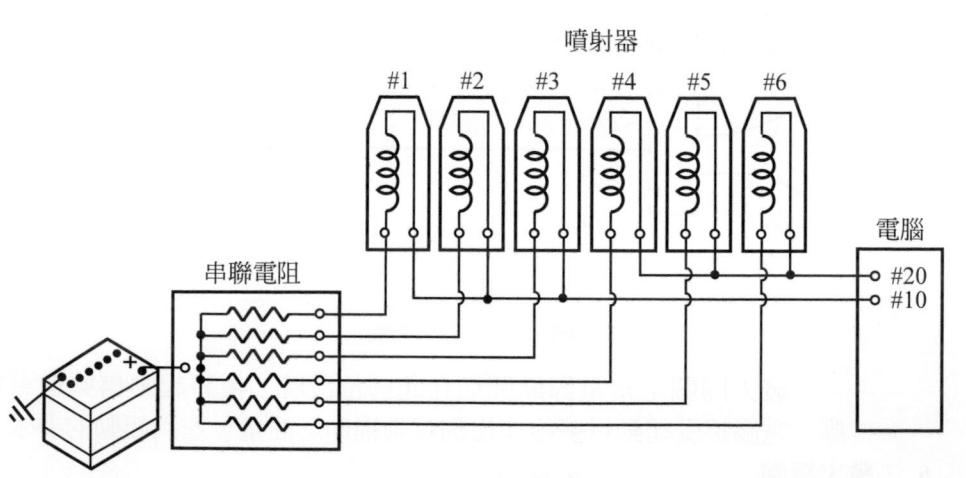

圖 7.23 噴射器電阻

8. **電腦(微電腦)**

電腦各種車輛均有不同的設計，今僅提供BMW汽車噴射引擎所用電腦，如圖 7.24。

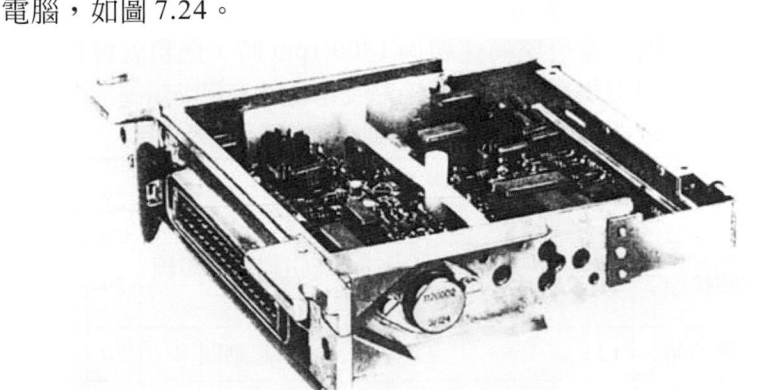

圖 7.24 汽車噴射引擎電腦

電腦是利用各種感知器所測得的引擎狀態作綜合判斷，決定當時引擎最適當的燃料噴射量，控制噴射器產生噴射作用。它的構造有PC板、3 個 IC(Integrated Circuit)、電晶體、整流子、電容器、電阻等電子零件所組成，對外有 35 個pin的插座(電腦插頭端子)、各個插座接頭，因各種廠商均不相同，今舉 BMW 汽車電腦插頭端子如圖 7.25。

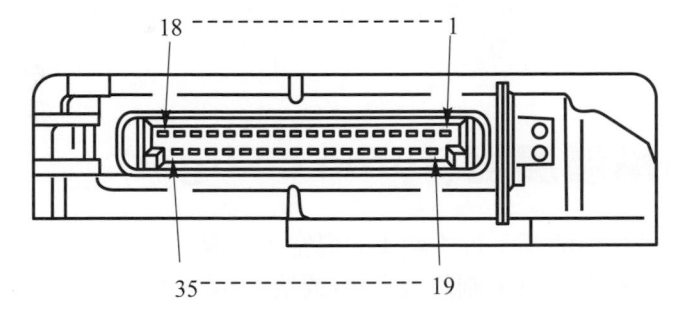

圖 7.25 BMW 汽車電腦插座端子

BMW 汽車電腦插座的配置及其代表意義如表 7.3。

9. **燃料中斷(Fuel cut)裝置**

燃料中斷裝置是在引擎不需要燃料時或引擎由高速減速時，停止燃料噴射可以節省燃料並為防止減速時未燃燒的氣體進入觸媒反應器，因溫度增高會使觸媒失去效用。燃料中斷的作用是由節汽門開關的怠速接點和引擎的轉速及冷卻水溫來控制。當引擎在高速，突然減速時，節汽門開關使怠速接點接通，這時會將怠速增量停止信號轉送至電腦使燃油中斷。冷卻溫度會降低不會升高而破壞觸媒的功用，當汽車在下坡時，如果冷卻水溫度維持 80℃時，引擎轉速在 1200 rpm 至 1800 rpm 之間，燃油不會中斷，當引擎轉速超過 1800 rpm 時，燃料就會自動中斷。因此燃料中斷與引擎轉速、怠速接點及冷卻水有關。

表 7.3　BMW 汽油車電腦插座的配置及代表意義

1	發火線圈(一)	10	EGI 繼電器線頭 10	19		28	
2	節汽門開關線頭 2	11		20	EGI 繼電器 20 線頭	29	
3	節汽門開關線頭 3	12		21	冷車起動閥	30	
4	EGI 繼電器線頭 4	13	水溫感知器	22		31	
5		14	第四缸噴射器	23		32	第三缸噴射器
6	空氣流量計線頭 6	15	第一缸噴射器	24		33	第二缸噴射器
7	空氣流量計線頭 7	16	搭鐵(接地)	25		34	空氣調整器
8	空氣流量計線頭 8	17	搭鐵(接地)	26		35	
9	空氣流量計線頭 9	18	節汽門開關 18 線頭	27	空氣流量計 27 線頭		

7.5　渦輪增壓器(Turbo charger)

　　一般引擎是利用活塞下行所產生的真空，將混合汽吸入汽缸，在進氣歧管前端加上渦輪增壓器可以強制將混合汽(或空氣)送入汽缸，這樣便可增加進入汽缸的混合汽量，能提高引擎的容積效率，提高引擎的性能。

7.5.1　渦輪增壓器種類

　　增壓器按其驅動方式，可分為機械驅動式和排氣渦輪式兩種。機械驅動式又可分為往後式(如圖 7.26)、迴轉式(如圖 7.27)、偏心輪葉式(如圖 7.28)、排氣渦輪式(如圖 7.29)。

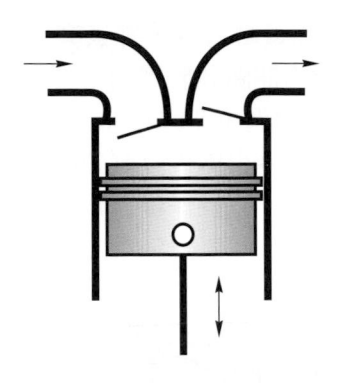

圖 7.26　往後式增壓泵浦

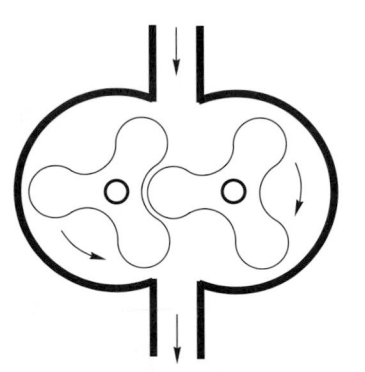

圖 7.27　轉子式增壓泵浦

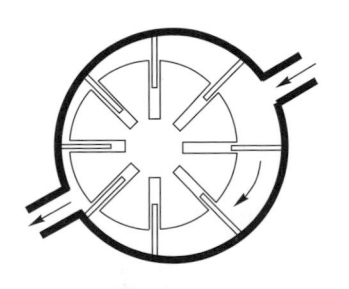

圖 7.28　偏心輪葉式增壓泵浦

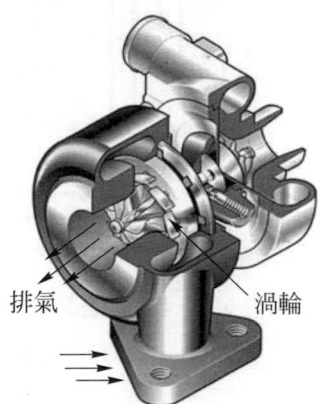

圖 7.29　渦輪式增壓泵浦

7.5.2　渦輪增壓系統

　　渦輪增壓系統如圖 7.30。

　　引擎所排出的廢氣，利用廢氣的壓力推動渦輪機中的渦輪，渦輪會帶動後方的同軸壓縮機，空氣便由空氣濾清器，經空氣流量計到壓縮機增壓後送到副壓箱(Auxi liary tank)，再由進汽閥進入汽缸。在排氣歧管中有一個排氣旁通閥(Waste gate valve)用來控制排氣壓力，排氣壓力又能控制渦輪機的轉速。渦輪機轉速影響到壓縮機的增壓力，排氣旁通閥連到動作器，動作器是由膜片及彈簧構成，動作器的另一端連到壓縮機的出口處，當壓縮機出口壓力大膜片的彈簧壓力時，排氣旁通閥會打開，排氣歧管中的廢氣會經排氣旁通閥直接排出。相反的，當壓縮機出口的壓力小於膜片的彈簧壓力時，排氣旁通閥會關閉，如此可使進氣增壓保持一定。另外有一個壓力開關裝於控制電腦與壓縮機出口管，壓力開關是設定進氣壓力，當進氣壓力超過 0.84 kg/cm^{2}時，控制電腦會使噴射器的燃料切斷，防止進氣壓力上升，有些引擎沒有壓力開關，它以進氣釋放閥，將超過設定壓力的空氣排放到大氣中，以便保護渦輪增壓進氣設備。萬一排氣旁通閥故障時，也能保護引擎。

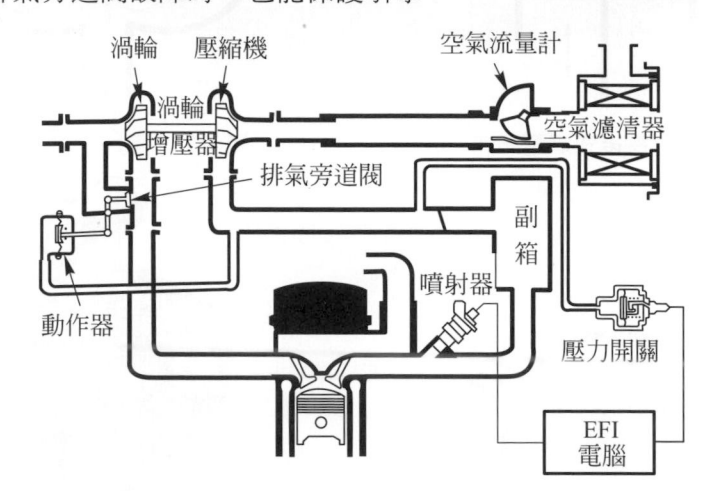

圖 7.30　渦輪增壓系統(豐田 Crown 噴射引擎)

7.5.3　渦輪增壓器引擎的優點

1. **增加引擎的輸出馬力**

　　在同一排氣量的引擎中，裝有渦輪增壓器的引擎，其馬力約增加 35 ％，輸出扭力可提高 25 ％。

2. **單位馬力的重量減輕**

　　在輸出馬力相同引擎比較中，裝有渦輪增壓器的引擎，排汽量及汽缸數可以減少，同時減少了整個引擎的重量及體積。

3. **可以節省燃料**

　　因裝有渦輪增壓器引擎的馬力增加，也減少了燃料的消耗率。渦輪是利用排氣的剩餘能量，又能使引擎的最高轉速降低，平均有效壓力增高，燃料量自然就能節省。

4. **引擎在高地空氣稀薄時，增加馬力**

　　在高山地區，因大氣壓力低，汽缸容積效率會降低，裝有渦輪增壓器的引擎，可以防止混合汽的充填效率降低，便可保持引擎之高輸出馬力。

7.6 汽油噴射引擎實例

7.6.1 五十鈴微電腦汽油噴射引擎

　　如圖 7.31 所示。

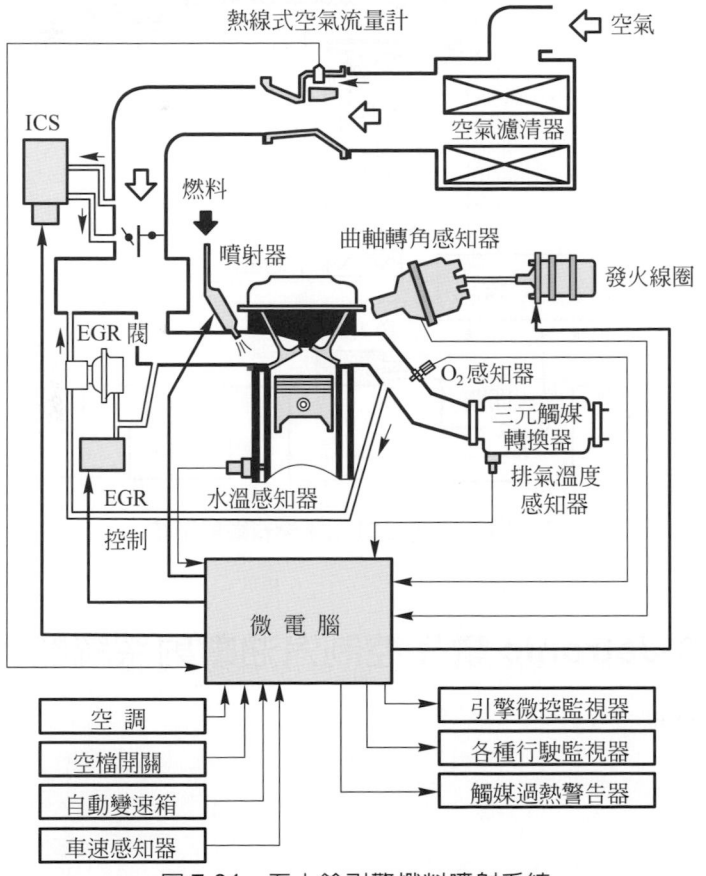

圖 7.31　五十鈴引擎燃料噴射系統

7.6.2 三菱 ECI 噴射引擎燃料系統圖

如圖 7.32 所示。

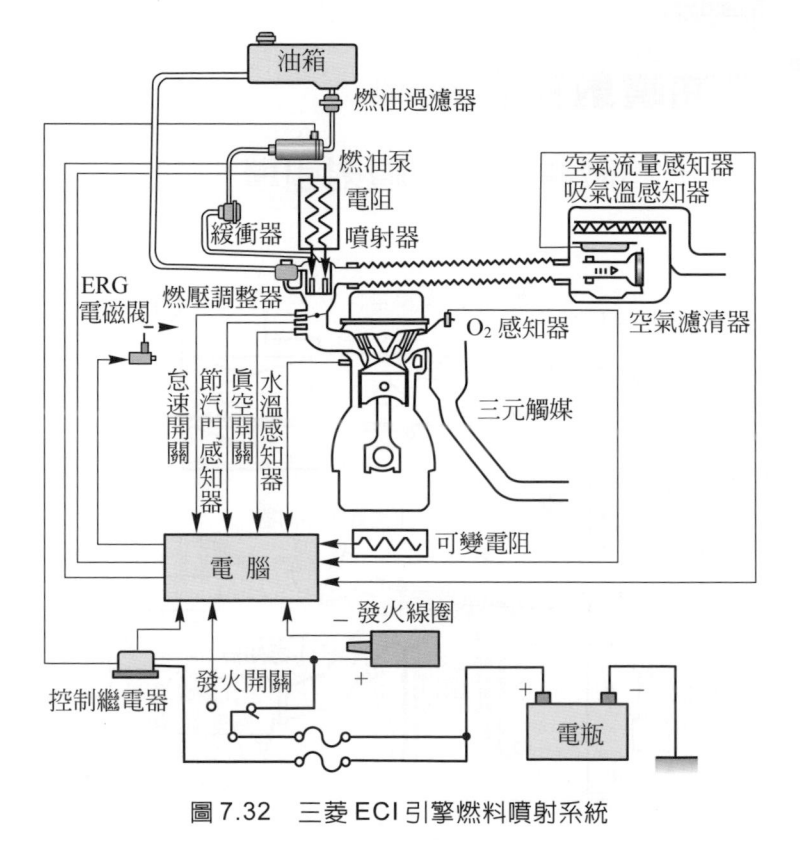

圖 7.32 三菱 ECI 引擎燃料噴射系統

7.6.3 D-Jetronic 電子控制汽油噴射系統圖

如圖 7.33 所示。

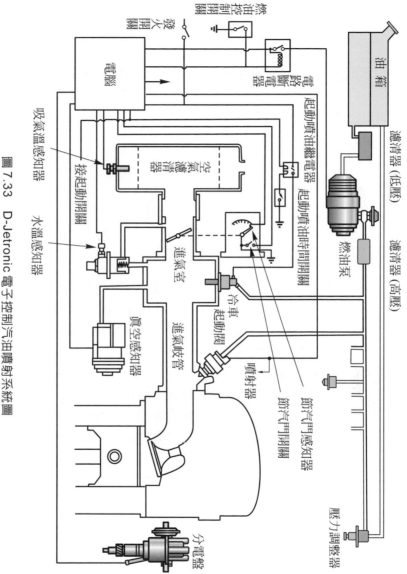

圖 7.33　D-Jetronic 電子控制汽油噴射系統圖

習 題

1. 為何飛機引擎不採用化油器？
2. 汽油噴射引擎有那些優點？
3. 在噴射引擎的冷車起動閥有何作用？
4. 燃油噴射器用什麼方式來控制油量？
5. 壓力調整器怠速壓力為2.0 kg/cm²，節汽門全開時壓力為2.5 kg/cm²是如何計算的？
6. 噴射引擎燃料系統中有那些元件？
7. 空氣流量計如何將信號傳送至電腦？
8. 空氣調節器有何作用與化油引擎的什麼裝置相似？
9. L-Jetronic 引擎之空氣系統由那些元件組成？
10. L-Jetronic 引擎之電子系統系統須要那些感知器提供資訊？
11. 電子控制器的電腦有那些重要元件組成？
12. 燃料中斷裝置有何作用？
13. 渦輪增壓器引擎有何優點？

CHAPTER **8**

INTERNAL CONBUSTION ENGINE

內燃機之燃燒問題

　　燃燒問題在內燃機中是一個非常複雜的問題。到目前為止，還有許多的研究者作燃燒的實驗報告。本章所介紹的，都是過去學者對燃燒研究的結果。燃燒問題為何會如此的複雜？是因為它的變數太多，難以控制。例如燃燒與燃燒時間、燃燒壓力、點火時間、燃燒室形狀、混合汽之比例、引擎的壓縮比、進氣的溫度、空氣的濕度、引擎的轉速、進氣的壓力、進氣的速度、點火提前的角度及燃料的本身等均有相當的關係。需要經過多次的實驗得出各種性能曲線，設計者依照這些性能曲線，設計出較理想的引擎，因此本章的理論比較抽象。

8.1　空氣標準循環、理想內燃機循環及實際內燃機循環的比較

　　空氣標準循環、理想內燃機循環及實際內燃機循環三者間有顯著的不同，因為這三種循環的條件都不一樣，空氣標準循環分析所得的結果，與實際內燃

　　機循環所分析的結果相差很遠，即使將實際內燃機中各項損失，予以估計，然後將空氣標準循環加以修正，二者間，仍存很大的差別，因為空氣標準循環將實際燃燒所生的熱當作自外面傳進來的熱量，又將廢氣所帶走的熱當作氣體傳熱到外面去。又在循環中並不考慮化學反應，將空氣的比熱當作常數，在壓縮及膨脹過程當成可逆絕熱過程。這些條件與實際內燃機循環有很大的差別。理想內燃機循環與實際內燃機循環雖然在條件上有差別，如實際內燃機循環中之燃燒過程，在火花點火式引擎中非絕對的等容，在壓縮點火式引擎中也非絕對的等壓，混合劑燃燒時，無法依照化學平衡現象進行，引擎並非絕熱體，造成熱損失，在實際內燃機中又有流滯阻力，影響循環的功、氣門的動作，無法瞬時完成。但是也有相同的條件無論是理想內燃機循環或是實際內燃機循環，汽缸中同樣包括了空氣、燃料及一些餘隙廢氣。因此如果根據理想內燃機循環分析的結果，再加以修正，與實際內燃機循環相當符合，所以要想估計實際內燃機的性能，可從理想內燃機循環著手，比較合理。可是真正的比較後理想內燃機循環與實際內燃機循環還是有差別，如圖 8.1 及圖 8.2。

　　由圖得知，在實際循環中，燃燒過程後之壓力及溫度，均較理想內燃機循環為低，其原因如下：

1.　　空氣與燃料混合不均勻及不完全燃燒。

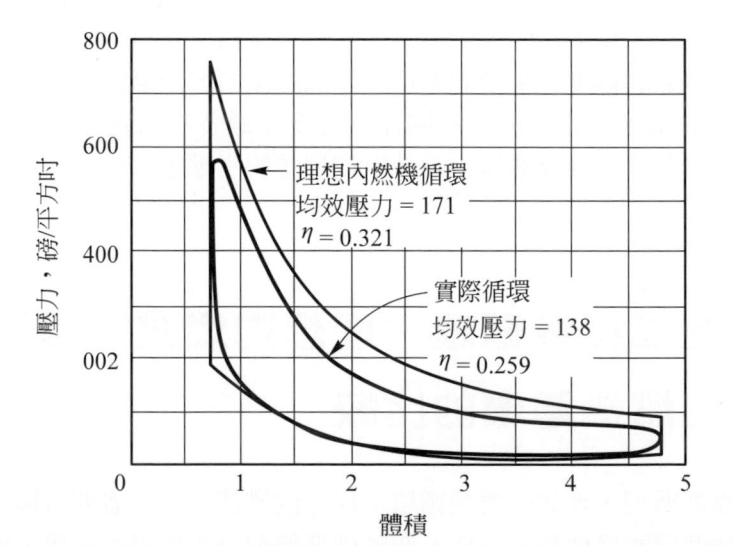

圖 8.1　實際循環與理想內燃機循環的比較

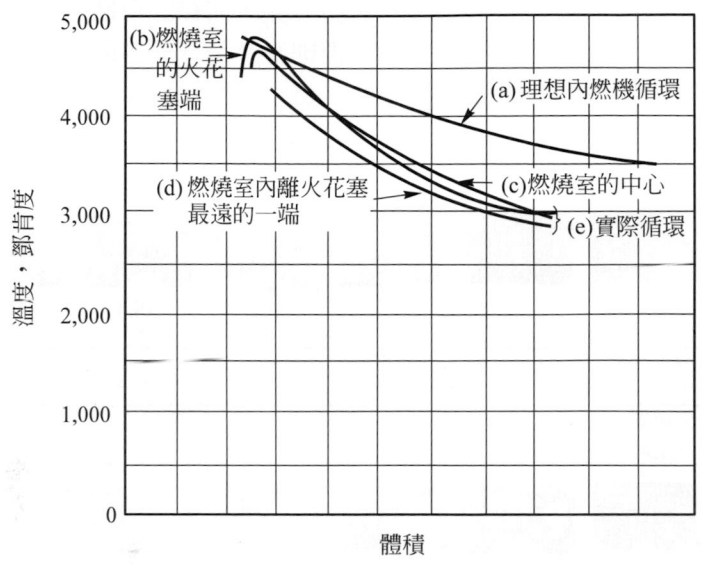

圖 8.2　實際及理想膨脹過程中溫度的比較

2. 在燃燒過程中混合劑並非同時燃燒，而是逐步燃燒。

3. 燃燒所需時間，並非在瞬時完成。

4. 直接散熱損失。

5. 氣門定時關係。

6. 排氣損失。

7. 漏氣(在情況良好的引擎裡，這項損失極微)。

8.2　燃燒時間與點火定時

8.2.1　燃燒時間

　　在理想循環的分析中，汽缸中的混合劑，燃燒過程是同時完成的，如奧圖循環是在等容下進行，而狄塞爾循環是在等壓下進行，但實際循環中，汽缸內各部份的混合劑，並不同時燃燒，而是從點火點開始，然後火焰逐步的傳播到汽缸其餘各部份，因此燃燒過程就需要相當時間才能完成。如圖 8.3 混合劑在汽缸中燃燒時火焰的進展情形，混合劑在燃燒時的特徵，為有一火焰從著火點開始，很快地傳播到混合劑的其餘各部，當火焰傳播時，有一相當明確的前

鋒，將正在燃燒的氣體與尚未燃燒的氣體分開，前鋒的形狀，雖參差不齊，這大概因擾動及混合劑不均勻而引起的，否則應該是球面形的前鋒。相片中當火焰前鋒經過後，氣體仍有時間保持光亮，這現象稱爲**過後發光**(after glow)，此仍因燃燒氣體壓縮時，仍繼續溫度升高所致。

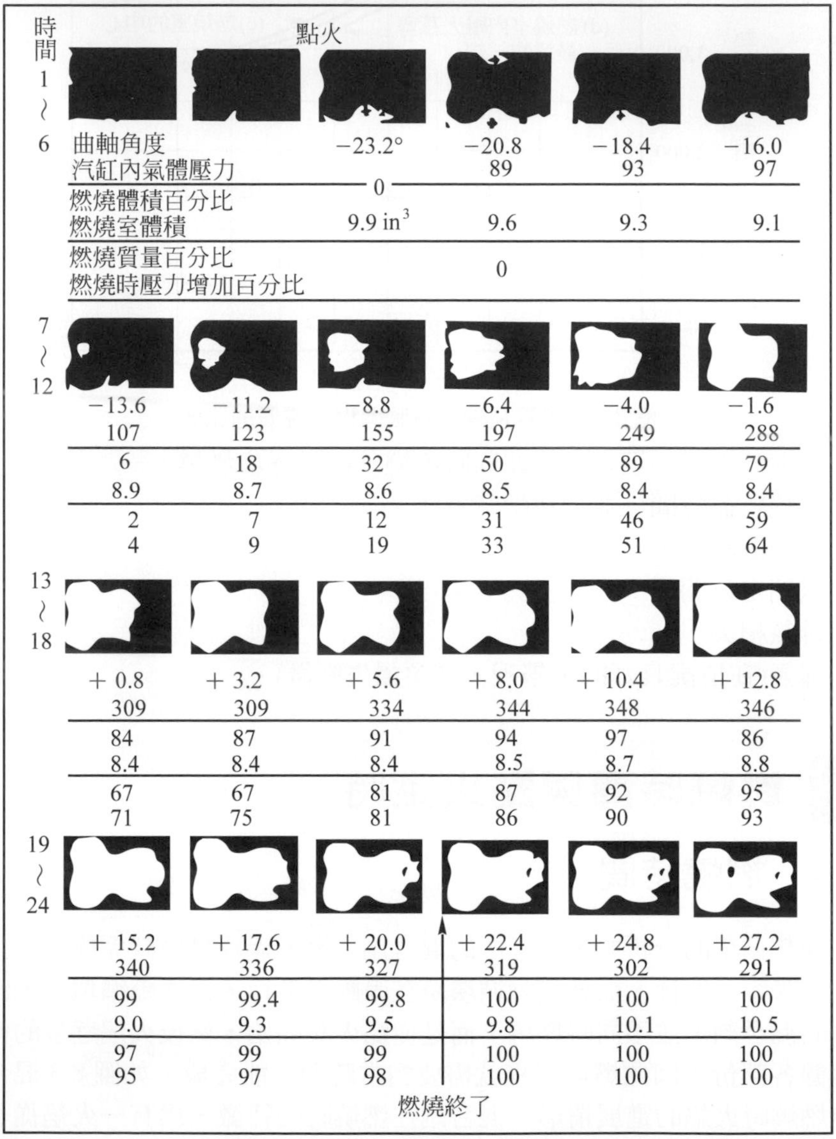

時間 1～6（點火）

曲軸角度	−23.2°	−20.8	−18.4	−16.0
汽缸內氣體壓力		89	93	97
燃燒體積百分比	0			
燃燒室體積	9.9 in³	9.6	9.3	9.1
燃燒質量百分比 / 燃燒時壓力增加百分比	0			

時間 7～12

曲軸角度	−13.6	−11.2	−8.8	−6.4	−4.0	−1.6
汽缸內氣體壓力	107	123	155	197	249	288
燃燒體積百分比	6	18	32	50	89	79
燃燒室體積	8.9	8.7	8.6	8.5	8.4	8.4
燃燒質量百分比	2	7	12	31	46	59
燃燒時壓力增加百分比	4	9	19	33	51	64

時間 13～18

曲軸角度	+ 0.8	+ 3.2	+ 5.6	+ 8.0	+ 10.4	+ 12.8
汽缸內氣體壓力	309	309	334	344	348	346
燃燒體積百分比	84	87	91	94	97	86
燃燒室體積	8.4	8.4	8.4	8.5	8.7	8.8
燃燒質量百分比	67	67	81	87	92	95
燃燒時壓力增加百分比	71	75	81	86	90	93

時間 19～24（燃燒終了）

曲軸角度	+ 15.2	+ 17.6	+ 20.0	+ 22.4	+ 24.8	+ 27.2
汽缸內氣體壓力	340	336	327	319	302	291
燃燒體積百分比	99	99.4	99.8	100	100	100
燃燒室體積	9.0	9.3	9.5	9.8	10.1	10.5
燃燒質量百分比	97	99	99	100	100	100
燃燒時壓力增加百分比	95	97	98	100	100	100

圖 8.3　正常燃燒時火焰進展情況

火焰進展的理論，雖然有許多的人研究，但仍不十分了解，因此無法來解釋各因素的影響，只能根據實驗來觀察各因素對火焰速度及性質的影響。結果火焰進展曾被認為是由於兩種不同過程所驅使。

1. 化合速度

相對於尚未燃燒的混合劑，燃燒時以化學反應速率從一分子進展到另一分子，稱為化合速度。

2. 氣體速度

火焰之進行，因著燃燒部份的膨脹、活塞動作的影響，及進氣行程所遺留下來的進氣速度，使全部氣體產生一速度，稱為氣體速度，驅使火焰前進。

以上兩項速度所造成之火焰行進速度，稱為燃燒速度，影響該速度之因素很多，今擇要分述如下：

1. 混合可燃氣之成份的影響

燃料與空氣所配合之混合氣，稱為可燃氣，由於燃料的不同，或同一燃料之重量比不同，都會造成可燃氣的成份不同，因可燃氣之成份不同，其燃燒期間的壓力、溫度、容積及燃燒速度都可能不同，如圖 8.4 所示，當燃料與空氣重量比為 1：4 時，燃燒初期壓力增加較快，即燃

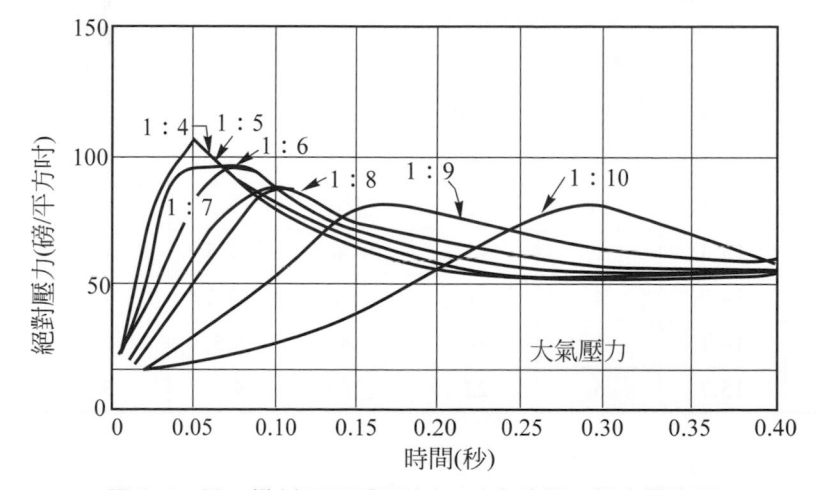

圖 8.4　同一燃料不同重量比(F/A)之時間、壓力變化圖

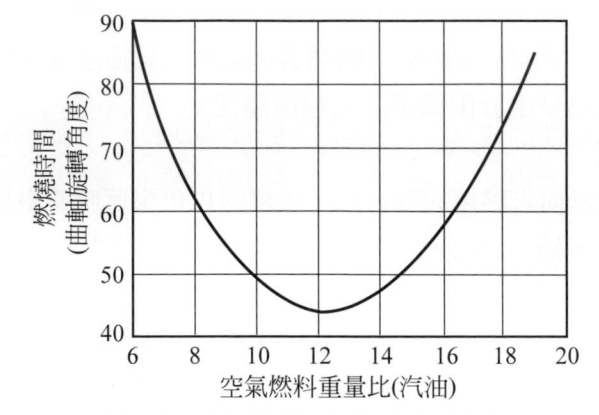

圖 8.5　空氣燃料比與燃燒時間關係

燒速度高，所需時間較少，先燃角也可較小。如其重量比為 1：10 時比起 1：4 為緩慢，即燃燒時間較長，燃燒速度較慢，先燃角須較大。其他當燃料與空氣重量比為 1：5、1：6、1：7、1：8、1：9 等，均為不同的曲線，證明可燃氣之成分，確實影響燃燒時間。由圖 8.5 可直接看出空氣與燃料之重量比與燃燒時間關係圖。

表 8.1　能夠急速燃燒的混合比限度

($p = 14.7 \text{ lb/in}^2$，$t = 60°\text{F}$)

燃料	空氣與燃料比			燃料	空氣與燃料比		
	理論 A/F	限度			理論 A/F	限度	
		最低	最高			最低	最高
氫	34.6	5	34.0	一氧化碳	2.5	0.3	7.3
硫化氫	6.1	1	9	苯	13.3	4	26
甲烷	17.3	11	32	己烷	15.3	5	27
乙炔	13.3	1	43	甲苯	13.5	4	24
乙烯	14.9	4	30	汽油	15.2	4	19
乙烷	16.1	6	30	甲醇	6.5	2	14
丙烷	15.7	6	27	乙醇	9.0	3	18

　　圖 8.6 為混合氣之燃料－空氣比與火焰速度的關係，此火焰速度曲線的形狀與燃料－空氣比對循環中的最高溫度的關係極為相似，如圖 8.7 所示。兩曲線相似的原因，因火焰的溫度，可能影響火焰前鋒與尚未燃燒部份間的傳熱率，以致影響燃燒率。

　　如果要使空氣與燃料之混合劑能夠很快地燃燒，必須要調整空氣與燃料比，使其在某種範圍之內，才能達到，表 8.1 中表明空氣與燃料比的最高及最低限度，此數據只供參考，因為影響這些限度的因素還很多，如擾動、壓力、溫度、廢氣成分，均足以影響限度。

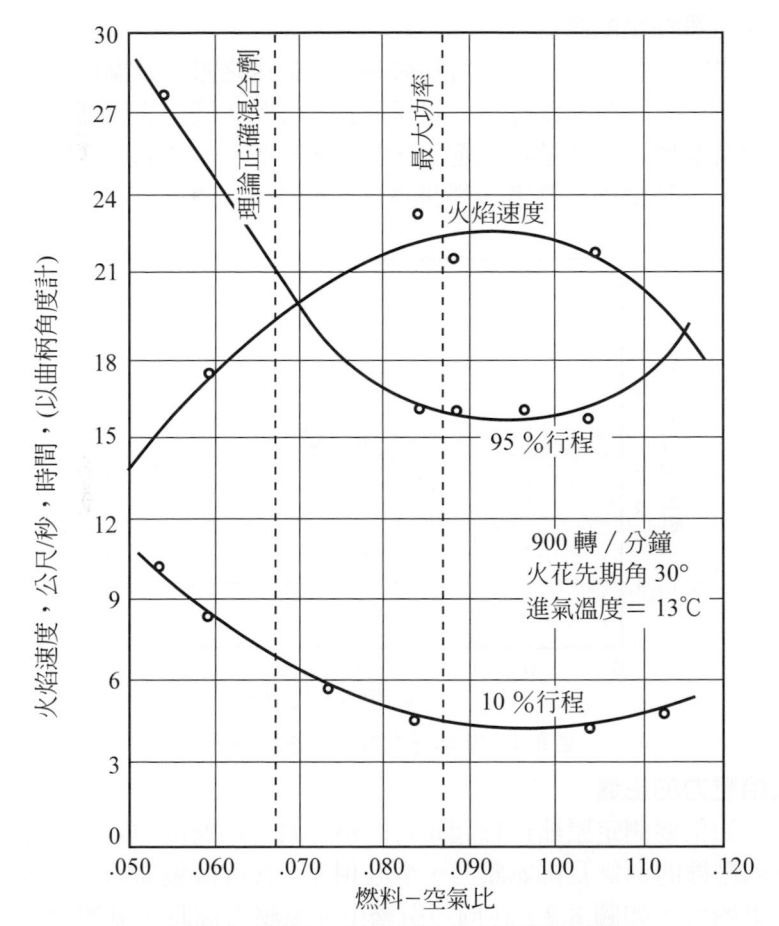

圖 8.6　燃料－空氣比對火焰速度的影響

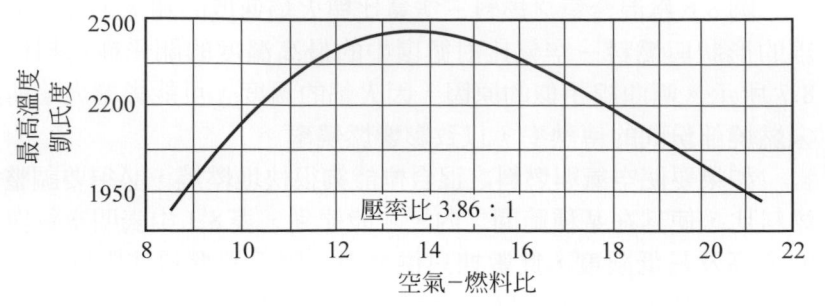

圖 8.7　混合氣成份與火焰速度及最高溫度之關係

2. 引擎之壓縮比的影響

　　壓縮比愈大之引擎，當點火時，汽缸內之壓力及溫度會愈高，使可燃氣分子間的距離就愈小，容易達到其燃點，同時也增高了未燃部份的壓力及溫度，使燃燒速度愈大，如圖 8.8 所示，進氣速度與燃燒速度成正比，而且壓縮比高者，燃燒速度也較快。

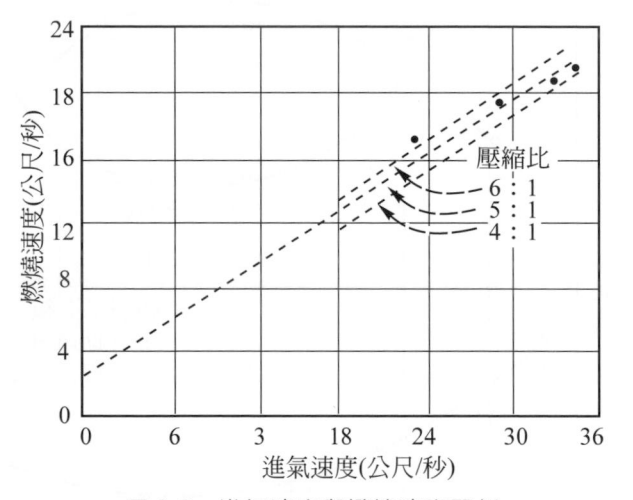

圖 8.8　進氣速度與燃燒速度關係

3. 起始壓力的影響

　　如果要測定壓縮行程起始時的壓力對火焰速度的影響，必須同時變更內燃機的進氣及排氣壓力，令其相等，使餘隙廢氣的重量分數，不致變更始可，如圖 8.9，在同一引擎中進氣壓力高時，氣體分子間距離更近，容易點燃，燃燒速度因而較高，如果飛機在高空時因空氣壓力降低，而且又不用增壓器，使進氣壓力增高，則其燃燒速度較低，燃燒時較長，因此先燃角必須調整加大，其原因是進氣壓力直接影響火焰速度。

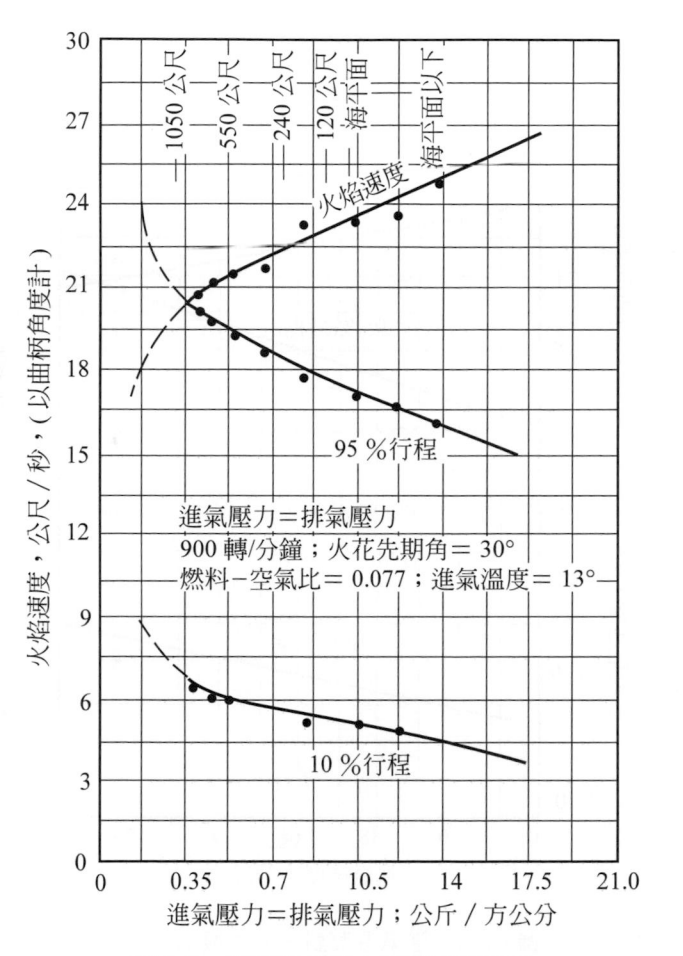

圖 8.9　起始壓力對火焰速度的影響

4.　進氣溫度的影響

在同一引擎中進氣溫度高時，每次吸入汽缸之新鮮充量少，同時又與餘隙容積之已燃廢氣混合，因此增大燃料分子間之間隙，故燃燒必須困難而緩慢，燃燒所能生出之總熱也較少，燃燒速度自然就下降，如圖

8.10 所示，另外一個原因，可能因混合氣體黏度隨溫度而增加，以致於混合氣在點火前有小擾動阻尼，因而火焰進展速度反而下降。

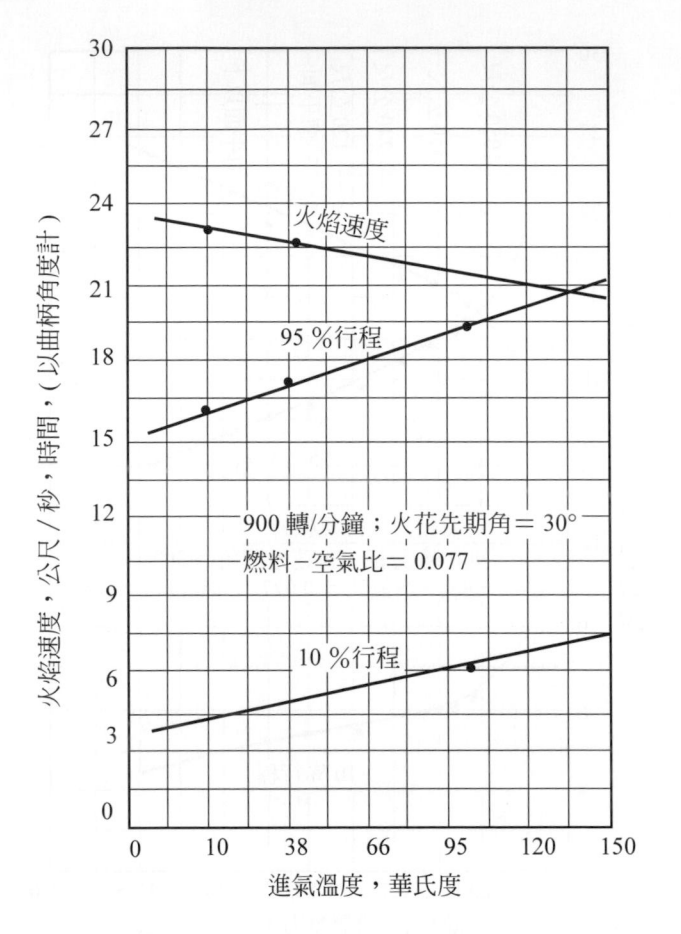

圖 8.10　進氣溫度對火焰速度的影響

5. 餘隙廢氣及排氣壓力的影響

　　汽缸中餘隙廢氣的量直接影響排氣壓力，餘隙廢氣愈多，則排氣壓力就愈高，排氣壓力愈高時，每循環吸入之新鮮燃氣就愈少，則混合後之可燃氣更少，燃燒時阻礙就大，火焰速度跟著降低，如圖 8.11 所示。

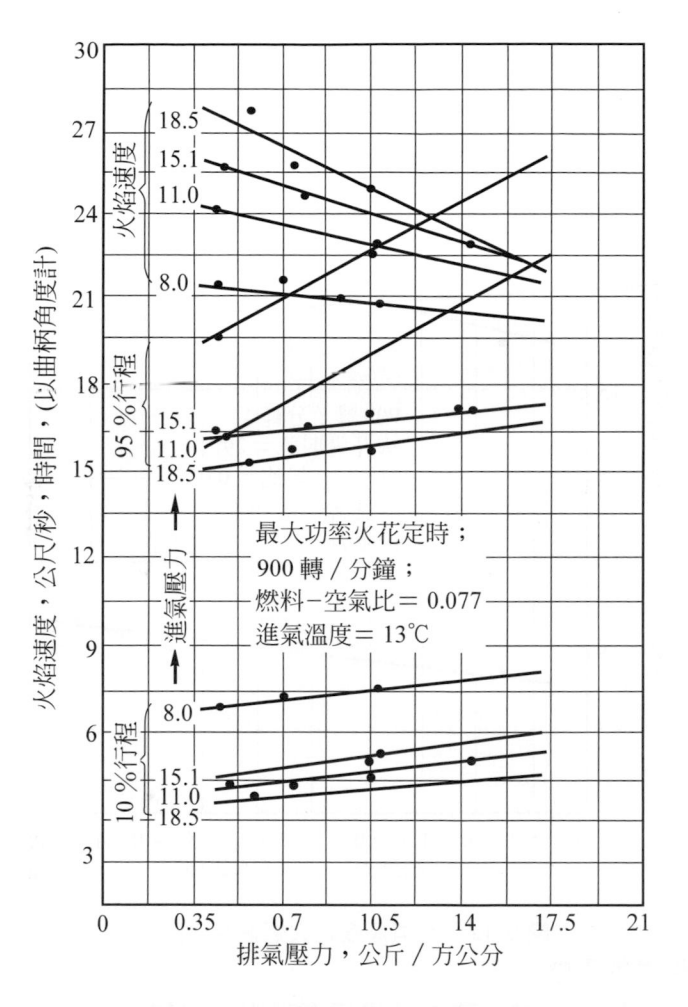

圖 8.11　排氣壓力對火焰速度之關係

6.　空氣溼度的影響

　　當引擎在空氣溼度較高的環境下運轉時，每一循環吸入汽缸之混合氣中，含不可燃燒之水份就愈多，因此可燃及助燃的成分降低，燃燒分子之反應阻礙增加，火焰速度因此降低，如圖 8.12 所示。另外如果汽缸中之混合氣為一氧化碳(CO)與氧(O_2)時，因水氣可成為混合氣之催化劑，增加其火焰速度，因此當空氣溼度較高時，反而有助於火焰速度。

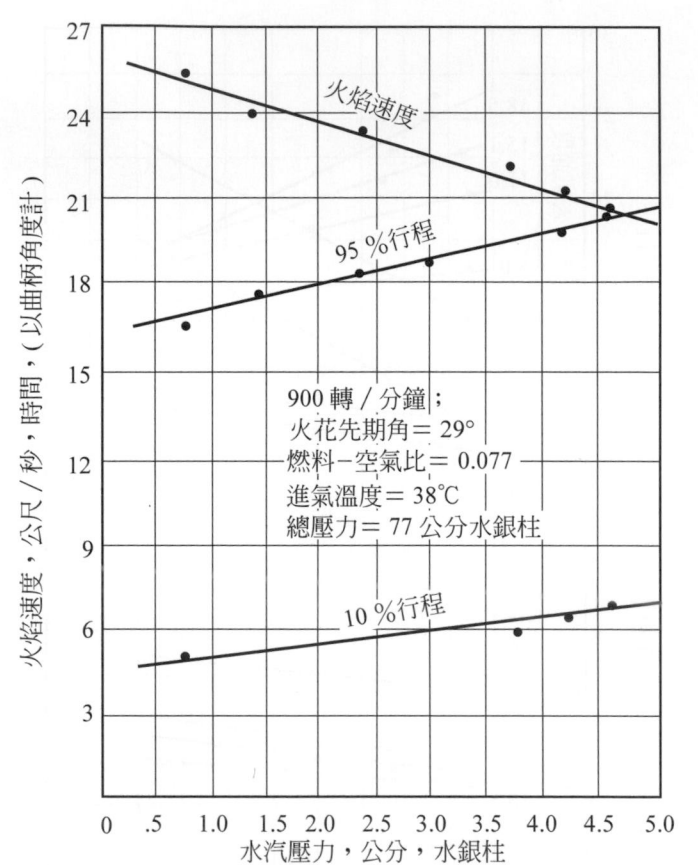

圖 8.12　空氣溼度對火焰速度之關係

7. 引擎轉速的影響

　　當引擎轉速增加時，進氣速度就跟著增加，造成混合氣之流動性增加，因此混合較佳，點火後，已被點燃的火焰可以較高速點燃其他未燃燒各部，故而總燃燒時間變短，使燃燒速度變快，如圖 8.13 所示在同燃料及同引擎狀況下，如其轉速愈高，則燃燒時較短，另外圖 8.14 表示三種不同轉速引擎情況下，同時間內火焰行進之距離。由以上兩圖得知火焰速度隨引擎轉速之增加而增加，兩者間成正比，如圖 8.15 所示，在火焰行程的第二段時期內，火焰速度幾與轉速成正比，因此所佔的曲柄角度，幾爲常數，但火焰在初期的行程中，曲柄角度，隨引擎轉速而增，因此轉速若增加時，則火花點火先期角，仍需稍有增加。由此才能瞭解為什麼當轉速在第二段時期後增加轉速，火花點火引擎之先期角不必正比例增加的原因，如果火焰速度不跟著轉速增加，也許近代火花點火引擎就不可能達到很高的轉速。

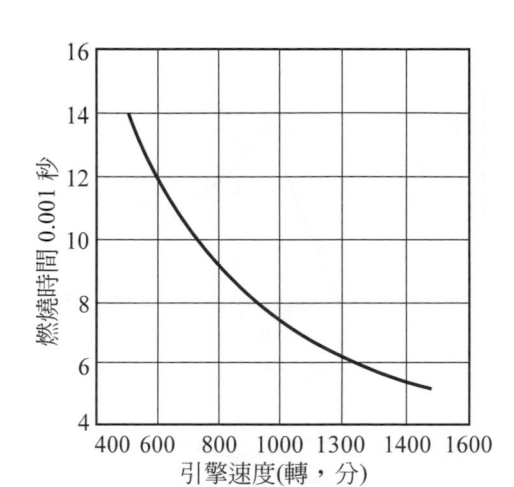

圖 8.13　同燃料同引擎之引擎轉速與燃燒時間關係圖

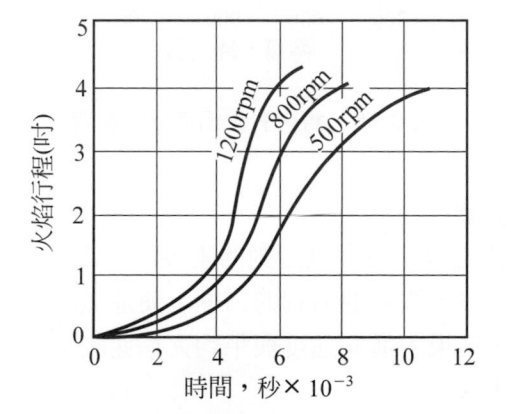

圖 8.14　三種不同轉速引擎在同時內火焰行進之距離關係圖

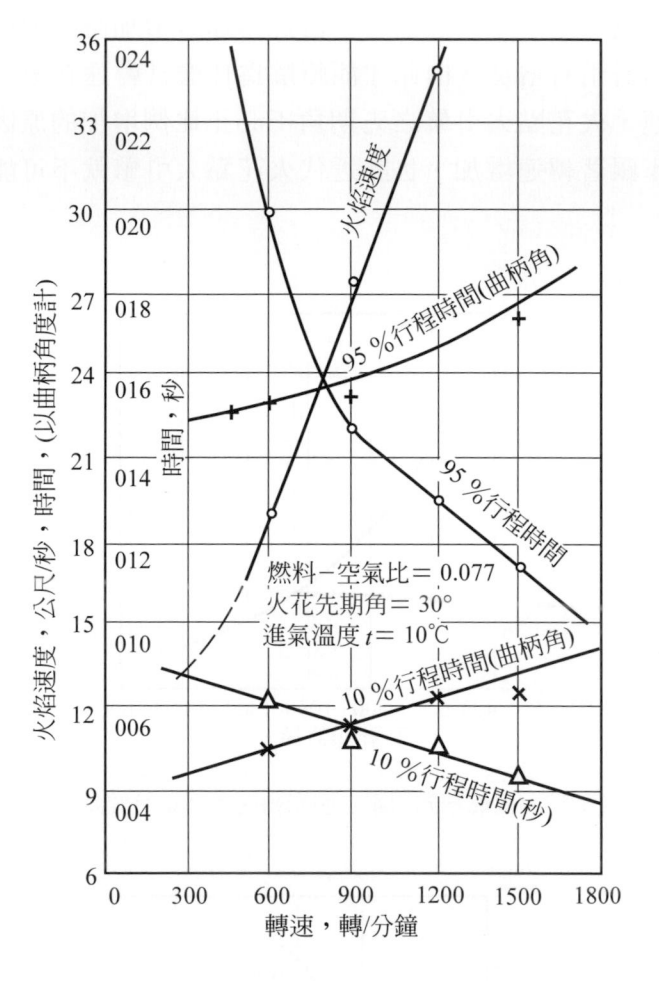

圖 8.15　轉速對火焰速度的影響

8.　進氣速度的影響

　　進氣速度是影響混合氣擾動的主要因素之一，如圖 8.16 所示。當內燃機轉速不變，改變進氣管的口徑，使進氣速度變更，然後測定火焰速度的變化，結果；進氣速度與平均火焰速成正比，壓縮比愈大的引擎其變化也愈大。

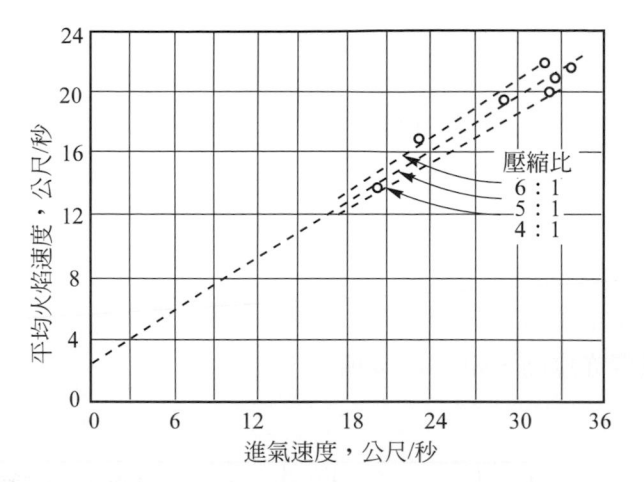

圖 8.16　進氣速度對火焰速度的影響

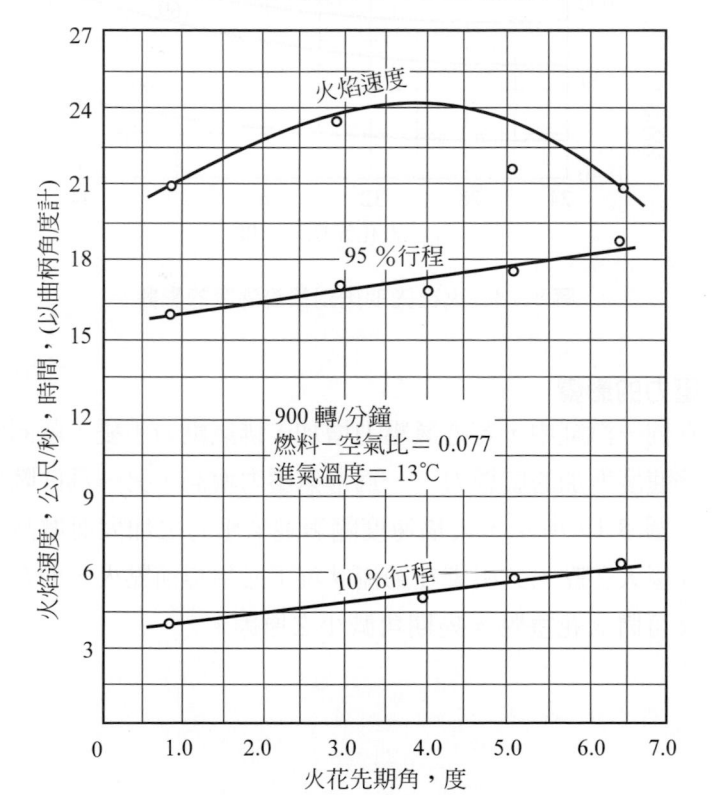

圖 8.17　火花先期角對火焰速度的影響

9. **火花點火先期角度的影響**

　　火花點火先期角度，大致因壓力的關係，使火焰速度起變化，如圖 8.17 所示，其最大火焰速度的火花點火先期角度，相當於活塞在燃燒過程完成一半抵達上死點時，其時之平均壓力也最高，圖中火焰行程的起始 10 ％，所需時間與火花先期角度俱增，這是由於點火愈早，其燃燒時的壓力愈低之故。

　　火花塞點火先期角對最高溫度的影響，經試驗結果先期角愈大時，最高溫度亦愈高，如圖 8.18 所示。

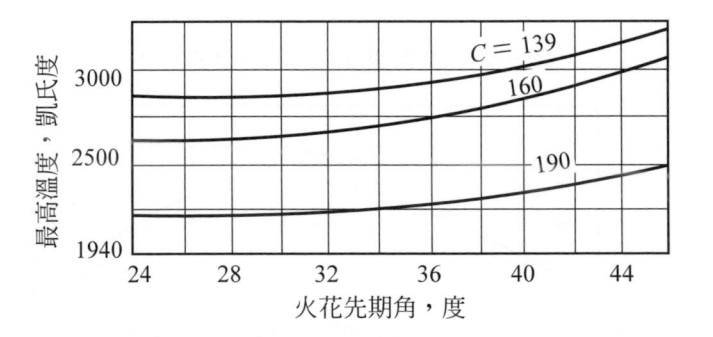

圖 8.18　火花先期角對最高溫度的影響

10. **進氣壓力的影響**

　　在同一汽缸中，若進氣壓力增加，排氣壓力不變，就同時產生兩種使火焰速度增加的影響力，一為進氣壓力增高，另一為餘隙廢氣份量降低，如圖 8.19 所示，火焰速度隨著進氣壓力之加大而增高，由此可解釋為什麼火花點火式引擎在節流狀況下必須提前點火，而在有增壓的狀況下又可將火花塞點火先期角減小之原因。

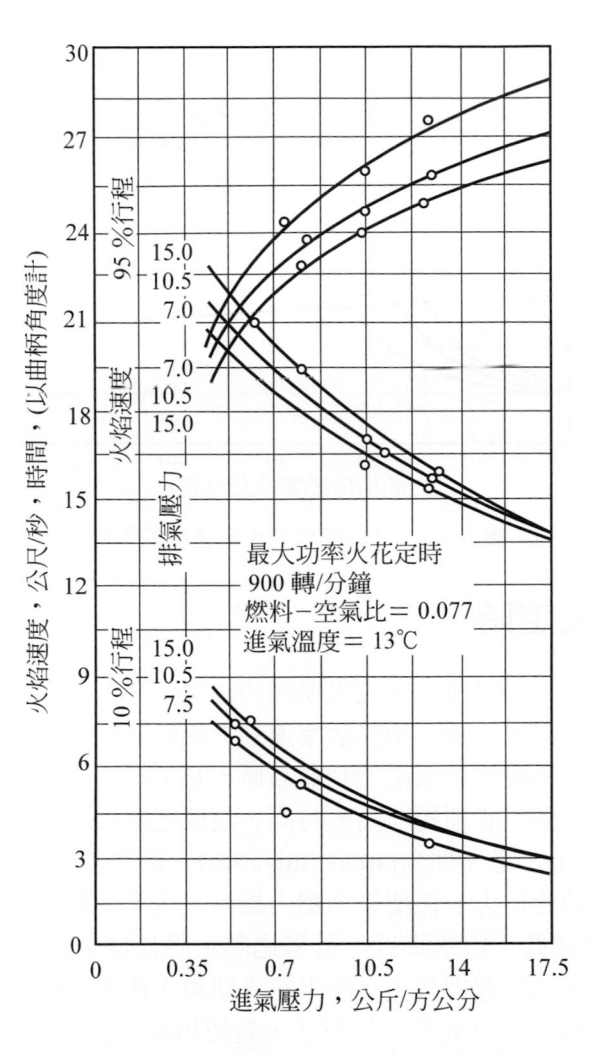

圖 8.19　進氣壓力對火焰速度的影響

11. 燃料的影響

　　各種燃料的化學成分不一樣，因此燃燒時之火焰速度也不一樣，如圖 8.20 所示，甲烷、丙烷、丙烯、乙烷、乙烯等不同燃料燃燒結果其火焰速度均不同。

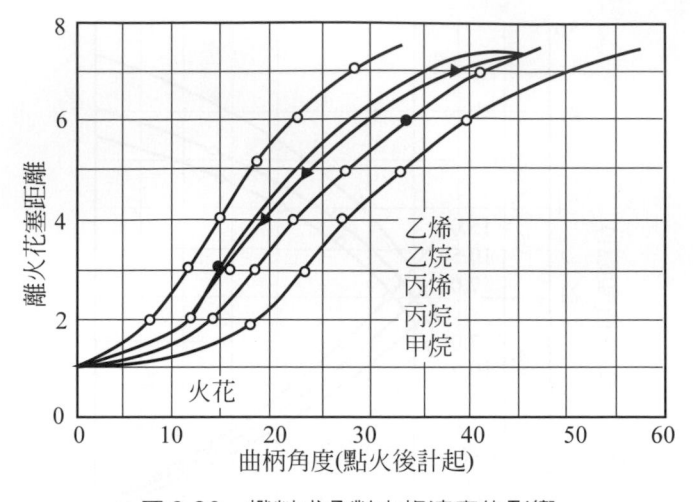

圖 8.20　燃料成分對火焰速度的影響

8.2.2　點火定時

　　所謂點火定時，就是決定火花先期角的位置，在火花點火式內燃機中，要想得到最大的功率時，燃燒必須在活塞達到上死點時，等容過程下完成，但是實際上當混合氣點燃後，至氣壓達到最高值，必須經過一段時間，因此在上死點時點火已太晚，所以必須提前點火時間，這種把點火時間提前在上死點以前的曲柄角度，稱為火花先期角(spark advance)。但是點火時間也不能提前太多，以免造成負功的增大，而使最高壓力提高。也不能點火時間過遲，使燃燒變慢，最高壓力降低，功率降低，引擎過熱，將損壞氣門、活塞環及汽缸壁等。故點火定時，必須選擇最適當的火花先期角，此正確的火花先期角，又稱為點火正時，一般測定點火正時的方法，是使用點火正時燈。

　　根據實驗的結果，最佳的點火正時角度，應使燃燒過程中，氣壓最高的位置，一半在上死點以前，另一半在上死點以後，這樣的火花先期角，約相當於總燃燒時間的 75 ％。火花先期角最佳角度的計算法如公式(8.1)

$$\alpha° = \frac{0.075 \times 360 \times n \times s}{60 \times 12 \times c_1} = \frac{0.375ns}{c_1} \qquad (8.1)$$

$\alpha°=$ 最佳火花先期角
$s=$ 火焰行程(從火花開始到離此最遠一點)(吋)

$n =$ 發動機(引擎)的轉速。(rpm)

$c_1 =$ 平均火焰速度(ft/sec)

由上式得知，火花先期角(α)與引擎轉速(n)及火焰行程成正比，但若轉速增加，則平均火焰速度(c_1)也跟著增加，所以火花先期角(α)的增加比較緩和。一般內燃機之行程s為汽缸直徑的函數，往往汽缸之行程等於直徑，火花先期角α約在 10～40 之間。

8.3 爆燃現象

所謂爆燃，是指當正常火焰在汽缸中前進，因溫度過高或壓力過大，而導致尚未燃燒的部份，先行燃燒而造成爆擊聲(ping)、火星撞擊(spark knock)或

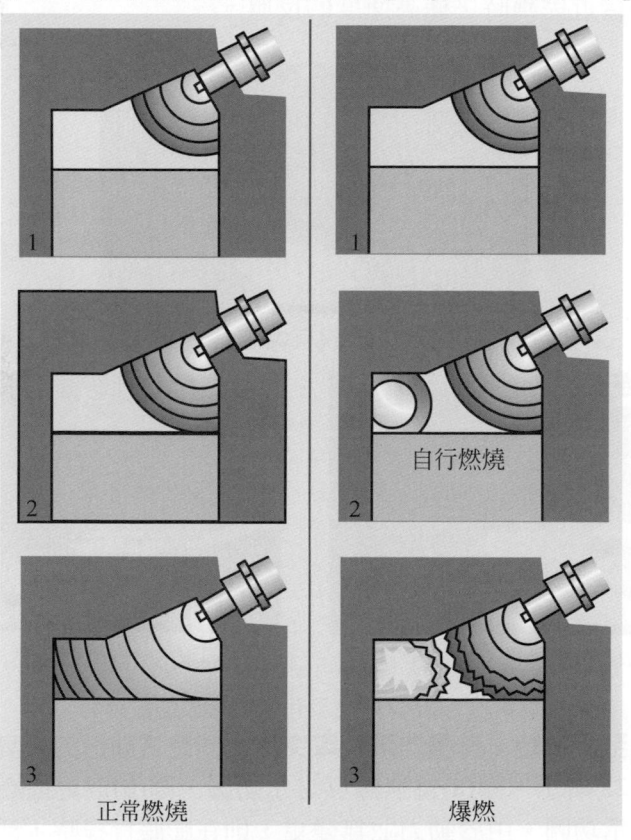

圖 8.21　正常燃燒與爆燃現象

碳擊(carbon knock)現象，稱為爆燃現象，如圖 8.21 所示，當使用不適當辛烷數之汽油時，部分混合氣揮發性較遲，點火後燃燒尚未全面傳播擴散，燃燒室內另一角，因受高溫影響，自行爆發燃燒，如此兩火焰在燃燒室內互相衝擊，形成金屬敲擊聲，稱為爆震，如果連續爆震會將活塞燒成一個洞，損害活塞頭與汽缸壁。

當燃燒室內發生爆燃現象時，室內將發出一種特殊的聲音，好像金屬撞擊之聲，經過研究分析結果，在爆燃發生時，除了撞擊聲之發生外，同時也有下列現象的發生：

1. **當火焰行程接近終了時，火焰速度激增**，如圖 8.22 所示，由汽缸蓋上一槽，所攝得的三種火焰照相圖，(a)為正常的燃燒，(b)輕微的緩和爆燃現象，(c)為嚴重的激烈爆燃現象，在圖中有一垂直火焰跡象，此表示燃燒接近完畢時之極高速度的反應。

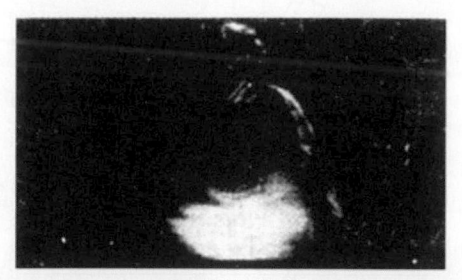

(a) 沒有爆燃

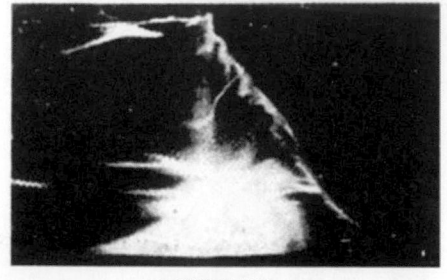

(b) 暖和爆燃

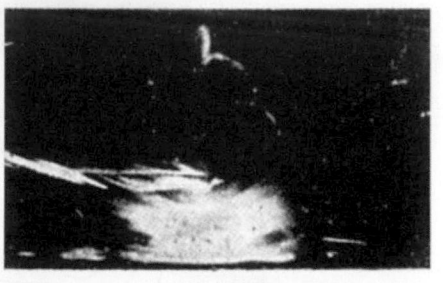

(c) 激烈爆燃

圖 8.22　沒有爆燃及有爆燃之火焰蹤跡圖

2. **當燃燒至最後時，其壓力增加率突增，同時這部份的最高壓力亦增高，** 如圖 8.23 所示。圖(a)為無爆燃之示功圖，圖(b)為更換燃料後，使發生爆燃之示功圖。由於動力並無變更，則在膨脹行程時，活塞上所受之平均壓力，在無爆燃與有爆燃之情形下，應完全相同，圖(b)中有較高之壓力，乃屬於局部的性質，此乃為壓力波所致，圖(b)中之最高壓力為620 psi，較圖(a)無爆燃之最大壓力高出 55 ％。

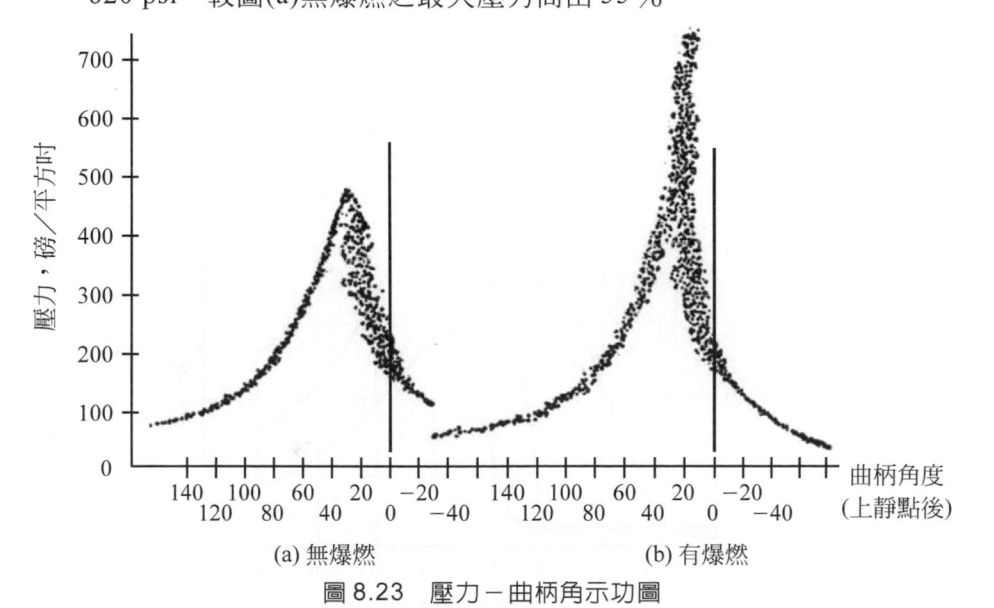

(a) 無爆燃　　　　　　　　(b) 有爆燃

圖 8.23　壓力－曲柄角示功圖

3. **在燃燒過程接近終了時，汽缸中產生高頻壓力波**，如圖 8.24 所示，圖(a)為有爆燃現象，圖(b)為沒有爆燃現象，在圖(a)中有劇烈之壓力變化，此乃為氣體的振動頻率所致。

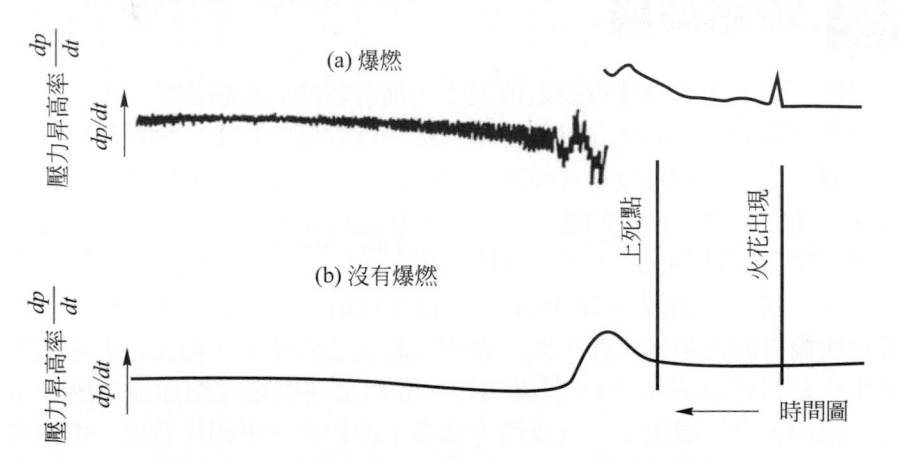

圖 8.24　發生爆燃和沒有爆燃時壓力昇高率的變化

4. **在燃燒過程接近終了時，火焰輻射率，有顯著的變更**，如圖 8.25 所示：
在汽缸蓋上開兩個窗，6 號窗及 30 號窗，6 號窗靠近火花塞，30 號窗靠
近火焰行程終點，透過此兩小窗，測得氧化氟的總輻射量，結果有爆燃
時，其火焰輻射率變高。

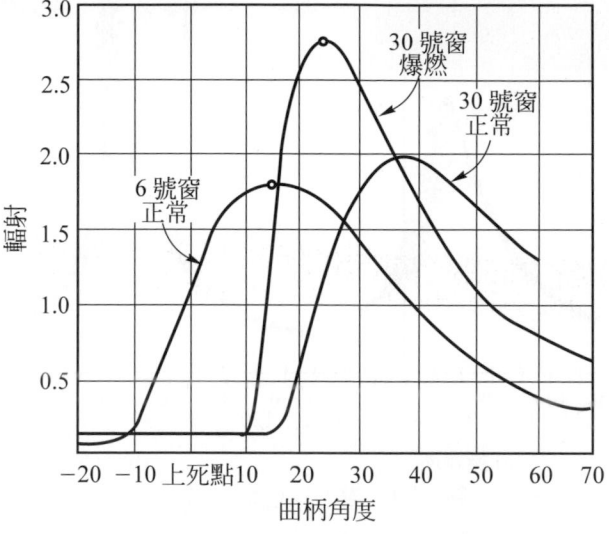

圖 8.25　曲柄角度與輻射量

8.4　爆燃理論

　　爆燃理論，因為以往實驗數據很少，而且建議的理論卻多，因此在實驗室
中研究爆燃問題時，顯然非常的困難，按最近的研究結果，發現爆燃的化學反
應極複雜，是一種連環反應(chain reaction)，但一般公認，爆燃的理論是由於
燃燒在封閉的室中以極快的速度進行，其中溫度及壓力均非常的高，當燃燒面
尚未達到尾氣(end gas)時，不該燃燒的尾氣，因高溫高壓便自行先點火燃燒，
才產生爆燃現象。如圖 8.26 所示，該圖為六組透明汽缸蓋內燃機，正在爆燃
燃燒時所攝得的火焰相片圖，圖中表明六起爆燃的產生，均先在火焰前鋒的前
面發生火焰核(以X表示之)，設火焰核，顯然都在燃燒火焰面掃過燃燒室的三
分之二或四分之三處產生，當爆燃火焰發生後的次一張相片看出，燃燒幾乎已
全部完畢，可見此爆燃的速度是何等的急速。

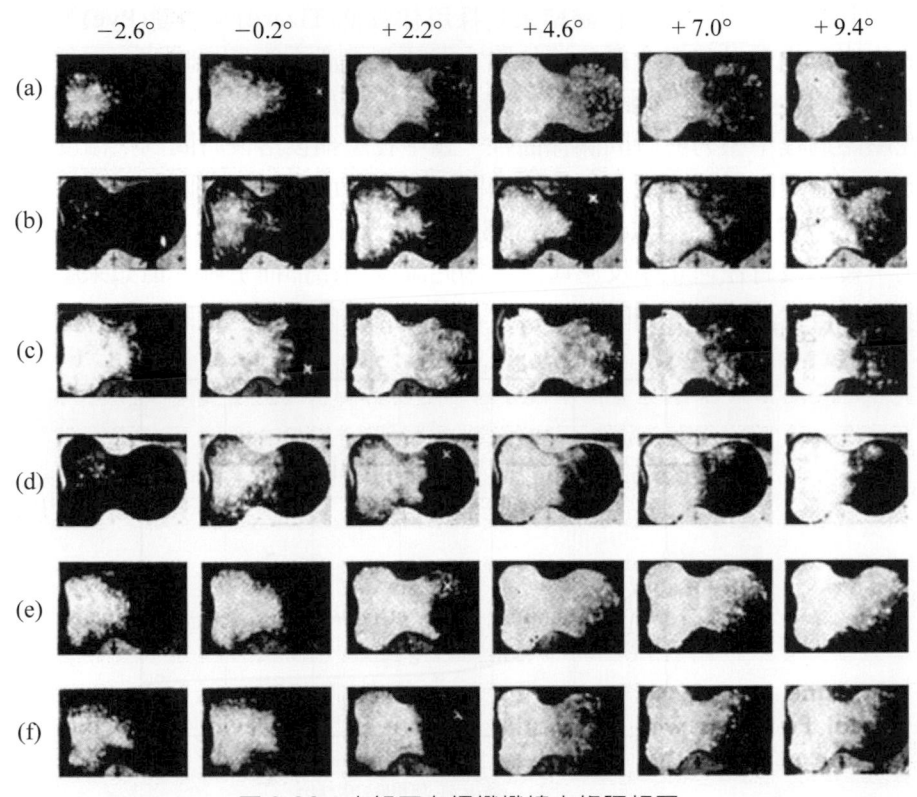

圖 8.26　六組正在爆燃燃燒火焰照相圖

爆燃理論與呂卡圖(Ricardo)、伍德勒疊(Woodbury)、藍惠司(Lewis)及甘拜(Canby)等曾首先提出之壓燃理論，過去因爲無法解釋。爲什麼爆燃程度不與自燃點溫度成反比，因此不被認同，但直到近來，才被接受，其實爆燃理論與壓燃理論並無矛盾之處，因梯查德(Tizard)及潘愛(Pye)曾證明；各種燃料與空氣之混合劑並無固定的自燃點溫度，但每一種混合劑有壓燃溫度與發火延遲時間之關係的變化曲線圖，如圖 8.27，表示庚烷(C_7H_{16})混合劑之發火延遲與壓燃溫度之關係曲線圖。圖中的曲線位置，隨燃料性質而各有不同，而且也隨燃料與空氣比的關係而稍有不同，如圖 8.28 所示，8.8 %甲烷與空氣之混合劑與 11.9 %甲烷與空氣之混合劑在起始壓力相同(0.315 kg/cm²)時之曲線圖。當起始壓力不同時，其曲線也有差異，如圖 8.29 所示，除了以上因素的影響外，試驗器型式及試驗技術，亦有相當的影響，雖然受許多因素的影響，但各種因素影響的結果，卻與圖 8.27 中圖形的趨向相同，也就是點火延遲時間隨壓熱溫度的升高而縮短。以上實驗結果是採用梯查德(Tizard)及潘愛(Pye)等所用的試驗程序，也就是將混合劑急速加壓，同時測定溫度與延遲時間，這種試驗情況與內燃機中實際情況相似。其記錄如圖 8.30 與 8.31 所示，圖 8.30 表示壓燃機在壓燃過程中壓力與時間關係曲線，圖中在壓縮後落後時間內，溫度稍降，其原因可能是因燃燒室中心與邊緣之間，存在著溫度梯度，因此逐漸冷卻而降低溫度。事實上，如果汽缸內混合劑尚未達到自燃溫度時，由圖 8.31 中BC線看出，幾乎沒有任何化學反應產生，因此溫度由冷卻而下降。但如果壓縮後的溫度達到自燃溫度時，如圖 8.31 中B'C'曲線，仍須先經過一段落後時間，然後

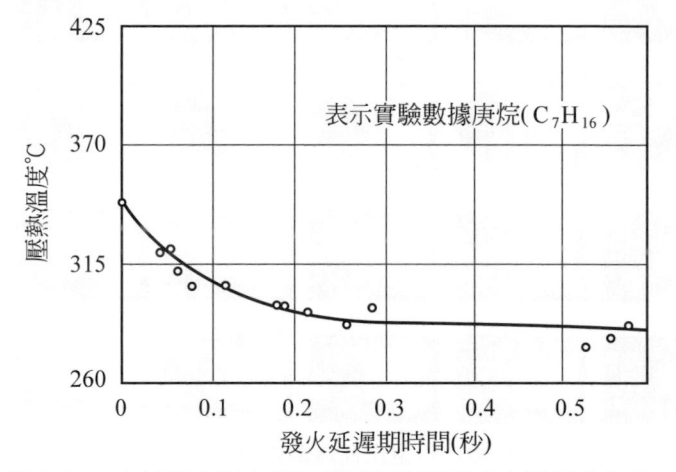

圖 8.27　庚烷混合劑之發火延遲與壓燃溫度之關係曲線圖

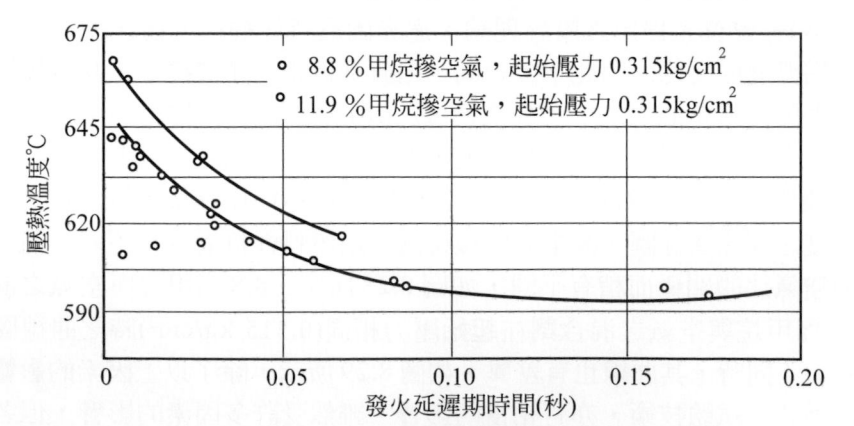

圖 8.28　混合劑比對於延遲期的影響與壓熱溫度的關係

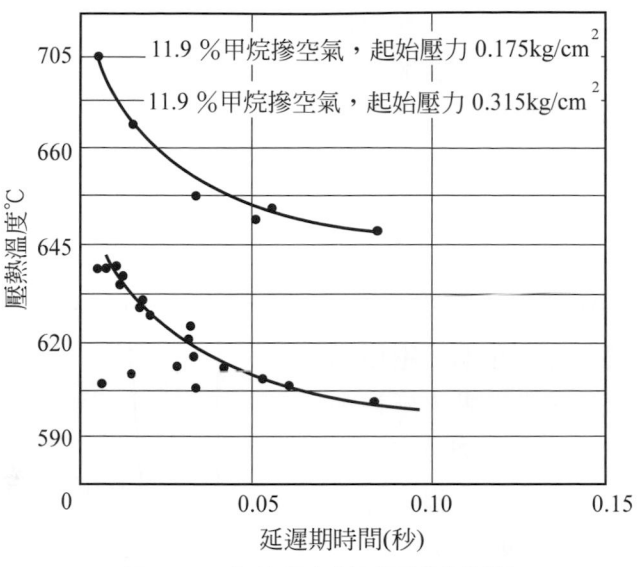

圖 8.29 起始壓力對延遲期的影響

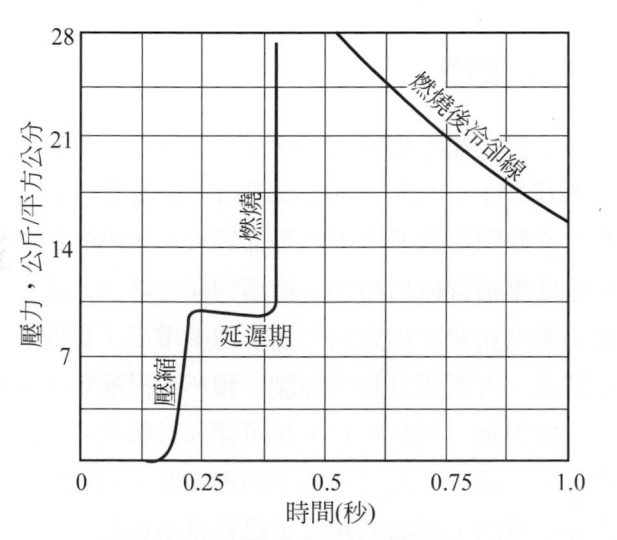

圖 8.30 壓燃過程中壓力與時間關係

發生爆燃。若壓縮後溫度超過自燃溫度愈大時，則落後時間就愈縮短，如圖中 $B''C''$曲線所示。由以上結果得知，防止火花點火式內燃機中產生爆燃的條件有二：⑴提高自燃溫度。⑵延長點火落後時間。

另外梯查德與潘愛兩人，利用停滯不動的混合劑在汽缸中作實驗，所得的結果，雖然與突然壓縮混合劑情況有所不同，但是其點火延遲時間兩者不會相差太大，約為四分之三秒，在轉速為 1000 rpm 之內燃機中，其燃燒總時間不到 0.01 秒，以此 0.01 秒相比，顯然各種燃料並不依照「壓燃溫度」，而發生爆燃，當此點火延遲理論提出後，爆燃論者呂卡圖、伍德勒疊、藍惠司及甘拜等學者所提之爆燃理論，始被各國學者逐漸接受。

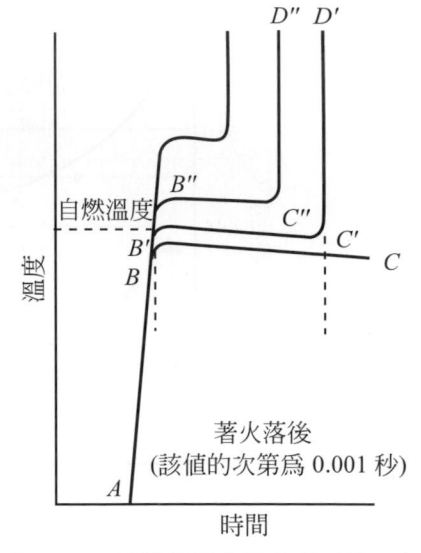

圖 8.31　壓燃過程中溫度與時間關係

8.4.1　爆燃與預燃

　　預燃與爆燃在本質上並不相同，預燃是指當火花塞尚未點火之前，先將混合劑點燃如圖 8.32(圖 1)，其最普通的原因為火花塞電極過熱，排氣門太熱，碳澱積溫度太高，或餘隙廢氣溫度太高等而著火，預燃的結果完全與提前點火的效果一樣，會造成壓縮機械功增加，循環的淨功減少，產生過高壓力，並增加傳熱率，因此將使火花塞及排氣活門溫度繼續增高，更促進先期著火的嚴重性。這種不穩定情況，可能使發動機停駛。預燃或提前點火，都會使引擎發出爆燃的聲音，這可能因壓力過高所致，也可能因最後燃燒部份，正在進爆燃。但預燃是在火花發生前發生，兩者基本不同點在此。而且所有燃料可能產生預燃，但並不一定發生爆燃，例如酒精及苯燃料就是如此。一般預燃將引起引擎嚴重跳動，以致於停駛。但爆燃如果太嚴重也將引起預燃，因此這兩種現象，可能常同時發生，但本質上並不一樣。

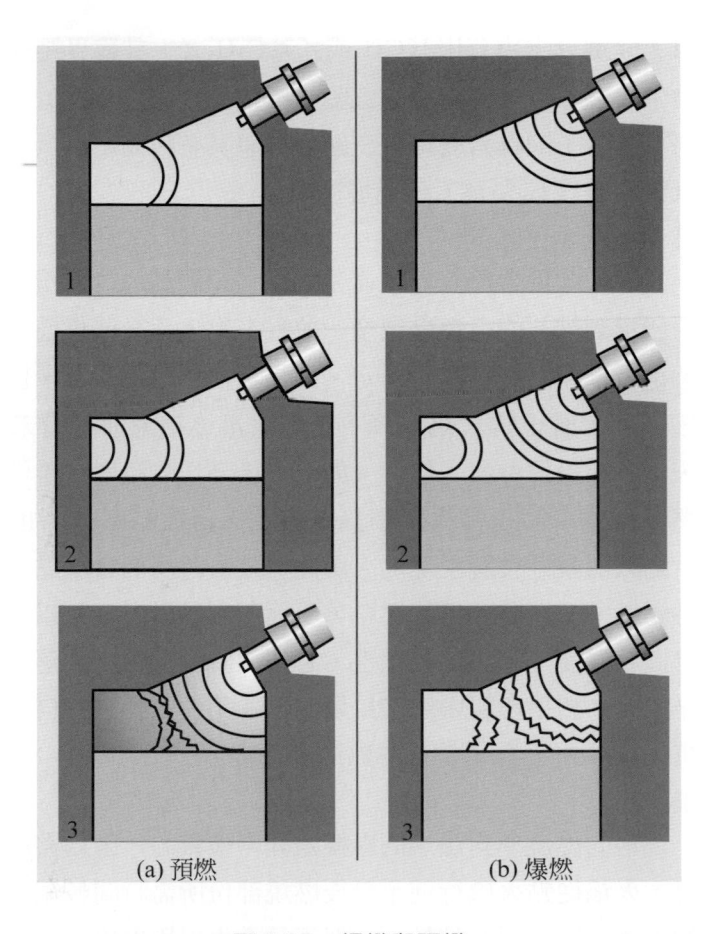

(a) 預燃　　　　　　　　　(b) 爆燃

圖 8.32　爆燃與預燃

8.5　影響爆燃之因素

1.　燃料之特性

(1)　分子結構

燃料之分子結構直接影響到臨界壓縮比，所謂臨界壓縮比是指發生自然現象所能用的最低壓縮比，凡臨界壓縮比愈低的燃料，愈容易發生爆燃現象。因此，碳鏈較長者，其臨界壓縮比愈低，愈易生爆燃現象。同碳量之烴碳愈集中者，其臨界壓縮比愈高，愈不易發生爆燃現象。碳鏈分支處有甲基CH_3或乙基C_2H_5者，其臨界壓縮比較高，不易發生爆燃現象。環烷屬烴之臨界壓縮比較芳烴者爲低，易產生爆燃現象。碳分子間具有雙鏈或三鏈者，也具有較高之抗爆燃能力。環鏈旁直鏈的長度較大者，較易發生爆燃。

(2)　自燃溫度及點火落後

　　汽缸中的混合劑是否會產生爆燃，須觀其最後部份之充量溫度，是否已達到燃料的自燃點溫度，並且在點火落後結束前，正常火焰前鋒，是否已達到最後部份而定。如果最後部份的溫度，已達到燃料的自燃溫度，而正常火焰前鋒，在點火落後結束前，尚未達到最後部份，則該部份便會發生爆燃。如果最後部份的溫度，雖然已達到燃料自燃點溫度，而正常火焰前鋒，在點火落後結束前，也已傳達到該部，則該部就不會發生爆燃。由此可知有時反而自燃點高的燃料比較容易爆燃，而自燃點低的燃料，反而不容易爆燃，所以不能只憑燃料的自燃點溫度，來決定爆燃性，必須同時看它的點火落後及火焰前鋒到達位置。如果燃料中添加抗爆劑，並不會影響它的自燃點溫度，可具抗爆性，並不會單依自燃點溫度而變。

(3)　燃燒率

　　燃料的燃燒率對爆燃的影響是非常複雜的，因爲當燃料燃燒率較高時，火焰從點火處行進至最後燃燒部份所需時間較短，因此最後燃燒的可燃氣所得輻射熱較少，似不易發生爆燃現象，但是當燃燒率高時，全部燃燒所需時間較短，最後可燃氣能允許傳出的熱量較少，因此積熱較多，反而容易發生爆燃，另外當燃料率增高時，相當於汽缸內加熱，使已燃燒與爲燃燒間之壓力差加大，因此使壓力波傳遞較快，汽缸內氣體之激盪較劇，則易產生爆燃。綜合以上因素相互牴觸的結果，當燃燒速率高者，易於發生爆燃。

2.　汽缸進氣情況

(1)　空氣與燃料比(A/F)

　　空氣與燃料比對爆燃的影響，經實驗的結果，當汽缸內的混合劑中，其空氣與燃料比達到最高功率輸出時的比值，約爲 13：1(空氣量約為理論空氣量的 85 ％)時，爆燃最嚴重，這時的燃料燃燒速率也應為最高，容易發生爆燃。若變更空氣與燃料比值，使其大於或小於理論空氣量的 85 ％時，燃料的燃燒速度會變小，因此比較不容易產生爆燃。

(2)　進氣分佈

在多汽缸引擎中，若進氣歧管設計不良，將會造成各汽缸所得之充量不等，足以引起各汽缸之不同爆燃現象，另外由於汽油製造過程中，因各蒸餾溫度的不同，使汽油所具的爆燃特性也各有不同，一般來講，易揮發部份的抗爆性較佳，也就是辛烷數較高之汽油易於汽化，因此充量分佈較均勻。相反地不易揮發部份的抗爆性較差，也就是辛烷數較低者，因大部份的汽油處於液體狀態，故充量分佈欠均勻，將引起各汽缸不同程度之爆燃現象。若是能將汽化器所供之混合劑調濃，可使爆燃較嚴重的汽缸減輕其爆燃現象，但是將會產生燃料消耗增加，熱效率下降，同時減少輸出功率等缺點。

(3)　進氣溫度

汽缸在進氣過程時，若混合劑溫度(充量溫度)增高，可使燃料容易汽化，因此充量分佈較均勻，其效果是減輕爆燃，同時因充量溫度的增加，造成充量密度的降低，以致使燃燒壓力降低，也可減輕爆燃趨勢。但是若增加充量溫度時，同時也提高了最後燃燒部份的溫度，反而助長了爆燃，這個影響將超過以上兩項減輕爆燃的優點，因此最後的結果：充量溫度愈高愈容易爆燃。若是採用水套來冷卻汽缸溫度及排氣門溫度，能使引擎在壓縮行程及燃燒過程中降低溫度，也能減輕爆燃現象。

(4)　進氣密度

當汽缸進氣歧管充量密度較小時，汽缸內燃燒所發生之總熱量也較少，最後燃燒部份的溫度也較低，故不易發生爆燃，反之若加壓填氣時，因進氣密度大，易發生爆燃。

3.　**壓縮比**：如圖 8.33 壓縮比對爆燃的影響

(1)　壓縮壓力

若增加汽缸之壓縮壓力，而其他如燃料、空氣與燃料比、進氣溫度、壓縮後溫度不變時，則燃燒過程中的最高壓力增加，使燃燒速率增快,反而促使爆燃發生。

(2) 壓縮溫度

　　引擎的壓縮比若增加,壓縮溫度也會隨著升高,促使燃燒速率增快,而導致爆燃發生,因為這緣故,高壓縮比引擎,往往在排氣門內加裝鈉,使其冷卻。

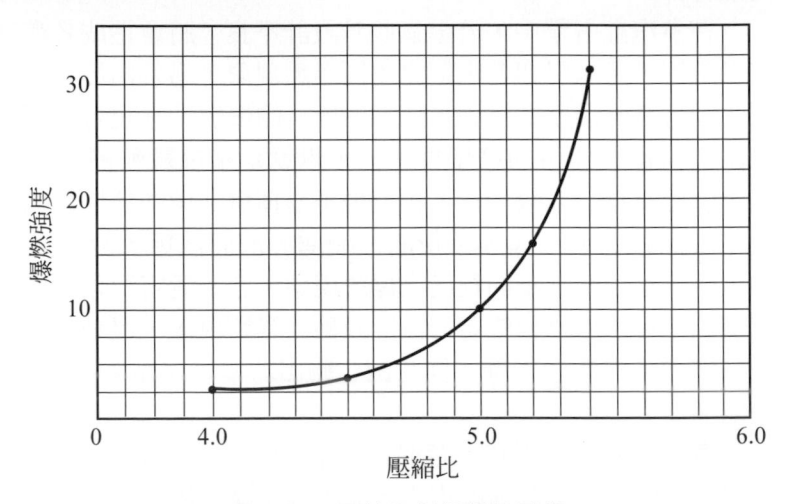

圖 8.33　壓縮比對爆燃的影響

(3) 餘隙廢氣的沖淡作用

　　當引擎的壓縮比增大時,餘隙廢氣的沖淡作用減小,因此增加燃燒速率及最後部份的溫度,易產生爆燃現象。

4. 進氣門開關時間

(1) 進氣門開啓時間

　　當進氣門在排氣門尚未關閉前先開啓時,一部份在汽缸內的燃氣會衝入進氣歧管,等到真正吸氣時,這些燃氣又重新回到汽缸中,使混合劑中滲入較多的燃氣而沖淡,因此不易發生爆燃。

(2) 進氣門關閉時間

　　正常的進氣門關閉時間,應該在活塞下死點時,只要進氣門不在這時關閉,意思是或早或晚關閉,這時的容積效率較差,也就是吸氣後汽缸內新鮮氣所含餘隙廢氣的百分比較大,則其燃燒速率緩慢,因此不易發生爆燃現象。

5.　燃燒室

　　　　爲了要使燃燒室不發生爆燃現象，必須要考慮以下三點因素：

(1)　燃燒室的形狀

　　　　燃燒室的形狀，已壓縮時混合氣之流動性良好者爲佳；而且氣閥機構要求簡單，安排位置也要適當，而火花塞的位置安排，需在火花塞至最後燃燒的尾端距離愈短愈好。一般來說，T 型頭燃燒室較容易發生爆燃；L 型頭及 F 型頭燃燒室，較不易發生爆燃現象。

(2)　燃燒室之製造材料

　　　　燃燒室之材料，如果採用傳熱性較大的材料，則燃燒室內的溫度就會較低，因此最後燃燒的尾氣溫度亦較低，不易發生爆燃現象，一般的鑄鋁及鑄鎂之傳熱性能較鑄鐵及鑄鋼爲佳，因此使用鑄鋁或鑄鎂所製造的汽缸，不易發生爆燃。

(3)　燃燒室之表面情形

　　　　燃燒室表面，如果較光滑又清潔，則其吸熱能力較小，不容易發生爆燃，相反的，如果燃燒室表面經常積碳，容易吸熱，則原來不發生爆燃的內燃機，將因其燃燒室表面污積，而導致溫度較高，易生爆燃。

6.　點火情形

(1)　火花塞位置

　　　　汽缸中爆燃強度，受火花塞位置影響很大，燃燒過程中以火花塞附近與排氣門附近溫度較高，所以火花塞不要靠近排氣門，也不宜離太遠，因爲當火焰行程過長時，燃燒時間也愈久，將會造成燃燒尾端溫度過高而產生爆燃，火花塞最適當的位置是不能使燃燒溫度過高，也不能使火焰行進路線過長，因此火花塞的位置應隨燃燒室形狀及氣體流動情形而定。

(2)　點火定時

　　　　引擎之點火定時若過早將會引起爆燃，太晚將損失其功率，所以每一個引擎的點火定時，須以最佳先期角及最初發生爆燃的先期角兩者影響，雙方兼顧而定。

8.6 避免爆震發生之方法

1. 改變點火時間

在火花點火式引擎中，火花先期角較小，可避免爆燃的發生，但如果先期角過小時，將導致熱效率及循環淨功的減少，同時使引擎溫度過高等缺點。

2. 添加抗爆劑

在燃料中加添抗爆劑，可減低其連鎖反應中連鎖所產生的速率，由於此反應速率降低，因此最後燃燒的尾氣溫度亦下降，不致於發生爆燃現象。常用的抗爆劑為四乙基鉛與二溴化乙烯($C_2H_4Br_2$)或二氯乙烯($C_2H_4Cl_2$)混合使用。其中以四乙基鉛抗爆的效果最佳，但具有毒性，且容易產生鉛澱積，為其最大缺點。

3. 增加汽缸內濕度

將水噴入汽缸內，增加汽缸內之濕度，因為空氣的濕度愈高，則與燃料混合而成的混合劑之燃燒速率就會較低，燃燒速率低時不易發生爆燃。

4. 燃料直接噴入汽缸

在今日，大部份火花點火式引擎都是使用汽化器來將燃料與空氣混合，但是亦有些引擎使用其他方法來供給混合物，例如有些飛機用引擎，雖然裝有汽化器，但只是用來量計燃油，實際上這些燃油並不真正的射入汽化器之空氣中，卻射入一增壓器(super charger)、葉輪處，另外有一些火花點火式引擎則將燃油射入燃燒室，但仍然用火花塞來點火引發燃燒，這種引發燃燒的情形如圖 8.34 所示，進氣門是覆蓋著(shrounded)的，這樣進入燃燒室之空氣便會產生漩渦運動，燃料由符合空氣迴旋的方向噴入，火花塞之位置在離燃油噴油嘴不遠處之噴流下游，噴入之燃料之先頭部份與迴旋之空氣相混合然後帶至火花塞處，於是被點著，燃油之其餘部份仍繼續噴入迴旋空中，在火花塞周圍形成一片可燃混合物(如面積 2)及形成一緊隨著而幾乎是靜止的火焰前進面(如圖面積 3)，這些新鮮的可燃混合物不斷繼續行程并注入火焰前進面處，而燃燒的產物被迴旋的空氣帶走（如圖面積 4），這樣火焰前進面本質上是靜止的，而可燃混合物是被空氣的迴旋帶到它那裡(如圖面積 2 與面積 3 處)，如此安排可確使火焰前進面在未燃混合物自行點火前將之吃掉，因此消除了爆震。這種火花點火噴油噴射式引擎有以下之優點：

(1) 壓縮比可以增加，而不必考慮燃料之辛烷值。

(2) 可以使用增壓器，而不必考慮燃料之辛烷值。

(3) 可使用很稀之混合物，使得部份負荷時較為經濟。

(4) 用混合物之強度即可控制負荷而不必使用節流瓣，對於二行程引擎更有效果。

(5) 燃料之規格可予放寬，因為該引擎可使用任何辛烷值及很大沸點範圍之燃料。

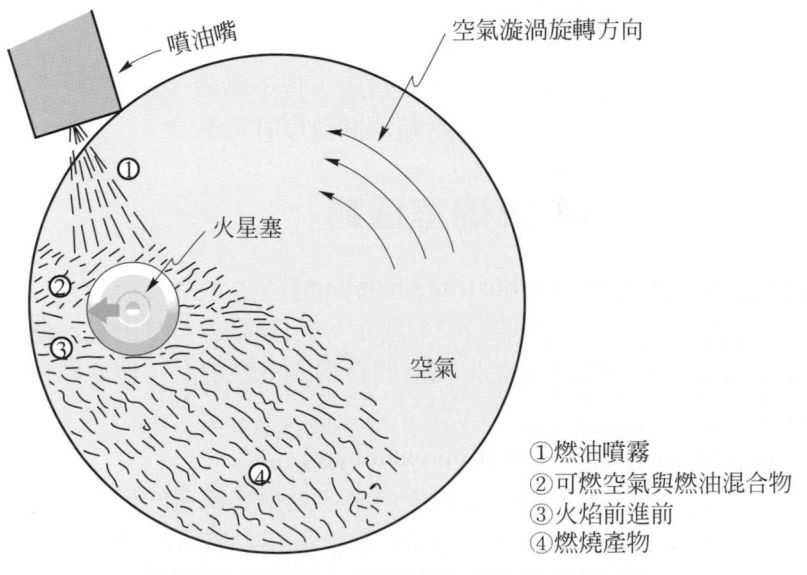

圖 8.34　火花點火燃油噴射式引擎之燃燒情形

8.7　燃燒室種類及其比較

燃燒室之目的，在使燃料在燃燒室內燃燒時，使馬力達到最大、熱效率較高及操作與旋轉圓滑。

1. 為使馬力達到最大的條件如下

(1) 燃燒室容積較小，可得較高的壓縮比。

(2) 燃燒室形狀應無死角，使空氣與燃料混合良好。

(3) 燃燒室形狀能使氣體在壓縮時、燃燒時、流動性較佳。

(4) 燃燒室能裝置較大的氣門。

(5) 使進氣門成流線型，以減低氣體壓力降低。

2. 為使達到較高之熱效率的條件如下

(1) 能使用較大的壓縮比。

(2) 使燃燒期間熱損失減少，也就是冷卻面積小。

(3) 構造要較緊湊。

3. 為使燃燒室旋轉圓滑條件如下

(1) 燃燒期間壓力升高不可過速。

(2) 應使其無爆燃現象發生。

(3) 火花塞的位置要適宜，以避免發生爆燃。

(4) 燃燒時可使火焰進行之距離盡量短，俾不易發生爆燃。

(5) 燃燒室的冷卻要良好，使壓縮期間溫度升高較少。

8.7.1 壓燃式引擎燃燒室種類

1. 預熱式燃燒室(pre combustion chambers)

　　預熱式燃燒室，如圖 8.35 所示，其本身是一靜止室，使燃料在預燃室內燃燒，再使燃燒產生物及燃料噴入主燃燒室，使燃料與空氣均勻混合而燃燒。

2. 開式燃燒室(open combustion chambers)

　　開式燃燒室，又稱靜止式燃燒室，是指燃燒室的形式是一通的，並沒有細頸使燃燒分隔，如圖 8.36 所示，其中燃料的分佈及攪和，大部靠噴油嘴擔任，但可利用吸氣旋轉及向心擠流等擾動，以增強燃料分佈及攪和的效果。

3. 外室燃燒室

　　外室燃燒室又稱擾動式燃燒室，由於此種燃燒室當活塞行動時，可使氣流產生擾動，如圖 8.37 所示，此種燃燒室宜用於小型或中型內燃機上，不論在轉速高低時，均可適用。

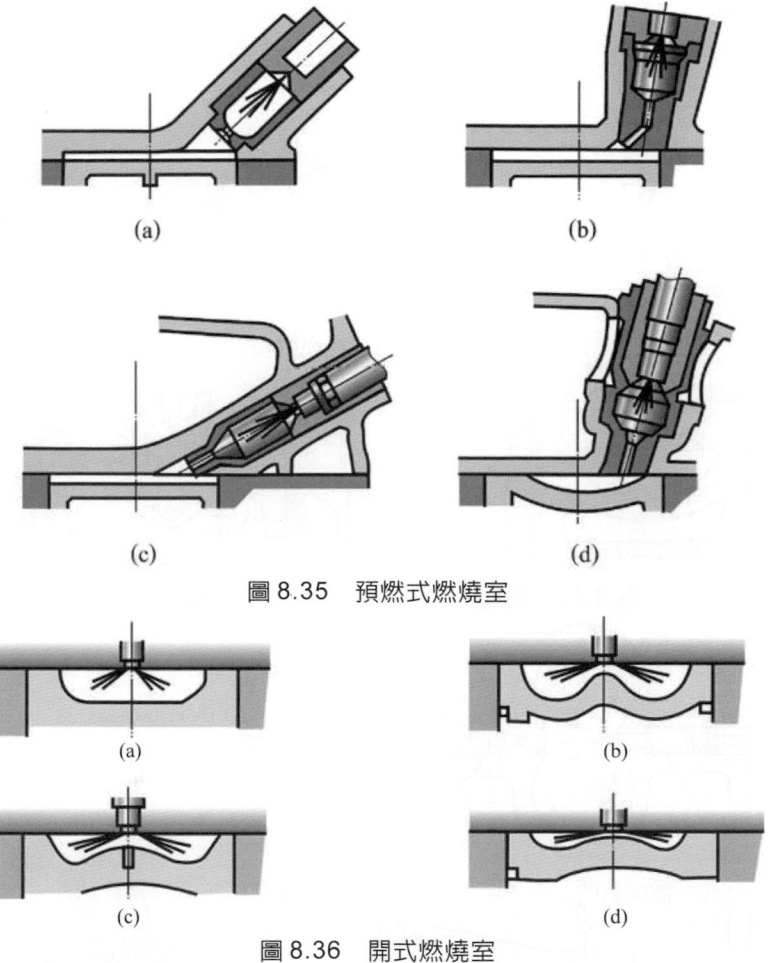

圖 8.35　預燃式燃燒室

圖 8.36　開式燃燒室

4. **有汽囊式燃燒室**(combustion chambers with air cell)

　　汽囊式燃燒室，是指在活塞頂上或在汽缸頂上附有空氣囊的燃燒室，如圖 8.38 所示，此種燃燒室不論空氣囊是附在活塞上或附在汽缸蓋上，都不能在燃燒室內產生強烈的擾動，因此在這種燃燒室內，可發生的最高均效壓力都不會太高。

5. **有能囊式燃燒室**(combustion chambers with energy cell)

　　能囊式燃燒室，是在燃燒室內附有能囊，甚至具有兩個能囊一個主能囊及一個副能囊，如圖 8.39 所示，此種燃燒室適用於較小型及中型汽缸上。另外如圖 8.40 為一種單瓣拉諾代燃燒室，適用於較小型汽缸上。圖 8.41 為一種賴塞(Ramsey)能囊設計，若轉動其活動瓣 e，就可將能囊分隔為二部份，使起動時的壓縮比可因之增高，以便起動。

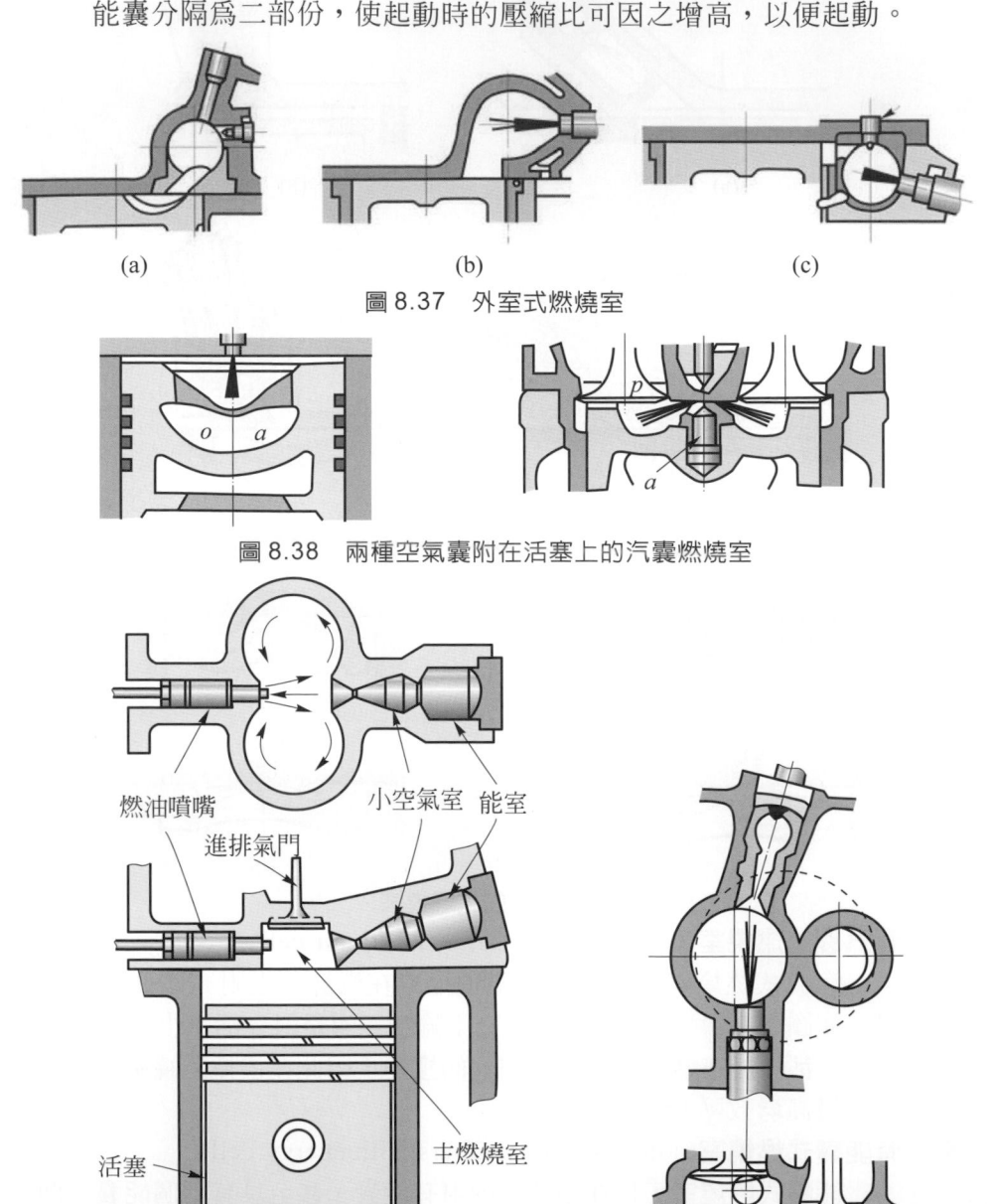

(a)   (b)   (c)

圖 8.37 外室式燃燒室

圖 8.38 兩種空氣囊附在活塞上的汽囊燃燒室

燃油噴嘴   小空氣室   能室

進排氣門

活塞   主燃燒室

圖 8.39 能囊式燃燒室   圖 8.40 單瓣式拉諾伐燃燒室

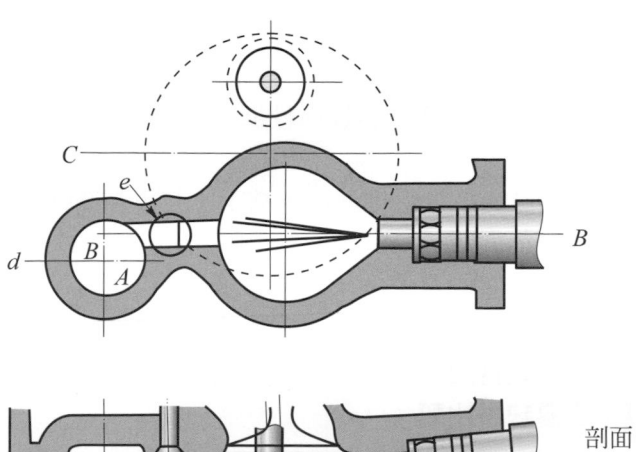

圖 8.41 賴塞能囊燃燒室

8.7.2 各種燃燒室之比較

1. 預燃式燃燒室之優缺點比較

(1) 優點

① 預燃式燃燒室對燃料之要求並不嚴格,故可用的燃料範圍較廣。

② 預燃式燃燒室所用之噴射壓力較低,因此噴油嘴可用單孔式,且不需正確的噴霧特性,故維護容易。

③ 主燃燒室內的壓力較低,因此其軸承的壽命較長。

(2) 缺點

① 此燃燒室的表面面積容積比較大,故熱損失較大,燃燒時間較長,對燃料來講不經濟。

② 由於預熱室通道,在起動時發生不良影響;且散熱面積較大,故起動不易。

③ 由於預熱室通道有節流作用,增加熱力過程的不可逆性。

2. 開式燃燒室之優缺點比較

(1) 優點

① 由於開式燃燒室之燃燒效率甚高,對燃燒來講還算經濟。

② 因此種燃燒室可使過量空氣較多，使燃燒室溫度較低，問題也就較少。

③ 因無擾動，因此引擎散熱效率較低，壓縮溫度較高，易於起動。

(2) 缺點

① 此種燃燒室僅適用於低轉速內燃機上，若用在高轉速內燃機上時，燃燒的問題很嚴重。

② 因為此種燃燒室的單位輸出功率較低，較笨重。

③ 該燃燒室需要正確噴射特性，所需噴射壓力高。

④ 在起動時，或轉速增高時，易產生高的燃燒壓力。

3. 外室燃燒室之優缺點比較

(1) 優點

① 外室燃燒室在燃燒室內可產生強烈擾動，故燃燒速度較快，燃燒也較完全。

② 此種燃燒室單位輸出功率較高，故重量較輕。

③ 該燃燒室最適用於變速的柴油內燃機上。

④ 因不需要多孔噴油嘴，故可用單孔噴油嘴，維護容易。

⑤ 外室燃燒室可使用噴油嘴壓力較低的內燃機上。

(2) 缺點

① 熱力過程中的不可逆性較高。

② 由於面積與容積的比值較高，且因室內有強烈擾動，故散熱損失大。

③ 起動困難，通常另用一種光輝塞(Glow-plug)以幫助起動。

4. 有汽囊式燃燒室之優缺點比較

(1) 優點：此燃燒室優點，大致與擾動式燃燒室相似。

(2) 缺點：與擾動式燃燒室相似，但因燃燒室之擾動較小，單位書出的功率亦較擾動式者為低。

5. 有能囊式燃燒室之優缺點比較

(1) 優點

① 因室內空氣能作有效地運動，故單位輸出的功率極高。

② 因室中擾動在各種轉速時均極強烈，故適合於變速內燃機上使用。

③ 因主燃燒室內的燃燒壓力不高，故壽命較長。

(2) 缺點

① 由於容積與面積的比值較高，且因室內有強烈擾動，故熱損失較大。

② 熱力過程之不可逆性較高。

③ 此燃燒室所用噴油嘴，需要調整正確、噴霧錐角應小、貫穿距離應
大，因此調整較困難。

④ 能囊式燃燒室之引擎起動困難。

　　由以上的比較結果，現代重油內燃機的設計要求，轉速要快，因此燃燒室
之選用，已由開式變為擾動式，甚至為外室式或能囊式，同時盡量使用吸氣擾
動，因為此種擾動，可隨轉速的增快而增大，以應實際所需。

8.8　進氣與排氣之構造

　　內燃機進氣與排氣之構造，包括了進排氣門之構造，已於本書第一章 1.6.3
內燃機引擎之其他機件構造中說明，請參考。除了進排氣門之外還包括空氣進
排氣系統之構造，分別說明如下：

8.8.1　壓燃式引擎空氣進氣系統

　　空氣進氣系統，係供給柴油機燃燒時所需空氣的裝置，包括空氣清潔器
(air cleaner)、空氣進入消音器(air intaks silencer)、進氣頭及管系(intake headers
and piping)進氣門或進氣口(intake valves or ports)、鼓風機(blower)(在二行程
引擎中做供給新鮮空氣之用，在四行程引擎中做增壓機之用)，空氣冷卻器(air
cooler)，用於冷卻四行程引擎增壓後進氣之溫度)。須注意者，不是每一部引
擎都具有以上的裝備，有些引擎亦可以免去上述機件之一部份。今將各機件之
構造及用途敘述於後：

1. **空氣清潔器**(air cleaner)

　　空氣清潔器又稱為濾氣器，其構造如圖 8.42 所示，它的用途是排
除空氣中之灰塵，以免空氣中之雜質進入汽缸，而損壞引擎，空氣由粗
濾層(coarse screen)(A)進入濾氣器，經過金屬油紗網(oil soaked metallic
gauze)(B)使空氣中之灰屑黏附於油紗網內，再經過高頻率濾音室(acoustical
filter chamber for high frequencies)(C)及低頻率濾音室(acoustical filter
chamber for low frequencies)(D)由有孔之管(pipe with holes)(E)進入汽
缸，注意濾子(金屬油紗網(B))隨時要更換，並清潔之，以免阻塞，致使
進氣不流暢。

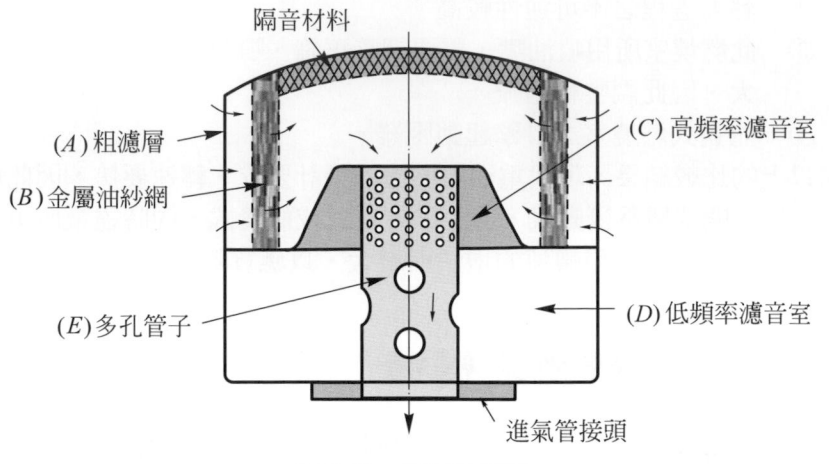

隔音材料

(A) 粗濾層

(B) 金屬油紗網

(C) 高頻率濾音室

(E) 多孔管子

(D) 低頻率濾音室

進氣管接頭

圖 8.42　空氣清潔器

2.　空氣消音器(air silencer)

　　空氣消音器之用途，係減低引擎鼓風機進氣時之鬧聲，其構造有以下兩種：第一種如圖 8.43 所示，空氣經過吸聲物質，如耐火毛毯(hair-felt)(A)聲音致毛毯(A)吸收，再經過多孔壁(perforated wall)(B)或多孔管(perforated tube)(C)進入進氣歧管。另一種乾式消音器如圖 8.44 所示，有一個或數個開口的空氣室，如圖之進氣室(inlet chamber)(A)及排氣室(outlet chamber)(B)連接於空氣通路上，空氣由進氣口(gases in)(C)進入進氣室(A)，再由多孔管(perforated pipe)(D)進入排氣室(B)，最後由排氣口(gases out)(E)進入汽缸，此種消音器不會阻礙空氣的流動，便可以吸收通路內的一部份聲音。

3.　進氣頭與管系(intake headers and piping)

　　進氣頭與管系的設計都會影響引擎吸氣與換氣良好與否，在四行程引擎中，管系需要粗而短，進氣口要大，這樣可使空氣流暢，阻力減小，並能增加引擎之容積效率。二行程引擎也是一樣，空氣管系之阻滯，將會使二行程引擎之換氣不良而動力輸出量減小。

4.　進氣門與進氣口(intake valves and ports)

　　四行程引擎大部份用進氣門進氣，而二行程引擎大部份是用進氣口進氣，進氣所在的位置，大小及開閉的時計都會影響引擎之容積效率。進氣口的位置、大小及進氣的方向都會影響空氣進入汽缸後之擾動情形，擾動的好壞將直接影響燃燒的好壞。

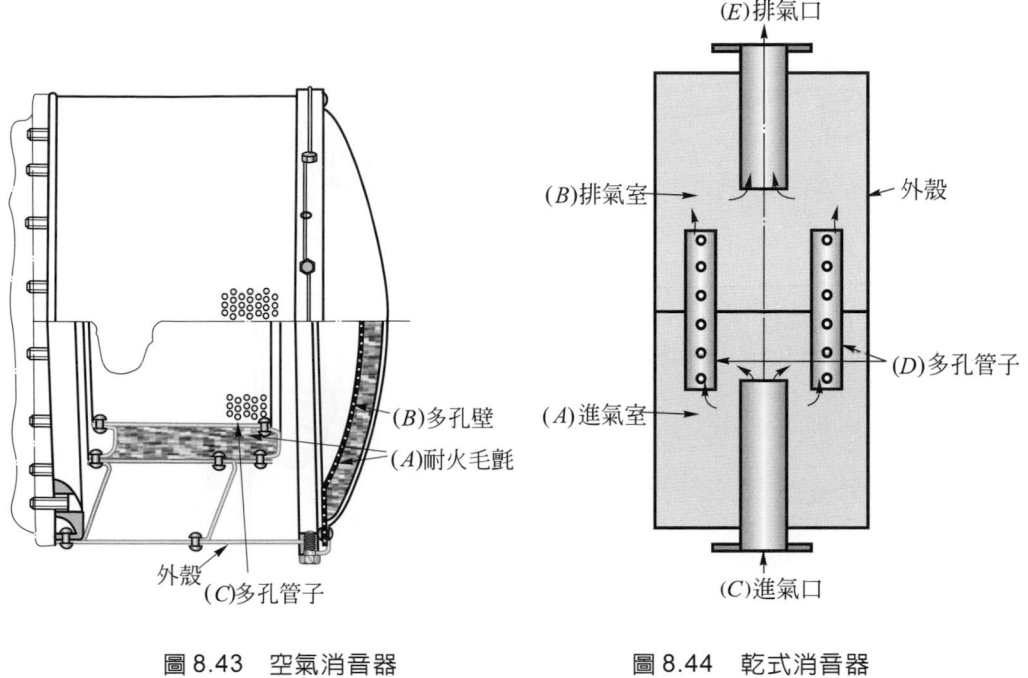

圖 8.43　空氣消音器　　　　　　圖 8.44　乾式消音器

8.8.2　排氣系統

　　排氣系統是將汽缸內之廢氣排至大氣之中，並且能消除廢氣流動時之鬧聲，抑止火花的四散，從廢氣中除去火花及固體物質，還要供給淡水機之熱量以便製作淡水或其他加熱作用等功用，其構造如圖 8.45 所示，包括：排氣門或排氣口(exhaust valves or ports)、排氣總管、排氣管、消音器、尾管(tailpipe)，有些特殊排氣系統包括：火花制止閥(spark arrester)、汽旋增壓器(turbo-super charger)，及廢氣製造淡水加熱器(exhaust heat evaporator or heater)等。分別敘述如後：

1.　**排氣門及排氣口**(exhaust valves and ports)

　　　四行程引擎大都用排氣門排氣，二行程引擎也用排氣門排氣，都有部份用排氣口排氣，可以避免排氣門的故障，排氣門通常以矽鉻鋼製成或以大量鎳及鉻滲入合金鋼中，以抵抗高溫廢氣之腐蝕。

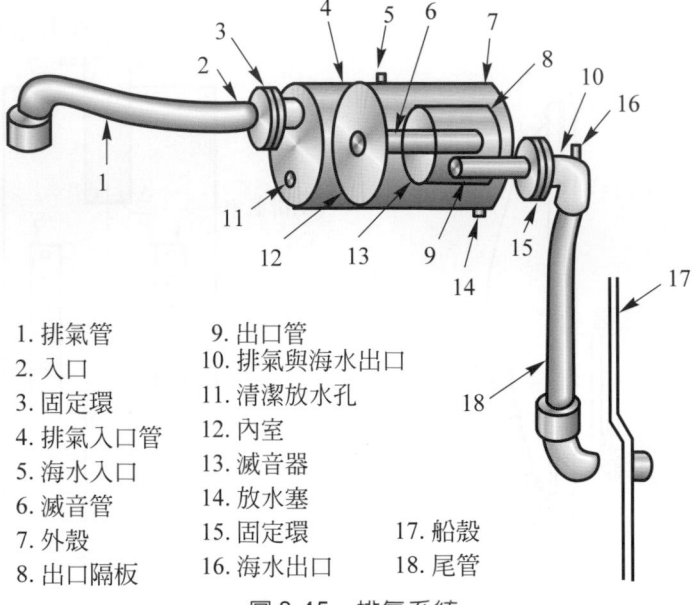

1. 排氣管　　　　　9. 出口管
2. 入口　　　　　　10. 排氣與海水出口
3. 固定環　　　　　11. 清潔放水孔
4. 排氣入口管　　　12. 內室
5. 海水入口　　　　13. 滅音器
6. 滅音管　　　　　14. 放水塞
7. 外殼　　　　　　15. 固定環　　17. 船殼
8. 出口隔板　　　　16. 海水出口　18. 尾管

圖 8.45　排氣系統

2. 排氣歧管(exhaust manifold)

　　排氣總管用於具有數個汽缸之引擎，其功用在聚合各汽缸之廢氣，一齊排出引擎，在排氣總管的四週有冷卻水回繞，使排氣總管不因溫度過高而損壞。

3. 排氣管(exhaust pipe)

　　排氣管之功用為連接排氣總管及消音器，為了要減少引擎之震動，及受熱後管子因膨脹而生的應力，以及使保溫套之裝置簡便起見，所有的排氣管，或至少一部份排氣管，須裝置具有易彎性(flexible)的管子。

4. 尾管(tail-pipe)

　　尾管接於消音器(muffler)，使廢氣排出散於大氣之中。

5. 消音器(muffler)

　　消音器之功用為減低廢氣的鬧聲，海軍艦艇引擎所用之消音器有兩種，乾式及濕式。濕式消音器是將水與廢氣混合，使廢氣潮濕，制止火花發生，減低鬧聲及冷卻廢氣，其缺點為背壓力過高，容易腐蝕，故壽命較短。乾式消音器，亦有數個排水塞(water drains)，裝於適當的位置，以排出水量，此種排出的水，係由柴油內氧氣燃燒而產生之 10 ％蒸氣凝結而成。

6.　**火花防止裝置**(spark arresters)

　　火花防止裝置之功用為分離並防止廢氣內之火花，及其他固體物質，係用於乾式排氣系統，如圖 8.46 所示，其原理是由風扇(spiral vanes)(A)使廢氣旋轉，再由離心力作用，將廢氣中之火花及其他固體與廢氣分開，碰到外殼的壁而墜入灰塵聚集器(dust collector)(B)，此聚集器應按時清理。

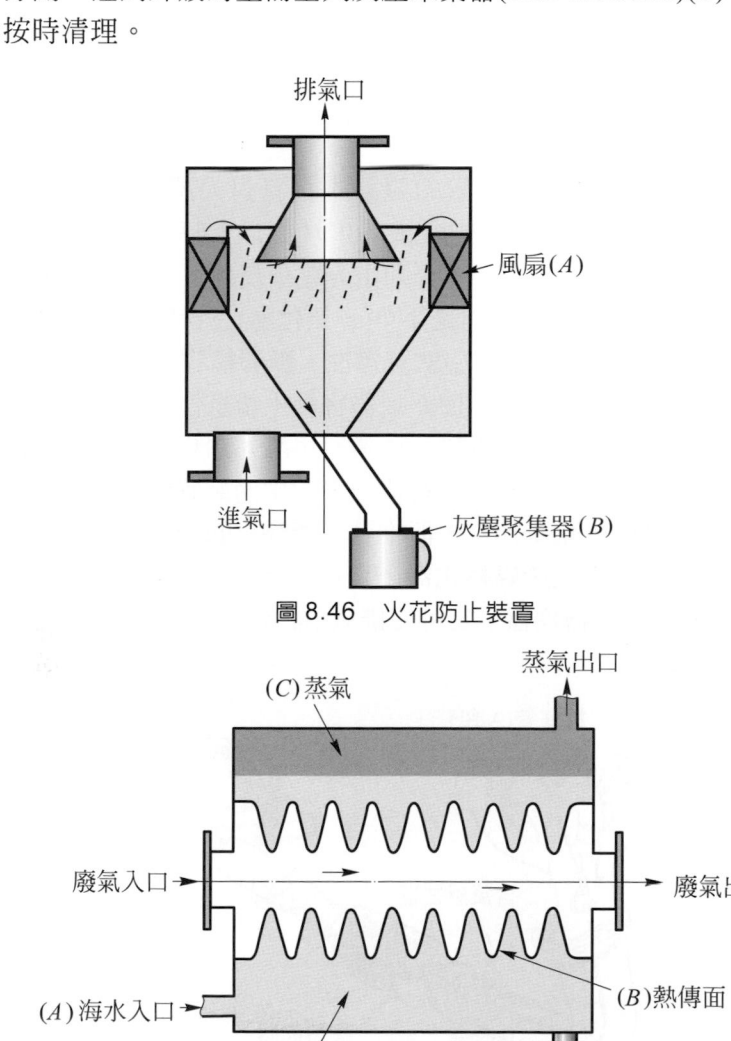

排氣口

風扇(A)

進氣口

灰塵聚集器(B)

圖 8.46　火花防止裝置

蒸氣出口

(C) 蒸氣

廢氣入口

廢氣出口

(B) 熱傳面

(A) 海水入口

水

漏水口

圖 8.47　廢氣製淡水加熱器

7. **廢氣加熱器製造淡水**(exhaust-heated evaporators)

廢氣製淡水加熱器之功用是製造淡水，以供使用，其原理是將廢氣的熱量蒸餾海水，如圖 8.47 所示，海水由海水進口(salt water in)(A)進入加熱器，廢氣之熱量經傳熱面(heating surface)(B)，傳至海水，使海水沸騰變成蒸氣(steam)(C)，因鹽水不能蒸餾，因此該蒸氣經過冷卻而生淡水，此法因操縱困難，故現在製造淡水時用電熱器代替廢氣加熱器。

8.8.3　汽車排氣淨化裝置

汽車排氣污染主要來自排氣管的廢氣中含有對人體有害的物質，CO、HC、NO_x 等，空氣中CO(一氧化碳)含量在 0.01％以上時，就會使人致死。空氣中 HC(碳氫化合物)須 1％以下，否則由光化學反應，發生煙霧，使人喉嚨痛、眼睛刺痛，一般引擎所排出的是 NO(一氧化氮)沒什麼毒性，但一氧化氮在大氣中與氧化合成二氧化氮(NO_2)就有毒性，影響植物生長，大氣中含量在 0.05～0.07％時會刺痛眼睛黏膜，使呼吸器官發生喘息性症狀或肺水症，故空氣中NO_2必須在 0.02％以下。此外廢氣中還有甲醛、鉛化合物及二氧化硫等。

由於環保的要求嚴格，汽車業者在排氣管的中途裝置觸媒，所謂觸媒就是能協助其他物質容易產生化學作用，而本身不產變化的物質，一般汽車的排氣觸媒裝置有兩種，一為氧化觸媒轉化器，它可將排氣中的CO及HC轉變成CO_2及H_2O，另一為三元觸媒轉換器，它可使排氣中的CO、HC及NO_x轉變成CO_2、H_2O及N_2，如圖 8.48。

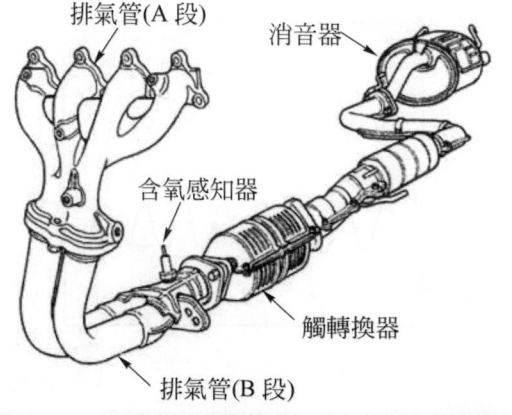

排氣管(A 段)

消音器

含氧感知器

觸轉換器

排氣管(B 段)

圖 8.48　汽車(備有觸媒轉化器)排氣管構造圖

1. **氧化觸媒轉化器**(catalytic converter oxidation)

　　氧化觸媒轉化器如圖 8.49。

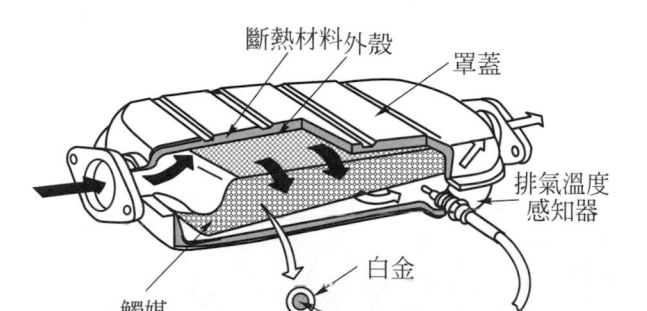

圖 8.49　氧化觸媒轉化器

　　氧化觸媒轉化器是由白金(Pt)或鈀(Palladium)貴金屬所組成，為使其接觸面增加，將白金(Pt)或鈀(Pd)附著在鋁的本體上，係以直徑為 2～4 mm 的鋁體微粒，表面附著 Pt 或 Pd 之圓球粒式(pelet type)，也有將 Pt 或 Pd 附著於隧道型蜂巢表面稱為蜂巢式(Homey-Comb Type)如圖 8.50。

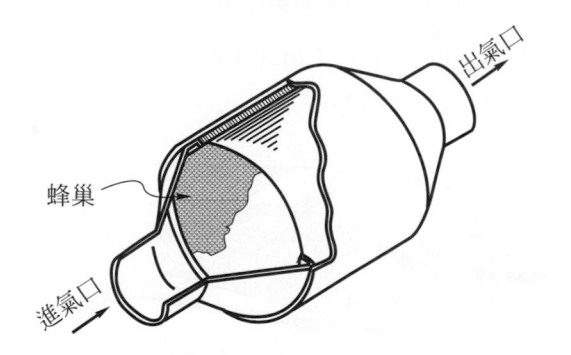

圖 8.50　蜂巢式氧化觸媒轉化器

　　觸媒轉化器作用時，須要二次空氣供給，使觸媒轉化器內有充分的氧氣進行氧化作用，如圖 8.51。但在噴射引擎中可以不必裝置二次空氣供給系統，因為噴射引擎使用的混合比要比一般混合比稀，有多餘的空氣，可供使用。

　　觸媒轉化器的轉化率是隨著排氣溫度及氧氣量而變化，一般在足夠的氧氣下，溫度在 300℃ 時，使轉化率達 100 %，也就是 CO 與 HC 能完全變為無害的 CO_2 及 H_2O 得到淨化作用。當車子不正常狀況下 CO 及

HC 變濃，會使觸媒轉化器負荷增大而溫度升高，將造成觸媒的性能劣化，甚致於損害觸媒。因此一般汽車都裝有排氣溫度警報器，提醒駕駛人員注意。一般觸媒轉化器的容量在 1.4～2.6 升之間，使用觸媒轉化器的車輛，必須使用無鉛汽油，以免減少觸媒轉化器的壽命。

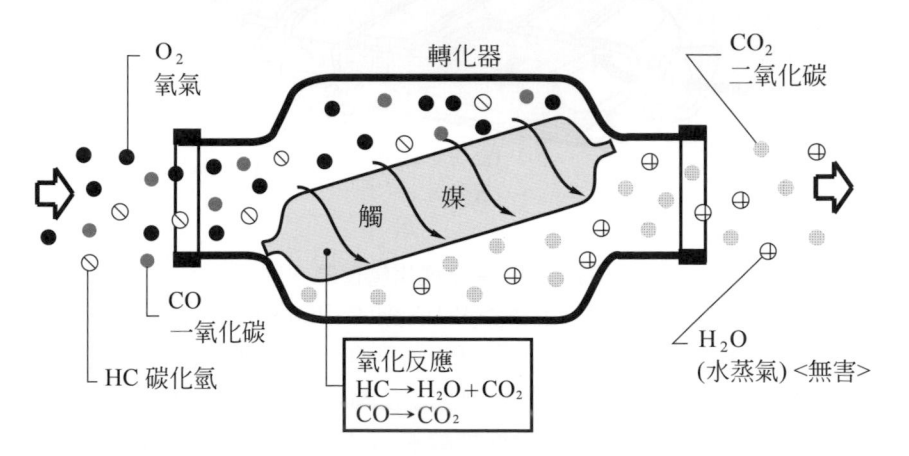

圖 8.51　觸媒轉化器的氧化反應

2. 三元觸媒轉化器(Three Way Catalytic Converter)

三元觸媒轉化器如圖 8.52。

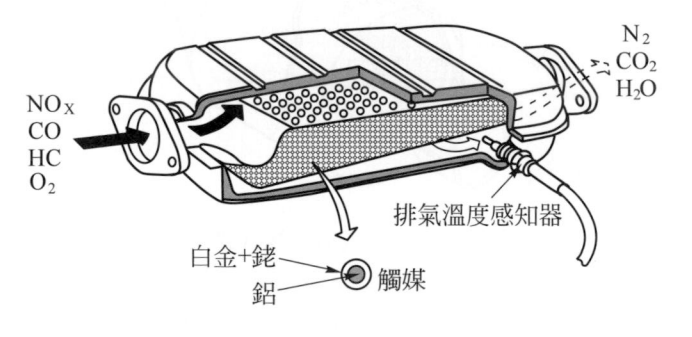

圖 8.52　三元觸媒轉化器

三元觸媒轉化器與氧化觸媒轉化器相似，只是表面附著物不同。氧化觸媒轉化器在鋁表面附著 Pt(白金)＋Pd(鈀)而三元觸媒轉化器則在鋁表面附著 Pt(白金)＋Rn(銠)。它除了使 CO 與 HC 變成 CO_2 及 H_2O，也能使 NO_x 變成 N_2，故稱為三元觸媒轉化器。

　　在三元觸媒轉化器中要減少NO_x的產生，必須配合 EGR(Exhaust Gas Recircuration)排氣再循環裝置，因為NO_x的產生，是吸入空氣中的氮氣(N_2)和氧氣(O_2)在燃燒室內之燃燒溫度而結合，燃燒室溫度愈高NO_x產生量愈多，要想減少NO_x量，必須使燃燒室最高溫度降低，使用 EGR 裝置變能降低燃燒室最高溫度，因為在排氣中有不活性的CO_2，這不活性的CO_2對於熱的吸收能力優良，如果將排氣再引入汽缸，則排氣中的CO_2能再燃燒室吸熱，使燃燒室的最高溫度降低，使排氣中NO_x量減少，因此使用三元觸媒轉化器時需配合 EGR 裝置，混合比補償裝置及二次空氣導入等組合而成。當引擎在高負荷或加速時，EGR 的導入量須要增加的原因，是要降低燃燒室最高溫度。如此一來，增加混合比濃度，此時二次空氣導入比例要減少，才能使 CO、HC、NO_x三種成分同時減少。在其他轉速狀態下，EGR 導入比例減少，而二次空氣導入比增加，排氣側的混合比變稀薄。如此狀況就與氧化觸媒轉化器同樣的作用，這些動作均需電腦作分析控制才能使排氣的 CO、HC、NO_x量減至最少。有些三元觸媒轉化器需要含氧感知器，測知排氣中的氧氣濃度，將信號送到電腦。電腦的指令再送回混合比回饋控制機構，以控制混合比的理論，混合比附近如圖 8.53 使 CO、HC、NO_x達高度淨化作用。

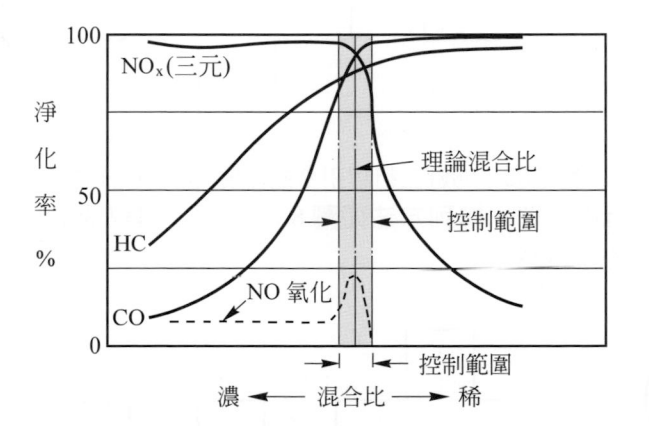

圖 8.53　三元觸媒轉化器控制範圍

8.9 點火順序

內燃機各汽缸之點火順序是依照，引擎之汽缸數目、各汽缸中心線之排列法及內燃機循環的行程數而定。因此，要知道內燃機的點火順序，必須先要知道：

(1)　該內燃機之汽缸數目。

(2)　各汽缸中心線之排列方法。

(3)　內燃機循環的行程數。

1.　**四缸四行程引擎，排列方法如圖 8.54 所示，其點火順序為 1243。**

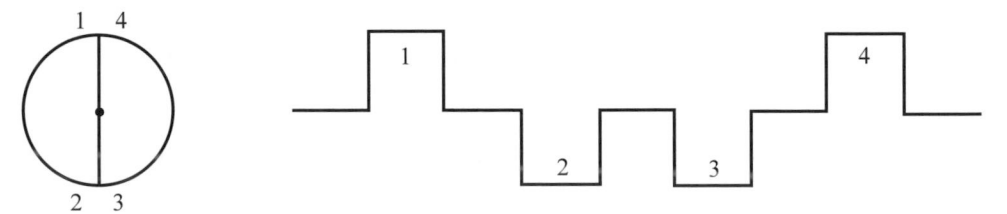

圖 8.54　四缸四行程引擎曲柄角與點火順序關係圖

2.　**四缸二行程引擎，排列方法如圖 8.55 所示，其點火順序為 1423。**

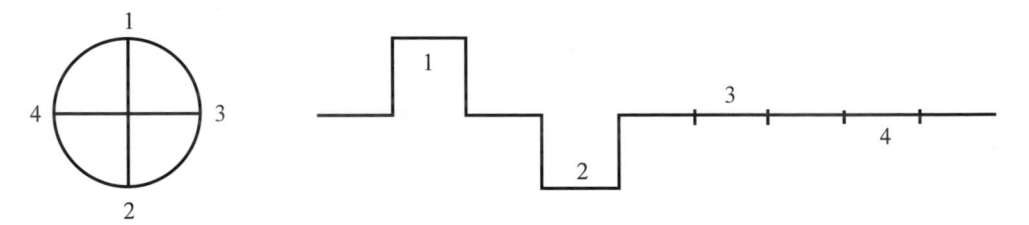

圖 8.55　四缸二行程引擎曲柄角與點火順序關係

3.　**五缸四行程引擎，排列方法如圖 8.56 所示，其點火順序為 13542。二行程引擎為 14325。**

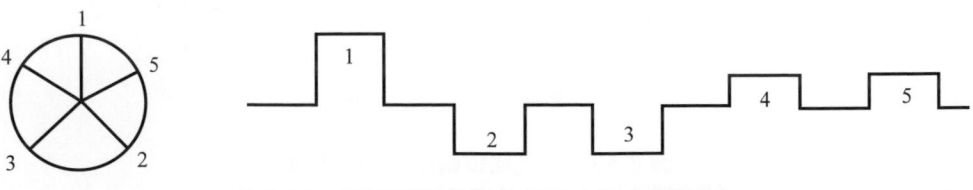

圖 8.56　五缸引擎曲柄角與點火順序關係圖

4.　六缸四行程引擎，排列方法如圖 **8.57** 所示，其點火順序為 **153624**。

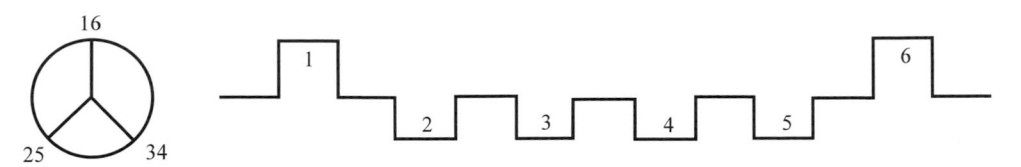

圖 8.57　六缸四行程引擎曲柄角與點火順序關係圖

5.　六缸二行程引擎，排列方法如圖 **8.58** 所示，其點火順序為 **162435**。

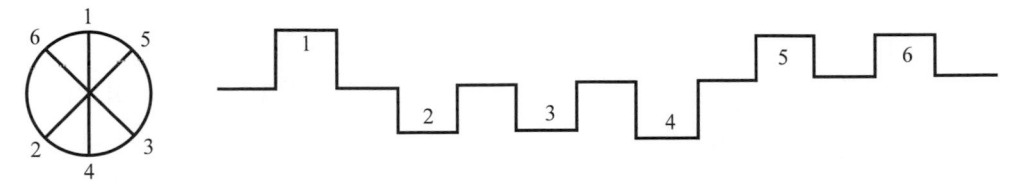

圖 8.58　六缸二行程引擎曲柄角與點火順序關係圖

6.　八缸四行程引擎，排列方法如圖 **8.59** 所示，其點火順序為 **15264837**。

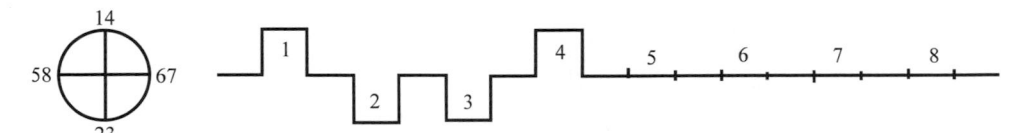

圖 8.59　八缸四行程引擎曲柄角與點火順序關係圖

7.　八缸二行程引擎，排列方法如圖 **8.60** 所示，其點火順序為 **17542863**。

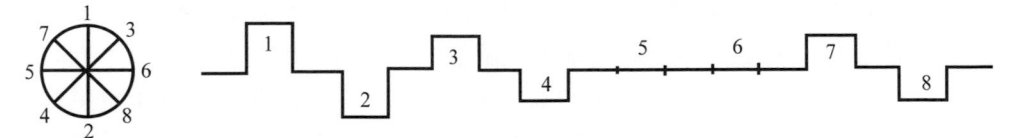

圖 8.60　八缸二行程引擎曲柄角與點火順序關係圖

8.10　壓縮點火式引擎之燃燒問題

8.10.1　壓縮點火式引擎之燃燒

　　壓縮點火式引擎之燃燒與火花點火式引擎之燃燒，有許多基本的差異，如火花點火式引擎所壓縮的氣體為已經壓縮均勻的空氣與燃料的混合氣，而壓縮點火式引擎所壓縮的氣體是空氣，又如火花點火式引擎，是用火花來引發燃燒，而壓縮點火式引擎，是利用汽缸內壓縮空氣之高溫來引發燃燒，由於這些基本上的差異，所以壓縮點火式引擎之燃燒有許多新問題及操作特性，與火花點火式引擎之燃燒是不同的。今將壓縮點火式引擎之燃燒情形討論於後：

1. 壓縮點火式引擎之燃燒是燃油利用噴油嘴噴入燃燒室，跟著便與空氣相混合，其混合的程度完全視燃油之散佈，及空氣之擾動情況而定。當活塞到達上死點之前，噴油嘴便開始將燃油注入。但要將一循環所需之全部燃油注入是需要相當的時間，因此噴油動作必須持續若干度的曲軸角，其實際噴油長短的時間，視引擎之大小及引擎之速度而定。

2. 壓縮點火式引擎之燃燒，不需要明確的焰面，因為壓縮點火式引擎的燃燒室，處處充滿被壓縮的空氣，且其溫度高於燃料之點火溫度(ignition temperature)，同時在壓縮點火式引擎之構造方面來說，也無法使火焰產生明確的焰面，因為當燃料由噴油嘴，噴入燃燒室時，便立即散開並與空氣相混合，這種作用情形使混合非常不均勻，燃燒室內各部份之空氣/燃料比率相差甚大，如某一部份之混合物太稀或太濃時，便不能維持明確的焰面，正好壓縮點火式引擎之燃燒並不需要明確的焰面。

3. 壓縮點火式引擎，在一定之速度時，所供應的空氣為一常數，變更噴入之燃油量即可變更其空氣/燃油之比率，當降低所用之燃油量時，其空氣/燃油比率便稀，所產生之指示熱效率增加，當增加噴入油量時，其空氣/燃油比率更濃，所產生之指示熱效率減少，但是增加噴入之油量必須有一限度不得超過化學上正確的比率，否則便會浪費燃料，同時也會使引擎產生黑煙，污染空氣。如圖 8.61 所示斜線部份為產生黑煙的部份。但是在斜線內有分岔曲線，這是表示有些壓縮點火式引擎是在緊接著化學上正確之比率濃得很多時方達到最大功率。

4. 壓縮點火式引擎都是使用較化學上正確之空氣/燃油比率為稀之比率，因為燃油在燃燒室內分配不良，也不易混合，故壓縮點火式引擎總是使用過量空氣(excess air)(超過化學計量比率所需之額外空氣量，稱為過量空氣)。一般表示過量空氣的方法是用過量空氣率，其公式如下：

$$過量空氣率 = \frac{燃燒一公斤燃料實際上所用之空氣量}{燃燒一公斤燃料理論上所用之空氣量}$$

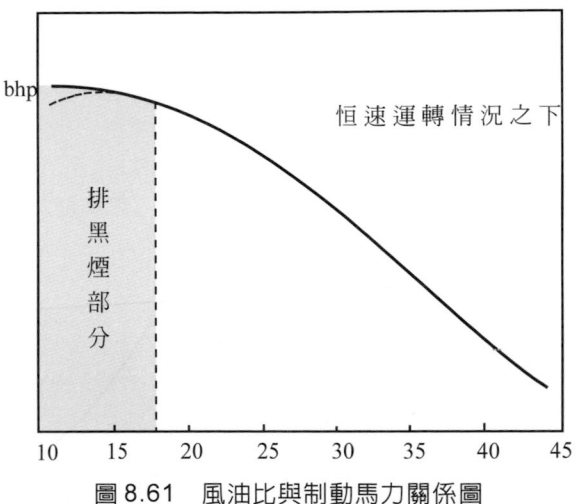

圖 8.61　風油比與制動馬力關係圖

8.10.2　壓縮點火式引擎點火遲延

　　點火遲延是燃料從開始點燃到實際燃燒所耽延的時間，稱為點火遲延又稱點火延時距。火花點火式引擎之點火遲延，是指火花發生後到「真正燃燒」開始之時間，壓縮點火式引擎之點火遲延是指燃油噴入燃燒室後，並不馬上點著而從第一顆燃油粒碰到燃燒室內之熱空氣時起，至其「實際燃燒」時止，中間有一段沒有起作用之時間，這一段時間稱之為點火遲延如圖 8.62 一般認為壓縮點火式引擎之點火遲延時間可分為兩部份如下：

1. **混合時間**(mixing period)

　　燃油霧化及揮發並與空氣相混合所需之時間。

2. **相互作用時間**(interacting period)

　　分子互相作用準備混合以便引發燃燒階段之「實際燃燒」，此時期較混合為長。

面積 "A" 之放大圖

(a)　　　(b)

點火遲延

混合時期　相互作用時期

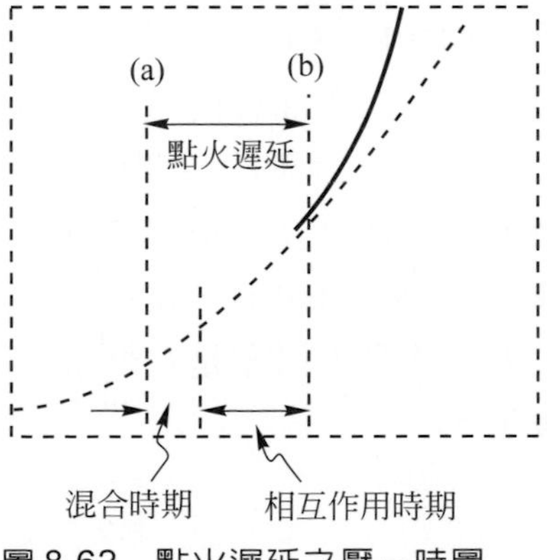

圖 8.62　點火遲延之壓－時圖

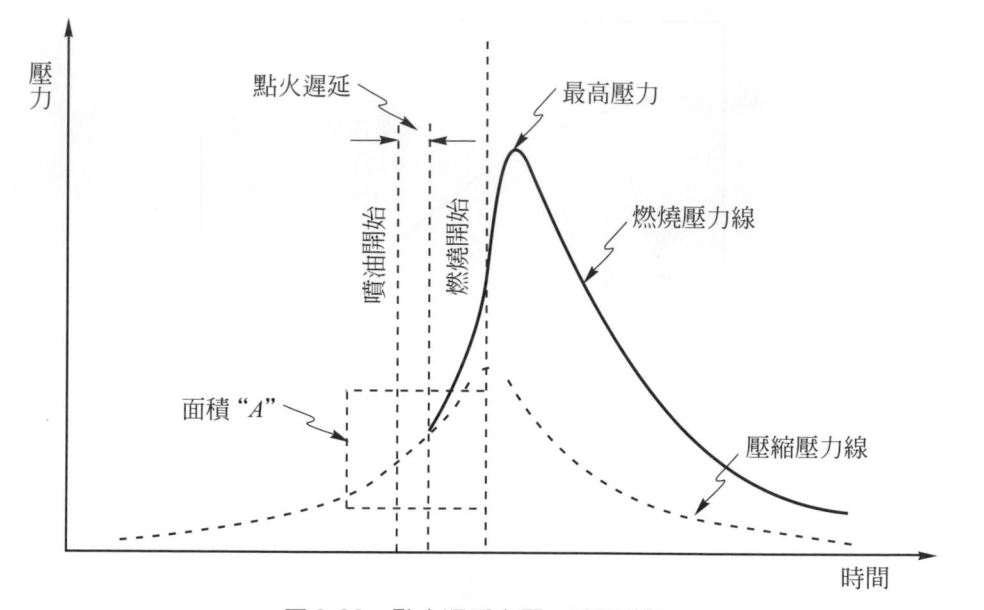

圖 8.62　點火遲延之壓－時圖(續)

8.10.3　壓縮點火式引擎點火遲延對汽缸壓力升高之影響

　　壓縮點火式引擎點火遲延的長短對汽缸壓力之影響很大如圖 8.63 所示。例如當第一滴油噴入汽缸後在很短的時間內便開始「實際燃燒」，也就是點火遲延短時，則混合物質量燃燒之速度所生之壓力升高率使加在活塞上之力量頗為平均如圖 8.63(a)。又例如第一滴油噴入汽缸至「真正燃燒」開始之後，這些較多的燃油會使汽缸內壓力突然升高，使引擎運動不平均如圖 8.63 (b)，如果將點火遲延的時間再加長，則累積在汽缸內的燃油更多，「真正燃燒」時，壓力幾乎在一瞬時間升高，這樣便會產生爆震，並有明顯的敲擊聲 (knock)，如圖 8.63(c)。火花點火式引擎產生爆震的時機與壓縮點火式引擎不同，火花式點火引擎是在燃燒快結束時發生，而壓縮式點火引擎在燃燒開始時發生。

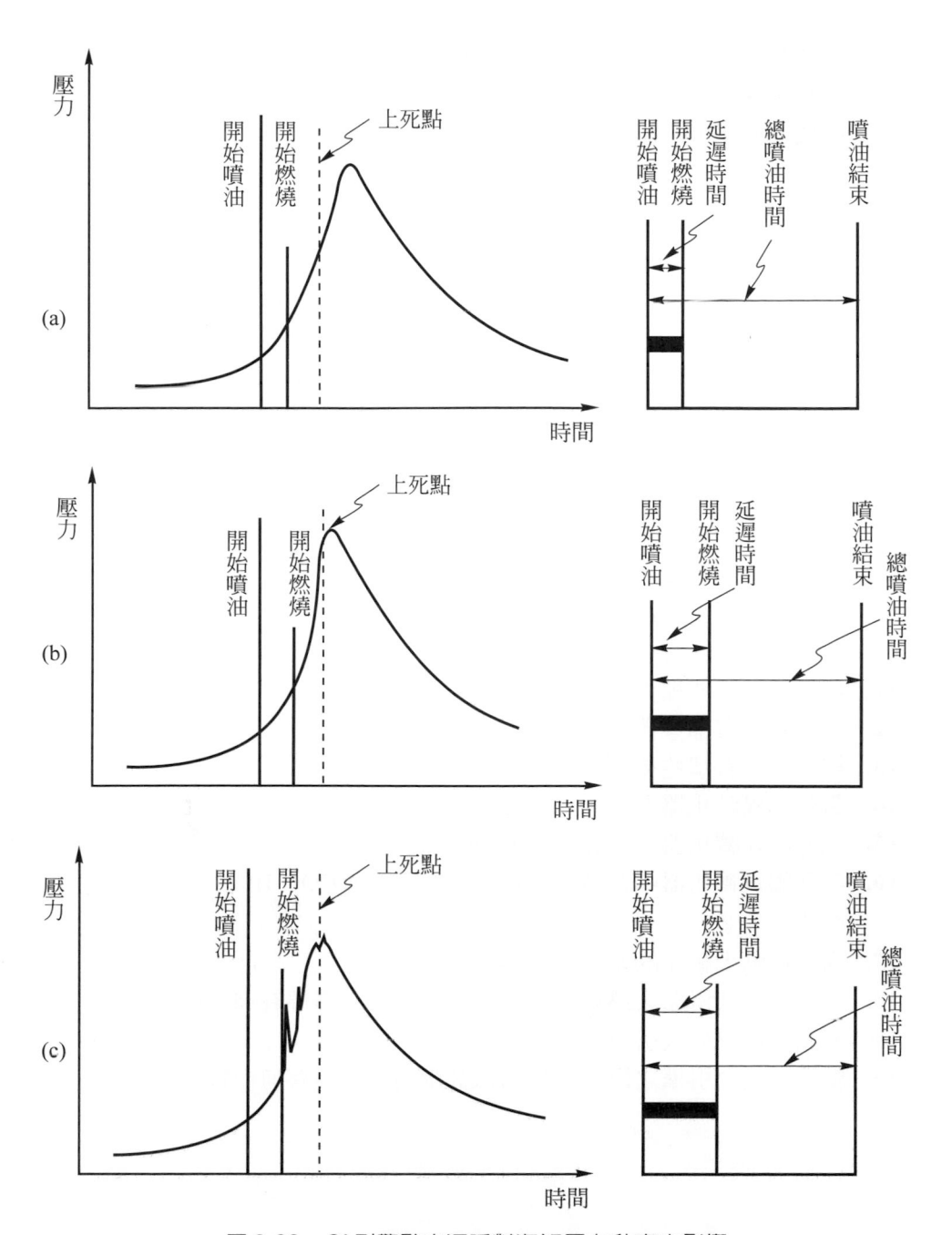

圖 8.63　CI引擎點火遲延對汽缸壓力升高之影響

壓縮式點火引擎，所用燃料爲柴油，柴油可由十六烷烴與甲基荼組成，十六烷值愈高，其點火遲延愈短，爲了減短柴油之點火遲延，可以加入某些化合物，如硝酸乙酯(Ethyl Nitrate)及戊基硫亞硝酸鹽(Amyl Thionirite)等。

習 題

1. 試比較空氣標準循環、理想內燃機循環及實際內燃機循環之差別？
2. 何謂燃燒時間及點火定時？
3. 火焰進展是由於那兩種不同過程所驅使？
4. 影響燃燒速度的因素有那些？
5. 何謂火花點火先期角度？
6. 何謂爆燃？對內燃機有何影響？
7. 簡述燃燒理論？
8. 試比較爆燃與預燃有何不同？
9. 影響爆燃的因素爲何？
10. 避免爆震發生之方法爲何？
11. 燃燒室有那些種類？試比較其優劣點。
12. 進氣系統有那些機件構成？並說明其功能。
13. 排氣系統有那些機件構成？並說明其功能。
14. 氧化觸媒轉化器與三元觸媒轉化器有何不同？
15. 三元觸媒轉化器爲何要配合 EGR 裝置使用？
16. 三元觸媒轉化器中電腦需要控制那些因素使 CO、HC、NO_x 達到高度的淨化作用？
17. 內燃機點火順序的基本條件爲何？
18. 壓縮點火式引擎之燃燒與火花點火式引擎之燃燒有何不同？
19. 何謂壓縮點火式引擎之點火遲延？
20. 壓縮點火式引擎之點火遲延對汽缸壓力之升高有何影響？

二行程內燃機

所謂二行程內燃機就是二個行程完成一個循環。也就是驅氣(進氣與排氣)及壓縮與點火二個行程,便能完成進氣、壓縮、爆炸、排氣等四個過程,二行程引擎有壓燃式及火花式兩種,本章介紹二行程內燃機的各種型式,回流換氣法及單流換氣法,二行程機和四行程機的比較及迴轉引擎等。

9.1 二行程內燃機的各種型式

二行程內燃機的型式有兩種,一為供給空氣換氣法如圖 9.1 所示,換氣時將空氣用鼓風機送入汽缸。另為吸入空氣換氣法如圖 9.2 所示,換氣時由活塞運動時的吸力將空氣吸入汽缸。此兩種方法之內燃機有共同的特徵,就是同樣利用活塞所遮蓋及開啟的氣門,作為進氣、排氣或換氣。

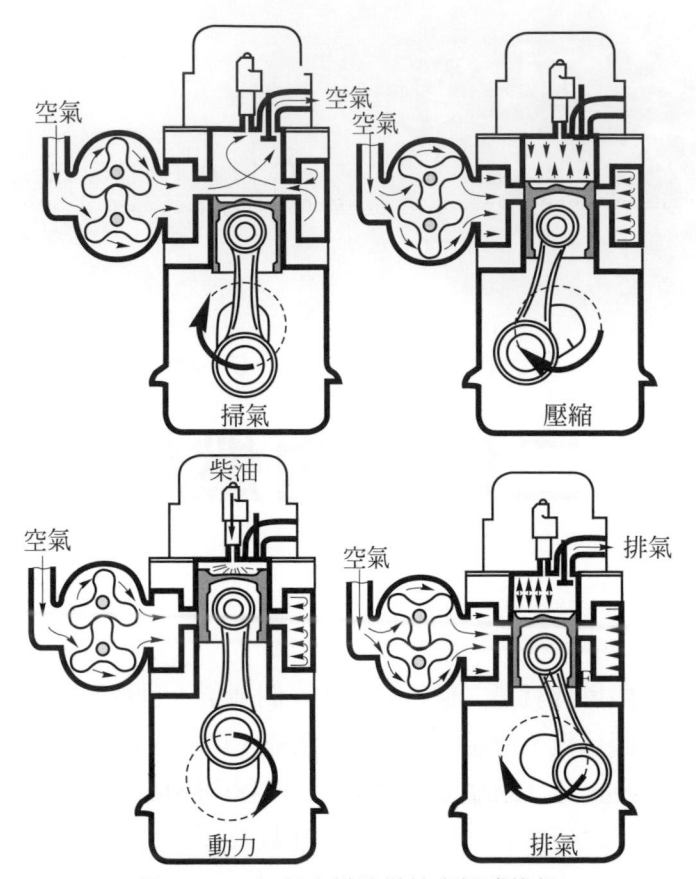

空氣　空氣　空氣

掃氣　　　　壓縮

柴油　　　空氣　　　　　　排氣

動力　　　　排氣

圖 9.1　二行程內燃機供給空氣式換氣

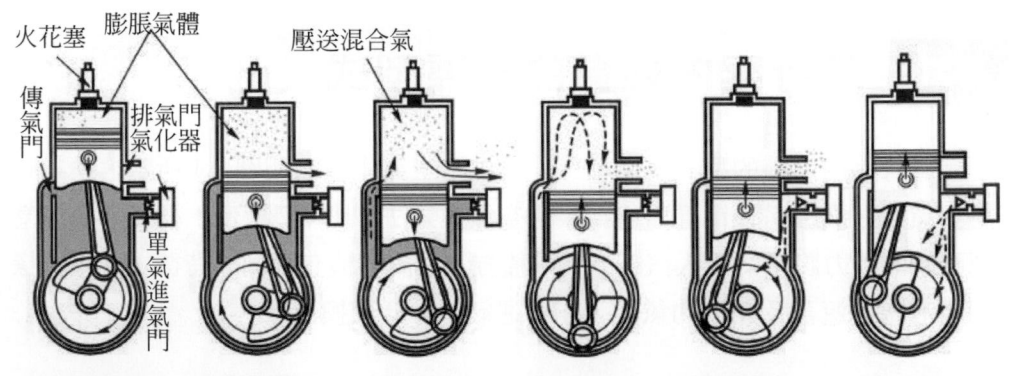

火花塞　膨脹氣體　　　壓送混合氣

傳氣門　　　排氣門　氣化器

單氣進氣門

(a) 動力行程　(b) 排氣開始　(c) 掃氣行程　(d) 掃氣行程　(e) 排氣終了　(f) 壓縮行程

圖 9.2　二行程內燃機吸入空氣式換氣

吸入空氣換氣法，其進氣機構的種類有：

(1)　進氣口式如圖 9.3 所示，此式之作用是利用曲軸箱作爲換氣泵，構造簡單，一般多採用之，其進氣時間可自由選擇，但引擎容易造成反轉及換氣的容積效率極低，因此非但不能供給過量的空氣，而且有不足之缺點。

(2)　轉動氣口式：利用活塞及曲軸特殊設計換氣如圖 9.4 所示，此式係將曲軸腹做成圓板形，其圓周部份控有一段圓孔，做爲進氣口之用如圖 9.5 所示，這樣可以達到充分之進氣面積，及進氣時間的自由選擇，但因保持氣密困難，容易漏氣是爲其缺點。

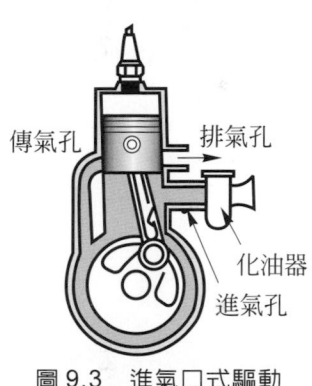

圖 9.3　進氣口式驅動

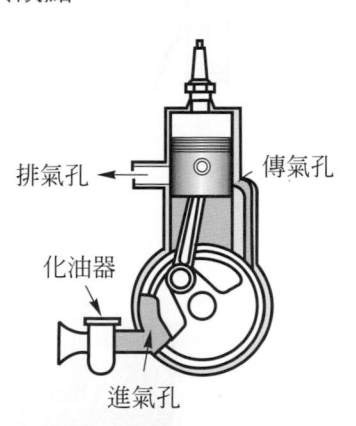

圖 9.4　轉動氣口式換氣

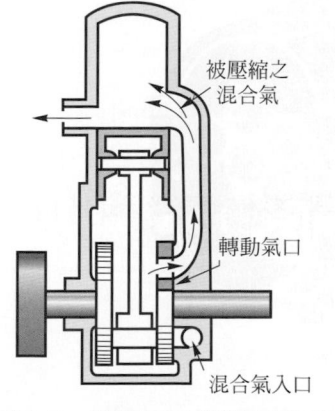

圖 9.5　轉動氣口式側面剖面圖

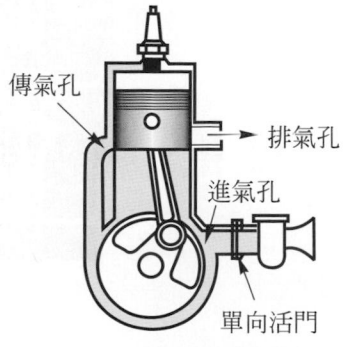

圖 9.6　利用單向活門換氣

(3) 單向活門，利用單向活門換氣如圖 9.6 所示，此式係爲改善第二種換氣法而設計的，設計非常特殊，在進氣管中加裝彈片作爲活門板，如圖 9.7 所示，但此法必須保持彈片之彈力及彈片之清潔，否則很容易故障。

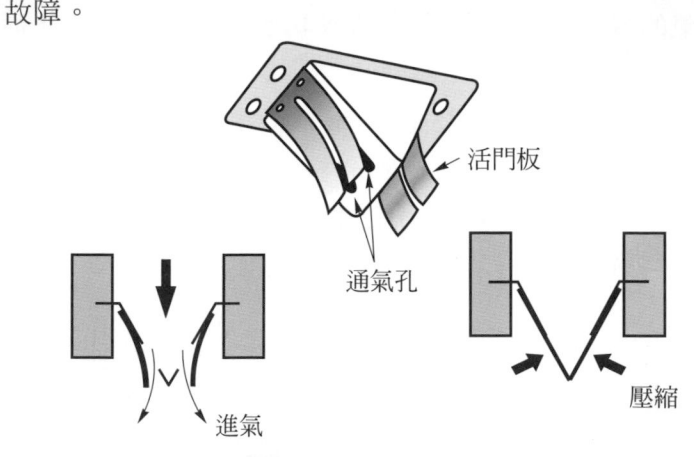

圖 9.7　單向活門之彈片

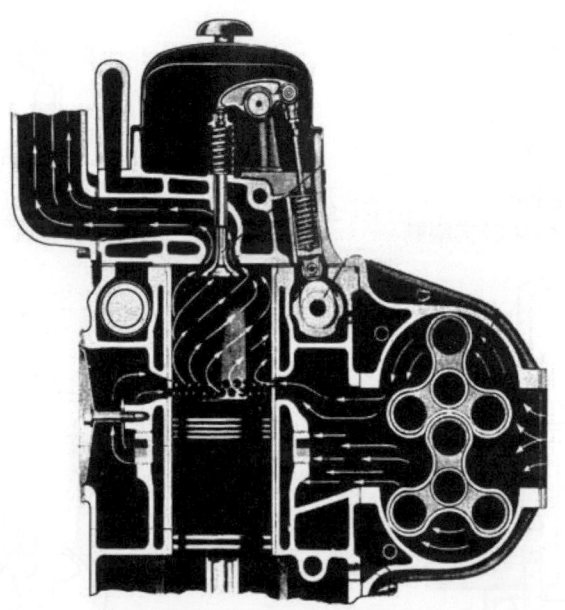

圖 9.8　鼓風機換氣

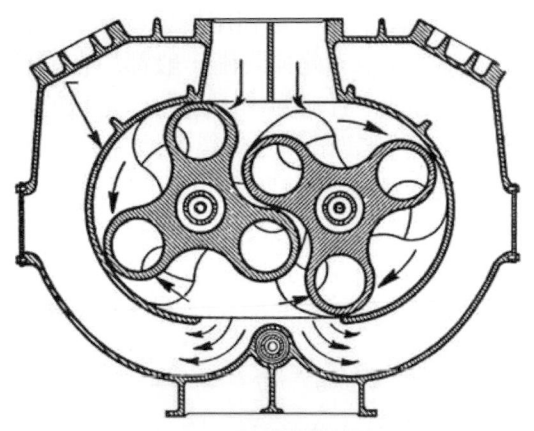

圖 9.9　羅氏旋轉鼓風機

　　供給空氣換氣法，是利用鼓風機將新鮮空氣壓入汽缸之中；帶動此鼓風機的方法有兩種；一為經由內燃機本身主軸帶動，或由其他動力帶動如圖 9.8 所示，此種鼓風機也有兩種：一為正排量鼓風機又稱為羅氏旋轉鼓風機(roots-type blower)，如圖 9.9 所示，另一種為離心式鼓風機(centrifugal blower)，如圖 9-10 所示。

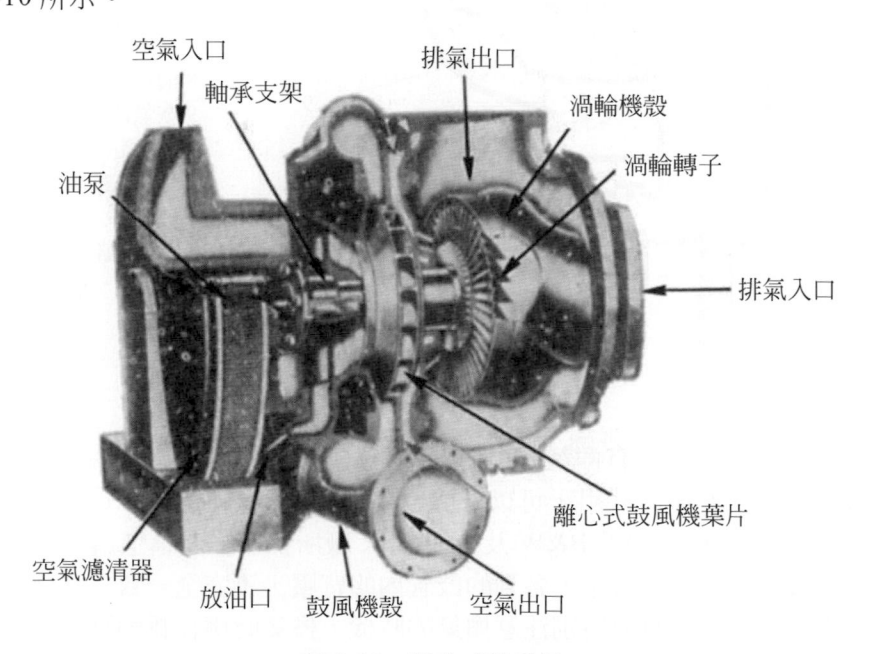

圖 9.10　離心式鼓風機

　　供給空氣換氣法之另一種形式，是利用排氣(廢氣)推動一渦輪，同時帶動鼓風機，將新鮮空氣送入汽缸中，此種設備一般都用在過給系統中，如圖 9.11 所示，這樣便可增加百分之三十五功率，因為在一定量的油必須要有一定的氧氣，才能燃燒完全，如果加入汽缸中之空氣量增加時，即可燃燒較多量的燃油，同時馬力也因而增加，其原理是將內燃機的廢氣來帶動鼓風機(blower)(7)，並不需用另外的馬力，只要將廢氣從汽缸(1)，經排氣管(2)，再經過一濾網(3)，引入廢氣室(4)，推動一渦輪(5)，在渦輪軸的另一端裝一台鼓風機(7)，鼓風機便將機艙外界的新鮮空氣經過消音器(8)，吸入汽缸(1)內，供給過量的空氣。

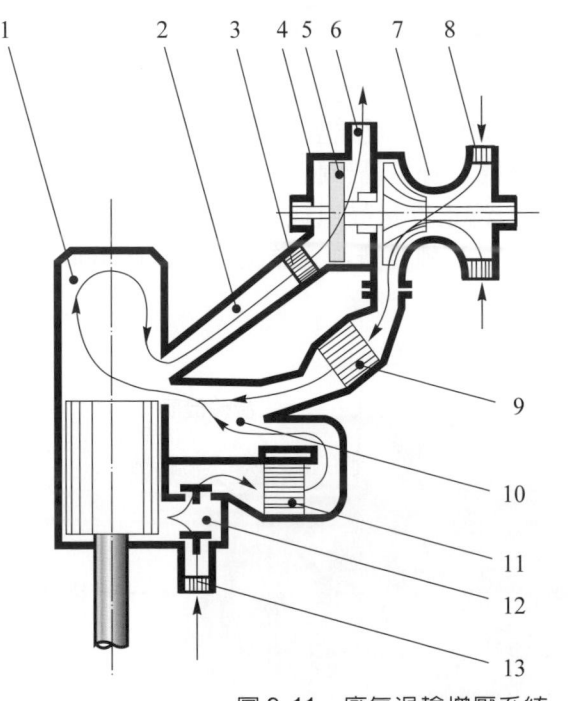

1.氣缸
2.排氣管
3.濾網
4.廢氣室
5.渦輪
6.排氣管
7.鼓風機
8.消音器
9.空氣濾清器
10.驅氣
11.空氣濾清器
12.驅氣
13.消氣器

圖 9-11　廢氣渦輪增壓系統

　　廢氣渦輪過給系統有兩種；一為定壓系統(constant pressure system)，此為 MAN 及 FLAT 廠所採用，可以維持一致的背壓(back pressure)。另一種為脈動系統(pulse system)為 B&W 及 SULZER 廠所採用，其構造為兩個或三個汽缸分別接於各列的歧管上，各列的歧管內的背壓，不完全一致，乃為忽大忽小，在設計此種系統時要特別注意換氣的時機，換氣時應在脈動壓力之最低壓力時換氣最佳。

9.2 **回流換氣法及單流換氣法**

各種換氣的方法，可以歸納為兩種：(1)回流換氣法(return-flow scavenging)及(2)單流換氣法(uniflow scavenging)分別說明如下。

9.2.1 **回流換氣法**

回流換氣法中的排氣門及換氣門，由活塞來遮蓋及開啟，當換氣時，空氣由進氣門進入汽缸，再靠著進氣門的傾斜，或活塞頂上特製的折流板，使空氣向汽缸頂端流動，然後折回，將廢氣驅出汽缸，這時空氣與廢氣有部份將混合，從排氣門一起洩出，造成換氣效率降低。

按著排氣門及換氣門的形式，及相對地位，回流換氣法又可分為：

1.　**交叉換氣法**(cross-scavenging)，如圖 9.12(a)所示，這是最簡單的，但也是效率最低的換氣法。

2.　**全循迴狀換氣法**(full-loop scavenging)，如圖 9.12(b)所示，其中排氣門位置在進氣門上面。

3.　**切線循迴狀換氣法**(tangential-loop scavenging)，如圖 9.12(c)所示。

4.　**聯合換氣法**：就是橫渡及迴線式換氣法聯合應用，如圖 9.12(d)所示。

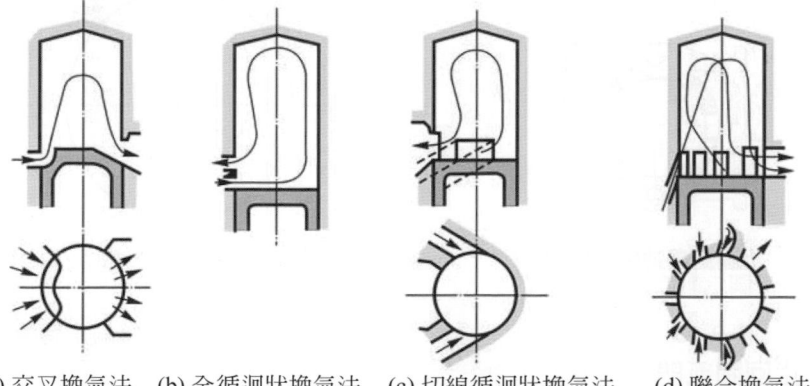

(a) 交叉換氣法　　(b) 全循迴狀換氣法　　(c) 切線循迴狀換氣法　　(d) 聯合換氣法

圖 9.12　各種迴流換氣法

按著換氣門的設計型式，可分為以下幾種

1. **簡單氣門**

簡單氣門是由簡單氣縫構成，換氣門與排氣門分別在汽缸之不同側，如圖 9.13 所示，其中 s 為換氣門，e 為排氣門，其中換氣門與排氣門開關之定時關係如圖 9.14 所示。EO 表示排氣門開啟；SO 表示換氣門開啟；EC 表示換氣門關閉；SC 表示換氣門關閉。此種簡單氣門的設計，亦可採用在全循迴式換氣法的汽缸上，其定時圖亦完全相同。

簡單氣門，因為構造簡單，最適合用於以曲軸箱換氣式發動機，但也有它的缺點；就是換氣門必須較排氣門短，這樣當換氣門開啟前，排氣門已先開，汽缸內的壓力降低至換氣壓力以下。當活塞在返回行程時，換氣門必先關閉，排氣門尚未關閉，因此新鮮空氣容易與廢氣混合，這時新鮮空氣已洩出，等到排氣門關閉進入壓縮行程時，部份新鮮空氣已洩出。因此所得的均效壓力降低。

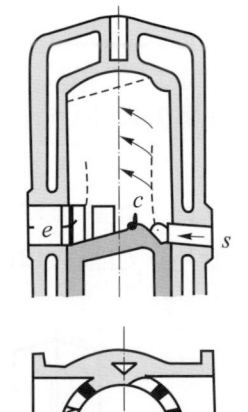

上圖為發動機剖面圖
下圖為簡單氣縫結構圖

圖 9.13　簡單氣縫

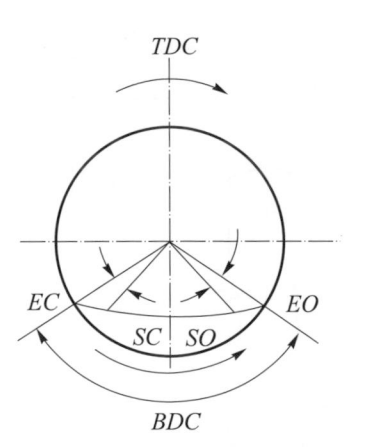

圖 9.14　簡單氣縫的定時圖

2. **止回閥氣門**

在大型的發動機上必須將簡單氣門加以改良，以增加換氣效率，其改良的方法是在換氣門上加裝止回閥，以防止汽缸內的高壓廢氣，從換

氣門進入換氣箱，如圖 9.15 所示，此為諾特堡製造公司(Nordberg manu-
facturing company)發動機上裝止回閥氣門，這方法首由蘇爾瑞(Sulzer)
兄弟所設計，其作用原理為換氣門長度，可與排氣門相同或較長，但因
換機門上裝置止回閥，防止汽缸內的高壓廢氣，進入換氣箱，但當汽缸
內的氣壓下降，低於低箱壓力時，止回閥自動開啓，於是換氣開始，並
可繼續至活塞將換氣門遮閉為止。在這種發動機上，通常採用單獨換氣
泵，必能供給所需的過量空氣，得到良好換氣效果，壓縮起始時的氣壓
亦較高，所以均效壓力亦較高。

　　圖 9.16 表明止回閥氣門的定時圖，其中有一特點，就是換氣門開
啓定時，乃隨止回閥的開啓壓力而定，因此並不受氣門尺寸的限制。

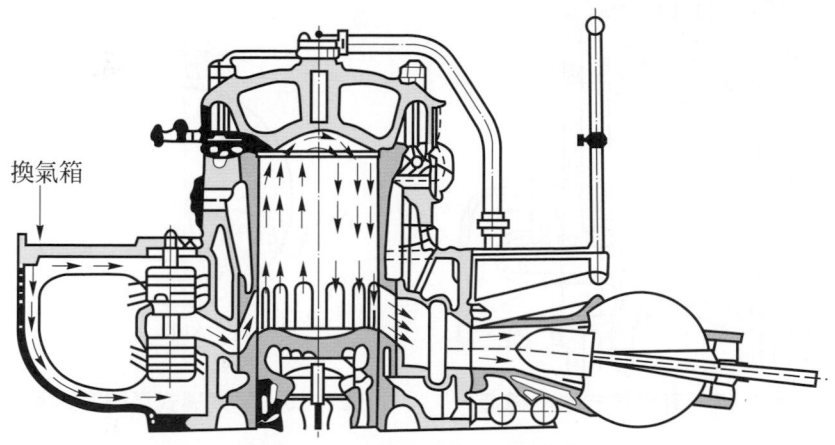

圖 9.15　諾詩堡式止回閥氣門

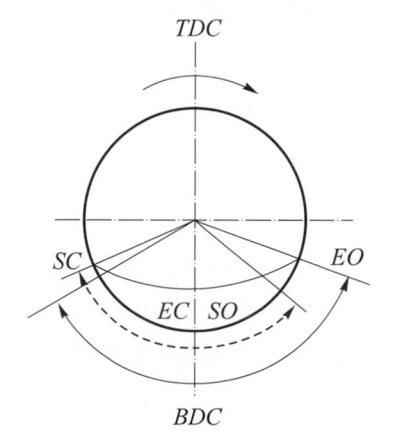

圖 9.16　諾詩堡式止回閥氣門之定時圖

3. 氣門及昇閥組合式

　　此式又稱蘇爾瑞(Sulzer)法，這種方法係由止回閥氣門改良而成如圖 9.17 所示，其中換氣門分爲兩組。如圖 9.17*a*、*b*所示，氣門*b*的作用，與簡單氣門相同，換氣門*a*須操作昇降閥*d*，使其開啓後，才可發生換氣作用。此法之定時圖如圖 9.18 所示，其中 SPO 及 SPV 代表氣門*b*的開啓及關閉定時，與圖 9.14 簡單氣縫的定時圖相同；又 SVO 及 SVC 代表氣門*a*的定時，在這種換氣法中，換氣可繼續到氣門*a*關閉時停止。閥*d*的關閉定時，可在氣門*a*關閉之後，但必須在排氣門*e*下次開放之前。這種方法一般用在中型及大型發動機中。

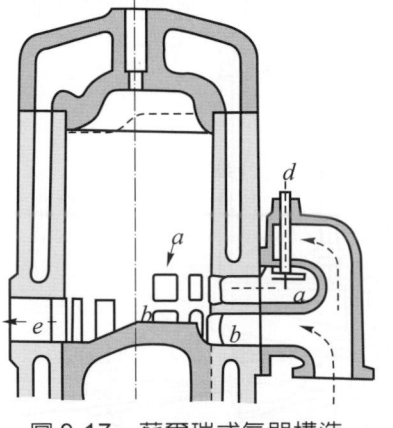

圖 9.17　蘇爾瑞式氣門構造

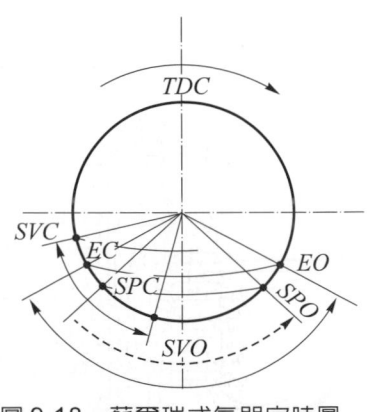

圖 9.18　蘇爾瑞式氣門定時圖

4. MAN(Maschinenfabrik Augburg-Nürnberg)法

　　此法又稱爲雙動式內燃機氣門，這方法爲循迴狀換氣法的一種，用在一型雙動式發動機中最適合，如圖 9.19 所示，在二排氣管內各有擺動閥*u*，當活塞移開排氣門*e*時，擺動閥*u*即開啓，當活塞在回程中，將換氣門*s*遮閉，擺動閥*u*即關閉，使排氣門*e*失去作用，直至活塞再將排氣門*e*開啓時，擺動閥*u*即再照上述順序，重複作用。在這設計中，活塞長度與衝程長度相等，它的上邊緣移開上部汽缸的氣門，下邊緣移開下部汽缸的氣門。在這種排列法中，可使排氣定時提早而換氣空氣不至於在換氣閥關閉後，再由排氣門洩出，此法在中速及高速的大型發動機中使用，能得到良好的換氣效果及高的均效壓力。MAN 雙動式內燃機的氣門定時圖，如圖 9.20 所示。

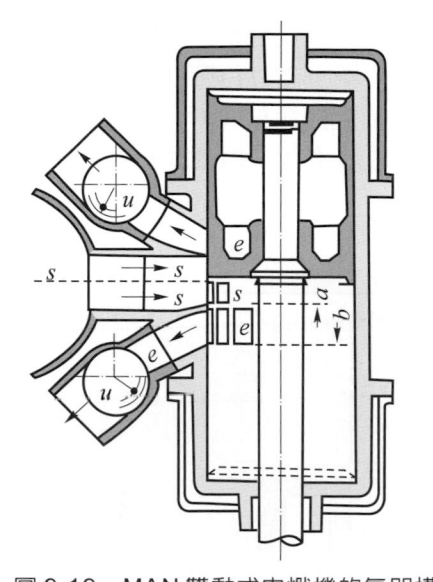　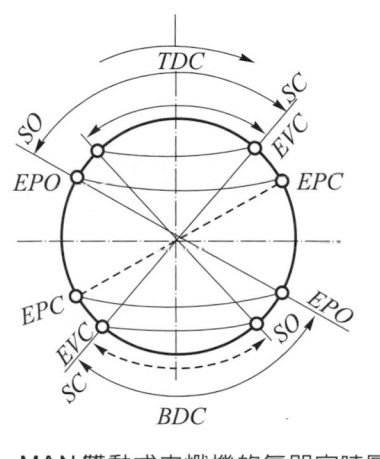

圖 9.19　MAN 雙動式內燃機的氣門構造　圖 9.20　MAN 雙動式內燃機的氣門定時圖

9.2.2　單流換氣法

　　單流換氣法，廢氣從汽缸的一端排出，新鮮空氣從另一端進入，這樣可使氣體單向流動，以便免失擾動，而減少空氣與廢氣攪和的傾向，因此換氣效率較高，並可得到較高的均效壓力，如圖 9.21 所示，單流換氣法又可細分為：

1.　單活塞單流換氣法

　　　　單活塞單流換氣法最早發明時，是將新鮮空氣，從汽缸蓋上的昇降閥送入汽缸，而廢氣則從活塞開閉的排氣門洩出，在這方法中，當空氣昇降閥進入汽缸時，所生之擾動甚大，易與廢氣混合，因此換氣效果不良，均效壓力低落。設若使氣流流動的方向相反，即將新鮮空氣由汽缸下部的換氣閥吸入，而廢氣由汽缸蓋上的昇降閥排出時，即可減輕其擾動，提高其換氣效果及均效壓力。以往因昇降閥的材料問題，無法解決，故均將昇降閥裝在汽缸蓋上，現代由於冶金學的進步，可用特種合金製成昇降閥，已經可以承受這種嚴酷的工作環境(如燃燒的高溫，廢氣的腐蝕及關閉昇降閥時的衝擊等)，因此現代單活塞單流換氣之內燃機，均將其流動的方法與以往相反，將新鮮空氣由汽缸下部的換氣閥吸入，而廢氣則由汽缸蓋上的昇降閥排出。以提高其換氣效率及均效壓

力。目前此種換氣法，在中速及高速二行程的內燃機中，應用較多。圖
9.22 爲這種單活塞單流換氣閥的構造圖，圖 9.23 爲其定時圖。用這種
方法換氣，其放氣提前開啓角 a 及排氣提前關閉角 b，均可隨轉速及換氣
壓力，作適當的調整，且此法對增壓亦特別適合，均爲其特點。

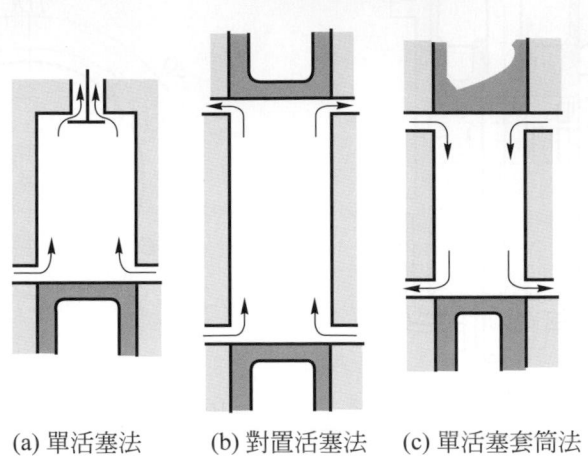

(a) 單活塞法 　　(b) 對置活塞法 　(c) 單活塞套筒法

圖 9.21 　單流換氣

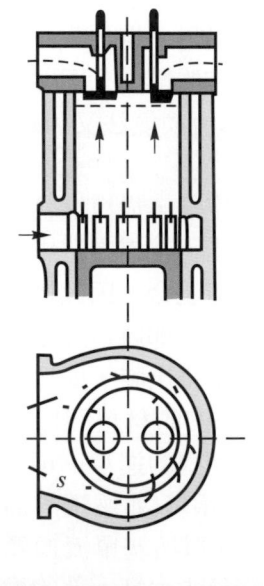

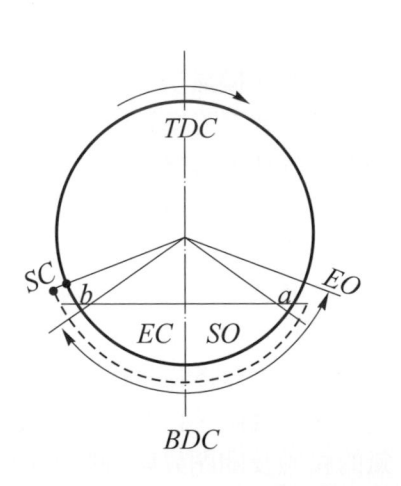

圖 9.22 　單活塞單流換氣法之構造 　　圖 9.23 　單活塞單流換氣法的定時圖

2. 對置活塞單流換氣法

　　對置活塞單流換氣法又稱榮格司(Junkers)法，如圖 9.24 所示，排氣門a為上活塞開關，換氣閥b為下活塞開關，所有排氣門及換氣閥均分佈在汽缸的圓周上，換氣閥朝向切線方向開啓，使空氣可產生旋轉運動，使能獲得分佈均勻及燃燒良好的效果。其定時圖如圖 9.25 所示。

　　對置活塞內燃機在運轉時，二對活塞運動的方向是相反的，如圖 9.26 單曲軸對置活塞單流換氣法的排列及其定時圖所示，其動作是採用一雙彎程曲軸，兩彎程A、B相距 180°，用連桿L_1，L_2及搖臂R_1，R_2與兩活塞 1，2 相連接，此種構造，對臥式內燃機最適宜，且具有下列優點：

(1)　如果設計時將曲軸位置高於二搖臂下端在最低位置的連接線或低於該線時，則有一活塞的行程，則較另一活塞延遲。

(2)　圖 9.26 中的排列法，左邊活塞 1 先將排氣門開啓，使汽缸內的壓力先降落，然後右邊活塞 2 再開啓，讓新鮮空氣進入汽缸，在回行程中，排氣門亦先關閉，然後進氣門關閉，因此得到適當的增壓。此圖

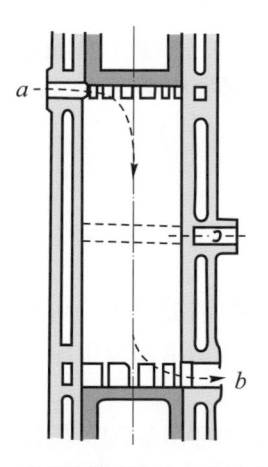

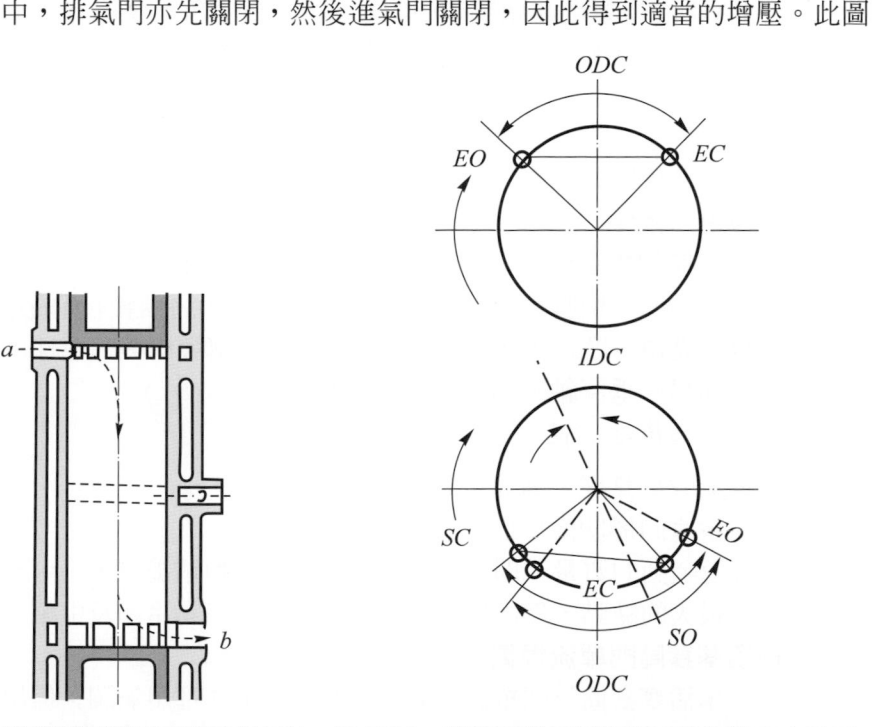

圖 9.24　榮格司對置活塞單流換氣法　　圖 9.25　榮格司對置活塞單流換氣法之定時圖

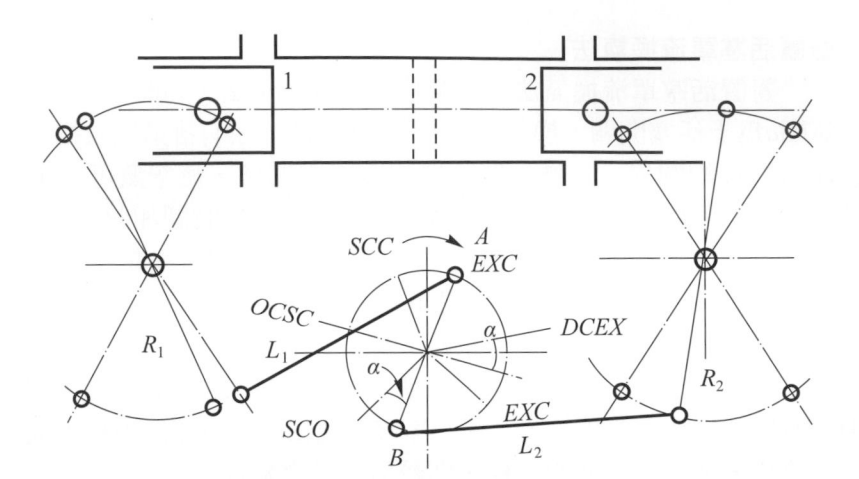

圖 9.26　單曲軸對置活塞單流換氣法的排列及其定時圖

下方附有定時圖，其定時關係，隨α角而變；α角即代表排氣門起始(EXO)至換氣門起始開啓(SCO)之間的相位角，在這方法中，往返運動的質量平衡，較原來榮格可單曲軸發動機中將一曲柄提前ϕ角的排列法，本質上較爲優良。

　　另外還有豎立式對置活塞排列法，其中兩活塞的運動方向也是相反的，其運轉時的動作有下列多種方法：

(1)　採用三彎程的曲軸，將下活塞聯接至中曲柄彎程，將上活塞聯至一橫槓，其上聯接兩擊桿，然後用兩付十字頭及連桿接至旁邊的兩個曲炳。

(2)　將兩活塞分別聯接至二曲軸，再利用齒輪，將兩軸聯擊。

(3)　范朋克司－摩西(Fairbanks-Morse)對置活塞發動機，也採用二曲軸，其間另一垂直軸及兩付斜面齒輪聯擊。

　　這種排法之擾點：

(1)　換氣效果良好，因此可得高的均效壓力。

(2)　燃燒室的形狀簡單而效率高。

(3)　往返運動的質量，即使其中有一活塞的運動稍提前，仍可自動平衡。

　　其最大的缺點，爲齒輪系往往複雜，活塞不易冷卻及引擎高度較高。

3.　單活塞套筒門單流換氣法

　　單活塞套筒氣門單流換氣法，其進、排氣都用氣閥，但用一個套筒氣門(sleeve valve)來控制其開關，通常均用在單活塞二行程內燃機上，因為其構造較為複雜，製造不易，維護困難，且易生故障，故目前很少使用。

9.3　二行程引擎和四行程引擎的比較

二行程引擎與四行程引擎從熱力學的觀點來看，兩者無差別，但事實上是有差別的，其差別均屬機械方面，二行程引擎是兩個行程完成一個循環，也就是曲軸轉一圈完成一個循環，如圖 9.27 所示，當活塞向上移動時先進氣後壓縮，當活塞至上死時，開始點火或噴油，因燃燒產生壓力壓活塞向下移動，先產生動力；後排氣及換氣，在兩個行程中完成四個過程(進氣、壓縮、動力、排氣)。而四行程引擎是四個行程完成一個循環，也就曲軸轉兩圈完成一個循環，如圖 9.28 所示。(a)為吸氣過程，(b)為壓縮過程，(c)為爆炸過程，(d)為排氣過程，四個行程完成一個循環，同時曲軸轉了兩圈，因此如果功率相同的條件下，二行程引擎的活塞排氣量，約為四行程引擎之一半，意即內燃機重量，約可減輕一半，價格亦能較低。在同樣的轉速下，二行程引擎的飛輪重量，比四行程引擎者亦可減輕一半。在同一時間內，二行程的動力行程數目，較四行程者增加一倍，機械效率亦因此較高。但是二行程引擎的實際性能，並不如理論上所述，其主要是因為，二程行引擎的換氣不良，即為充量中的氧氣減少，因此能燃燒的燃料減少，使指示均效壓力降低。在設計製造方面，二行

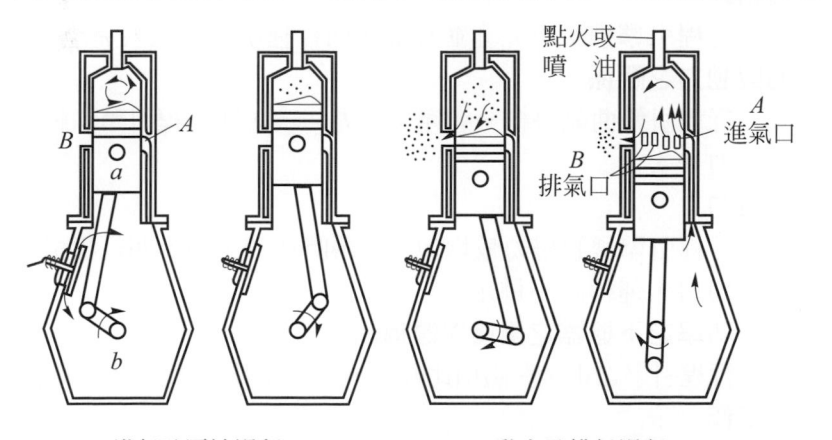

進氣及壓縮過程　　　　　　動力及排氣過程

圖 9.27　二行程引擎(曲軸箱進氣法)

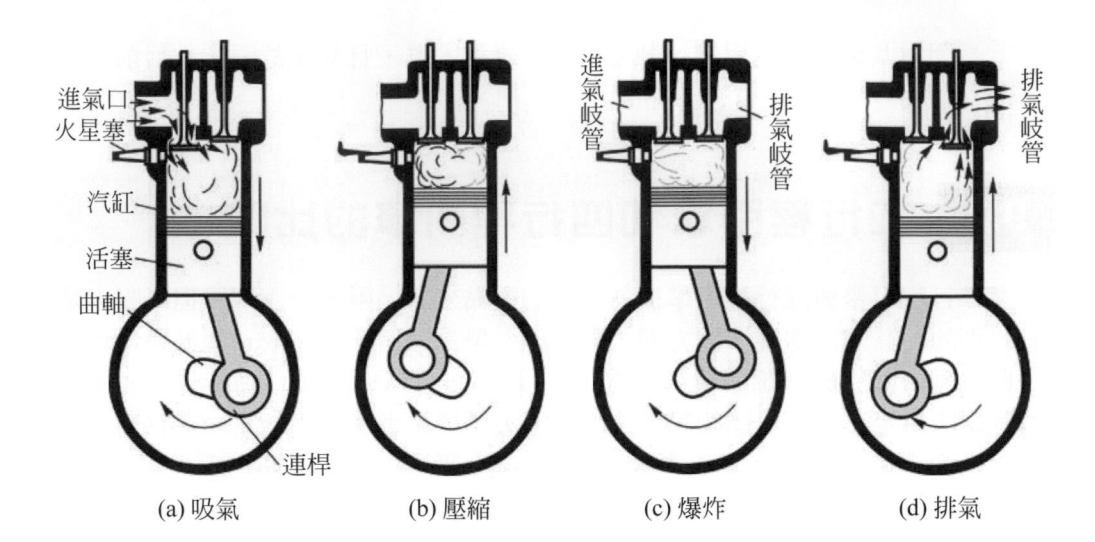

(a) 吸氣　　　　(b) 壓縮　　　　(c) 爆炸　　　　(d) 排氣

圖 9.28　四行程引擎

程引擎僅可以適用開式燃燒室，這種燃燒室不適合轉速較高之引擎，尤其是高速及小直徑引擎。二行程引擎因每轉一次，便發火燃燒一次，因此機體的運轉溫度，較四行程者為高。

綜合以上的關係，比較二行程引擎與四行程引擎之不同點如下：

1. 進氣過程

二行程引擎需要鼓風機增壓，四行程引擎不需要鼓風機。

2. 換氣結果

二行程引擎換氣不完全並耗油，四行程引擎換氣較完全且省油。

3. 曲軸與動力之關係

二行程引擎曲軸每轉一週產生動力一次，四行程引擎曲軸每轉兩週產生動力一次。

4. 轉動扭力

二行程引擎轉動扭力較均勻，運轉時亦較平穩，四行程引擎轉動扭力較不均勻，運轉時不穩定。

5. 在同一功率之下機器之重量與體積比

二行程引擎之重量與體積比較小，四行程引擎之重量與體積比較大。

6. 保養工作

二行程引擎省去進排氣門，保養工作可減少，四行程引擎需要進排氣門構造複雜，保養工作困難。

7. 容積效率

二行程引擎之容積效率比較小，四行程引擎之容積效率比較大。

9.4　迴轉引擎

迴轉式引擎係由德國工程師溫格爾(Wankel)於 1957 年發展成功，又稱為溫格爾旋轉燃燒引擎，經過改良，直到 1964 年才生產問世，這種迴轉式引擎，也許有一天會取代傳統活塞式引擎，其最大的優點是不需要活塞上下移動，它可以直接產生迴轉運動，而且重量輕，又緊密，因此比活塞式引擎的機件少很多。目前日本的 Toyo Kogyo 公司，已製造了數十萬台溫格爾內燃機，在馬自達(Mazda)汽車上使用。

工程師們在從事製造迴轉式內燃機期間，遭遇到許多困難，其中最大的困難為密封問題，包括滑油的密封裝置、側邊密封裝置及頂端密封裝置等，而尤以內轉頂端的氣體密封問題，最難解決；在初期的研究階段中，曾經使用過各種材料及各種型式的密封，但是均告失敗；因為不是密封壽命過短，就是密封磨損外殼的內壁過甚；最後歷經種種研究試驗，終於突破重重困難，用碳條嵌入內轉子頂端的凹槽內，下面用彈簧支撐，使碳條與外殼可始終保持密切緊貼；其裝置情形，正如電動馬達中的碳刷相似，不過其所使用的碳條是用特種硬碳製成，俾可延長其耐磨壽命，並使磨損後容易更換。經此種改進後，溫格爾研究發展的第一部單旋式(SIM)迴轉式內燃機，於西元 1957 年 2 月 1 日試車宣告成功。接著，溫格爾再將其冷卻系統及密封裝置，更作若干改善措施，使其性能比第一部車更成功。嗣後，佛洛特埃博士(Dr. Froede W.G.)，又加以不少的改造，而將溫格爾原始的單旋式內燃機，改為行星旋轉式(PLM)迴轉式內燃機，不但簡化了此種迴轉式內燃機的構造，而且更提高了內燃機的效率，遂使此種迴轉式內燃機，邁進了實際應用的境域。翌年(西元 1958 年)，溫格爾即與德國 NSU 公司，簽了合作生產合約，開始製造此種迴轉式內燃機，並將其裝在史派德(Spyder)牌小型跑車上，正式行銷於市。不久，美國福特公司(Ford Co.)又將此種迴轉式內燃機裝在一輛銀河牌(Galaxie)轎車上試車，也有令人興奮的滿意；接著美國通用汽車公司(General Motor Co.)和克萊斯勒公司，日本的東洋汽車株式會社，意大利的阿爾密歐發電廠，法國的雪鐵龍公司等，均相繼與德國 NSU 公司簽訂合約，共同從事研究發展此種溫格爾迴轉式

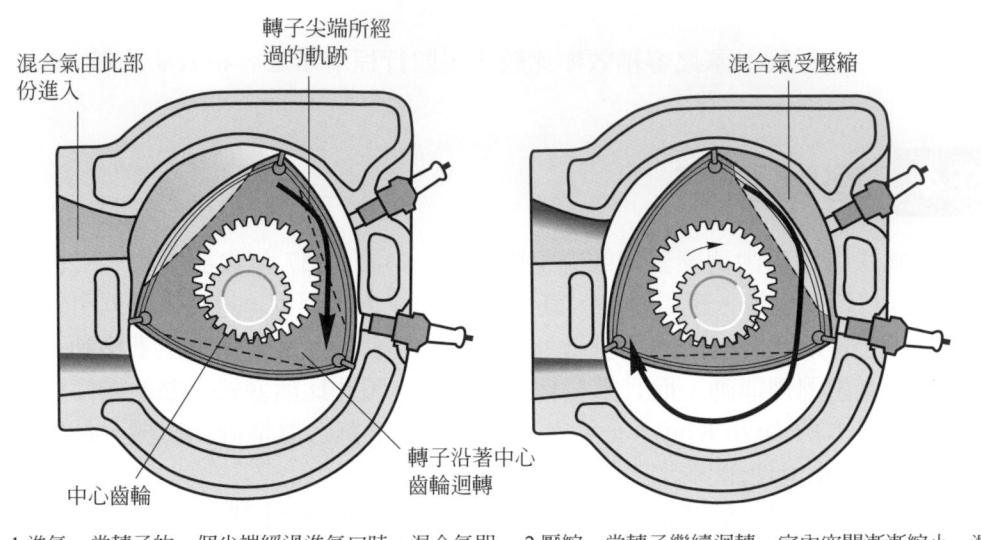

混合氣由此部份進入

轉子尖端所經過的軌跡

混合氣受壓縮

中心齒輪

轉子沿著中心齒輪迴轉

1.進氣　當轉子的一個尖端經過進氣口時，混合氣即進入下一個室，該室因為轉子的偏心迴轉而逐漸增大空間。

2.壓縮　當轉子繼續迴轉，室內空間漸漸縮小，混合氣受壓縮。

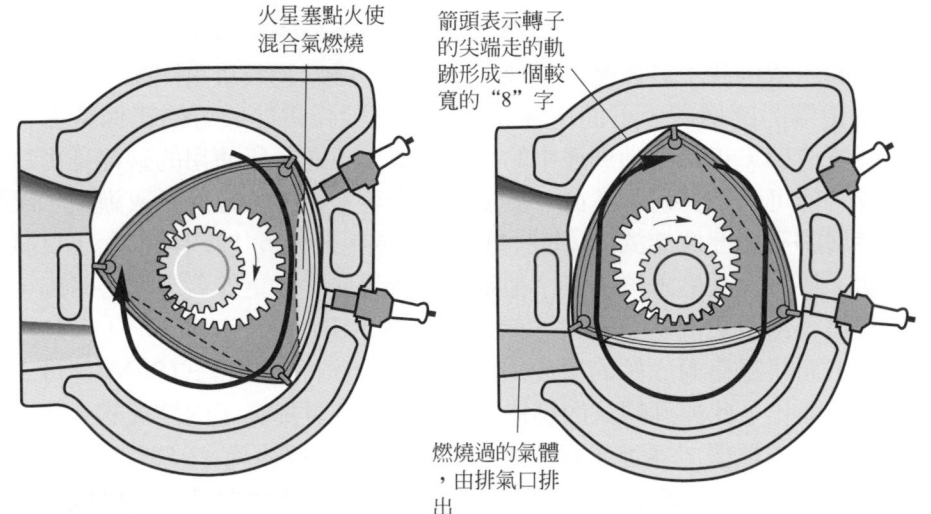

火星塞點火使混合氣燃燒

箭頭表示轉子的尖端走的軌跡形成一個較寬的 "8" 字

燃燒過的氣體，由排氣口排出

3.爆發　點火導致混合氣燃燒和膨脹，產生的能量推動轉子迴轉，室內空間逐漸增大。

4.排氣　當尖端通過排氣口時，燃燒過的廢氣即時排出。當轉子迴轉一週時，所有三個室都是完全一樣的作用。

圖 9.29　迴轉式引擎之循環

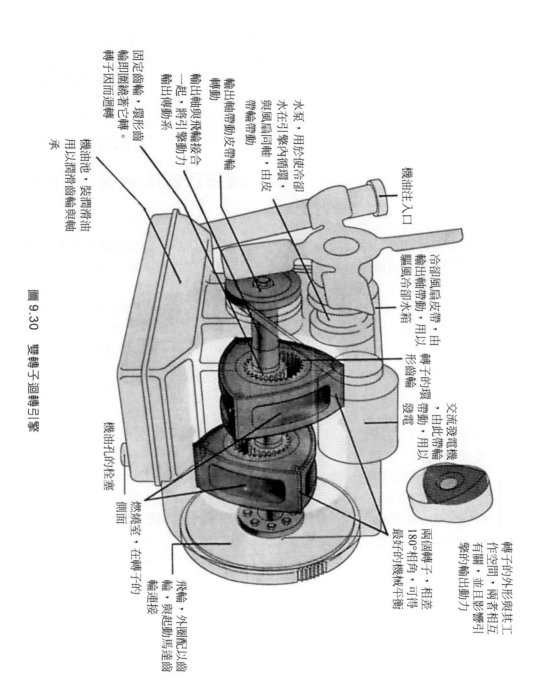

水泵，用於使冷卻水在引擎內循環，與風扇同軸，由皮帶帶動

輸出軸與飛輪帶動轉動

輸出軸與飛輪接合一起，將引擎動力輸出傳動系

固定齒輪，環形齒輪即圍繞著它轉。轉子因而迴轉

機油池，裝潤滑油用以潤滑齒輪與軸承

機油注入口

冷卻風扇皮帶，由輸出軸帶動，用以驅風扇冷卻水箱

轉子的環帶動形齒輪

交流發電機，由此帶輪帶動，用以發電

轉子的外形與其工作空間，相互有關，兩者相互影響引擎的輸出動力）

兩個轉子，相差180°相角，可得最好的機械平衡

飛輪，外圈配以齒輪，與起動馬達齒輪連接

燃燒室，在轉子的側面

機油孔的位置

圖 9.30　雙轉子迴轉引擎

內燃機，尤其是美國通用汽車公司及日本的東洋汽車式會社，對此種迴轉式內燃機的研究發展，更不遺餘力，並分別將研究製成的各種形式迴轉式內燃機，安裝在汽車上向市場進軍。其後，迴轉式內燃機，又從汽車上的動力機，逐漸擴充其應用範圍耕耘機、抽水機、收穫機、遊艇及發電機等機械中，應用日廣。

迴轉式內燃機之構造及循環，如圖 9.29 所示，有一個固定框子，內部的形狀像一個中間較寬的 "8" 字形，和一個近似三角形的轉子所構成，為了增加輸出動能，一個引擎可以有二個或二個以上的轉子並列在一個軸心上，如圖 9.30 所示，轉子在框子內成偏心迴轉，而轉子的三個尖端卻始終與框子內壁保持密切接觸。行星齒輪連接轉子與輸出軸之間，此輸出軸就等於活塞引擎之曲軸。在轉子的三個端點之間與框子內部構成了三個空間，也可稱為三個室，每一個室的空間大小，因轉子在軌道上迴轉時，交替的改變它的容積。框子上安裝了一個火星塞(也有裝二個)。一個進氣門和一個排氣門，氣門一直保持暢開，在轉子迴轉時，連續不斷的進氣和排氣，轉子每迴轉一週，每一個室均經歷了一個完整的四行程循環，與活塞引擎中的四行程循環相同，也就是進氣、壓縮、爆發及排氣四個行程，因為在轉子的三個端點之間，框子內有三個室，因此當轉子迴轉一週，就有三個動力行程，推動轉子迴轉作功，因此輸出軸的轉速三倍於轉子轉速。

根據研究結果，轉子與框子配合形狀，許可有下列兩種形式：一為汽缸之內輪廓為外餘擺線所構成，而活塞的外輪廓則為外擺線之內包絡線(envelope)所構成者配合；二者為活塞之外輪廓為外餘擺線所構成，而汽缸之內輪廓則為外餘擺線之外包絡線所構成者相配合。溫格爾迴轉式內燃機，則係採用汽缸的內輪廓係由兩節外餘擺線所組成，而活塞的外輪廓係由三葉內包絡線所構成者相配合。

9.4.1　迴轉引擎之優點

1. 機構簡單

迴轉引擎因無氣閥、連桿及曲柄箱等機件，且一個轉子可相當於往復式內燃機三缸共用一個活塞，因此較普通往復式引擎活塞減少許多。

2. 體小價廉

迴轉引擎之匹馬力所需內燃機重量較小，一般往復式活塞之內燃機依奧圖循環者，約為每馬力重 20 磅左右，而迴轉活塞之內燃燒變每馬力為 1.8 磅至 2 磅，確實小了很多，因此所佔的空間也小，價錢自然就便宜。

3. **引擎的平衡性較佳**

　　迴轉性引擎，無往復運動所帶來的振動，雖然活塞與引擎成偏心狀態而有旋轉離心力，然究可用對方平衡重，使其平衡，另外因氣體壓力不均勻，將造成少許扭轉震動，也可以使用飛輪，將其平衡之。

4. **可有較高的轉速**

　　迴轉式引擎，沒有往復運動的活塞，也沒有高溫的氣閥機構，僅為圓向旋轉運動，故而可有較高的轉速，是為減輕每匹馬力引擎重量及縮小每馬力體積之主因。

5. **每單位空缸容積的馬力較大**

　　迴轉式引擎，因轉速較高，且因每轉之氣體循環較多，故其每單位空缸容積之馬力較大。以美國 6000 cc 至 5000 cc 之往復內燃機為例，其制動馬力在 270～330 HP 之間，約每 18 cc 之活塞容積，可產生一個制動馬力，但在迴轉式內燃機中，僅需約 8 cc 活塞容積，就可產生一個制動馬力，約為往復式內燃機之一倍多。

6. **高速運轉性能較佳**

　　一般來講迴轉式內燃機與往復式內燃機的運轉性能，大致相同，但是在高速時，迴轉式內燃機性能較佳，而且愈高就愈佳，故迴轉式內燃機適合用於高速引擎。

7. **機械效率亦較高**

　　依照實際運轉的結果，迴轉式內燃機的機械效率比往復式內燃機高。

8. **對燃料辛烷值要求的範圍較寬**

　　迴轉式內燃機對於燃料的辛烷值，並無嚴格的要求，普通採用 90 號辛烷值燃油，就是使用 50 號辛烷值之燃油，仍然正常運轉。

9.4.2　迴轉引擎之缺點

1. 燃料消耗比較高，經統計平均燃料消耗率，較往復式內燃機高出 10 % 左右。

2. 排放的廢氣，其污染空氣程度甚高。

3. 密封情形較為困難，不僅設計製造困難，就是維修也相當不容易。

9.4.3 迴轉式內燃機與往復式內燃機之比較

表 9.1 迴轉式內燃機與往復式內燃機之比較

	迴轉式內燃機	往復式內燃機
壓縮比	8：1～8.5：1	汽油機 6.8：1～9：1 柴油機 17：1～22：1
最大制動功率發生轉速	4500～5500rpm	3600～4500rpm
最大扭矩發生轉速	4000～4500rpm	2500～3500rpm
最大制動熱效率	16.5～24%在 4500rpm 最大	15.4～31.78%在2000～3800rpm最大
取大制動燃料消耗比	325～520 g/kw-hr	245～520 g/kw-hr
最大平均有效壓力	4.6×10^5～4.88×10^5 N/m^2 在 4000～5000rpm	4.4×10^5～9.0×10^5 N/m^2 在 2500～3500rpm
最大容積效率	63～78%在 4000～4500rpm	68～79%在 2500～3500rpm
最高排氣溫度	650℃～680℃	580℃～850℃
單位制動功率的機重	3.0～3.2 kg/kW	37.5～15.8kg/kW

習 題

1. 簡述空氣換氣法之種類？
2. 何謂回流換氣及單流換氣有何異同？
3. 簡述換氣門的種類及作用？
4. 試述二行程機與四行程之比較？
5. 試述迴轉式內燃機之工作原理？
6. 試述迴轉式內燃機之優缺點？
7. 比較迴轉式內燃機與往復式內燃機之性能？

CHAPTER **10**

INTERNAL CONBUSTION ENGINE

點火系統

　　本章介紹內燃機中重要的三大系統之一，所謂內燃機的三大系統就是燃料系統、空氣系統、點火系統，點火系統的基本理論，是由低壓線路，斷電時使高壓線圈產生高壓感應、高壓電流，利用這感應高壓電流，在火星塞頂端放電點燃氣態中的混合氣。雖然是一個很簡單的原理，但在實際使用時，非常複雜，讀者必需先認識點火系統中各種元件，如蓄電池、發火開關、發火線圈、發火線圈內之電阻，火星塞、分電盤、分火頭、電容器、離心提前點火機構、真空提前點火機構、電晶體、磁電機等，並且瞭解各元件之作用及其功能，才能對本章的內容，有更深的瞭解，進而對於內燃機故障原因，很大的幫助。

10.1 點　火

　　汽油引擎因為汽油的自燃點(415℃)很高，而燃點(6℃)低，因此採用火花點火，亦就是在汽缸中受壓後的混合氣，必須加以點燃，才能產生所需的動力，故汽油引擎上均裝有點火機構，其目的在於不論引擎轉速快慢，均能適時供應高壓電火花，將汽缸中的混合氣點燃，產生動力，使引擎連續運轉。一個良好的點火機構，必須能產生強的高壓電火花之外，且要使用點火時間適當。

　　早期的引擎，是利用火焰，把混合氣點燃；因為那時的引擎的速率非常的低，幾乎沒有壓縮的情況下被點燃，所以才能採用火焰點火方式，但是由於此方法需要一套機械設備才能執行，而且又不易與較高轉速的引擎配合，因此不久就被淘汰了。後來就採用高溫的熱接觸點火法，其方法是利用燃燒室壁未被冷卻部份或在汽缸中放一個熱泡(hot bulb)，當引擎起動時，先將此未被冷卻部份或熱泡燒熱，以便起動。當引擎運轉後，燃燒室未冷卻部份或熱泡即受混合氣之燃燒而保持高溫狀況，使其繼續發揮點火作用，早期只用於重油內燃機中，也只限於用在有限轉速及負荷之引擎，而且在起動前必須先將熱泡燒熱，非常不方便，後來也被淘汰。

　　在內燃機的發展過程中，點火的可靠性及其定時的準確性，很早就被注意。最簡單可靠又準確的點火法，為利用電弧(electric arc)點火。其中主要可分為低電壓點火制與高壓點火制兩種。

10.2　低電壓點火制與高電壓點火制

10.2.1　低電壓點火制

　　低電壓點火制，也就是所謂的斷續制(make and break system)，這類點火制，簡單構造如圖 10.1 所示，其中包括：電源、開關、感應線圈及斷續器等，分別說明如下：

1. 電源 B

　　採用蓄電池、乾電池或磁電機均可。通常電壓用 6 伏特或 12 伏特。

2. 開關 S

　　當引擎停機時，可將此電鍵按開，使電源切斷而停機，以免燒掉線路。

3. 感應線圈 L

　　採用 #16 號絕緣線在一束軟鐵心子上繞二層或三層製成，制用磁場變化，感應出高電壓，使其產生電弧，以達點火目的。

4. 斷續器 C

　　由感應線圈所感應出之高壓電，經過斷續器接觸面間，產生電弧，使引擎中可燃混合劑點燃。此兩接觸面位於燃燒室內，其中一個為固定接觸面，聯接於過汽缸壁的絕緣電極上，另外一個接觸面，是裝在一擺動臂上，這擺動臂固定於穿過汽缸壁的軸上，軸承在汽缸壁上，此軸由汽缸外之凸輪帶動，並且搭地，當擺動接觸面與固定接觸面接觸後分開時，就跳火花而點火。

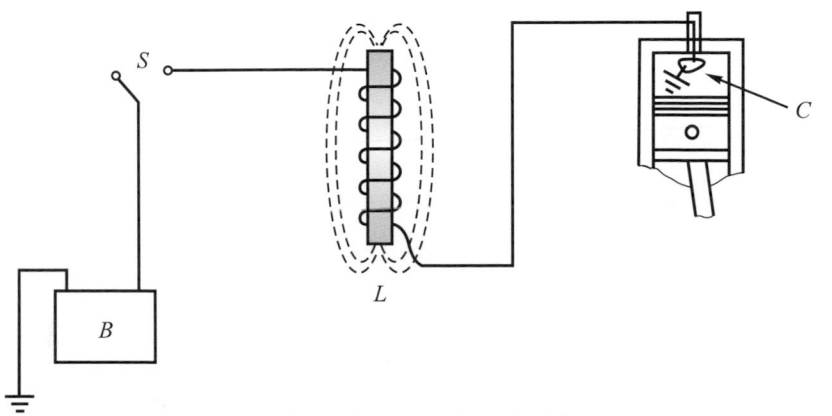

圖 10.1　低電壓火制電路系統

低電壓點火制(繼續點火制)之作用原理：在點火前，將活動接觸面(由擺動臂帶動)的軸轉動，使活動接觸面與固定接觸面相連接，電流通過感應線圈而磁化，產生強力的磁場，需要點火時，將兩接觸面分開，因此磁場跟著急速消退時，磁力線切割線圈，產生感應高電壓，使兩接觸面間產生電弧。這種點火系統一般 6 伏特的電源，可產生 100 至 300 伏特的自感應電壓，其公式為

$$E = L \frac{di}{dt}$$

E：感應電壓

L：線圈旳自感應係數

i：電流

t：時間

低電壓點火制之感應電路中電流的長成如圖 10.2 所示，當斷續器打開時，電流立即止住，此為短時間內放電，使產生電弧。此低電壓點火制，因有以下缺點，目前已不通用。

1. 接觸面位於汽缸內，一般汽缸內溫度較高，接觸面容易腐蝕，以致接觸不良，而不能點火。

2. 這種點火制不易適應可變點火定時引擎,尤其是在多汽缸引擎中更加不易。

3. 在活動接觸面的軸與軸承之間,難免有漏氣現象。

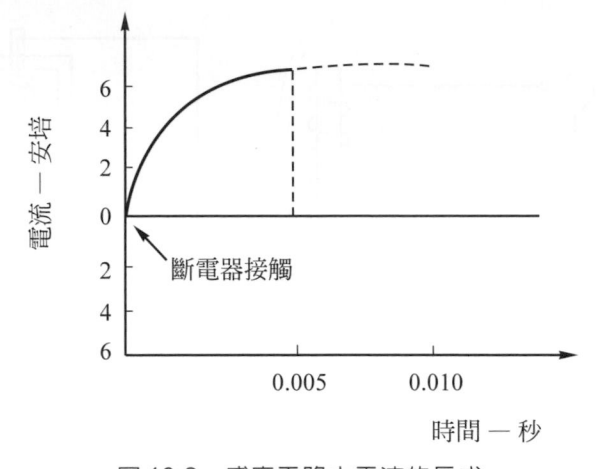

圖 10.2 感應電路中電流的長成

10.2.2 高電壓點火制

高電壓點火制,又稱爲跳躍點火制(jump spark system),其點火方式可分爲以下三類:

1. 蓄電池點火(battery ignition)

蓄電池點火是利用蓄電池作爲點火機構之電源。將蓄電池之低壓電,藉白金(contact breaker)作用,控制發火線圈之充放電而產生高壓電,然後依點火順序分到各缸火花塞。

2. 磁電機點火(magneto ignition)

磁電機點火是由磁電機點火線圈及分電盤等配合,而不需要蓄電池,其所產生的電,係利用線圈及永久磁極之相對運動感應而產生。

3. 電晶體點火(transistorized ignition)

電晶體點火是利用電晶體的特性,克服一般點火之缺點,因它比一般點火爲優,近年來已逐漸普遍被採用。

今將三種點火系統詳述於後:

1. **蓄電池點火系統**(battery ignition system)

　(1)　蓄電池點火系統之電路

　　　　蓄電池點火系統中有二個電路是一次電路(primary circuit)，又稱爲低壓電路。二次電路(secondary circuit)又稱爲高壓電路。如圖 10.3 所示。

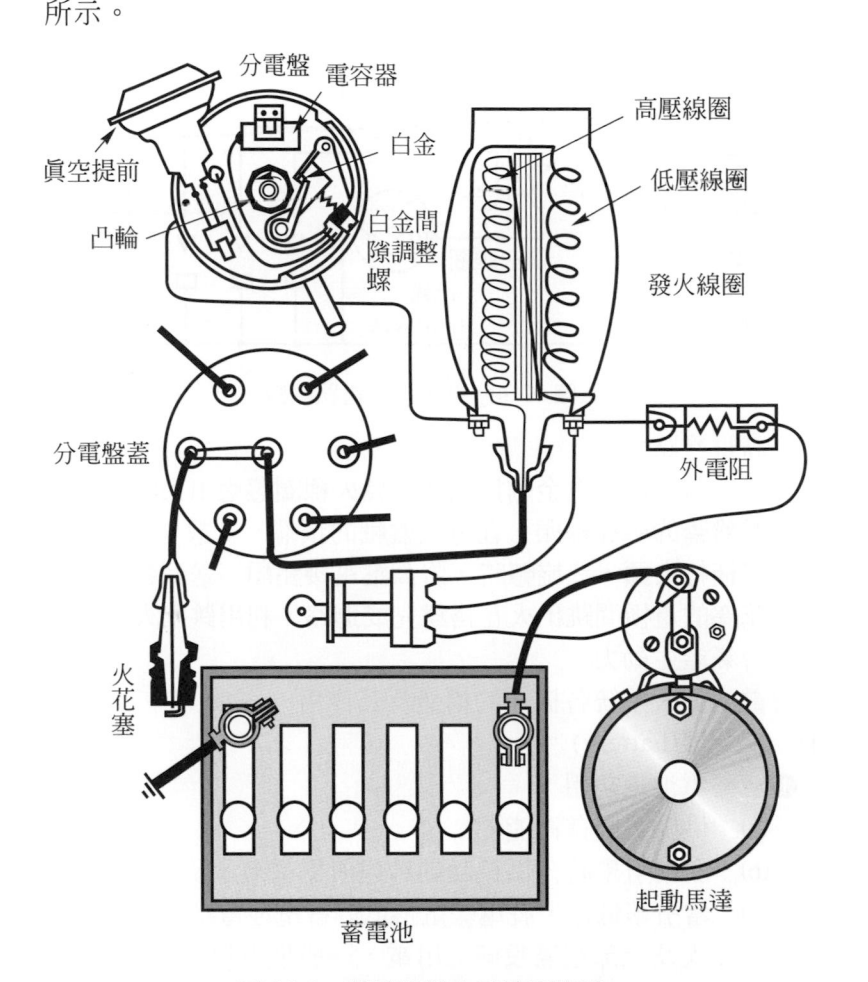

分電盤　電容器

高壓線圈

低壓線圈

白金

眞空提前

凸輪

白金間隙調整螺

發火線圈

分電盤蓋

外電阻

火花塞

起動馬達

蓄電池

圖 10.3　蓄電池點火系統電路圖

　①　低壓電路

　　　　如圖 10.4 所示，當發火開關接上(ON)而分電盤白金閉合時，則蓄電池的電流經電流錶，再流到發火開關(ignition switch)，外電阻(有些沒裝)發火線圈之低壓線圈，最後經過分電盤的白金點而搭鐵(接地)構成迴路。當分機盤旋轉時,軸上之凸輪推開白金點,將低壓電路切斷,使發火線圈感應出高壓電。當引擎轉速快時,點火系統的電是由發電機供給電源。

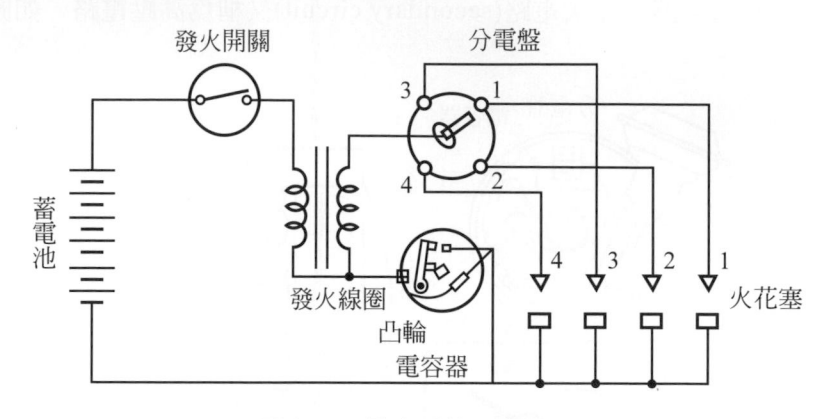

圖 10.4　點火系統電路簡圖

② 高壓電路

　　當分電盤白金剛打開時,發火線圈感應出來的高壓電,傳到分電盤蓋的中央線頭,在分電盤軸的頂端,安放一個分火頭(rotor),俗稱打火頭,在旋轉時,將高壓電接點順序送到各缸火花塞,在火花塞的電極間跳出火花搭鐵完成迴路,利用跳出火花點燃受壓的混合氣產生動力。

(2) 蓄電池點火系統各機件的構造及其作用

① 蓄電池(battery)

❶ 蓄電池之功用

(a) 供應並儲存電能。

(b) 發動引擎時,供給起動馬達所需電流,及火花塞點火。

(c) 當引擎低速,發電機電壓低於蓄電池電壓時,由蓄電池供給點火及全部電氣設備之用電,一般稱為放電。

(d) 當引擎高速時,發電機電壓高於蓄電池電壓時,發電機發出來的電流就供給全部電器設備使用,若有剩餘電流時,則充入蓄電池,儲存備用,稱為充電。

❷ 蓄電池之構造:如圖 10.5

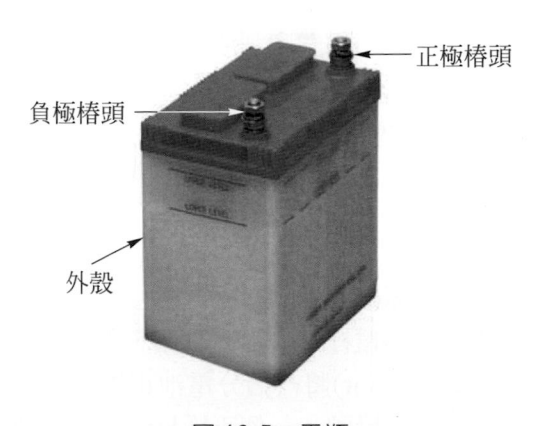

　　正極樁頭

負極樁頭

外殼

圖 10.5　電瓶

(a)　極板(plate)

　　極板是蓄電池中最主要的一部份，有正極板與負極板兩種，正極板(positive plate)是塗紅鉛粉(四氧化三鉛Pb_3O_4)，負極板(negative plate)是塗黃鉛粉(氧化鉛 PbO)，許多正極板連成一正極板組(positive plate group)，許多負極板也連成一負極板組(negative plate group)，正極板組與負極板組相互交叉，但每一個正極板的兩面均有負極板相對，因此負極板要比正極板多一片，其目的是在於使正極板的兩面都起化學作用，並可避免正極板彎曲。

(b)　隔板(separator)

　　為使正極板和負極板之間，不互相接觸，以免發生短路而損失電量，必須在二極板之間夾有絕緣的隔板，早期蓄電池的隔板都以柏樹、西洋杉、松樹等木材先經過化學處理，除去木料的酸性，使呈細孔而作成木隔板，但因木隔板不夠堅強，極易碎裂，電解液體濃時又容易燒焦，加上處理與保養不易，故現今大都改用多孔性的橡皮隔板，不僅電解液能自由通過，而橡皮隔板亦不易碎裂或燒焦，更可延長蓄電池的壽命。

(c)　外殼(case)

　　蓄電池的外殼是由硬橡皮、塑膠或瀝青物等用模型鑄成整體，其中分成 3 室、6 室或 12 室，每室的底部有多根肋條(rib)，用以擱放極板組，肋條間的空間，作為沉澱室，使極板在充電或放電作用時，落下的活性物質能積聚於室底。很多新式蓄電池外殼改用透明的塑膠製成，可以很清楚地看到電解液的高度是否適當，甚為理想。

(d) 分電池蓋板(cell cover)

分電池蓋板是用硬橡膠模製成，上面左右二孔是容納正負電極的樁頭，而蓋板中央較大的孔是安裝通氣塞，也叫做加水蓋子，蓋子上有通氣孔可使蓄電池中產生的氣體逸出。

(e) 蓄電池的電極(terminal)

蓄電池的電極，又稱電樁頭，在蓄電池頂部，用分電池聯板(cell connector)將一個分電池正極和另一分電池負極連接，最後留下兩個樁頭，一個正極樁頭、一個負極樁頭。為減少蓄電池接線錯誤的可能，一般正極樁頭直徑較大，直徑是 17.5 或 12.7mm，而負極樁頭直徑較小，直徑是 16 或 11.1mm。

② 發火開關(ignition switch)

發火開關主要功用在於控制點火系統之低壓電路之開或關，當開關接上(ON)時低壓電路接通，點火系統方可發生作用，當開關關掉(OFF)時，低壓電路切斷，引擎熄火，除此之外，發火開關並兼有控制各種電動儀錶之電源。

③ 發火線圈(ignition coil)

發火線圈的功用在於將蓄電池的低壓電，轉變成 15,000 到 20,000 伏特之高壓電，足夠使火花塞產生高壓電火花，點燃混合氣。

❶ 發火線圈的構造(如圖 10.6)

發火線圈的中央是由矽鐵片疊合而製成的鐵芯，其作用在於減少磁阻，使磁力線迅速產生，迅速消失，在鐵芯之外面包以絕緣紙，後再以30至40號的漆包線燒成約16,000至23,000圈的高壓線圈，其一端與低壓線圈的一端相連接，另一端由發火線圈的中央線頭接出。在高壓線圈外面再包以絕緣紙，並在表面加上一層臘，以免有氣泡存在，再以20號粗漆包線繞200到300圈作為低壓線圈，低壓線圈的二線頭和蓋上的正負二個低壓線頭互相連接，而其中一線頭又與高壓線圈的一線頭相連。最後在低壓線圈外圈以多層軟鐵皮，使磁力線能穿過低壓與高壓線圈，完成循環，最後將整體安裝於鐵殼內，並注入絕緣油，使線圈散熱較快，並加上蓋子密封而構成一發火線圈。

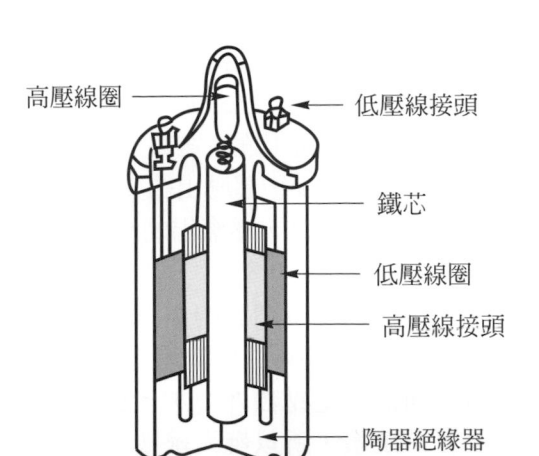

高壓線圈

低壓線接頭

鐵芯

低壓線圈

高壓線接頭

陶器絕緣器

圖 10.6　發火線圈構造

❷ 作用原理(如圖 10.7)

　　當發火開關接上時。分電盤白金閉合，則蓄電池的電乃流入發火線圈的低壓線圈，建立磁場，產生磁力線，在白金閉合時期稱為充磁時期，充磁量愈足時，產生高壓電就愈強，在白金閉合時高壓線圈雖也受感應產生電壓，但其量微小，並不發生任何作

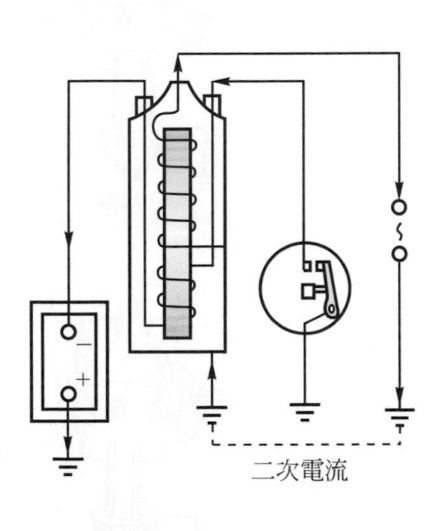

高壓線圈

低壓線圈

一次電流

分電盤

(a) 白金閉時

二次電流

(b) 白金打開時

圖 10.7　發火線圈作用原理

用。由於分電盤之旋轉，凸輪將白金打開，在打開瞬間低壓電路中斷，磁場消失，此時低壓線圈與高壓線圈同時受感應生電，因為高壓線圈數多，感應出極高電壓，使火花塞產生高壓電火花，而低壓線圈，因圈數少，感應出約 250 伏特之電充入電容器，使低壓線圈電流迅速停止，感應出的高壓電就更強。

❸ 發火線圈的接線(如圖 10.8)

發火線圈上低壓線圈有(＋)(－)二接頭，不管蓄電池是(＋)或(－)搭鐵，均要使所產生的高壓電是負電。如果低壓線拉反，變成正電，則跳火電壓額外增加，超過了發火線圈的高壓電輸出，則很容易燒壞，所以發火線圈的低壓線連接時，應加以注意，其接線方法如下：如果電池是負極搭鐵，則發火線圈的(＋)應接往發火開關，發火線圈的(－)則接分電盤；如果電池是正極搭鐵，則發火線圈的(＋)應接往分電盤，發火線圈的(－)則接發火開關。

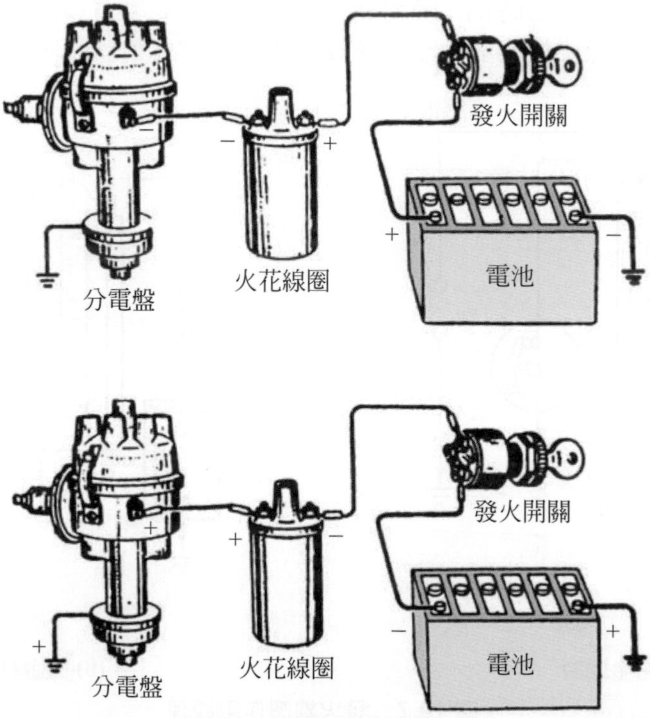

圖 10.8　發火線圈接線法

發火線圈是否接對，可以用檢查方法得知，其檢查方法很簡單，將發火線圈中央接出一高壓線靠近搭鐵地方，相距 1/4 吋，用手板動白金，注意觀察高壓火花形狀和顏色，在藍白色火花另一端有紅黃色的火花，如果紅黃色火花在高壓線這一端，表示高壓線是負電，線路是接對，否則便接反了。亦可以用鉛筆來檢查(如圖 10.9)用一支鉛筆置於高壓線頭和火花塞之間使其跳火花，如果高壓電紅黃色火光是在火花塞這一邊，則表示高壓電是負電，發火線圈的低壓線是接對了，否則便接反了。

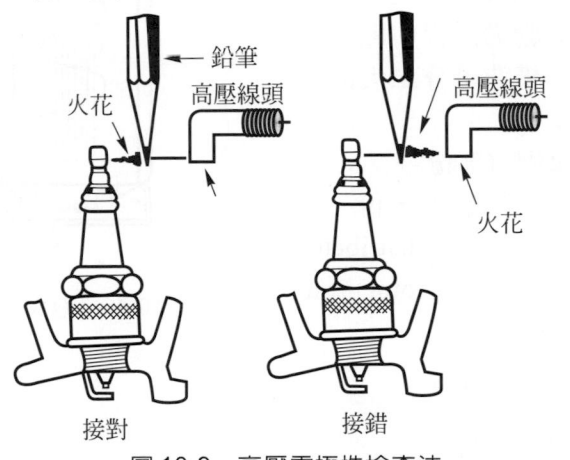

圖 10.9　高壓電極性檢查法

④　外電阻(external resistor)

　　發火線圈由於不斷通電，溫度會上升，上升溫度之高低與低壓線圈的電阻成正比，電阻大則發火線圈溫度高，反之電阻小溫度低，當溫度過高絕緣受損，發火線圈容易損壞，影響高壓電之產生。因此在發火開關和發火線圈之間，裝一個電阻，由於裝在發火線圈之外，故稱外電阻(如圖 10.10)，加了外電阻後，發火線圈本身的電阻可以減小，溫度就不易升高，發火線圈則不易燒壞，同時有保護發火線圈之作用，因如果引擎熄火，發火開關忘記關掉，白金正好閉合時，蓄電池之電流便經低壓線不斷流通，會將發火線圈燒壞，但加上外電阻後，長期電流之流通，先將外電阻燒斷，電流立刻停止，就不會燒壞發火線圈了，有的外電阻對於溫度非常敏感，溫度高時，電阻變大，溫度低時，電阻變小，而可使引擎低速和高速時，高壓電火花保持同樣強度。

⑤ 分電盤(distributor)

分電盤主要的功用在控制低壓電路開或關的白金組,同時將高壓電依點火順序分送到各缸的分火頭,分電盤蓋等,還有隨轉速和負荷之不同,適當地調節點火的早晚,以產生最大動力的提前點火裝置;其構造可分二大部份如下:

❶ 高壓配電部份

高壓配電部份,主要由分電盤蓋(distributor cap)和分火頭(rotor)構成(如圖 10.11)。

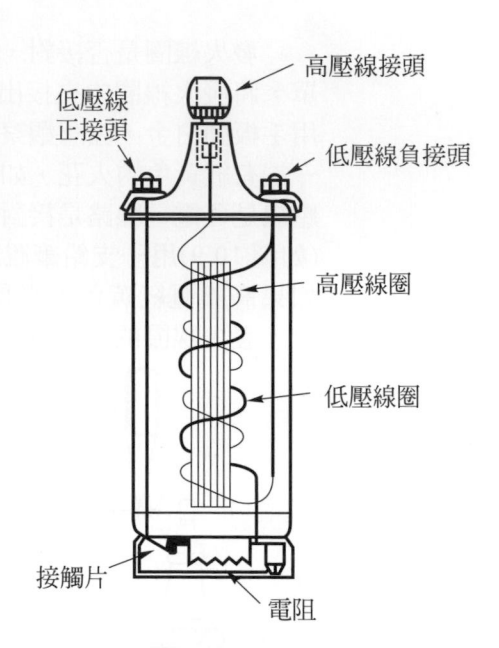

圖 10.10 發火線圈內之電阻

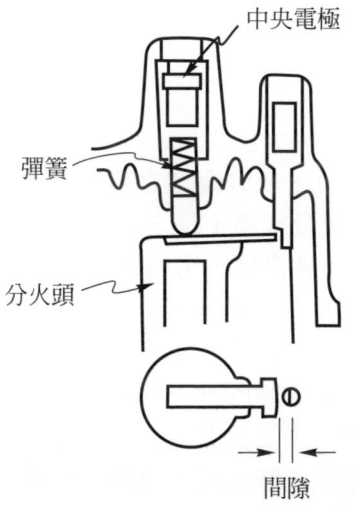

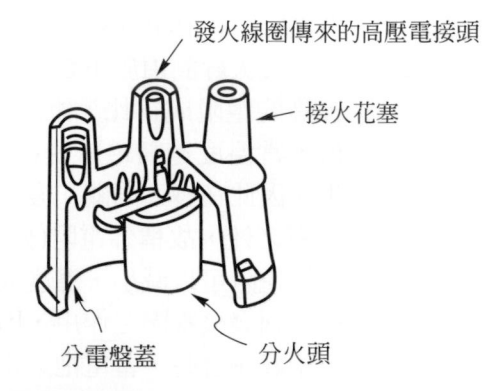

圖 10.11 分電盤蓋與分火頭

(a) 分電盤蓋:分電盤蓋是利用絕緣良好的特種電木所製成,能耐高壓,不易漏電,安裝在分電盤上,其功用是將發火線圈來的高壓電,由中央電極進入,經圓碳刷從蓋子四週之電極,再由高壓線引到各缸火花塞，分電盤蓋上之電極，是高壓線插頭，其極數與缸數相同。

(b) 分火頭：分火頭亦是用絕緣良好的特種電木所製成，亦能耐高壓，不易漏電，它安裝在分電盤軸中央，它與分電盤蓋中央電極下之圓碳刷接觸，隨分電盤軸而轉動，將高壓電分送到各缸去，分火頭和蓋上電極間有一適當間隙約為 0.3mm(0.25 吋)左右。

❷ 低壓控制部份

低壓控制部份，主要包括有凸輪(cam)、白金臂(breaker arm)、白金座(contact support)、白金(breaker point)、電容器(condenser)等所構成(如圖 10.12)。

(a) 凸輪

凸輪是利用表面硬化的鋼作成與缸數相等之正多角形之凸輪。分有四角、六角、八角等，凸輪旋轉時，推動白金臂膠木接觸片，控制白金之開關(如圖 10.13)，當凸輪的邊對向白金臂中央的接觸片時，由於白金臂彈簧的壓力，使白金保持閉合，低壓電路通電，發火線圈充磁。在凸輪轉動到凸輪角和接觸片相抵觸時，白金臂被凸輪推開，白金點張開，低壓電路被切斷，電流中斷，發火線圈中磁場消失，便感應出高壓電。

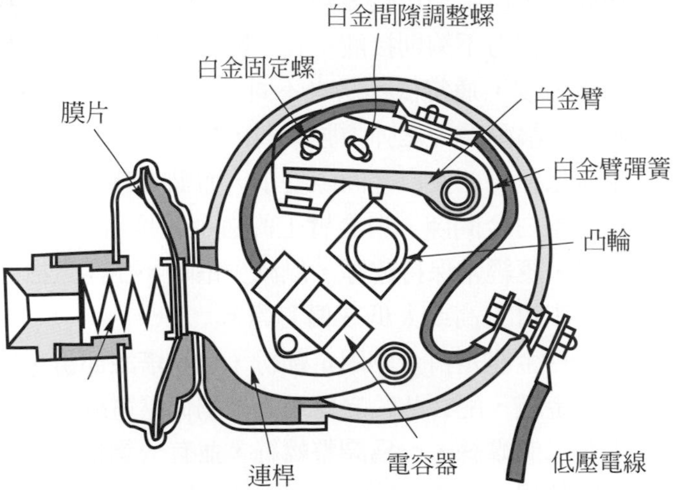

圖 10.12 低壓控制部份

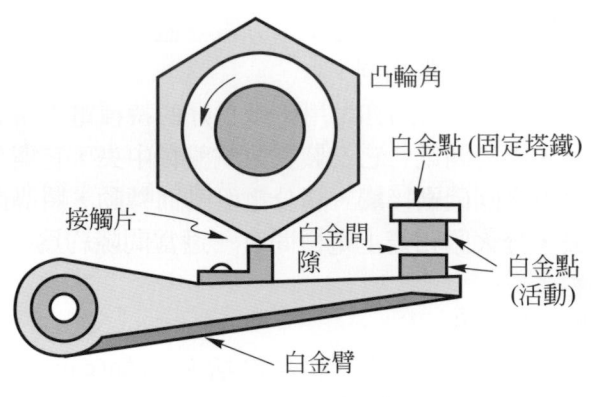

圖 10.13 凸輪之作用

在凸輪頂角與接觸片接觸時，白金點的開口最大，此白金點的開口稱爲白金間隙，一般大型車輛白金間隙 0.013 至 0.024 吋。在測量白金間隙時，白金面要平滑，否則測量出來的間隙就不準確。凸輪是與分電盤軸相連接，凸輪上安裝分火頭，下面和離心提前點火機構等連接，再接到最下之分電盤軸。

(b) 白金臂與白金座

白金臂是由白金點，接觸片、白金臂彈簧片等構成，彈簧片與臂作成一體，可保持白金點有適當接觸壓力，爲使引擎轉速高時，白金點接觸良好，彈力愈強愈好。但接觸片與凸輪易磨損，彈力不夠則接觸不良，影響低壓電路之通電，故均應有適當強度，通常依其狀之不同，有 17～21 英兩或 19～23 英兩。不論彈簧片之彈力強或弱，接觸片用久之後會磨損，無形中減低彈力並使白金間隙變小，而點火時間變晚，故應隨時加以調整白金間隙。白金臂上的白金點是用鎢鋼(tungsten steel)作成，應經常保持乾淨，以減少電阻，並注意白金閉合時接觸面，不可太高或太低或偏心等。

白金座是白金點固定部份，也是塔鐵部份，與白金臂配合成白金組，配合凸輪之作用而控制低壓電路之作用，在白金座上有二個螺絲，一爲調整螺絲，並有一調整槽等，作爲調整白金間隙用。

(c)　電容器

　　電容器主要功用是保護白金，並增加高壓電，因在白金剛打開時，除高壓線圈受感應產生高壓電之外，低壓線圈本身也自感應約 250V 之電壓，它會在白金處跳火花，而燒壞白金故加一電容器與白金並聯，以吸收自感應電壓而達到保護白金之作用，同時由於電容器吸收 自感應電壓而使低壓電路迅速停止，使高壓電更增強。

　　電容器的構造(如圖 10.14)在二片導電體之間，用絕緣體隔開，電子就可容納在導電體之間，通常是用二條薄金屬紙(錫箔或鉛箔)中間加以絕緣紙，捲成圓筒形後裝入鉛殼中，其中有一條金屬紙與鉛殼連接作為搭鐵，另一條金屬紙則接電容器之接線，並聯接到白金。一般電容器的金屬紙面積愈大，間隙距離愈近，則容電量愈大，汽車上分電盤所用的電容器之容電量通常為 0.16 至 0.27 微法拉(mfd)，但所用電容器之容電量

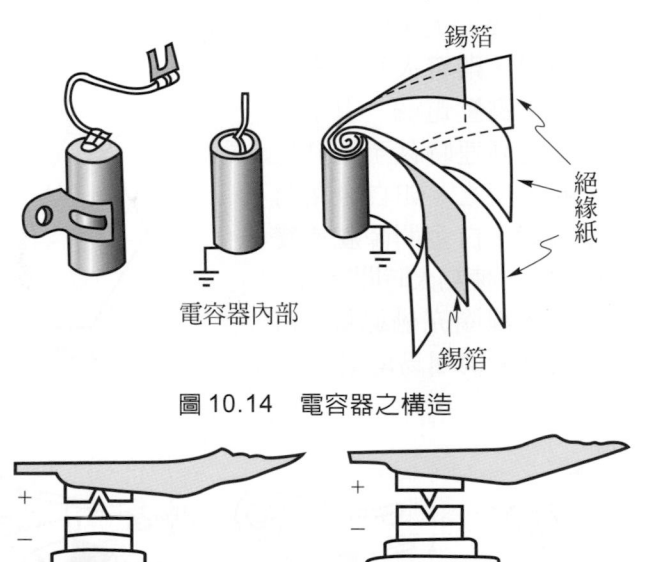

錫箔

電容器內部

絕緣紙

錫箔

圖 10.14　電容器之構造

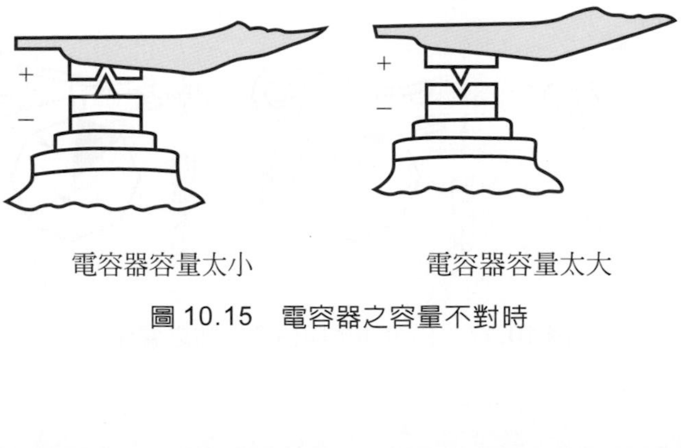

＋
−
電容器容量太小

＋
−
電容器容量太大

圖 10.15　電容器之容量不對時

大小要適當，不可太大或太小，否則會燒壞白金，使白金產生凸出之現象(如圖 10.15)，它會使低壓電路通電不良，高壓電便會降低。

(d) 白金閉角與白金間隙的關係

所謂白金閉角(cam angle or dwell angle)是指白金閉合時期內，分電盤凸輪所轉過的角度，(如圖 10.16)在白金閉合時期，即低壓電路通路，發火線圈充磁時間。白金閉角通常 4 缸引擎約為 54 度，6 缸引擎約為 36 度，8 缸引擎約為 27 度。如果不知道白金閉角時，可由簡單的公式算出，以汽缸數去除 216 度，所得的結果，就是白金閉角。當白金閉角合乎規定時，發火線圈充磁量夠，高壓電強，引擎馬力大，且省油。

白金閉角與白金間隙之關係(如圖 10.17)，如白金閉角太小時，白金間隙就會變成太大，使點火時間提早，則發火線圈充磁不夠，高壓電弱，引擎無力，在高速時甚至不發生火花。反之，如白金閉角太大時，白金間隙就會變成太小，使點火時間變晚，則發火線圈充磁過量，白金與發火線圈易燒壞。

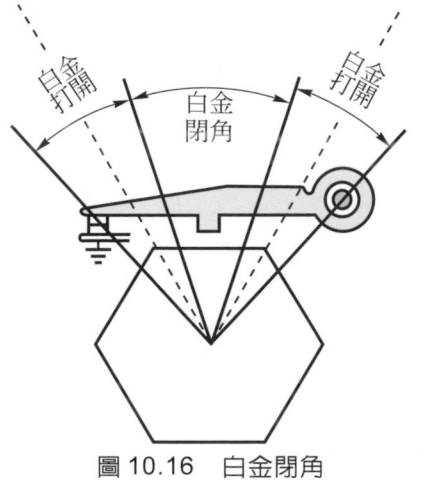

圖 10.16　白金閉角

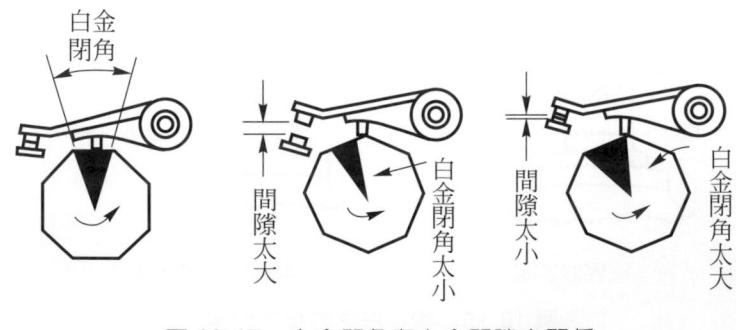

圖 10.17　白金閉角與白金間隙之關係

(3)　雙白金點火方式(dual ignition system)

　　當白金閉合時，低壓電路開始通電，因線圈本身之電阻，低壓電流之升高需要一段時間(如圖 10.18)在低壓電流尚未完全建立前，白金打開，低壓電路被切斷，結果產生電流小(如圖 10.19)，當轉速愈高，白金閉合時間愈短，電流因而降低，則發火線圈磁場漸弱，產生之高壓電降低，尤其是高速時有失火現象，為了補救一般點火系統在高速時有失火現象，在高速或高性能引擎上常常用雙白金點火方式。

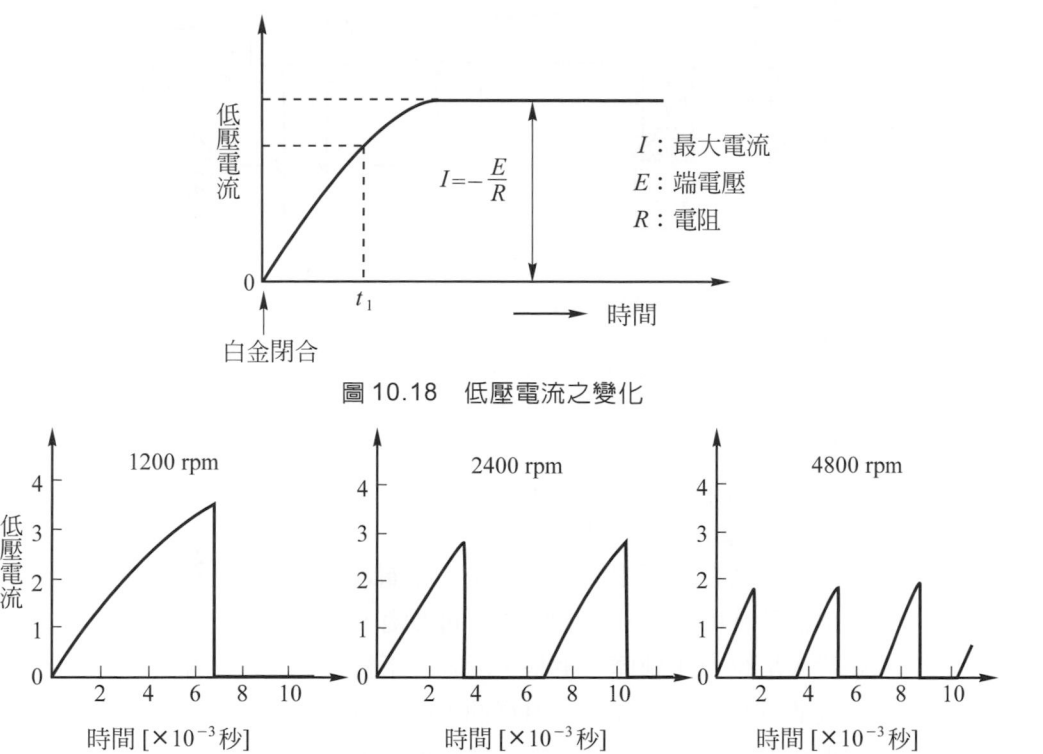

圖 10.18　低壓電流之變化

圖 10.19　低壓電流與轉速之關係

　　雙白金點火方式具有二個完全獨立的點火系統(如圖 10.20)二個發火線圈，二付白金，每缸有二個火花塞，並以一個凸輪同時控制二付白金而作用，故每缸有二個火花塞在同一瞬間產生火花。不過有的設計，是一付白金組分開時間比另一付早些，在一付白金尚未開啟前，另一付白金已閉合，故有一段時間二付白金同時閉合，如此白金閉角增加，高壓電增強。

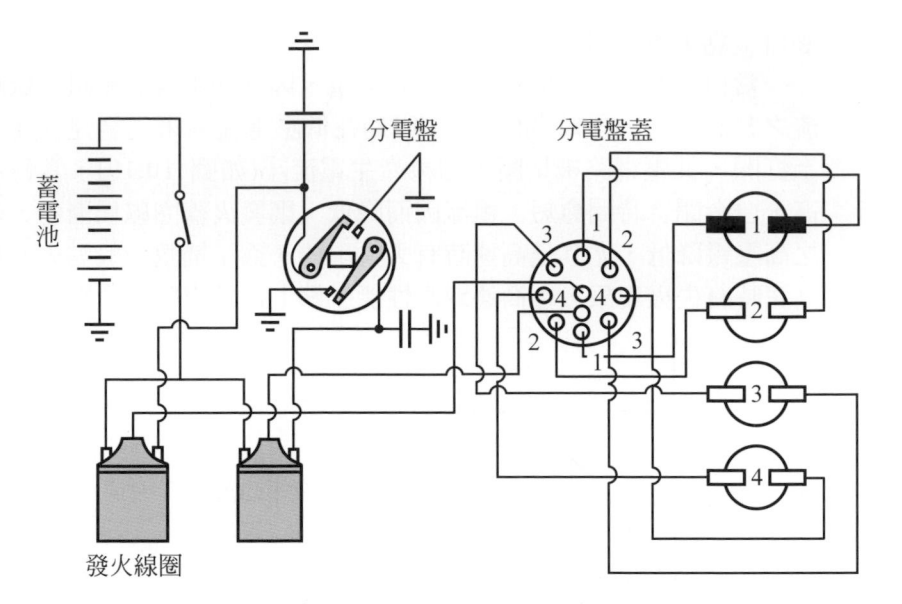

圖 10.20 雙白金點火方式

　　另有一種是雙白金電盤(double alternate distributor)，僅使用一發火線圈，一火花塞，只是分電盤內有二付白金輪流作用，這樣可使凸輪角的數目僅為缸數的一半便可，同時每付白金閉合時間因而加長，感應出來的高壓電便較高。

(4) 點火正時(ignition timing)

　　混合氣在汽缸中燃燒時，是一圈圈地向外擴張到完全燃燒為止，通常需時 0.003 秒，如果點火時間太晚，即活塞到上死點時才點火，此時火焰壓力才到達一半時，活塞已下行很長一段距離，則汽油燃燒力量並沒有充分發揮，不但費油，引擎無力，且引擎產生過熱現象，如果活塞未到達上死點前很遠便點火，則點火太早，此時火焰壓力向下，而活塞卻又往上行，二者便互相撞擊，在汽缸內產生爆震聲，這種現象亦稱為爆震(knock)，爆震對引擎損害最嚴重，使動力損耗，又費油。

　　由於點火太晚，則引擎產生過熱；點火太早則引擎產生爆震，而均費油又損耗動力，故點火時間必須準確，使引擎之效率和動力不致損失。點火正時何時最適當，通常在活塞到達上死點前 2 度到 10 度，火花塞跳出火花，此時火焰一層層擴展，活塞繼續上行，使活塞到達上死點後 10 度到 20 度時，剛好混合氣完全燃燒，混合氣力量全部發揮，引擎力量最大，且最省油。通常調整點火正時，在引擎的飛輪上或皮帶盤上均刻有點火正時記號，調整時只將其中的一個汽缸，點火時間校正準確，則其他各缸即自動達到正確之正時，不過普通常以第一汽缸為正時標準。最精確的正時法是用正時燈，其用法為連接正時燈於電池組，和第一缸火花塞，引擎運動時，將正時燈的光束指向時記號，每次火花產生時就會閃光，規定之正時記號應與指標一致，如果不一致，可鬆開分電盤的夾緊螺釘，將分電盤向正確方向旋轉一個角度。

⑸　高壓線(high tension cable)

　　從發火線圈中央電極，接到分電盤蓋分送到各缸火花塞之電線，因其輸送發火線圈之高壓電，故叫高壓線，良好的高壓線必須絕緣良好，不漏電，並能不受冷熱、油脂、裂紋、電暈(corona)等之影響，並將高壓電盡量減少損失到火花塞，高壓線是由多股鍍錫之銅絲或鋼絲所組成，外面包以良好之絕緣，為使電阻減少，導電性良好，高壓線端均加有銅套，並在高壓線上端加裝橡皮套，以防潮濕，產生酸性，腐蝕高壓線。

⑹　火花塞(spark plug)

　①　火花塞的構造

　　火花塞的構造(如圖 10.21)主要分三部份，中央電極、鋼體和邊電極、絕緣瓷等，中央電極是由鎳合金製成，能忍受高溫與高壓，它與發火線圈的高壓電路連接，鋼體上部製成六角形螺帽，以便於用套筒板手拆裝，鋼體下部製成螺牙，可旋入引擎，邊電極又稱搭鐵電極，是和引擎本體相通；在中央電極與鋼體間用絕緣瓷，使高壓電不致漏去，並可在鎖緊時，瓷芯不致立刻破碎。在中央電極與搭鐵電極之間有一間隙為火花塞間隙(spark plug gap)，依壓縮比，燃燒室形狀，火花塞位置，點火系統性能等之不同，火花塞間隙自 0.025 吋到 0.04 吋不等，故必須按照裝造廠的規定。

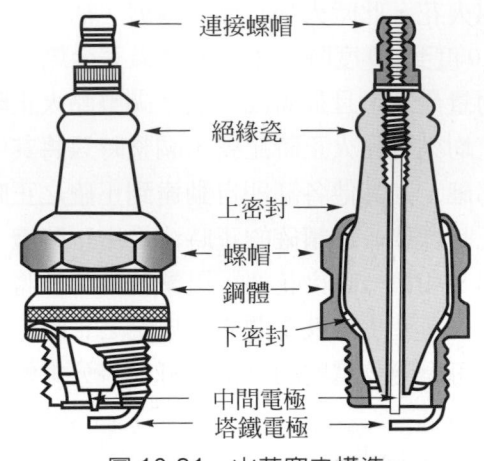

圖 10.21　火花塞之構造

② 火花塞螺牙之長度

　　火花塞在安裝時應注意螺牙長度要適合，要使螺牙應正好與燃燒室內壁平齊(如圖 10.22)，如牙身太長；使螺牙和電極伸入燃燒室內，很可能會和活塞頂相碰，而告損壞；並且螺牙的鋼體太深入燃燒室中，溫會過高而被燒紅，會火花塞尚未跳到火前，就能點燃混合氣發生早燃(preignition)，且螺牙上積碳時而拆不下來之毛病，如所裝螺牙太短，則裝上引擎後，火花塞縮在孔內，易被廢氣漩塞，火焰播速度減慢，有時甚至不跳火，且經久使用，內牙積碳，要裝正確長度之火花時又有不易裝上之毛病，故火花塞長度一定要依原裝規定，不可隨意更改。

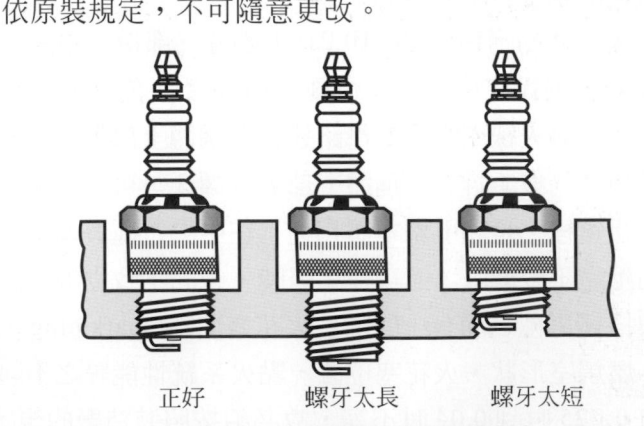

正好　　　　螺牙太長　　　　螺牙太短
圖 10.22　火花塞螺牙長度要適合

③　火花塞之熱值(heat range)

　　火花塞之熱值，是以中央電極的極尖溫度而定，因為火花塞的極尖，伸入燃燒室中，被混合氣燃燒之高溫燒熱，極尖的熱量必須散失，它先經過瓷芯，再傳鋼體，最後傳到汽缸蓋和水套，將熱量散於冷卻水中(如圖 10.23)，凡瓷芯短、傳熱快的火花塞稱為冷式火花塞；凡瓷芯長傳熱慢的火花塞稱為熱式火花塞，另有一種溫式火花塞，是介於熱式與冷式之間，火花塞極尖必須散熱，但設計時，必須使中央電極有一適當溫度，通常在 900°F 至 1500°F 之間，可以燃燒掉任何碳質或其他可燃之堆積物，如電極溫度低於 900°F 時，火花塞電極間，易積碳或上油，以致有時會不爆發；如果電極溫度超過 1500°F，則會有早燃之毛病(如圖 10.24)。

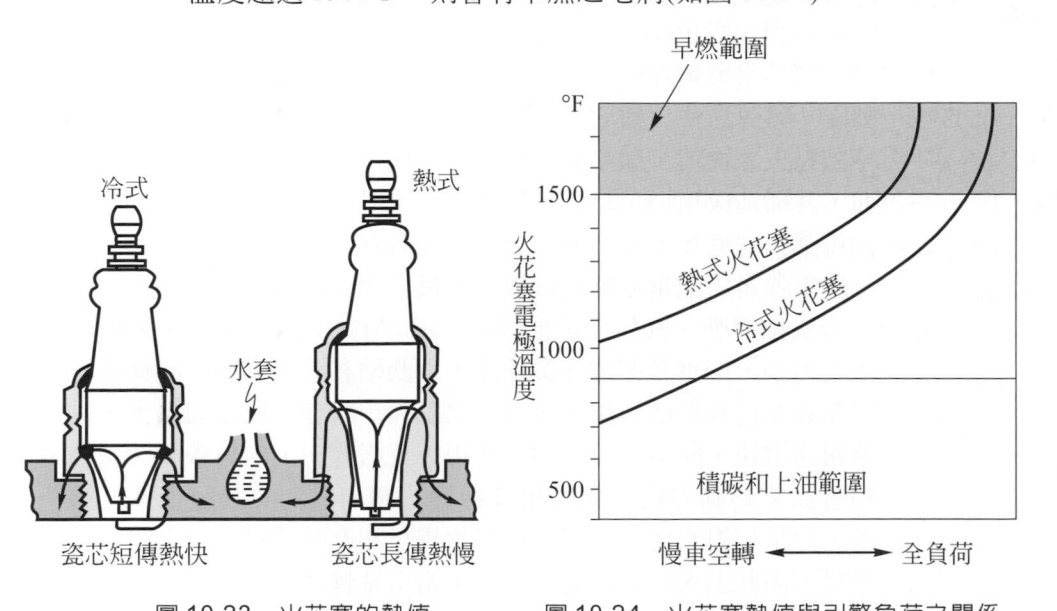

圖 10.23　火花塞的熱值　　　圖 10.24　火花塞熱值與引擎負荷之關係

　　火花塞之熱值應適應引擎的設計及使用條件來選用，通常凡壓縮比高的引擎，或連續以高速、高負荷開動而使溫度高之引擎，要使用散熱良好之冷式火花塞；而行駛距離較短，或經常停下來，在街上行駛之車，其溫度低的引擎，則使用散熱慢之熱式火花塞，以防止碳質的淤積。故將火花塞從引擎中拆出，觀察電極部份的顏色和形狀，常可判斷出火花塞使用情況，通常正常的火花塞底部呈棕色或灰棕色的粉粒堆積，電極可能略微蝕薄，如電極處積碳，表示所用火花塞太冷，如火花塞瓷芯燒成麻點，呈灰白色，電極腐蝕很快，表示所用火花塞太熱。

(7) 提前點火機構(ignition advance)

為使引擎在各種速度範圍及各種負載情況下，均能獲得最大壓力，高壓電火花之產生，需在正確之瞬間產生，由於汽油燃燒所需之時，不論引擎是低速或高速運轉，幾乎是相等的，均需 0.003 秒，方能混合氣完全燃燒，在低速時，有足夠時間供混合氣燃燒，但高速引擎快轉時，則為時不足，必須將點火時間提早，使混合氣有足夠時間燃燒，故引擎轉速愈快，按照引擎轉速負載之變化，自動將點火提早或延遲，通常用離心力或真空吸力來控制。

① 離心力提前點火(centrifugal advance)

因為引擎轉速愈快，點火就愈應提前，我們都知道，凡物體轉動時，轉速愈快，離心力就愈大，所以大多數電盤便利用離心力來控制點火之提前，離心力提前點火機構通常裝在分電盤白金底座下面，其構造(如圖 10.25)，有一底板在最下面與分電盤軸(驅動軸)一起轉動，在底板上有二個梢子，上面各套一個配重(weights)，並用一配重彈簧將配重收緊在底板上，最上面之凸輪則裝在配重上，隨分電盤軸轉動。其作用情形(如圖 10.26)當引擎慢車低速運轉時，離心力小，配重受配重彈簧縮攏，使凸輪和分電盤軸一起轉動，這時點火並沒有提前作用，按規定之點火正時在上死點前點火，當引擎轉速增快，配重因離心力之作用，克服彈力，向外張開，使凸輪順著原來轉動方向，額外地多轉過一個角度，由於白金臂位置不變，於是相對的使白金臂上接觸片提早和凸輪接觸，白金張開時間提早，因此點火時間也隨著提早，當引擎轉速愈快，配重受離心力愈大，愈為張開，使點火提前度數更多，但到某一轉速時，配重受凸輪底板之槽縫限制，不能再張開更大，故提前點火有一定限度，當達最高值時，即使轉速再增高，也不能再增加，配重彈簧的彈力，必須符合規定，如彈力太弱，則高速時就會使提前度數太多，點火太早，引擎發生爆震；如彈力太強，則高速時又嫌提前度數不夠，點火太晚、引擎力量不足，還容易過熱，故彈力要一定，不可任意改變，有些配重彈簧採用一強一弱，弱彈簧是控制低速時的提前點火度數，如要引擎轉速少許增加，便可使提前度數較多；強彈簧是控制高速的作用，提前較慢，由於二者互相配合，可使引擎性能較好。

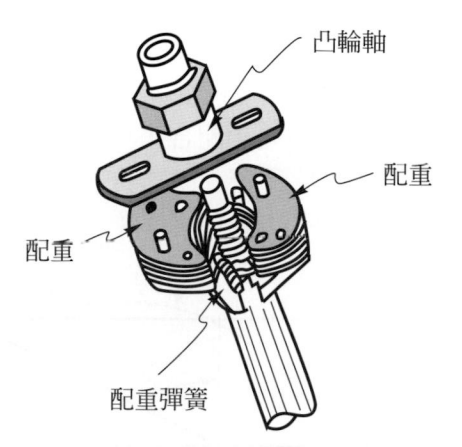

圖 10.25　離心力提前點火機構

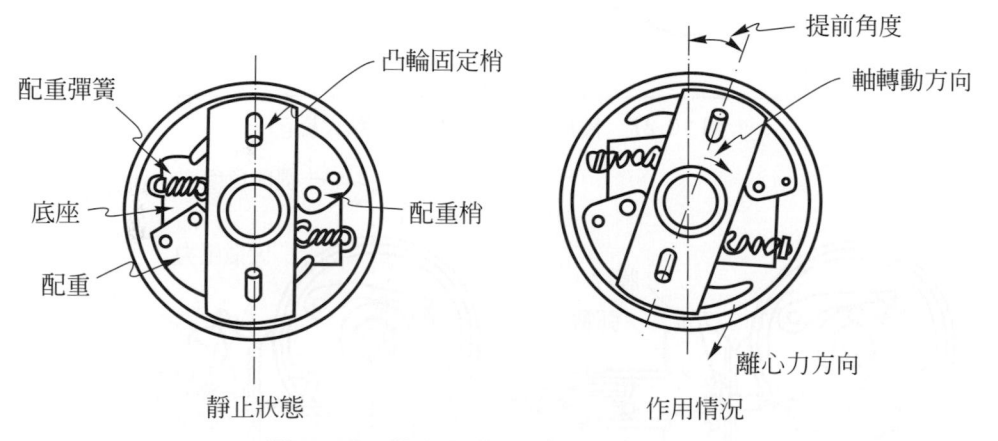

圖 10.26　離心力式提前點火機構之作用

② 真空提前點火(vacuum advance)

　　離心式提前點火之提前度數與引擎的轉速有關，而不能顧到引擎負荷之大小，只要轉速相同，點火提前度數就相等，縱然負荷大時，提前度數仍不數，因此引擎在負荷大時，就嫌點火太早，而發生爆震，故需要加一個真空提前點火機構，配合引擎的轉速及負荷,例如當車速在每小時 40 哩時,離心力使點火提早 15 度,這時真空較強,真空使點火提早 15 度,則共提早 30 度(如圖 10.27),但當在上坡時,也就是負荷大時,轉速一樣離心力仍使點火提早 15 度,但因負荷加大轉速一樣,因此節流閥開大,真空度變弱,沒有提前作用,總共只提前 15 度,正合乎負荷大時點火提早要少的要求,由此可知離心力提前點火是配合引擎轉速,真空提前點火是配合引擎負荷,二者互相配合,可使引擎性能更佳。

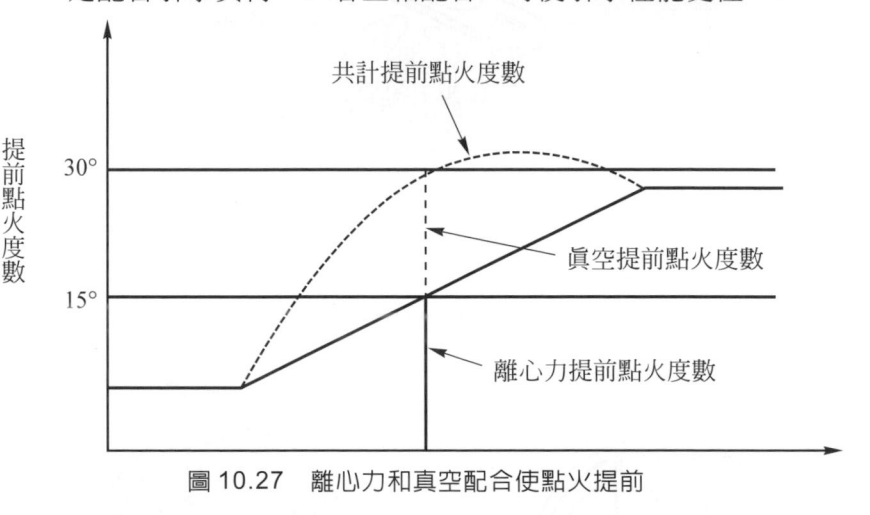

圖 10.27　離心力和真空配合使點火提前

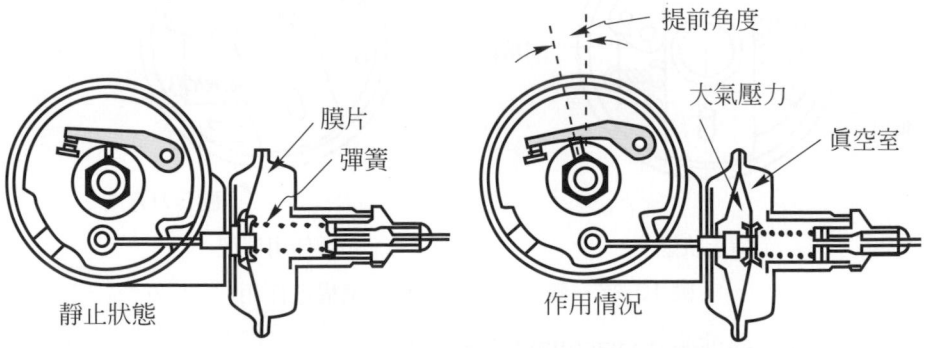

(a) 負荷大 (眞空小)　　　　　(b) 負荷小 (眞空大)

圖 10.28　眞空提前點火機構之構造及作用

　　眞空點火提前機構,主要是一個密封的眞空室,裏面有一膜片和一個彈簧,膜片中有一連桿和白金底座相連(有的是與分電盤外殼相連)。真空室用一銅管連接汽化管節流閥上方之小孔(如圖 10.28)，當引擎轉速慢時，引擎真空雖強，但節流閥關閉，引擎真空作用不到真空室，點火不會控制，在節流閥打開時，引擎的真空作用達到真空室，膜片被吸動，膜片上連桿拉動白金底座，使和凸輪相反方向轉動，點火就提早，如引擎負荷加大時，節流閥大開，真空降低，真空室內之彈簧，將膜片壓回，使點火提前度數減少。

2. **磁電機點火系統**(magneto ignition system)

(1) 磁電機之概述

　　磁電機係由發電機點火線圈及分電盤等密切配合而成，由於自身能發電，並不需要蓄電池，磁電機之電壓係利用線圈與永久磁極間之相對運動感應而生，並將電壓適時送到各缸以點燃混合氣，利用磁電機所產生之電，如果磁電機是低壓式，則產生低壓電，然後再用一個外線圈，將低壓電升高為高壓電，以供火花塞跳火；如果磁電機是高壓式，則不需外線圈，能自己產生高壓電使火花塞跳火。

(2) 磁電機之優點

① 磁電機能自身發電，以供點火之用，而不必使用電瓶或其他外界之電源。

② 磁電機所產生之電壓強度與引擎轉速成正比，即轉速愈快，產生火花愈強，而普通蓄電池點火則相反，引擎在高速時火花反而變弱。

③ 磁電機結構簡單，檢修方面，因磁電機點火各機件集合於一處，有故障時，檢查快，修理也方便。

(3) 磁電機種類

　　磁電機可以兩種方法分類：按磁電機產生之電壓可分為低壓式與高壓式，在低壓式磁電機的感應線圈中，只有一個線圈，僅能產生低壓電，仍需要配合一個發火線圈，使電壓升高，以供火花塞跳火；而高壓式磁電機的感應線圈中二個線圈，不需要再用發火線圈，能自己產生高壓電，直接供給火花塞跳火。另按磁電機旋轉部份之不同，可分成電樞式磁電機與感應式磁電機，電樞式磁電機是將感應線圈安裝在轉動的電樞上，電樞在固定的馬蹄形磁極間旋轉，線圈因而感應生電，感應式磁電機剛好相反，線圈安裝在固定的鐵芯上，由磁極轉動，使線圈感應生電。

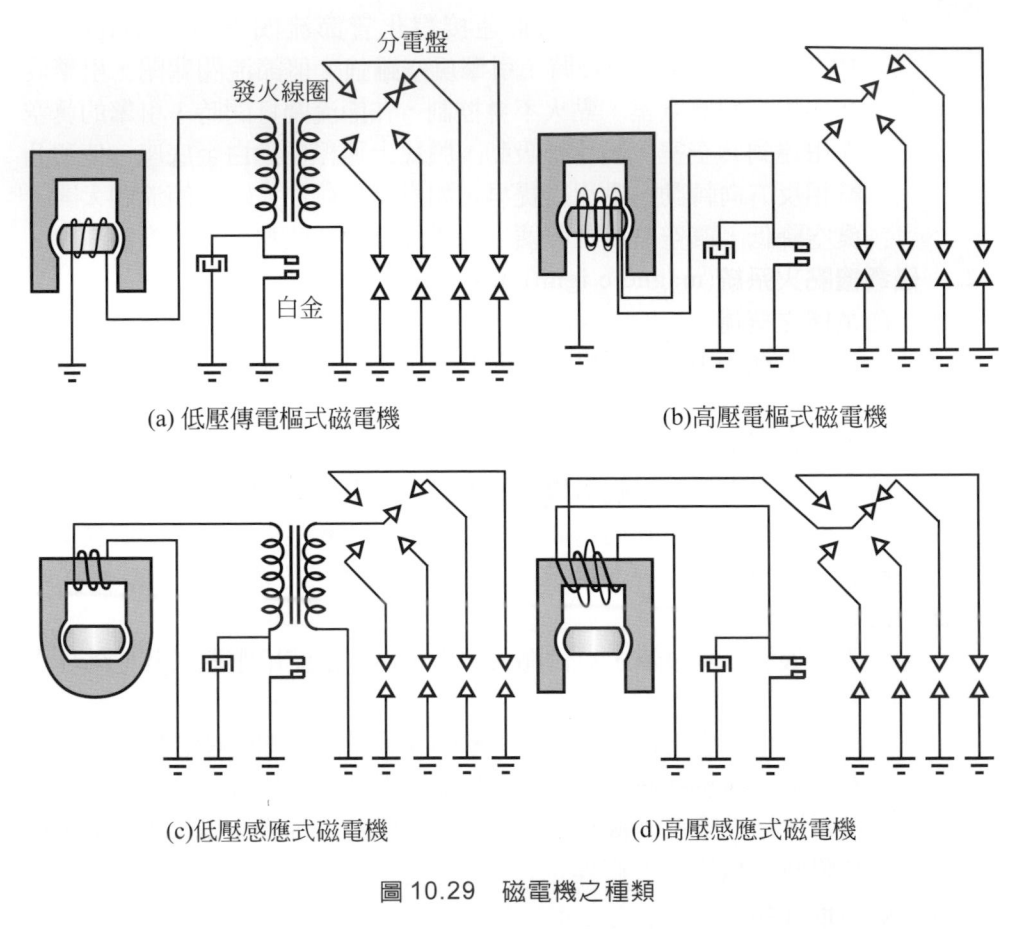

圖 10.29　磁電機之種類

　　由上述二種不同分類方法，磁電機可歸納下列四大類(如圖 10.29)：

①　低壓電樞式磁電機(low-tension armature magneto)。

②　低壓感應式磁電機(low-tension inductor magneto)。

③　高壓電樞式磁電機(high-tension armature magneto)。

④　高壓感應式磁電機(high-tension inductor magneto)。

(4)　磁電機的作用原理

　　　　磁電機雖有各種不同型式，但其作用原理則一致，利用磁極旋轉
位置之改變，使通過線圈的磁力線之方向和數量發生變化，而使線圈
感應產生高壓電(如圖 10.30)這是一種高壓感應式磁電機，在矽鐵片
疊合而成的鐵芯上，繞有二組線圈，低壓線圈使用 0.5～0.1mm 的漆

包線約 200～300 圈左右；高壓線圈使用 0.05～0.08mm 的漆包線繞約 10,000 圈左右，在線與線之間及線圈每一層之間完全隔絕，其線路之連接(如圖 10.30)。

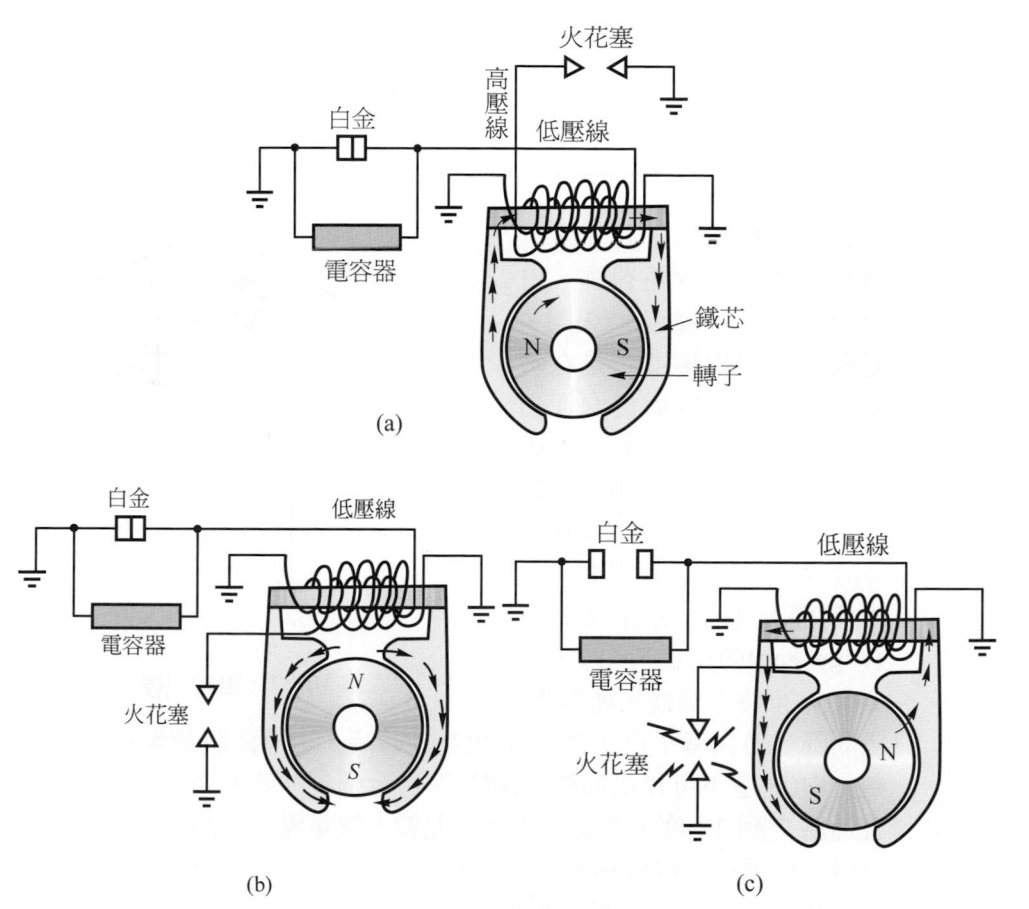

圖 10.30　磁電機作用原理

　　圖 10.30 之作用，磁電在圖(a)位置時，磁力線由*N*極出發經鐵芯而回到*S*極，此時因磁通變化少，在低壓線圈及高壓線圈均不能受感應。當磁鐵轉到圖(b)位置時，磁鐵之磁力線不能通過線圈鐵芯，而繞如圖(b)所示通路回到 S 極，此時低壓線圈受感應有一電流通過白金而搭鐵，當磁鐵繼續向前轉約 10 度左右，磁鐵轉到圖(c)位置時，此時通過一次線圈之電流最大，則低壓線電流中斷，低壓線圈的磁力

線立即消失，磁鐵的磁力線立即改變方向，與原來方向相反，而自線圈鐵芯由右向左通過而回到 S 極，如圖(c)所示，此時低壓線圈發生 200 伏特之電壓，而在高壓線圈發生約 10,000 伏特的高壓電在火花塞處跳火。在低壓電路中，與普通點火系統一樣，在白金處並聯一個電容器，且吸收白金剛打開時低壓線圈之感應電壓，可保護白金不易被燒壞，並可使低壓磁場收斂更快，使感應出的高壓電更強。

(5) 磁電機點火正時

　　因磁電機低壓線圈的電流是交流的，爲了要使磁電機所產生的高壓電最強，白金要在低壓電流最大時張開，這時轉動之磁極並不是在垂直位置，而是略微偏向運動方向位置，電流最大如圖 10.31 如果白金提早或延遲打開，低壓電路並非在最大值，則產生之高壓電就減弱，爲此製造廠商訂定邊緣間隙 (edge gap)簡稱爲E間隙，作爲點火正時之根據。所謂邊

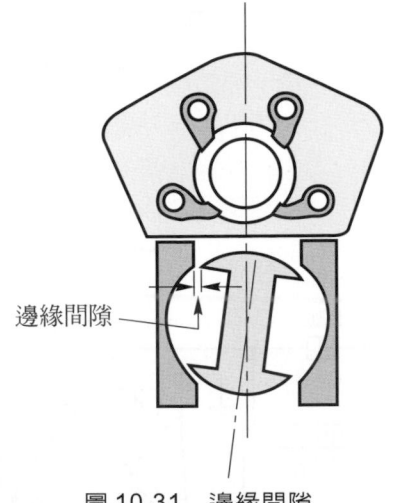

圖 10.31　邊緣間隙

緣間隙，是指轉子自中性位置(用手旋轉時，可感磁阻最大)，順著轉動方向(注意不可以反向轉動)轉動，白金剛打開時，所轉過的角度，普通爲 7 到 12 度，在此位置作一記號，就是點火正時。要調整點火正時，可轉動磁電機軸，點火記號對正時，表示此時低壓電路所感應電流最大，而在此瞬間，調整白金剛打開就可。

(6) 磁電機和蓄電池點火系統的比較

① 引擎高速時，普通點火系統之高壓電變弱，而磁電機的高壓電卻變強。

② 在發動引擎時，因轉速慢，磁電機所產生之高壓電火花弱，發動困難；而蓄電池點火則發動容易。

③ 磁電機可以完全不需要蓄電池，自己能發電；而蓄電池點火系統，蓄雷池是不可缺的。

④　蓄電池點火，不論缸數多寡，分電盤轉速是引擎轉速的一半，而磁電機則等於引擎轉速。

⑤　蓄電池點火系統之發火開關在關閉(OFF)的位置時，低壓電路被切斷，不產生高壓電而在開啓(ON)時，低壓電路通，便可產生高壓電，而磁電機在關閉的位置時，是使低壓電路成爲通路而搭鐵，白金點不再發生切斷低壓電路之作用，就不產生高壓電，引擎因而熄火，而在開啓位置是使通搭鐵之通路切斷，高壓電便可產生。

3.　電晶體點火系統(transistorzed ignition system)

(1)　電晶體點火系統概述

　　　近年來由於電子工業的發展，汽油引擎利用電晶體作爲點火系統之線路多達百餘種，但其原理和構造均有很大差別，不像普通點火系統，不論什麼廠牌，僅外型稍有差異外，實際之作用原理均一樣，電晶體點火系統所以會被採用，當然有其優點與特性，分述如下：

①　分電盤白金不易損壞，火花塞壽命可延長，保養費用因而可降低。

②　所產生高壓電火花較強，使燃燒更完全，汽油消耗量便可減少，即省油。

③　引擎高速性能因而獲得改善。

④　冷天引擎容易發動，可節省電瓶電力。

(2)　普通點火系統的缺點

　　　普通點火系統，在引擎以低速運轉時，分電盤中白金閉合時間較長，發火線圈充磁時間長，輸出高電壓就強，發火線圈能夠輸出之最高電壓稱爲發火線圈的能供電壓(available voltage)，故在引擎低速時，發火線圈的能供電壓高，點火性能良好，當引擎轉速加快時，白金便又張開，由於輸入能量少，輸出能量也便降低，高壓電火花也就變弱，點火性能就差，如果能供電壓低於火花塞跳火電壓，火花塞便不跳火，故引擎轉速愈快，則發火線圈之提供電壓就愈低。

　　　此外，能供電壓亦受通過白金的電流所影響，由於普通點火系統有轉速愈高能供電壓愈低之缺點，如將發火線圈的低壓電流增加到8至10安培，雖可使能供電壓提高，但確使白金容易燒壞，如果將電流改爲小於1安培，對於白金是好，可是對於發火線圈而言，充磁太小，感應出之高壓電太低，無法使火花塞跳火，爲了要克服這些問題，只有發展電晶體點火系統。

(3) 電晶體的特性

① 電晶體之構造

❶ *PNP*電晶體：是由一狹條的負性(*N*)之矽(Si)，夾在兩塊正性(*P*)之矽(Si)間如圖 10.32，由此三部份組合而成，互相連合，放在一容器中，引起三根接線；是射極(emitter)，用 E 代表，集極(collector)以*C*代表，基極(base)以*B*代表。

❷ *NPN*電晶體：若將一狹條的正極(*P*)矽(Si)，夾在二塊負性(*N*)矽(Si)中間，由此三部份組合而成，亦相連於一容器內，並接出三根線來，仍是射極、集極及基極。

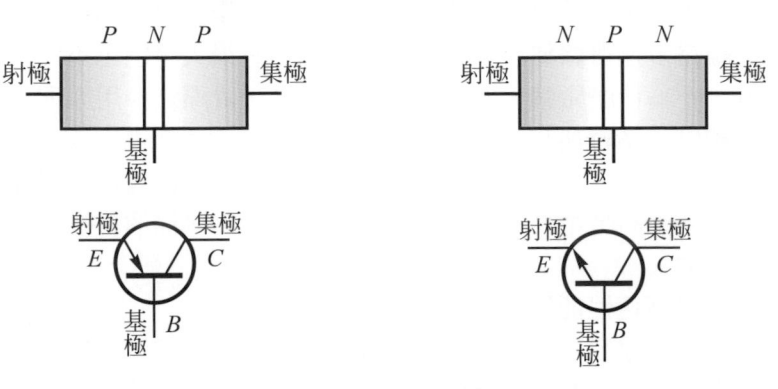

圖 10.32　電晶體

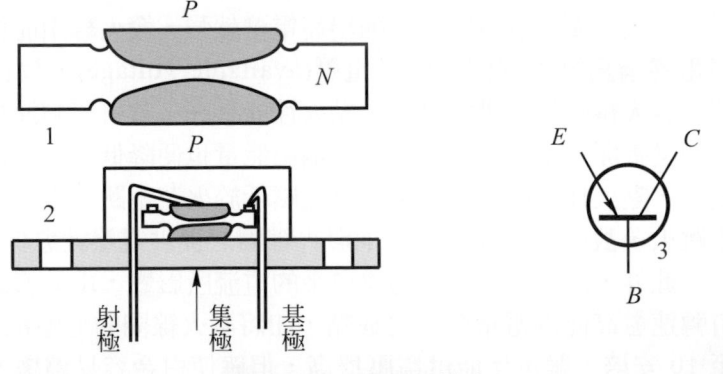

圖 10.33　電晶體構造

有些電晶體，將三根接線頭改變成二個線頭引出，是射極(*E*)和基極(*B*)，而電晶體外殼底座就作為集極(*C*)，如圖 10.33 所

示。*PNP*與*NPN*之區別在於射極符號上可看出，凡箭頭朝外是
NPN，箭頭朝裏是*PNP*。

② 電晶體的連接方法

　　每一個電晶體的連接，可把它看成二組線路而組成，一是射極
與基極合成一組；另一組是由集極與基極組合而成。如圖 10.34(a)
*NPN*的接線法，如圖 10.34(b)是*PNP*的接線方法，其原則是射極和
基極要順向和電源連接，集極和基極要反向和電源相連接。

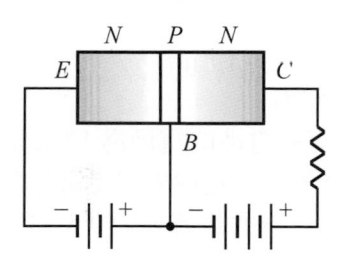
(a)

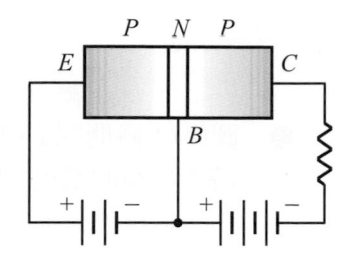
(b)

圖 10.34　電晶體連接方法

③ 電晶體之特性

　　電晶體之特性，由圖 10.35 說明如下：

❶ 圖(a)：當開關*a*、*b*均在打開位置時，蓄電池的電無法流入電晶
體中，則射極、基極、集極都沒有電流。

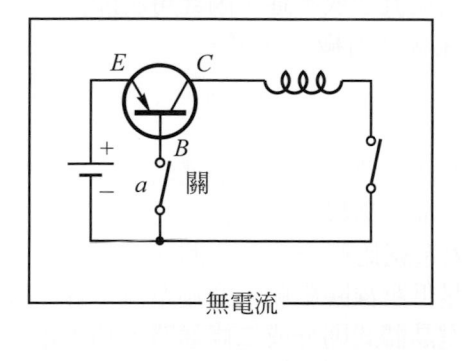
(a)

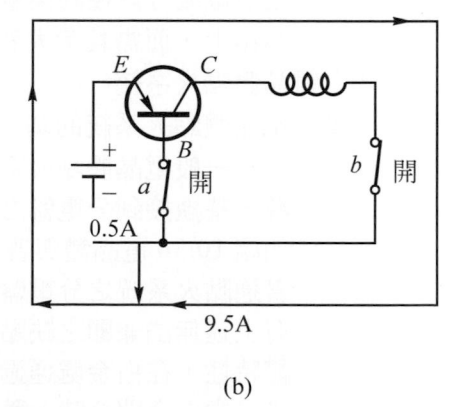
(b)

圖 10.35　電晶體之特性

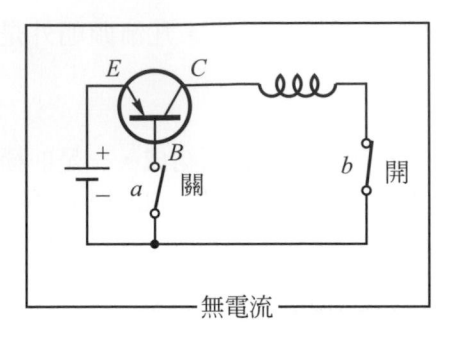
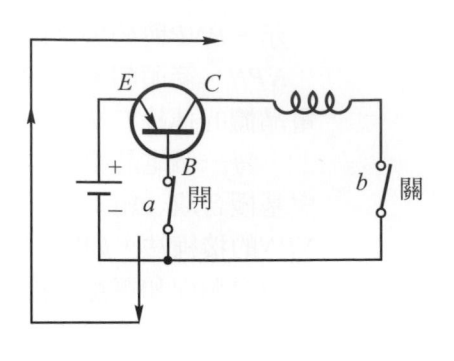

(c)

(d)

圖 10.35　電晶體之特性(續)

❷　圖(b)：將開關a、b都接上時，假定蓄電池的電仍為 10 安培，此時大部份的電流，95 ％以上約 9.5 安培，由射極流進電晶體，再由集極流出，只有少量電流，5 ％以下的電流，約 0.5 安培的電流由基極流出。

❸　圖(c)：如將開關a拉開而開關b仍接上時，則基極無電流通過，但開關b雖然仍接上，因為基極無電流，集極也就沒有電流通過。

❹　圖(d)：如將開關a接上，而集極上之開關b仍打開，則蓄電池的電假定 10 安培，就全部從射極流入電晶體，再由基極流出，而集極仍沒有電流通過。

　　　　由以上所述之作用可看出電晶體一最大特色，就是利用基極之小電流可以控制集極的大電流流通或不通，因此可將開關放在基極上，而需耗量大者放在集極或射極上便可。

(4)　電晶體點火系統

①　電晶體點火系統的基本原理

　　　　一般電晶體點火系統的基本電路，是將電晶體的射極接到電源，基極接到分電盤之白金，而集極接到發火線圈之低壓線圈；如圖 10.36 電晶體與普通點火系統比較一下，我們就可以看出，普通點火系統之分電盤白金是低壓線圈串聯，通過電流一樣，故有上述無法兼顧之缺點，而電晶體式則分成二條通路，利用電晶體特性，在白金處通過小電流，而低壓線圈通大電流，以符合要求。當白金閉合時，蓄電池之電流經開關到電晶體射極，因白金閉合，低壓線路亦接通(相等於電晶體特性圖 10.35(b)所示)，如蓄電池有 10 安培電流流出，則在基極上之白金只流過 0.5 安培之小電流，而在集極上之底壓線圈則流過 9.5 安培之大電流，因電流大，發火線圈充磁快，當白金一打開時，電晶體基極電路不通(相等於電晶體特性圖 10.35(c)所示)，集極也不通電流，則發火線圈斷路，磁場突然消失，發火線圈就感應出高壓電火花。

　　上面所述要使點火系統良好，低壓線圈 8 到 10 安培電流通過，則引擎在任何轉速下均能充磁，提供強而高之高壓電火花，不過為了保護白金最好不要超過 1 安培，一般點火系統是無法兼顧，但觀上述電晶體點火系統之作用，就可看出，電晶體點火系統就合乎此要求，可兩全其美，因通過白金的電流只有 0.5 安培，而集極上之低壓線圈的電流有 9.5 安培，二個條件均符合，則分電盤之白金不但可增長壽命，而且可增加點火電壓，使引擎省油，且增加馬力。

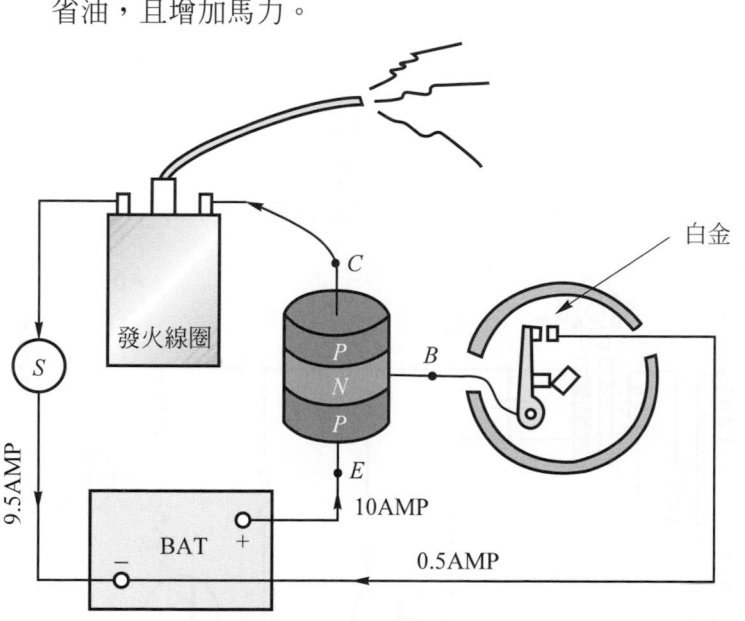

圖 10.36　電晶體點火基本電路

② 電晶體點火系統型式

❶ 白金控制電晶體點火系統(contact controlled transistor ignition)

　　白金控制電晶體點火系統之作用，是利用一個電晶體，使低壓電路接通或切斷，而電晶體之晶體電路由一般所用之分配盤內之白金所控制，如圖 10.37 所示。

❷ 磁力控制電晶體點火系統(magnetically controlled transistor ignition)

　　磁力控制電晶體點火系統,是一種無白金的電晶體點火,整個電晶體系統以一個脈衝信號產生器(impulse generator)來控制電晶體,以代替白金的開關作用如圖 10.38 所示。

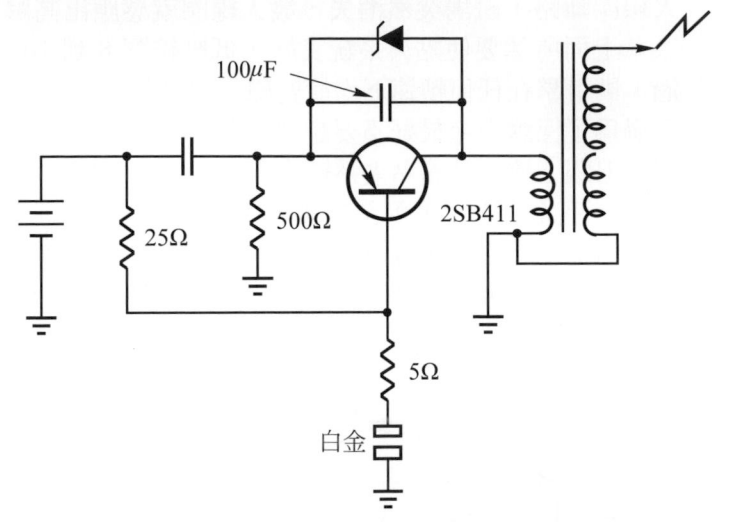

圖 10.37　白金控制電晶體點火系統

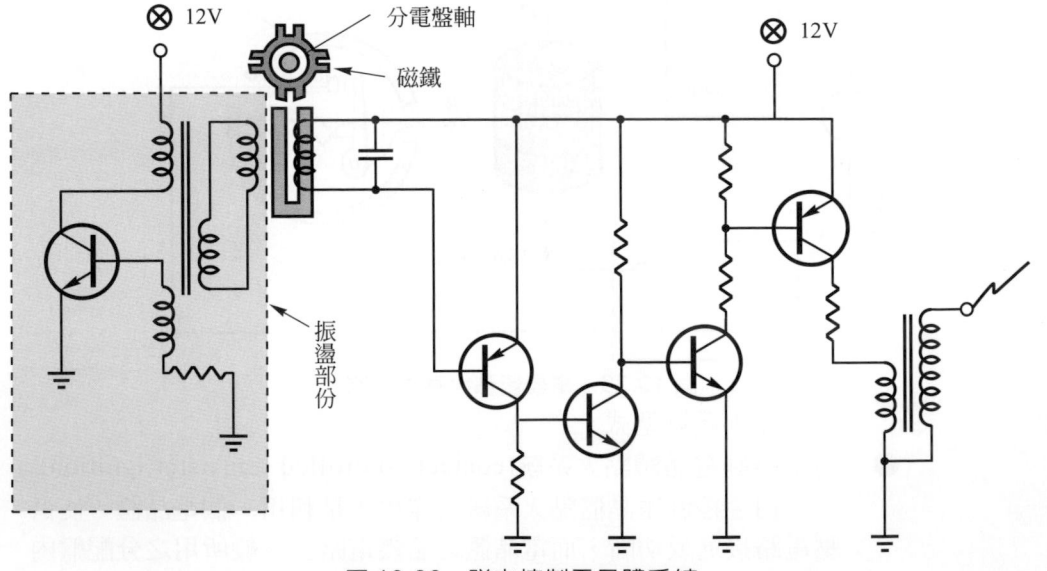

圖 10.38　磁力控制電晶體系統

❸　白金控制電容放電點火系統(capacitor discharge controlled transistor ignition)

白金控制電容放電點火系統，是利用分電盤白金去控制電容器火花放電，即在每次火花塞跳火花間隔期內，將電容器充電到大約 300 伏特，等到火花塞要跳火時，即白金打開時，將電容器內的存電放出，流到發火線圈使高壓線圈感應出更高的電，因電容器放電甚快(約 1 到 3 微秒，即百萬分之 1～3 秒)，高壓電不會漏掉，因此火花塞即使有油污情況也能跳出火花如圖 10.39。

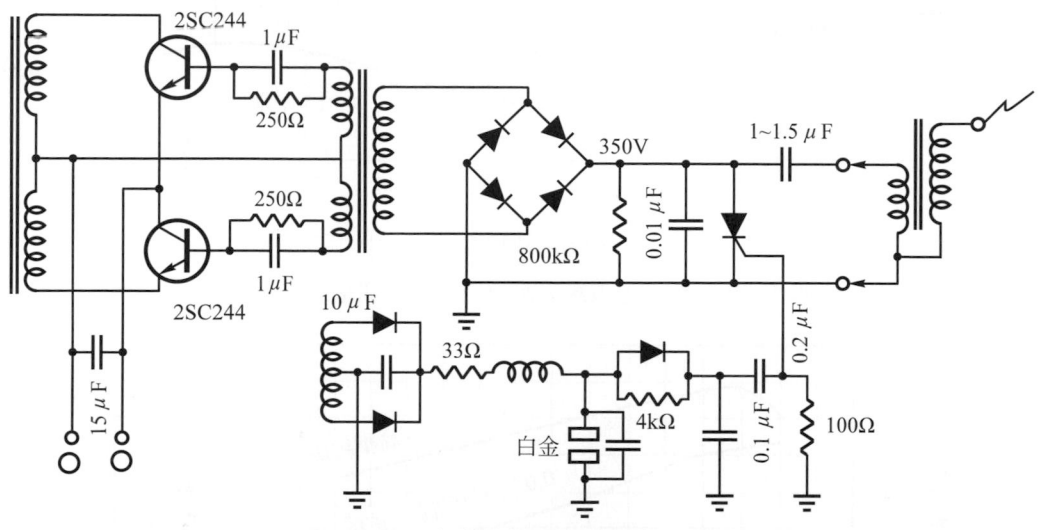

圖 10.39　白金控制電容放電點火系統

10.3　跳火電壓要求

火花點火式引擎，火花塞間隙內放電電壓的要求，直接影響引擎之點火狀況，因此必須加以考慮；一般認為點火所需電壓，隨下列情況而定。

1. 缸壓：若引擎之壓縮壓力愈高，所需點火電壓亦高。
2. 火花間隙：一般在 0.015 吋至 0.045 吋之間，如圖 10.40 所示。
3. 電極溫度：電極溫度與點火電壓成反比，若電極溫度提高，則所需點火電壓就可以降低。

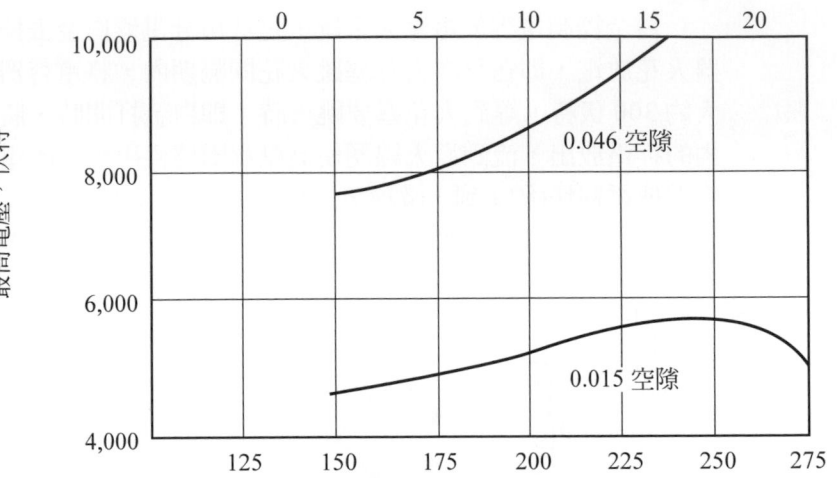

圖 10.40　指示均效壓力及火花隙對所需電壓的影響

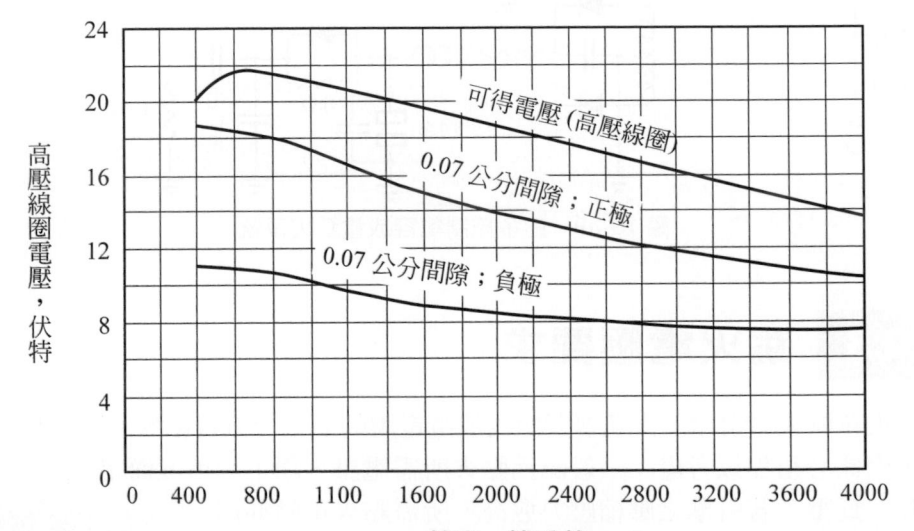

圖 10.41　轉速與極性對所需點火電壓的影響

4. 混合氣濃度：若混合氣濃度愈稀，則電極間電阻愈大需要較高的點火電壓。

5. 電極的特性：若中心電極為負極，也就是搭地為正，所需電壓較低，如圖 10.41 所示。

6. 轉速：當引擎的增速增高時，所需點火電壓較低，如圖 10.41 所示。

10.4　磁電機點火系統與高壓點火系統

　　所謂磁電機點火系統，可視為發電機與變壓器合併組成的點火系統，通常可分成三類：⑴磁鐵固定，線圈以及其所附之鐵心可作旋轉，如圖 10.42 所示，又稱為旋轉線圈式。⑵磁鐵及線圈以及線圈所附之鐵心均為固定，而另加一軟鐵，在二者之間轉動，如圖 10.43 所示，又稱為旋轉軟鐵式。⑶線圈及其所附之鐵心均為固定，磁鐵本身作轉動，如圖 10.44 所示，又稱為旋轉磁鐵式。以上三種磁電機原理相同，但旋轉磁鐵式較為適用，因其構造簡單，且線圈固定，引出高壓電較為簡便，目前採用者較多。

　　磁電機主要部份有七部份，即一次線圈、二次線圈、電鍵、斷電器、電容器、分電盤及電源，但電源由磁電機本身產生。在磁電機點火系統中，並不需要鎮定電阻，但是安全空隙仍不可缺，其中電鍵乃需跨接在斷續器的二接觸面上，這一點與電池點火制內不同，當電鍵接通時，斷續器變成無效，因此火花塞不能發火，電鍵拉開時，斷續器才有作用，而火花塞也可發火。

　　磁電機之工作原理，可由圖 10.44 說明：磁鐵轉子，由引擎帶動，使它在二極靴 *E* 間旋轉，二極靴是由多層鐵心片組成，連於線圈鐵心上；線圈可分為

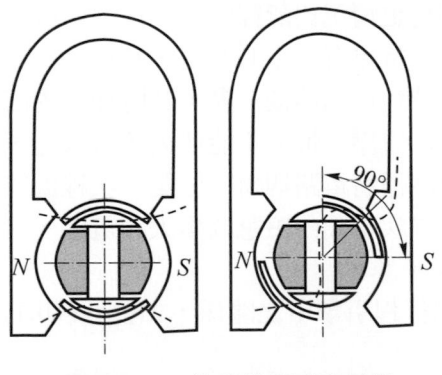

圖 10.42　旋轉線圈式磁電機

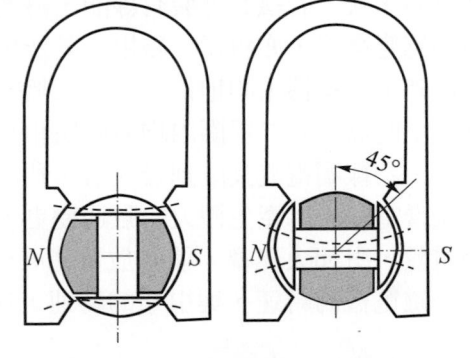

圖 10.43　旋轉軟鐵式磁電機

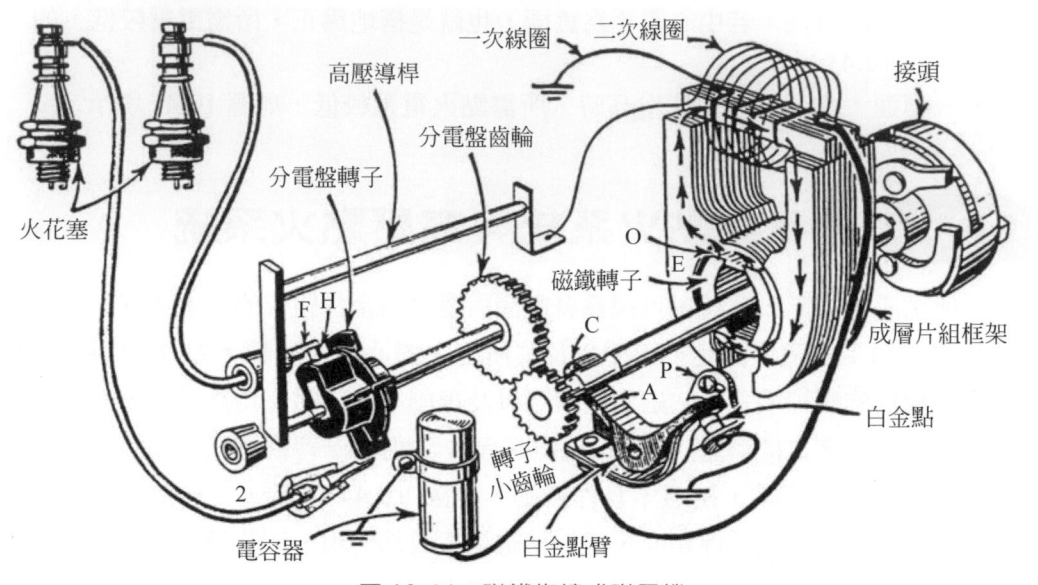

圖 10.44 磁鐵旋轉式磁電機

一次線圈,較粗而圈數較少,二次線圈較細圈數較多,兩個線圈有一共同接頭與鐵心相接,稱為搭地。在該磁電機中,有一個磁場,磁力線由磁鐵的北極,經過極靴,聯接於南極,此極靴的作用,是使磁力線集中。若鐵心上沒有線圈存在,當磁鐵轉子旋轉時,假如這時磁鐵轉子的南北極,正好對準兩極靴位置,這時鐵心內的磁通,應為最大值,若由這位置向前轉45度,則鐵心內的磁通為零,若磁鐵轉子再繼續向前轉動,則鐵心中的磁通立即反向,若再轉45度,則鐵心內的反向磁通達最大。因此磁鐵轉子每轉90度,鐵心內的磁通必反向一次。若鐵心上裝有線圈,磁通的變更情況與無線圈時一樣,但因線圈內的感應電流,亦會產生磁場,其作用為反抗原有磁場的改變,故鐵心內磁通反向時,磁鐵轉子的地位,通常較無線圈時地位稍落後一點,其時鐵心內磁通變更率既高,此二線圈內均能感應相當大的電壓,惟尚不能使火花塞放電,但若俟一次線圈電流長成到最大時,利用斷續器將電路切斷,於是一次線圈電路為振盪電路,可產生極大的磁通變更,使二次線圈內感應成極大的電壓,可由分電盤,引起火花塞,使其放電造成火花。

磁電機的轉速,與引擎的轉速,在四行程引擎中之關係,如公式(10.1)

$$\frac{N_m}{N_e} = \frac{i}{2i_m} \tag{10.1}$$

N_m：磁電機轉速

N_e：引擎轉速

i：引擎汽缸數

i_m：磁電機每轉所發火花的次數

例題 10.1 有一個四極旋轉磁鐵式磁電機，如圖 10.45 所示，係裝在一個 9 汽缸星型引擎上，試求此磁電機轉速與引擎轉速比。

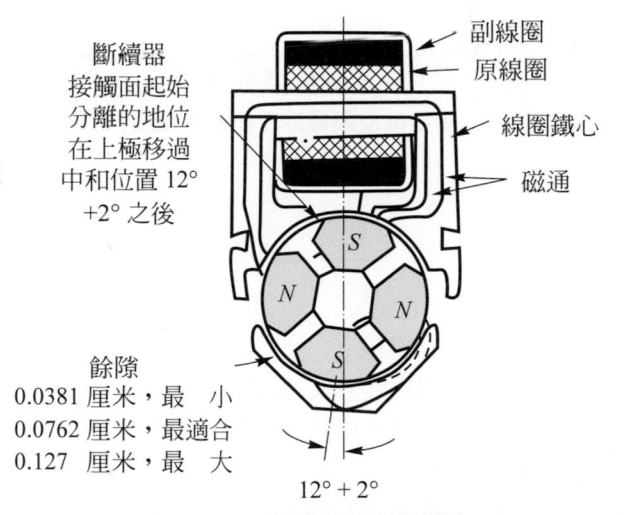

斷續器
接觸面起始
分離的地位
在上極移過
中和位置 12°
+2° 之後

副線圈
原線圈
線圈鐵心
磁通

餘隙
0.0381 厘米，最　小
0.0762 厘米，最適合
0.127　厘米，最　大

12° + 2°

圖 10.45　旋轉磁鐵式磁電機

解 因磁電機有四極，故可知 $i_m = 4$，每轉一次點火四次，汽缸數 $i = 9$，公式

$$\frac{N_m}{N_e} \frac{i}{2i_m} = \frac{9}{2 \times 4} = \frac{9}{8} = 1.125$$

答 此磁電機之轉速引擎轉速比為 1.125

　　磁電機點火系統與蓄電池點火系統的工作原理，大致相同，但其性能，並不相同，其主要不同點有二：

1. 高電壓的性曲線，在磁電機點火系統中，隨轉速增加而增加，但蓄電池點火制則相反，隨轉速增加而下降，如圖 10.46 所示。

2. 在蓄電池點火系統中，火花的效率，不受定時變更的影響，而在磁電機點火系統中，火花的效率，受定時變更的影響很大，因此在定時變更方面，受到相當限制。

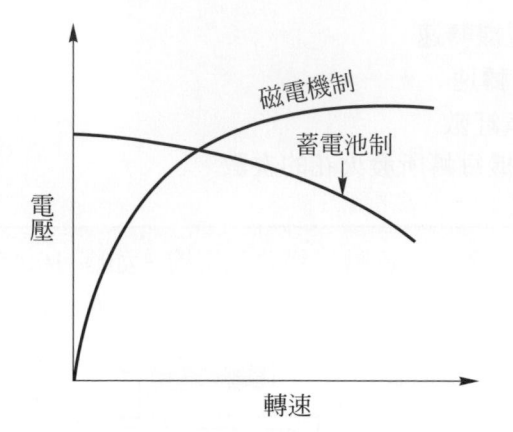

圖 10.46　磁電機及蓄電池系統的高電壓特性曲線

習 題

1. 填充題

(1) 高溫引擎適用之火花塞是_____式。

(2) 分電盤中的電容器與白金接點電路是_____聯。

(3) 不管電瓶是正極搭鐵或負極搭鐵，點火線圈輸出的高壓電極性必須為_____極。

(4) 引擎的負荷增加，火花提早量應該_____。

(5) 白金閉角小時，電流通過低壓電路的時間_____。

(6) 引擎在高速時發生顫動和不著火的現象，是白金臂彈簧太_____。

(7) 離心式火花提早機構中當引擎高速時，火花較早較_____，其凸輪應向運動方向_____轉動。

(8) 電晶體有那三個極_____、_____、_____。

(9) 一般點火線圈低壓電路的電流需要_____至_____安培時，才能感應足夠的高壓電壓，使產生火花。

(10) 一般 PNP 電晶體，電流經射極有_____％之電流經集極流出有_____％之電流經基極流出。

(11) 電晶體點火系統中白金接_____極，可以保護白金不受損壞。

(12) 若引擎在全負載狀態下，操作須換裝一個_____式火花塞。

(13) 發現火花塞經常積碳；應換用_____式火花塞。

　⒁　電晶體性質可以利用＿＿＿＿＿極的小電流來控制＿＿＿＿＿極的大電流。

　⒂　火花塞間隙一般＿＿＿＿＿吋至＿＿＿＿＿吋之間。

2.　問答題

　⑴　何謂低壓電路與高壓電路？

　⑵　試述點火線圈之構造、作用原理及功用為何？

　⑶　試述白金的功用？

　⑷　試述分電盤的功用？

　⑸　何謂白金閉角？通常 4 缸、6 缸、8 缸之白金閉角為多少？

　⑹　試述白金間隙、白金閉角與點火早晚之關係。

　⑺　試述火花塞的構造及功用？

　⑻　何謂熱式火花塞？適用於何種引擎？

　⑼　簡述離心提前點火構造及作用原理？

　⑽　為何需要點火提前機構？試述之。

　⑾　簡述磁電機之基本構造及作用原理？

　⑿　比較電瓶點火制與磁電機點火制之異同點？

　⒀　簡述離心式與真空式提前點火機構之構造及作用？

　⒁　試述電晶體的特性？

　⒂　試述電晶體點火之優點？

重油噴射問題及重油噴射系

　　不容易揮發的液體燃料，稱為重油，如柴油，這種重油燃料在內燃機中常採用噴射法噴入汽缸，使它成為細霧狀的液體，增加暴露的表面積，使其容易汽化及燃燒，如何使液體燃料產生霧化？這也是一件難題，因為霧化程度受到噴射壓力、射口直徑、空氣密度、液體的黏性等的影響，經過專家研究，提供了一性能曲線，有助於設計燃料噴射器，本章介紹了一些噴射方法，噴油嘴的種類、燃油的控制及調整器之功用、特性、分類、原理，調整器對船用引擎非常的重要，因船在海浪中上下，當船尾，浮出水面時，螺旋槳轉速變快，若不將轉速調慢，將會燒壞軸承，當船尾吃水深的時候，螺旋槳轉速度慢，船前進速度也會變慢，要保持船在海浪中，恆速前進完全要靠調速器來調整速度。

11.1　燃料噴射系及其任務

　　不容易揮發的液體燃料，如重油或柴油，這種燃料在內燃機中，常採用噴射法噴入汽缸，使它成為細霧狀液體，這樣便可使燃料暴露最大的表面，使它容易汽化及燃燒。因此燃料之霧化，是重油噴射之重要問題之一，燃油霧化一般有兩種方法：一種是靠著吸入空氣的氣流，使燃料成為液體線，然後由於它本身的表面張力，使它成為細滴，一般化油器就是利用此法。另外一種是用高的壓力，把燃料噴入汽缸，此時汽缸中的空氣是靜止的，因此造成燃料和空氣產生相對運動，使燃油霧化，這種方法又稱為無氣噴射(airless injection)或機械噴油(mechanical injection)，此法為現代壓燃式內燃機所通用的。

燃油霧化的程度(degree of atomization)是以噴霧中細滴的大小及大小的變更範圍而定，若霧滴細小，大小的範圍很窄，霧化程度就高，反之，霧化程度低。影響霧化程度的因素如下：

1. 噴射壓力的影響

燃油的霧化，主要是靠燃料與空氣的相對速度所造成，故成為影響霧化的主要因素之一，但流速又隨壓力差的平方根而變化，所以噴射壓力愈高，霧化程度也愈高，如圖 11.1 所示。

2. 射口直徑的影響

經過試驗的結果，如果燃油的噴射口的直徑愈小，則燃油流經射口時的表面體積比較大，因此霧化程度也較高，如圖 11.2 所示，但亦有其他試驗結果，證明射口的長度與直徑比，對霧化影響甚微。

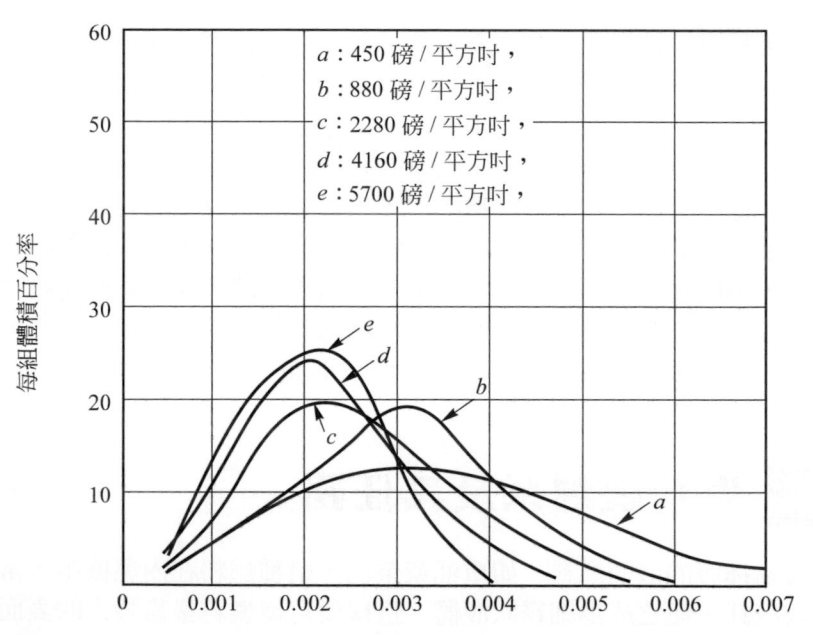

圖 11.1　壓力對霧化程度的影響

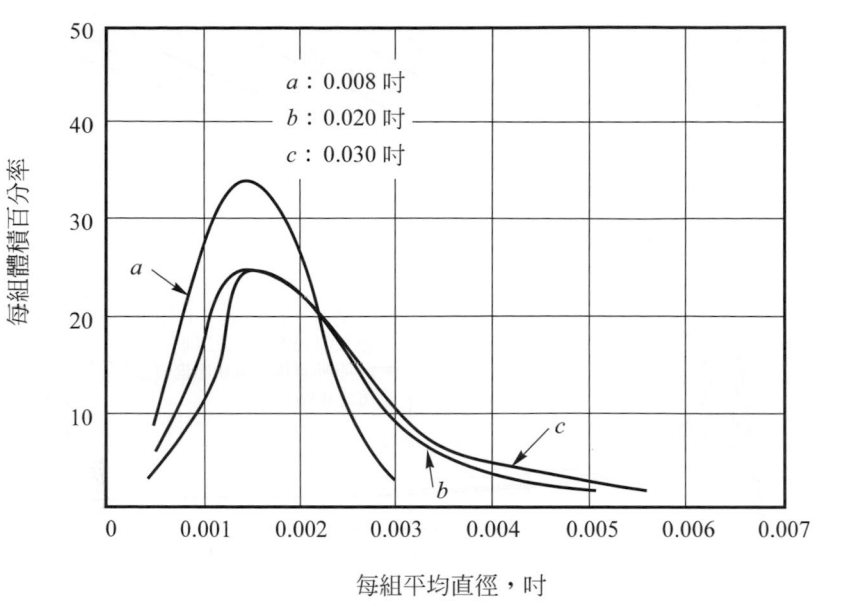

圖 11.2　射口直徑對霧化程度的影響

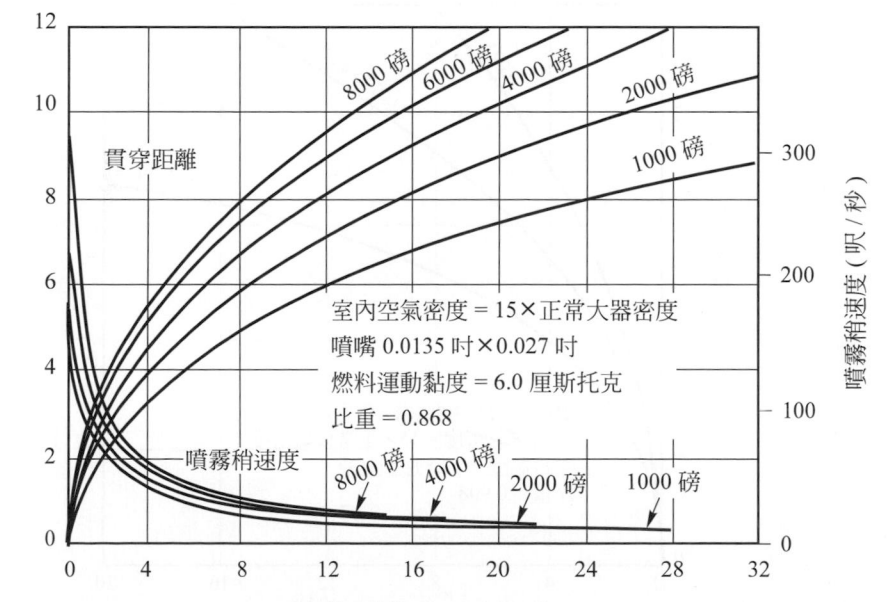

圖 11.3　噴射壓力對貫穿距離的影響

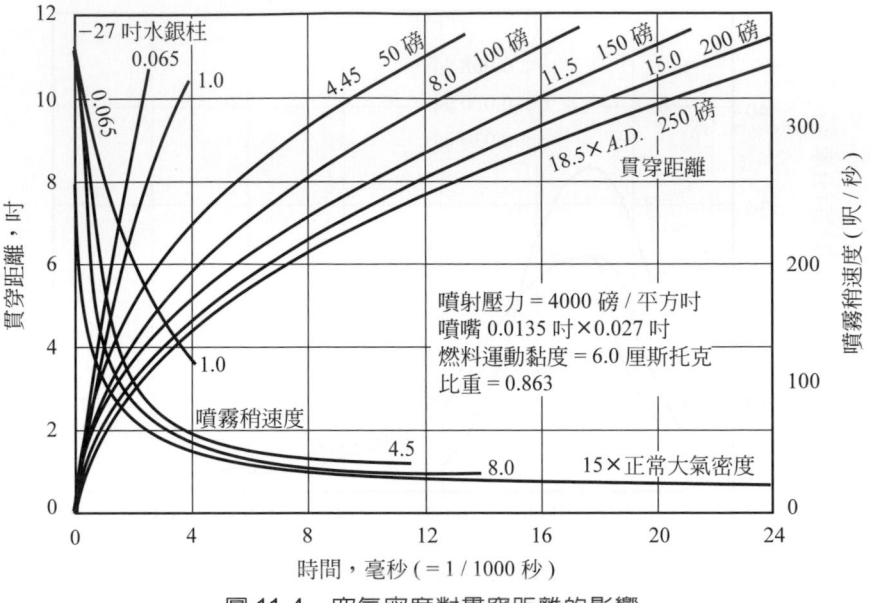

圖 11.4　空氣密度對貫穿距離的影響

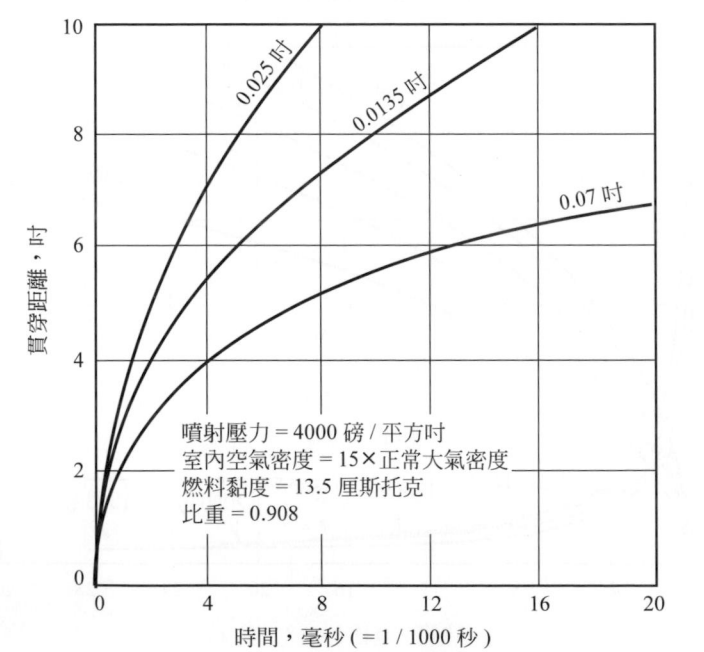

圖 11.5　噴口直徑對貫穿距離的影響

3. **空氣密度的影響**

　　　　空氣密度對霧化的影響不太明確，但大致密度若增加，則霧化程度也提高。

4. **黏性的影響**

　　　　燃料黏性若大，霧化就比較不良。

　　燃油的噴射貫穿距離(penetration)：所謂貫穿距離是指在一定的時間內噴霧尖端所移動的距離，影響此貫穿距離是指一定的時間內噴霧尖端所移動的距離，影響此貫穿距離的因素，有噴射壓力、空氣室壓力及射口之大小，另外黏性對貫穿距離的影響不大。噴射壓力對貫穿距離的影響；當壓力愈高時，貫穿距離也愈長，但其貫穿距離的增加率逐漸減小，如圖 11.3 所示。空氣室壓力對貫穿距離之影響；若空氣室壓力愈高，則貫穿距離就愈短，這正好與噴射壓力的影響相反，如圖 11.4 所示，噴口大小的影響，若噴口愈大，貫穿距離也愈長，若要使貫長距離長，應選用流量係數大的射口，其長度亦應適當，並使燃料沿射口的軸心線噴出，如圖 11.5 所示。另外噴口長度與直徑比對貫穿距離亦有影響，若噴口長度與直徑比在 4～6 之間，貫穿距離為最大，若在 1～3 之間，則貫穿距離為最小。

11.1.1　燃料噴射系

　　重油內燃機的燃料噴射系，包括以下六大部份：

1. **貯油箱**

　　　　貯存燃油的容器，在固定式的柴油機中，貯油箱裝在室外，或埋在地下，以防火災。在船用或車用貯油箱應離引擎燃燒室愈遠愈好，油箱上應具備通風孔及排泄閥，輸油管中應裝關閉閥，油箱上應裝適當的油錶。

2. **燃油濾清設備**

　　　　包括濾清器、澄清室或離心力或潔淨器等，其中離心方式潔淨器，用以潔淨雜質較高之燃料，如固定式低速柴油機所用燃料。中速及高速內燃機一般採用較潔淨之燃油，所以只需裝濾清器便可。

3. **燃油噴射泵**

　　　　一般燃油噴射泵，都採用柱塞式。各種噴射泵的主要不同點，在於操縱噴射率，噴射量及噴射定時的方法。

4. 燃油輸油泵

　　燃油輸油泵是將油箱中的燃油靠泵的壓力輸送到噴油泵，此輸油泵、柱塞式、齒輪式、葉輪式及離心力式等，輸油壓力應在表壓力 10～15psig 左右。

5. 噴射空氣壓縮機

　　在空氣噴射式重油機上需使用空氣壓縮機，通常採用三級空氣壓縮機。

6. 噴油嘴

　　燃油經噴油嘴射入燃燒室使燃油霧化，其種類很多，均係依照噴射的方法不同而異。

11.1.2　燃油噴射系之任務

1. 正確之計量(metering)

　　為要使引擎工作穩定，每次噴入各汽缸之油量，必須相等，且噴入之油量足以承擔引擎之負荷，由此，引擎始能獲得均一之轉速及均一之功率輸出。

2. 正確之定時(timing)

　　在壓縮點火式之引擎中，係將空氣吸入汽缸，經過壓縮後將燃油噴入，且噴入的時間必須適當，才可以得到適當的燃燒，並使燃油發揮最大的動力，如此可以節省燃油，亦可得到完全燃燒，若是燃油噴入過早，則發火必須延遲(delay)，(因為空氣必須壓至 500psi 以上，其溫度始足以使燃油自燃。)發火特別延遲將使燃油因潤濕汽缸內壁而損失，同時也會使引擎增高響聲及震動，造成浪費燃油，排汽溫度過高及排氣時帶有黑煙的缺點。若噴油時間過遲，因燃燒的時間過短，使引擎最大功率之輸出減少，而且排汽中也會有黑煙之不良燃燒現象。

3. 正確之噴油速率(rating)

　　噴油速率為單位時間內噴入汽缸之油量，多者速率高，少者速率低，噴油速率與正確之定時是同樣重要，若噴入之時間正確，噴油速率過高，其結果與噴油過早相同，噴油速率過低，其結果與噴油過遲相同。

4. 適當之霧化(atomization)

　　由於柴油份子，具有較大之重量及不易揮發之性質，且其在汽缸中與空氣混合及汽化作用，所能利用之時間，亦較在汽油機中者爲短，爲適應此一情況，燃油噴射系統，必須將燃油以霧狀噴入燃燒室高溫空氣中，使燃油質點能供給最大之傳熱表面，俾便於汽化點火而獲得完全之燃燒。

5. **平均之分佈**(distribution)

適當燃油之分佈，必須使燃燒室內每一部份之氧氣，能與燃油質點接觸，以供完全燃燒之用，而達最高功率輸出之要求，除霧化作用外，空氣與燃油質點之均勻混合，常借助於具有特殊形狀之燃燒室，或空氣進口之擾動作用。

11.2　**空氣噴射法**

柴油機噴油方式通常有兩種，即壓縮空氣噴油法(air injection)與機械噴油法(mechanical injection)，前者多用於早期柴油機中，近代除一部份大型重油機外，很少使用此種噴油法，因此法有一部份冷空氣進入汽缸，影響壓縮溫度，使熱效率降低，且壓縮機消耗動力，增加重量及體積，而機械噴油方法雖其霧化之程度不若空氣噴油方法完全，但其形式極爲簡單，重量輕所佔體積亦小，故近代柴油機大多採用機械噴油法。空氣噴油系統包括有下列三項主要部份：

1. **調節油量之燃油泵**(fuel pump)

普通在每一汽缸一柱塞泵，藉柱塞有效行程之長度，以控制給油量，而將燃油送入空氣噴油閥中。

2. **空氣噴油閥**(spray valve)

一般空氣噴油閥，多用 Nordberg 式空氣噴油閥，此項噴油閥，具有一由強力彈簧壓合之針形閥，下部裝有多孔霧化盤(atomizer disk)，使在燃油及空氣流過時，便將燃油分裂霧化，空氣攜帶霧狀燃油經火焰板而噴入汽缸，針形閥藉凸輪之作用使之開啓噴油，如圖 11.6 所示。

3. **空氣壓縮機**(air compressor)

噴油之空氣壓力由空氣壓縮機供給，噴油之空氣壓力爲 750 psi～1,200 psi，但普通壓力爲 1,000 psi。

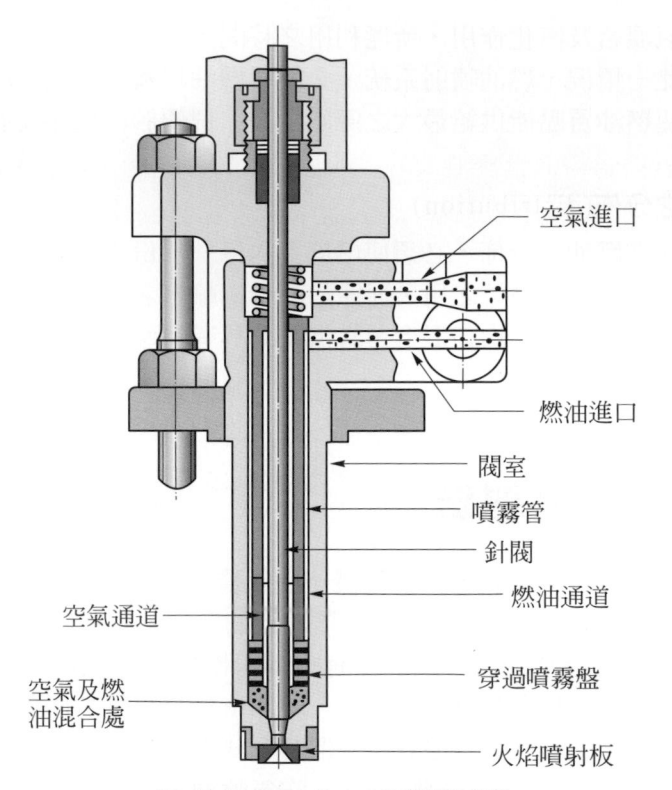

空氣進口

燃油進口

閥室

噴霧管

針閥

空氣通道

燃油通道

空氣及燃
油混合處

穿過噴霧盤

火焰噴射板

圖 11.6 Nordberg 空氣噴油嘴

　　在空氣噴射法中所採用的噴油泵，均為柱塞式，此種燃油泵，以前都用熱圈填涵蓋將柱塞密封，但目前採用無墊圈式，其中柱塞與柱塞套筒，均經高度打磨，並精密配合。柱塞的傳動是用凸輪推動，而由彈簧的彈力送回。

　　所謂空氣噴射法(air injection)，係將適當之燃料，壓送至持製噴射器內儲存，而在噴射將開始時，另以高壓空氣將燃料噴入燃燒室內。使用此法所用壓縮油泵之壓力並不高，但噴射空氣的壓力則需高至 1000psi 左右，每次使用之高壓空氣量約為吸入汽缸空氣十分之一。由於其對高壓空氣之消耗量頗大，故通常在空氣噴射系統內，均採用一龐大之三級空氣壓縮機供應，此空壓機將消耗內燃機百分之一至百分之三的功，因此不經濟。空氣噴射法最大的優點在噴射油粒細碎，可使燃料燃燒完全；其缺點為需要一龐大的空壓機，不但消耗動力，而且佔據空間，保養不易，價格昂貴，故近代新式之柴油機中，很少採用。

　　空氣噴射系統之作用，如圖 11.7 所示，圖中的 j 為低壓空氣壓縮機之活塞，空氣由汽缸右上方之 a 孔吸入，經活塞 j 向上壓縮該空氣，使其由左上方之氣閥流出，進入中間冷卻器i，再進入高壓空氣壓縮機汽缸k中，由j活塞上方之小活塞再壓縮，使其壓力再升高，進入後冷卻器l中，冷卻後再進入b中，此時多餘的高壓空氣將貯存至貯氣瓶c中，部份高壓氣流入噴油嘴 f 與高壓燃料相遇，並且與燃料混合後噴入汽缸內。高壓燃料是由燃料箱d經過濾清器及

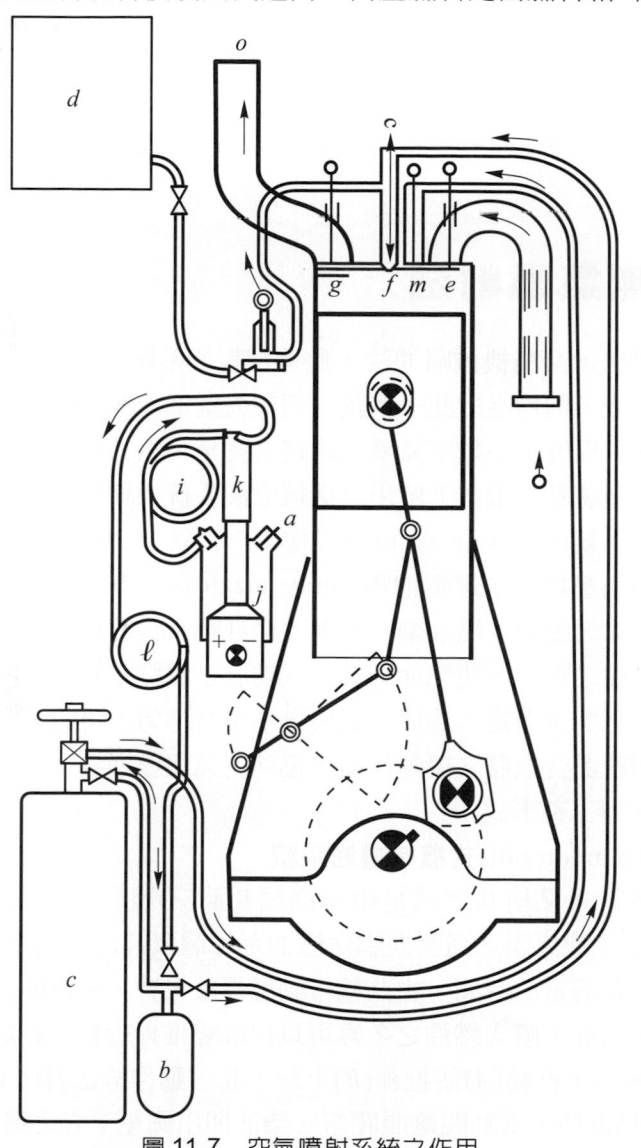

圖 11.7　空氣噴射系統之作用

輸油泵，進入高壓燃料泵 h，壓入 f 與高壓空氣相遇混合後噴入汽缸內。噴入之燃料量由 f 中的針閥提升或下壓，其上下運動則由凸輪帶動，其噴射的定時，也由凸輪操縱噴油嘴瓣的開閉時間而定，實際上燃燒與噴射之間有一落後時間，可具燃燒噴射應提早至上死點前 2 至 10 度曲柄角，這角稱為先期角(advance angle)，確定的角度，須按轉速、壓縮比、汽缸尺寸及燃料特性而定。

在空氣噴射系統中，空氣的供應量，約只有 3 ％是消耗在霧化作用上，其餘的空氣，能使汽缸內產生強裂的擾動，實際有助於燃燒過程，所以並不算完全浪費。

11.3 無氣噴射法

無氣噴射法，又稱機械噴油法，此機械噴油系統於 1910 年間開始採用，新式高速柴油機，則均應用此一系統，而在大型低速柴油機中亦有應用此一系統者。其霧化之程度，不如空氣噴油系統之完全，然其形式極為簡單，故其優點足以抵消上項缺點，根本上所用之機械噴油系統，均應用同一作用原理，即包括某種壓油系統(pumping system)以送出一約為 30,000 psi 的極高壓力之液體燃料，此項高壓燃料，經噴油嘴(spray nozzle or valve)之多數細孔，而噴入汽缸，由於巨大之壓力，燃油細孔而進入汽缸時，具有極高之速度，更由於空氣對運動中燃油之阻力，使燃油分裂而成霧狀之質點，霧化的程度，依噴油嘴之型式及細孔之多少而定，為使空氣與燃油混合均勻，可設計各種不同形狀之燃燒室，以加速混合氣體之擾動作用，協助空氣與燃油混合均勻。一般機械噴油系統具有下列三種形式：

1. **共管(common rail)式機械噴油系統**

   共管式又稱共槽式是由一高壓邦浦(A)將燃油送入管集頭(B)(fuel header)，管集頭之高壓則驅送燃油至每個汽缸之噴油嘴(C)，如圖 11.8 所示。在適當的時間，由凸輪帶動推桿及搖臂，然後開啟噴油閥，使燃油進入汽缸，噴入燃油之多寡可以由改變推桿行程之長短來調節，如圖 11.9 所示，凸輪(A)使推桿(B)上行，此一動作經搖臂(C)及桿(D)(lever) 傳至針閥(E)，當針閥離開閥座，柴油即由閥座下方之噴油嘴(F)上小孔進入燃燒空間，經過小孔時，柴油分成小線狀(small streams)分裂之柴油，噴入量之多少，由一楔形物(G)，依動力情形而控制，此楔形物(G)，改變柴油閥之間隙，若楔形物移至右端，閥間隙減小，凸輪隨動輪之動作傳至推桿較早，針閥開啓較早而關閉較遲，其舉起亦較大，因此每一週率柴油進入較多。若楔形物移至左方，間隙增大，針閥舉起較遲，關閉較早，柴油進入量減少，楔形物之位置，由調整器或以手控制之。

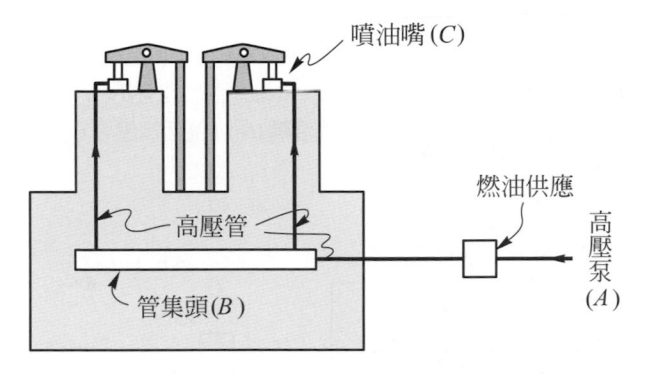

圖 11.8　共管式機械噴油系統

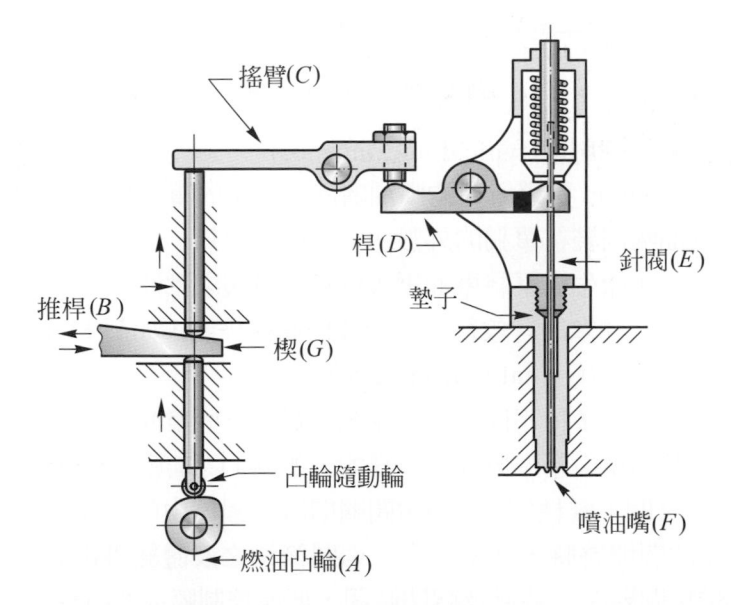

圖 11.9　共管式柴油進入之控制

　　共管式噴油裝置不適用於高速小徑引擎：因每一動力行程，每一汽缸內，不易得到十分正確之柴油量。

2. 單元噴射式(unit injetion)

　　單元噴射式噴油嘴是將邦浦與噴油嘴共同組合在一起外殼內，每個汽缸均有一個單元噴油嘴，燃料是用低壓邦浦(A)送至噴油嘴(B)，然後在適當的時間，搖臂便引動柱塞(plunger)在噴油嘴內產生高壓，於是將高壓燃油噴入汽缸，噴入之油量，係用柱塞之有效行程來調節，如圖11.10所示。此法又獨立邦浦式(individual-pump)。

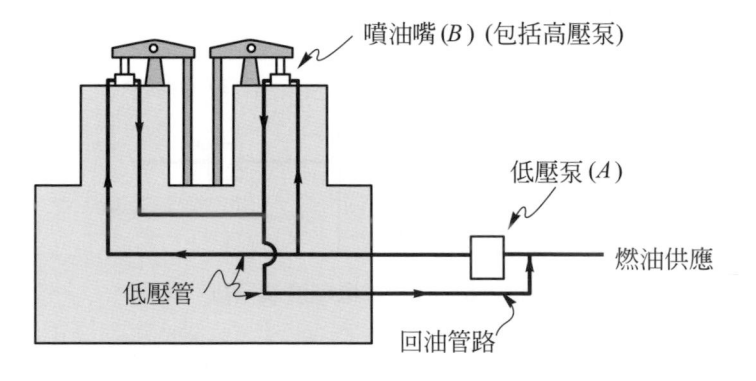

圖 11.10　單元噴油嘴

3. 典型的單元噴射器(typical unit injector)

　　如GM6-71引擎所用的噴油嘴就是典型的單元噴油嘴，它是將高壓泵與噴油嘴同裝在單獨的外殼內，然後裝於每一個汽缸上，利用凸輪推動柱塞，所產生高壓將燃油壓入汽缸，噴入之燃油量也是由柱塞之有效行程而定，柱塞之有效行程，同樣由齒板控制，如圖11.11所示爲典型的整體噴油嘴(typical unit injector)。

　　目前有許多種不同的噴油系統，雖然這些噴油系統泵機構之外表互異，但其作用之基本原理是一樣的，如圖11.12所示，A爲止同閥，B爲可控制之閥，當柱塞上行，B閥關閉時，圓筒中的液體，頂開A閥而噴出。當B閥開啓時，柱塞上升，則圓筒沖之液體經B閥流回，因此只要能控制B閥關閉的時機及關閉時間，便能控制噴油的時機及多少。

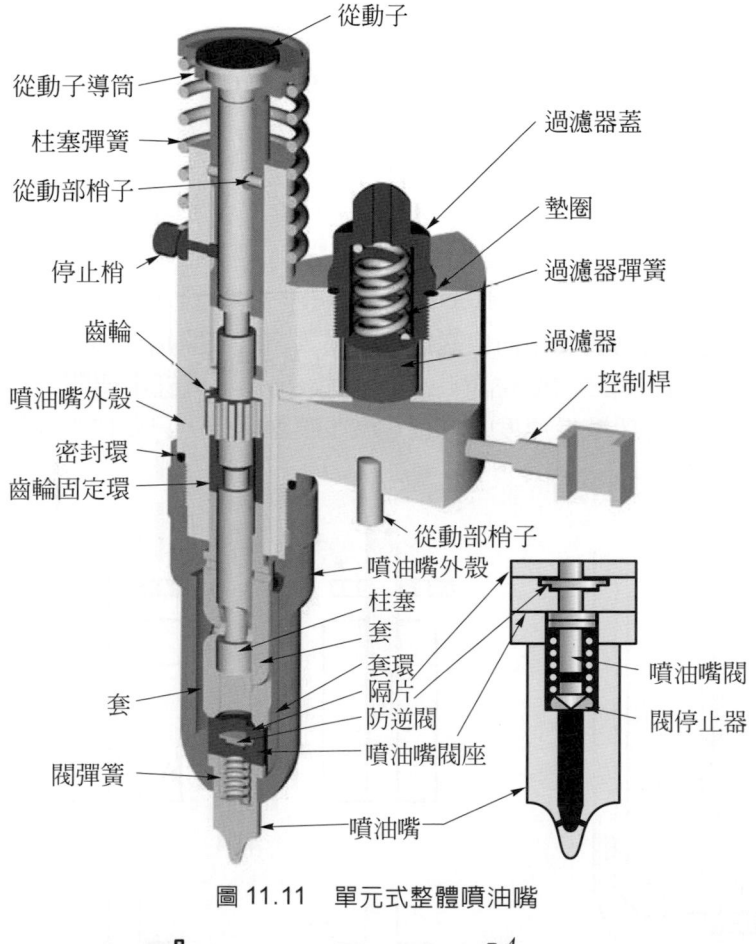

從動子

從動子導筒

柱塞彈簧

從動部梢子

停止梢

齒輪

噴油嘴外殼

密封環

齒輪固定環

套

閥彈簧

過濾器蓋

墊圈

過濾器彈簧

渦濾器

控制桿

從動部梢子

噴油嘴外殼

柱塞

套

套環

隔片

防逆閥

噴油嘴閥座

噴油嘴

噴油嘴閥

閥停止器

圖 11.11　單元式整體噴油嘴

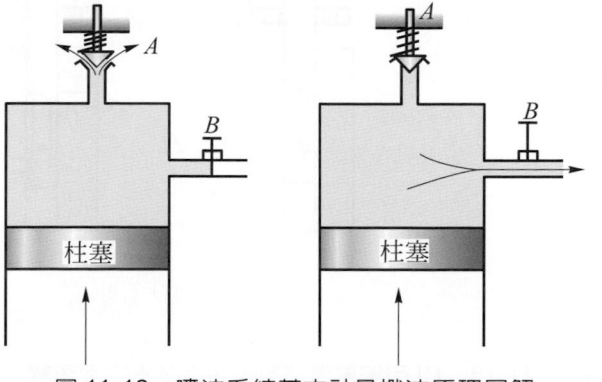

A

B

柱塞

A

B

柱塞

圖 11.12　噴油系統基本計量燃油原理圖解

　　圖 11.13 所示，說明單元噴油嘴，實際控制計量燃油之原理，圖
11.13(a)為一個單元噴油嘴前半部之部面圖，由圖中得知當柱塞往下時
必須將柱塞套的A、B兩孔同時堵住才能使燃油受柱塞之壓力壓入汽缸
之中，否則燃油將不被緒住的孔流出，無法進入汽缸，因為汽缸中的壓
力(達到燃油自然點的壓力)非常的高，利用此原理，只要將柱塞的一部
份製成斜面，如圖 11.13(a)A孔端之柱塞形成，將柱塞轉動一個角度，
便能改變柱塞堵住A孔之時機，當柱塞往下行時，A、B兩孔同時被堵住
的路程稱為有效行程(effective stroke)，如圖 11.13(b)之左圖A、B兩孔
開始同時被堵住，唧筒中之燃油被壓入汽缸，開始噴油，柱塞繼續往下
到圖 11.13(b)之右圖位置時，B孔開始出油，汽缸中便開始停止進油。
當駕駛員需要減低速度，亦就是減少噴油量時，只要拉動齒板使柱塞轉

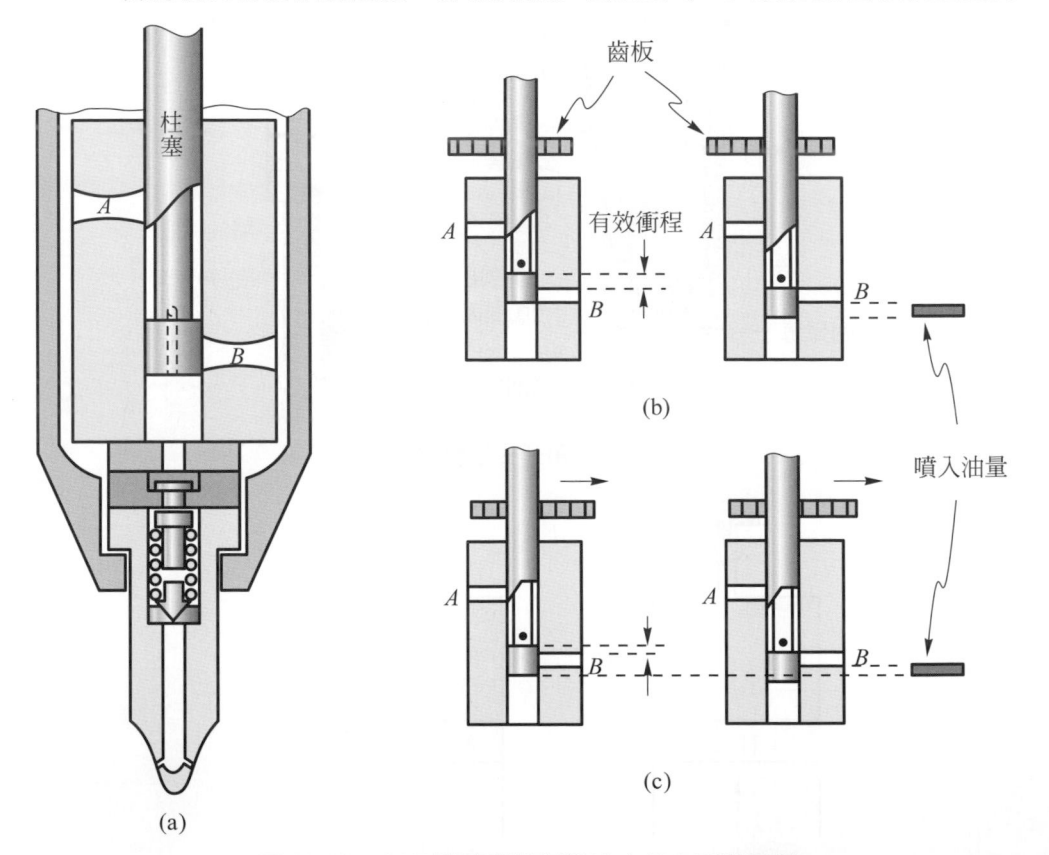

圖 11.13　CI 引擎實際控制燃油之基本原理圖解

一個角度，如圖 11.13(c)，將齒板向右拉一點，柱塞跟著轉一角度，因此減短了柱塞的有效衝程，同時噴入汽缸的油量亦減少。由以上可知要控制燃油的噴油量，只要移動齒板使柱塞的有效行程改變便可，如圖 11.13(b)柱塞的有效行程較長，噴入的油量亦多，圖 11.13(c)，柱塞的有效行程較短，因此噴入的油量亦少。

　　美國波士噴油系統(the American Bosch injection system)包括兩個主要部份，就是一個高壓燃油泵及一個噴油嘴，這種系統是屬於分佈式噴油系統，如圖 11.14 所示，高壓泵集中在一齊，裝於引擎之一側，高壓管路由高壓泵至汽缸蓋上，該泵是由凸輪所引動，各凸輪排成一線，且每個凸輪管一個泵，稱波士噴油泵，如圖 11.15 所示，該泵為正排量式(positive displacement type)。當引擎運轉時，如圖 11.15 燃油由油槽(A)(fuel chamber)，經初級過濾器(B)(primary filter)，供油泵(C)(fuelsuply pump)及二級過濾器(D)(secondary filter)，三級過濾器(E)(third filter)進

①調整螺絲
②外連桿叉
③潤滑油
④叉螺絲
⑤內連桿叉
⑥直齒桿
⑦熄火桿
⑧正時器
⑨燃油過濾器
⑩供油泵
⑪柱塞彈簧
⑫頂桿螺絲
⑬閉鎖螺絲
⑭凸輪軸
⑮配　重
⑯雙臂扣籠
⑰藕節銷
⑱偏心輪
⑲雙臂桿
⑳控制桿
㉑調速器彈簧
㉒燃油管
㉓浮動桿

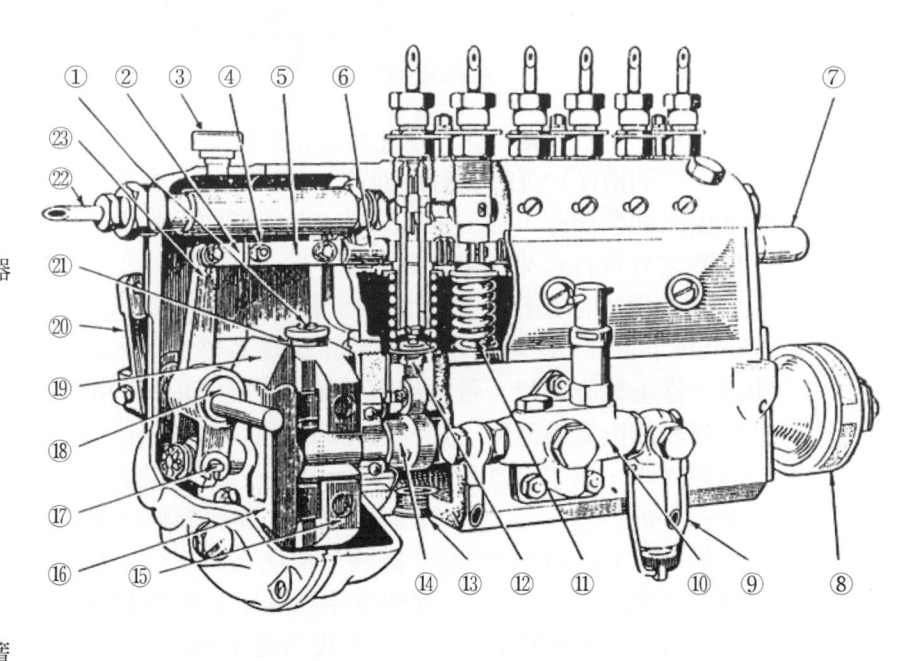

圖 11.14　噴油系統基本計量燃油原理圖解

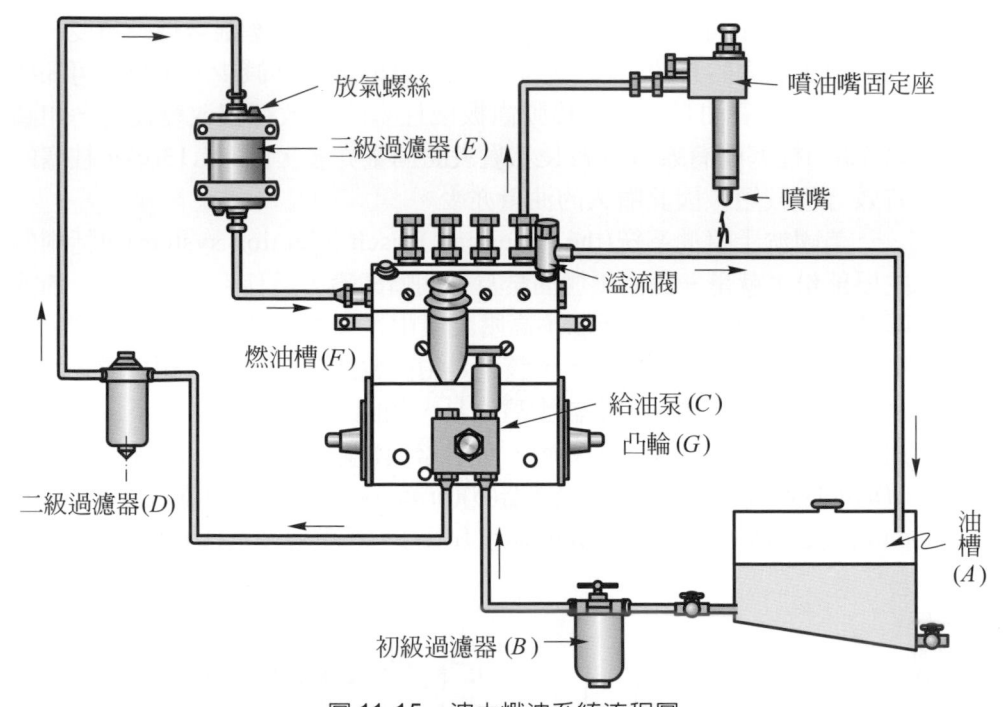

圖 11.15　波士燃油系統流程圖

入波士燃油槽(F)，在最適當的時間，凸輪(G)便引動柱塞，使燃油在高壓下由噴油嘴如圖 11.16 進入汽缸，至於噴油量，由齒板轉動柱塞，改變柱塞之有效行程來決定。

　　愛沙盧噴油系統，是利用一旋轉斜盤(A)(swash plate)或稱擺動盤(wobble plate)，推動柱塞(B)使產生高壓將燃油壓入汽缸，如圖 11.17 所示。當主軸旋轉時，帶動旋轉斜盤，經鞋(C)(shoe)推動柱塞，使旋轉運動變成前後直線運動。這些柱塞的數目視汽缸數目而定，分別排列在一外殼之內，其構造如圖 11.18 所示有一個平面圓筒柱塞(A)，該柱塞具有一定的行程，另有一個旋轉閥(B)，裝於旋轉斜盤的軸上，底剖為一楔形閥(C)可以控制燃油之開關，當柱塞向左行，將至中點位置時，旋轉閥(C)關閉進油口，燃油便由柱塞左行之壓力(1500～2000 psi)壓入汽缸，當旋轉閥繼續旋轉時，另一楔形邊緣到達油口，使柱塞圓筒內的燃油與旁流通口低壓燃油相通，壓力逸散，噴油停止，該旋轉可由調速器或用手使旋轉閥作軸向運動，以改變楔形邊緣之開關距離，可以控制噴油時間，同時控制噴油量。

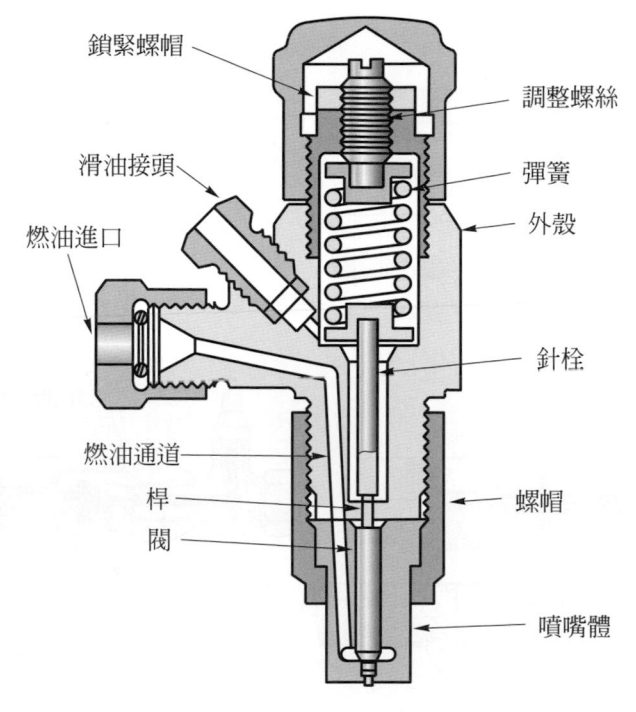

圖 11.16　波士噴油嘴

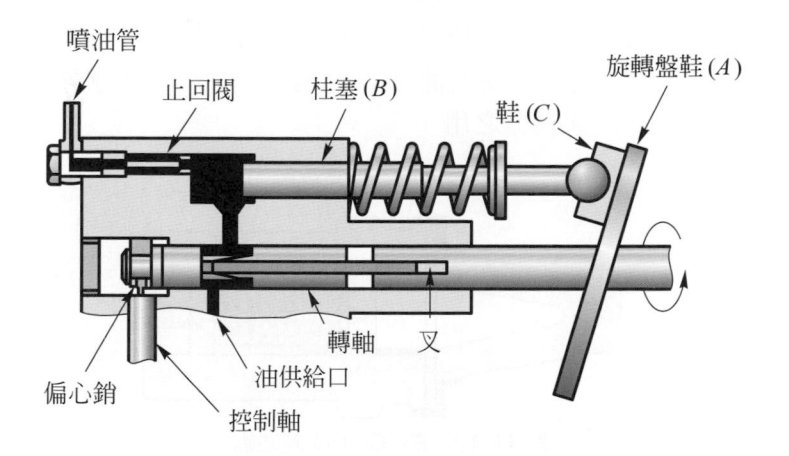

圖 11.17　Ex-Cell-O 幫浦

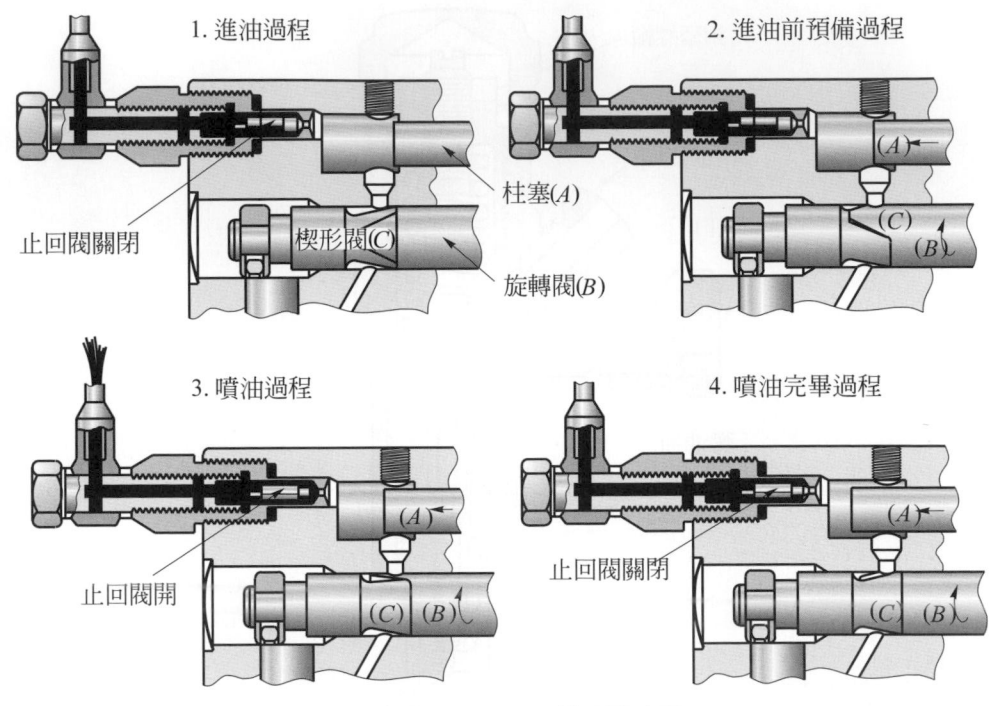

圖 11.18　Ex-Cell-O 燃油噴油泵

　　愛沙盧(Ex-Cell-O)噴油嘴如圖 11.19 所示，它是以液壓來開啓噴油嘴，使柴油噴入汽缸，開啓壓力為 1500～2000 spi，這種噴油法，可以產生一種圓錐油分子，使柴油分子分裂良好，此式之優點在易密合及輕便，最合小徑高速機器之用。

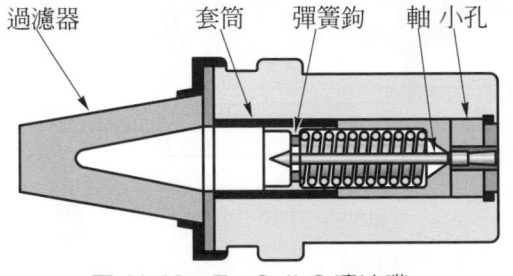

圖 11.19　Ex-Cell-O 噴油嘴

4.　分配器式(distribution)噴油系統

　　分配器式又稱個別邦浦式噴油嘴系統，每個汽缸均有一邦浦及一噴油嘴，此法又可分成兩種，(1)各邦浦分開裝置，如圖 11.20 所示，這樣每個邦浦可以儘量靠近其所負責供應之汽缸。(2)各邦浦集中在一齊，如圖 11.21 所示。

　　分配噴油系統與單元式噴油系統之不同點，就是分配式噴油系統的高壓邦浦與噴油嘴分開，噴油嘴在汽缸上，而高壓邦浦在引擎之一側。其高壓邦浦之柱塞由一凸輪所引動，使燃油有足夠的壓力並在正確的時間，將燃油送入汽缸內，所噴之油量完全視柱塞之有效行程而定。

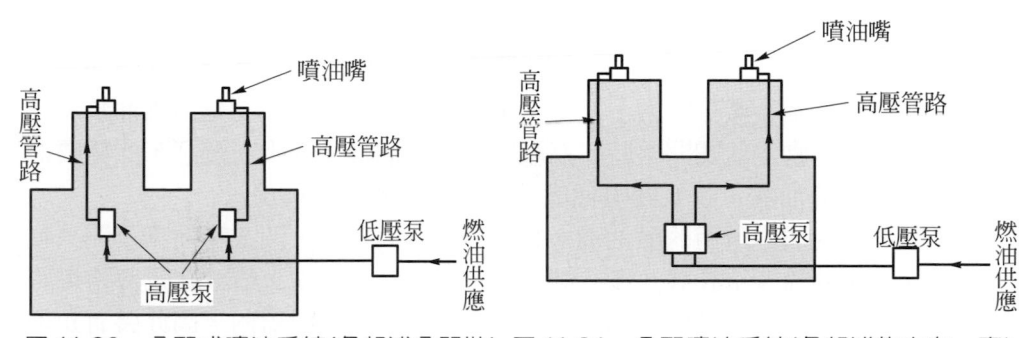

圖 11.20　分配式噴油系統(各邦浦分開裝)　圖 11.21　分配噴油系統(各邦浦集中在一齊)

11.4　噴油嘴

　　由於壓縮點火式引擎沒有化油器(carburetor)，因此燃油與空氣的混合，必須在燃燒室內完成，燃油是透過噴油嘴噴油嘴進入燃燒室，故這些噴油嘴的設計，配合其噴射壓力，必須符合下述各要求：

1. 使燃油霧化：設計噴油嘴時，必須使燃油在通過噴油嘴進入燃油室時，能能分裂為很小的顆粒，這樣才能使燃油與空氣在燃燒室作適當的混合。

2. 將燃油分送至燃燒室內需要之部位：如何能使燃油分佈於燃燒室之適當區域，與噴油嘴噴油壓力，汽缸中空氣之密度，所用燃油之物理性質，以及噴油嘴之設計，均有重大的影響。噴射壓力愈高，燃油分佈之情形愈佳，也愈能噴送燃油至燃燒室內任何理想之部位，同時還容易使燃油霧化。燃燒室內壓縮空氣之密度愈大，燃油噴入時之阻力也愈大，使燃油散佈更佳。燃油之黏度，及表面張力等物理性質，也會影響燃油散佈情況，尤其是噴油嘴的設計，影響燃油在燃燒室內分佈的情形。

3. 防止燃油直接噴在燃燒室壁上或噴在活塞上：噴油嘴之設計必須使燃油噴入燃燒室時，盡量減少燃油噴在缸壁或活塞上，因為燃油如果噴在汽缸壁上會產生分解，因而產生積碳，及排煙濃黑同時還會增加燃油消耗量。

4. 在非擾動式之燃燒室，將燃油與空氣混合：在非擾動式之燃燒室中，要依賴噴油嘴之設計而噴射壓力之配合，才能使燃油與空氣在燃燒室獲得良好的配合。

在空氣噴射法中，噴油嘴種類有開式噴油嘴及閉式噴油嘴兩種，其中閉式較爲通用，在開式噴油嘴中，燃料被送入空氣閥及噴油嘴頂之間的凹隙中，只要燃料的壓力勝過汽缸內的壓力，便能將燃料送入凹隙中，當空氣閥開啓時，高速空氣流過凹隙，產生吸力，將燃料帶入汽缸。閉式噴油嘴是由燃油泵將燃油送至噴油嘴，當空氣閥開啓時，高壓空氣將燃油推入或吸入汽缸，此種噴油嘴有多孔圓片噴油嘴、吸氣閥噴油嘴及套筒噴霧器等三種。

在無氣噴射法中所用的噴油嘴，也可分爲兩大類別，閉式噴油嘴及開式噴油嘴，開式噴油嘴有單孔式及多孔式兩種，在此噴油嘴中，噴油孔及部份燃料通道，通受汽缸壓力之影響，爲防止汽缸內氣體流入噴射器內，因此裝有止回閥。在開式噴油嘴中，只有燃油泵壓力足以開啓止回閥，噴射就開始，當燃料壓力下降，低於汽缸壓力時，噴射動作便停止。在閉式噴油嘴中，有一彈簧載力閥(spring-loaded valve)，這閥靠油壓開啓，噴油嘴用單孔噴油嘴(single orifice nozzle)如圖 11.22(a)所示，多孔噴油嘴(pintle type nozzle)如圖 11.22(c)所示，其中單孔噴油嘴的貫穿距離較遠，但霧化程度較劣，多孔噴油嘴反之，可是多孔噴油嘴容易被阻塞，多孔噴油嘴一般有五孔至八孔，孔的直徑約在 0.006 至 0.020 時之間，在操作時，閥桿將閥打開，高壓燃油直接進入汽缸，但當閥桿剛升起或未完全關閉時，閥與閥座間的環形面開的很小，可能比噴油嘴孔還小時，噴油嘴內外壓力很小，以致噴射無力，就會造成滴漏現象(dribbling)，這種現象可在針柱式噴油嘴內避免。

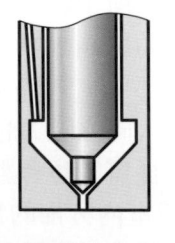 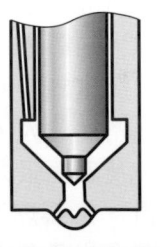 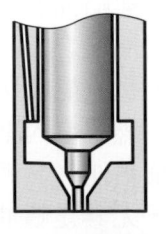

(a) 單孔式噴油嘴　　　　(b) 多孔式噴油嘴　　　　(c) 針栓式噴油嘴

圖 11.22　常用噴油嘴

一般言之，單孔及多孔噴油嘴多用於非擾動式燃燒室，這些噴油嘴上小孔都是非常細小，很容易被粒所塞，這樣便會干擾噴油嘴之流型(nozzle stream)，使燃油無法流通，所以這種噴油嘴需要較多的保養和較高的使用費。針栓式噴油嘴通常用於擾動式燃燒室，這種噴油嘴所用之壓力較低。由於針栓之作用，此種噴油嘴不易堵塞，所以保養費用較低。

11.5　引擎燃油控制裝置

控制一部引擎之轉速，使其保持在我們所需要之速度下運轉，必須要瞭解影響引擎轉速的因素為何？影響引擎轉速的因素在於引擎的負荷，引擎的負荷包括內負荷與外負荷，內負荷就是摩擦馬力，外負荷就是制動馬力，因此引擎負荷就是指示馬力，指示馬力係由指示平均有效壓力(imep)經過公式 $\left(\text{ihp} = \dfrac{PmLAN_C}{33000 \times n}\right)$ 計算而得，指示平均有效壓力係由引擎噴油之多寡而定，故真正影響引擎轉速之因素為引擎之噴油量，大部份引擎噴油系統，當其油量調定在一個固定位置時，不論引擎之轉速如何？其每一次噴入汽缸之油量亦為固定不變，因此引擎在任一速度下之負荷，可以由控制油桿以調整控油量所產生之指示馬力平衡之。換言之控油桿之調定在任一負荷下，皆可控制引擎之轉速。

引擎之內負荷及外負荷均隨引擎轉速之增加而增加，因此通常在較高速率時，需要較大的指示馬力來平衡引擎之負荷，如圖 11.23 所示，設艦上柴油主機操縱盤上具有三個固定油量調整位置(滿速，3/4 速，1/2 速)，在圖上以三條虛線表示之。因汽缸中之平均有效壓力與噴油量成正比，故在同一操縱控制位置時，引擎每一循環油量及汽缸中之平均有效壓力不變，故引擎在此操作時，所產生之指示馬力與引擎轉速成正比，而使指示馬力曲線成直線形狀。三個操作位置之指示馬力曲線，分別相交於需要之馬力曲線上三點A、B、C，此三個點可決定在滿速，3/4 速 1/2 速時，引擎之轉速及負荷，在此情形下，引擎輸出之馬力與推進器要求馬力保持平衡，而自動的作等速連續運轉。由圖右上角座標可知，如果引擎轉速增加，則推進器因轉速增加所需要之馬力較引擎能供給之馬力為大，故引擎會自動的減速而達原有平衡狀態，如果引擎轉速減少時，則推進器因轉速之減少所需要減少之馬力較引擎供給馬力減少量為大，因此引擎會自動的加速而達原來的平衡之狀態，故正常航行中之主機，能自動控制負荷與轉速，但船在風浪中航行，推進器可能露出水面，因減輕負荷而產生超速空轉，也可能海浪大，而使推進器負荷增加同時減低了轉速，為防止推進器發生超速空轉或減速，必須要裝一個引擎轉速控制機構，這個控制機構就是調速器(governor)。

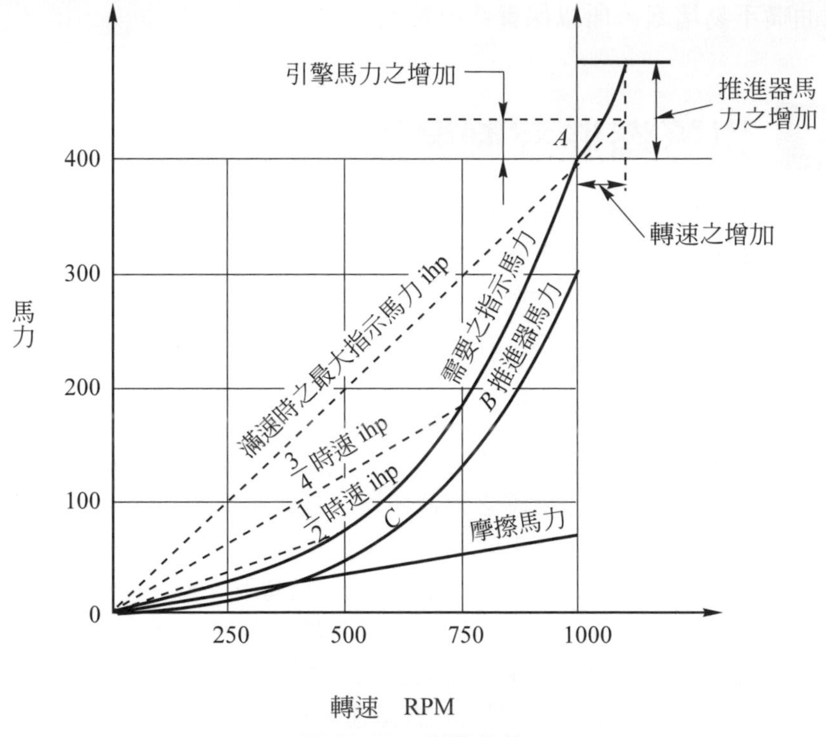

圖 11.23　引擎負荷

11.5.1　調速器(governor)之功用

調速器是對速度反應靈敏的一種裝置，其目的如下：

1.　保持機器之速度，不因負荷的變化而使引擎速度升高或降低。
2.　在惡劣天氣時使引擎不致因打空俥而超速。
3.　在電機上用以保持固定的頻率，當二電機並聯使用或用二主機同時帶動一俥葉時可使其負荷平均分配。
4.　使引擎易於保持空俥速度。
5.　防止引擎因速度太高而損壞。

用於內燃機之調速器，依其主要功用可分為以下幾類：

1. **恒速調速器**(constant-speed governor)

　　從無負荷到全負荷保持引擎之速度不變。

2. **變速調速器**(variable-speed governor)

　　從怠速最高速維持任何所希望的速率。

3. **限制調速器**(speed-limit governor)

　　控制引擎之最低速並限制其最大速率，或僅限制其最大速率。

4. **限負荷調速器**(load-limit governor)

　　在各種速率之下，限制引擎之負荷，使其保持在安全限制之內。

11.5.2　調速器之特性

調速器之特性為控制引擎速率所用之調速器必須有某種特性，以適合引擎所帶動負荷之型式，其主要特性如下：

1. **速率降**(speed drop)

　　速率降是引擎從無負荷到全負荷時，其速率之降低，通常以每分鐘若干轉表示之，或者以額定速率(rated speed)的百分比表示之：

$$速率降 = \frac{N_o - N_r}{N_r} \times 100\ \%$$

N_r=額定(全負荷)速率(rpm)

N_o=無負荷之速率(rpm)

2. **絕對恒速性**(isoch ronous)

　　不論負荷如何變化，引擎之速率絕對不變，也就是零速率降。

3. **波動**(hunting)

　　波動為引擎在我們所希望的速率下不斷的增減其速率，造成波動的原因為引擎旋轉時，由於部份的慣性使引擎速率不能瞬時成比例的隨燃油之增減率而增加或減少所致。

4. **穩定性**(stability)

　　穩定性就是調速器在維持我們所希望的引擎速率時，沒有波動的現象。

5. **靈敏度**(sensitivity)

　　靈敏度是調速器在開始作用(增加或減少噴入汽缸之油量，以調整因負荷變化)以前，引擎所需要的速率變化的百分比，此種速率變化是由於調速機構的摩擦及失動(lost motion)所致。

$$靈敏度 = \frac{N_{max} - N_{min}}{N_{ave}} \times 100 \%$$

N_{max} ＝減少負荷使引擎之速率增加至調速器開始作用時之引擎速率

N_{min} ＝增加負荷使引擎之速率下降至調速器開始作用時之引擎速率

$$N_{ave} = \frac{N_{max} + N_{min}}{2} = 平均速率$$

■ 例題 11.1　求某引擎調速器之靈敏度，該引擎在半負荷時開始試驗，先增加負荷引擎速率下降至 1417rpm 時調速器開始作用，再減少負荷，引擎速率上升至 1429rpm 時調速器開始作用。

解
$$靈敏度 = \frac{N_{max} - N_{min}}{N_{ave}} \times 100 \%$$

$$= \frac{1429 - 1417}{\left(\dfrac{1429 + 1417}{2}\right)} \times 100 \%$$

$$= 0.84 \quad (此值愈大靈敏度愈差)$$

6. **敏捷度**(promptness)

　　敏捷度是以調速器移動控油桿由無負荷到全負荷需要的時間，通常以秒數表示之，秒數愈多敏捷愈差，秒數愈少敏度愈好。

11.5.3　調速器之分類

　　所有內燃機的調速器，均係利用彈簧壓力以平衡飛球重量，因轉動而產生之離心力的原理製成，故其稱為彈簧離心調速器(spring-loaded centrifugal governor)，但由於對燃料控制機構所作用之調節力量之不同而可分為機械調速器(mechanical governor)與液壓調速器(hydraulic governor)兩種，分別敘述於後。

11.5.4 機械調速器之構造及原理

　　機械調速器是以飛球(fly ball)之離心力經連桿作用於控油機構，直接調整供油量如圖 11.24 爲彈簧負荷離心式調速器，其轉軛由引擎曲軸經過齒輪系直接傳動而轉動，當引擎轉動時調速器的轉軛亦跟著轉動，飛球(A)的重量因轉動而產生之離心力，經槓桿(曲柄臂)及控制套筒(B)的推力軸承傳至套筒底端，轉速愈大，飛球(A)之離心力作用於套筒底端向上的推力亦愈大，此項推力由作用於套筒項端之彈簧 (C) 壓力平衡

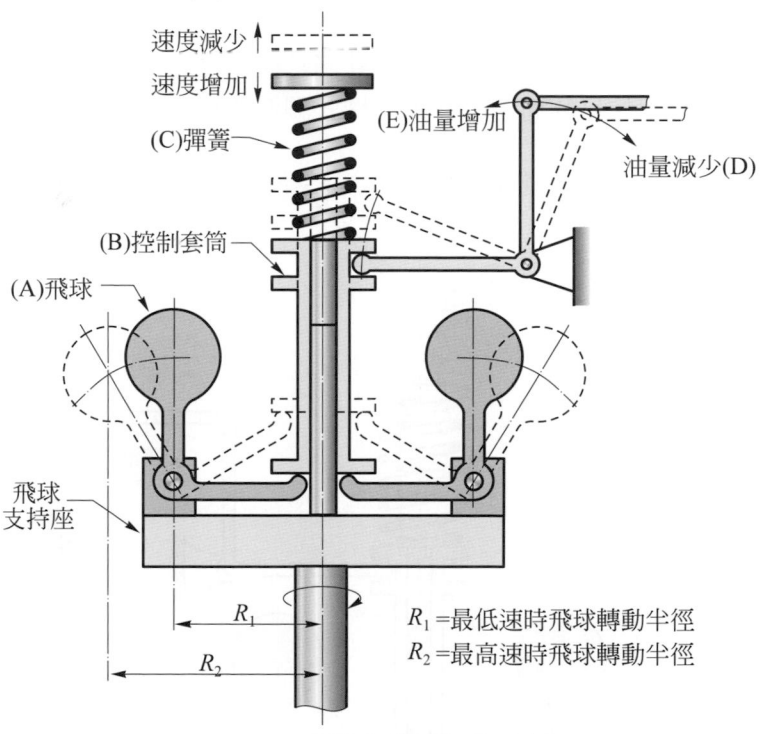

速度減少↑
速度增加↓

(C)彈簧

(E)油量增加

油量減少(D)

(B)控制套筒

(A)飛球

飛球
支持座

R_1

R_2

R_1 =最低速時飛球轉動半徑
R_2 =最高速時飛球轉動半徑

圖 11.24　彈簧負荷離心式調速器

之。操作時將操縱桿放在操縱盤某一負荷的位置，引擎在正常轉速運轉時，飛球(A)在中間位置轉動，其離心力恰好與調速彈簧(C)壓力平衡。如果引擎負荷一旦降低，則引擎之轉速會增加，飛球(A)之離心力亦增加，以迫使控制套筒(B)向上抵抗調速彈簧之壓力而向上移動，到此兩項作用力再度平衡爲止，當套筒向上移動時，同時亦帶動燃油調節機構，使汽缸之噴油量減少(D)，以適應減低負荷而減速。因此可以限制引擎轉速作過大的變化。反之，當引擎負荷

增加時，引擎轉速會跟著減少，因此飛球(A)之離心力亦會減少，此時調節彈簧(C)將套筒往下壓，套筒便向下移動，同時帶動燃油調節機構，使汽缸之噴油量增加(E)，以適應增加負荷而加速之要求，保持所需之速度。

11.5.5　機械調速器之種類

1.　**恒速調速器**(constant speed governor)

無論引擎之負荷如何的變化，經過調速器之後，引擎之轉速保持不變，該調速器稱為恒速轉速器，但是所有的機械調速器都有速率降，不能保持絕對的恒速，不過如果設計適當機械之速率降可減少到 4 ％到 5 ％，以實用的目的而言，此種機械式調速器可認為是恒速調速器。

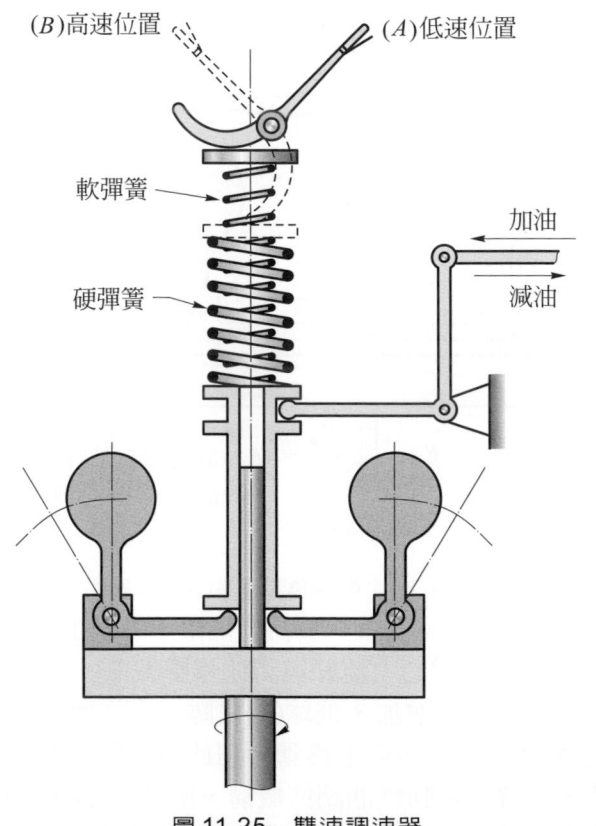

圖 11.25　雙速調速器

2. **變速調速器**(variable governor)

　　在引擎運轉範圍內，可以隨時改變引擎之轉速，使其維持在我們所需要之轉速下運轉的調速器，稱為變速調速器，在機械調速器內變速調整之最簡單方法是改變調速彈簧的原始張力，如果壓縮彈簧增加其原始張力，則飛球的離心力小於彈簧之張力，使控制套筒向下移動，經過控油桿使引擎之速率上升，直到增加之離心力再與彈簧之張力平衡為止。相反的如果彈簧之原始張力減少，則飛球的離心力大於彈簧之張力，使控制套筒向上移動，再經過控制桿使引擎之速率下降，直到減少之離心力再與彈簧之張力平衡為止。

3. **雙速調速器**(two speed governor)

　　有很多引擎其無負荷時之速率很低，有負荷時需要高速率，為了達到此一目的，機械調速器需有兩個不同的彈簧，一個是軟彈簧(soft spring)，在低速時供給較佳的靈敏度，另一個是硬彈簧，在高速時供給足夠的穩定性，如圖 11.25 所示，在低速時，調速器控桿置於低速位置(*A*)，僅內部的軟彈簧發生作用。在高速時，調速控桿置於高速位置(*B*)，兩個彈簧同時發生作用。

11.5.6　摩擦對機械調速器之影響

　　在機械調速器內，推動控制套管及控油機構之力，是由於飛球之離心力和調速彈簧之張力差所產生，換言之，使調速器發生作用所需要的速度變化和反對調速器作用的總摩擦力成正比。只要能減少此種摩擦，便可增加調速器之靈敏度，由於摩擦的影響，使機械調速器具有以下的缺點：⑴靈敏度差。⑵動力小，適應度(即敏捷度)較差。⑶有不可避免的速率降。

11.5.7　液壓調速器

　　液壓調速器是利用飛球之離心力控制一個液壓閥(hydraulic pilot valve)，此導閥控制調速器內有壓力之滑油，此滑油之壓力作用於一動力活塞(power piston)，活塞之力再作用於控油機構，間接的調整供油量，如圖 11.26、圖 11.27、圖 11.28 所示。

1. **當引擎在正常速率**(normal speed)**時：如圖 11.26 所示**

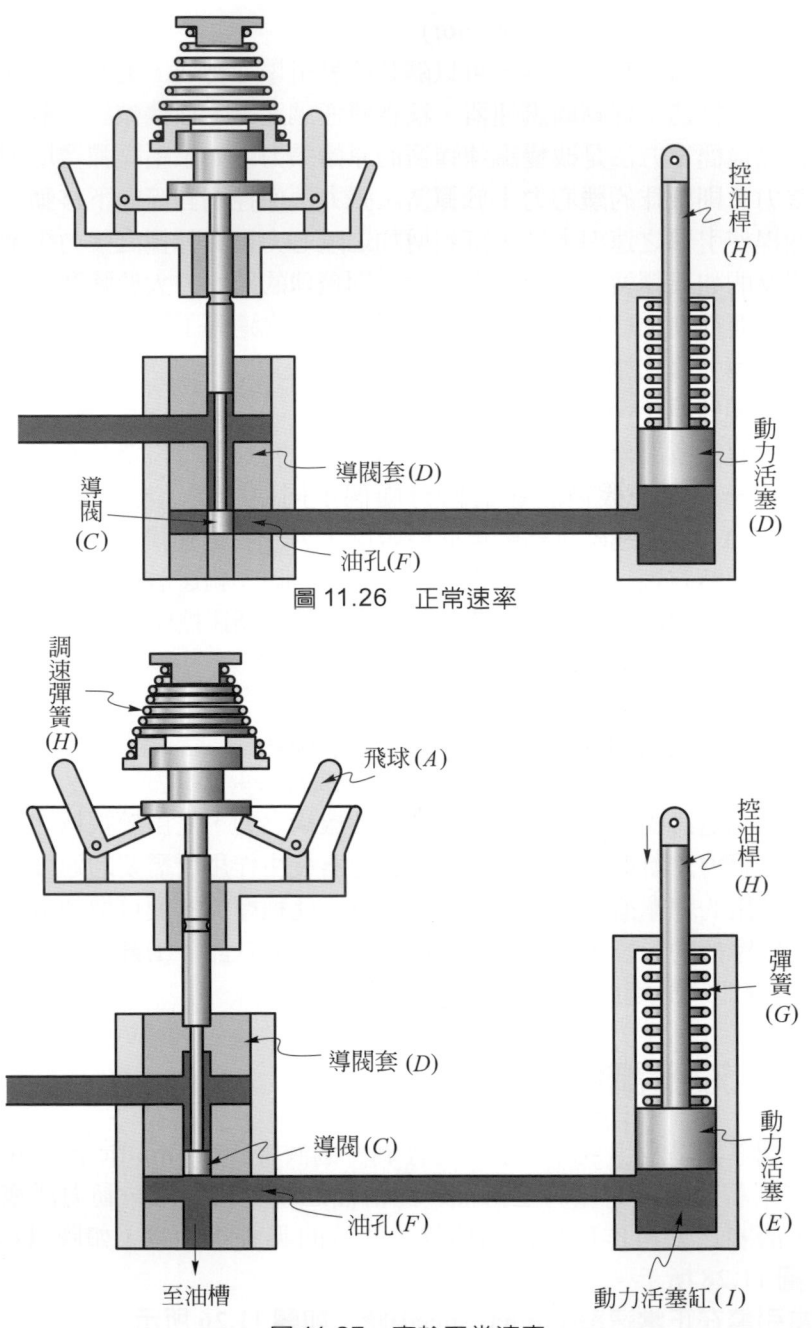

控油桿 (H)

導閥套 (D)

導閥 (C)

油孔 (F)

動力活塞 (D)

圖 11.26　正常速率

調速彈簧 (H)

飛球 (A)

控油桿 (H)

彈簧 (G)

導閥套 (D)

導閥 (C)

油孔 (F)

動力活塞 (E)

至油槽

動力活塞缸 (I)

圖 11.27　高於正常速率

　　導閥(C)正好關閉了導閥套(D)(pilot valve bushing)內之油孔(F)，動力活塞(E)缸內之滑油被封閉，並沒有流動，動力活塞保持在一定之位置，被動力活塞所帶動之控油機構(H)也沒有運動，因之引擎速率保持不變。

2.　當引擎高於正常速率時，如圖 11.27 所示

　　飛球(A)之離心力大於調速彈簧(B)之張力，飛球向外張開，使導閥(C)上升，導閥套(D)內通至動力活塞缸(I)內之油孔(F)因之開啓，滑油排出流入油漕，動力活塞上部彈簧(G)所具有之張力使動力活塞下降，帶動控油機構(H)，使噴入引擎之燃油減少，速率便會下降，以達正常速率。

3.　當引擎在低於正常速率時，如圖 11.28 所示

　　飛球(A)向內移，使導閥(C)下降，導閥套(D)內通至動力活塞缸之油孔(F)開啓，與有壓力之滑油(K)相連，此有壓力之滑油使動力活塞(E)上升，使噴入引擎之燃油增加，速率便會上升，以達正常速率爲止。

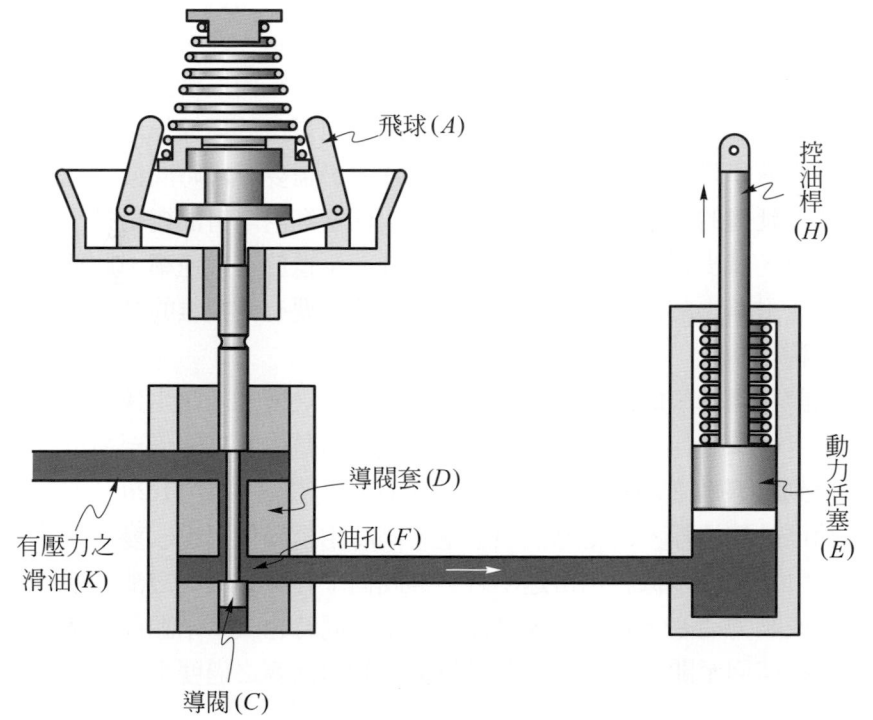

圖 11.28　低於正常速率

　　根據以上之討論，很明顯的看出調速器之速率與引擎控制機構之動力活塞，並沒有固定不變的位置，如當引擎速率低於正常速率時，動力活塞將上移，增加燃油之供應，如引擎速率高於正常速率，動力活塞將下移，減少供油量，故自無負荷至全負荷之間，動力活塞可定於任一所需之位置，這樣便可使引擎正確的運轉於吾人所希望的速率之下。設計導閥時是使導閥之長度與導閥套內油孔之寬度剛好相等，如此則只有一個引擎速率能關閉該油孔，因之可增加調速器之靈敏度。

11.5.8　液壓調速器之補償

　　當引擎速率低於正常速率時，導閥將下降，油孔開啟，有壓力之滑油進入活塞缸，使動力活塞上行增加燃油，引擎速率達於正常速率，但因引擎的慣性，雖然燃油增加量已達到引擎升至正常速率，可是引擎之速率仍需過一段時間才能升至正常速率，此一延遲的結果，使油孔繼續開啟，有壓力之滑油繼續流入動力活塞缸，動力活塞便繼續上升，增加供油量，使引擎超速。當引擎超速時，導閥上升，油孔開，彈簧之張力使動力活塞缸內之滑油排出，動力活塞下行，減少燃油之供應，引擎速率便會下降，但是由於慣性作用，雖然燃油減少可使引擎速率降至正常速率，其實引擎速率仍需要一段時間後才能降至正常速率，此一延遲的結果，使油孔繼續開啟，活塞缸內之滑油繼續排出，動力活塞繼續下行，減少更的燃油供應，使引擎降速至低於正常速率，此種循環一再重複，造成引擎之劇烈波動，因此液壓調速器需要有較複雜的補償裝置，以保持引擎之穩定。

　　液壓調速器補償的最簡單方法是使其隨負荷之增加而產生速率降，利用速率降來穩定引擎之速度，無法達到絕對恒速，但是使速率降低至最低的程度，也可以得到高靈敏之調整作用。供給此種補償的裝置如圖 11.29。利用動力活塞之移動推動控油桿，改變燃油供應量，同時由槓桿作用也改變了調速彈簧之張力，當引擎之速率低於正常速率時，導閥向下移，有壓力之滑油便流入動力活塞缸，使動力活塞上升，增加燃油供應量，同時也減少了調速彈簧之張力，因此導閥提前回至關閉油孔，如此可以減少動力活塞之過度上升，防止了波動的發生。

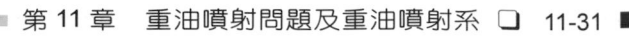

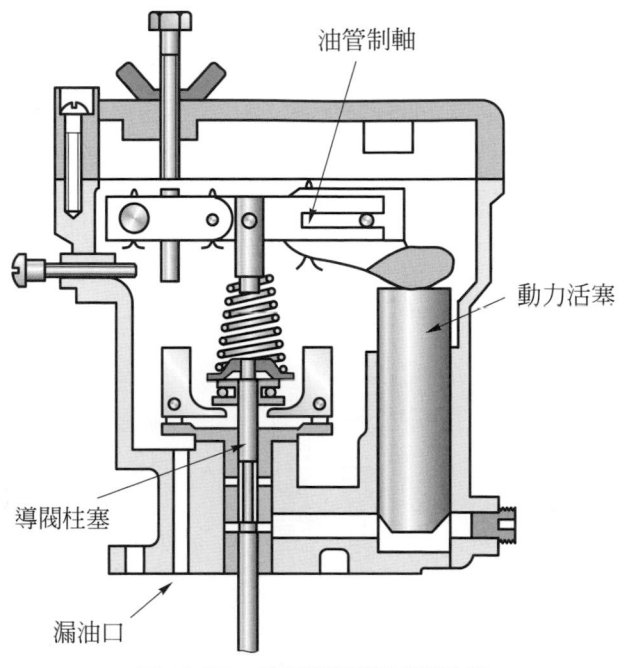

油管制軸

動力活塞

導閥柱塞

漏油口

圖 11.29　油壓調速器補償裝置

11.5.9　絕對恒速調速器之補償

　　絕對恒速調速器是一種沒有速率降之調速器，因此它的補償是非常的複雜，如圖 11.30 所示，導閥在一個可以上下移動的導閥套內旋轉，此導閥套之移動是由其下部所付之補償接收活塞(compensating receiving piston)帶動，在恒速運轉時補償彈簧使導閥套保持在中間位置，因此在引擎速率沒有變化時，導閥的動作和一般簡單的液壓調速器沒有不同，導閥套的補償動作是由補償接收活塞和補償作用活塞(compensating actuating piston)之間之滑油漏油率所控制，用針閥(needle valve)調整漏油之大小，來調節補償率以適應引擎之特性。

　　當引擎之負荷增加時，速率下降，則飛球之離心力小於調速彈簧之張力，因此調速彈簧張力推導閥向下，使通至動力活塞缸之油孔開啓，有壓力之滑油流入活塞缸內，動力活塞上升，帶動控油機構，增加供油量使引擎保持正常速率。在補償過程時，因為此種調速器的補償作用活塞與動力活塞是連為一體，

因此補償作用活塞隨動力活塞而上升，使補償活塞上部之滑油被排出，一部份
通至補償針閥，另一部位通至補償接收活塞之頂部，使補償接收活塞下降，這
樣可使通至動力活塞之油孔提前關閉，動力活塞不再繼續上升，防止燃油進一
步增加，當引擎燃油之供應增加，其速率開始上升，當漸升至原來的速率時，
飛球的離心力使導閥回升至其中間位置，此時被壓縮之補償彈簧，亦開始推使
補償接受活塞及導閥套上升至中間位置，當補償接受活塞上升時，迫使其頂部
之滑油返流，經補償針閥之小孔漏至油槽。

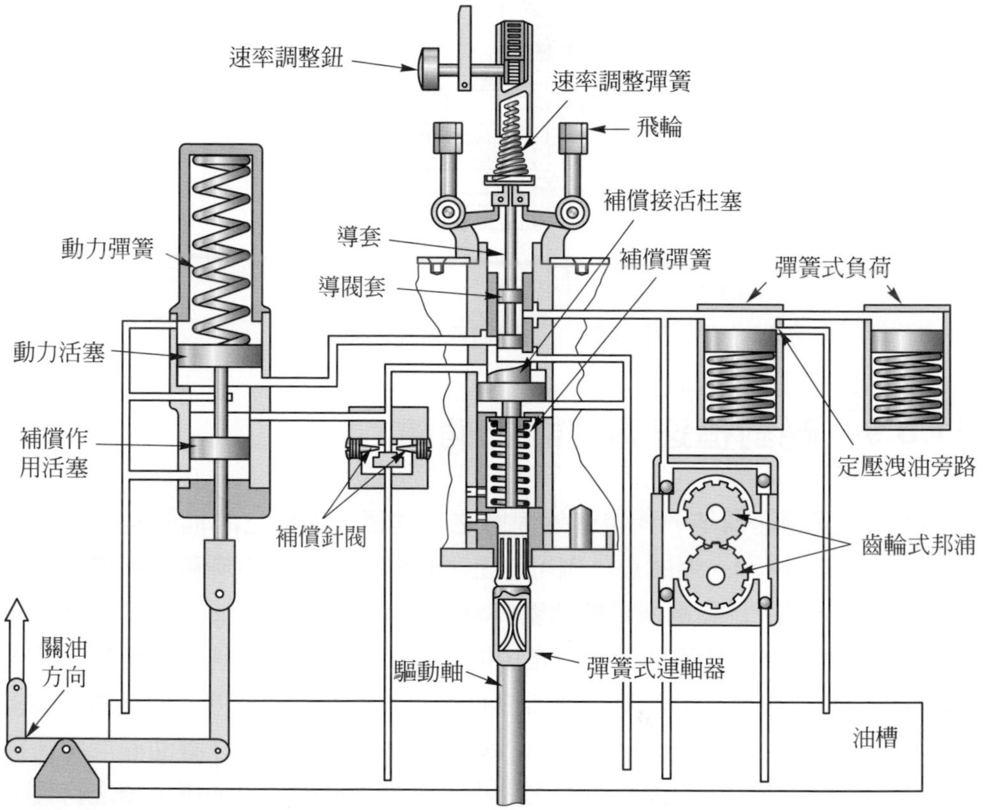

圖 11.30　絕對恒速調速器之補償

當負荷減少時，引擎之速率開始上升，飛球之離心力增加，使導閥上升，
導閥上升之結果使通至動力活塞缸之油孔開始開啟，因此動力活塞缸內之滑油

排至油槽，動力活塞上部之彈簧張力迫使動力下降，引擎之燃油供應減少，當動力活塞下降時，補償作用活塞亦根著下降，因此補償作用活塞之頂部空間增加，並由補償接收活塞頂部及補償針閥處吸收滑油，當動力活塞快速下移時，因經針閥吸收之滑油極少，因此大部份滑油由補償接收活塞頂部供給，使補償接受活塞上升，補償彈簧被壓縮，同時導閥套亦隨之上升，這樣使通至動力活塞缸之油孔提前關閉，動力活塞不再下降，阻止燃油進一步的減少。當引擎之燃油供應減少時，其速率開始下降，降至原來正常速率時，飛球使導閥套下降，至中間位置。如果適當的調整補償針閥，可使導閥套之下降率正好與導閥之下降率相等，因此通至動力活塞缸之油孔繼續保持關閉，不再有進一步之燃油調整，如果補償系統通至動力活塞缸之油孔被導閥封閉以前，動力活塞第一次移動之燃油調定(fuel setting)，即正好能平衡負荷之變化，而引擎回至原速率時，此油孔繼續保持關閉，則不會有波動之發生，此種情形稱為不擺調速(dead beat governoring)，實際上很難達到，不過如果調速器調整正確，則當負荷變化時，僅有很小幅度的波動發生很快的就鎮平，保持引擎穩定的運轉。

11.5.10　負荷之分配

使用兩部或兩部以上之引擎帶動同一負荷時，不能用絕對恒速調速器，否則其負荷將無法平均分配，必須使用有速率降之調速器，這樣可以利用速率降之特性，將負荷平均分配至每一引擎，如圖 11.31 如果使用恒速調速器時，當甲引擎速率大於乙引擎時，則所有負荷甲引擎承擔，而乙引擎沒有負荷。這樣便無法使負荷平均分配至甲乙兩引擎。如果使用者速率降之調速器，當甲、乙兩引擎速率相同時，則兩引擎所承受的負荷相等，當甲引擎之速率大於乙引擎時，所有負荷將由甲引擎承擔，則甲引擎因為使用有速率降之調速器，因此負荷增加馬上速率下降，此時甲引擎之速率將低於乙引擎，負荷由甲交給乙引擎承擔，乙引擎亦用有速率降之調速器，速率立刻下降，當乙引擎接受甲引擎所交予之負荷時，甲引擎速率會變快，乙引擎因負荷增加重而變慢，這樣負荷又由乙引擎交給甲引擎，如此互相交換達到兩引擎平均分配負荷為止。

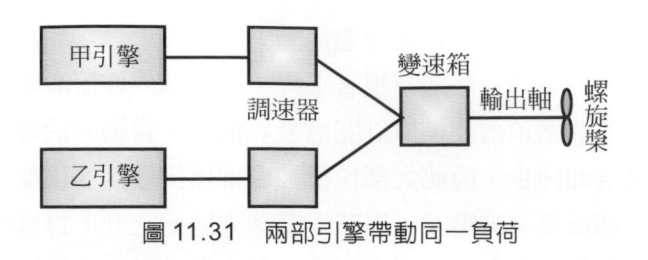
圖 11.31 　兩部引擎帶動同一負荷

11.5.11 　限荷調速器

　　一般的調速器不論是絕對恒速或是有速率降者，只是對引擎速率產生反應而已，當引擎速率降低時，調速器將增加燃油之供給，使其速率達到正常，甚至於會使引擎過荷，(因為引擎在任可轉速時都有一個能承受的最大負荷，超過此負荷，引擎將受到損壞)。為了要避免調速器增加油量時，超過了引擎所能承受之最大安全負荷，故調速器須要加裝一個最大燃油制子(maximun-fuel stop)如果使用此制子，可使引擎在最高速率下能承受最大安全負荷，亦可允許引擎在低速時過荷(因為引擎在低速時過荷，仍然在引擎最大安全負荷之下，故引擎不致損壞)為了要保護引擎在全速範圍(full speed range)(引擎之最高速到最低速範圍稱全速範圍)之內，同時也要使引擎能產生最大可能之功率，調速器就必須裝設一個可變的最大燃油制子(a variable maximum-fuel stop)，此制子能限制引擎在任何速率下(全速範圍之內)配送最大安全之燃油量，此裝置稱為制動平均有效壓力限制器(bmep limiter)或稱為轉矩限制器(torque limiter)此種由轉矩限制器允許配送之最大燃油量可以設計在引擎產生黑煙之限度內，因此亦可使引擎自動的在無煙狀況下運轉。

　　若引擎裝了具有最大燃油制子之調速器(限荷調速器)當引擎受到非常大的負荷時，引擎之速率便會下降，甚至降到調速器所能調定之速率範圍以下時，引擎之速率不再由調速器來控制，而由固定齒桿(fixed rack)來控制，就像沒有裝置限荷調速器一樣，因為當引擎速率受大負荷的影響而下降時，此時的大部份負荷是不需要驅動轉矩(driving torque)來支持，可是在減低速率時，大部份的引擎仍然需要能夠轉動引擎的動力，這樣才不至於使引擎停止，故當船隻在航行時速率降低到一定限度時，為了保持船隻仍然能航行及船上過負荷的發電機也能在正常的速率下運轉，引擎必須供給足夠的扭矩及動能，因此燃油由固定齒桿來控制。

　　圖 11.32 表示一種典型的限荷調速器，它是由於一個彈簧負荷式離心調速器(spring-loaded centrifugal governor)所組成，此調速器可以操作一個液壓式導閥(hydraulic pilot)以便控制限荷機構。此機構由一個彈簧負荷柱塞(spring-loaded plunger)或活塞(piston)所組成，它的右端連接了一個制子(stop)或凸輪(cam)這些例子或凸論是用來限制主燃油控制器(main fuel controls)的動作，注意！在限荷活塞(load-limit piston)之下端挖了一個具有斜的凸輪面(sloping cam surface)，此斜面下頂了一個滾動子(roller)，滾動子是連接在速率彈簧(speeder spring)上端，限荷活塞所在的位置，可以控制加於速率彈簧上的壓力，(限荷活塞向右移減少速率彈簧壓力，若是向左移會增加速率彈簧壓力)。操作時當速率增加，則飛球之離心力推液壓導閥向上移動，並打開控制口(control port)，因此限制汽缸中的油便流出，彈簧使限荷活塞左移，如此繼續左移使限荷作用達到停止位置時，燃油控制器(fuel controls)，亦正是開的最大的位置.當引擎速率降低，飛球離心力使導閥柱塞下降，並且開啓了控制口，使其與具有壓力之油相接通，這些有壓力之油將作用於限荷活塞(load-limit piston)使活塞右移，直到控制口(control port)再度被導閥柱塞所蓋住。在限荷活塞右移時，位於活塞下端之凸輪斜面之滾動子(roller)沿斜面而向上升，減低了速率彈簧之壓力，使飛球離心力可以在低速率下平衡，因此在每一個引擎速率時，動力活塞都有一定的位置，如何才能產生所需要之速率彈簧壓力，以平衡飛球之離心力，並且保持導閥柱塞關閉控制口。

　　在速率非常低時，飛球的低離心力(low centrifugal force of the flyweights)使速率彈簧充份地降低壓力以保持平衡以前，限荷活塞必須全部移向右端，結果，藉著限荷凸輪端的陡斜率(steep slope)在限荷凸輪最低限度(lowest limit)時，停止移動燃油之控制，如此可以防止引擎在低速時造成過荷，但是引擎在低速(low speeds)時，冒出了黑煙。故在預備設計限荷凸輪之斜率時，每一個負荷的位置需要依照引擎實際的速率而定，這樣才能限制防止引擎過荷。

　　有時為了防止引擎在起動時，太多的燃油被噴入汽缸，可採用另外一種型式之限荷調速器，這種調速器是由燃油控制制子(fuel-control stop)所構成，當空氣起動系統(air-starting system)被使時，這些壓縮空氣同時操作這些燃油控

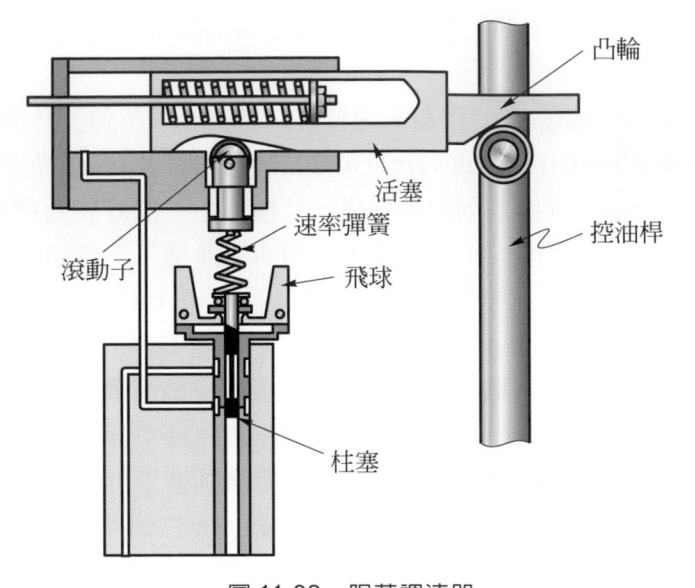

圖 11.32　限荷調速器

制制子。為了要使液壓調速器(hydraulic governor)立刻產生作用，故利用一個增壓伺服馬達(booster servomotor)，供給動力，使油壓邦浦(oil pump)內油壓達到調速器所需要之足夠壓力，這個增壓伺服馬達，在引擎起動時，亦是利用空氣起動系統中之壓縮空氣所操縱。

11.5.12　超速調速器及超速自停器

　　超速調速器為一種安全裝置，其目的在保護引擎不使其因超速損壞。當引擎裝有普通調速器，則超速調速器僅在普通調速器失效而引擎超速時始發生作用，其主要的原理是利用一種緊急的控制，來調節燃油或空氣之供應，以便限制汽缸內之燃燒壓力或停止汽缸內之燃燒，使引擎降低速率。大多數超速調速器之作用，在切斷或限制噴入汽缸之燃油，但有少數二行程引擎，雖然切斷了燃油，但是進入汽缸之新鮮空氣仍然可使滑油燃燒，使引擎繼續保持運轉，在此種情況下，調速器必須切斷進入汽缸之空氣才能使引擎停止。引擎在超速時，由於切斷引擎之燃油或空氣供給而使引擎完全停止之裝置，一般稱之為超速自停器(over speed trips)。若是超速裝置，不能停止引擎，而使引擎仍然在安全速率下運轉者，稱為超速調速器(over speed governor)。在海軍所用之引擎採用超速調速器，較超速自停器為佳，因超速自停器可能使艦艇在最危險的時候喪失了動力。

　　所有型式之超速調速器或超速自停器都依靠彈簧離心調速器之元件而作用，在此情形，可預先使彈簧之張力超過飛球之離心力，一直到引擎之速率升高到超過所希望之最大值。當此速率到離心力克服彈簧之張力，使控制機件切斷或限制空氣或燃油之供應。

11.5.13　馬奎特液壓調速器

　　馬奎特液壓調速器(Marquette hydraulic governor)之種類，依其裝置之機器不同，用途不同而可分為若干種，但綜合起來可分為兩種，即動力活塞橫臥式與動力活塞垂直式，而二者中前者力量較小，多用於發電機，後者力量較大多用於主機，但二者之工作原理都一樣。簡單介紹動力活塞垂直式馬奎特液壓調速器之工作情形於後：

1.　當引擎在正常轉速下調速器之運轉情況，如圖 11.33 船在海中正常行駛(引擎轉速不變)

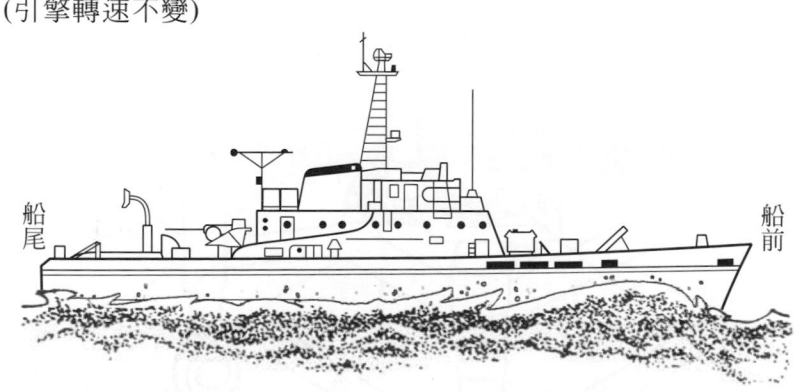

船尾　　　　　　　　　　　　　　　　　　　　　　　　船前

圖 11.33　船在海中正常行駛(引擎轉速不變)

　　圖 11.34 中，飛球之離心力被感速彈簧(speeder spring(N))的壓縮所平衡，故飛球(J)停止在正常的位置，保持導閥(pilot valve(H))在中間位置，則調整油壓排油孔(O)被導閥(H)關閉，致使調節壓油道(P)內之滑油被封閉，來自調速器油泵(R)之有壓滑油，作用在動力活塞(B)之定壓面上，但由於調節油道(P)內滑油被封閉，動力活塞(B)無法移動，故保持引擎轉速正常不變。

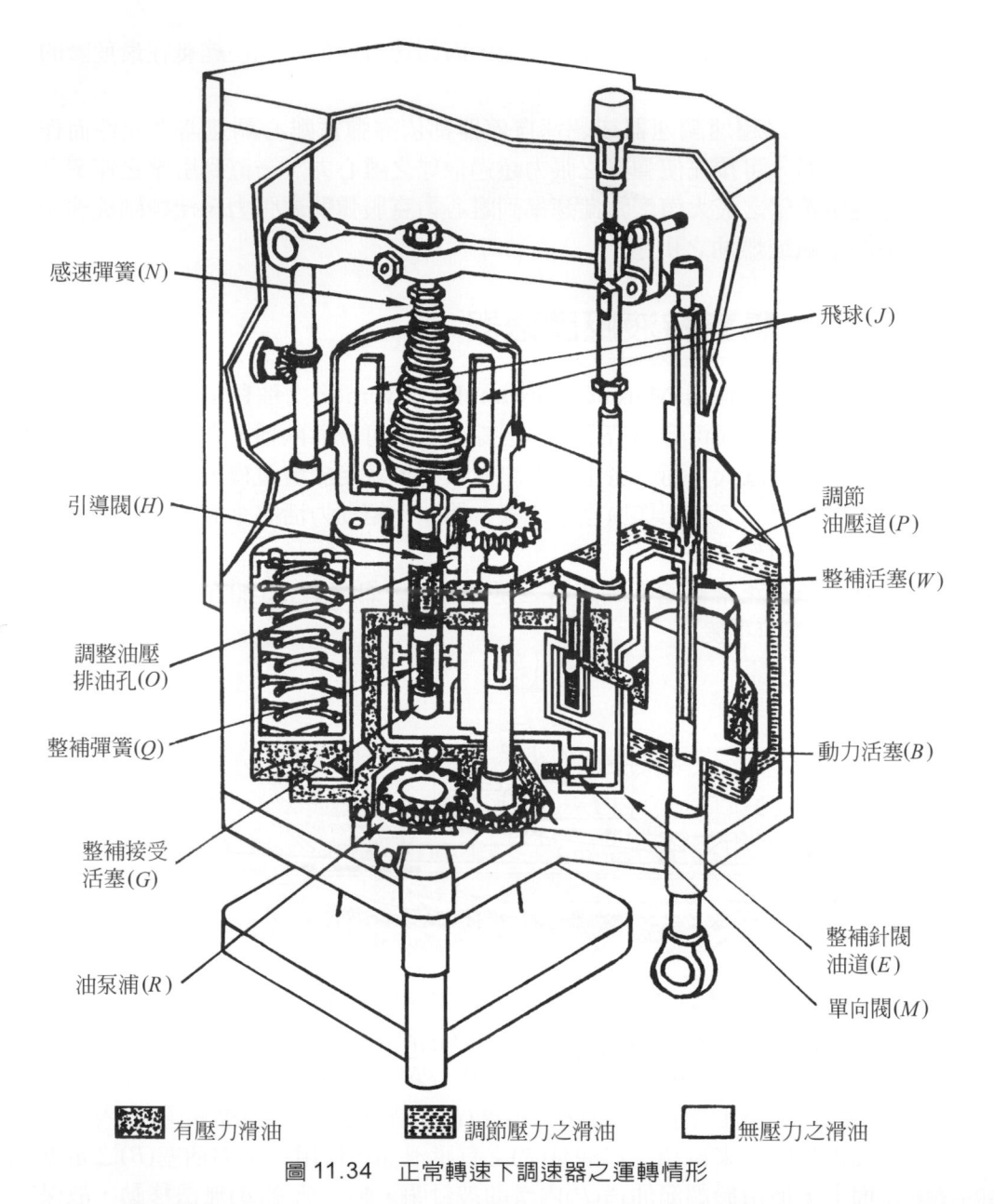

感速彈簧(N)

飛球(J)

引導閥(H)

調節
油壓道(P)

整補活塞(W)

調整油壓
排油孔(O)

整補彈簧(Q)

動力活塞(B)

整補接受
活塞(G)

整補針閥
油道(E)

油泵浦(R)

單向閥(M)

▨ 有壓力滑油　　▨ 調節壓力之滑油　　□ 無壓力之滑油

圖 11.34　正常轉速下調速器之運轉情形

2. 當引擎負荷增加轉速降低時之調速器動作情況，如圖 11.35 船在海中遇
大浪，船尾吃水較深(引擎轉速變慢)

圖 11.35　船在海中遇大浪，船尾吃水較深(引擎轉速變慢)

　　圖 11.36 中，引擎因負荷增加轉速降低，飛球(J)之離心力便減小，足使感速彈簧(N)之彈力壓動飛球(J)，使其向內斜，引導閥(H)亦隨之下移，當引導閥(H)下移時，開放了定點孔(S)，使其與調節壓力油道(P)連通，因此調速器油泵(R)所供給之有壓滑油得以進入動力活塞(B)之定壓油道(T)與調節油壓油道(P)，使定壓面(U)與調整壓面(V)在同一油壓作用之下，但是調整壓面積較定壓面積爲大，故作用在調整調面之總力較定壓上之總力爲大，故動力活塞(B)向增加引擎燃油的方向移動，(即向上移動)使引擎轉速增加。

　　當動力活塞(power piston(B))向上移動時，動力活塞筒形底端內的滑油，被整補活塞(compensating piston(W))推動而排除，被推動之滑油經整補油道(compensating passage(E))，流往整補接受柱塞(compensating receiving plunger(G))下端，將其推動向上，整補接受柱塞(G)係與整補彈簧(compensating spring(Q))及導閥(H)相連，由於整補接受柱塞(G)之運動方向，恰與引導閥(H)受飛球(flyballs(J))運動時，所作用產生之運動方向相反，故有反抗導閥下移，防止引擎在調速加油時，產生過度(overshooting)加油的現象。一般裝置整補針閥油道(E)內的整補針閥(compensating needle valve(X))時，必須允許微量的整補滑油滲漏到油槽(Y)(oil sump)內，以便使整補滑油對整補接受柱塞之作用僅係一暫時性的，同時整補針閥(X)必需永遠不緊密關閉，否則將會失去了調速的作用。

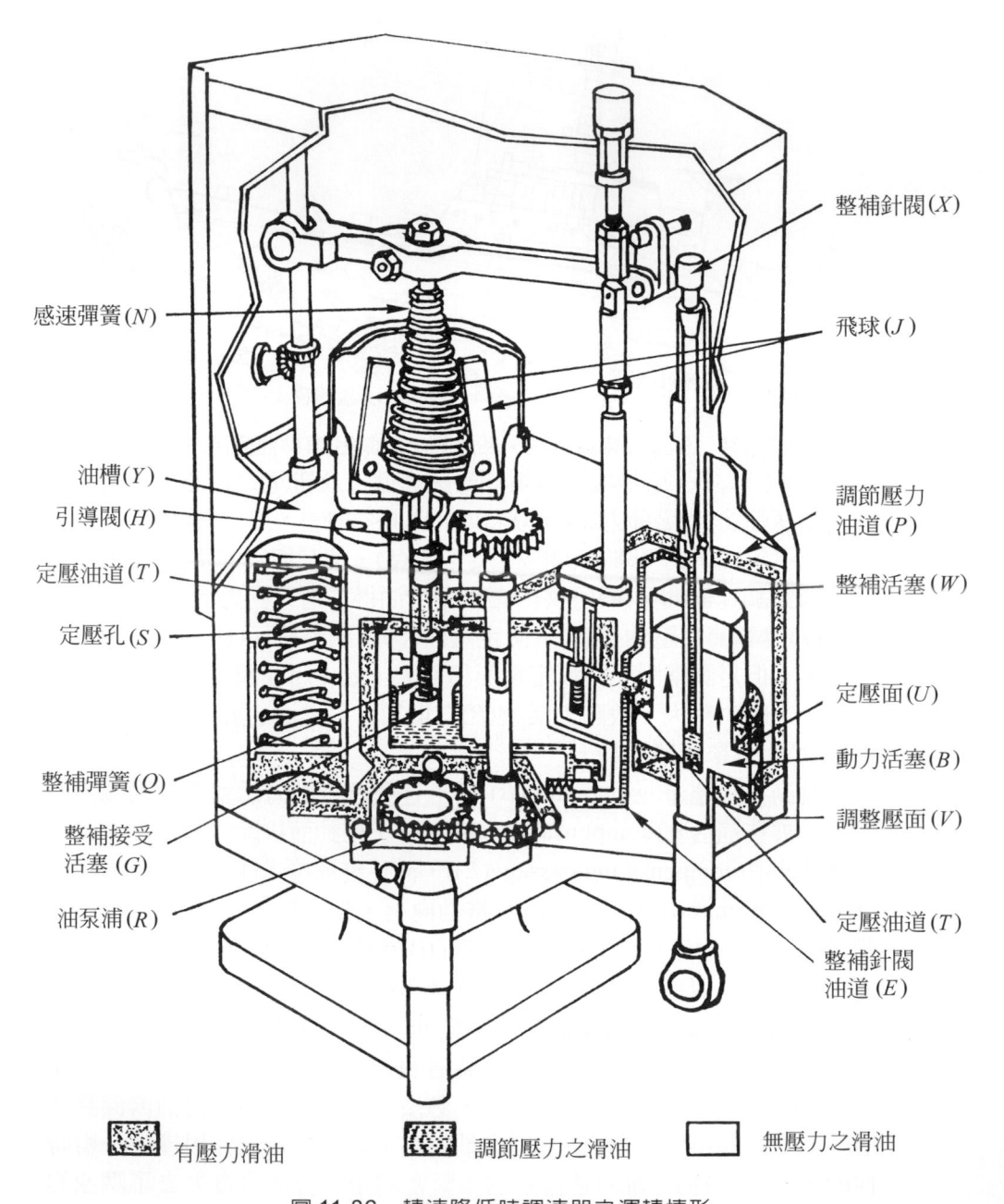

感速彈簧(N)

整補針閥(X)

飛球(J)

油槽(Y)
引導閥(H)
定壓油道(T)
定壓孔(S)

調節壓力油道(P)
整補活塞(W)

定壓面(U)
動力活塞(B)
調整壓面(V)

整補彈簧(Q)
整補接受活塞(G)
油泵浦(R)

定壓油道(T)
整補針閥油道(E)

有壓力滑油　　　調節壓力之滑油　　　無壓力之滑油

圖 11.36　轉速降低時調速器之運轉情形

3.　當引擎負荷減輕轉速升高時之調速器情況，如圖 11.37 船在海中遇大浪
　　船尾露出水面(引擎轉速變快)

船尾

船前

圖 11.37　船在海中遇大浪，船尾露出水面(引擎轉速變快)

　　　圖 11.38 中，引擎在負荷減輕時，轉速就變快，飛球(J)之離心力亦
增大，當離心力勝過感速彈簧(N)的壓力時，飛球便向外摔開，使引導
閥(H)上升，將調整油壓排油孔(O)開啓，因而解除了調整壓力油道(P)
內之壓力，由於來自油泵浦(R)的有壓滑油，繞過導閥(H)，經過定壓孔
(constant pressure port(S))，流入定壓油道(T)，故有壓力作用在動力活
塞(B)的定壓面(U)，使動力活塞(B)，向減速燃油的方向(即向下移動)移
動，減低了引擎之轉速。

　　　當動力活塞(B)下移時，滑油從整補接受活塞(G)內抽入動力活塞(B)
筒形底端內，使整補接受柱塞(G)被拉向下移動，這時因爲整補接受柱
塞(G)之運動方向與引導閥(H)運動方向相反，故有反抗引導閥向上移動
的作用，防止引擎在調速減油時，產生過度(over shooting)減油的現象，
這時整補針閥油道(E)內之針閥(X)，可使調速器油槽(Y)內之滑油吸入整
補針閥油道(E)內，故整補針閥油道(E)內之整補滑油對整補接受柱塞(G)
的作用，極爲短暫，同時整補針閥(X)亦不能緊密關閉，否則將失去了
調速的作用。

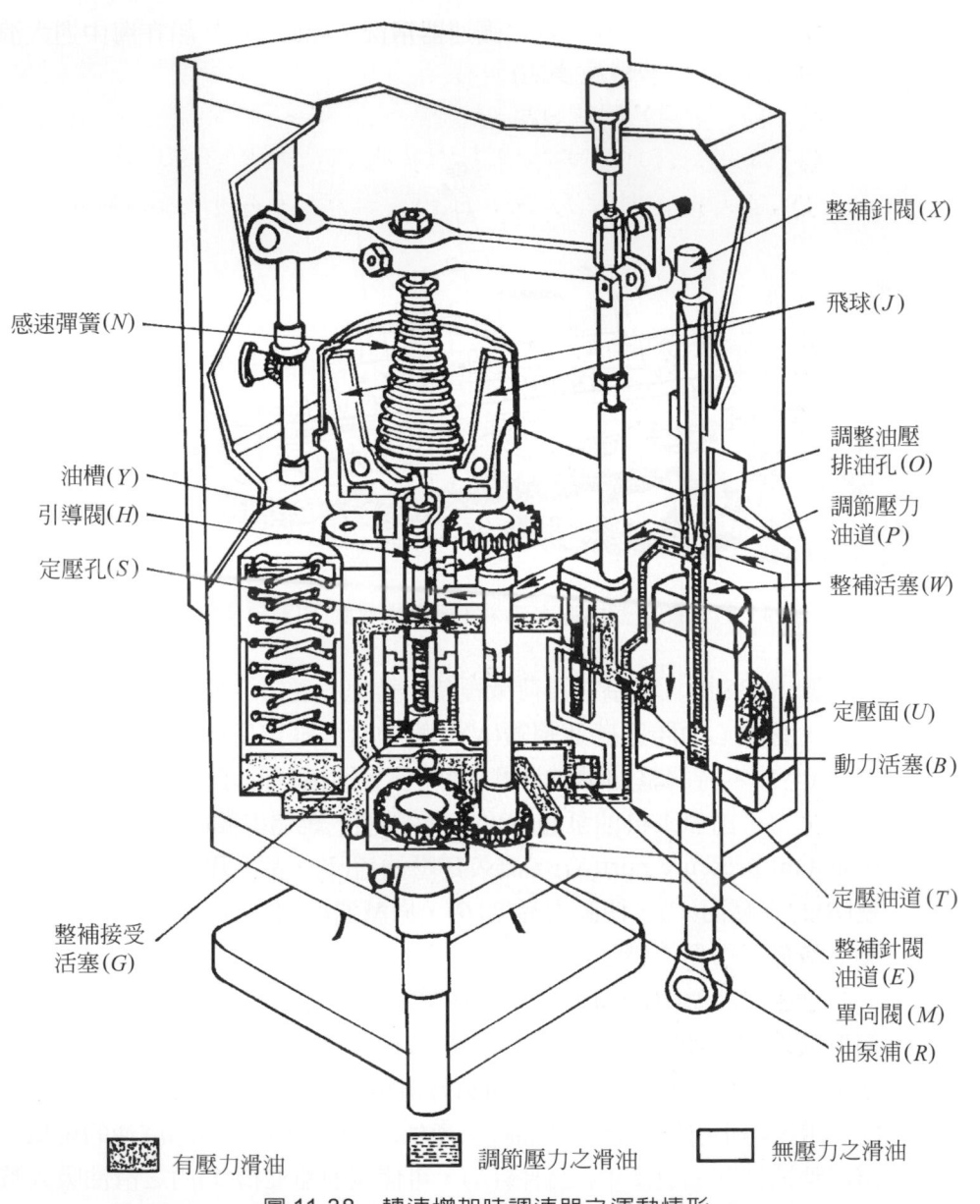

感速彈簧(N)

整補針閥(X)

飛球(J)

油槽(Y)

引導閥(H)

定壓孔(S)

調整油壓排油孔(O)

調節壓力油道(P)

整補活塞(W)

定壓面(U)

動力活塞(B)

定壓油道(T)

整補針閥油道(E)

單向閥(M)

油泵浦(R)

整補接受活塞(G)

有壓力滑油　調節壓力之滑油　無壓力之滑油

圖 11.38　轉速增加時調速器之運動情形

4. 降速裝置(speed droop mechanism)

兩部發電機並聯使用時，必須要用有降速裝置的調速器，以平均分配其負荷，同樣如果有兩部引擎經一減速齒輪帶動同一推進器者，有降速裝置的調速器可使負荷平衡。降速裝置如圖 11.39 所示，係由一個帶有齒環的偏心凸輪(A)與一個可被動力活塞帶動齒桿(B)及動力槓桿(C)所組成，當引擎負荷增加速度降低時，動力活塞(D)向加油的方向(向上)移動，同時帶動齒桿(B)向上，使偏心凸輪(A)反時針旋轉，因偏心凸輪的轉動使動力槓桿(C)右端向上移動，同時也使感速彈簧(E)的壓力減少，實際上是降低了調速器所調定的速度，造成了速率降，結果負荷由另一部引擎來承擔，同理另一部引擎也使用降速裝置的調速器，當負荷增加時也造成了速率降，因此負荷又交回，如此互相交換可使負荷平衡。偏心凸輪組如圖 11.40 所示，偏心輪(A)與偏心輪(B)的相對位置可以調整，藉此設計可變更降速的百分率，當動力活塞運動時，動力槓桿的升降或無變動，則全視偏心輪(A)與(B)相關位置與動力活塞移動的方向而定。如果不需要降速裝置時，只要調整偏心輪(A)使其中心與偏心輪軸旋轉中心相重合，則調速器降速為零。

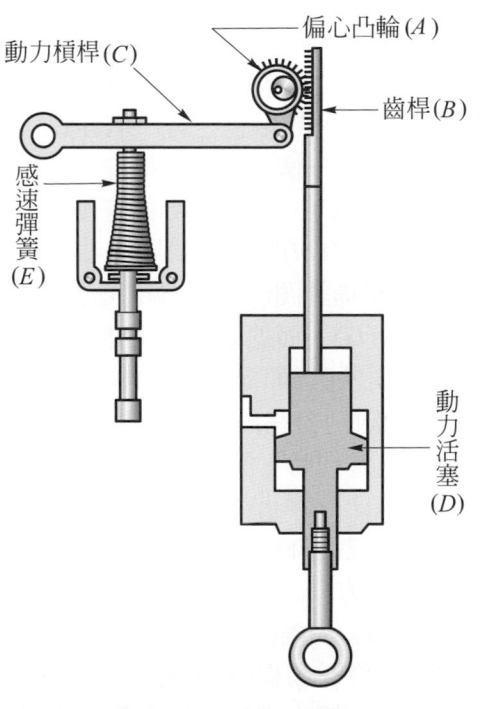

動力槓桿(C)

偏心凸輪(A)

齒桿(B)

感速彈簧(E)

動力活塞(D)

圖 11.39　降速裝置

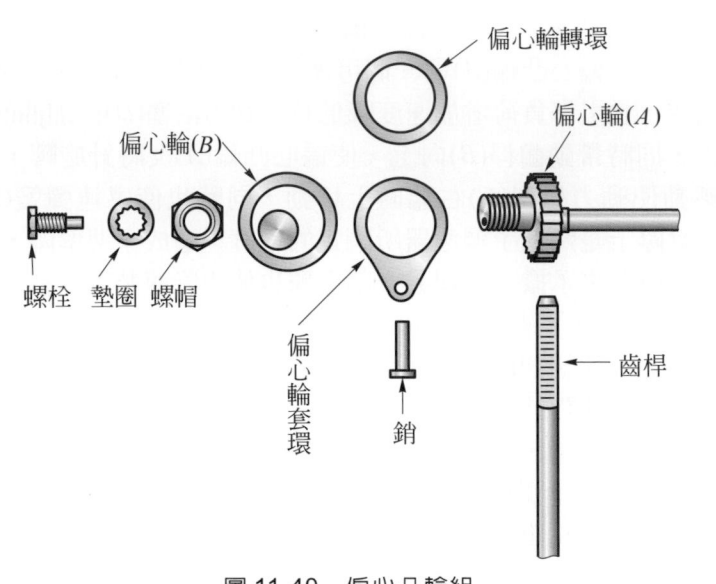

圖 11.40　偏心凸輪組

5. 力矩限制器(B.M.E.P. limited torque limiter)

　　力矩限制器又稱平均有效制動壓力(B.M.E.P.)限制器，如圖 11.41 其目的在防止引擎超載，其中包括有一個浮動桿(A)，該桿之運動係受動力活塞(B)之運動透過一個凸輪而被操縱者，浮動桿(A)控制平均有效制動壓力(B.M.E.P.)閥(C)，該閥可使具有壓力之滑油旁通到整補油道(D)內，同時推動單向閥(M)將整補針閥之油道(E)切斷，而使整補油道(D)內之滑油無法經整補針閥(F)漏入調速器油槽，這時具有壓力的滑油作用於整補接受柱塞(G)，而迫使導閥(H)向上運動，結果形成動力活塞(B)向切斷燃油的方向移動(即向下移動)。此外尚有一組輔助飛球 (I)，其作用在使B.M.E.P限制器在任何一個調速器所設定的運轉速度下，於某預定的過負荷情況達到時，發生作用。B.M.E.P限制器之動作係完全自動，當過載移去時即行停止作用。

　　當引擎轉速因過載而降低時，主飛球(J)內移，導閥(H)降下，動力活塞(B)向上移往加油方向。齒桿(K)轉動 B.M.E.P 凸輪(L)將浮動桿(A)之支點降低，當主飛球(J)內移時，輔助飛球(I)也內移。致將浮桿(A)之自由端舉起，因此迫使浮動桿(A)之他端向下動，開放 B.M.E.P閥(C)。這個動作的結果，使有壓力之滑油進入整補油道(D)，迫使整補接受柱塞(G)及導閥(H)向上動造成主飛球外移，因而形成動力活塞下移的運動，減少了燃油的供給，當滑油壓力因 B.M.E.P 閥(C)之開放，而轉換作用在整補油道(D)內時，單向閥(M)被推動，將整補油道(D)通往整補針閥(F)部份之油道切斷，防止有壓力之滑油經針閥(F)滲漏調速器油槽。

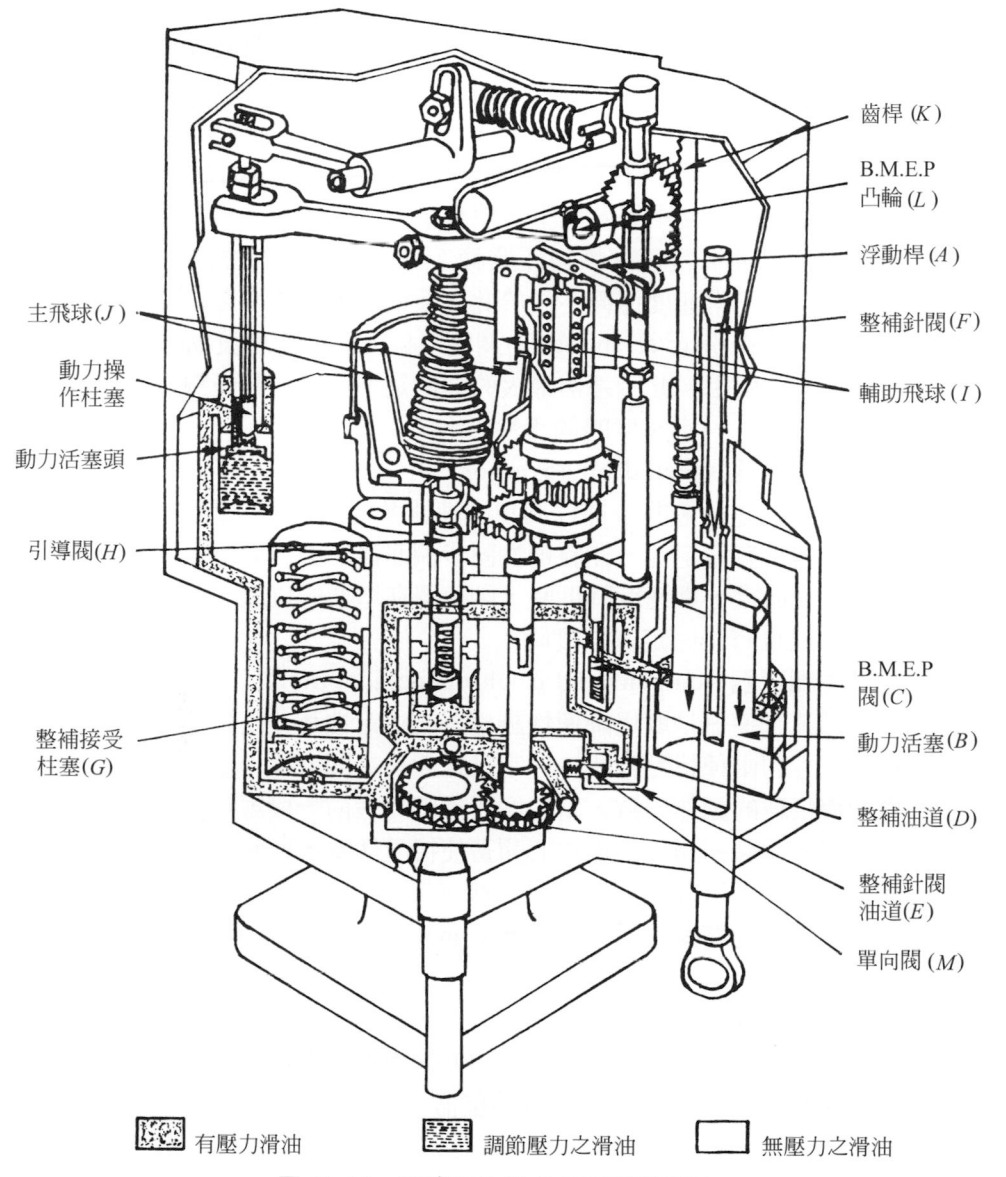

齒桿 (K)

B.M.E.P
凸輪 (L)

浮動桿 (A)

整補針閥(F)

輔助飛球 (I)

主飛球(J)

動力操
作柱塞

動力活塞頭

引導閥(H)

B.M.E.P
閥(C)

動力活塞(B)

整補接受
柱塞(G)

整補油道(D)

整補針閥
油道(E)

單向閥 (M)

▨ 有壓力滑油　　▨ 調節壓力之滑油　　☐ 無壓力之滑油

圖 11.41　調速之 B.M.E.P 限制器作用

11.5.14　伍德瓦液壓式調速器

　　伍德瓦調速器之型號很多，應用之範圍亦甚廣，不同型式的調速器不但外部差異，其內部構造亦不同，又因其用途各異，各種附屬裝置及控制方法亦有很大之差別，故無法一一說明，僅將其基本之種類分述如下：

1. **非整補性同步調速器**(uncompensated isochronone governor)

　　此種調速器沒有整補設備，只是簡單液壓調速而已，當速度降低時，飛球離心力使引擎閥向下，使有壓力之滑油通入動力活塞，推動油桿使增加燃油，當速度恢復正常後，飛球回至原來位置，切斷滑油通道，以保持正常速度運轉，由於此一系統內各種動作之時間延遲，調速器往往產生過份(over shooting)調整現象，而使速度波動，故此種調速器無法普遍使用。此調速器最大的缺點是不穩定，其優點為不論負荷如何，而能保持一定速度的同步性。

2. **降速性調速器**(speed drop governor)

　　此種調速器較非整補性同步調速器多增加一個浮桿(floating lever)裝置使其具有穩定性，非整補性同步調速器之動力活塞之位置，視其保持之速度而定，當速度降低時，調速器在增油的位置，使其保持一定的速度，但也有一固定的速度降。

3. **整補性調速器**(compensated isochronone governor)

　　這種調速器是取用降速性調速器之穩定性和非整補性同步調速器的無降速性的兩種特點合成，通常是在浮桿之間增裝一組油壓裝置，使引導閥與飛球的動作一致，當速度變換時的最前一段短時間內，此調速器為一降速性調速器，然後中心彈簧使接受活塞，回到中間位置，使速度回復正常，而不論活塞曾移動多少。

4. **有固定降速的整補性同步調速器**(compensated isochronone governor with permanent speed drop)

　　此種調速器增加一個降速桿裝置，使感速彈簧的壓力按動力活塞的位置而變更，其降速的調整由一偏心輪變換支點中心位置，此種調速器當降速調整為零時則為一同步調整器。

習　題

1.　填充題

(1)　噴油時間延遲或噴油速率過低，則排汽中將發生_____之不良燃燒現象。

(2)　噴油系統中噴油的方法有_____與_____兩種。

(3)　近代柴油機大多採用_____噴油法。

(4)　供給噴油用空氣壓縮機壓力約為_____psi至_____psi，但普通壓力為_____psi。

(5)　_____噴油系統之霧化程度不如_____噴油系統。

(6)　共管式噴油系統所用燃油泵是為_____泵。

(7)　單元式噴油嘴，油量之控制是屬於_____決定，

(8)　美國波士(Bosch)噴油系統是屬於_____噴油系統。

(9)　噴油高壓泵裝於噴油嘴內噴油系統為_____噴油系統。

(10)　愛沙盧(Ex-Cell-O)噴油嘴之優點在易_____及_____適合_____引擎之用。

2.　問答題

(1)　燃油霧化，一般有那兩種方法？

(2)　影響燃油霧化程度的因素為何？

(3)　燃油系中有那六大部份？

(4)　燃油噴射系之任務為何？

(5)　何謂空氣噴射法，其原理如何？

(6)　何謂噴射先期角？如何決定此角度？

(7)　機械噴油法有那三種？

(8)　何謂燃油噴射之貫穿距離？如何決定？

(9)　說明噴油嘴之主要作用？

(10)　為何針栓式噴油嘴都配合擾動式燃燒室使用？

(11)　何謂調速器？

(12)　簡述調速器之基本原理？

(13)　調速器有那些種類？

⒁　調速器爲何需要補償作用？

⒂　何謂限負荷調速器？何謂力矩限制器？

CHAPTER 12

INTERNAL CONBUSTION ENGINE

潤滑與冷卻

內燃機中有許多運動的部份，如活塞與汽缸壁、活塞銷與連桿、連桿與曲軸、曲軸與軸承、齒輪與齒輪、汽閥與閥座等都是金屬互相接觸運動，潤滑的目的就是如何使金屬與金屬間加入潤滑油使其隔開，減少金屬摩擦而損壞，本章介紹潤滑的基本原理，潤滑油的性質，各種潤滑的方法、軸承的潤滑、推力軸承的潤滑、汽缸的潤滑、活塞梢的潤滑、十字頭軸承的潤滑及齒輪的潤滑等，同時也介紹了引擎的冷卻系統包括空氣冷卻法及液體冷卻法。

12.1　潤滑目的及潤滑系

12.1.1　滑潤目的

在內燃機中有許多運動部份，如活塞與汽缸壁，活塞銷與連桿，連桿與曲軸，曲軸與軸承，齒輪與齒輪，汽閥與閥座等，都是金屬面互相接觸的運動，此種運動將引起金屬與金屬間的摩擦，因摩擦而生的熱，很快就破壞了機件的功能，如果能將潤滑油加入兩金屬面之間，使其兩接觸面浮離，將會減少摩擦損壞。

　　摩擦的基本原理：是在兩金屬摩擦面間形成一層油膜，使兩個金屬面不能直接互相接觸，其功用為：⑴是減少克服摩擦所需之動力，也可減少摩擦面與軸承面之磨損，增加輸出之動力及延長引擎之使用壽命等。⑵是可供冷卻作用，潤滑油可從軸承、汽缸及活塞處將熱帶走，因此，引擎潤滑之有效程度對於引擎之使用壽命及性能特性均有密切影響。一般潤滑的種類，可分為厚膜潤滑與薄膜潤滑，分別說明如下：

1. **厚膜潤滑**(thick-film lubrication)

　　兩個潤滑面完全被油膜所隔開，沒有金屬上的接觸，因此表面之磨耗也就降至最低，這種情形稱為厚膜潤滑。厚膜之摩擦係數通常為 0.002 至 0.012，而軸承之負載能力可高達 18,000 磅每平方吋。

2. **薄膜潤滑**(thin-film-lubrication)

　　兩個潤滑面間之油膜變得很薄，致使金屬表面的不平部份將油膜突破時，使產生金屬接觸，增加磨損，這種潤滑稱為薄膜潤滑。薄膜之摩擦係數通常為 0.012 至 0.10，其負荷能力為 300 磅為每平方吋。

　　潤滑的目的是減少摩擦、冷卻、密封、減震、清潔及防銹等六大目的，現分別說明如下：

1. **減少機件摩損耗**

　　金屬表面不論加工多細，還是不能達到完全的光滑，如果在兩相對的金屬面間加入潤滑油，使兩個相對運動的接觸面浮離，便能減少機件的摩擦，同時減少因摩擦所產生的動力損失。

2. **冷卻機件**

　　潤滑油在潤滑系統中不斷的循環，當潤滑油經過各機件時，便會將因摩擦或燃燒而產生的熱量帶走，使各機件得到冷卻，這些帶熱量之潤滑油，最後流回油底殼中，再由油底殼外四週的空氣或潤滑油冷卻器冷卻之。

3. **密封作用**

　　活塞與汽缸蓋燃燒室之間的密封靠活塞環，但活塞環與汽缸壁之間，需要油膜來保持潤滑，此油膜同時具有密封作用。

4. **減震作用**

　　當引擎在動力行程初期，因突然升高之壓力，作用於活塞面上，推動活塞，推力由連桿到連桿軸承，使各部份因潤滑而產生的油膜破裂而被壓出，同時吸收了因高壓撞擊而產生的振動，故有減震作用。

5.　**清潔作用**

　　潤滑油一般採用循環系統，因著潤滑油的循環作用，可將汽缸壁上的積碳和雜質，以及各機件間磨損下來的金屬屑清除，並帶回油底殼之中。

6.　**防銹作用**

　　潤滑油在金屬表面附著，不但能夠保護金屬表面，不受空氣中化學藥劑腐蝕，同時還能防止金屬表面與空氣中之氧氣產生氧化作用而生銹。

　　潤滑最大的目的是使兩相對運動平面間之摩擦力減至最小，為了要達到此一目的，最好能使潤滑油介於兩平面間，使兩平面不能直接接觸，至於滑油如何能留在兩平面間並且支持此兩平面間之負荷，減少兩平面之磨損。由實驗得知：只要在兩相對運動平面間形成油楔(oil wedge)，有了油楔便能產生油膜壓力(oil film pressure)，此壓力之分佈以靠近油楔三分之一處為最大，如圖 12.1 所示，使一塊傾斜滑塊在一個固定不動的平面上之油膜中滑動，由於滑油黏性阻力(viscous drag)，會將滑油形成一三角形油楔，發現此油楔便產生壓力稱為油膜壓力。如果該兩平面是平行的，或者是互相間沒有相對運動，就不會形成油膜壓力，而且此滑油也不能支持負荷。由以上可知，油膜潤滑之原理是以油膜壓力來支持負荷，減少兩平面間之摩擦，油膜壓力之產生是靠兩相對運動面間之油楔所形成。

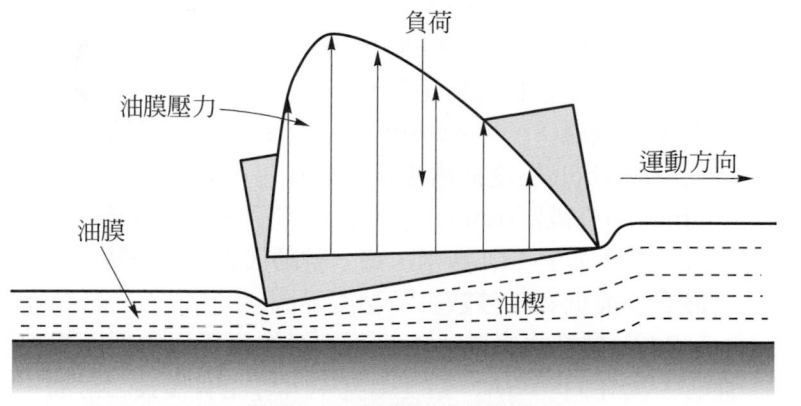

圖 12.1　油膜壓力分佈圖

　　此油膜的形成有三個極重要的因素，(1)兩接觸面間相對運動的速度，(2)潤滑劑的黏度，(3)兩接觸面間隙。這三個因素要相互配合，才能在兩接觸間造成理想的油膜，非此，雖然兩接觸面間有潤滑油，但是不能達到理想的潤滑境界。

內燃機中所使用潤滑油的種類,由於使用的部位不同,主要分為潤滑內燃機的機油、潤滑變速箱及差速箱的齒輪油、潤滑輪軸及萬向接頭的黃油等,今將潤滑內燃機的潤滑油,(一般稱為機油)作以下的說明:

1. **潤滑油的性質**(properties of lubricating oils)

    滑油是由原油中所提煉出來的,滑油的性質是視其提煉的方式及程度,加入劑之處理等因素而定,因為原油之種類很多,提煉過程及加入劑各有不同,結果使各滑油之物理性質及其性能特性,均有很大的差異。一般滑油之物理性質分別敘述如下:

(1) 黏度(viscosity)

    滑油之黏度為滑油流動時流體阻力之一種測度,與其內摩擦或流體摩擦有關。滑油又與溫度之高低有關,溫度愈高黏度就愈小,溫度愈低黏度愈大。黏度之絕對單位是泊(poise)(達因秒每平方厘米),但習慣上很少用此單位,大都採用賽氏秒數(Saybolt seconds)或通用賽氏秒數(seconds Saybolt universal)來表示。

① 賽氏黏度(Saybolt viscosity)亦即賽氏秒數(Saybolt seconds)利用賽氏黏度計(Saybolt viscosimeter),於一定溫度時(130°F或210°F)將 60 c.c.之滑油使流經賽氏管(Saybolt tube)上之一固定小孔,該 60 c.c.滑油從小孔流盡所需之時間(秒),即為賽氏黏度,因此賽氏黏度(或秒數)是純粹經驗數字,並以某一選擇情況為基礎,例如某種 60 c.c.之滑油在溫度210°F時,流過賽氏管上小孔所需之時間為120秒,則該滑油之賽氏黏度為120。

② SAE黏度號碼(SAE viscosity numbers):因為滑油種類甚多,測定時利用Saybolt黏度極為複雜,故採用SAE(Society of Automotive Engineers)分級制(rating system),將所有滑油分為七類自 SAE10至SAE70,如表12.1所示,每一號碼代表在某一特定試驗溫度下,以最高及最低賽氏秒數表示黏度範圍。

    SAE 黏度之編號,僅能區別滑油之等級,而不能完全表示其性質,因在同一 SAE 黏度編號中,可能有優良之滑油,亦有最差之滑油,此可以從下列兩種滑油之性質比較得知如表 12.2 所示,根據此表之比較,可知同一 SAE 黏度號碼之滑油,在不同之溫度時,其性質各異,*A*種滑油之性質優良,而*B*種滑油在 32°F時已不能流動,而在 300°F時反而較*A*種滑油稀薄。另一種能適合低溫時之滑油其表示法，可在 SAE 黏度後加以 W 字，如 SAE20W，則表示適用於冬季之氣候。

表 12.1　曲軸箱用滑油之 SAE 黏度號碼

SAE 黏度號碼	黏度範圍		賽氏秒數	
	在 130°F		在 210°F	
	最高	最低	最高	最低
10	119	90		
20	184	120		
30	254	185		
40		255	80	
50			104	80
60			124	105
70			150	125

表 12.2　A、B兩種滑油在 SAE50 號性質比較

滑油種類	SAE 黏度號碼	各種溫度時之 Salbolt 黏度				
		300°F	210°F	130°F	100°F	32°F
A種滑油	50	44	80	350	840	20,000
B種滑油	50	42	8	480	1,480	65,000

③ 黏度指數(viscosity index)：黏度指數是在 210°F 時測量某一種滑油與兩種具有同樣黏度之參考油比較下，其黏度隨溫度之改變情形，這是一種經驗系統(empirical system)，其公式如下：

$$黏度指數(VI) = \frac{A-X}{A-B} \times 100$$

A、B＝已知黏度指數滑油在 100°F 時之賽氏秒數

X＝未知黏度指數滑油在 100°F 時之賽氏秒數

VI ＝黏度指數，表示一已知滑油之黏度隨溫度改變之相對阻力。若指數愈高，則表示滑油之黏度隨溫度改變愈小。

※注意：使用此公式時A、B、X三種油在 210°F 時之賽氏秒數須相等始可。

例題 12.1 設有A(環烷基油)、B(石臘基油)、X(擬求之滑油)三者在 210°F 時賽氏秒數均有 90 秒。由 ASTM Saybolt Viscosity Temperature Charts查出，A在 100°F時之賽氏秒數為 2115 秒，B在 100°F時之賽氏秒數為 986 秒，X在 100°F時之賽氏秒數為 1500 秒，求其黏度指數為多少？

解 $VI = \dfrac{A-X}{A-B} \times 100 = \dfrac{2115-1500}{2115-986} \times 100 = 54.6$

⑵ 流點(pour point)

滑油不須攪拌而能自行流動之最低溫度，稱為滑油之流點，例如將欲測定之滑油，放入玻璃試管中，在冷卻器中冷卻，取出後將試管放平，若在五分鐘內而未見流動，此時之溫度稱為流點。

⑶ 閃點(flash point)

滑油表面產生可供閃燃(一閃即滅沒有繼續燃燒)混合物時之溫度，稱為閃點。閃點可以用表示滑油之揮發性，閃點愈低揮發性愈好，閃點愈高揮發性愈差，但是內燃機所用之滑油，閃點不能過低，否則易於揮發而燃燒，增加了滑油之消耗。

⑷ 碳渣(carbon residue)

滑油內含碳渣之測定是將 10 克滑油樣本，放於康利遜試驗器(Conradson apparatus)內，於嚴格控制之情況下加熱，燃燒直到僅剩下殘餘物為止，將這些殘餘物之重量仔細測得，再按原來樣本滑動之重量來計算其百分比。

⑸ 顏色(color)

滑油之顏色是表示提煉的程度，同時亦可以幫助滑油之視別及鑑別。

⑹ 反應及中和(reaction and neutralization)

滑油應該呈中性反應，不應留有在提煉過程中所用之礦酸(mineral acid)或鹼(alkali)，滑油之中和號數，是由該潤滑油所含能與氫氧化鉀或硫酸反應成份之量。

⑺ 穩定性(stability)

滑油能抗阻氧化及抗阻分解之能力稱為穩定性，滑油一但起了氧化或分解，則產生酸類及膠狀物(lacquers)或淤渣等。

(8)　清潔性(detergent)

　　　可使滑油沒有淤渣及沉積物，保持清潔的性質。

(9)　油滑性(oiliness)

　　　油滑性是表示滑油的摩擦係數(F)與滑油黏度(V)(poise)之轉數(N)(RPM)及軸承每平分吋投影面所受之壓力(P)等互相之關係，如圖 12.2 所示，若軸承在厚膜潤滑時，則F與$\dfrac{VN}{P}$成正比，如圖 12.2 中A點右邊之曲線。若軸承在薄膜潤滑時，則F與$\dfrac{VN}{P}$成反比，如圖 12.2 中A點左邊之曲線。

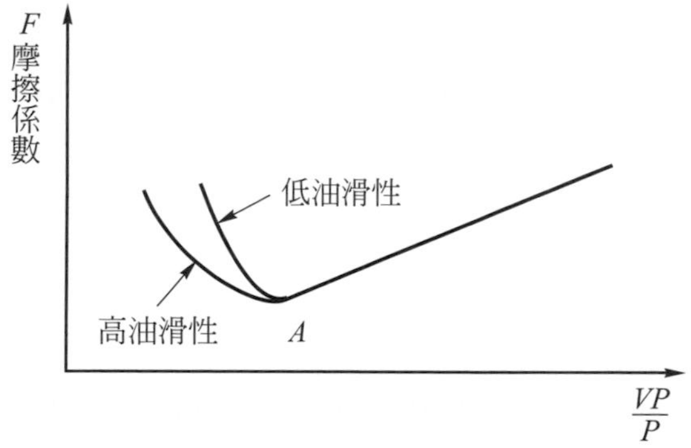

圖 12.2　摩擦係數與$\dfrac{VN}{P}$關係

　　　由圖可知兩種相同黏度(V)之滑油用於同一軸承時，雖然$\dfrac{VN}{P}$值相同，但其摩擦係數可以不同，表示該滑油之油滑性不同，曲線愈低時，其油滑性亦愈佳。如果在滑油中加入硫或其他化合物，能使滑油增加或其載重能力時，便是增加了滑油之油滑性。

(10)　軍用號碼滑油之分類(classification of military symbol oils)

　　　一般海軍用滑油之分類是以四位數表示之，第一位數字表示該滑油所屬之系(series)，後三位數字表示黏度之賽氏秒數(saybolt seconds)，今將滑油系分類如下：

系 1：代表飛機引擎用滑油。(在 210°F時測得)
系 2：代表一般用滑油。(在 130°F時測得)
系 3：代表一般用滑油。(在 210°F時測得)

系 4：代表複合滑油。(在 210°F時測得)

系 5：代表汽缸材料用滑油。(在 210°F時測得)

系 6：代表複合滑油。(在 210°F時測得)

系 7：代表複合滑油。(在 210°F時測得)

系 8：代表複合滑油。(在 130°F時測得)

系 9：代表柴油機用滑油。(在 130°F時測得)

舉例說明如下：

2190 號滑油：表示第二系一般用滑油，其黏度在 130°F時約為 190 秒。

4065 號滑油：表示第四系複合船用滑油，其黏度在 210°F時約為 65 秒。

2. 潤滑油之添加劑(additives)

除了在規範中所列述的各種性質之外，用於內燃機之滑油還須有良好之穩定性，清潔性、油滑性、薄膜強度、抗腐蝕性、抗氧化性及不起泡沫性等，為了要改善這種性質，便在滑油中加入一些無機元素如碳燐，胺分肢體及金屬等有機化合物，這些油溶性(oil-soluble)的有機化合物，稱為滑油之加入劑，目前滑油之加入劑有以下幾種：

⑴ 氧化及腐蝕抑制劑(oxidation and corrosive inhibitors)

在滑油中加入硫(sulfur)和燐(phosphorus)的化合物，或是胺分肢體(amine derivatives)或石碳酸(phenol)的衍生物，都能促進滑油之穩定性。另外一種方法是將曲軸箱用呼吸管以除去被活塞環驅入之燃燒氣體，以免這些氣體凝結而形成之淤渣及膠狀物。

⑵ 清潔用加入劑(detergent additive)

使滑油中之氧化物、碳、水、髒物及其他不溶解物在滑油中懸置(suspension)，以減少其沉澱於金屬表面，而形成淤渣及膠狀物之加入劑，稱為清潔用加入劑，又可稱為分散劑(dispersants)，通常用的清潔加入劑有茶化鋁(aluminum napthenate)，硬苯酚鈣(calcium phenyl stearate)，但加入清潔劑之目的並非在清潔洗刷一下髒的引擎，僅在使引擎沒有淤渣及沉澱物。

⑶ 防止起泡劑(anti-foam agents)

一般滑油起泡是因為滑油中含有微小空氣質點，這些質點會增加氧化作用並減少軸承中滑油自呼吸管(breather)發生不正常之損失，為了防止滑油起泡，通常以矽的聚合物(silicone polymers)為最有效。

(4) 流點改良劑(pour point improvers)

　　　滑油在高溫時流動性良好，低溫時流動性較差，為了防止在低溫起動時形成臘質(wax)，故在滑油中應加入流點改良劑，通常在商業上用山駝普爾(Santopour)及丙烯酸劑(acyloid)做為流點之改良劑。

(5) 黏性指數改良劑(viscosity index improvers)

　　　滑油之黏性指數愈高，滑油愈不易隨溫度而改變其黏度，為了增高黏性指數，滑油中加入高分子之同式聚合物(polymer)可以增加其黏性指數。

(6) 油滑性及油膜強度增強劑(oiliness and film-strength agents)

　　　在部份或薄膜潤滑時，滑油之油滑性及油膜強度非常重要，為增強油滑性及油膜強度，可在滑油中加入硫、氯化燐化合物等。

12.1.2　潤滑方式

　　潤滑系之主要功用是對引擎之所有活動部份供給足量冷的而且經過過濾的滑油，使其獲得足夠之潤滑，為能符合各型內燃機潤滑之要求條件，其基本潤滑方式：為濕槽(wet sump)式及乾槽(dry sump)式兩種，濕槽式多用於較小型之引擎，如汽車引擎等，乾槽式者，則用於大型固定式引擎，如船舶引擎及航空引擎等。會將濕槽式及乾槽式潤滑系說明如下：

1.　濕槽式潤滑系統(wet sump lubricating system)

　　　濕槽式潤滑系統在曲軸箱底部有一油槽，其作用是供給滑油或存放滑油，而在大部份情形下更兼具滑油冷卻之作用，滑油由於重力關係，從汽缸及軸承處流回濕槽，然後再用一泵將油輸送循環至全潤滑系統，濕槽式常用的又可分為：

(1) 飛濺及循環泵系統(splash and circulating pump system)如圖 12.3 所示

　　　飛濺及循環泵制潤滑系統是將滑油裝在引擎曲軸箱內至一預定之油面，通常用齒輪式循環泵，將油送至各連桿下端之溝(trough)處。而在桿末端之杓(dipper)便衝擊溝中之油，使油飛濺至引擎之各部份，在主軸承及曲軸承之油環或穴集取得這些滑油後使用以潤滑這些軸承，至於曲軸梢軸承則從杓處之油經過連桿下端之槽溝流至軸承來潤滑，部份滑油則被杓濺至汽缸以潤滑油活塞裙及活塞環。濺至中空活塞下部之滑油則集中在活塞下部並流經各凹槽來潤滑活塞梢。由汽缸及各齒輪滴下之油，及由溝(trough)溢出之油都全流回油池中，再流過油池外被空氣所冷卻，已冷卻之油將再循環使用。

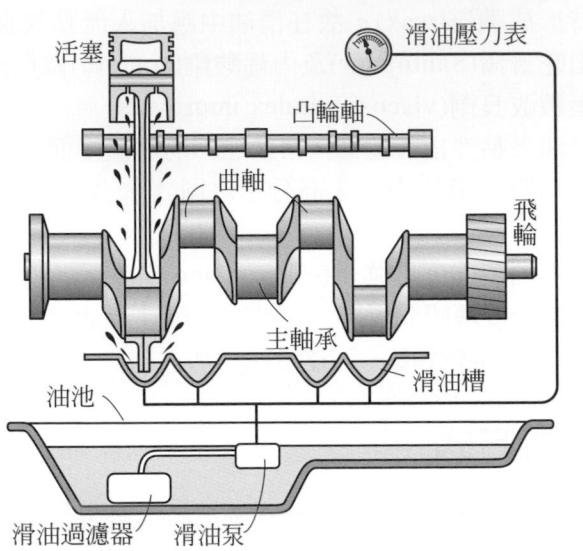

圖 12.3　飛濺及循環泵制潤滑系統

(2)　飛濺及壓力系統(splash and pressure system)如圖 12.4 所示

飛濺及壓力制潤滑系統是由滑油泵使油在壓力下送至各主軸承及各凸輪軸承，滑油泵同時亦將滑油在壓力下運送至各管路，以便將滑油噴流至各連桿軸承杯之杓處，這些油經過連桿下端之槽溝而流至曲軸梢軸承，引擎之其他部份則賴杓所飛濺之滑油來潤滑。

(3)　壓力供油系統(force-feed lubricating system)

壓力供油制潤滑系統是由滑油泵使滑油在壓力下送至各主軸承，各連桿軸承，各凸輪軸承及各定時齒輪處，在曲軸處有鑽成之油道通至各主軸承與連桿軸承，各汽缸壁，活塞及活塞梢則賴從連桿及曲軸處飛濺來之滑油加以潤滑。

(4)　全壓力給油系統(full force-feed system)如圖 12.5 所示

全壓力給油制潤滑系統是在滑油在壓力下從各鑽成之通道流至各軸承，在連桿上所鑽出之孔容許滑油從連桿軸承流至活塞梢處、汽缸壁、活塞及活塞環則由活塞梢主軸承與連桿軸承處飛濺來之滑油所潤滑，有些引擎在連桿軸承之上半部鑽孔，這樣具有壓力之油便噴在汽缸壁及活塞之內側處。

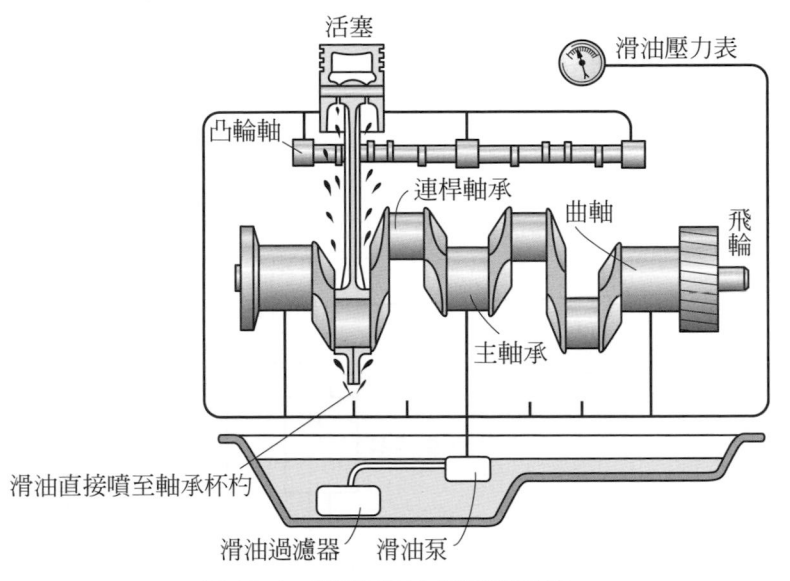

圖 12.4　飛濺及壓力制潤滑系統

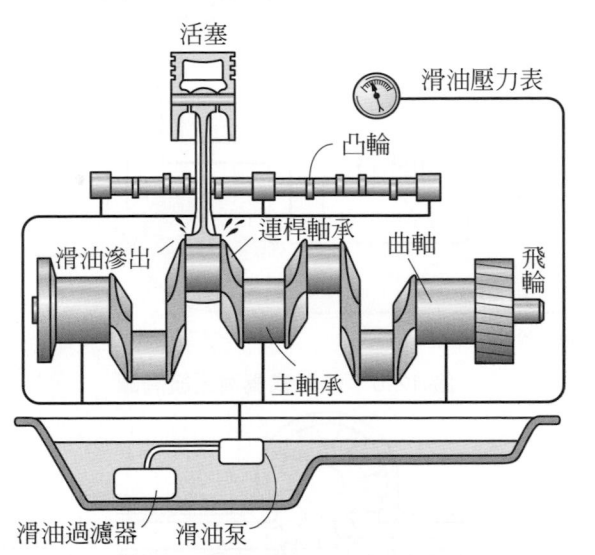

圖 12.5　全壓力給油制潤滑系統

濕槽式潤滑系統之基本組成包括：

① 齒輪泵(gear pump)。

② 過濾器(strainer)。

③ 壓力調節器(pressure regulator)。

④ 細濾器(filter)。

⑤ 呼吸管(breather)等。

　　該系統各部份之排列如圖 12.6 所示。滑油經過過濾器後由一齒輪式或轉子式泵如圖 12.7 所示有一保險閥以防止滑油之壓力過高由泵出來之滑油大部份流到引擎，但部份滑油則流到一單殼式細濾細濾器以濾去滑油中之微小質點。因而泵出來之全部滑油並不直接流過細濾器，故此過濾系統稱為旁流過濾系統(by-pass filtering system)，在

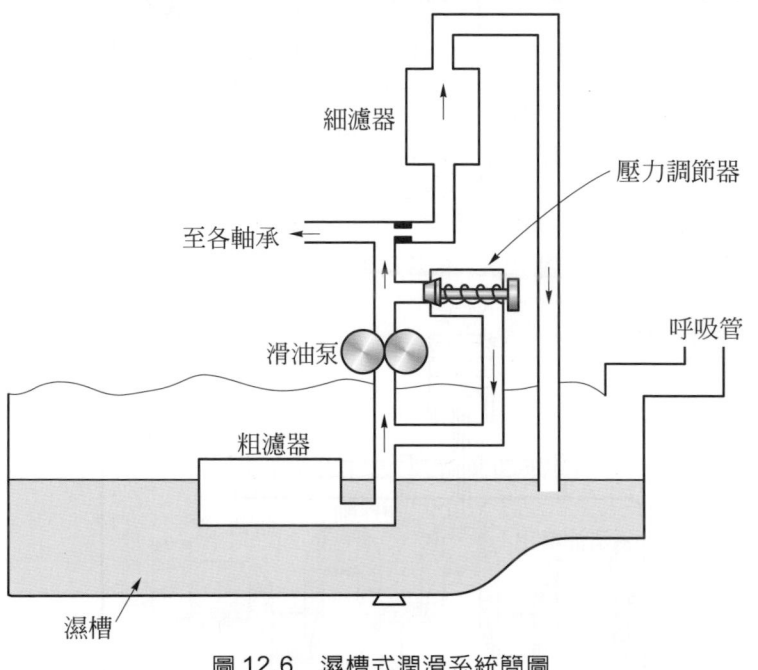

圖 12.6　濕槽式潤滑系統簡圖

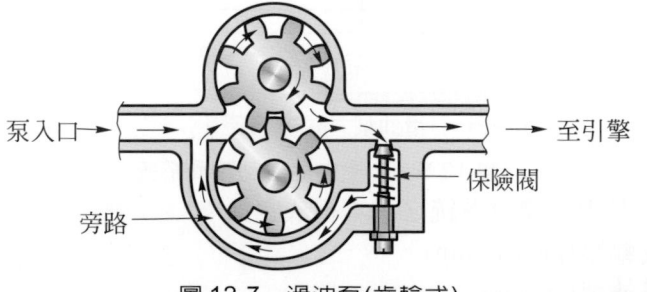

圖 12.7　滑油泵(齒輪式)

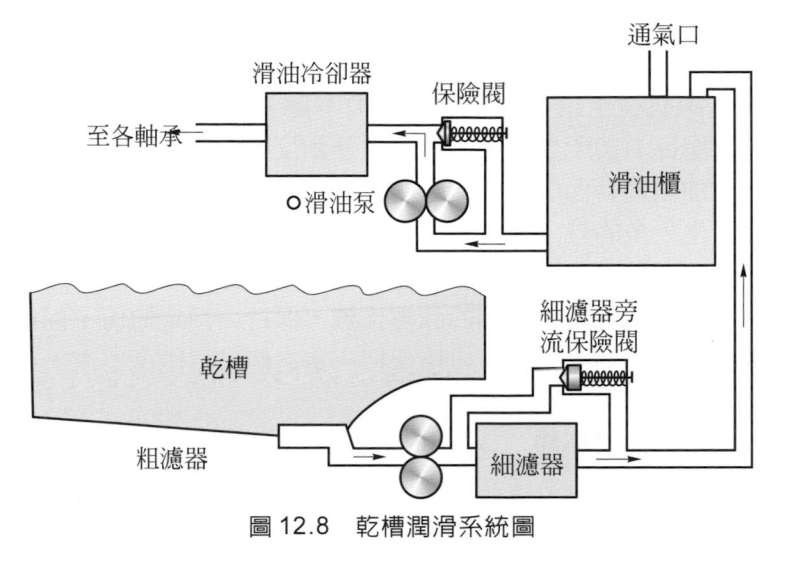

圖 12.8　乾槽潤滑系統圖

引擎運轉了一定期間以後，所有的滑油都會經過細濾器，在這種過濾系統，即使細濾器被堵塞也不會妨礙滑油至引擎。

2. **乾槽式潤滑系統**(dry sump lubricating system)，如圖 12.8

乾槽式潤滑系統中之滑油係裝在外面的油櫃中，從汽缸及各軸承滴下之滑油流回至油櫃便被驅動泵(scavenging pump)或油槽泵(sump pump)抽出，經過一細濾器再流回油櫃，由於驅油泵之能量較滑油泵為大，滑油是不會累積在引擎之底殼內，因為曲軸箱內始終保持乾燥，故稱為乾槽式潤滑系統，該系統大都用全壓力供油系統，並且裝有獨立之水冷式或氣冷式滑油冷卻器，供排除滑油中熱量之用。

12.1.3　潤滑系

1. **內燃機潤滑系之三個問題**

有關內燃機的潤滑，歸納起來大致有三個主要的問題：第一個問題是汽缸的潤滑，該用什麼方法？才能使注入汽缸內的潤滑油，在汽缸壁上形成一層油膜，而不會消耗過多的潤滑油，或是軸承和其它運轉部份理想油膜的形成。第二個問題是，該選用什麼樣的潤滑油，才能適合於汽缸，軸承以及其它部份的工作實況。第三個問題是怎樣才能使潤滑油保持清潔。

2. **潤滑系的作用與原因**

任何兩接觸面發生相對運動時，其間的摩擦係數絕不會等於零。設若使此兩面發生相對運動的原始力不變，又因摩擦而發生的熱無法散失，則摩擦力與所生的熱，將發生連鎖反應，也就是說，因摩擦而生的熱，增加兩運動面之間的摩擦力，而此多出來的摩擦力，又會使此兩摩擦面產生更多的熱，如此這般的繼續下去，最後的結果兩面磨損，或燒壞致不能運動為止。因此如要使兩接觸面能保持連續不斷的正常運轉，則一定要使兩運動面之間的摩擦係數，保持一恒定的值，而兩面之間，因摩擦而產生熱的累積，也應保持一定之值。這兩個要求，可以藉潤滑的方法獲得。

3. **柴油引擎之潤滑系統**

柴油引擎潤滑系統循環之主要問題，在於如何能使滑油注入機件之摩擦部份，使引擎內任何滑動與滾動的表面都須保持良好的潤滑，以使減少磨損與阻力達到最小程度，一般船用滑油注油系統有以下三種：

(1) 分道系統(shunt system)

分道式滑油系之循環方式如圖 12.9 所示，幫浦(pump)(*A*)將引擎內已經使用過之滑油抽出，經過粗濾器(strainer)(*B*)再經過細濾器(filter)(*C*)，最後到冷卻器(cooler)(*D*)，經由各種不同之油管，將滑油送至各需要潤滑部份，每一次循環所輸送之滑油應保持一定之流量，但是當滑油經過粗過濾器及細過濾器之後，由於過濾的雜質而阻礙滑油之流量，為了要仍然保持一定的流量，須由旁通系統自動保持之，若是必要時，則可以由粗濾器保險閥(15 psi relief valve)(*E*)及細濾器保險閥(20 psi relief valve)(F)，調整之。

(2) 旁通系統(by-pass system)

旁通式滑油系統之循環與分道式滑油系統之循環略同，僅在濾油時，將油送回引擎油槽或曲軸箱，使引擎所需之油量充裕，如圖 12.10 所示，滑油由幫浦(pump)(*A*)從引擎油槽(engine sump)(*B*)抽出，經粗濾器(strainer)(*C*)，一部份直接經冷卻器(cooler)(*D*)進入引擎潤滑機件，另一部份由旁道(by-pass)經細濾器(filter)(*E*)回到引擎油槽(*B*)，但旁道的油量，須有限制。

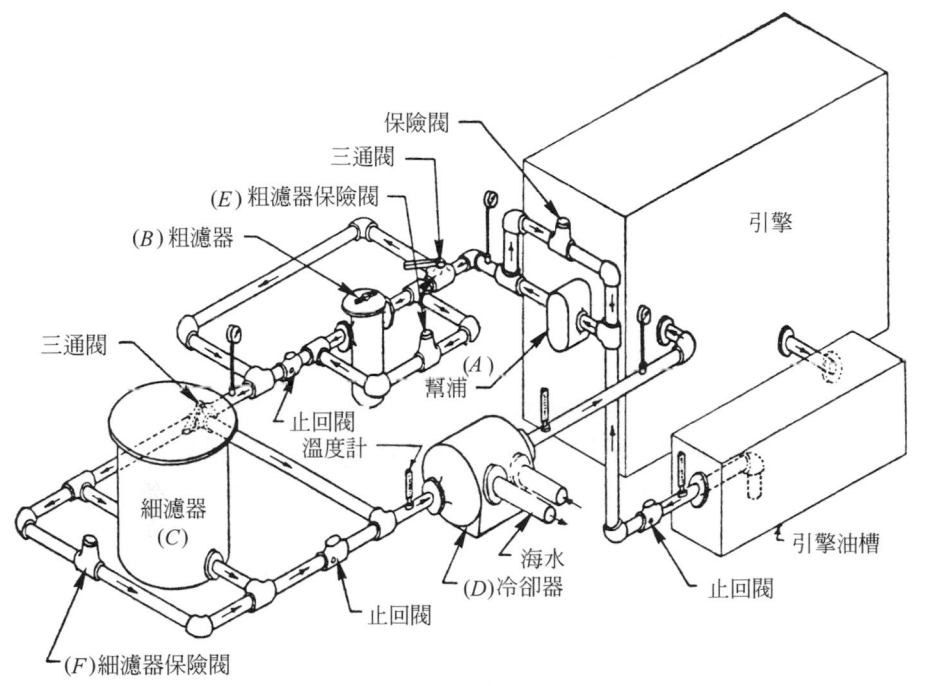

圖 12.9 分道式潤滑系統

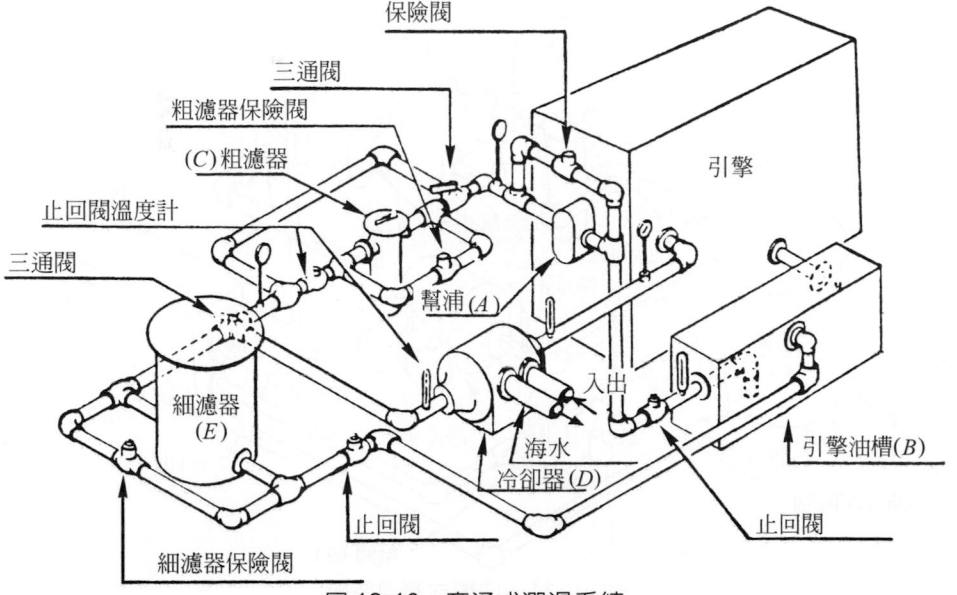

圖 12.10 旁通式潤滑系統

(3) 油槽系統(sump system)

　　油槽式滑油系統，如圖 12.11 除了細濾器(filer)(A)裝於一分開裝置之循環系統及另裝一幫浦(pump)(B)於此系統，作為循環的動力之外，其餘部份與分道式滑油系統相同，此不同之點可使細濾器(A)之工作更自由，而且其補助細濾器幫浦(B)，係由馬達帶動，因此縱使引擎已停止，此輔助細濾器幫浦仍然可以轉動保持循環，而且此循環中之滑油溫度為 140°F～180°F，故可使雜質在黏性甚低之油內排出。

　　滑油系所用之金屬粗過濾器如圖 12.12 與柴油系統用之金屬過濾器相同惟其活門之開口較大，使滑油可在 5 psi 壓力以下流出，此種過濾器內裝有保險閥(relief valve)(A)，可以控制滑油的壓力，如果滑油壓力超過 5 psi 時，滑油經保險閥流出，此種裝置，可使排除研摩物質之比例，較其他裝置為高。小型滑油細濾器(small lubricating oil filter)內部的構造如圖 12.13 所示，在細濾器內之管上有一個 1/16"

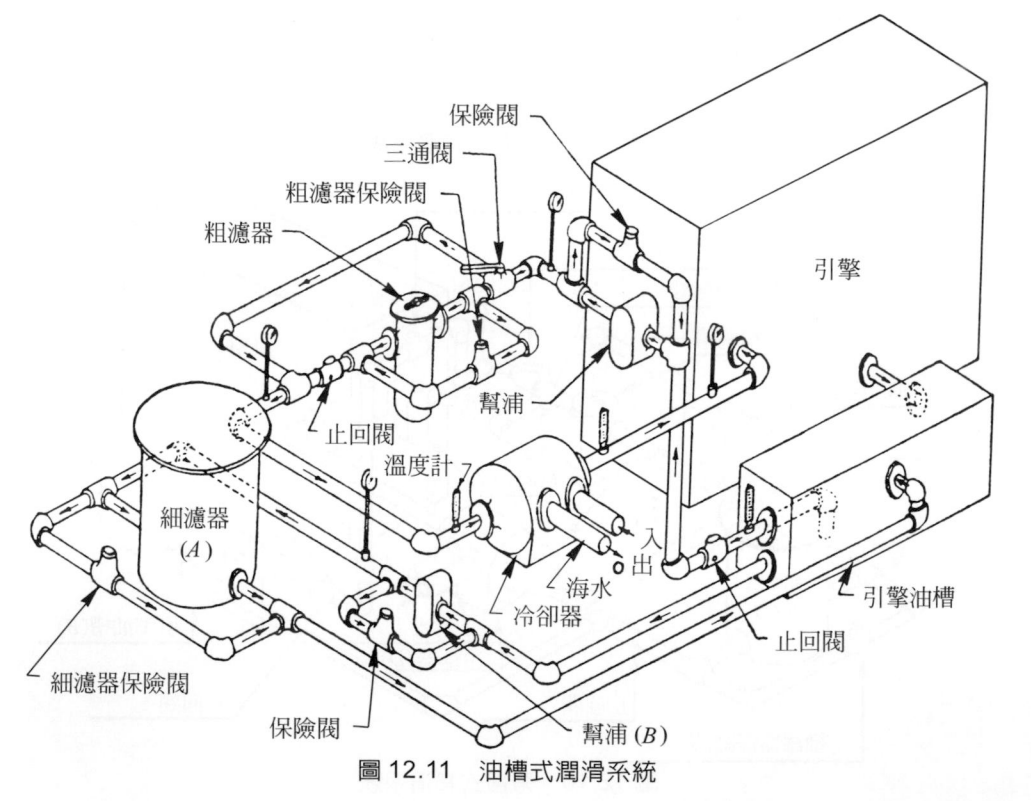

圖 12.11　油槽式潤滑系統

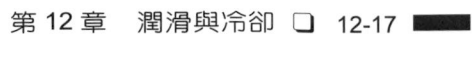

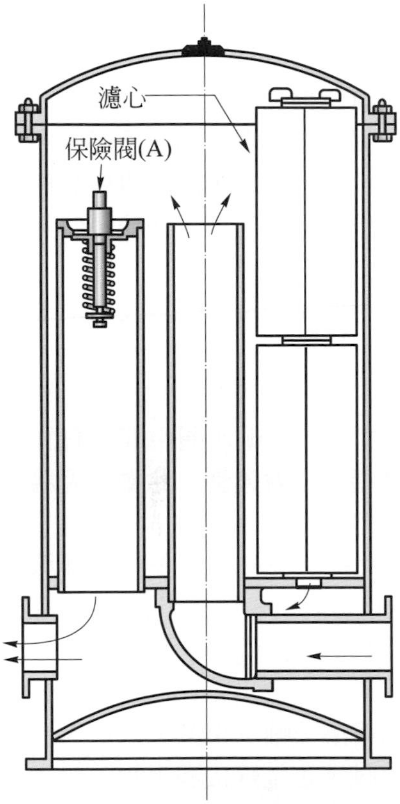

濾心

保險閥(A)

機油

小油孔

放油孔

清潔機油入口

圖 12.12　滑油粗濾器 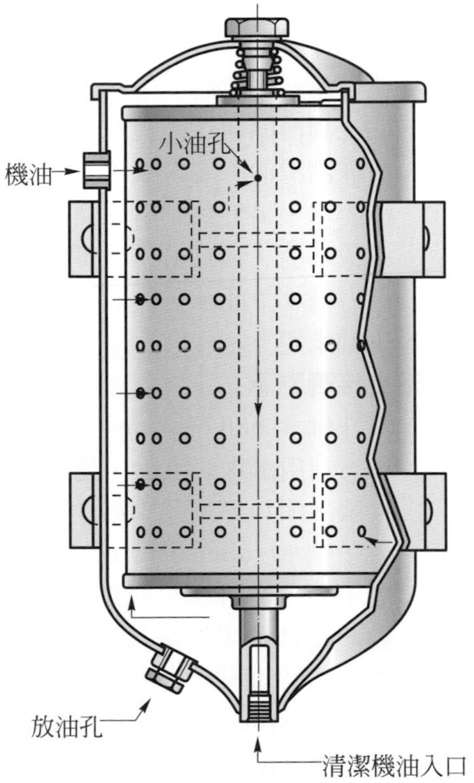　　　　　　圖 12.13　滑油細濾器

之小油孔(orifice)可以限制滑油油量。一般正常的引擎滑油用 500 小時應更換一次，在小型高速引擎中，100 小時應更換一次，更換滑油時，細過濾子應更換，粗濾器須清理。

12.2　軸承種類

1. 滑動接觸軸承

(1) 旋轉軸承：如內燃機中的曲軸，曲柄銷及凸輪軸等的軸承均採用旋轉軸承，較小的內燃機有時也可以改用滾動軸承，代替一般常用之柱式旋轉軸承，其潤滑效果更好。

(2) 擺動軸承：如活塞銷、搖臂銷、關節銷等的軸承，此軸承只作左右擺動動作。

(3) 往復運動支承面：如活塞、十字頭及氣門桿等，其中以活塞與汽缸壁間之潤滑問題比較複雜，因為此支承面係在高溫及高速下工作，因此所需潤滑油的要求較嚴，必須要能符合高溫需求，同時也要能符合常溫需求，另外此潤滑油受到容易被燃燒及容易被燃油沖淡，使其漸失潤滑功能，因此必須定期更換。

(4) 推力軸承：能承受側面推力的軸承，如曲軸兩端的軸承及船用推進器主軸承等。

2. 滾動接觸軸承

(1) 滾珠軸承(ball bearing)：滾珠軸承是指在內外軸承圈中間，有許多鋼珠，利用鋼珠的滾動，使內外軸承圈產生相對運動，此軸承因為是點接觸，所以摩擦阻力較小，其支承力也較低。

(2) 滾子軸承(roller bearing)：滾子軸承又稱滾柱軸承，是指在軸承內外圈中間，有許多平行的圓柱或圓錐形之滾子，使內外圈產生相對運動，此軸承因為是線接觸，其摩擦阻力也小，但可承受較大的支承力，同時也可承受軸向推力。

(3) 滾針軸承(needle bearing)：滾針軸承與滾子軸承相似，只是內外軸承圈中間之滾子比滾子軸承細而長，此軸承也是線接觸，故摩擦阻力不大。

以上各種軸承之潤滑，滾動軸承均為點接觸或線接觸，因此軸承之摩擦阻力很小，並不十分依靠潤滑，但是至於滑動接觸軸承，除了潤滑油的性質直接影響摩擦外，另外摩擦面的性質及材料，亦有影響，故並非屬於單純潤滑問題。

12.3 各種潤滑部份之工作情況

12.3.1 軸承的潤滑情況

重油內燃機軸承的潤滑採用壓力循環系統供油，但也有些軸承不與潤滑油管相連，需要人工來潤滑，如示功器連桿的導向軸承，這些需要人工來潤滑的軸承，特別應該注意，每兩小時要加油一次，共隨時注意各油脂環，是否需要加油。壓力循環系統的潤滑有兩點功用，其一是潤滑：在軸徑與軸承之間，形成一相當厚度的油膜，使二者之間隔開。其二就是冷卻：潤滑油可將各部因摩擦生的熱量帶走，以維持各運轉部份的正常工作溫度。壓力循環系統最大的優點，就是能夠連續不斷給軸承所需的大量潤滑油。如果此潤滑油的黏度適度，則軸頸(journal)由於旋轉的運動，可將油送於軸承的受力面，進而潤滑油在兩者之間，形成一楔形之油膜，使軸頸抬起來，成游浮狀態。使兩者在運動期間，金屬面不作實際上的摩擦接觸。

1. **頸軸承(journal bearing)之潤滑**

　　頸軸承之油膜壓力形成步驟如圖 12.14 說明，圖 12.14(a)表示當頸在靜止時,沒有相對運動，於是便沒有油膜壓力，滑油也不能支持負荷，故產生金屬相接觸的結果。圖 12.14(b)表示當軸頸按順時鐘方向開始旋轉時，軸頸便沿軸承爬行向右方，此時因為滑油是附著在軸承表面，故軸頸便在薄膜或部份油膜之潤滑狀態下操作，當速度慢慢增加後，便起了一種黏性泵送作用，軸頸之中心移向左方。圖 12.14(c)表示在軸承(2)沒有負荷處之油便被泵送作用吸過來，使頸之下形成油楔，於是產生油膜壓力，此時軸頸便在厚膜情況下操作，負荷亦由油楔承擔。

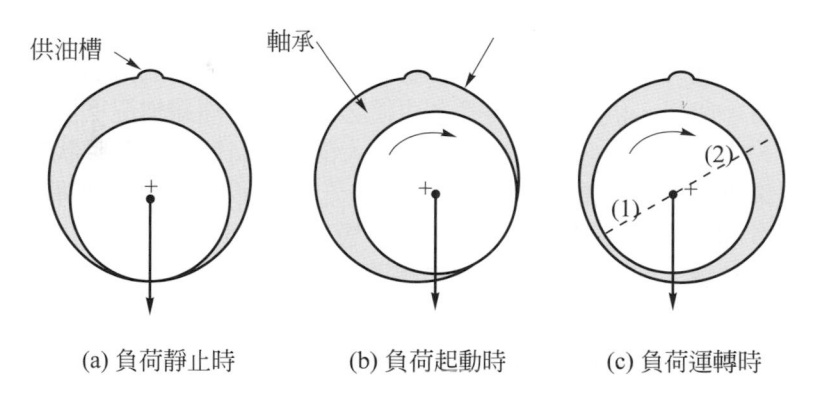

(a) 負荷靜止時　　　　　(b) 負荷起動時　　　　　(c) 負荷運轉時

圖 12.14　各種速率下之軸頸油膜

　　圖 12.15(a)表示滑油由無負荷之區域輸入軸承時其油膜壓力分佈的情形，圖 12.15(b)表示滑油由有負荷之區域輸入軸承時其油膜壓力之分佈情形，由以上圖 12.15 得知假如滑油是在有負荷之區域輸入軸承，油膜壓力便減低，結果是大大減小該軸承之負荷能量(load carrying capacity)。

　　在正常運轉狀態下，頸軸承是潤滑應爲厚膜潤滑，則摩擦及磨損均可減至最小，但由圖 12.14 得知，引擎在起動時，卻是在薄膜情況下運轉，故頸軸承之磨損幾乎發生在起動過程，爲要使摩損減少，引擎應於無負荷或輕負荷及低速狀態下起動。同理冷伸時之快速起動會增加機器引擎各軸承之磨損。

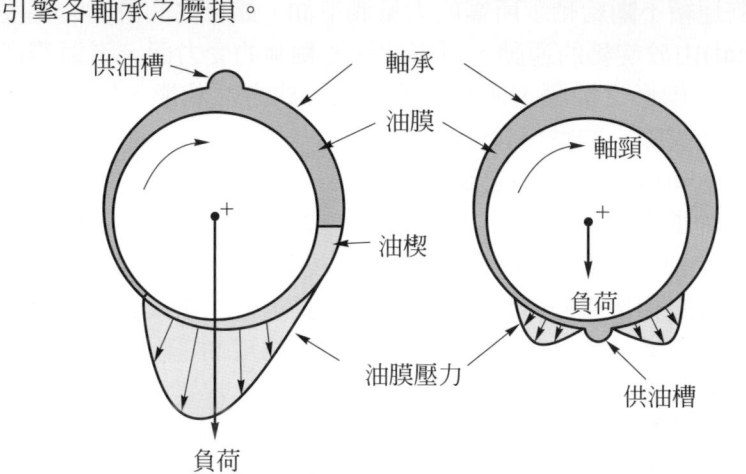

(a) 無負荷區域供給之油膜壓力　　　(b) 有負荷區域供給之油膜壓力

圖 12.15　頸軸承之油膜壓力

2.　往復軸承(reciprocating bearing)**之潤滑情況**

　　活塞，活塞環及閥桿等都是作往復式運動，其潤滑面均受到變動的壓力，所以，供給至汽缸壁之油膜必須能夠在極端情況下供給適當的潤滑，由於實驗獲悉，活塞環及汽缸大部份之時間是在薄膜狀況下操作，如果供給厚膜潤滑，則會消耗滑油，但在薄膜情況下，潤滑面之光滑度及滑油之潤滑性對於減少磨損的影響非常重要。

3.　滾針軸承、滾子軸承及球軸之潤滑情形

　　滾針軸承內有滾子，其直徑與軸的直徑比較，顯得很小，因此滾子表面與軸之間略有滑動現象，通常使用時，將此軸承浸入油中，以減少摩擦，滑動及磨損。滾子軸承是滾針軸承相似，只是在軸承內的滾子較滾針軸承內滾子粗又短，此種軸承之滾子有圓柱型及圓錐型兩種，它不但能承受徑向負荷，同時可以承受側向推力，所以也可以當側推力較小的推力軸承使用。

　　球軸承如圖 12.16 及滾子軸承如圖 12.17 之滑動接觸(sliding contact)非常少，故很薄之油膜便足供潤滑之需，如果滑油過多，會產生強烈之

擾動而使溫度升高,損失動力。一般球軸承及滾子軸承之摩擦係數約在
0.001 至 0.007 之間。

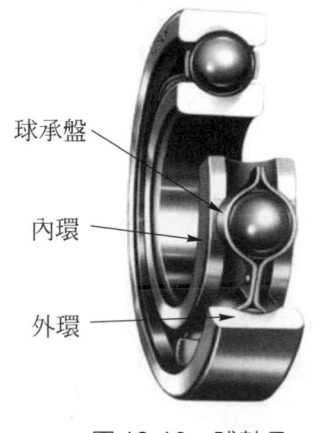

球承盤

內環

外環

圖 12.16 球軸承

圖 12.17 滾子軸承

4. **推力軸承**(thrust bearing)**之潤滑情況**

　　推力軸承,係用以支持軸之軸向推力負荷,如船體螺旋槳主軸所產
生之負荷,推力軸承可分為三種:

(1) 有滑動接觸面之平面或頸軸承,如圖 12.18 所示。

(2) 有滾動接觸面之頸軸承,如圖 12.19 所示。

(3) 有斜狀體藉以得完全潤滑之頸軸承(如下節金氏推力軸承)

　① 金氏(Kingstbury)推力軸承潤滑情況

　　　金氏推力軸承形成油楔之原因:金氏推力軸承,能自動於推力
　　負荷之下,形成楔形油膜(wedge-shaped oil films),此種結果的形
　　成,係將固定之整體軸承,分割為扇形靴塊(shoes),如圖 12.20 所

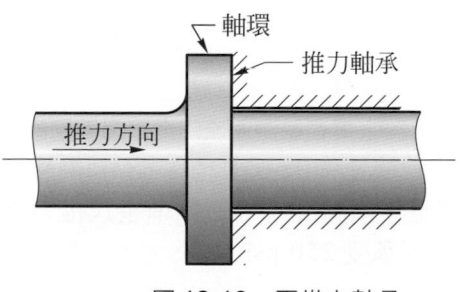

軸環

推力軸承

推力方向

圖 12.18 平推力軸承

圖 12.19 滾動推力軸承

示，此靴塊一般為三至六塊，在該靴塊(A)底部有一半圓形支持物
(B)，可使靴塊(A)自由活動而使靴塊能夠傾斜，以便形成油楔(C)，
當軸旋轉時，推力環(D)(collar)跟著旋轉將一部份滑油由靴塊邊緣
抽入，進入推力環及每一靴塊之間，由於推力環上之推力，將滑油
重新擠出，但是進入靴塊時是由一面進入，而擠出時卻從三面離
開，如圖 12.21 所示，根據流體的性質，流體不可能從無中生有，
因此在一個系統中，流入多少流出也要多少，滑油由一面進入靴
塊，從三面離開，故靴塊必須後緣較前緣窄小，可支持推力負荷。

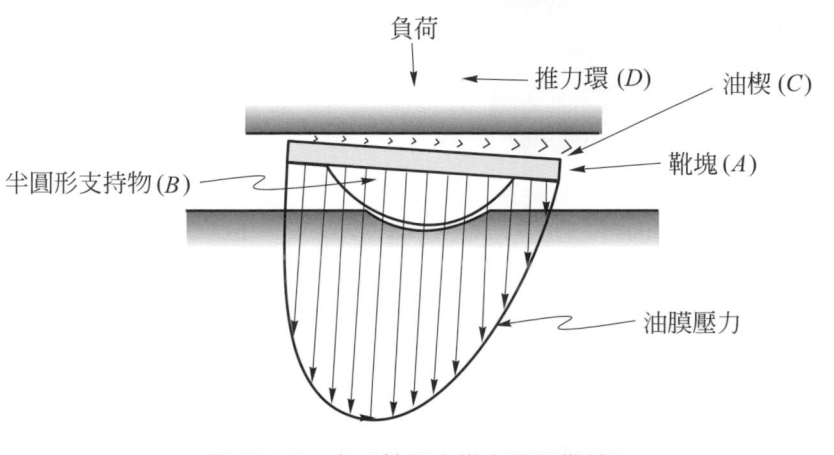

圖 12.20　金氏軸承之推力環及靴塊

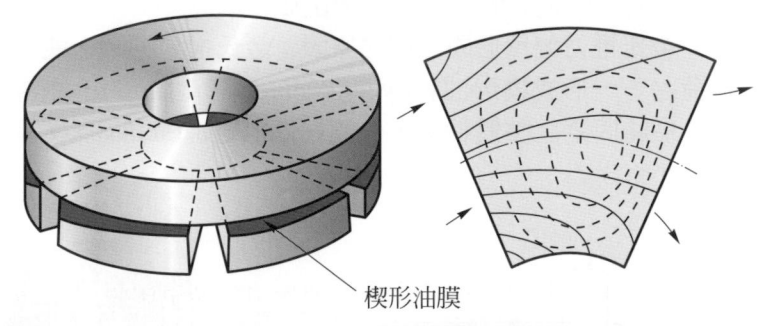

圖 12.21　靴塊之滑油流向及壓力分佈(實線為滑油流向虛線為等壓線)

由以上可知油膜係自動按速率(speed)、負荷(load)及油之黏度
(oil viscosity)等需要而調整其傾斜度，一般標準金氏推力軸承，於
有效面積上之軸承壓力，可承受 250 psi。

② 金氏推力軸承之構造，如圖 12.22 所示。

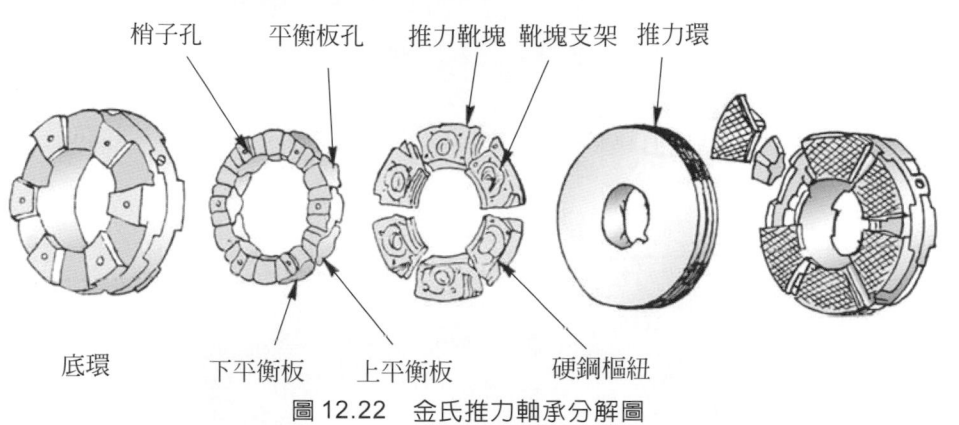

梢子孔　平衡板孔　推力靴塊　靴塊支架　推力環

底環　　下平衡板　上平衡板　　硬鋼樞紐

圖 12.22　金氏推力軸承分解圖

❶ 推力環(collar)

以鋼製成之圓環，裝於推力軸上，與推力軸一起轉動，並傳送軸之推力於軸承。

❷ 靴塊(shoes)

以鋁鋼合金製成，表面鑲有巴比合金(即白色合金或稱耐磨合金)。外形製成扇形的靴塊，底部有一半圓形支持軸承，可以自由活動，運轉時以便產生油楔。

❸ 上平衡板(upper leveling plates)

以鋼板製成的平板，係用釘裝於底環之外緣上，插入平衡板外側面之孔中，固定於底環，運轉時不隨軸轉動。

❹ 下平衡板(lower leveling plates)

係以雙尖釘(dower)嵌入平衡板底部，連接於底環上，上下平衡板與底環之間，均有足夠空位，以保持平衡板可自由旋轉，以平衡壓於靴塊上之負荷。

❺ 底環(base ring)

係支持下平衡板，形成支架作用，並可固定平衡板於正確位置，將其承受之推力，傳遞於船體結構以推動船舶。

❻ 金氏推力軸承(kingsbury thrust bearing)如圖 12.23

完整金氏推力軸承的構造是兩面均有潤滑面，可供正反轉使用，此軸承為金氏所發明，故稱金氏推力輔承，可以承受大負荷，而其摩擦係數很低，一般適用於中速及高速機器。

圖 12.23　金氏推力軸承

12.3.2　汽缸的潤滑情況

　　當霧狀之重油，在汽缸中被引燃時，可使汽缸內混合氣的溫度，昇高到
3000°F，活塞向下走時，汽缸壁上之潤滑油便與這些高溫混合氣接觸，潤滑油
愈早暴露者，所受溫度也愈高，甚至燃燒，或蒸發掉，但是，如果活塞移動的
速度快，可以減短這些油膜在高溫混合氣暴露的時間，同時還可以將汽缸下部
溫度較低地方的潤滑油帶上來，重新來添補那些損壞了的油膜，盡管如此，如
果汽缸壁，汽缸蓋和活塞頂沒有冷卻設備的話，油膜添補的速度，決比不上損
壞的速度，甚至連汽缸與活塞本身的安全都靠不住。所以大馬力輸出的重油內
燃機、連排氣門、填料箱、十字頭、排氣總管和噴油嘴等，皆被冷卻。

1.　汽缸內的溫度對汽缸潤滑的影響

　　　　汽缸壁和活塞上部溫度的高低，將視內燃機設計的因素而定，普通
一般大馬力輸出的重油內燃機，溫度總是在 400°F 以上。汽缸內的高
溫，對潤滑油有三項主要的影響：(1)減低潤滑的黏度；(2)加快潤滑油的

分解；(3)促成一部份油膜蒸發。潤滑油黏度的選用，與發動機的型別，大小有關，一般在標準情況華氏 200 度以下，黏度選用 60～99SSU 之間。潤滑油的分解，由氧化與分裂所致，氧化的速度與溫度成正比，每昇高 18°F，氧化的速度即增加一倍。分裂於 300°F 左右，開始進行，其進行的速度，亦與溫度的高低成正比。此兩項作用，能促使潤滑油的黏度大大減低，並可形成粒狀的碳氫化合物，影響潤滑作用甚巨。

2. 汽缸內壓力對汽缸潤滑的影響

在壓縮行程的末了，此時汽缸裏的壓力，視機器的型別而定，可以達到 350～700psi。燃燒最高的壓力可以達到 600～1200psi 之多。一部份如此高壓力的氣體，從脹圈與潤滑油所形成的密封，衝出來，進入脹圈與脹圈槽之間，使脹圈除了本身的彈力迫使與汽缸壁接觸以外，進入此間的高壓氣體，亦有將脹圈再向外擴張的作用。所以在汽缸壁與脹圈之間的油膜，必具有耐刮的能力，方可適合此種情形。

3. 活塞的速度對汽缸潤滑的影響

活塞位移平均速度，在 800 呎/秒～1600 呎/秒之間，但是平均速度似對汽缸壁與脹圈間的磨損無關，因為活塞在汽缸內作間諧運動(simple harmonic motion)，在行程的中間，活塞的速度最大，兩端活塞的速度接近於零。當活塞於上死點時，汽缸內溫度最高，潤滑油膜存在的地方，此處兩部份的磨損最少，為了修正這些現象，汽缸的內截面，加工成椎形。

4. 汽缸內污垢對汽缸潤滑的影響

重油內燃機內，有很多機會造成污垢，最主要的是由空氣引入的塵埃，再就是燃油內的雜質，燃燒所產生的化合物，以及潤滑油與燃油分解後所產生的東西。這些東西以各種不同的成份，形成污垢，聚集在汽缸壁上，活塞頂上，或脹圈槽內。有很多沒有經過特別處理的潤滑油，在高溫的情況下，會變成膠著狀的物體，或堅硬非常的污垢，聚集在金屬的表面上，從汽缸壁刮下的潤滑油，經過脹圈槽，在脹圈的後面留下這些雜質，久之，脹圈即被黏住而失卻彈性，這些現象會嚴重的影響油膜與封閉室的形成。因在不規則的汽缸內，脹圈不會與汽缸壁作完美的結合。再不就是脹圈後面的槽內，雜質聚集過多，脹圈在其槽內的運動受到限制，結果不是脹圈被弄斷，就是汽缸壁受到嚴重的刮傷。有些二行程的重油內燃機，污垢很可能聚集在進排氣口，這樣將會增加背壓力

(back pressure)或影響清掃效率，結果自然會使機器的馬力輸出減少。有時候污垢會堵塞活塞上的回油孔，或許油環失卻作用。

5. 過量的潤滑油對汽缸潤滑的影響

　　注入汽缸內的潤滑油過多時，亦會引起在潤滑上不良的後果。過多的潤滑油量，可能是由於活塞上的油環失效，或是機械潤滑器調節不當所致。這些過量的潤滑油，大都聚集在活塞的第一道脹圈上，由於燃燒氣體的溫度所致，一部份潤滑油會分解出硬碳，或是其它雜質。最後會造成脹圈的失敗，或是漏入機殼中，影響存在裏面潤滑油的性質。有一部份過量的潤滑油，會隨著排氣進入排氣道，由於高溫的作用，潤滑油所析出的碳，可能使排氣道堵塞，或使排氣門桿黏住。再嚴重一點，聚集在排氣道的碳，或是過量的潤滑油，可能燃燒，致使發動機突然停車，或是排氣道遭受損壞。其影響不止如此，就是過量的潤滑油，亦會造成無形的浪費，減少重油內燃機的經濟效率。

6. 汽缸壁磨損對汽缸潤滑的影響

　　在正常的滑油情況之下，汽缸壁的磨損，每工作一千小時，約 8/1000～15/1000 吋。上端較下端的磨損程度嚴重。因為溫度較高，潤滑油所形成的油膜亦較薄，故時時會發生金屬面之摩擦。基於這種現象，再加上不均溫度所引起的不均膨脹，因此汽缸內壁受磨損形成一個斜度。造成汽缸及活塞磨損的原因如下：

⑴　擦傷

　　由於吸入汽缸內的空氣，多少含有些灰塵，再加上燃油或是潤滑油經燃燒後所生的碳氫化合物。很容易附在富有黏性的油膜上，形成一種研磨劑。如此，再好的潤滑油所形成的油膜，都難以避免汽缸與脹圈的研磨。唯一減低此種研磨至最低程度的方法，就是適當的處理空氣，仔細過濾潤滑油，適當的潤滑油與供給汽缸的潤滑油量，務使燃燒完全，減少具有硬度的碳氫化合物的存在。

⑵　兩金屬面相互接觸

　　兩金屬面相互接觸摩擦，也很難避免。因為汽缸壁的上部，溫度與壓力都很高，這都是一層薄薄油膜存在的致命因素，只有選用黏度較大，有耐磨性的潤滑油，可減輕這種相互接觸摩擦的現象。

(3)　腐蝕

　　腐蝕形成的原因，是因為汽缸內燃燒所形成的化合物中，水蒸汽被冷卻的汽缸壁凝固成水所致，尤其是當所使用的燃油，所含硫的成份較高時，情況更為嚴重，而重油所含的硫，其成份較一般燃油為高。所以重油內燃機汽缸所使用的潤滑油，都另外加有其他成份，以期減少因燃燒而產生含有酸性的化合物。

7.　重油內燃機汽缸潤滑之滑油特性

(1)　潤滑油的黏度

　　滑油的黏度，對滑油的效果是一個很重要的因素。在汽缸壁最熱的地方，能形成一付足夠厚度的油膜。以期減少金屬面相互接觸的摩擦，得用黏度較大的潤滑油，但黏度亦不宜過大，因為這樣有析出雜質的趨勢。一般說來，汽缸吋时的大小，可以決定所用潤滑油黏度的大小，汽缸直徑大者，所用潤滑油黏度較汽缸直徑小者為大。如汽缸直徑相同，則輸出馬力較大者，應用黏度較大的潤滑油，來潤滑其汽缸。

(2)　不易有分解物產生

　　因為汽缸內燃燒所產生的環境，使任何原油產物皆會發生氧化的現象。我們所要求的潤滑油，希望於氧化時所生的化合物，不致形成固態或膠質的物質對汽缸壁的摩擦影響不大。有些潤滑油加入其他的化學藥品，可使分析物減少，或改變其性質。一般所使用的汽缸潤滑油，都是經過這樣處理的。

(3)　阻聚性

　　當潤滑油內含有微粒狀的碳化物時，由於兩微粒間，附聚力的作用，這些用肉眼看不見的微粒，可能聚成一些較大的顆粒，進而危害汽缸壁油膜的存在，吾人特在潤滑油內，加入一種特殊的成分，使各微粒游浮於潤滑油中，阻止其相互的聚集。這樣可以減少汽缸與活塞間雜質的聚集。減少流質性的雜質進入脹圈槽中，因此脹圈可以在長期滿負荷運轉中，保持其功用，這種潤滑油的阻聚性，使用於重油內燃機時較大，因重油含硫的成份高，用於重油內燃機中滑油其阻聚性亦大，但阻聚性大時會造成機殼中潤滑油淨化的困難。

(4)　抗耗性

　　汽缸的磨耗，不僅於工作進行時，與潤滑油的黏度有關，同時與潤滑油所形成油膜的抗耗性，和潤滑油的抗酸性有莫大的關係。所以吾人常在潤滑油內，加入一種化學劑，以增加其抗耗性與抗酸性。

8.　潤滑油之黏度對軸承潤滑之影響

　　理想楔形油膜的形成，除了要看潤滑油對金屬的附著力如何以外，同時潤滑油的流動性也是一個很重要的因素。譬如在機器剛啓動時，各軸頸的運轉速度較慢，所以滯在軸項下的潤滑油較少。在這種情況之下，油膜的補償速度較慢，而黏度較小的潤滑油，漏掉或因擠壓作用而失掉的速度，遠比注入軸頸下的要來得快，結果相當厚度的油膜無法形成，在軸頸與軸承之間，僅有一層很薄的油膜，這種情形所造成的後果是軸承磨損加快，甚至於燒燬，但如果使用黏度過高的潤滑油，也對潤滑無益，因爲液體摩擦係數增加，軸承溫度增加，也能造成嚴重的後果。且淨化時，其中雜質頗不易析出。

9.　滑油之化學穩定性對軸承潤滑之影響

　　在高溫高壓下，碳氫化合物的合成物很多，大致可分爲溶於油或不溶於油兩種，溫度較高之潤滑油，遠較高溫者含可溶性的碳氫化合物爲多，故在工作溫度時，無雜質析出，但在冷卻效率甚巨，那些溶於高溫潤滑油內的碳氫化合物，隨著滑油循環管路，流遍機器各處，在一個適當的地方堆積起來，輕者影響各軸承的潤滑效率，重者可使軸承燒燬時間內，存油清潔各滑油管路，並用蒸汽淨吹之。

12.3.3　活塞梢的潤滑情況

　　活塞梢與其軸承之間，僅靠二者之間的擺動，是不能在重負荷的情形下，形成一層油膜的。但是由於活塞梢所受的力，爲第三型負荷(作用力的方向，與時間成正弦變動)。所以使潤滑油在梢與軸承之間，產生一種擠壓的作用(squeeze action)，此作用在軸承受重負荷的情況下，仍可在二者之間，形成一相當厚度的油膜。所謂擠壓作用者，是當活塞梢所受的力發生變化時，軸承受力面的潤滑油將被擠壓出來。但是由於潤滑油黏度的關係，潤滑油拒絕被壓出，結果是油膜的壓力增加，致能承擔負荷爲止。

12.3.4　十字頭軸承的潤滑情況

　　十字頭軸承的潤滑，要靠一個特設的泵來幫忙，因爲在單作用兩行程的重油內燃燒，軸承上部受力最大，每一軸承即有此藉擺動作用的泵,將油從連桿中心油道抽出，然後再以高壓，經十字頭下，軸壓供給整個軸承來潤滑，泵搖擺的原動力，係由十字頭上之搖臂所供給。

12.3.5　齒輪的潤滑情況

在內燃機中大部份齒輪潤滑採用薄膜潤滑，只要將滑油噴入齒輪或將齒輪浸入油池(oil bath)便可，但油量不能太多，否則滑油可能在齒輪接近時被陷(trapped)入輪齒中，這些陷入之滑油會產生油膜壓力，將兩齒輪推開，結果會產生震動，增高軸承負荷及損失動力。

12.4　冷卻之重要性

任何兩種不同型式能量的轉變，其轉變的效率不可能有百分之百，就一般內燃機而言，燃料在汽缸中燃燒時所產生的熱能，僅有的三分之一轉變為有用的機械能，剩一的除了一部份為排氣所攜走外，其它所餘的熱能，就要靠週圍的機件來傳遞了，這些週圍的機件，包括汽缸、活塞和汽缸蓋噴油嘴等，如果每一機件所接受的熱無法散失，結果是機件本身的溫度昇高，致溶化為止，因此保持各機件運轉正常，每一機件所受的熱，應設法移去，最後能達到其所承受的工作溫度，使各機件就能在合理的溫度下，週而復始運轉不輟，這種使用於各機件散熱的方法，即稱之為冷卻。

冷卻在內燃機運轉過程中非常重要，因為內燃機運轉時，汽缸內燃機的混合劑，在點燃的瞬間，溫度相當的高約在 4700°F 左右，這些熱量只有 30%推動活塞，35%隨廢氣排至空氣中，另外剩下的熱量作用於機體上，但是汽缸壁正常工作溫度約為 180°F，如果超過 300°F，則潤滑活塞之潤滑油很快的汽化，造成汽缸與活塞之損壞，同時也將使引擎產生預燃或爆燃現象，為了要避免這些損壞，必須利用冷卻系統，使溫度降低，但是也不能冷卻過度，否則將會使燃料汽化不良、滑油黏度增加而增加摩擦力及閥間隙變動等現象，因此引擎運轉溫度有一定的限度，不能太高也不太低，一般水冷式引擎將有 25%～35%熱量傳至汽缸壁，氣冷式引擎也有 12%～15%之熱量需傳至汽缸壁，這些熱量必須從汽缸散出，該散去的熱量，通常稱為外套損失(jacket loss)。

內燃機的冷卻方法是依照熱的傳播方法：即傳導、對流與幅射，係以傳導為主，對流與輻射所傳播的熱量，對整個冷卻而言，微不足道，故可略而不論，其方法可分為兩類：一為直接冷卻，所謂空氣冷卻法(air cooling)，它利用空氣的流動，將引擎四週的溫度帶走，傳入大氣之中。一為液體冷卻法(liquid cooling)，它是利用流動的常溫水環繞在引擎之四週，藉熱之傳導，將引擎之熱量，傳向低溫的水，此流動的低溫水，吸收引擎之熱量後，再將熱量帶至內燃機外界大氣之中。

12.5　各種冷卻法

12.5.1　空氣冷卻法

　　空氣冷卻法是利用汽缸蓋上及汽缸壁四週所裝之散熱片，如圖 12.24 所示，以便增加散熱面積，幫助引擎散熱，因為金屬與空氣間的傳熱係數h，較金屬與水之間的傳熱係數低，故氣冷式引擎的汽缸溫度，比較水冷式為高，為了要增加散熱率，所以必須加裝散熱片。有許多空氣冷卻內燃機裝有整流罩及風扇，以促使引擎四週之空氣循環，如圖 12.25 所示。

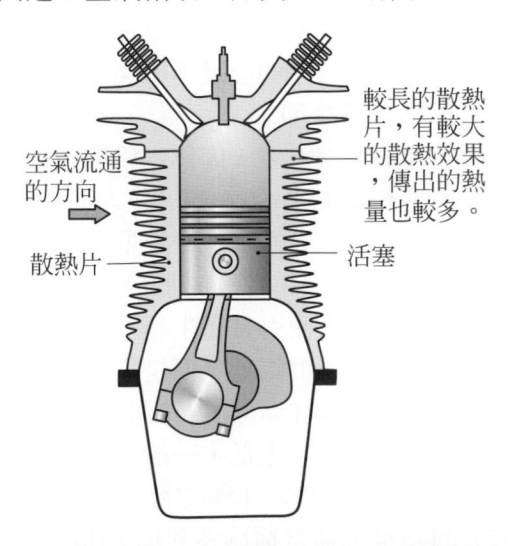

空氣流通的方向

較長的散熱片，有較大的散熱效果，傳出的熱量也較多。

散熱片　　　　　　　　活塞

圖 12.24　氣冷式引擎散熱片裝置

輻射狀
的風扇

活塞

節溫器，控制
空氣流向汽缸

圖 12.25　氣冷式引擎風扇裝置

　　氣冷式之主要構造是散熱片、風扇及節溫器等所組成，散熱片(cooling fins)為要增加散熱面積，可在汽缸壁外順著氣流方向加添散熱片，一般在鑄鋁的汽缸上，是與汽缸鑄成一體，若在鍛鋼的汽缸上，則須靠鏟工鏟成。散熱片的散熱程度，隨其橫斷面狀形及長度而定，如圖 12.26 所示。每單位散熱面積所散給空氣的熱量，應與溫度成正比，因為熱量從散熱片根傳至片梢逐漸降低，因此散熱片梢的散熱率較低，故散熱片的厚度，可逐漸減薄，以減輕其重

量。若散熱片從片根到片梢之間，每單位距離的溫度降能保持一常數，則散熱片材料的分佈，最為經濟有效。如圖 12.27 所示，表示各種散熱片從片根至片梢之間溫度降的比較，其中以a曲線為最經濟有效。散熱片的總面積，一經設計決定後是不能改變，但是內燃機運轉的工作情況隨時變動，因此所需之散熱程度也隨時改變，所以必須運用一具風扇來鼓風，一般內燃機氣冷式冷卻系統之風扇有葉輪式風扇如圖12.28所示。飛輪式風扇如圖12.29及鼓風機式風扇如圖12.30所示。

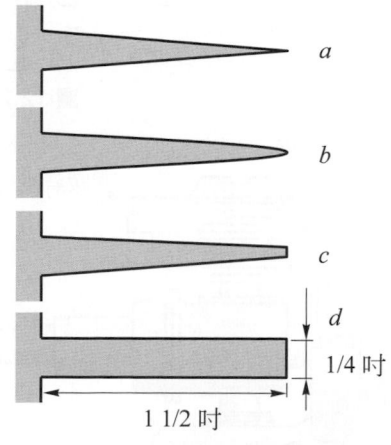

a

b

c

d

1/4 吋

1 1/2 吋

圖 12.26　散熱片之各種剖面形狀

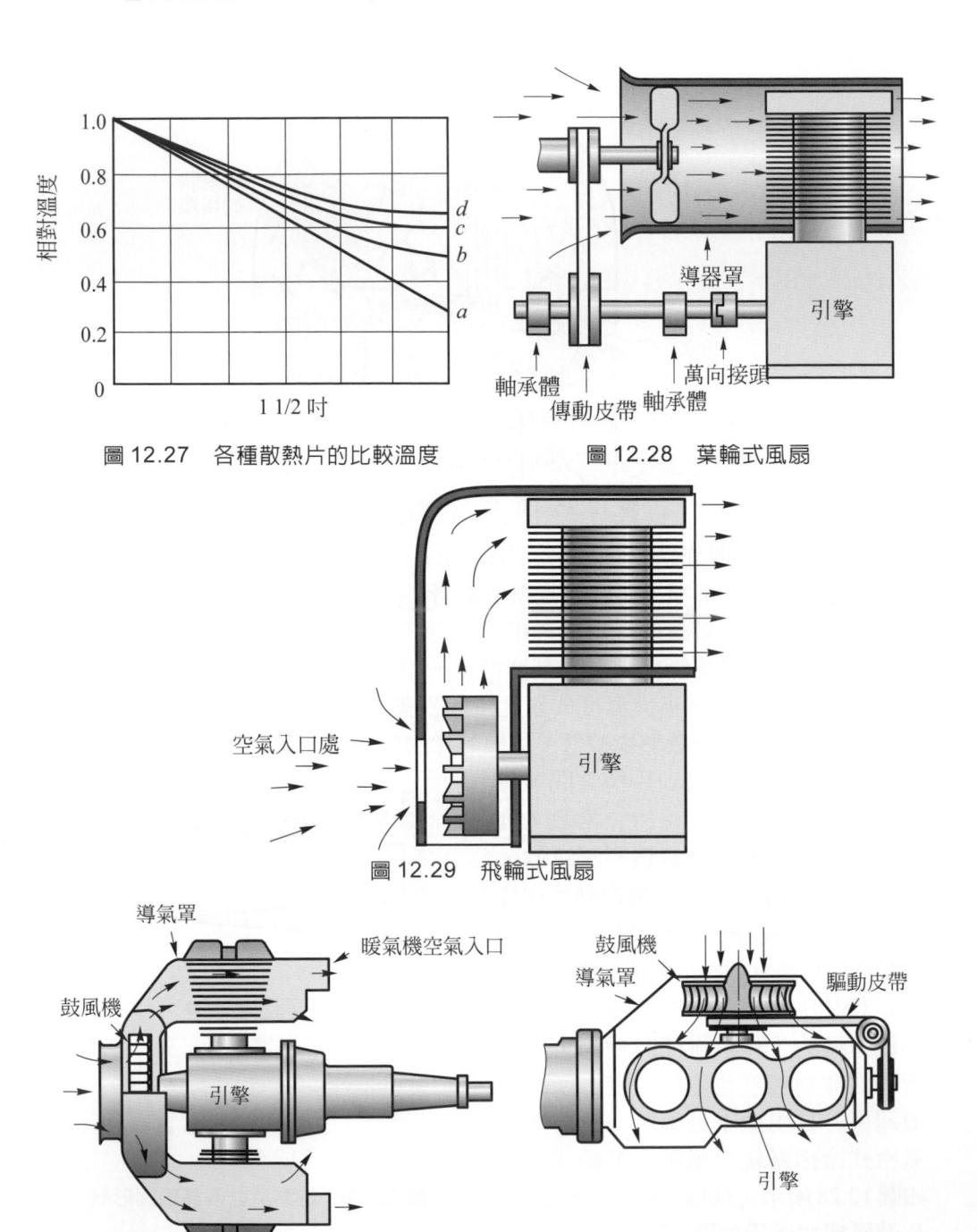

圖 12.27　各種散熱片的比較溫度

圖 12.28　葉輪式風扇

圖 12.29　飛輪式風扇

圖 12.30　鼓風機風扇

內燃機在不同的運轉情況下，要保持正常的溫度，氣冷式冷卻系統，除了以上所介紹的散熱片及風扇之外，尚需要其他機件來輔助完成，爲了使空氣能順利地從散熱片的縫隙中經過而吸收其熱量，就必須在系統內，加裝折流板(baffles)，才能使空氣導流至散熱的部份，以達到散熱均勻的目的。當內燃機在起動時，引擎溫度未達到正常運轉溫度，因此須要調節冷卻溫度，使其快速升溫，必須在冷卻系統中加裝節溫器，其構造如圖 12.31 所示。其作用原理是利用一摺盒溫度控制器操縱檔流板，當引擎溫度過低時，便關閉檔流板，使空氣流量減少，引擎溫度便迅速上升，當引擎溫已達正常溫度時，溫度控制器會打開檔流板，使空氣流量增加，產生冷卻作用，來調整引擎之正常工作溫度。

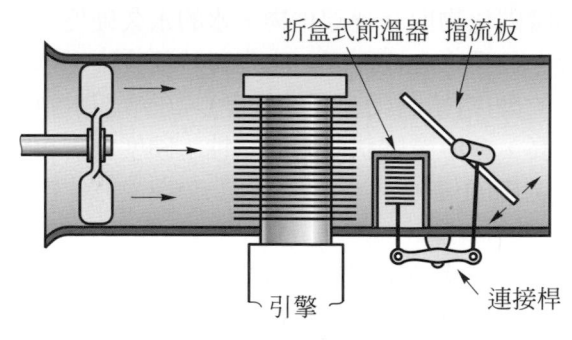

圖 12.31　節溫器構造圖

12.5.2　液體冷卻法

液體冷卻法，又稱爲間接冷卻法，一般液體冷卻法之介質採用水，爲了防止水銹(scale)的產生，冷卻水出口的溫度在開放式冷卻系統不超過120°F～140°F左右，在封閉式冷卻系統不超過 160°F～180°F左右，但是根據英美先進國家的研究及實驗結果，若使冷卻水溫達到沸點，約 220°F～250°F左右，可得顯著的優點如下：

1. 可避免燃燒產物中水冷的凝結，造成汽缸壁及活塞環上的滑油，被水沖洗，又可避免燃燒產物中SO_2氣體成爲亞硫酸，因而減少汽缸、活塞環及氣門的磨損。

2. 可避免曲柄箱內水汽凝結及滑油產生淤渣。

3. 可以減少冷卻循環水量，因爲冷卻水蒸發時所吸收的熱量約爲970Btu/1b。若在沸點以下之水每升高 10°F～20°F，僅能吸收 10Btu/1b～20Btu/1b

之熱量，二者相差 48.5 至 97 倍，同時若減少水流量，亦可減輕水泵負擔，使燃料消耗率降低。

4. 冷卻水溫度與空氣溫度相差較大，同時增高散熱率，因此散熱器的面積可減小，風扇亦可選用較小尺寸，這樣也能使燃料消耗率減小。

另外冷卻水的處理能減少內燃機維護上的困難，並能增加內燃機的使用壽命。一般水的侵蝕性，以水的成份而定，如水的硬度，氯化物和pH值防銹油等，這些成份在水中所含的百分比，得視其來源而定。分別說明如下：

1. **硬度**

水的硬度是由水的暫時硬度及永久硬度而決定，水的暫時硬度是表示水中含鈣鹽碳化物與鎂鹽碳化物，水的永久硬度是表示水中含鈣鹽與鎂鹽，二者之和為水之總硬度，水之暫時硬度影響水之性質甚巨，為了冷卻水標準的硬度(德國硬度標準八度)，在冷卻水中加入防蝕油最為有效，硬度太高，會影響膠狀液的穩定性，硬度太低會使碳化合物或氧析出，增加對金屬的侵蝕。

2. **氯化物**

用作船舶內燃機的冷卻水，所含鹽份的多少是一個重要的關鍵，海鹽與普通鹽，皆為氯與鈉的化合物，這些化合物最容易侵蝕金屬，故氯化物的成份，每升最多不能超 300 毫克。

3. **pH 值**

水的 pH 值，係指水中氫離子濃度而言，此值決定水的性質是酸性、鹼性或中性，pH 值約為七時，水為中性，低於此值時為酸性，高於此值是鹼性，pH 值可用液示器或用萬能試紙大略估計出來，冷卻水之 pH 值在 20℃時應為七與八之間。

4. **防蝕油**

為了減少冷卻水對金屬侵蝕性，一般都應冷卻水中加入少許防蝕油，從前也有在冷卻水中加化學劑，現在很少用，因為化學劑的份量要作精確的控制，否則易引起與金屬的化學作用，防蝕油的冷卻水中成乳白色膠狀液，性極穩定，在水套汽缸壁上形成薄薄的保護油膜。為保持熱傳導的良好，防蝕油膠狀液的穩定，冷卻系統最好能在每三至六個月之間清潔一次，如防蝕油加入過量，清潔的間隔時間宜短。清潔時可選用良好之清潔劑，以增加清潔的效果。

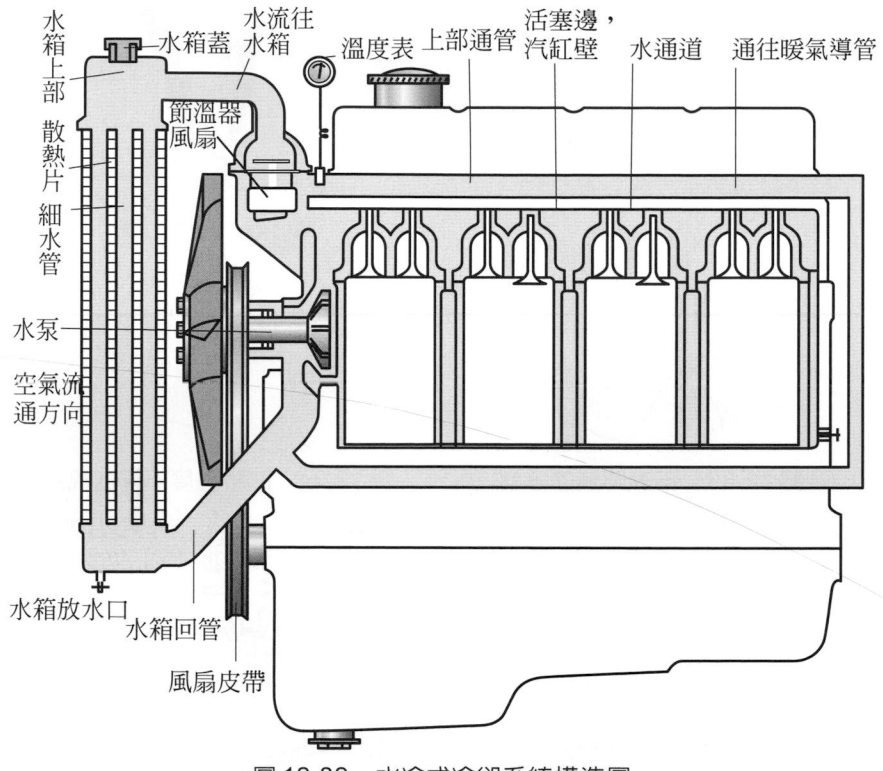

圖 12.32 水冷式冷卻系統構造圖

1. 水冷式冷卻系統

　　水冷式冷卻系統之構造，是由風扇(fan)、散熱器(radiator)又稱水箱、調溫器(thermostator)、水泵(water pump)、水套(water jacket)等組成冷卻系統，如圖 12.32 所示。今將各部構造說明如下：

(1) 風扇

　　風扇一般都裝在水泵皮帶盤前端，其功用為將吸入空氣經過散熱器並吹向引擎外殼，使散熱器中的熱水降溫，同時使引擎外殼得到適當的冷卻，為了要減少風扇因共振而引起的噪音，因此故意將風扇葉片的間隙製成不等，如圖 12.33 所示。有時連曲折角度也不同，如圖 12.34 所示。

(2) 散熱器

　　散熱器一般稱為水箱，其功用為將冷卻水中皆熱量發散到空氣中，使冷卻水溫度降低，散熱器的構造，如圖 12.35 所示。

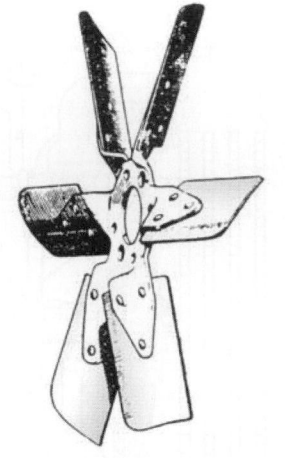

圖 12.33 不等間隙的風扇　　　　圖 12.34 曲折角度不同的風扇

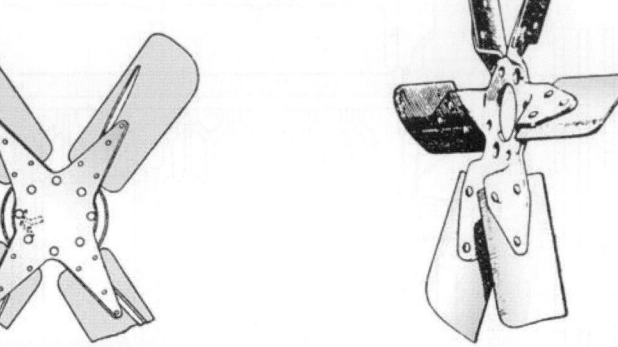

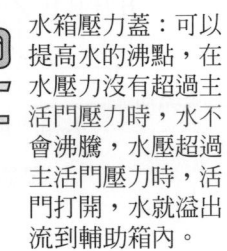

水箱壓力蓋：可以提高水的沸點，在水壓力沒有超過主活門壓力時，水不會沸騰，水壓超過主活門壓力時，活門打開，水就溢出流到輔助箱內。

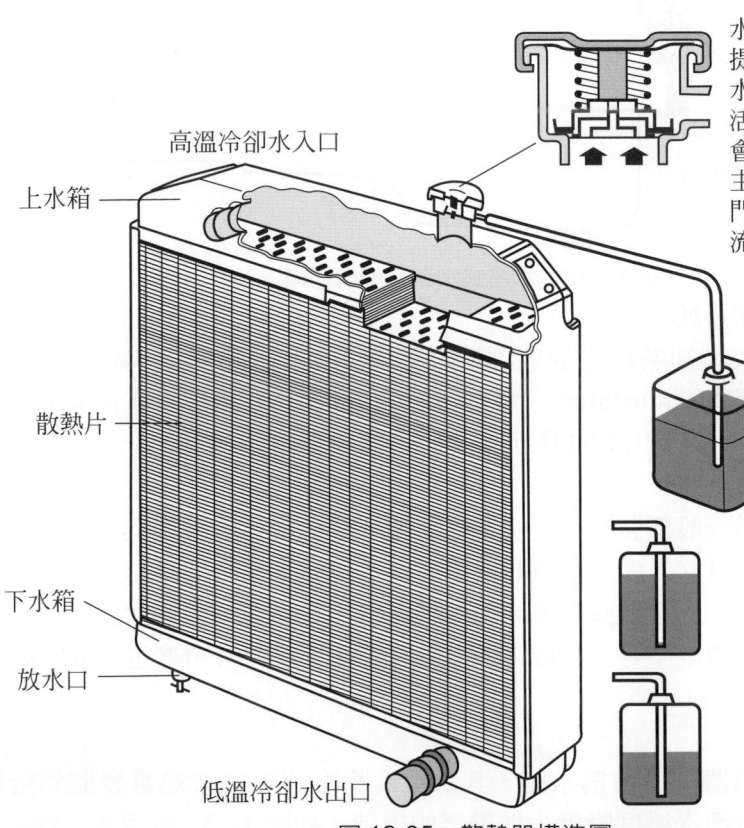

高溫冷卻水入口

上水箱

散熱片

下水箱

放水口

輔助箱，用以儲存水箱因高溫而溢出來的水。

低溫冷卻水出口

圖 12.35 散熱器構造圖

(3) 調溫器

　　調溫器的功用為冷車時，較快達到引擎正常的運轉溫度，當天氣寒冷時，引擎溫度太低，無法正常運轉，這時調溫關閉，因此由水套入散熱器的通道切斷，冷卻水經由旁道回水套中，冷卻水在引擎內循環，因冷卻水未進入散熱器，故引擎在短時間內就可以達到正常運轉溫度，一般正常溫度為 60℃(140℉)以上，依廠家規定，當溫度超過此溫度時，調溫器開關便打開，使冷卻水經由散熱器再回到水套中，這樣便可冷卻引擎，其構造有些是利用握摺盒膨脹，打開調溫器如圖 12.36 所示。也有使用蠟元件之膨脹，打開調溫器如圖 12.37 所示。

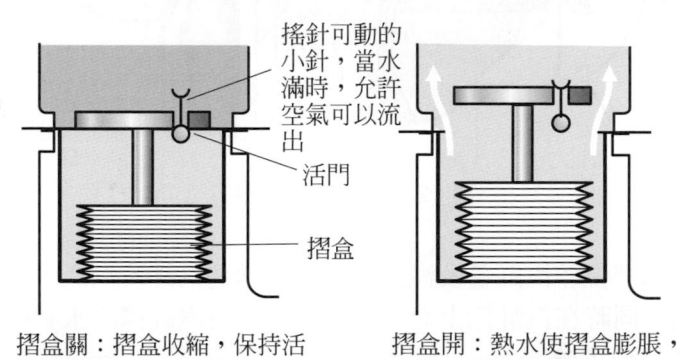

搖針可動的小針，當水滿時，允許空氣可以流出

活門

摺盒

摺盒關：摺盒收縮，保持活水門關閉，水不能流入水箱

摺盒開：熱水使摺盒膨脹，水流入水箱循環。

圖 12.36　摺盒膨脹調溫器

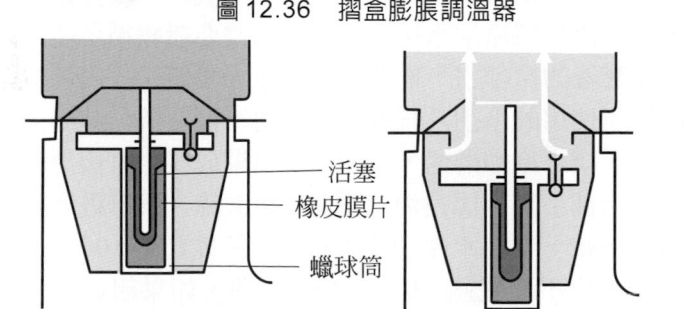

活塞

橡皮膜片

蠟球筒

蠟元件關：蠟未膨脹以前，推桿不作用，活門關閉。

蠟元件開：當蠟膨脹時，作用推桿，打開活門，水即流入水箱冷卻。

圖 12.37　臘膨脹調溫器

(4) 水泵

　　水泵的功用，強迫冷卻水在冷卻系統中循環，使引擎快速冷卻，若構造一般採用離心式水泵，如圖 12.38 所示。

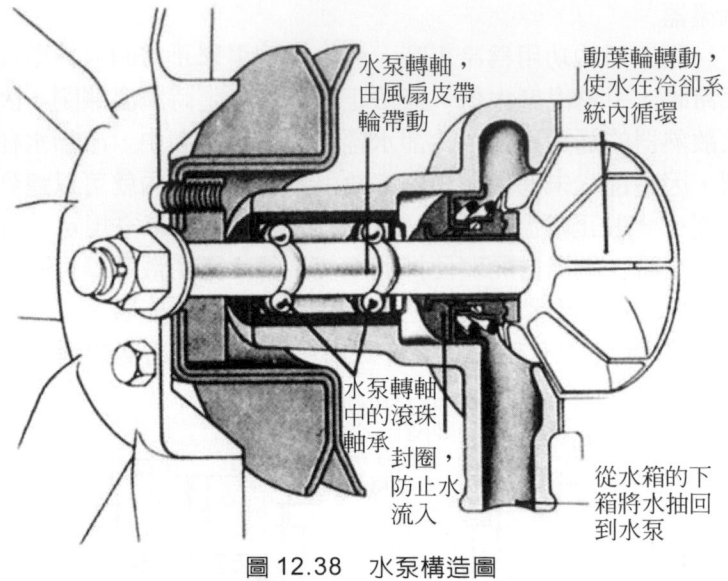

水泵轉軸，
由風扇皮帶
輪帶動

動葉輪轉動，
使水在冷卻系
統內循環

水泵轉軸
中的滾珠
軸承

封圈，
防止水
流入

從水箱的下
箱將水抽回
到水泵

圖 12.38　水泵構造圖

(5)　水套

水套位於汽缸蓋及汽缸體內，在鑄造汽缸及汽缸本體時已有水套在內，同時在汽缸床上有水孔使汽缸蓋與汽缸體之水套能互相流通。

2.　水的再冷卻系統

內燃機所用的冷卻水，除了在船用內燃機或水源豐富地點的固定發動機中，可以直接將冷卻水排出，否則都需要繼續循環使用該冷卻水，因此經過水套後的冷卻水，需要再冷卻後，才能送入內燃機水套中，一般在軍艦艇所使用的冷卻系統就是水的再冷卻系統，其冷卻的方式是海水冷卻淡水，淡水冷卻滑油，滑油冷卻引擎或淡水直接冷卻引擎，不能用海水直接冷卻引擎，因為海水超過120°F時，鹽份將沉澱於管道內而阻礙了冷卻系統，當海水冷卻淡水時溫度不能超過100°F，而且海水進出口的溫度差也不要超過 10°F～20°F之間，如果超過則必須增加海水的流量，使其溫度下降，海軍用水冷式系統分為開式冷卻系統(open cooling system)及閉式冷卻系統(closed cooling system)兩種分別敘述於後。

(1)　開式冷卻系統(open cooling system)

開式冷卻系統之冷卻媒介物(水)，使用完後不再留在引擎中繼續循環，而排出引擎之外者，該種冷卻系統大致用於湖泊或河流之船隻，係直接用幫浦將湖水或河水插入引擎去冷卻引擎，使用完之後再放出流入湖泊或河流，此種開式冷卻系統不適合用於海運船隻，因為海水的溫度不能太高，否則海水的鹽份將會沉澱損壞管路，故海運引擎需用閉式冷卻系統。

⑵　閉式冷卻系統(closed cooling system)

　　閉式冷卻系統之冷卻水為淡水，係以封閉方式在引擎冷卻系統中不斷的循環使用，不足時加以補充，如圖 12.39 所示，冷卻後之淡水

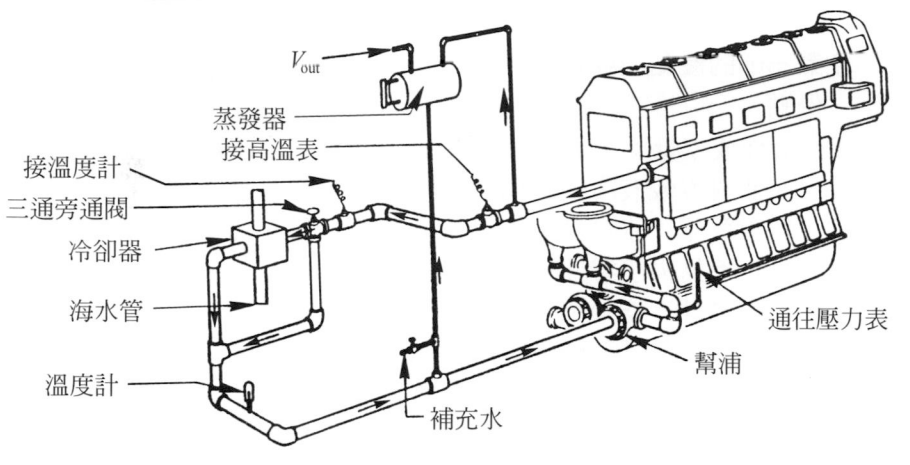

圖 12.39　冷卻系統

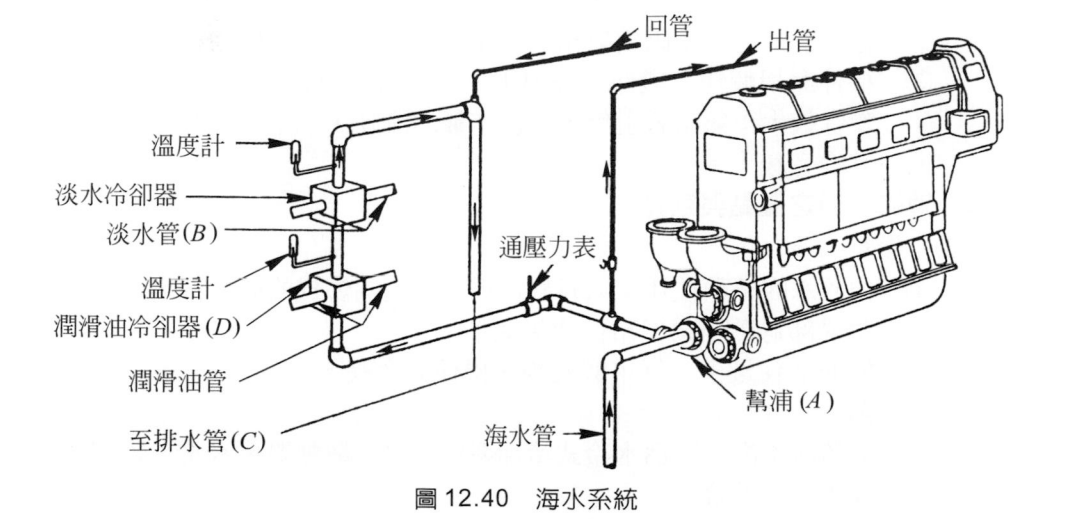

圖 12.40　海水系統

由幫浦(pump)(A)抽入引擎之底部，冷卻引擎後從引擎之上部流出，再經過淡水冷卻器(jacket water cooler)(B)，將循環水冷卻再送入引擎繼續冷卻引擎。海水之循環系統如圖 12.40 所示，海水由海水幫浦(pump)(A)抽入，經冷卻器內淡水管(jacket water piping)(B)之外部，而流出海外(C)，另外海水也可以流過滑油冷卻器(lub oil cooler)(D)，使滑油冷卻。此閉式冷卻系統就是水的再冷卻系統。

12.5.3　空氣冷卻與液體冷卻之優缺點比較

1. 空氣冷卻的優點與缺點

(1) 優點

① 製作成本低：空氣冷卻只需要在引擎頂部及週圍裝散熱片和風扇。因此成本較液冷式為低。

② 保養簡單：水冷式的零件容易生銹侵蝕，而空氣冷卻只需空氣流動，不易損壞零件，且保養簡單。

③ 比較省油：空氣冷卻的引擎可保持 120℃左右，水冷式需保持在100℃以下，因此氣冷式的熱效率較高，節省熱能。一般氣冷式引擎比水冷式引擎為輕，比較省油。

(2) 缺點

① 引擎容易過熱：因為冷式引擎工作溫度較水冷式為高，在低速或全負荷時，容易造成引擎過熱。

② 機油消耗過多：因為氣冷式引擎常在高溫下工作機油較容易消耗。

③ 機件磨損較快：機件在高溫下工作，磨損也較大。

④ 噪音較大：氣冷式引擎，由於空氣的流動，加上風扇的散熱，造成其噪音較大。

2. 液體冷卻之優點與缺點

(1) 優點

① 由於水的導熱性比空氣良好而穩定，使內燃機的溫度穩定，不會發生局部過熱現象，冷卻效果較佳。

② 機油消耗量少，行車較安靜、機件壽命長。

(2) 缺點

① 製造成本高，因為水冷式冷卻系統需包括散熱器、水泵、水套等，成本當然較高。

② 車體重、保修費用高。

12.6 排氣門冷卻

一般引擎之進氣門因受新鮮充量的冷卻，故無須特殊冷卻。但排氣門不僅要受燃燒溫度的高熱，並在排氣時，與高熱的廢氣接觸，故其溫度甚高，因此必須注意其冷卻問題。所以在設計排氣門時中間挖空，填入半滿的金屬鈉，該鈉在閥桿內可以自由的流動，當排氣門動作時，鈉在閥桿中搖動，可將較熱的閥頭熱量散給較冷的閥桿，如圖 12.41 所示，因為鈉的比熱極高，熔點為 270°F，但沸點高達 1616°F，所以能吸收大量的熱量，使排氣門急速冷卻。

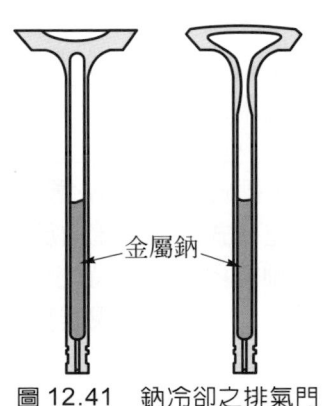

金屬鈉

圖 12.41　鈉冷卻之排氣門

有些排氣門採用水冷或油冷，是將閥桿製成套管形狀，冷卻液由中心管流入，然後由其四周環形空隙流出。

習　題

1. 填充題
   (1) 潤滑的功用為_____及_____。
   (2) 潤滑的種類為_____、_____。
   (3) 油膜壓力之產生是靠兩相對運動面間之_____所形成。
   (4) 頸軸承之潤滑開始時是薄膜潤滑，經過一段運轉後成為_____潤滑，故頸軸承之磨損幾乎發生在_____。
   (5) 內燃機暖機的目的？在使引擎各部份頸軸承達到_____潤滑時，才開始起動，這樣可以減少頸軸承之磨損。

⑹ 汽缸壁與活塞環之間的潤滑是屬於_____潤滑，其潤滑面之_____及滑油之_____對於磨損的影響很大。

⑺ 內燃機中大部份齒輪是採用_____潤滑。

⑻ 球軸承及滾子軸承，因爲其接觸面較_____故摩擦係數_____，約在_____～_____之間。

⑼ 推動軸承，係用以支持軸之_____推力負荷。

⑽ 金氏推力軸承油楔之形成是靠_____的傾斜。

⑾ 金氏推力軸承之構造有_____、_____、_____、_____、_____。

⑿ 濕槽式潤滑系統之種類有_____、_____、_____、_____。

⒀ 乾槽式潤滑系統由於_____泵能量較_____泵較大，因此曲軸箱內始終保持乾燥。

⒁ 滑油之性質是視其提煉的_____及_____、_____之處理等因素而定。

⒂ 引擎所產生的熱能有百分之_____需要冷卻。

2. 問答題

⑴ 試述潤滑系統之六大目的？

⑵ 試述潤滑油之性質？

⑶ 試述產生油膜壓力之原理？

⑷ 試述軸承的種類？

⑸ 試述潤滑油之加添劑？

⑹ 何謂濕槽式潤滑系統？

⑺ 何謂乾槽式潤滑系統？

⑻ 試述汽缸壁磨損對汽缸潤滑的影響？

⑼ 試述內燃機中冷卻的重要性？

⑽ 內燃機的冷卻方法有那兩種？

⑾ 液體冷卻法有那些優點？

⑿ 試述水冷式冷卻系統之構造？

⒀ 試述調溫器的功用？

⒁ 比較空氣冷卻與液體冷卻之優缺點？

⒂ 試述排氣門的冷卻？

CHAPTER 13

INTERNAL CONBUSTION ENGINE

內燃機試驗

　　本章介紹，如何測定引擎的轉速，燃料消耗、引擎馬力、內燃機的試驗包括了變速試驗、恆等速試驗、功率的測定包括了最大耐久負荷功率定額法，最大功率定額法、公式計算額定功率法還有引擎的性能曲線，及摩擦損失與機械效率等。

13.1 測功器

　　一般而言，在引擎內能之流動及能之損失可劃分爲三大功率範疇(categories of power)，就是指示馬力(indicated horsepower)(ihp)、摩擦馬力(friction horsepower)(fhp)及制動馬力(brake horsepower)(bhp)。指示馬力可以由測量汽缸之各種力量來計算，而制動馬力則可由測量引擎輸出點之各種力量來計算，至於摩擦馬力通常則係利用一外在之動力來驅動該不發火引擎，所需用之動力即視爲其摩擦馬力。

　　制動馬力是引擎實際對外做工的馬力，又稱軸馬力(shaft horsepower)或稱輸出馬力(deliver horsepower)這種馬力測量的方法，係利用煞車原理，在引擎一定的轉數時，看看要用多大的力量才能將引擎的轉數煞成另一轉數，從這種關係當中可以算出制動馬力，一般測量制動馬力的儀器稱為測功器，有以下五種。

1. **普洛尼式測功器**(Prony brake)如圖 13.1

在引擎之傳動軸(A)上牢固地裝上一個輪子(B)，在輪子之外圍裝有一可調整的摩擦帶(C)(friction band)。另有一臂(D)，可在有限度的弧度內活動，臂之一端即牢固地接於該摩擦帶上，另一端則擺在一磅秤上當傳動軸及該加裝之輪子轉動時，介於摩擦帶與輪子間之摩擦力有使該臂發生轉動之趨勢，因而便有一力施在磅秤上，於是引擎之旋轉力量便可測出，像這樣的裝置雖僅限用於低速引擎，但卻便於用來推演制動馬力之公式如下：

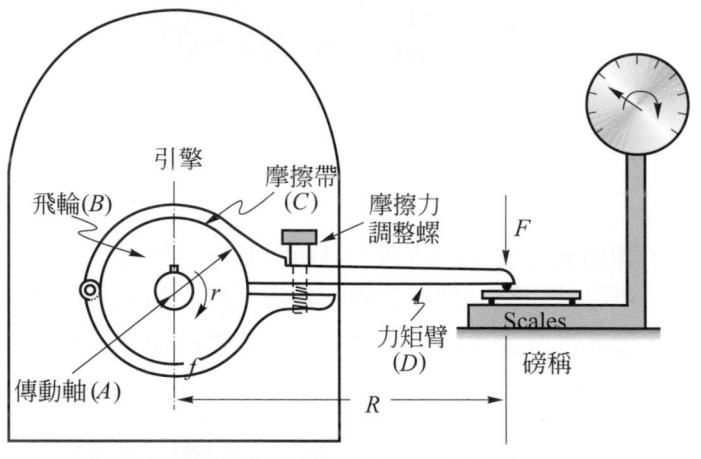

圖 13.1 普洛尼式測動器簡圖

$$bhp = \frac{2\pi RFN}{33,000} = \frac{2\pi TN}{33,000} \text{ (hp)}$$

bhp ＝制動馬力(hp)
R＝傳動軸中心到磅秤施力點之距離(ft)
F＝作用於磅秤上之作用力(lb)
N＝轉速(rpm)
$T = F \times R$扭距(lb-ft)

2. **水力測功器**(water brake)

在引擎傳動軸裝上有杯形或葉片形之圓盤，架裝在有杯或葉片形且盛有水之外殼內。該外殼是可以在一定之弧度內轉動的，當圓盤旋轉時，水之阻力有使外殼發生轉動之趨勢，在外殼上之臂便有一力施在磅秤上，這樣引擎所產生之力便可測出。像這種型式的測功器特別適用於重負荷與高速之情況。

3. **渦流式測功器**(eddy current dynamometer)

　　渦流式測功器是將一金屬圓盤裝在傳動軸上，當其隨軸轉動時，在盤上通以電流。該圓盤是密封在一金屬外殼內，外殼則可在一限定之弧度內自由轉動。當圓盤旋轉時外殼上便產生渦流(eddy current)，因而產生一種力量，使外殼有按圓盤轉動方向旋轉之趨勢。外殼上有一臂抵在磅秤上，於是引擎所產生的力量便可據以測得。

4. **風扇式測功器**(fan brake)

　　在引擎之傳動軸處裝上一風扇裝置，利用空氣之阻力來作抵消力量。在不同情況下用以驅動風扇之力量可以分別調整，但這種裝置既不易調整亦不準確，故通常只限於引擎長時間試驗上用。

5. **電動測功器**(electric dynamometer)

　　電動測功機是將一個直流發電機裝接在引擎之傳動軸上來作為功率測量裝置的，這樣量出發電機的輸出，再用發電機之效率來校正即可測得引擎之功率，可是，發電機之效率是隨負荷、速度，及溫度等因素而變動的，不能馬上獲得一正確的答案。所以將發電機之定子(stator)設計使其可以在一限定弧度自由轉動，然後將之附在一磅秤上，於是引擎所產生之量可以較準確地測出。像這樣的裝置即稱為電動測功機。其優點為可以用來帶動引擎以測定其摩擦馬力，或者用來發動引擎，這種電動測功機是最好的測量裝置，但也是最昂貴的一種。

13.2　轉速的測定

　　內燃機的轉速之測定，可以轉速表，但該表所測得的速度為瞬時速度，非常準確，而內燃機所要測的是平均轉速，因此必須設計一種轉數計來測量內燃機的速度，這種轉速計的設備如圖 13.2 所示，將內燃機的輸出軸接於此設備的主動軸上，引擎轉動時可帶動主動軸，此時並無任何記錄，測速時只要將槓桿(a)拉下，則跑馬錶開始計時，同時電磁式轉速計(c)開始計數，將槓桿(a)回原位時，跑馬錶停止計時，轉數計(c)也停止計數，由轉數計之轉數除以跑馬錶的時間，就是引擎之平均轉速，另外電表式轉速表(d)，可以觀察內燃機轉速，是否保持常數。

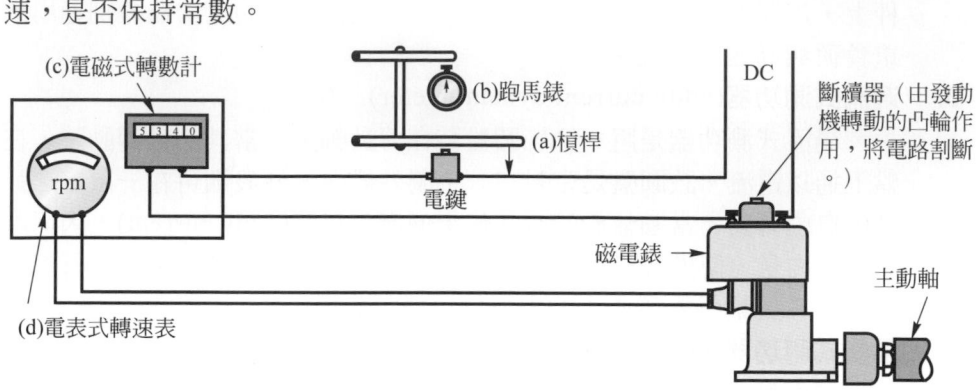

圖 13.2 轉速測定的設備與裝置

13.3 燃料消耗量的測定

燃料消耗比量就是引擎每小時所用燃料之磅數，與引擎產生或輸出功率之比：

$$燃料消耗比量 = \frac{wf}{馬力}\left(\frac{磅燃料}{馬力-小時}\right)$$

wf＝每小時之燃料數(磅燃料／小時)

當有燃料消耗比量以指示馬力為依據時，稱為指示燃料消耗比量(indicated specific consumption)(isfc)，當燃料消耗比量以所輸出之制動馬力為依據時，稱為制動燃料消粍比量(brake specific consumption)(bsfe)。

$$指示燃料消耗比量 = \frac{wf}{指示馬力}\left(\frac{磅燃料}{指示馬力-小時}\right)$$

$$制動燃料消耗比量 = \frac{wf}{制動馬力}\left(\frac{磅燃料}{制動馬力-小時}\right)$$

燃料消耗量的測定，最合理的方法是將供應燃料之容器放於天平上，使燃料與法碼平衡，然後取下一小法碼，使燃料較重而傾斜，開始發動引擎，並同時按下跑馬錶，當燃料漸漸消耗至天平回到平衡時，停止跑馬錶，將取下法碼之重量除以馬錶的時間，就是燃料的消耗量。另外也可以在燃料流經的管路中，裝一個浮子流量錶，可以由流量錶上的刻劃讀出燃料的消耗量。如圖 13.3 所示，其構造之主要部份爲一錐形玻璃管，其中有一個浮子，當燃料流過該管時，浮子會上升，直至浮子的重量與上下面壓力差相平衡時停止，因浮子重量爲常數，故差壓亦保持常數，但差壓的大小，隨燃料流經環形空隙的流速平方而變，因此流速亦保持常數，故流量應與環形空隙的面積成正比，所以刻度均勻。

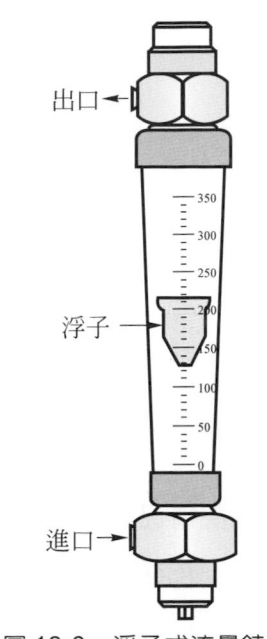

圖 13.3　浮子式流量錶

13.4　示功器

要明瞭一部機器工作時，所產生的狀況如何，可用一代表壓力與容積之圖形來表示之，此圖形稱爲壓容圖或稱 P-V 圖，壓容圖的劃法，取水平座標代表容積，垂直座標代表壓力，因爲此水平或垂直座標爲直線座標，無法直接代表容積或壓力，故必須分別選一刻度以長度代表容積，如 $1\,in = 4\,cu.ft.$ 或以長度代表壓力如 $1\,in = 40\,psia$，利用壓容圖可以計算引擎輸出之功(work)，其求法有二種如下：

1. **等壓情況**：如圖 13.4

$$W = (P_b - P_a)(V_2 - V_1)\ \text{ft-lb}$$

W＝功(ft-lb)
P＝壓力(psf)
$V_2 - V_1$＝容積之變化(cu.ft.)

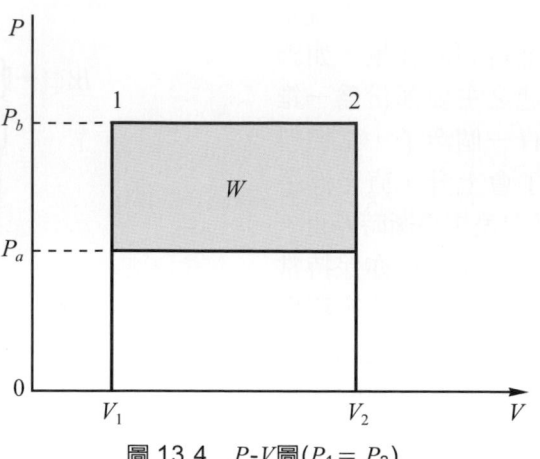

圖 13.4　$P\text{-}V$圖($P_1 = P_2$)

2. 不等壓情況：如圖 13.5

$$W = P_m(V_2 - V_1) \text{ ft-lb}$$

$W=$功(ft-lb)

$P_m=$平均壓力(psf)

$V_2 - V_1=$容積之變化(cu.ft.)

一般平均壓力的求法，可由微積分公式及作圖法求得，但是內燃機中求平均壓力時用示功圖(或指示卡)，先測其面積，然後再加以計算，此法將於下一段詳細說明，今簡單的介紹一下微積分中間值定律(mean value theorem)及作圖法如下：

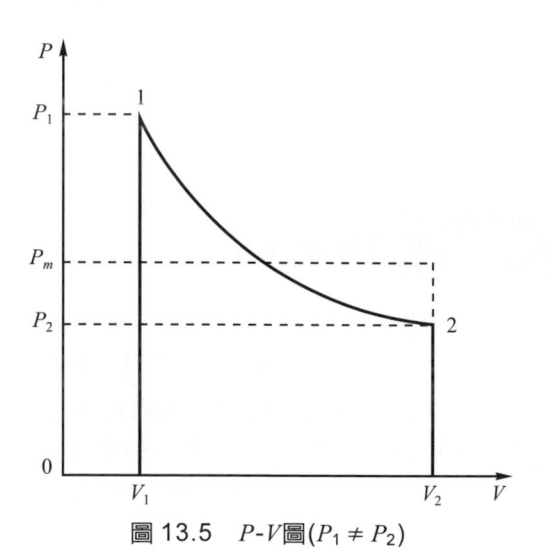

圖 13.5　$P\text{-}V$圖($P_1 \neq P_2$)

(1) 用中間值定律法求平均壓力法，如圖 13.6。

已知曲線方程式為 $f(V)$ 由中間值定律得知，

$$P_m = \frac{f(V_b) - f(V_a)}{V_b - V_a} \text{ psi}$$

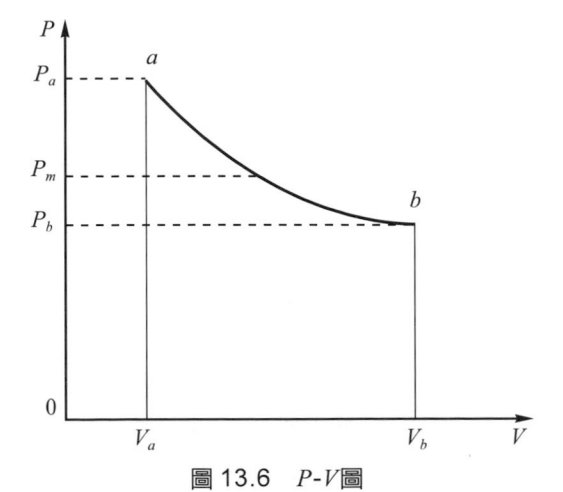

圖 13.6　*P-V*圖

(2)　作用圖法求平均壓力法，如圖 13.7。

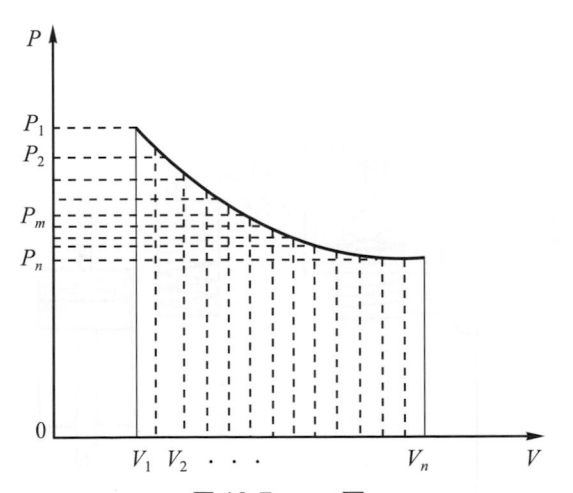

圖 13.7　*P-V*圖

將*V*座標分成*n*等分(分的愈多愈精確，然後再代入曲線方程式求出*P*₁，*P*₂，…*P*ₙ，則得公式：

$$P_m = \frac{P_1 + P_2 + \cdots + P_n}{n} \quad \text{psi}$$

※注意：*P-V*圖得的*P*為長度，故要求壓力時，必須經過換算，利用以
　　　　上兩種方法求得*P*座標長度*hₘ*乘以壓力刻度上每一时所代表的

psi 數所得結果才是壓力，例如 $P\text{-}V$ 圖上 1 in $= m$ psi，則平均
壓力可以下式求出：

$$P_m = m \times h_m$$

$P_m =$ 平均壓力(psi)

$m =$ 換算值(psi/in)

$h_m = P$ 座標之高度(in)

　　指示卡是利用指示器，經過汽缸實際的作用，所繪出 $P\text{-}V$ 圖如圖
13.8 又稱指示圖，其作用為：

① 可表示一機器汽缸中所發生之變化，因而指示出機器之運轉是否達
　　到標準，或必須作何種調整以增進其功。

② 可供給計算一機器產生功之資料，其計算方法是以指示圖所包圍的
　　面積，代表一循環所完成之功。

　　一般四行程引擎與二行程之指示卡不相同，分別說明如下。

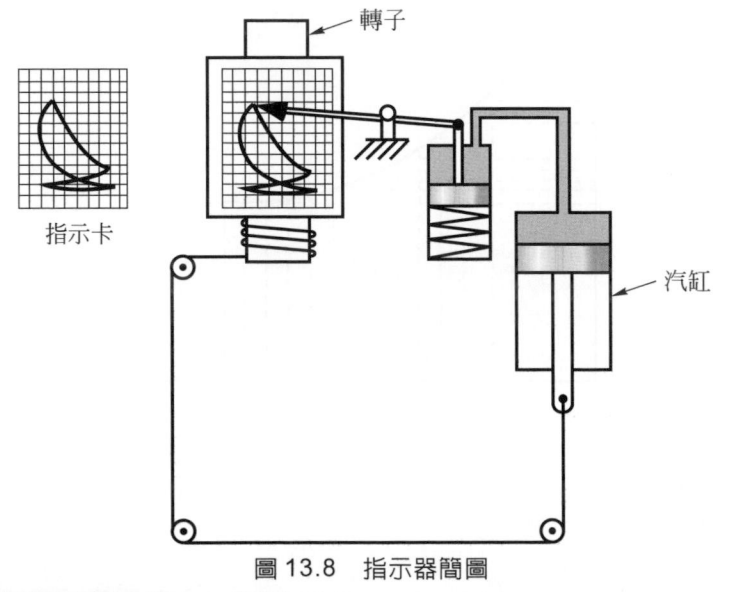

圖 13.8　指示器簡圖

1. **四行程引擎指示卡**：如圖 13.9

　　四行程引擎之指示卡，可分為兩個面積，一為 1-2-3-4-5-1 代表所
產生之正功，面積 5-7-1-5 為正負，二面積之一部份，故自相抵消，淨
功乃為環繞 7-2-3-4-5-7 之面積和環繞 7-6-1-7 面積之差所表示。

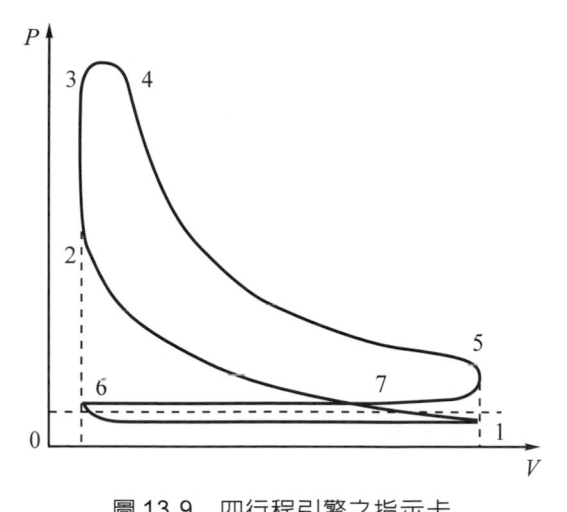

圖 13.9　四行程引擎之指示卡

2.　**二行程引擎指示卡**：如圖 13.10

　　二行程引擎指示卡：比較簡單沒有負功，因此所產生之功為面積 1-2-3-4-5-1 之表示。但不論四行程或二行程之指示卡，只要用平面計 (plammeter)之指針沿圖形之 1-2-3-4-5-1 繞過一週，儀器可以使正負面積之值自動相減，而得淨面積(net area)。

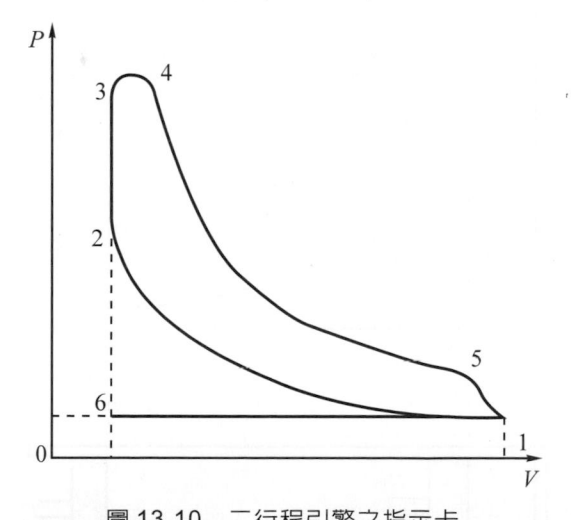

圖 13.10　二行程引擎之指示卡

　　在內燃機中計算指示平均有效壓力(indicated mean effective pressure) (imep)時，先將引擎裝於指示器上，測得指示圖，再用平面計量得指示圖的淨面積,將此面積除以指示圖中橫座標的長度,得一平均高度,再乘以壓力刻度上每一吋所表的 psi 數,即得指示平均有效壓力,或簡稱平均指示壓力(mean indicated pressure),如圖 13.11,其計算公式如下:

指示平均有效壓力×活塞排氣量=該循環之淨功

即

$$\text{imep} \times (v_1 - v_2) = \frac{\text{Wnet}}{\text{Cycle}}$$

$$\text{imep} = \frac{\text{Wnet/Cycle}}{v_1 - v_2} \times \frac{778}{144} \ \text{psi}$$

imep =指示勻有效壓力(psi)

$v_1 - v_2$ =活塞排氣量(ft^3/lb)

$\dfrac{\text{Wnet}}{\text{Cycle}}$ =每一循環所做之淨功(Btu/Ib)

778 =換算單位(ft-lb = Btu)

144 =平方呎換平換吋單位(in^2/ft^2)

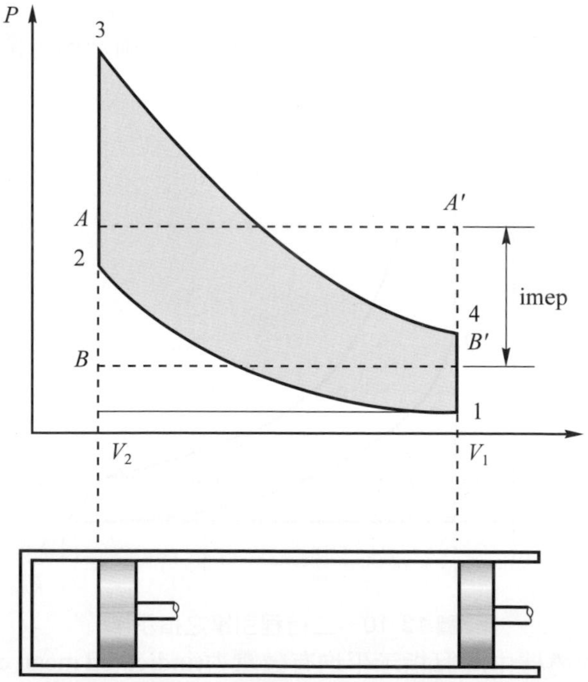

圖 13.11 理想四行程循環指示有效壓力 P-V 值

　　由以上所知內燃機之功，可由P-V圖中之示功圖算得，但這些示功圖必須由示功器測得，示功器是利用汽缸中氣體壓力之變化，劃得實際示功圖。現代最通用的高速示功器有以下兩種。

1.　平衡氣壓式示功器

　　圖 13.12 為范波羅示功器的簡圖，金屬圓筒(A)，用皮帶連結於發動機輸出軸，圓筒的轉速與曲軸相同，示功器的記錄紙包在圓筒上，有一個火花點在劃筆的頂端，與圓筒並未接觸，其運動方向與圓筒輪平行，由彈簧操縱，而彈簧之伸縮，隨B室內壓力而定，B室內之氣壓由高壓空氣瓶供給，當B室內壓力增高時，劃筆由右向左移動，表示壓力愈來愈高。在內燃機的汽缸上，裝有一個圓盤閥，用來操縱B室壓力，此圓盤閥，兩面各有閥座，可以左右移動，圓盤閥的一面接於汽缸，承受汽缸壓力，另一面接於B室，承受B室的壓力，圓盤又與感應線圈(C)相連接，當開始試驗時，圓盤受汽缸中壓力變更，而在閥座內左右移動使電路中斷，感應線圈產生高電壓，使火花放電，因此在記錄紙上打一個小孔，經過無數次的循環，造成無數次的放電，因此打出一個示功圖，如圖 13.13 所示，此示功圖為無數次的循環平均示功圖。

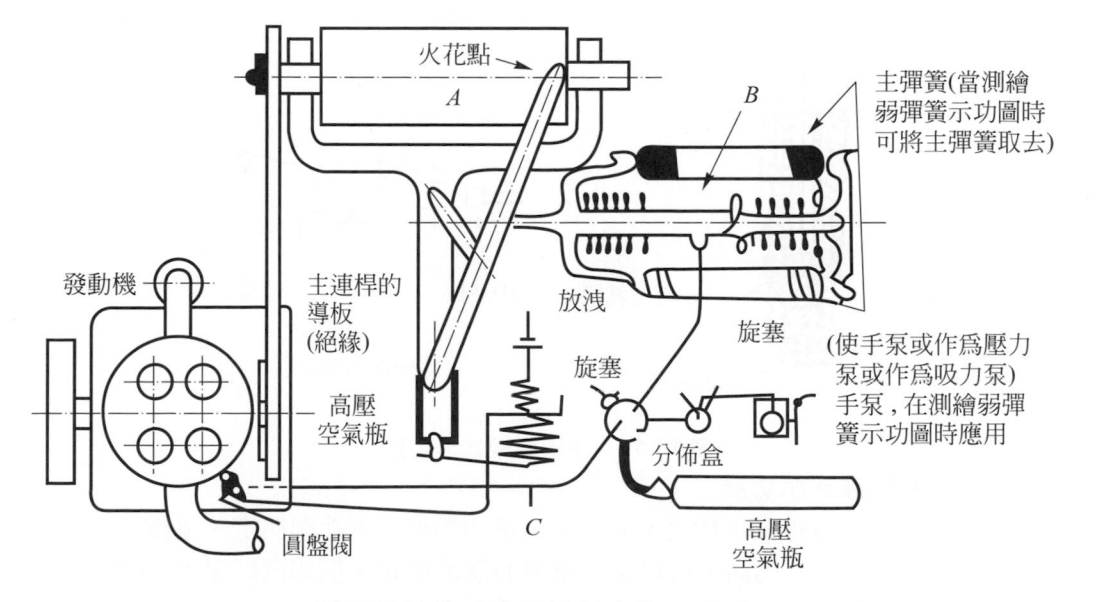

圖 13.12　范波羅(Farnoborough)示功器

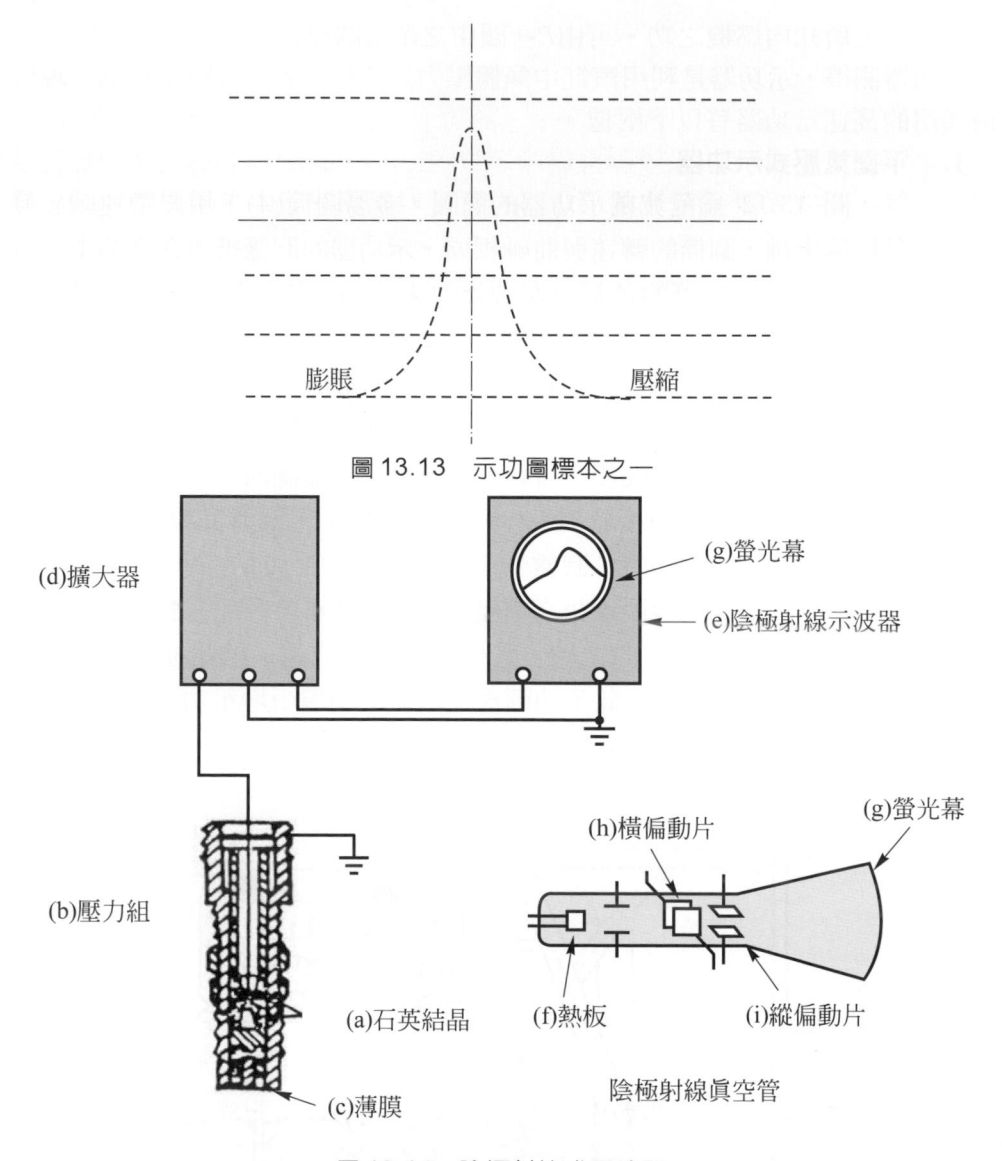

圖 13.13　示功圖標本之一

(d)擴大器

(g)螢光幕

(e)陰極射線示波器

(b)壓力組

(a)石英結晶

(c)薄膜

(h)橫偏動片

(g)螢光幕

(f)熱板

(i)縱偏動片

陰極射線眞空管

圖 13.14　陰極射線式示功器

2.　陰極射線式示功器

　　陰極射線式示功器，適合於高速內燃機之示功圖測定，這種示功器的靈敏度非常的高，可以指示壓力的急驟變化，例如汽缸爆燃時的壓力波，均能測定，但無法測出絕對壓力，其構造如圖 13.14 所示，有一壓力組(b)，一端鎖於汽缸蓋上，其中包括了薄膜(c)，承受汽缸之壓力及兩塊石英結晶(a)，當汽缸中壓力增加時，則由薄膜將壓力傳給石英結晶，使石英結晶產生壓電現象，使因壓電現象所產生之電壓，經導線送至送大器(d)，再通至陰極射線示波器(e)中，其中有一個陰極射線眞空管，將放大器(d)輸出的導線接於陰極射線眞空管中之縱偏動片(i)，眞空管中的熱板(f)放射陰電子，而集焦在螢光幕(g)上，光陰電子通過橫偏動片(h)及縱偏動片(i)，橫偏動片加一鋸形皮的交流電壓，使陰電子橫偏移，而縱偏動片上則有石英所產生又經過放大器(d)的電壓，使陰電子幅射有縱偏移動，橫偏移量與時間成正比，縱偏移量與汽缸壓力成正比，因此在螢光幕(g)上可繪出一壓力與時間的關係圖，就是示功圖。

13.5　內燃機試驗

內燃機的試驗可分爲變速試驗及恆速試驗兩種，變速試驗又可分爲最大負載試驗及部份負載試驗兩種；最大負載試驗的目的：在於測定發動機的各級轉速所輸出的最大功率及燃料消耗率。部份負載試驗的目的；在於測定發動機節流時燃料消耗率與轉速之關係。恆等速試驗的目的：在求燃料消耗率與負載的關係。

13.5.1　內燃機之變速試驗

1.　**火花式內燃機的變速試驗**

在執行最大負載試驗前，先預熱內燃機，使冷卻水及滑油達到工作溫度，當內燃機運行平穩時開始試驗，將節流閥全開，調整測功器所加於內燃機的負載，使其轉速到所要試驗的最低速，同時調整火花定時，使內燃機在這轉速能發出最大功率，當一組數據被記錄完成後，調整負載，使內燃機保持另一較高的轉速，同時調整火花定時，穩定後再記錄各項數據，這樣一次又一次的重複試驗漸調高轉速，直到內燃機到達最高許用轉速。當執行部份負載試驗時，其試驗程序與最大負載試驗相同，但須要調整節流閥，使其在每一轉速的輸出功率，均爲同一轉速時最大功率的一定分數，如此可求得內燃機節流時燃料消耗率的變更。

2. 壓燃式內燃機的變速試驗

　　壓燃式內燃機的最大負載試驗，不像火花式內燃機試驗那樣簡單，因為壓燃式內燃機在每一轉速的最大輸出功率，並無十分明確的限度，試驗的程序，將轉速校正到所需要試驗的最低速，同時須調整噴入燃料的重量，使廢氣成為藍灰色，表示燃燒不完全及內燃機此時已輸出最大功率，調整轉速，再作同樣試驗，可求得最大功率與轉速，及燃料消耗率與轉速的關係。在這種試驗當中，如果廢氣顏色不同，則最大功率及燃料消耗率亦不同，如圖 13.15 所示，圖中有兩條曲線，分別表示藍灰色廢氣與淡灰色廢氣，兩者之不同處。

　　壓燃式內燃機在部份負載試驗中，只須變更噴油的重量，使內燃機的馬力，減至最大功率的某一分數，其試驗程序與火花式內燃機的部份負載試驗相同。

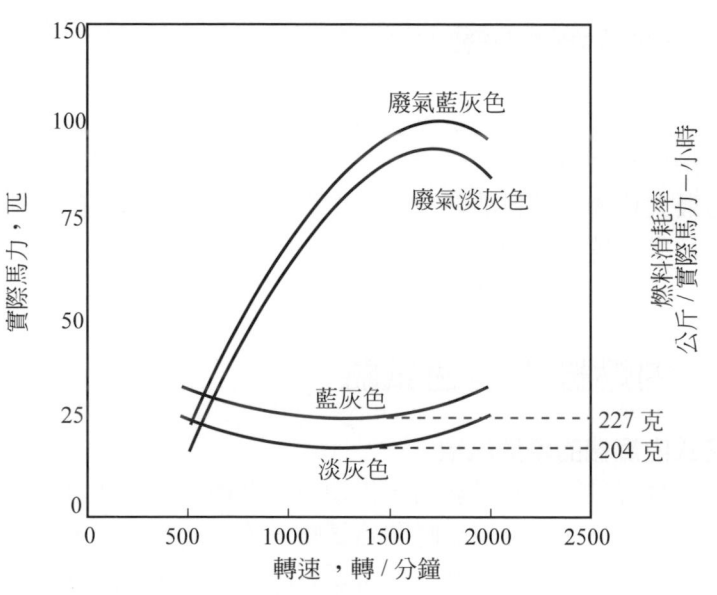

圖 13.15　壓燃式內燃機的最大功率及燃料消耗率曲線

13.5.2　恒等速試驗

　　火花式內燃機的恒等速試驗，只須操縱節流閥，使其轉速保持一常數，在每一節流位置，從惰轉地位到全開位置，都須記錄試驗時間、燃料消耗量、轉速、測功器讀數及各項溫度。

在壓燃式內燃機的恆等速試驗中，只須操縱噴油量，使其轉速保持一常數，直至廢氣變成藍灰色為止，在每一負載情況下，須記錄各種數據。

13.6　額定功率

內燃機的額定功率(rated power)是用來區別內燃機馬力大小的數值，定額的方法有三：

1. 以發動機之最大耐久負荷為其額定功率法。
2. 以發動機所能發出的最大功率為額定功率法。
3. 以一般習慣用公式計算法。

13.6.1　最大耐久負荷功率定額法

一般對於最大耐久負荷(maximum continuous load)的規定，並不一致，而是依照製造廠商根據實際均效壓力而定，在固定的燃氣及重油四行程引擎中，其均效壓力應不超過 80psi，其他各種引擎的數據，可參考表 13.1 所示。二行程引擎的數據，可參考表 13.2 所示。

表 13.1　四行程發動機的實際均效壓力

循環類別	點火方法	燃料	壓縮範圍		實際均效壓力	平均空氣百分率 $1+e$
			壓縮壓力 psig	壓縮比 r		
奧圖，自動車	電火花	汽油	90～125	5.2～7.5	75～100	1.0
奧圖，飛機發動機	電火花	航空汽油	100～125	5.7～7.9	95～135	1.0
奧圖	電火花	酒精	130～225	6.0～9.0	60～85	1.0
奧圖	電火花	天然氣	100～130	5.0～6.0	74～90	1.3
奧圖	電火花	焦爐氣	100～135	5.0～6.2	70～90	1.3
奧圖	電火花	發生爐氣	110～160	5.4～7.0	60～80	1.25
奧圖	電火花	鼓風爐氣	120～190	5.7～7.9	60～82	1.2
奧圖	熱泡	煤油	50～75	3.2～4.2	50～70	2.0
狄塞爾，空氣噴射	壓燃	柴油	450～525	14～16	75～85	1.8
雙燃無氣噴射(低速)	壓燃	柴油	370～450	12～14.5	75～90	1.75
集燃無氣味射(高速)	壓燃	柴油	450～650	14～18	80～110	1.3～1.7

表 13.2　二行程壓縮式發動機的實際均效壓力

換氣法	範圍 psi	平均值 psi
曲軸箱換氣式發動機	28～40	35
十字頭變動機、直活塞	34～48	40
階級式活塞	40～56	45
回流式換氣、單獨換氣泵	53～70	62
單流式發動機、單活塞	60～100	85
單流式發動機、對置活塞	70～120	90

　　每一部發動機必須要負擔 10 ％至 20 ％的超額負荷，但僅在急需時使用，短時間內可以，應不超過數小時。如果發動機的過量空氣很大，尤其在無氣噴射式的柴油機中，則其超額負荷可達 30 ％至 40 ％，但是這種情況下，溫度會很高，可能引起極大熱應力，而使發動機損壞。

13.6.2　最大功率定額法

　　最大功率法是指發動機以最大輸出功率為定額功率，但在實際運轉中，不能以此功率作為長久之使用，否則會燒壞引擎，因此這種額定法，比較適合用不太需要用到最大馬力的內燃機，如一般自動車之發動機。有些小型固定式及牽引機之發動機的定額，採用最大功率之 90 ％作為額定功率，保留 10 ％的功率作為偶發超額之用。

　　飛機發動機之額定功率有三種：

　⑴　起飛功率(take of power)。

　⑵　正常額定功率(normal rated power)。

　⑶　巡航功率(cruising power)。

　　起飛功率是發動在短時間內所能輸出的功率，也是此發動機之大功率，通常不能超過五分鐘。正常額定功率，就是最大耐久功率，可以長時間使用，此功率大約為最大功率之 85 ％至 90 ％。巡航功率為飛機在平常平飛，沒有任何特別外力干擾所需之功率，這種功率約為最大額定功率之 70 ％，如果在裝有增壓的發動機，必須加以說明在什麼高度時的定額功率。

13.6.3　公式計算額定率法

　　計算額定功率法是根據理論慣用公式計算所得之額定功率，這種算法必須依照發動機的汽缸尺寸、汽缸數目及活塞平均速度等條件算得，此額定功率也為政府課稅機關所認定，發動機的課稅也照此額定功率徵收。

13.7　性能曲線

　　每一部內燃機都有它的性能曲線，才能瞭解該內燃機的基本特性，內燃機之性能曲線是由實際試驗結果所繪成，如圖 13.16，表示火花式內燃機節流閥全開時之性能曲線，其中橫座標為轉速，縱座標為實際馬力、力矩、實際均效壓力及燃料消耗等等。圖 13.17 表示火花式內燃機的恆等速試驗結果，其中橫座標為負荷的百分率，縱座標為實際馬力及燃料消耗率。

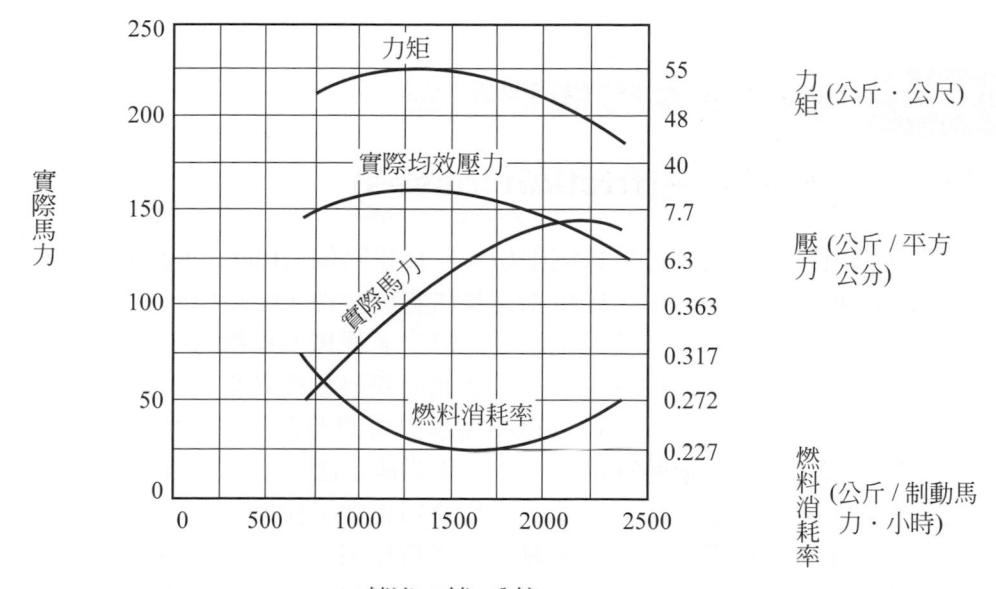

圖 13.16　火花式內燃機的性能曲線，節流閥全開

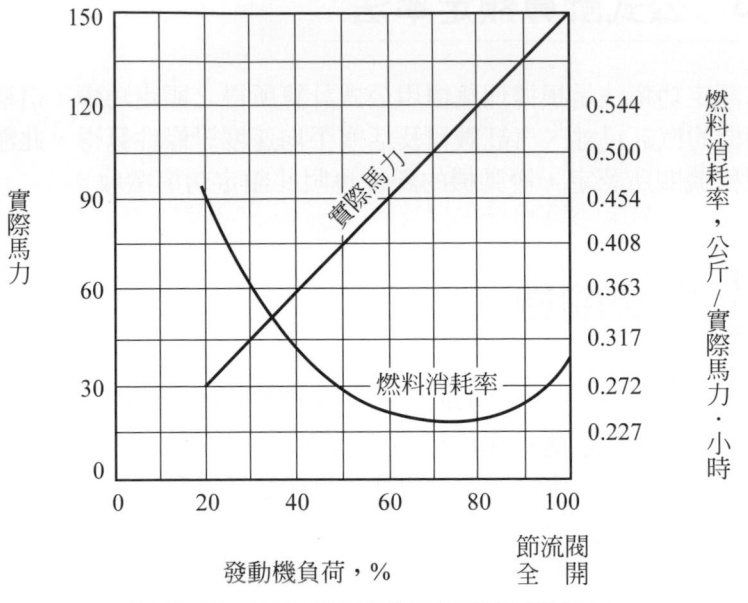

圖 13.17　火花式內燃機的恒等速試驗結果

13.8　摩擦損失與機械效率

13.8.1　摩擦損失(friction losses)

　　內燃機的摩損損失，可分爲兩部份，一爲排吸損失(pumping losses)及機械摩擦(mechanical friction)，排吸損失無法實際量得，但可由示功圖上計算而得，也可由平均進氣壓力及排氣壓力計算之，機械摩擦損失，大部份是由流體摩擦引起，因爲在內燃機中很少有金屬直接接觸而移動的接觸面，全部經過潤滑，否則容易磨損。因此機械摩擦損失與潤滑有密切的相關。

　　摩擦損失可由實際運轉測得，一般常用的測定法爲帶動試驗法(motoring test)，其測定的方法是先起動引擎，使其達到正常工作溫度時，切斷燃料供給，同時交由電動機帶動引擎之曲軸，並維持原來的速度，此時所測得的功率，可由電動機算出，此功率代表總摩擦損失，但是在測定此功率時，會隨時間而變化，如圖 13.18，所示，隨著時間的增長摩擦均效壓力也隨之增高，因此用此帶動試驗的結果，與實際摩擦損失不相等，其原因是由於活塞上壓力改變，活塞與汽缸溫度改變，影響潤滑的情形，造成機械摩擦與實際不相等。

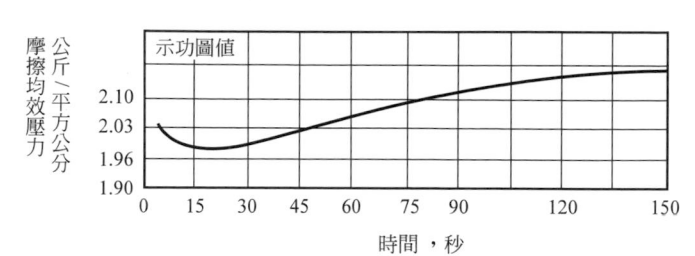

圖 13.18　馬達帶動試驗法的結果與時間的關係

　　另外由於內燃機中的氣壓、水套溫度、潤滑油黏度及轉速對機械摩擦損失，也有相當的影響，如圖 13.19 表示引擎轉速及氣壓對摩損失的影響，引擎的轉速愈高，機械摩擦損失愈大，其氣壓愈大時，機械摩擦損失也愈大。如圖 13.20 表示引擎之水套溫度，及氣壓對摩擦損失的影響。當水套溫渡愈低時，其機械摩擦損失愈大。如圖 13.21 表示潤滑液之黏度，及氣壓對摩擦損失的影響。當潤滑液之黏度愈大時，其機械摩擦損失也會大。

　　內燃機中，各部之摩擦損失，可由帶動試驗法測定，其測定的方法，是在試驗中，漸漸的將內燃機的各部份一點一點拆掉，然後由測定的功率中，求出各部份之摩擦損失。如圖 13.22 表示四行程卡車引擎中的各部份摩擦損失。

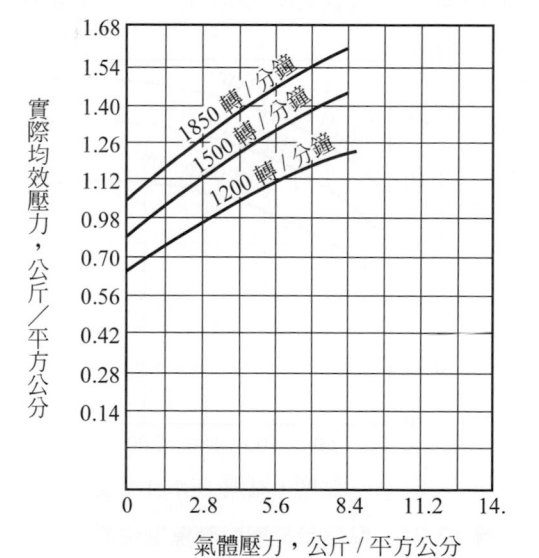

圖 13.19　轉速及氣壓對摩擦損失的影響

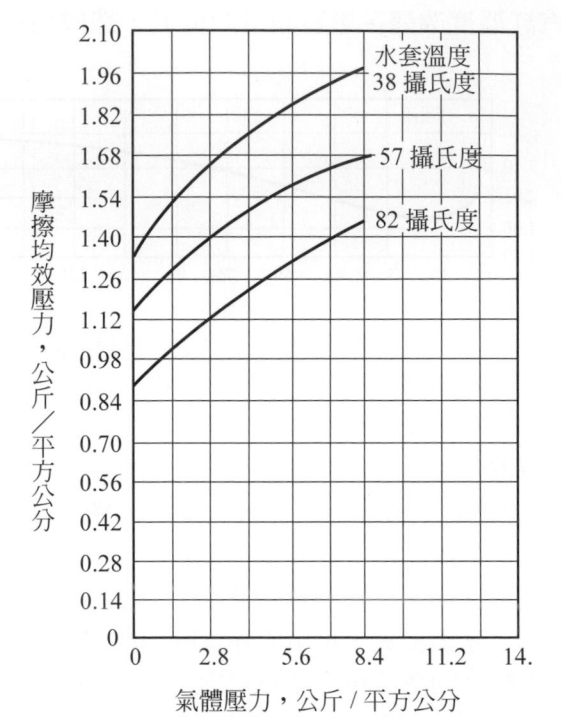

圖 13.20　水套溫度及氣壓對摩擦損失的影響

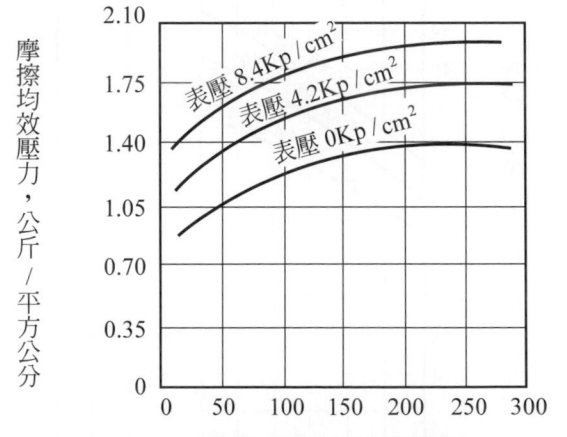

圖 13.21　黏度及氣壓對摩擦損失的影響

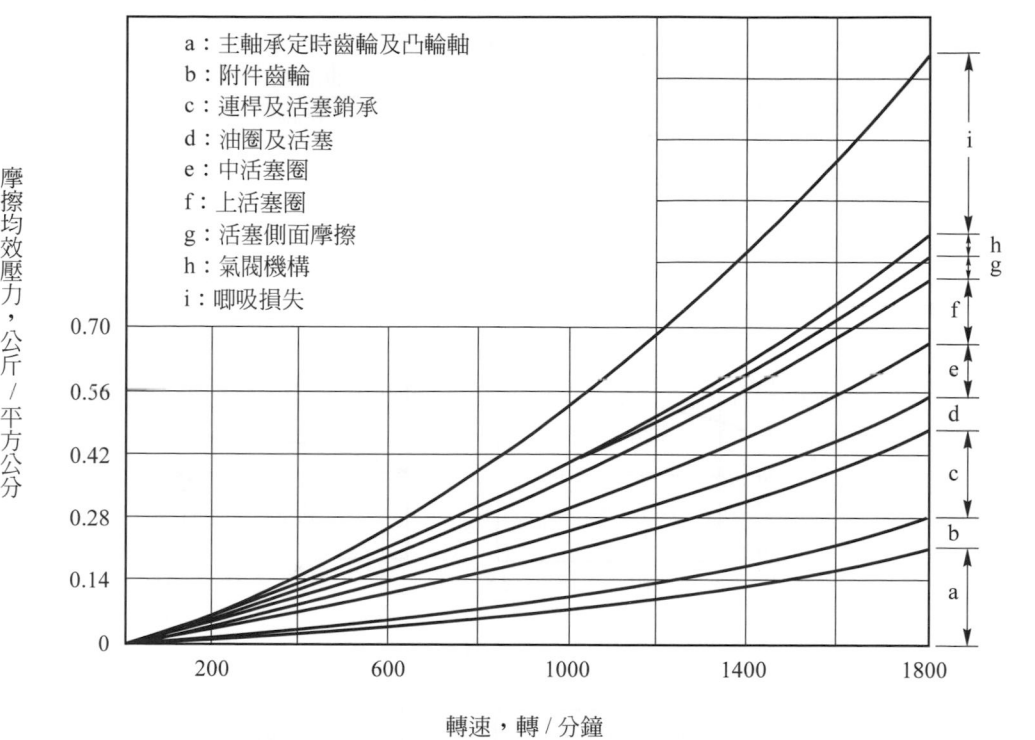

圖 13.22　四行程卡車引擎中的摩擦損失

　　實際的機械摩擦損失隨水套溫度而變，亦因潤滑的方法、潤滑液的質量及轉速等之不同而異。如圖 13.23 表示水套溫度及潤滑油溫度的影響，當水套溫度為 16°C 時，活塞組的摩擦損失百分率幾乎不隨潤滑油溫度而變更，這組的損失約佔總損失的 40 ％至 50 ％，而活塞圈的損失為總損失的 60 ％。當水溫升至 80°C 時，活塞組損失為總損失的 20 ％至 35 ％，而活塞圈損失約佔總損失的 50 ％至 70 ％。實際的軸承損失，隨潤滑油溫度的增加而減小，但其百分率則隨水溫而增加。

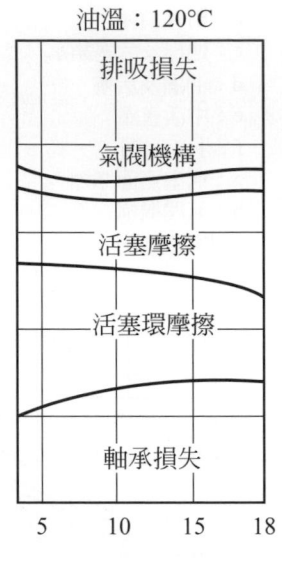

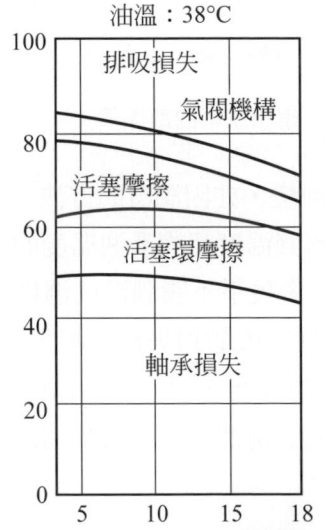
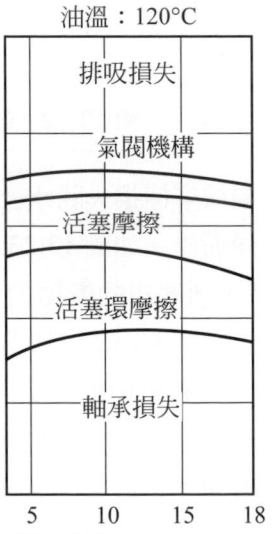

圖 13.23 摩擦損失的分佈

13.8.2 機械效率(mechanical efficiency)

制動馬力與指示馬力之百分比，稱爲機械效率，以η_m表示，通常狄塞爾機約爲$\eta_m = 0.75 \sim 0.9$之間，奧圖機約在$\eta_m = 0.8 \sim 0.92$之間，其計算公式：

$$\eta_m = \frac{\text{BHP}}{\text{IHP}} \times 100\ \%\qquad(13.1)$$

$\eta_m =$ 機械效率

BHP ＝制動馬力

IHP ＝指示馬力

1. 內燃機之總效率

以整個一部引擎來看，輸出的功和輸入的熱之比稱爲內燃機的總效率，用η來表示，換句話說由燃料帶進去的熱能，究竟能有多少變成了動能從曲軸末端傳出來，它們互相間的比例就是總效率：

$$\eta = \frac{\text{輸出之功}}{\text{輸入之熱}}\qquad(13.2)$$

$$\eta = \eta_i \times \eta_m$$
$$= (\eta_{thi} \times \eta_{ch} \times \eta_h) \times \eta_m$$
$$= [(\eta_{th} \times \eta_g) \times \eta_{ch} \times \eta_h] \times \eta_m$$

奧圖機：$\eta = 28.7\ \%$

有壓氣機式迪塞爾機：$\eta = 34.2\ \%$

無壓氣機式迪塞爾機：$\eta = 37.2\ \%$

迪塞爾機＝$\eta = 23.4\ \%$

$\eta_i =$ 指示效率

$\eta_m =$ 機械效率

$\eta_{thi} =$ 指示熱效率

$\eta_{th} =$ 理論熱效率

$\eta_g = 0.85 \sim 0.9$

$\eta_{ch} =$ 燃料之化學效率

$\eta_h =$ 流動效率(四行程$\eta_h = 0.94 \sim 0.95$，二行程$\eta_h = 0.8 \sim 0.9$)

2. 影響內燃機械效率之因素

(1) 壓縮比的影響

內燃機的壓縮比若增大,其壓縮氣壓亦增大,造成摩擦損的增加,而影響機械效率。

(2) 火花定時的影響

由示功圖可知火花定時若提前,能使摩擦損失增加,而影響機械效率。

(3) 負荷的影響

由內燃機之性能曲線得知摩擦損失雖隨指示均效壓力俱增,但其增率較指示均效壓力的增加率緩和,如圖 13.24 所示,故機械效率亦隨負荷俱增。

(4) 高空的影響

內燃機若離海平面的高度增加,其最大空氣充量就減小,因此最大功率亦降低,同時排吸氣的損失隨空氣密度的減低而降低,但機械損失幾乎保持不變,因此機械效率隨高度增加而降低,可由公式表示如下:

$$\eta'_m = \eta_m - 0.7 - (1 - \eta_m)\left[\left(\frac{14.7}{P}\right)^{0.81} - 1\right] \tag{13.3}$$

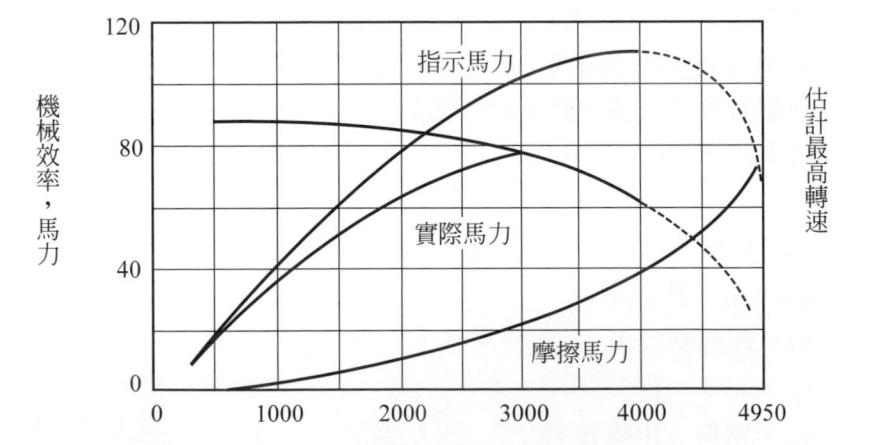

圖 13.24　一自動車用內燃機的性能曲線

$\eta'_m =$ 海平面以上之機械效率

$\eta_m =$ 海平面上的機械效率

$P =$ 高空的氣壓　psia

習　題

1. 馬力可分為那三大類？
2. 說明測功器之原理及種類？
3. 說明轉速測定之裝置構造及原理？
4. 內燃機的燃料消耗量如何測定？
5. 簡述高速示功器的原理？
6. 內燃機的試驗可分為那兩種？簡單說明內容？
7. 何謂內燃機的額定功率？並說明有那幾種？
8. 何謂內燃機的性能曲線？
9. 說明摩擦損失？包括那兩種？
10. 說明摩擦馬力與指示馬力及制動馬力的關係？
11. 何謂帶動試驗法？用來測什麼？
12. 說明內燃機的機械效率與總效率？
13. 影響內燃機的機械效率有那些因素？

CHAPTER 14

INTERNAL CONBUSTION ENGINE

內燃機之其他機構及引擎震動

內燃機的其他機構有離合器、減速齒輪、起動機構、引擎的反轉機構及引擎的震動，任何轉動機構都有震動問題存在，如何來防止引擎的震動、狀況，也是一門專門的學問，本章介紹了引擎之不平衡作用力，引擎的平衡器及防震器，引擎之扭轉震動，引擎之閥彈簧震動等。

14.1 內燃機之其他機構

內燃機的其他機構包括了離合器、減速齒輪及引擎之起動與反轉設備等，分別說明如後：

14.1.1 摩擦式離合器

離合器(clutch)是一種具有分離與結合作用的裝置，它可以使引擎和傳動系統之間「分離」或「結合」，以便切斷或傳輸引擎的動力，另外有一種只能使兩軸結合而不能分離者，稱為聯軸器(coupling)。離合器之功用是使主動軸與被動軸隨時可以分離也可以結合，以便引擎在運轉時可以變換速度。聯軸器之功用僅使兩軸聯結在一起傳送動力。

一般海軍柴油機用離合器有以下四種：

(1) 摩擦式離合器(friction clutches)。

(2) 氣力式離合器(pneumatic clutches)。

(3) 液壓式離合器(fluid or hydraulic clutches)。

(4) 磁力式離合器(electro-magnetic clutches)。

1. 摩擦式離合器(friction clutches)

摩擦式離合器之原理如圖 14.1 所示，利用兩平面板(A)與(B)之間的摩擦阻力，將主動軸(C)的動力傳至被動軸(D)，此摩擦表面有平面形如圖 14.1(a)所示，也有圓錐形如圖 14.1(b)所示，圓錐形平面的優點在於軸向力量，因著錐形角a的邊緣作用部份(wedging action)較廣，可以產生較大的結合力，因此離合器直徑可以使用較小者，而得到較大的離合力。為了要得到較大的離合力，可以採用多板式離合器(multi-plate friction clutch)如圖 14.2 所示，增加摩擦面。

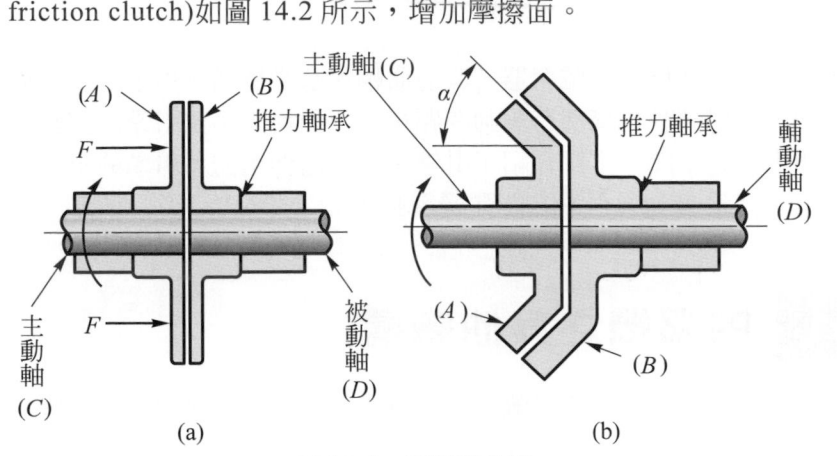

圖 14.1 摩擦離合器

摩擦離合器，又可分為乾式及濕式兩種，此兩種型式的設計相同，僅只因潤滑表面減低摩擦係數而使濕式離合器需用較大之摩擦表面而已，但是濕式離合器使用時較靈活及摩擦面的摩擦係數亦小。一般濕式離合器中所需的液體依定時注入油類，但是亦有須時時加油，而成為一個潤滑系統的一部份，此部份必須與潤滑系統分離，因為離合器在分離與結合，甚至在運轉時，摩擦面之間滑脫所生之摩耗髒物免得由潤滑系統流入軸承及齒輪之間。離合器的摩擦面(friction surfaces)，通常是用兩種不同的材料(materials)構成，如果一邊是用鑄鐵(cast iron)或是鋼(steel)，另一邊若是用於乾式離合器(dry clutches)，則可用泉華鐵(sintered iron)及銅(bronze)以線狀排列嵌入石棉而組成。(註：泉華 sinter 為礦泉中沉澱的結晶岩石，但此處是指鐵未經熔解，而由粉狀物燒成塊)若是用於濕式離合器(wet clutches)，則可用銅(bronze)，鑄鐵(cast iron)及鋼(steel)製成。離合器所用之摩擦板(即泉華塊 sintered blocks)製造的方法是將質料較好的鐵及鋼粒放入模型中，經過高溫高壓燒結成所希望的形狀。一般自動式離合器(automatic clutches)有分離與結合兩種作用，「分離」是利用機械扣環聯動作用使兩摩擦面壓緊傳送動力，此種彈簧有圓柱(coil)形，葉片(leaf)形及平盤(flat disk)形等，使用彈簧彈力壓緊離合器片者具有自動整補摩損離合器片的特點，因此可以減少離合器間隙的調整。操縱摩擦離合器的方法有，手操式(hand-operated)、液壓操作(hydraulic operation)、氣力操作(pneumatic)及真空操作(vacunm)等，分別敘述於後：

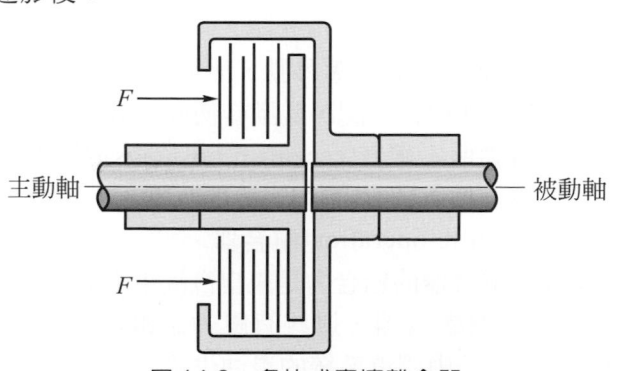

圖 14.2　多片式摩擦離合器

(1)　手操式(hand-operated)離合器如圖 14.3 所示

　　手操式離合器通常是用一根長桿操縱，以便減少所需之力量，如圖 14.3 表示雙錐形濕式離合器(double-cone wet-type clutch)，由此離合器可說明普通摩擦離合器的概念，此種離合器有一個外殼(housing)，分成 2 與 7 兩部份而形成油封蓋，蓋住以兩個大端相對的圓錐物 3 與 4，外殼 7 安全的固定在套裝置 10(jacking gear)上，此裝置又以螺栓 11(bolts 11)，固定於曲軸輪緣(crank shaft flange)上，雙錐物 3 與 4 的重量由後軸或馬達軸承擔，並在空心鋼栓 19(hollow steel pines 19)

上，做適當的滑動，此栓 19 是用壓力壓入蜘蛛狀物 5(spider 5)同時釘在其上，這個蜘蛛狀物 5 是用兩個鍵(keys)及鎖帽 6(locknut 6)適當而安全的固定在馬達軸(motor shaft)上。這種離合器摩擦面間沒有襯墊(lining)，只是相對的鋼製摩擦面，在結合位置時，雙錐體 3 與 4 是被四個強而彎曲的翼狀彈簧 12(leaf springs 12)所分開，這個彈簧的一端是以梢 8(pins 8)連接在圓錐物 4 上，另一端與滑動套筒 1(sliding sleeve 1)經過套環 13(toggles)及滾動子 16(rollers 16)分別以螺栓 17 (bolts 17)及梢 18(pins 18)相連後。套筒 1 是被一個可移動的軸環(collar 14)所轉動，此套筒 1 分兩半製成，並襯以白金屬爲其軸承面，軸環 14 是被支在軸上之兩臂所轉動，此軸是裝於托架並固定在艙底。當離合器在結合時，軸環 14 將套筒 1 推向離合器，此時套筒 1 尾端之滾動子 16 使套環 13 變換角度，變換時可使彈簧 12 縮短，此時彈簧 12 的彈力使雙錐物 3 與 4 向外分開，當梢 18 之中心與栓 17 及梢 8 之中心，成一直線時，則此離合器之結合力爲最大，當梢 18 超過此直線時，彈簧 12 使雙錐物 3 與 4 分開的力量便減弱，但是彈簧仍然有足夠的壓力將雙錐物 3 與 4 壓於殼 2 與 7 上。當有外力作用使離合器分離時，梢 18 的中心將跟著移動，而穿過梢 17 與 8 的連線，彈簧 12 便將雙錐物 3 與 4 拉在一起，此動作便像一直線連桿動作一樣。調整磨損時，可轉動偏心襯套(eccentric bushings)因爲梢 17 裝於此襯套上，因此可以使梢 17 與 8 之中心距離改變。

(2) 液壓操作(hydraulic operation)離合器

液壓操作離合器的結合力是來自汽缸中之活塞，壓縮滑油，使滑油操縱一個摩擦離合器，這些有壓力之滑油是由特別幫浦(special pump)所供給或是由潤滑系統的滑油供給。

(3) 氣力操作(pneumatic operation)離合器

氣力操作之離合器是利用壓縮空氣操作一個摩擦離合器，與氣力離合器(pneumatic clutches)相同，留後述。

(4) 眞空操作(vacunm operated)離合器

眞空操作之離合器是一種機械離合器(mechanical clutches)它是利用外部連接桿所操縮，連接桿是被眞空活塞及汽缸(vacuum piston and cylinder)所帶動，汽缸中的眞空度則由一個分離的的眞空幫浦(separate vacuum pump)所供給。

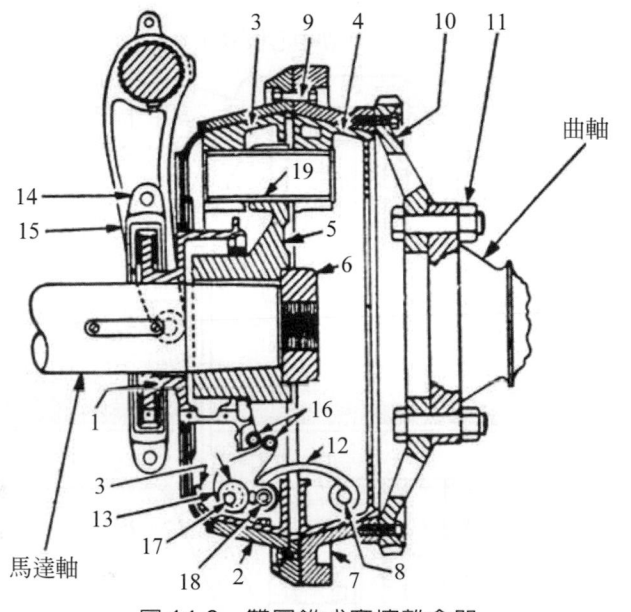

圖 14.3　雙圓錐式摩擦離合器

以上這些液壓式、氣力式及真空式控制之摩擦離合器主要優點是在運轉時所需要之人力較小，而且容易作長距離之遙控(remote control)，其實機械操作式之離合器(mechanically operated clutches)亦可以由一適當之連接物(linkages)在長距離之處控制，但這種控制法因連接物之摩擦力增大，構造複雜而增加其困難。

2.　氣力式離合器(pneumatic clutches)

圖 14.4 表示氣力或壓縮空氣推動式離合器的一種型式，此種離合器是用複板(multi-plate)所製成，有四對摩擦表面，兩摩擦板(A)(friction plates)嵌在蓋筒(B)(cover)上，此蓋筒(B)鎖於引擎軸或入軸，此兩摩擦板(A)用翻砂之石棉製成，使產生高度的摩擦係數，活動之中心板(C)(floating plate)及端板(D)(end plate)均為鐵鐵製成，嵌在推進器軸上之轂上(E)，端板(D)為空氣汽缸之一部份，其空氣壓力消失時，四個圓筒形彈簧(G)使端板(D)所形成之汽缸中使端板(D)受壓與摩擦板(A)壓合，離合器成結合的狀態，用在此離合器上之空氣壓力為 80～90psi，這些壓力是由引擎運轉空轉空氣壓縮或另外壓縮機(separate compressor)所供給，有壓力的空氣必須有一定及可靠的壓力，如壓力不夠離合器可能滑脫，或過熱而燒損。

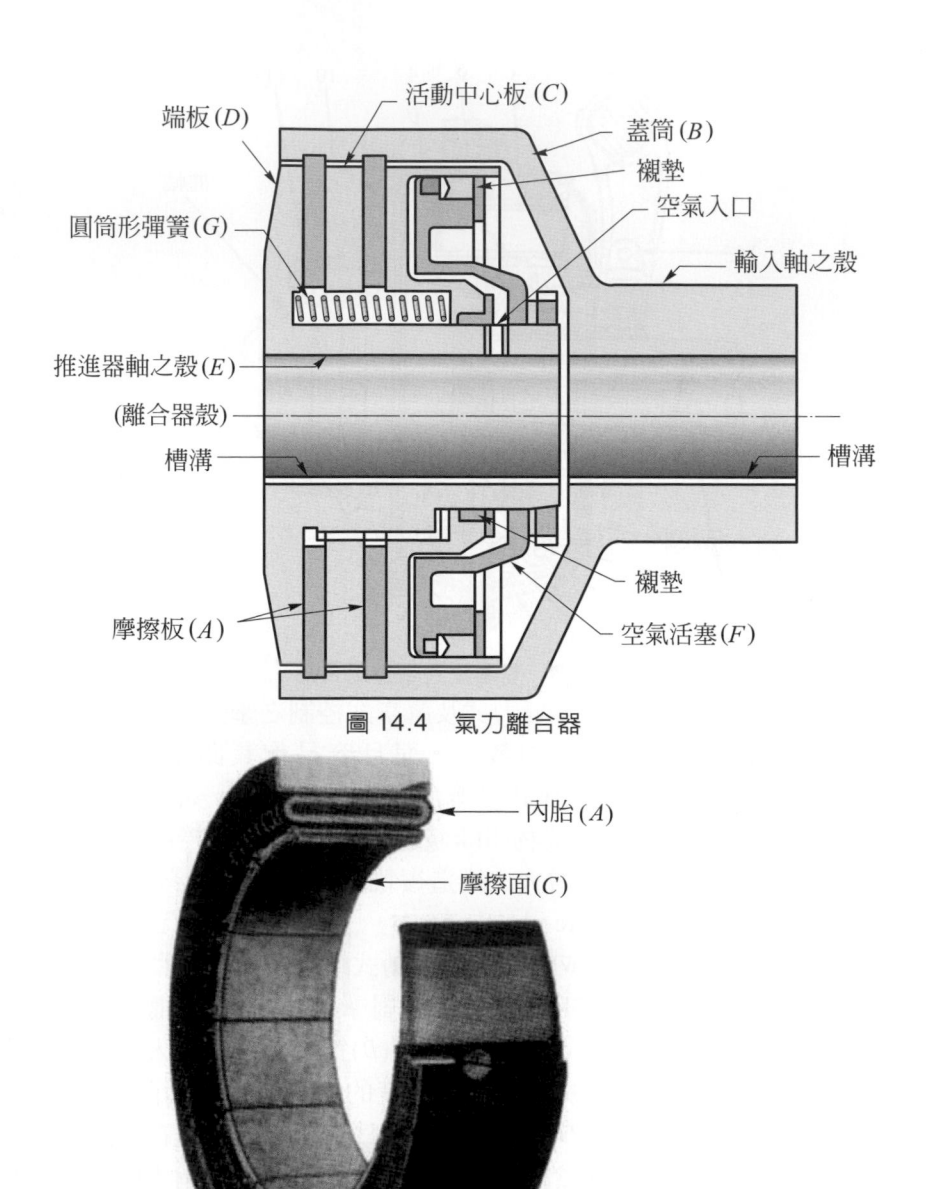

端板(*D*)
活動中心板 (*C*)
蓋筒 (*B*)
襯墊
空氣入口
輸入軸之殼
圓筒形彈簧(*G*)
推進器軸之殼(*E*)
(離合器殼)
槽溝
槽溝
襯墊
摩擦板(*A*)
空氣活塞(*F*)

圖 14.4　氣力離合器

內胎(*A*)
摩擦面(*C*)
主動軸輪緣(*B*)

圖 14.5　空氣伸縮胎式離合器

另一種氣力離合器如圖 14.5 所示有一個氣胎(A)(tire)狀的橡皮圈，其外部固定在主動軸輪緣(B)(flange)上，內部為離合接觸的摩擦面(C)，與被動軸的軸段(drum)相對，(被動軸的軸鼓圖上沒有畫出)，當壓縮空氣進入橡皮胎(A)內時，胎便膨脹使摩擦面(C)緊壓在被動軸軸鼓上，便離合器結合，相反的，當壓縮空氣壓力消失時，氣胎(A)便收縮使摩擦面(C)與被動軸軸鼓相離，使離合器成分離狀態。此種離合器不須調整磨損，而結合力量亦不致因摩損而變更。

3. **液壓式離合器**

液壓式離合器或液壓式聯軸器(hydraulic coupling)的運動原理，可由兩個對立之電扇(electric fan)之動作說明之，若一個電扇轉動，另一個電扇亦因第一個電扇的電流動力而開始轉動，最後其速率將與第一個電扇相同，如圖 14.6 所示。

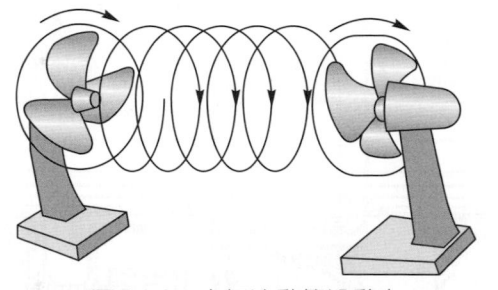

圖 14.6 空氣流動傳送動力

圖 14.7 為液壓式離合器(hydraulic clutches)其構造為主輪(A)(primary wheel)又稱葉輪(impeller)固定於主動軸(B)(driving shaft)上，次輪(C)(secondary wheel)又稱轉動子(runner)，則固定於被動軸(D)(driven shaft)上，轉動殼(E)(rotor housing)鎖在次輪(C)上，以便封閉主輪(A)之背部，使工作液體(working fluid)量保持在主輪(A)四週。主輪(A)及次輪(C)中裝有半圓形的環形圈(annular core)或導環(guide rings)，以便導入工作液體，另外還裝有一組輻射扇葉(radial vanes)如圖 14.8 作用時，將黏度為 180～200S.S.U 之工作液體，經外部幫浦，由進油孔(F)注入主輪(A)，主輪(A)轉動時，使液體因離心力依扇葉輻射方向向外流出，經過其外部輪緣，又依輻射方向向內流，迅速的流向次輪(C)內之扇葉使次輪(C)轉動，因此動力由主輪(A)傳至次輪(C)，再由次輪(C)帶動被動軸(D)，欲使離合器迅速分離時，可利用環閥管制機構(G)將環閥(H)(ring valve)

打開，使離合器轉動殼(E)內之液體，因離心力而流出。如果液體不能流出，而永遠留在器內，運轉時不需要離開者稱爲液壓聯軸器(hydraulic coupling)。

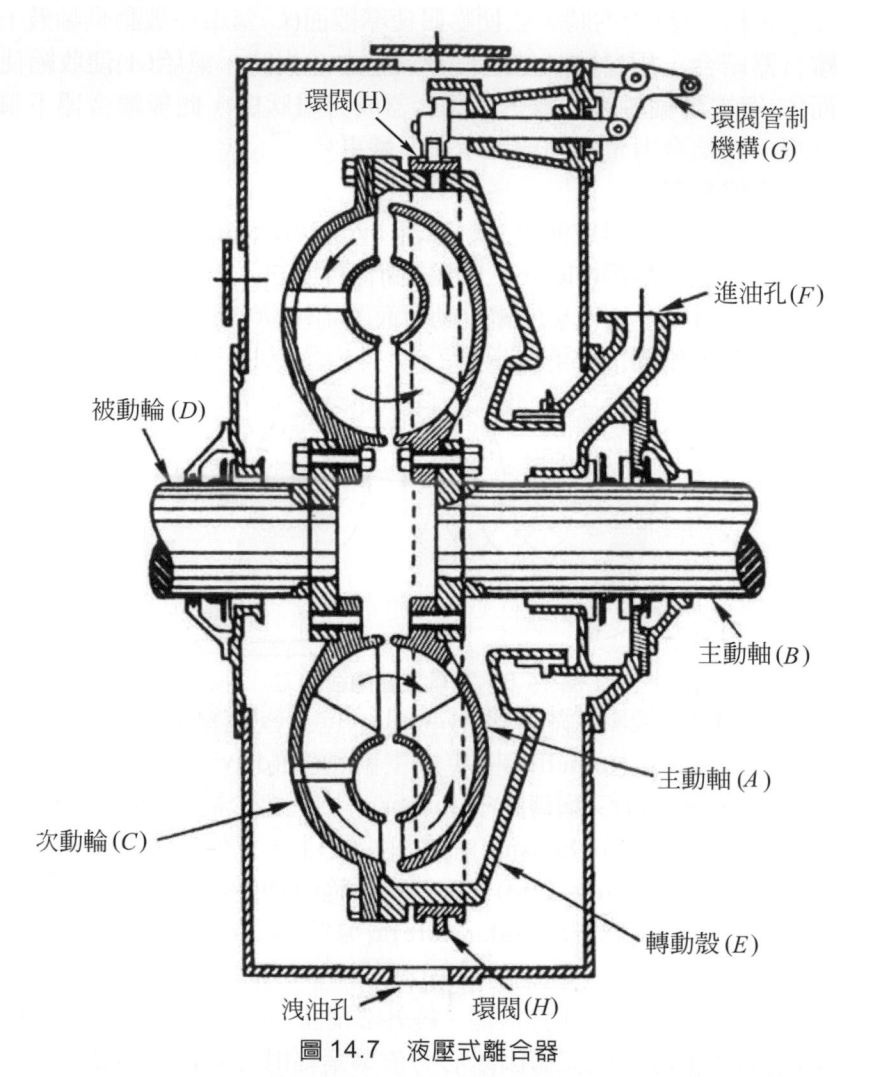

環閥(H)

環閥管制機構(G)

進油孔(F)

被動輪 (D)

主動軸(B)

主動軸(A)

次動輪(C)

轉動殼(E)

洩油孔　環閥(H)

圖 14.7　液壓式離合器

　　因爲由機械的磨擦及液體旳摩擦阻力，被動軸(D)之速度比主動軸(B)之速度慢，因此液體離合器或液體聯軸器估計其負荷及速度的效率爲 95 ％～97 ％之間，但是它卻有以下幾點優點：

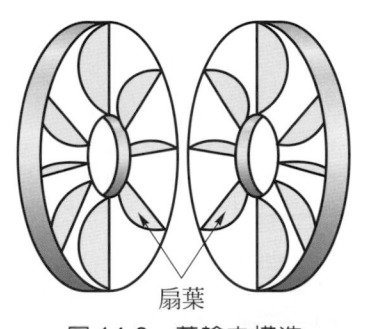

扇葉

圖 14.8　葉輪之構造

⑴　可以用於任何輸出馬力之引擎。

⑵　可以避免引擎與推進器(propeller)軸之間的扭力振動(torsional vibration)之傳播(transmission)。

⑶　能保護引擎及減速齒輪，不致於因突然振動之負荷而損壞，這種振動可能使活塞推進器損壞。

⑷　轉動機件間之較大間隙，校正簡單。

4.　磁力式離合器(electro-magnetic clutches)

　　電磁滑動離合器(electro-magnetic slip clutch)，簡稱為電力(electric)或磁力(magnetic)離合器，其動作與電力引導電動機(electric induction motor)相同，此離合器因主動(driving)部份與被動(driven)部份常有滑動現象，被動軸之速度較主動軸之速度為低，故稱為滑動離合器(slip cluch)其構造如圖 14.9 所示有一外部機件(outer member)或磁場(field)，又稱主轉動子(A)(primary rotor)，此主轉動子(A)圍繞在一內部機件(inner member)又稱電樞(armature)或次轉動子(B)(secondary rotor)，將磁場固定於引擎之曲線，而電樞居定於被動軸，當曲軸轉動時，磁場與電樞兩者間所通過之磁力可使次轉動子(B)轉動。結合時，將直流電源(C)(D.C source)接通使電樞產生磁場，則主轉動子(A)與次轉動子(B)因磁力線之作用應保持一定的位置，當主轉動子(A)轉次轉動子(B)也跟著轉動。分離時，將直流電源(C)切斷，電樞磁場消失，次轉動子(B)因磁場消失，沒有磁力線之作用而不跟著主轉動子(A)轉動。磁力式離合器之優點除了水力式相同外，還可以調整電流之強度，使被動軸得到良好的速度控制，同時可使推進器軸在最低速率下運轉，如果使用於長距離的遙控制，也非常簡單，不論距離多遠，只需要有良好的電線，便可以連接，而它的效率在 95～98 ％之間。

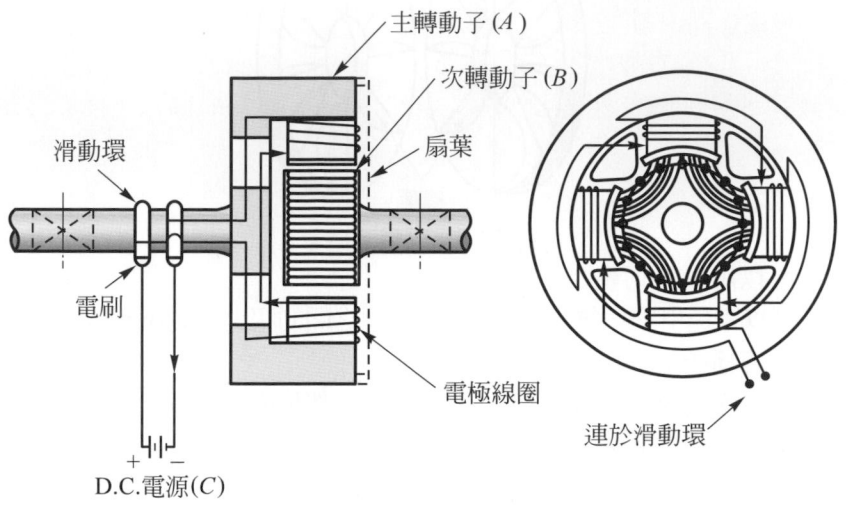

主轉動子(A)

次轉動子(B)

滑動環

扇葉

電刷

電極線圈

連於滑動環

D.C.電源(C)

圖 14.9　磁力式離合器

14.1.2　減速齒輪

在柴油機引擎方面，為了要使引擎在一定輸出下，得到最小重量與最小型式之要求，則必須要有較高之轉動速率，但是在推進器方面，轉速越高，並不能發揮十足的推力，因為推進器於轉速低時始能獲得良好之推進器效率，因此中間減速齒輪實為提高全效率所必需者，通常減速齒輪比率不能超過 3：1 但有時亦可高至 6：1。減速齒輪因裝置不同其種類可分以下三類：

　(1)　外齒輪式(external-gear type)。

　(2)　內齒輪式(internal-gear type)。

　(3)　行星齒輪式(planetary-gear type)。

1. 外齒輪式(external-gear type)

　　　外齒輪由牛眼齒輪(bull gear)，或主動齒輪(driving gear)與裝在平行軸(平行於牛眼齒輪式或主動齒輪的軸)上的小齒輪(pinion gear)或輻齒輪相齧合而組合如圖 14.10 所示。兩個齧合的齒輪不論是主動或是被動者，只要小的就稱為小齒輪(pinion)，大的就稱為齒輪(gear)，它們齧合時用直線式齒(straight gear)、螺旋式齒(helical gear)或人字形齒(herring

bone gear)均可，螺旋式齒在接合時較平滑順利，一旦齧合，在運轉中
聲響較直線式齒爲小，因爲有軸向推力的缺點因此發展斜形齒，而人字
形齒是由一對螺旋齒兩螺旋角(helix angle)相對排列，所以人字形齒具
有所有螺旋式齒的優點及 V 型齒可以除去軸的移動及橫向推力的優點。

　　通常齒輪的速率比(speed ratio)爲被動齒輪的齒數，除以主動齒輪
齒數，如下列公式：

$$齒輪之速率比 = \frac{被動齒輪的齒數}{主動齒輪的齒數}$$

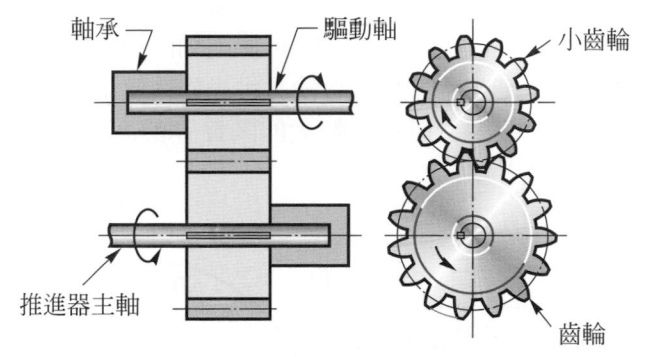

圖 14.10　外齒輪

　　如果主動齒輪的齒數比被動齒輪的齒數少，則上式的商大於 1，結
果速率降低(speed reduction)，如果主動齒輪的齒數比被動齒輪的齒數
多，則上式的商小於 1，結果速率增加(speed increase)，下列的例題可
以說明兩種情況：

例題 14.1　試求主動齒輪之齒數爲 12，被動齒數之齒數爲 33 之速率比爲
　　　　　　　多少？

解　　$速率比 = \frac{32}{12} = 2.75 > 1$　　(速率降低)

答　速率比爲 2.75：1

例題 14.2　試求主動齒輪之齒數爲 33，被動齒輪之齒數爲 12 之速率比爲
　　　　　　　多少？

解 速率比 $= \dfrac{12}{33} = \dfrac{1}{2.75} = 0.36 < 1$ （速率增加）

答 速率比為 $1 : 2.75$

2. **內齒輪式**(internal-gear type)

　　內齒輪是由小齒輪(A)(pinion gear)與固定於平行軸(與小齒輪平行的軸)上的圓筒邊緣內面上的齒(B)(gear)相齧合而組合的，如圖 14.11 所示。此種型式用直線式(straight)或螺旋式(helical)的齒形均可，此種減速齒輪，在一定的減速比例下，其推動器軸中心線與輸入軸中心之偏向位置，較外齒輪型式者為小。同時可使兩軸同一方向移動，而外齒輪式為相反方向轉動，唯通常此種齒輪之大小齒輪僅由一邊軸承支持，因此軸在負荷下損耗較大，而造成較大的鬧聲(noise)及磨損(wear)，故只能用於馬力較低之引擎。

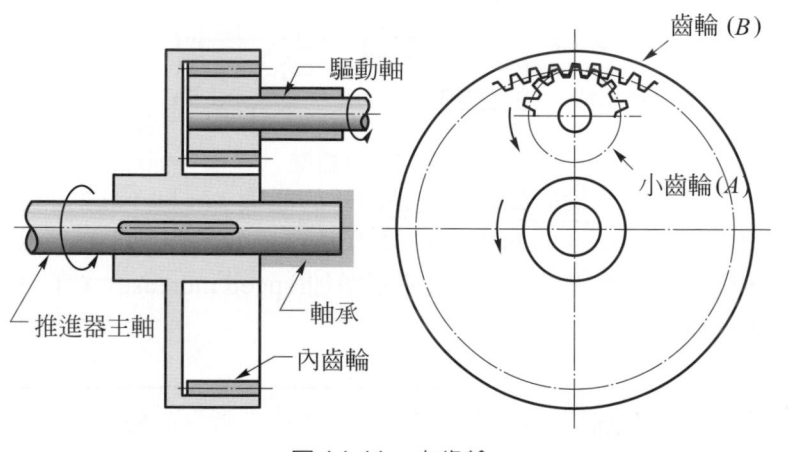

圖 14.11　內齒輪

3. **行星齒輪式**(planetary-gear type)

　　行星輪是由一個主動齒輪與輸入齒輪(1)(input gear)與三個相同的小惰輪(2)(idler pinions)相齧合，此三個小惰輪(2)又與另外三個長形小惰輪(3)(long idler pinions)的前半部齧合，另外後半部與被動齒輪與輸出齒輪(4)(output gear)相齧合而組成，這些行星齒輪的減速比是由被動齒輪(4)的齒數比上主動齒輪(1)的齒數，中間的小惰輪(2)或(3)的齒數不受影響，只是改變了輸出軸與輸入軸之轉動方向。因為使用這些相同的齒輪或小惰輪結合在一起運轉，看起來像行星轉動一樣，所以稱為行星齒輪(planetary gear)，行星齒輪的輸入軸與輸出軸在同一中心線上，故可以得到一個精密而特別的減速比，但是由於複雜的構造增加了許多運轉部份，同時也增加了摩擦的損失，故沒有多大的益處，如圖 14.12 所示。

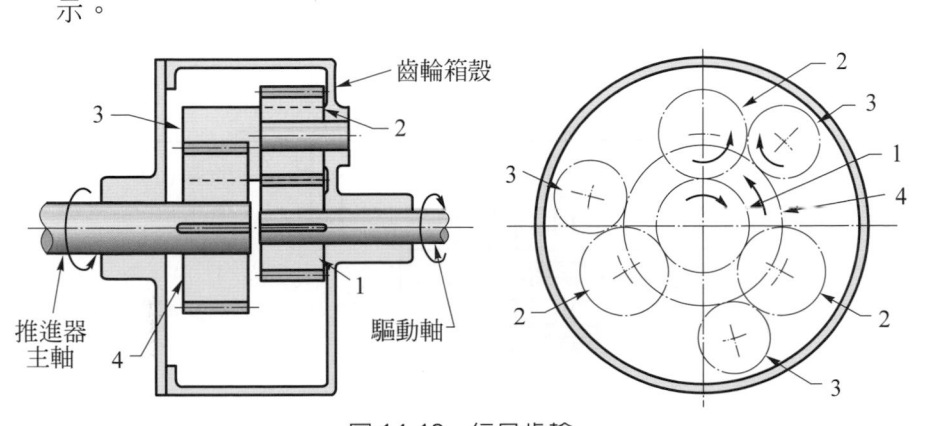

圖 14.12 行星齒輪

4. **反轉齒輪式**(reverse gears type)

　　反轉齒輪是用於海軍操作艦艇時，變更推進器的轉動方向，但是柴油引擎的轉動方向仍然不變，此種齒輪都用於小型引擎，通常 500～750hp 之間，如果在高輸出(high out put)柴油機使用反轉齒輪時，此種齒輪只能用於低速運轉，因它無法承受最大負荷(fuil-load)及最高速率(full-speed)之容量，操縱大型直接推進式引擎(direct-propulsion engines)時，使用引擎本身反轉的設備。反轉齒輪有選擇式(selective)及行星式(planetary)兩種，分別敘述如後：

⑴ **選擇式反轉齒輪**(selective reverse gears)

　　選擇式反轉齒輪是由兩個單獨而相同之轉動體所組成，此兩轉動體可由引擎軸任意選擇兩摩擦離合器面(H)或(S)之一便可使動力交互傳至推進器軸(B)(propeller shaft)，當引擎軸與摩擦面(H)結合時，動力由引擎軸經空心軸(A)(hollow shaft)及齒輪(1)齒輪(2)傳至推進器軸(B)，當引擎軸選擇與摩擦面(S)結合時空心軸(A)停止轉動，而動力由引擎軸經接受軸(C)(reverse shaft)及齒輪(3)、惰輪(4)、齒輪(5)而傳至推進器軸(B)，此時因惰輪(4)(將齒輪(3)傳至齒輪(5)的作用可使推

進器軸(B)反轉，此種反轉齒輪，通常亦可用作減速齒輪，其方法是
使齒輪(2)上的齒數比齒輪(1)上的齒數多，同理可使齒輪(5)上的齒數
比齒輪(3)上的齒數多即可，惰輪(4)上的齒數並不受影響，只是改變
方法而已，如圖 14.13 所示。

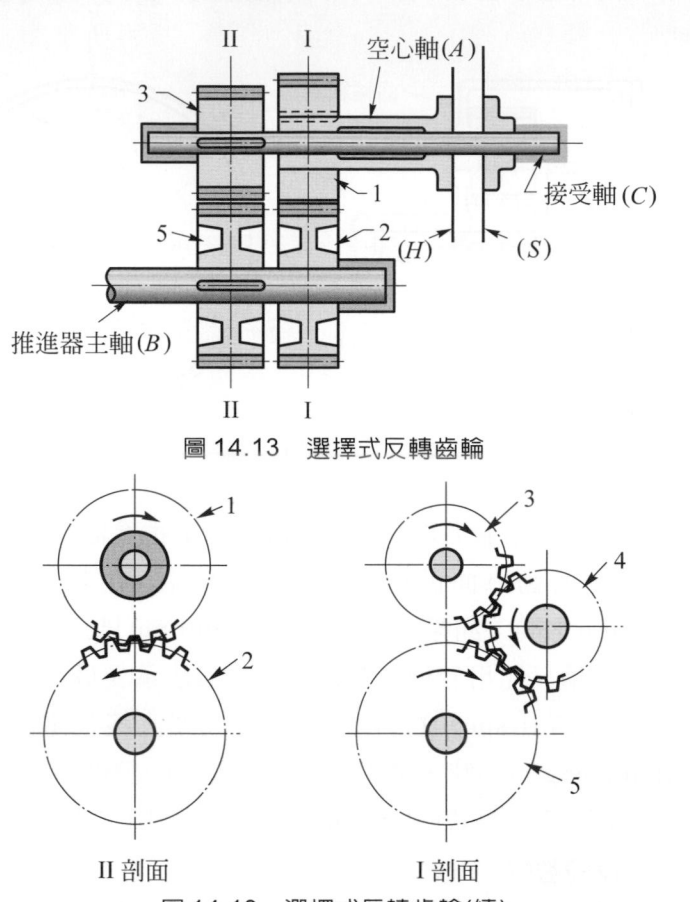

圖 14.13　選擇式反轉齒輪

圖 14.13　選擇式反轉齒輪(續)

　　圖 14.14 表示一個具有選擇反轉齒輪及減速齒輪同時組合使用的
例子，離合器分離時，浮動板(A)(floating plate)在中間位置，當滑動
軸環(B)(shifting collar)右移推向引擎，使到 V 型桿(C)推動停在中間
位置的浮動板(A)向離合器蓋(D)(clutch cover)，此時動力由引擎飛輪
(E)(engine flywheel)，經離合器蓋(D)，傳至前轉摩擦(F_1)(ahead-drive
friction plate)，轉動空心軸(G)(hollow shaft)再經過減速齒輪(H)

(reduction gear)，使推進器軸(J)正轉，當滑動軸環(B)，向離開引擎的方向移動(左移)，使倒 V 型桿(C)推動浮動板(A)向飛輪(E)方向移動，此時動力由飛輪(E)經後轉摩擦板(F₂)(astern-drive friction plate)，傳至空心軸(G)內之實心軸(I)(solid shaft)，再經過齒輪及惰輪的作用使推進器軸(J)倒轉。這種離合器的潤滑，採用飛濺式。

(2) **行星式反轉齒輪**(planetary reverse gears)

　　行星式反轉齒輪是由一個裝有行星減速齒輪的殼(A)(housing)所構成，當離合器板(M)與(N)接合時，動力由主動(B)(driving shaft)經殼(A)，傳至推進器(C)(propeller shaft)，使其正轉(ahead drive)，當離合器板(M)與(N)分開，同時使殼(A)固定不動，則動力由主動軸(B)經齒輪(2)及惰輪(3)傳至推進器軸(C)，使其反轉，如圖 14.15 所示。

　　圖 14.16 表示一種行星反轉齒輪，正在結合正轉的位置，當滑動軸環(A)(shifting collar)右移時，肘節連桿(33)(toggle linkage)便推動肘節柱塞(toggle plunger)向左移，並使摩擦板(13)與(11)互相壓緊，摩擦板(13)是固定在被動齒上，而摩擦板(11)是固定在齒輪殼(C)(gear housing)上，肘節柱塞左移的壓力繼續使齒輪(4)(gear cage)推向錐形

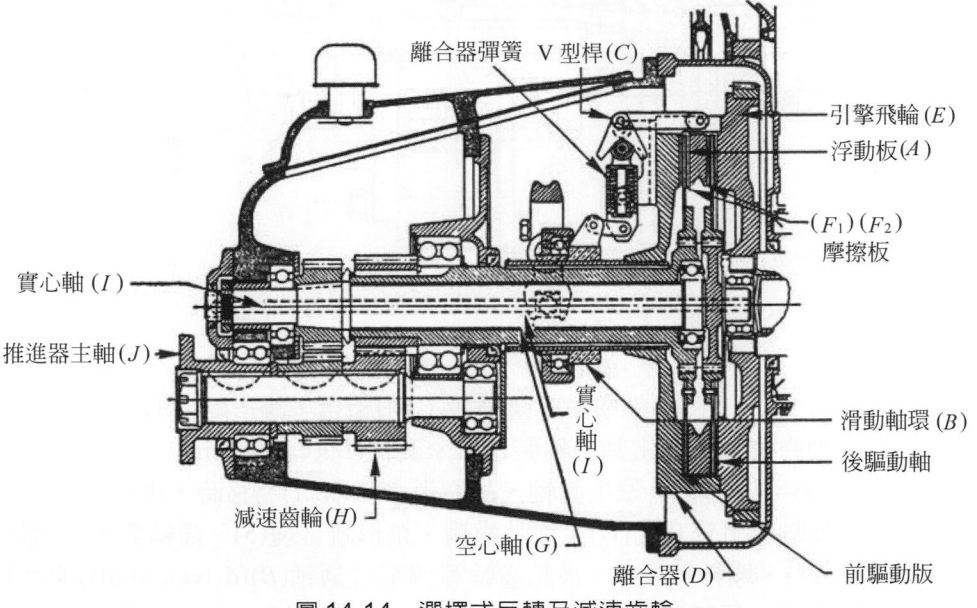

離合器彈簧　V 型桿(C)
引擎飛輪 (E)
浮動板(A)
(F₁)(F₂) 摩擦板
實心軸 (I)
推進器主軸(J)
實心軸 (I)
滑動軸環 (B)
後驅動軸
減速齒輪(H)
空心軸(G)
離合器(D)
前驅動版

圖 14.14　選擇式反轉及減速齒輪

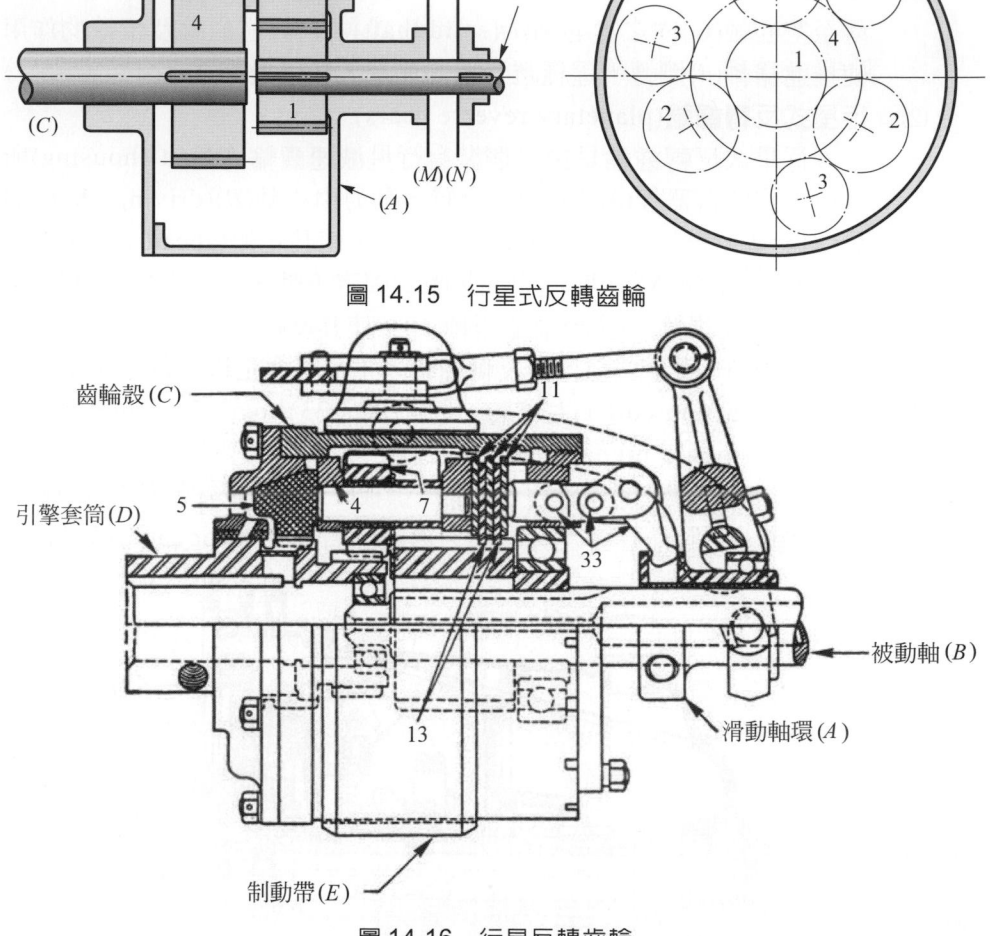

圖 14.15　行星式反轉齒輪

圖 14.16　行星反轉齒輪

離合塊(5)，使主動齒輪與齒輪殼(C)相結合，錐形離合塊(5)是固定在
主動齒輪上，而主動齒輪裝在引擎套筒(D)(engine sleeve)上，引擎套
筒(D)可以結合引擎主動軸，故當滑動軸環(A)右移時，則動力由引擎
主動軸經引擎套筒(D)、主動齒輪、錐形離合塊(5)、齒輪殼(C)、摩擦
板(11)、摩擦板(13)、被動齒輪等傳至被動軸(B)(driven shaft)使被動
軸正轉，反轉時，滑動軸環(A)左移，使摩擦板(13)及(11)錐形離合器

(5)等均在離開的位置，而反轉制動帶(E)(reverse brake band)便夾住齒輪殼(C)，使其不能轉動，則動力由主動軸經引擎套筒(D)、主動齒輪及三個短的小齒輪(7)(short pinions)，此三個小齒輪(7)帶動三個長的小惰輪(long idle pinions)(圖上沒有表示出)，傳至被動齒輪及被動軸(B)，使被動軸反轉。當滑動軸環(A)在中間位置時，則摩擦板(11)及(13)，錐形離合器(5)，制動帶(E)等均在分離的狀況，其結果齒輪檻(4)及小齒輪(7)成自由轉動(free rotation)狀態。這種摩擦離合器的潤滑是採的濕式潤滑，齒輪及軸承均在潤滑油中運轉。

14.1.3　引擎之起動

　　柴油機之起動需要外力轉動曲軸使活塞壓縮汽缸內部之空氣，產生高溫點燃噴油系統所噴出的柴油，此外力必須能夠使曲軸轉動至足夠速率，若引擎轉動太慢，速率降低，壓縮行程時期過長，因此壓縮空氣至壓縮空間之金屬壁間之熱力損失增加，而空氣之溫度將因此降低，另外引擎轉速過低，則活塞環與進出空閥間之洩漏，可使壓縮行程內一部份空氣逃逸，降低了壓縮後之壓力，溫度也無法升高，因此當引擎速率低於一定的範圍以下時，所產生的壓縮溫度無法點燃柴油，一般引擎起動速率約為 70～75 RPM，有些小型引擎其起動速率可高至 250～300 RPM，影響引擎起動最主要的因素為正確的壓縮比，若壓縮比不夠高，則壓縮空氣最後溫度，及最後壓力無法使柴油燃燒，一座新引擎，其壓縮比(compression ratio)固屬正確，但若軸承損壞，將可使活塞位置降低，壓縮比亦因此降低，另外閥機構間之摩耗及閥關閉正時之錯誤，造成進氣門之延遲關閉，亦會降低有效壓力，而影響引擎之起動。

1.　**引擎起動的方法**(engine starting methods)

　　　近代柴油機起動的方法，僅有三種方法(1)電起動(electric starting)，此法用於小型引擎，(2)壓縮空氣起動(compressed-air starting)，此法用於中型及大型引擎，但是亦有大型引擎用電起動。(3)小型汽油機起動(small otto engine starting)，此法用於寒冷天氣時之起動。今將此三種方法分述於後：

⑴　電起動(electric starting)

　　　柴油機所用電起動法與汽車引擎之起動機構相似，唯力量較大，起動時先轉動曲軸，使其達到起動時所需之速率，此種力量普通比起引擎在無負荷時輸出小百分之十而已，有時小型引擎甚至小百分久二十，但大型的引擎亦有只小百分之三到百分之四。其構造包括蓄電池(storage battery)、直流馬達(direct-current or D.C electric motor)，馬達與引擎曲軸間之機械裝置(mechanical engagement between the motor and engine crankshaft)，充電補助發電機(an auxiliary electric generator to charge the battery)、電纜(cables)、電線(wires)、開關(switches)。分別敘述於後：

① 蓄電池(storage battery)

普通柴油機起動用蓄電池，其電壓為24伏特或32伏特，小型引擎，則用12伏特及16伏特，電容量為175至225安培小時。

② 電動馬達(electric motors)

電動馬達又稱電動機，普常採用串聯重負荷式馬達，因為引擎起動時於短期間(數秒鐘內)能產生百分之百的過負荷，為使此電動機通過強電流，而不致發生高熱起見，因此在電動機上裝置一個斷電器，在十五秒以後引擎仍然不能起動時，則斷電器立刻截斷電流，以保護電動機，因電起動系統，均係依短時間內產生最大力量而設計的，故一次使用不得連續超過三十秒以上，否則馬上燒壞。

③ 電纜與電開關(cables and switches)

電動機所用之電壓相當低，但起動時之電流相當大，為500安培以上，因此起動系統所使用之電纜須用粗電纜，而且愈短愈好。起動開關使用磁電式，只要按下開關便能自行操作，只須要少數的操作電流。

(2) 壓縮空氣起動(compressed-air starting)

壓縮空氣起動，係利用一小型空氣壓縮機(air compressor)此空壓機，可用引擎本身或另外之動力帶動，其壓縮空氣經過汽缸蓋上一特種起動閥(starting valves)，以100至400 psi之壓力進入引擎汽缸之頂部，大型引擎之壓縮空氣壓力高達600 psi者，當活塞在正常動力行程開始之關係位置時，起動閥便準時打開，推動活塞使引擎旋轉到達起動的速率時，汽缸中之溫度及壓力使柴油點燃，當引擎起動後，起動閥便停止供給壓縮空氣，若一座引擎有十個或十個以下之汽缸，在每一個汽缸，在每一個汽缸上有一個起動閥，若在十二及十六汽缸以上之引擎，僅有半數汽缸裝有起動閥，在變動式引擎(double-acting engines)(所謂雙動式引擎就是一個汽缸，有兩個汽缸蓋可以兩頭點火)中每一個汽缸有一個起動閥，但該起動閥裝在一個靠上端的汽缸蓋上，所有雙動式引擎，不論其曲軸位置如何，均可利用壓縮空氣起動而不必先轉動引擎，唯有二至三個汽缸之引擎必須先轉動一下引擎，才能經壓縮空氣起動系統使引擎轉動。一般控制壓縮空氣起動閥之方法有二種：⑴直接由凸輪與閥之裝置。⑵用空氣分佈器(air distributor)間接控制，海軍用柴油機都採用第二種方法，其裝置包括有一個起動空氣分佈器(air starting distributors)，此分佈器內有一組利用凸輪開啓的空氣起動佈閥(air starter distributor valve)如圖 14.17 所示，壓縮空氣從起動空氣之總管(starting air manifold)(A)進入分佈器，凸輪(cam)(B)依照正確的正時(timing)便將起動閥(starting valve)(C)頂開，使壓縮空氣經由各汽缸蓋(cylinder head)(D)上之止回閥(check valve)，進入汽缸，此止回閥之作用如圖 14.18 所示，靠其高壓將閥(valve)(B)開啓而進入汽缸使引擎轉動，利用凸輪開啓起動閥之分佈器，大都裝於近汽缸之處，但是有些分佈器離汽缸蓋有相當的距離。其起動閥通常由分佈器輸出之壓縮空氣的壓力操作起動閥，如

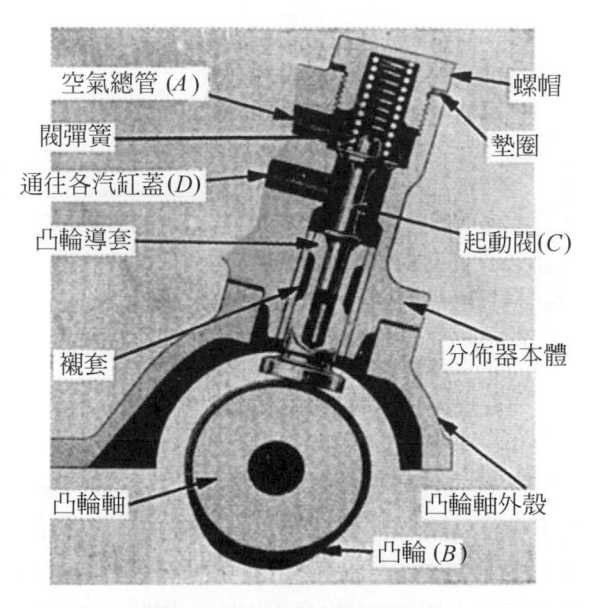

空氣總管 (A)　　　　　　　螺帽
閥彈簧　　　　　　　　　　墊圈
通往各汽缸蓋(D)
凸輪導套　　　　　　　　　起動閥(C)
襯套　　　　　　　　　　　分佈器本體
凸輪軸　　　　　　　　　　凸輪軸外殼
凸輪 (B)

圖 14.17　空氣起動分佈閥

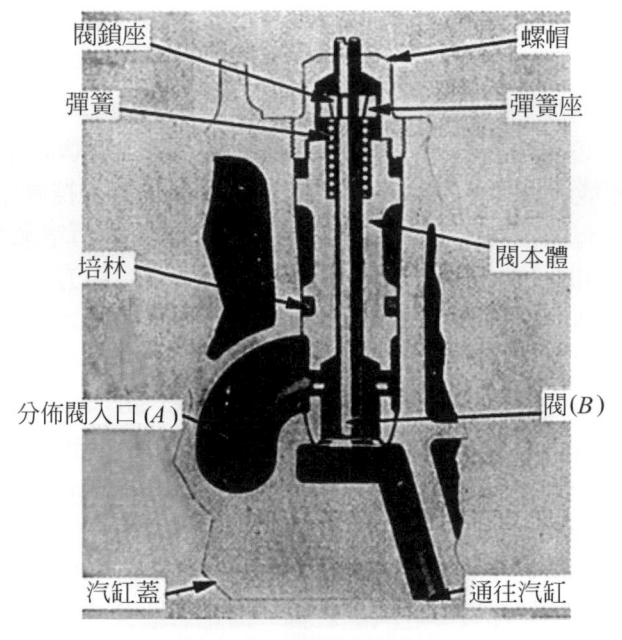

圖 14.18　空氣起動止回閥

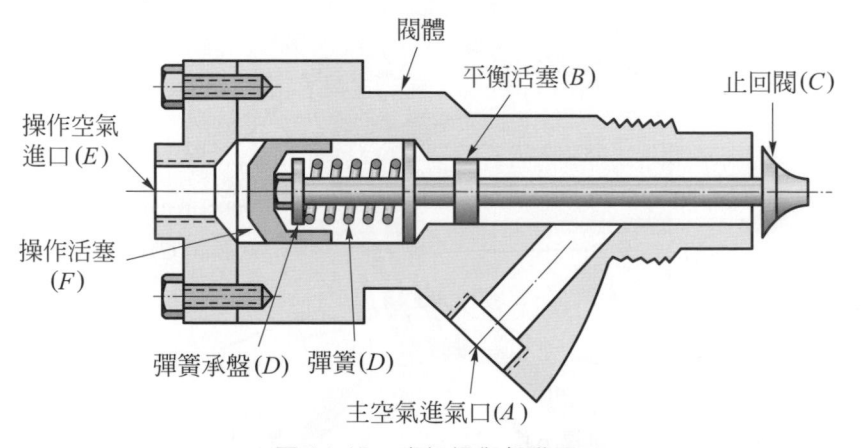

圖 14.19　空氣操作起動閥

圖 14.19 所示，壓縮空氣由主空氣進氣口(main air inlet)(A)進入起動閥，因為平衡活塞(balance piston)(B)，與止回閥(check valve)(C)的面積相同，加上彈簧(spring)(D)之彈力無法使止回閥(C)打開，操作起動閥時只須部份之壓縮空氣由分佈器，依照正確的時計由操縱空氣進口(pilot air inlet)(E)進入操作活塞(operating piston)(F)頂端之氣室中，

推動操作活塞(F)，此操作活塞面積所承受的壓力足夠勝過彈簧(D)之彈力，將止回閥(C)推開，使壓縮空氣由起動閥中進入汽缸，使引擎轉動，此種方法只須要消耗一小部份之壓縮空氣，便可操作起動閥。

　　另外有二種用手操作空氣起動控制閥(hand-operated air-start control valve)，如圖 14.20 所示，使用時，用手搖動空制閥，壓縮空氣進入閥內推動柱塞(plug)(A)向下，使挺桿(tappet)(B)與凸輪(cam)(C)接觸，此凸輪(C)之形狀為一圓盤，有一個平槽，當挺桿(B)進入平槽時，閥(valve)(E)便打開排氣口，壓縮空氣經止回閥進入汽缸，轉動引擎如圖 14.20 所示(B)挺桿離開平槽，閥(E)便關閉排氣口，壓縮空氣也停止進入汽缸。當引擎已經轉動，空氣起動控制閥關閉，空氣壓力消失，而彈簧(spring)(D)推使挺桿(B)脫離凸輪。

(3)　汽油機起動(otto engine starting)

　　柴油機係採用壓縮點火式，因此汽缸內壓縮空氣之溫度必須達到柴油之自燃點 572°F(300°C)才能點燃，而汽油機係採用火花點火式，因此汽缸內之溫度只要達到汽油之燃燒點 42.8°F(6°C)便可點燃，故在寒冷的天氣發動汽油機比發動柴油機容易，因此有些特種引擎是為了特別的須要，設計時一邊是汽油機，另一邊是柴油機，起動時先發動汽油機，當汽缸溫度達到一定限度時便交由柴油機運轉。

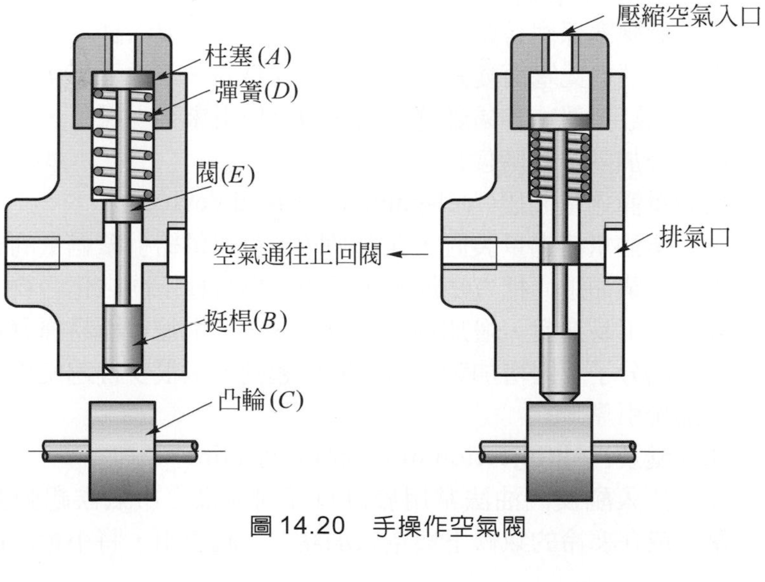

圖 14.20　手操作空氣閥

(4) 冷氣候下之起動方法(cold-weather starting methods)

一般柴油機通常平均在大氣溫度 70°F時，很容易發動，若是低於 70°F時，要考慮起動時時之轉速是否能產生必須之壓縮溫度，縱使轉速已達最高限度，但其壓縮溫度是否能達到最低限度以上。另外影響起動的因素是滑油之濃度，滑油的濃度隨溫度的增加而減少，因此溫度愈低，滑油濃度便增加，使引擎轉動遲緩，發動困難，因為引擎之摩擦阻力與滑油濃度成正比，故欲降低摩擦阻力，必須降低滑油濃度，欲降低濃度，必須提高滑溫度。在冷氣候下欲發動引擎，必須增加進氣溫度及滑油溫度，其增加溫度之方法如下：

① 電加熱器(electric heaters)

電加器係將電阻線圈裝入進氣總管，而由蓄電池內之電流加熱，使進氣溫度升高，此種方法甚佳，用途也很廣。

② 發火機(flame primers)

發火機包括有一個手搖燃油幫浦，一個燃油噴油嘴，及一個能連續振動發火線圈之電發火塞(electric spark plug)，此噴油嘴及電發火塞均裝於進氣總管內，可以供給一連續之火花，在起動時，分子狀態之油霧由噴油嘴噴出，經連續火花點燃，使空氣加熱進入汽缸，此種方法是非常良好的，而且也是常被海軍船用引擎所採用。

③ 發熱塞(glow plugs)

發熱塞係由蓄電池之電流加熱，裝在引擎汽缸之頂部，使進入之空氣經過此塞而變熱，其效果非常良好，但當引擎運轉時，因它裝於汽缸頂部，容易燃壞，因此海軍用引擎很少採用，有些引擎與電阻絲加熱器同時使用。

④ 柴油幫浦過量裝置(fuel-pump over load devices)

柴油幫浦過量裝置，在起動時，可以供給引擎過量的柴油，因為不論柴油用何種方法煉出，其中必為各種不同之化合物，或易揮發，或不易揮發，增加每行程柴油量，乃增加了極易揮發及易爆燃之柴油分子，因增加柴油量有助於起動，但很少普遍使用，只用於少部份引擎。

⑤ 注入醚及汽油(injection of ether or gasoline)

注入醚及汽油法常用於沒有任何完備之冷氣候起動裝置之引擎，或在寒冷的氣候下與空氣加熱器一起使用，將小量之高度揮發性燃料，如醚及汽油，注入空氣進口處，當其到達汽缸時，很容易汽化，以幫助進入汽缸柴油之爆發，此法很有效，但甚危險，因為縱是少量的醚或汽油，可以增加燃燒壓力，但會損壞汽缸蓋上之螺栓，也可能損壞引擎本身。

⑥　增加壓縮比(increased compression ratio)

增加壓縮比，可以增加最後壓縮溫度，有些引擎將燃燒室分成兩半，以閥或嘴關閉之，起動時可以使壓縮比增加到 15.5：1 到 17：1 之間，當引擎轉動時，此閥立刻開啟，使壓縮恢復到 15：1 與 13：1 之間，當壓縮比增加，可使最後壓縮溫度高至 150℉，足夠使柴油爆發不致失效。

以上裝置，只適用於以電動機與蓄電池所起動的小型柴油機，大型的柴油機大部份都是裝置在引擎房內，只要調節引擎房內的溫度達 70℉左右，便容易起動，故在冷氣候起動時，並不需要特種裝置。

14.1.4　引擎之反轉

一般小型柴油機之輸出軸與曲軸由齒輪連接，反轉時只要接上反轉齒輪，便可使輸出軸改換轉動方向，不需要改裝曲軸之轉向，但大型的柴油機之輸出軸直接連接於曲軸，故反轉時，必須同時改換引擎的運轉方向，改換引擎運轉方向時，應先迅速地使引擎完全停止，然後改變壓縮空氣起動閥之時計，重新依反轉方向起動，使引擎反轉，此時所有的噴油閥、進排氣門、各種幫浦、鼓風機等均應變更，以適合新轉動方向，二行程引擎在反轉時，行程雖然沒有受到影響，但是噴油閥及進排氣門之時計，受到影響，當四行程引擎反轉時，所有行程秩序全部變更，因此必須變更閥之時計，才能使引擎保持反轉，變更閥之時計的方法，一般在正轉凸輪組邊另裝一組反轉凸輪，反轉時只要換上反轉凸輪，就能使引擎反轉，除了往復式幫浦不受影響外，其餘齒輪式幫浦及正向位移式鼓風機，流向均受到影響，故必需裝置自動反轉調整閥(automatic reversing check valve)，此調整閥可保持輸出管與幫浦內液體輸出的一側相通，故無論引擎是正轉或反轉，都不影響液體流向，另外離心式幫浦通常採用直線式風扇如圖 14.21 所示，無論轉動方向如何，其輸出方向不變。

1. **引擎反轉之方法**(reversing methods)

一般內燃機使用反轉的方法有兩種，一為滑動凸輪軸之位置，一為改變凸輪隨動輪。分別敘述於後：

(1) 滑動凸輪軸(sliding the camshaft)

在一根凸輪軸上有兩組不同之凸輪，一組為正轉凸輪，另一組為反轉凸輪，只需滑動凸輪軸使正轉凸輪組之凸輪與凸輪隨動輪接觸，引擎便產生正轉，相反的，凸輪隨動輪與反轉凸輪接觸時，引擎反轉。如圖14.22，正轉凸輪與反轉凸輪之間有斜角邊緣(beveled edges or ramps)，以便當凸輪軸轉換時，凸輪隨動輪可以滑動，當凸輪隨動

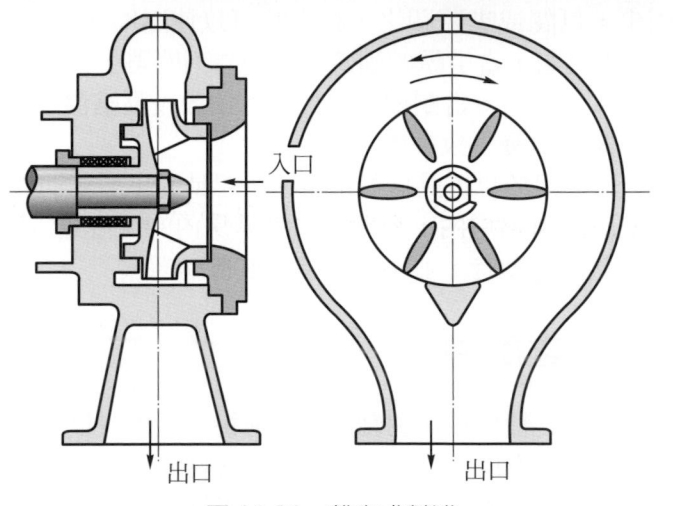

入口

出口　　　　　　　出口

圖14.21　離心式幫浦

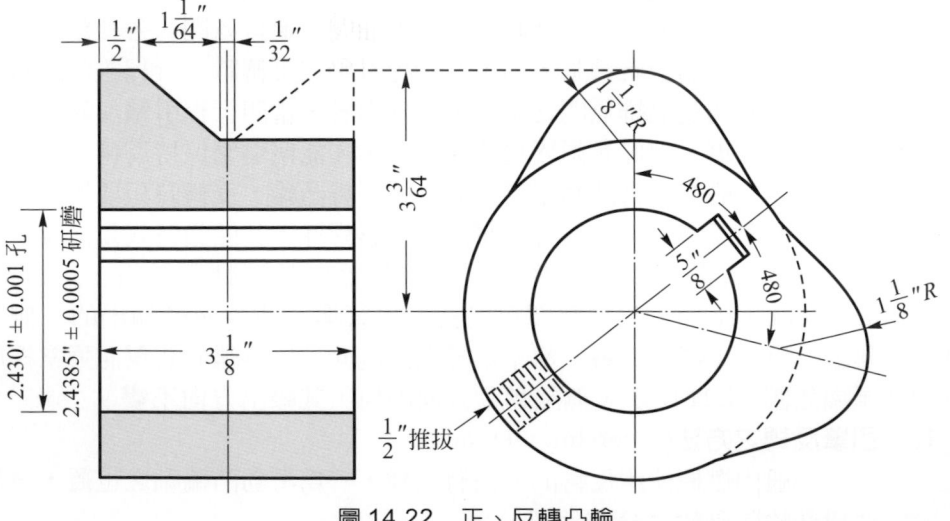

圖14.22　正、反轉凸輪

輪滑至凸輪的斜角時，推動凸輪軸的力量，必須大過閥彈簧的壓力，才能使凸輪軸到達反轉的位置，通常使用壓縮空氣推動之。

(2)　變換凸輪隨動輪(shifting the cam followers)

　　在同一根凸輪軸上有兩組凸輪，正傳凸輪與反轉凸輪，轉換運轉方向時，不須要推動凸輪軸，只須變換凸輪隨動輪，如圖 14.23 所示，有兩個凸輪隨動輪a與b裝於A型架上，a輪可與c凸輪相接，b輪可與d凸輪相接，但不能同時接觸，正轉時，可以控制e軸使a輪與c凸輪接觸，反轉時，控制e軸使b輪與d凸輪接觸，因為c、d兩凸輪在同一軸上，僅位置與角度不同，可以控制引擎正轉與反轉。

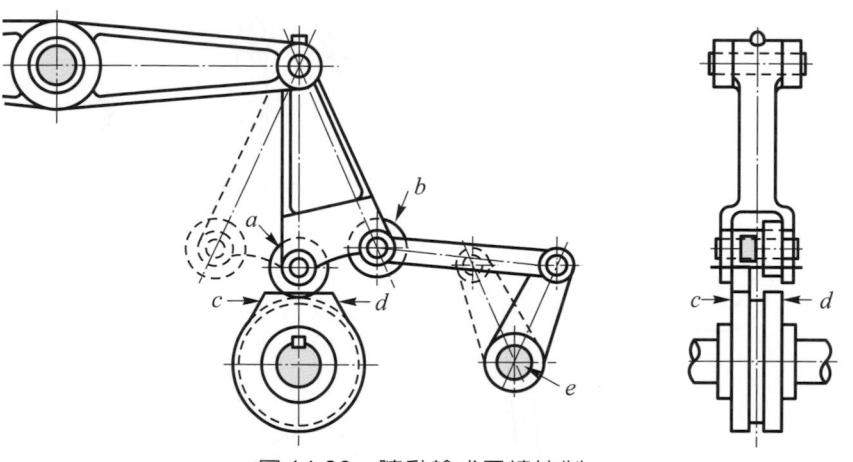

圖 14.23　隨動輪式反轉控制

　　二行程引擎的反轉如果採用變換閥時計之方法，其裝置比較簡單，因為二行程引擎之進氣時計一定，當需要反轉時，只須變換空氣起動閥，噴油閥及增壓閥等之時計，欲改變這些閥之時計，可依曲軸之關係位置而改變凸輪隨動輪之少許角度便如圖 14.24 所示，當凸輪在前進(ahead)位置時引擎正轉，凸輪在後退(astern)位置時引擎反轉，如果使凸輪軸轉速為曲軸轉的一半，且採用雙鼻凸輪(double-nosed cam)如圖 14.24 所示，這樣更可減少反轉時之反轉角度(reversing angle)。另外一種控制反轉的方法，如圖 14.25 所示，利用偏心輪改變凸輪隨動輪之位置來控制引擎之正反轉，當偏心輪使凸輪隨動輪在h位置時，引擎正轉，轉動偏心輪使偏心輪繞偏心軸a轉β°角，凸輪隨動輪便移至s位置，則引擎反轉，當凸輪隨動輪到達n位置時，則隨動輪與凸輪分離不起任何作用。

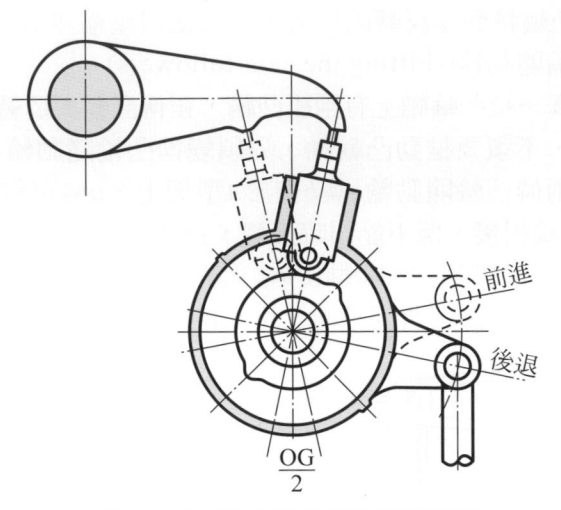

圖 14.24　雙鼻凸輪式正反轉控制

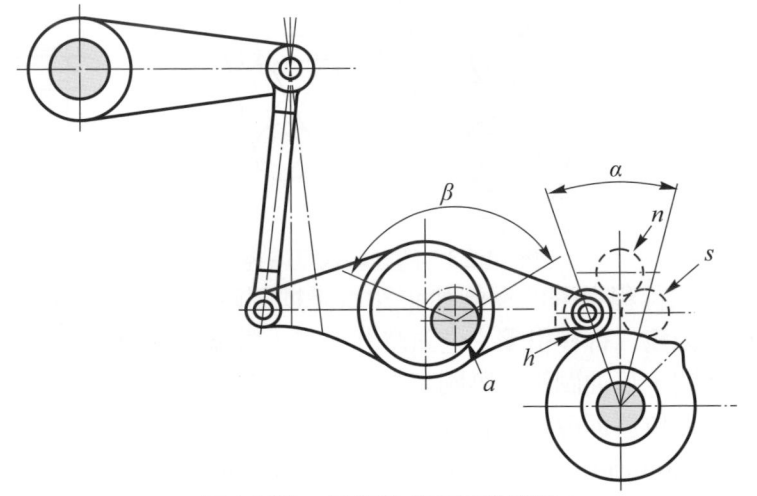

圖 14.25　偏心輪式正反轉控制

14.2　引擎震動

　　任何一個彈性體(elastic body)，只要改變它的平衡位置，就會產生一種欲
恢復原狀的恢復力(restoring force)，因此當外力除去，該彈性體便會移回原來

的位置，但由於慣性作用，恢復力促使彈性體變成反方向的運動，便造成反方向之恢復力，並促使彈性體又向相反的方向移動，如此連續的來回運動，稱為震盪(oscillations)或震動(vibrations)，每秒鐘所震動的次數，稱為震動頻率(the frequency of vibration)，彈性體的自由震動，並達某一定的頻率，稱為震動的自然頻率(natural frequency of vibration)其頻率之大小依物體之形狀及材料而定。當重覆外力作用於彈簧體時所產生的震動，稱為強力震動(forced vibrations)，當強力震動的頻率與自然頻率相同時，或強力震動頻率是自然頻率之倍數時，稱為和諧(harmonic)，當強力震動使自由震動加強或放大，稱為共震(resonance)。

　　引擎之震動，是由於各種不平衡的旋轉力，往復力以及氣體壓力、惰力及轉矩等之作用所發生的結果，這些不平衡的外力，其大小與方向常為變數，隨著引擎之轉動而改變如圖14.26所示，P為作用於活塞上的氣體壓力T為曲軸轉動時的正切力，C為曲軸旋轉的離心力，S為活塞作用於汽缸壁的側推力，這些作用的大小及方向隨時改變，使引擎產生震動，如果這些震動頻率與引擎的自然頻率相同，產生共震，則增加震動造成引擎之嚴重損害，因此要設計一部引擎前必須考慮引擎自然頻率比較其正常運轉狀況下所生之不平衡力的頻率為高，這樣就不容

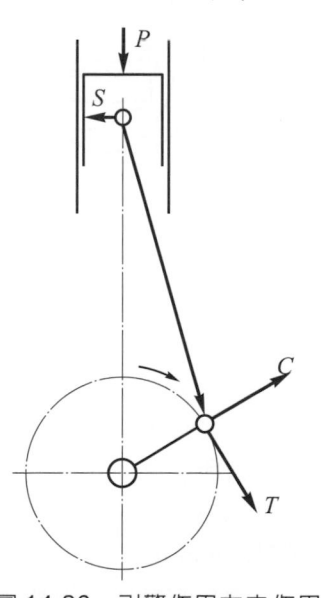

圖 14.26　引擎作用力之作用

易發生共震，同時設計引擎時盡量提高引擎之自然頻率，因為高次和諧(harmonice of higher order)之共震較低次和諧之共震所生之震動量為小，而且低次和諧之共震比較容易發生。

　　引擎震動依其所發生位置移動之型態可分成下列幾種，如圖14.27所示：

1.　上下左右搖擺(shaking)

　　　　由於引擎之不平衡往復力及離心力之垂直或水平分力所造成使引擎發生上下左右搖擺之震動如圖14.27(A)所示。

2.　沿重心搖擺(rocking)

　　　　由於汽缸內氣體壓力，慣性力，負荷之反作用力等之變更，所造成

的活塞反作用力或側椎力之水平分力作用於引擎的重心。而造成使引擎
沿通過其重心直線搖擺之震動如圖 14.27(*B*)所示。

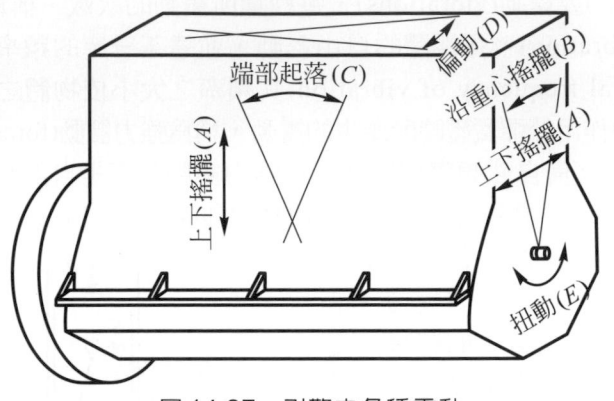

圖 14.27　引擎之各種震動

3.　端部起落(pitching)

　　由於引擎不平衡之往復力及離心力之垂直波動偶使引擎兩端一起一
落的震動如圖 14.27(*C*)所示。

4.　偏動(yawing)

　　在直立式引擎中由於離心力之水平分力所產生之不平衡力偶使引擎
成十字形成或一端向左向偏動的震動，在 V 型引擎中由於往復力之水
平分力所生之不平衡力偶使引擎成十字形或一端向左右偏動的震動如圖
14.27(*D*)所示。

5.　扭動(torsional)

　　由於汽缸內氣體壓力之變更，慣性力，負荷作用力等所產生之轉矩
反應使曲軸在旋轉中扭動之震動如圖 14.27(*E*)所示。

　　引擎震動除了以上幾種震動以外，還有引擎本身的結構因著汽缸內氣體壓
力及機件的惰力波動而產生之引擎內部震動，這些震動是由於波動力之頻率與
引擎結構之自然頻率重合或為其倍數時，所發生於某些震動點，要防止這些震
動的共震現象，可以加強引擎之結構，以便增加引擎之自然頻率。

14.2.1　不平衡之引擎作用力

　　造成引擎之不平衡力，主要的是曲軸之不平衡及活塞作直線往復式運動，
曲臂作圓周旋轉運動，兩者由連桿相連，此三者之關係及不平衡力產生情形如

圖 14.28 所示。設連桿 AB 長為 L 吋(如果 L 為無限長時，連桿在任何位置，均與汽缸中心線 MC 保持平行)，曲臂為 BC，M 為汽缸之上死點，N 為下死點，當曲枴角旋轉 α 度時，活塞由 M 點移至 A 點，其長度為 MA，連桿大端由 S 點移至 B 點，在中心線上之正投影長度為 SP，應當移動 SQ 距離，但是事實上只移動了 SP 比 SQ 小，同理，當 A 點到達 O 點時，B 點應該到達 D 點，但是，事實上 B 點只能到達 E 點，其原因是受到連桿長度之影響，如果連桿為無限長時，就不會產生此種不平衡的現象。另外往復部份之惰力是由活塞，活塞梢及連桿上端之重量總和乘上往復部份之加速度而得，此往復部份之惰力又隨每一行程而變更如圖 14.29 所示。當活塞開始由上死點 M 向下移動，速度繼續向下死點 N 移動，速度漸慢，惰力開始向相反方向作用而變成正作用力，當活塞到達下死點 N 時，惰力達另一最高值為正作用力，活塞在下死點 N 點停止，則惰力為零，當活塞開始反向運動時，惰力又復具有同數值之負作用力，在回復行程中惰力之變化與向下行程相同，惟作用方向相反，這些惰力為初次力(primary force)與二次力(secondary force)之和，往復部份之初次力(大小與方向每迴旋一次交變一次)是由往復部份之重量及曲柄半徑以及引擎之速度而定，往復部份之二次力(大小與方向每迴旋一次交變二次)除了由影響初次力之因素之外，並視連桿長度與曲柄半徑之比率而定，因此當連桿為無限長時，其二次力等於零，往復部份的惰力就等於初次力。旋轉部份(曲軸部份)之離心力是沿著曲軸向外成輻射狀，其大小可以分成兩個垂直分力(C_V)與(C_H)之向量和(C)如圖 14.30 所示，此兩垂直分力隨曲軸位置之變更而改變，但是當曲軸轉速為一定時，此離心力也為一定值，又因曲軸每迴轉一次此離心力也交變一次，故稱為旋轉部份之初

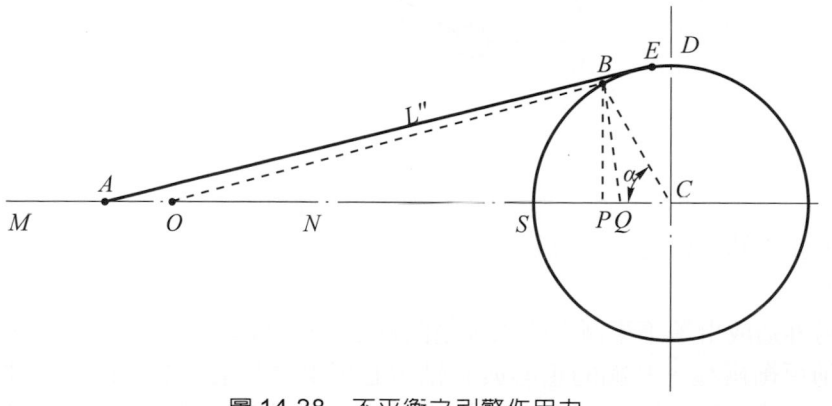

圖 14.28　不平衡之引擎作用力

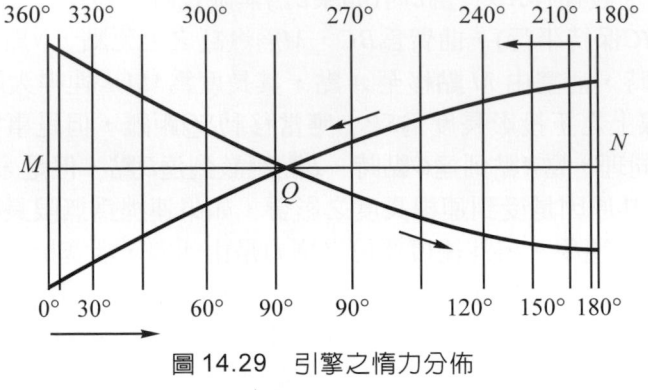

圖 14.29　引擎之惰力分佈

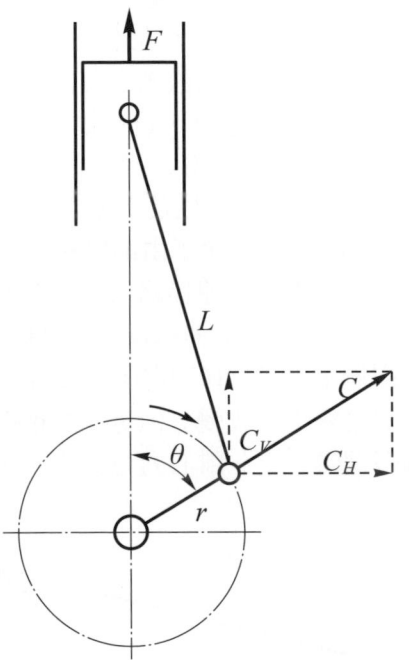

圖 14.30　離心力之作用

次力，此旋轉部份之初次力與往復部份之初次力合併起來，成爲引擎之不平衡初次力。

　　另外造成引擎不平衡力的原因是曲軸之平衡問題，曲軸之平衡可分爲靜平衡與動平衡兩種，其軸的重心與其軸中心相重合時稱爲靜平衡，當曲軸旋轉時，其各部份所生的離心力，設其作用於同一平面時，稱爲動平衡，如果離心力不作用於與軸中心等距離之同一平面，則各部的離心力將產生力偶，造成引擎兩端落及偏動之震動現象，要解決曲軸之動平衡有兩種方法，一為在曲軸之對側加裝平衡錘(counter balances)(此法將增加曲軸之重量)，另一種方法是將多曲桁之曲軸利用每對曲桁相對裝置或作用於同一角度，且使各曲桁與軸中心線等距離，以獲得曲軸之動平衡。

14.2.2　引擎之平衡器及防震器

1.　**平衡器**(balances)是用來平衡旋轉部份所產生之不平衡初次力偶如圖 14.31 所示，為了使凸輪軸(A)旋轉保持平衡，因此在凸輪軸相對的位置裝置一個平衡軸(B)，使其轉速與凸輪軸相等，方向相反，每端加上平衡錘(C)，保持平衡。

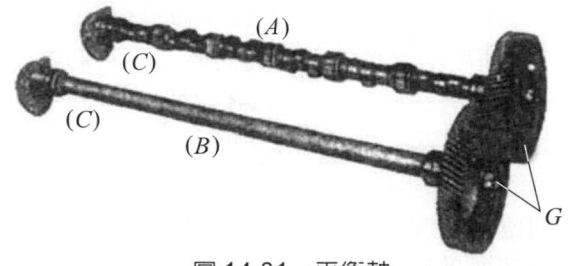

圖 14.31　平衡軸

2.　**防震器**(vibration dampers)是用來吸收引擎不能平衡之震動，因為不論如何預防，均不易將往復機中所發生的力及力偶完全予以平衡，一般機座防震器如圖 14.32 所示為一使用螺旋彈簧之引擎防震器，此種防震器

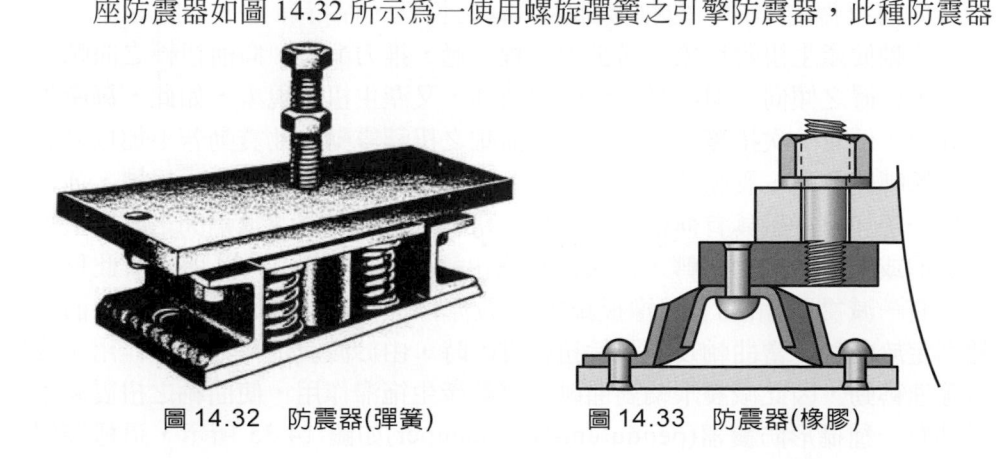

圖 14.32　防震器(彈簧)　　　　圖 14.33　防震器(橡膠)

又稱為震動隔絕器(vibration isolator)，唯由於防震器之固定梢關係，僅限用於吸收垂直震動而已，為了要吸收引擎各種方向的震動起見，此防震器必須能使引擎向任何方向偏動，同時還要吸收震動後，不使震動傳於基座，如圖 14.33 所示係使用厚橡膠墊，墊於機座與船甲板之間防止引擎各方向之震動。

14.2.3　引擎之扭轉震動

軸狀鋼體在彈性限度內，受到扭力扭轉時，當扭力除去後，軸將恢復不扭轉前之狀態，因此產生相對方向之往復扭轉，稱為扭轉震動，每一軸之扭轉震動，依其軸之大小、形狀、彈性及重量等，有一定之扭轉震動之自然頻率，當曲軸轉動時連桿扭轉推擊所產生之扭轉震動頻率與曲軸本身扭轉震動自然頻率相同時，曲軸轉動之速度，稱為第一次臨界速度(critical speed of the first order)，當曲軸轉動之速度恰好使曲軸扭轉震動頻率為曲軸扭轉震動之自然頻率的一半時，則扭轉推擊勢必於每二次自然震動時使其加強，此種震動點發生在此一速度下，則此速度稱為第二次臨界速度(critical speed of the second order)同樣的以此類推有第三次或第四次等等之臨界速度，設計引擎時，其額定速度，務必勿使在任何臨界速度，或接近其任何臨界速度之下運轉，以避免任何可能之損害發生。為了要獲較高之自然頻率，可以採用較短，直徑較粗，而且中空之曲軸。

引擎在動力行程時，活塞向下行，經連桿傳到曲軸，其推力很大，而使曲軸有向前扭轉的傾向，曲軸後部因飛輪之惰性，保持靜止，不能立即隨之轉動，曲軸便產生扭轉現象，當動力行程一過，推力消失，向前扭轉之曲軸有回復原來位置之傾向，但因又受飛輪之慣性，又產生扭轉現象，如此，每產生一次動力，便有一次扭轉擺動，稱之為曲軸之扭轉震動，此震動若不加以控制，則引擎轉速愈高，震動就愈大，易將曲軸扭斷，為了控制曲軸之扭轉，通常在飛輪一邊加上一個具有伸縮性之飛輪，藉著主飛輪與防震飛輪間之摩擦阻力，以抵消或減少曲軸之扭轉，此裝置稱為扭轉防震器如圖 14.34 所示。此種減震器上有一減震飛輪(A)，因橡板錐體(B)及摩擦面(C)和主飛輪(D)相連，而主飛輪固定於曲軸，當曲軸及主飛輪扭轉震動時，由於減震飛輪因慣性作用，要保持等速轉動，因此減震飛輪對曲軸之震動產生拖滯作用，使曲軸之扭震減小。另外有一種擺形防震器(pendulum-type damper)如圖 14.35 所示，這種裝置包括有兩個或多個對稱鋼質的扇形重塊(A)，其懸裝置如同鐘擺，而可以在旋轉平面上搖動，扇形重塊(A)之重量及連柱(B)之長度的選定，恰使扇形搖擺之自然頻率等於軸之震動頻率，當曲軸震動，重塊則開始搖擺，以減少曲軸之扭轉震動，當軸之旋轉不受擾動時，其離心力使擺之重塊(A)與旋轉軸(C)之軸心距離最遠，如圖 14.35 所示(D)實線位置，當軸開始震動時，重塊(A)也開始搖擺如圖 14.35 所示(E)虛線位置，但其搖擺的方向與軸震動的方向相反，因此抵消了軸震動。

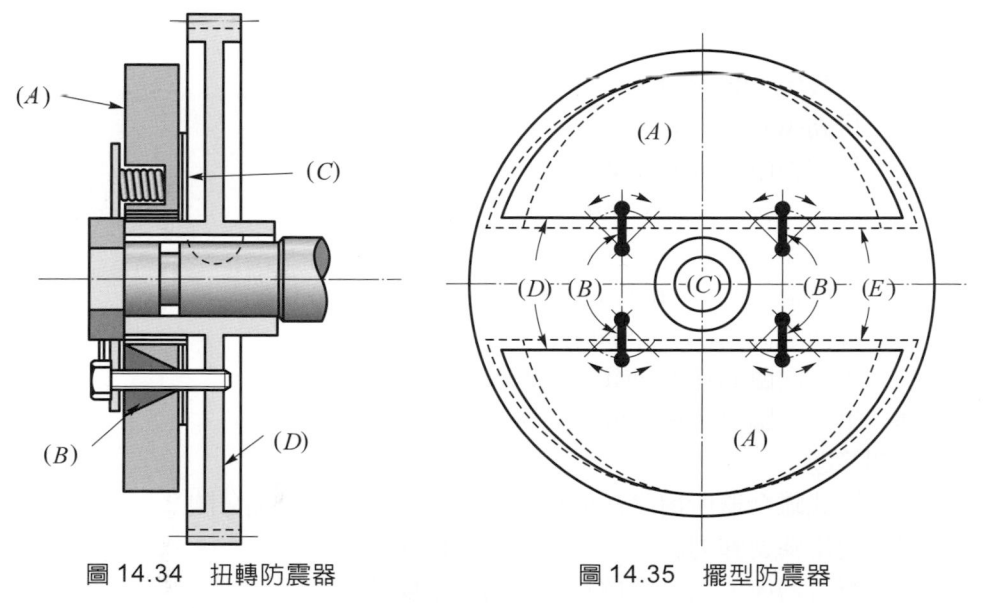

圖 14.34　扭轉防震器　　　　圖 14.35　擺型防震器

14.2.4　引擎之閥彈簧震動

　　當凸輪頂開閥時，突然敲擊閥彈簧之一端，使彈簧開始震動，這種震動是由其自然頻率傳至彈簧各圈，當閥彈簧一端重複受敲擊，所產生的頻率恰好與彈簧之自然頻率相同，或成倍數，抑或和諧時，則震動將被每一次敲擊所加強，產生諧震，使彈簧震動加大，結果造成了彈簧之波動(spring surge)，甚至使彈簧斷折，為減除彈簧之波動，閥彈簧之自然頻率務須盡可能使之提高，由於單根彈簧之自然頻率不夠高，常用兩根或多根較小的彈簧，因小型彈簧具有較高之震動頻率，此外多根彈簧通常採用不同之自然頻率，因此波動的發生不能同時受到影響，而且使用多根彈簧，萬一斷了一根，還可以維持運轉。

習 題

1. 解釋名詞
   (1) 離合器(clutch)。
   (2) 聯軸器(coupling)。
   (3) 震動(vibration)。
   (4) 自然頻率(natural frequency)。
   (5) 和諧(harmonic)。
   (6) 共震(resonance)。
   (7) 扭動(torsional)。
   (8) 初次力(primary force)。
   (9) 二次力(secondary force)。
   (10) 平衡器(balances)。
   (11) 防震器(vibration dampers)。
   (12) 彈簧之波動(spring surge)。
   (13) 第一次臨界速度(critical speed of the first order)。
   (14) 第二次臨界速度(critical speed of the second order)。

2. 問答題
   (1) 濕式離合器所用之滑油為何要和潤滑系統之滑油分開？
   (2) 使用彈簧彈力結合之離合器有何優點？
   (3) 離合器所使用之摩擦片需具備什麼條件？
   (4) 氣力式離合器之壓縮空氣壓力對離合器作用有何影響？
   (5) 液壓離合器與聯軸器有何區別？
   (6) 為何磁力式離合器又稱為滑動離合器？
   (7) 液壓式離合器與磁力式離合器各有何優點？
   (8) 內燃機為何需要減速齒輪？
   (9) 使用人字型齒輪有何優點？
   (10) 內齒輪有何缺點？
   (11) 行星齒輪有何優劣點？
   (12) 內燃機為何需要反轉齒輪？
   (13) 簡述惰輪的用途？

⑭　選擇式反轉齒輪與行星式反轉齒輪之潤滑有何不同？

⑮　行星反轉齒輪中的離合器是採用何種型式？

⑯　柴油引擎之起動方法有那幾種？

⑰　引擎之電動起動系統為何採用直流馬達？

⑱　大型的柴油機為何採用壓縮空氣起動？

⑲　在寒冷的天氣之下，有何方法可使內燃機起動？

⑳　內燃機採用何方法使引擎正反轉？

㉑　引擎震動有那幾種？並說明原因？

㉒　造成引擎不平衡之主要原因為何？

㉓　平衡器與防震器有何區別？

㉔　何謂扭轉震動？對引擎有何影響？

㉕　為了要增加彈簧之自然頻率，而不影響其彈力，應當採用何種彈簧？為什麼？

3.　計算題

（1）　試求主動齒輪數為 25 齒及被動齒輪數為 51 齒的速度比？並說明是減速還是加速？

（2）　試求轉速為 1350 rpm 之離心幫浦上齒輪的齒數？已知齒輪與一個 27 齒的主動齒輪結合，假如主動齒輪的轉速為 1200 rpm。

（3）　如圖 14.12 行星減速齒輪，小齒輪 1 為 24 齒，小齒輪 2 為 23 齒，小齒輪 3 為 21 齒及齒輪 4 為 48 齒，如果主動軸之轉速為 2200 rpm，試求輸出軸之轉速？

（4）　如圖 14.13 選擇式反轉齒輪，小齒輪 1 之齒數為 28 齒，惰輪 3 及 4 之齒數均有 25 齒及齒輪 5 為 35 齒，試求反轉速度比為多少？

（5）　有一個小型柴油機，當外界空氣溫度為 65°F 時，壓縮後的溫度為 705°F，試求當外界溫度 32°F 時，壓縮後的溫度為多少 F？

CHAPTER **15**

INTERNAL CONBUSTION ENGINE

燃氣渦輪機

　　燃氣渦輪機，在二次大戰後用於航空及導向飛彈的噴射推進機，燃氣渦輪機是內燃機一大突破，一般內燃機稱為往復式內燃機，它的原理是將燃汽壓縮燃燒及膨脹均在同一汽缸中進行到渦輪式內燃機時突破了這種傳統的方法，它的壓縮、燃燒、膨脹分別發生於組合裝備的三個部份，壓縮機(compressor)、燃燒室(combustion chamber)及渦輪機(turbine)，壓縮機是將空氣送入燃燒完與高壓空氣、燃燒產生爆炸推力、推動渦輪、渦輪軸與壓縮機軸相連，當渦輪轉動時，大部份動力由推進動力聯接器，輸出作功，少部份動力帶動壓縮機使壓縮機繼續作用。本章簡單介紹，渦輪機的基本原理、渦輪機的分類，燃氣渦輪機之簡單構造，燃氣渦輪機之各種系統等。

　　目前用於美海軍中的內燃機可分為兩種主要型式一為往復式，一為旋轉式，前者較普通，工作人員均甚熟悉，後者用於海上尚稱相當新穎，但確信將必可成為使用海軍中內燃機動力的泉源，因為燃氣渦輪機運用之程序與往復式內燃機是相同的，惟其壓縮、燃燒及膨脹是分置產生，不像往復式機是發生於同一汽缸中。並且是持續燃燒取代間歇燃燒，燃氣渦輪機被採用最大優點，乃在於其具有高度可靠性，絕無不能啟動之顧慮(往復式內燃機常有不能啟動之現象)。故在爭取救火時效方面用做泵浦之原動機貢獻甚鉅。本軍艦艇目前只有掃雷艇裝有此種裝備，故僅僅簡單的介紹一下燃氣渦輪機之基本原理。

15.1 燃氣渦輪機之簡史

1. 早在紀元前 130 年，有一位埃及亞歷山大城中名叫希羅(Hero)者，發明第一部燃氣渦輪機，但一直到 1935 年止，尚未能有另一部實用的燃氣渦輪機問世。

2. 在 1791 年時，英國的約翰·巴伯爾(John Barber)第一次真正的發明燃氣渦輪機之重要設計。另一項重要之發展事實，乃是十九世紀初葉，有史特琳(Stirling)及伊奈克遜(Ericsson)兩人，依據其史氏等容循環及伊氏之等壓循環，應用於一熱空氣機上而完成，此兩循環實乃一等溫壓縮與膨脹，至十九年紀中葉，焦耳(Joule)繼等壓縮循環而進至運用絕熱壓縮與膨脹之過程，遂完成今日燃氣渦輪機運用的基本循環。

3. 1872 年艾佛·旋多努茲(F. Stolze)博士，建造一具近似式之燃氣渦輪機，此機係用一多級軸流式壓縮機，直接帶動一反動渦輪機，熱能由外燃燒室送進系統中，由 1900～1904 年為試驗階段，但終未成功。因為壓力太低，空氣動力方面之知識缺乏之故。

4. 1902 年美國查利(Charles Ourtis)及摩西博士(Dr. Moss)研究建造了一具燃氣渦輪機，並在康奈爾大學作實地試驗，結果供製壓縮空氣所耗之蒸汽動力，反較渦輪所生之動力為大，造成負功現象。

5. 1903～1906 年間，法國人應用多級式壓縮機，採用類似現代燃氣渦輪機之循環，在巴黎作過一連串之試驗，其所採用之循環已類似現今所用者，並採用一多級離心壓縮機，這時渦輪機，這時渦輪機之溫度已達 1030°F，但其熱效亦只僅達 2～3 %，不過此已是第一具產生正功之燃氣渦輪機。

6. 1906 年荷效瓦史博士(Dr. Holzworth)發展成一種等容爆發循環，此循環所應用之冷卻系統為其優點，但其複雜之機構卻形成缺點，故今日一般簡單的燃氣渦輪機，乃採用等壓燃燒循環。

7. 1905～1930 年間，許多科學家致力於燃氣渦輪機之研究，在學理與實作方面同時研究下，使得對現今燃氣渦輪機之建立獲致很大之成就，由於摩西博士(Dr. Moss)、布奇博士(Dr.Buchi)及羅蘭傑博士(Dr. Lorenzen)等人的研究，對往復機採用渦輪機增壓器(Turbo-Supercharges)之發展，使空氣動力科學方面獲得重要進展。

8. 英國皇家懷特(Frank Whittle)准將，由於壓縮機效率及材料兩方面的改進，懷特開始發展渦輪機噴射發動機(turbojet Engine)，雖然此項機器早在 1922 年時已經由法人居拉邁(Guillaume)及其他人等予以引用，但因其效率過低而未予製造問世。

9. 1930 年懷特為其渦輪機噴射推進系統而提請專利，正當 1936 年散佈著國際政治擴散之時，英國皇家航空建設局和新成立之噴射機有限公司，在渦輪機噴射發動機方面上從事極具成效之發展。

10. 1935～1938 年間，瑞士的 Brown-Boueri，Sulzer Brothers，及 Esuher wyss 又從事於定型燃氣渦輪機計劃之研究，其主要目的乃發展其在火車頭及陸上動力設施之用。

11. 1938 年美國海軍，著手研究燃氣渦輪機之應用於航空與船用動力的可能性。在二次大戰中，加速其研究之成效，最大的進步與生產，乃在於應用航空及導向飛彈方面的噴射推進機。在二次大戰後，才加速發展燃氣渦輪機應用於各方面的成效。

15.2　燃氣渦輪機之基本原理

簡單開式燃氣渦輪機(simple open cycle Gas-turbine)其中包括有一具壓縮機(compressor)燃燒室(combustion chamber)和一具渦輪機(turbine)如圖 15.1，壓縮機作用在吸入空氣並提升其壓力，燃燒室是使壓縮機壓入之空氣(或工作物質)，增加其熱能，其增加的方式有二：

1. 噴射燃料(液體、氣體或固體)入燃燒室使燃料與燃燒室內空氣直接燃燒產生熱能。

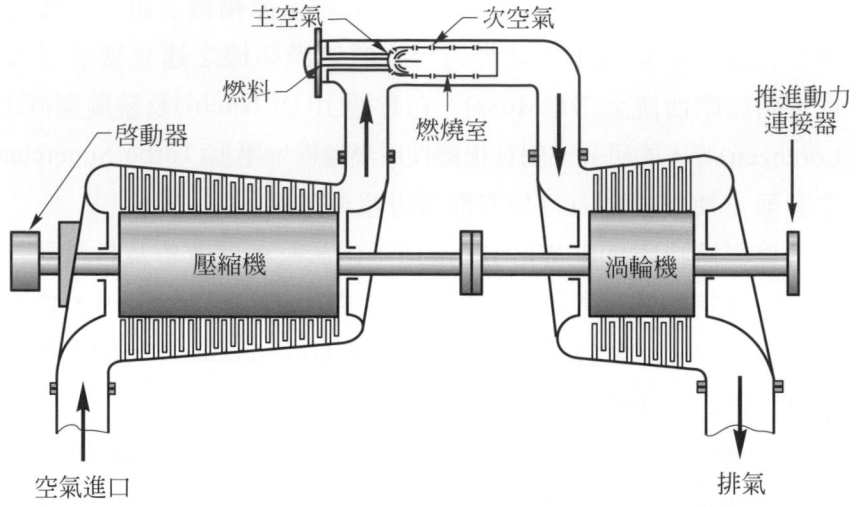

主空氣　　　　次空氣

燃料　　　　　燃燒室

推進動力
連接器

啟動器

壓縮機　　　　　渦輪機

空氣進口　　　　　　　　　排氣

圖 15.1　開式燃氣渦輪機(等壓燃燒)

2. 使用空氣加熱器，增加燃燒室內空氣(或工作物質)之熱能，此工作流體或工作物質便能達到高溫高壓(3 至 10 大氣壓力)，此高溫高壓之空氣，再經由燃氣渦輪機膨脹作機械能之輸出，正類似蒸氣渦輪機一樣，空氣自壓縮機吸入而又由廢氣排回大氣中，則工作物質必須不斷補充，此一循環稱為開式循環(open cycle)，且為一繼續不斷之過程，此乃為燃氣渦輪機與往復式柴油機、汽油機、重油機等之最大區別。

15.3 燃氣渦輪機之分類

1. 開式循環渦輪機

以往的燃氣渦輪機皆為開式循環，如圖 15.2，此循環為一焦耳(Joule)循環，亦稱布雷登(Brayton)循環，此循環之理想過程及熱效率如下：

(1) 過程 1-2：係經壓縮機所作之等熵或稱可逆絕熱壓縮過程。

(2) 過程 2-3：係等壓加熱過程(指燃燒室內)。

(3) 過程 3-4：係經渦輪機所作之等熵或稱可逆絕熱膨脹過程。

(4) 過程 4-1：係等壓排熱回至大氣過程。

$$\eta_t = \frac{(h_3 - h_4) - (h_2 - h_1)}{(h_3 - h_2)} \text{ Btu/1b}$$

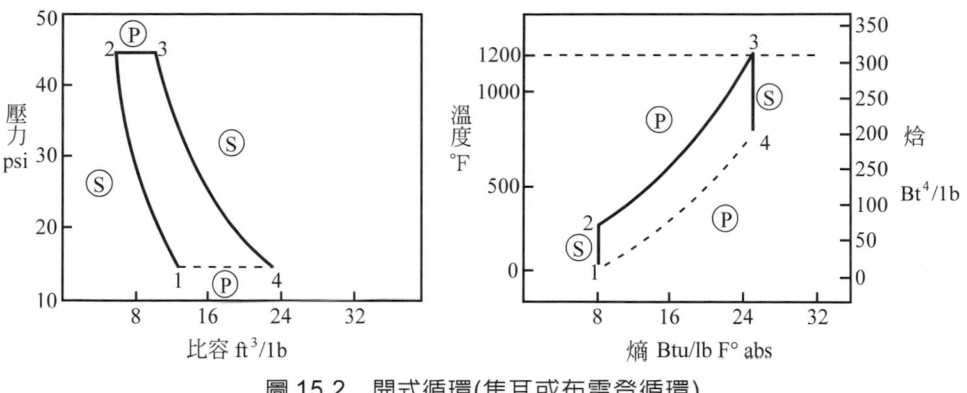

圖 15.2　開式循環(焦耳或布雷登循環)

η_t＝熱效率

$h_3 - h_4$＝燃氣渦輪機輸出之功

$h_2 - h_1$＝壓縮機所需之功

$h_3 - h_2$＝此循環中所輸入之熱能

　　開式燃氣渦輪機如圖 15.3，構造較為簡單，熱效率較低，雖然可以改進其效率，但同時亦增加了設備之重量，價格及複雜性，加熱時直接採用燃料與空氣在燃燒室內燃燒，雖然方法很簡單，但是在渦輪和回熱器中產生積炭或其他雜質，勢必降低了設備效率及停用增加清除積炭和雜質之麻煩等，此循環之壓縮機進口壓力為大氣壓力，空氣密度低，故進出口管路之渦輪葉片需要很大，影響燃氣渦輪機之輸出力，為了消除開式循環之缺點，乃有半開式及閉式循環之創製。

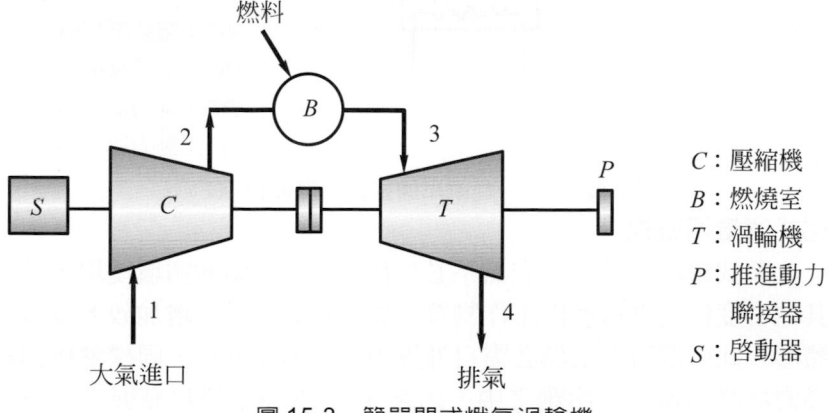

圖 15.3　簡單開式燃氣渦輪機

2. 半開式燃氣渦輪機

　　自高壓壓縮機出來的壓縮空氣，抵達空氣加熱器前時，將分成二部份，一部份進入空氣加熱器與燃料混合燃燒，燃燒後的熱量被第二部份空氣所吸收，因此第一部份之空氣燃燒後之廢氣被冷卻，溫度降到渦輪機進口容許溫度時，此廢氣便進入渦輪機作功，然後排至大氣中，第二部份空氣在空氣加熱器加熱後，進入帶動壓縮機之渦輪中作功，當其壓力降至輔壓縮機之排出壓力時，該空氣便脫離渦輪，再進入冷卻器內冷卻，再進入高壓壓縮機。此循環因為一部份空氣直接與燃料燃燒，另一部份空氣沒有與燃料燃燒只是吸收熱量，故稱為半開式循環，如圖 15.4，此循環之優點如下：

(1) 管內外側溫度相當高，故熱傳導率亦高。

(2) 管內外側之壓力近於相當，故應力小。

(3) 溫度雖高，但僅部份燃燒氣體熱量傳與第二部份空氣。

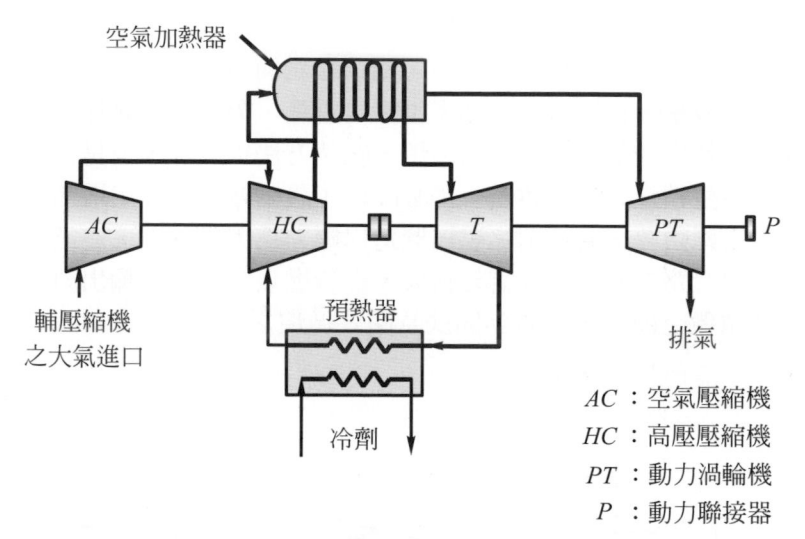

圖 15.4　簡單半閉式燃氣渦輪機

3. 閉式燃氣渦輪機

　　閉式循環系統中之空氣不必燃燒，可以不斷的循環使用，故可採用其他密度較高之氣體作工作物質，如水銀蒸汽，以增加效率及減少機器體形，此循環所需之熱必需自外界由熱交換器供給，同樣熱排出該系統亦需經冷卻器排至冷劑之中，如圖 15.5 在原子燃料發展之今日，本型之設備更提供原子燃料方面之採擇，惟除以上諸優點外，其主要缺點為其空氣加熱器過於笨重，和操縱系統繁雜，及必須保持氣密等。

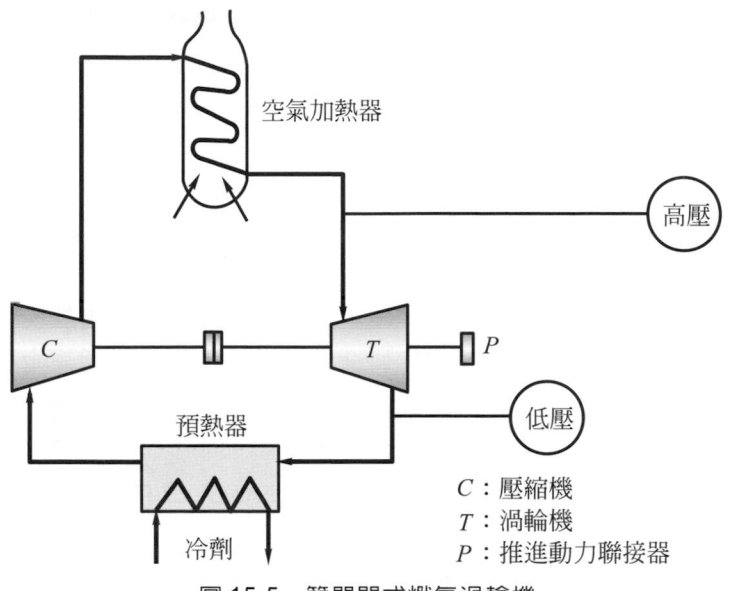

圖 15.5　簡單閉式燃氣渦輪機

15.4　自由活塞氣體發生器渦輪機

　　自由活塞氣體發生器是利用柴油機汽缸排出之熱而高壓之廢氣，推動渦輪機，此裝置乃是利用高熱效率之狄塞爾循環與簡單構造之渦輪機，使高熱氣體膨脹至大氣體力如圖 15.6 氣體發生器包括柴油機汽缸和中間之燃燒室，燃油自柴油汽缸中部噴入燃燒，燃燒爆發力所生之氣體，膨脹而使對衝活塞往外分。每一個活塞均與另一活塞整體製造，其活塞之內面作為空氣壓縮用，其活塞之外面則作為空氣碰墊之用，儲存於緩衝氣缸內之能量，將會使活塞向內壓入，使空氣汽缸和柴油氣缸內均形成壓縮空氣(75～100 psi 壓力之空氣)，經氣閥自壓縮機汽缸中部空間，然後自左邊之進氣孔而進入柴油汽缸中，此空氣成為柴油內之驅氣與增壓之作用，驅氣連同燃燒廢氣約在 1000°F 左右，經排氣孔而送出至渦輪機中膨脹降至大氣壓力，所有可用之軸動力就賴此渦輪機所產生。自由活塞之擺動率及其移動之距離，係以空氣碰墊內不同之壓力加以控制，並以一裝置於中部空間與空氣碰墊間之穩定器同時發生控制作用，一部渦輪機也可由數部平行裝置之氣體發生器供應之。

　　自由活塞氣體發生器，有如一般開式循環汽旋渦輪機中之壓縮機和燃燒室兩大作用。在此情形便可得柴油機之高熱效率，而且應用此系統後其熱效率較柴油機大 40 ％，因爲此種系統中並無不平衡力量或旁力之發生，故機器本身並無震動，且亦無須像柴油機中所使用之許多螺栓、墊片等，其重量及體積均比同一輸出動力之柴油機爲小，此種系統之渦輪機大小只有一般開式循燃氣渦輪機之 1/3，所用之空氣亦較一般開式循環燃氣渦輪機少，所用之管路亦較少，因此種渦輪機輕，體積亦小及溫度低，則渦輪機無須使用精選材料而又得較長且可靠之使用壽命，此系統雖然在理論上有這麼多優點，但由於主要的機械結構方面之困難，使其仍在實驗室中作研究發展階段，而仍未能完全應用於推進動力方面。

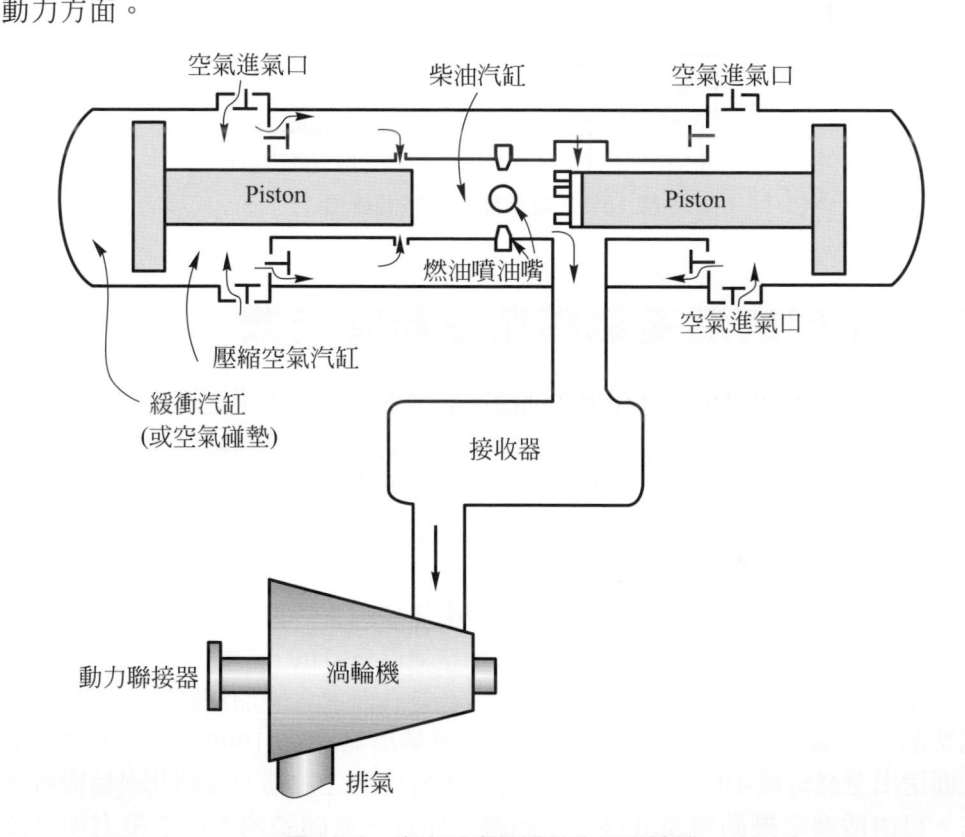

圖 15.6　自由活塞氣體發生器渦輪機

15.5　渦輪式內燃機與往復式內燃機之比較

1. 往復式內燃機的壓縮，燃燒與膨脹均發生於同一汽缸內，其動力係呈間歇性之輸出，而渦輪式內燃機並非如此，其壓縮、燃燒、膨脹分別發生於組合裝備的三部分，所產生之動力係呈穩定毫無間斷之均衡輸出。

2. 渦輪式內燃機設計簡單，且轉動之機件甚少，同馬力之汽油機將比燃氣渦輪機之體積大 1/3 倍，重量重六倍，柴油機比燃氣渦輪機體積大 1/5 倍，重量重十二倍。

3. 燃氣渦輪機較其他內燃機啟動容易，如速率快時，可承受快的調整負荷變化，由冷機加至全馬力僅需要汽油機之 1/10 時間。

4. 燃氣渦輪機之運用及保養所需人員之數量與訓練之時間均較其他機器縮短甚多，於某種情況下，僅須一人可啟動與運用該機，因係由較少的機件組合而成，故於全動力時所產生的震動亦很小，所需滑油量約少於柴油機 40 倍。

5. 燃氣渦輪機所用的燃油有汽油、輕柴油、重柴油或預熱後之媒油、茶子油、豆油均可使用，但海軍用燃氣渦輪機都使用柴油，比起汽油機燃用汽油安全不易發生火災，但是燃氣渦輪機仍有兩大缺點：(1)耗油率較高。(2)需要較大的進排氣量。

15.6　船用燃氣渦輪機之歷史

1. 在 1930 年至 1940 年的十年期間，英國與瑞士對燃氣渦輪機之使用有了極大之發展，主要還是應用於陸上及火車上之動力方面，到了 1938 年美國海軍開始著手研究，並在 1940 年建立一個研究發展計劃，以求使用燃氣渦輪機於海軍推進動力方面。

2. 1940 年美國艦政署和 Allis-Chalmers 製造廠訂了合約，設計及製造一部 3500 匹馬力使用再生器之開式循環燃氣渦輪機，如圖 15.7。

3. 1942 年美國艦政署為求研究其他燃氣渦輪機及壓縮機之新型式，並以獎助方式與 Elliolt 公司訂定合約，製造一應用中間冷卻、重熱及再生之開式循環，2500 匹馬力之燃氣渦輪機如圖 15-8，合約中並要求使用正排量式壓縮機。由於必須使用 Lysholm 正排量式壓縮機之故，於滿載時運轉速度常須在 3400 轉左右，因此渦輪機的選擇有所限制，可用簡單短道式，亦即用級數較少之渦輪機而用減速齒輪之裝置，或用 12 至 14 級之渦輪機而直接帶動。

4. 1945 年 Elliolt 公司就上項試驗結果之後，建議建造兩部 3000 匹馬力燃氣渦輪機，並於各部份加以改進，得到 1400°F 之渦輪進口溫度，經過在多次挫折和困難之後，在 1948 年初將各構件之裝備一一檢查。在低壓渦輪機中發現許多焊接裂縫出現於輪盤之間，後來檢查 2500 匹馬力之燃氣渦輪機時，發現同樣之裂縫。

5. 1943 年美國海軍部便開始研究自由活塞氣體發生器渦輪機系統應用於船用推進動力之可能性，並以獎助約方式由 Lima-Hamllton 公司設計製造兩部，1950 年第一部開始交由美國海軍工程試驗局作試驗。

6. 英國在燃氣渦輪機方面曾居顯著領導地位，並對其應用於船用推進動力方面，有過極活躍的行動，1947 年 Metropoliton-Vckers 電力公司成功地安裝了第一部船用 2500 匹馬力燃氣渦輪機，裝於一海軍試驗鑑 MGB-2009 上。

7. 英國的 Thomson-Houston 股份有限公司，曾設計建造一部 1200 匹馬力之開式循環燃氣渦輪機，並使用再生器，安裝於一艘 12600 噸油輪 Anris 號上。

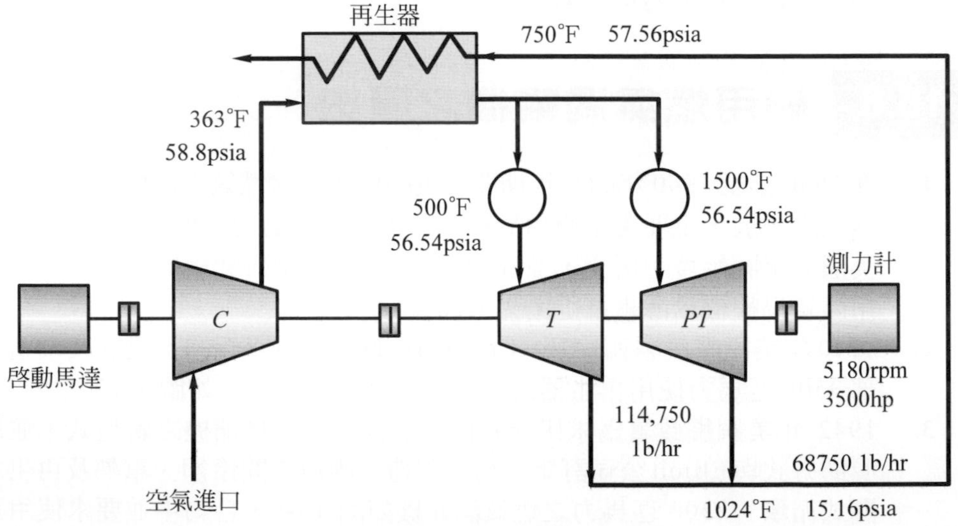

圖 15.7 Allis-Chalmers 燃機渦輪機

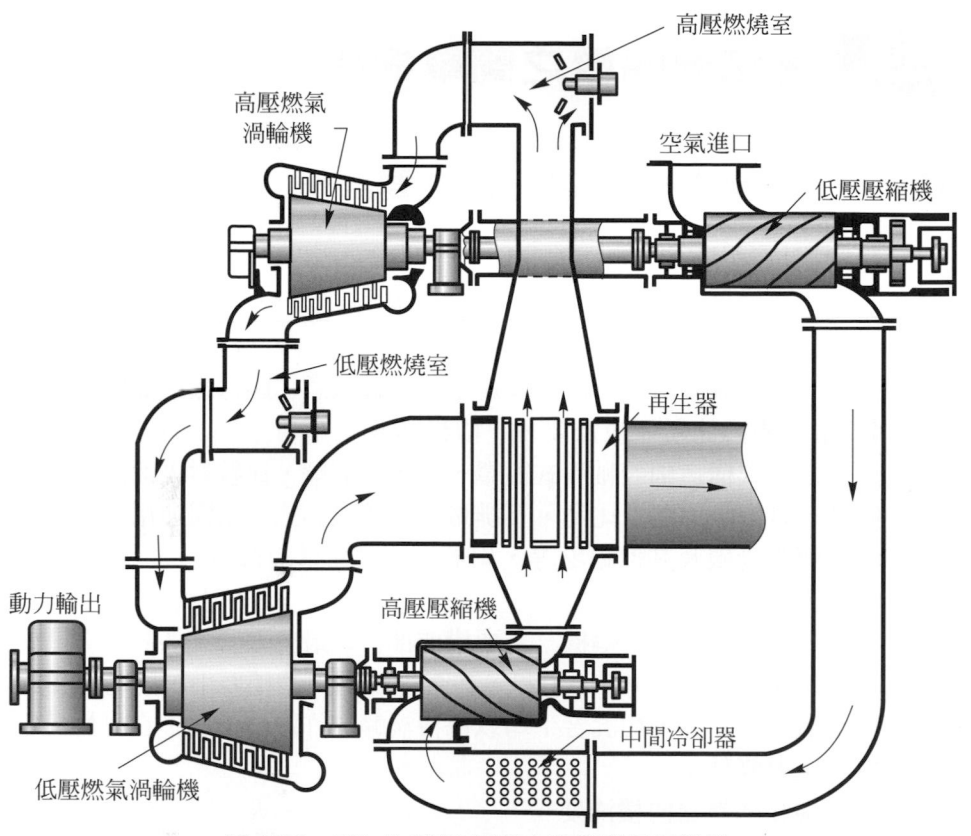

圖 15.8　Elliolt 2500 匹馬力海軍燃氣渦輪機

8. 英國 Rolls-Royce 股份有限公司，應英國海軍部之訂約，設計建造為 H. M. S Gray Goose 號主機之燃氣渦輪機 Gray Goose 為一 250 噸之砲艦，具有 800 匹馬力和每小時 30 節之航速。

9. 瑞士的 Sulzer Brothers 曾完成一部船用 700 匹軸馬力半閉式燃氣渦輪機，經過初步試驗，獲得超過 30 % 之熱效率，對開式循環者而言，其體積、重量，和空氣率，有顯著的減少。

10. 歐洲和美國有更多的研究，正從事於設計一種直線閉式循環燃氣渦輪機，作為核子動力系統中用之。

　　上述各段已經簡述有關燃氣渦輪機應用於船用推進動力之發展情形，其他有關這方面之更多的研究與發展，因涉及美國國家安全無法詳加討論，但是一種在各方面均能獲得滿意的研究與發展，正不斷的進行發展中，同時亦在航空、原動力廠、火車動力之應用方面加強發展。

15.7 燃氣渦輪機之簡單構造

15.7.1 燃氣渦輪機之三大主要部份

1. **壓縮機**

   用於燃氣渦輪機之壓縮機有：(1)軸流式(2)離心式(3)正排量式等三種，軸流式較離心式直徑小效率高，且適於多級使用以得獲得較高之壓力比，但軸流式對空氣流量及速率變更較敏感，因每級最高壓力比約為1.7 故高壓力比所需級數要多，價格亦多。

   離心式構造則較軸流式簡單、堅牢、價廉、比較對表面附著污物不敏感，且每級之壓力比高，正排量式近於離心式，但因運用時，響聲太大，轉數受限及其他缺點等，用於海軍之希望尚微。

2. **燃燒室**

   燃燒室是燃氣渦輪機三主要構成部份之最有效者，然其主要問題則為高速氣流(150～400 呎/秒)，在合理範圍內體積要小，同時必須以高度空氣燃料比率，和混合平均以保持渦輪容許進口溫度，良好燃燒室有四大主要條件：

   (1) 渦輪和回熱器內積渣要少。

   (2) 重量輕，正面體積要小。

   (3) 可靠，適用而耐久。

   (4) 冷熱氣流要混合均勻。

   現在一般使用之燃燒室有：

   (1) 逆流管子或逆流罐子式(tubular or can counterflow)。

   (2) 直流管子或直流罐子式(tubular or can straight-throughtflow)。

   (3) 旋流式(annular parallel flow)。理論上旋流式較罐子式優點多，實際上罐子式更為實用且價廉，故目前使用罐子式較多。

3. **渦輪**

   渦輪之基本理論與汽旋機者略同，僅工作物質之差異，但二者最大之差別乃在冶金術，軸承及高應力部份之冷卻法，高溫部份之熱變形，以及因適應大量氣流，其葉片長度與輪徑比率較大，渦輪之型式有：反

動式、衝動式或反動衝動二者之混合式，惟對燃氣渦輪性能及形體具重
大影響因素者，爲渦輪容許進口溫度，蓋使用炭氣燃料所可得的最高溫
度約爲 3500°F，而材料之容忍溫度僅及 1200°F～1700°F，故現在之燃
氣渦輪機，採用約三分之二空氣以冷卻燃燒之熱氣體，故有關現在渦輪
方面之研究，仍致力於材料之發展，或冷卻方法之講求，俾增高渦輪容
許進口溫度。

15.7.2　燃氣渦輪機之一般名稱

1. 第一段：又稱前段(壓縮機端)，主要包括壓縮機，燃機器兩個及轉子。
2. 第二段：又稱後段(動力輸出端)，其主要包括燃氣渦輪機葉輪、排煙
   管、減速齒輪及動力輸出軸。
3. 壓縮機：爲一轉動葉輪與密接之外殼所構成。
4. 燃燒器：爲一筒形外殼，貫通之內殼，燃油噴油嘴及點火塞所構成。
5. 噴油嘴箱：爲一金屬箱於上置有固定葉片或噴油嘴與燃氣渦輪機機之動
   葉輪相對。
6. 動葉輪：爲一裝有葉片之輪。
7. 轉子：爲一旋轉整體，係由壓縮機葉輪，內連軸及前燃氣渦輪機葉輪等
   構成。
8. 中間排氣組合體：爲一圓形金屬導管，於一環上置有一固定葉片用以形
   成噴油嘴。
9. 廢氣門：爲一閘形閥，設於導向定葉片組合體之上方。
10. 排氣節氣閥：亦爲一閘形閥，設於第一段燃氣渦輪機排氣管內爲控制經
    過第二段燃氣渦輪機作功之排氣量。

15.7.3　燃氣渦輪機之添加裝置

1. **回熱器**

   因爲渦輪機排氣溫度甚高，若能收回加以利用，則可改進渦輪之熱
   效率，會在壓氣機出口與燃燒室之間加一個熱交換器，令渦輪排氣及自
   壓縮空氣機出來之壓縮空氣，分別通入該熱交換器，則壓縮空氣被加
   熱，致在燃燒所需加進燃燒量因之減少，於是熱效率得以增高。

2. **中間冷卻器**

　　如果使用多級壓氣機，並在各壓氣機間將空氣冷卻，但壓氣機所需之功，減少頗多，結果燃氣渦輪之淨餘功量得能增加，但僅採用中間冷卻器對熱效應改進的貢獻，並不顯著，蓋由於中間冷卻，壓氣機最終出口，壓縮室氣溫減低，勢必在燃燒室加以較多熱量才可，但若併回熱器同時使用，其熱效率之改進，顯較單獨使用回熱器為佳。

3. **再熱器**

　　氣體在渦輪中之膨脹，若能以等溫過程代替一般斷熱過程，即渦輪產生之功，勢將增多，如在實際燃氣渦輪設備之中達此目的，可將渦輪分為二或二級以上之多級，在各級間加入再熱器，加入燃料燃燒於較低壓力下再使工作氣體恢復渦輪最高容許進口溫度，如果單獨採用再熱器對改良熱效率來講亦乏顯著貢獻，若配合回熱器使用，其效果則甚為優越。

15.7.4　燃氣渦輪機之各種系統

1. **燃油系統**

　　燃油系統主要目的是輸送燃油以供燃燒，利用其熱能轉變為有用的機械動能，其主要構成為：燃油泵、調速器、高壓細濾器、噴油嘴關閉閥、壓力表、啟動燃油旁通閥、啟動燃油漏油孔及兩個燃油噴油嘴如圖15.9。

2. **滑油系統**

　　滑油系統主要目的是潤滑及冷卻機器轉動機件之磨擦面，以維護及延長機器使用壽命，其主要構成部份為：滑油泵、粗濾器、滑油熱力開關、滑油總管、壓力開關、供油槽、外部滑油冷卻器及外部細濾器，如圖15.10。

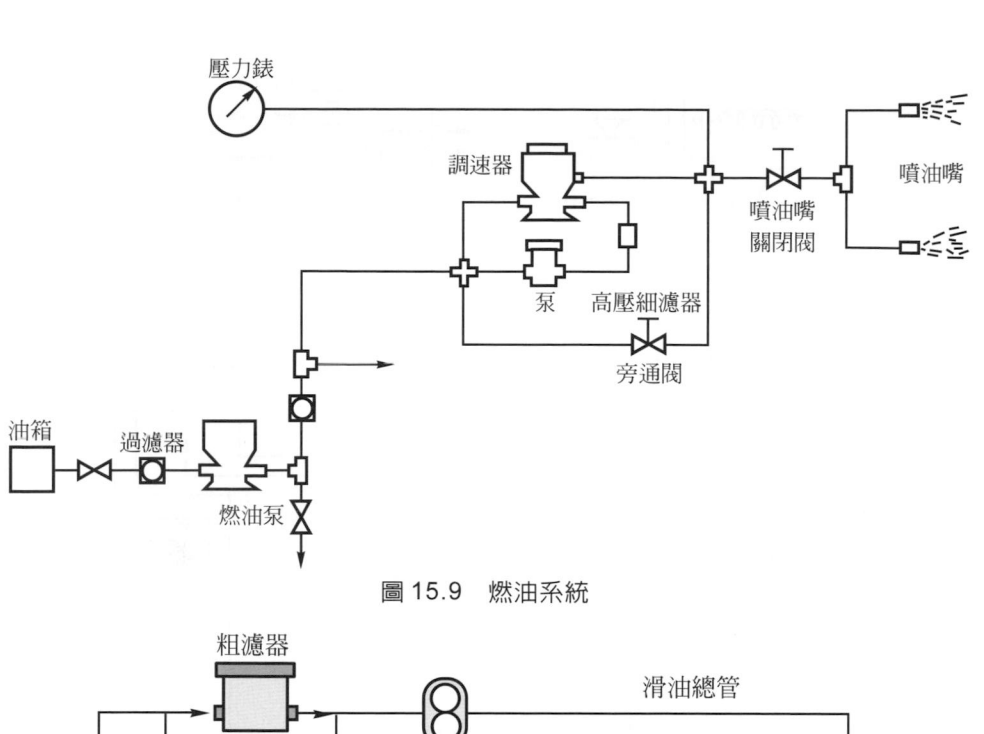

圖 15.9 燃油系統

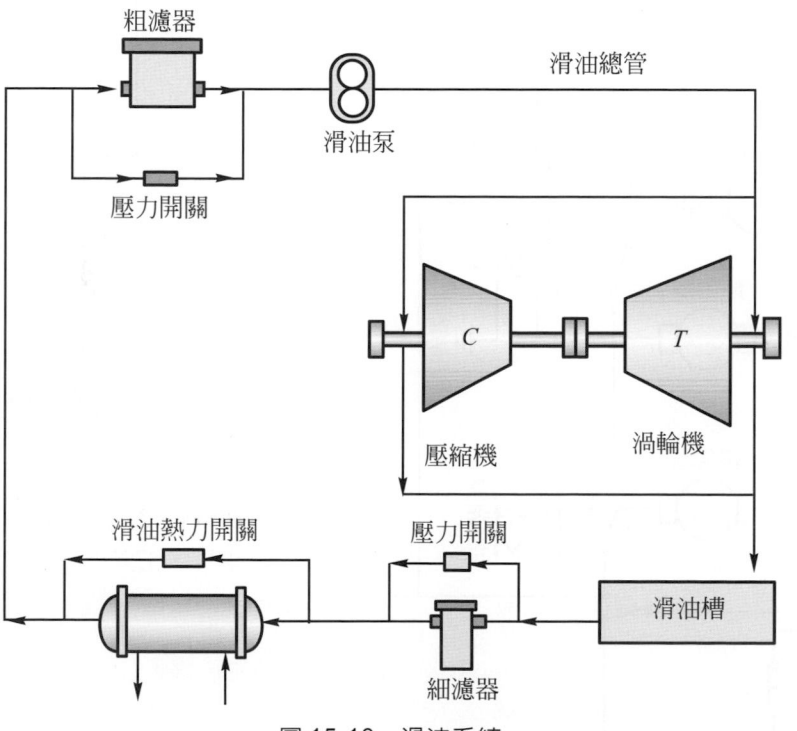

圖 15.10 滑油系統

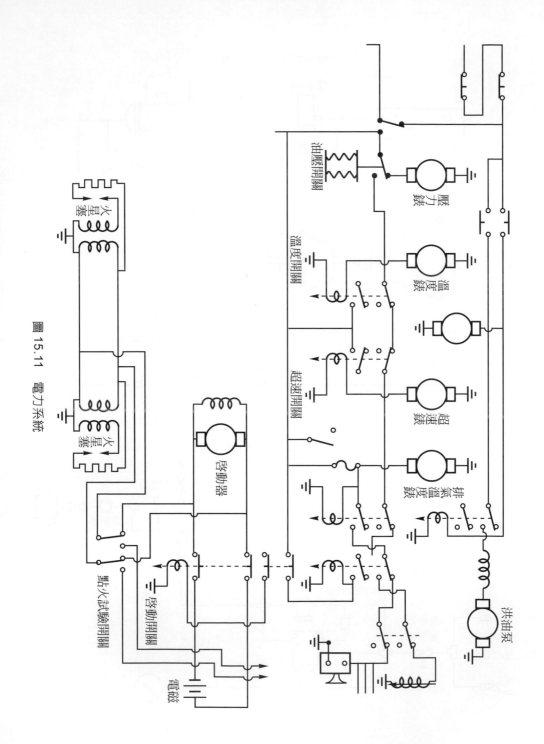

圖 15.11　電力系統

3.　電力系統

電力系統主要目的是供給機器啓動、點火、指示警報及安全，以維護及保證機器於良好情況下運轉。其主要構成為：啓動器、轉速表、發電機、超速開關及指示儀表如圖 15.11。

15.7.5　燃氣渦輪機之維護

燃氣渦輪機之維護應切實保持燃料系統，冷卻及潤滑系統，旋轉部份與燃燒室之清潔，不可使用鉛筆塗於燃氣渦輪機熱的機件上作記號，因為從鉛筆上鉛所形成之炭，將使潔白的銅碎裂，及可能損壞，當標記幾件時應用油脂鉛筆，不可使用棉毛清潔機器，而使其污穢。每一部燃氣渦輪機上，應保持正確航行日誌，機器史略記載，使每部機器之運轉時數，與運用之歷史易於明瞭，此記錄將有利於以後之發展以增進機器之可靠性。

1.　燃氣渦輪機各部機件之維護

(1)　軸承：氣旋機中，所應用之軸承均為高度精密及抗磨之軸承，因此使用時，經常保持清潔，小心運用，使其具有足夠之潤滑油。

(2)　壓縮機：燃氣渦輪機中所用之壓縮機，係用以壓縮空氣之用，一般有輻射或軸向流動或兩者混合式三種，使用時，應加以清潔。

(3)　氣旋機：氣旋機之優異動作較機器任何其他部份尤為重要，當功能輸出時，用以推動其壓縮機，所需之功，係從此氣旋機。或多部氣旋機供應，因此氣旋機之葉輪應保持清潔，所須清潔之處，可參考技術手冊。

(4)　燃燒器：燃燒器應作定期檢查勘察其裂痕裂口，炭之形成及扭歪襯套等現象。

(5)　儀表：氣旋機上有許多的儀表：

① 排氣溫度或氣旋機進氣溫度表。

② 潤滑油溫度表。

③ 潤滑油壓力表。

④ 氣體產生器速度表。

⑤ 動能氣旋機速度表等。所有的儀表都是用以表示正確之操縱範圍，但多數之儀表非水密即氣密，故使用時應特別注意。

(6) 燃料噴油嘴(或嘴油嘴)：燃料噴油嘴(或噴油嘴)之目的，係設計使燃料進入燃燒室，並使其完全燃燒，其燃料噴油嘴應定期拆卸及檢查，低動力之運用可能較重負荷容易使噴油嘴積炭較多，故應予避免。

(7) 進氣口：氣旋機之進氣口，不准有燃料及潤滑油，應保持空氣過濾網之清潔。

(8) 排氣口：氣旋機之排氣導管盡可能使之碩大，使排氣導管壓力損失至最小限度，於排氣導管內增加微小之背壓力，將使輸出之動力遭致重大損失，故其內部應定期檢查保持清潔。

習 題

1. 開式循環燃氣渦輪機與其他內燃機比較，有何優點及缺點？
2. 閉式循環燃氣渦輪與開式者相比較，其四大優點及三大缺點，試分別說明之。
3. 為何在同一馬力輸出之循環燃氣渦輪機，其體積較開式者為小？
4. 為何發展船用燃氣渦輪機較噴射動力機為慢？
5. 使用燃氣渦輪機於緊急或高速動力方面之優點為何？

CHAPTER **16**

INTERNAL CONBUSTION ENGINE

故障排除與檢修

　　本章提供有關內燃機各項常見的故障，如何檢查各系統的故障及排除的方法，採用流程圖的方法，清楚明瞭，其中包括了點火系統的故障排除、燃油系統的故障排除，化油器的故障排除，起動系統的故障排除，充電系統的故障排除，潤滑系統的故障排除，冷卻系統的故障排除等。

　　任何一部機器，用了也會發生故障，如果保養不良，經常檢修，只能減少故障的發生而已，一旦故障發生，不論大小，將會影響使用者的生命安全，如汽車在高速公路故障、飛機在高空熄火、輪船在海中拋錨，其後果非常危險，因此每一位使用者，必須要瞭解一般內燃機發生故障的原因，並且要經常訓練排除故障的方法，才能確保使用者的生命安全。

　　造成內燃機故障的原因很多，總括起來不外乎以下兩大點：(1)人為造成的故障，其發生的原因為保養不良，使用不當。(2)引擎本身所造成的故障，其發生原因為機件材料受磨損，用久了材料發生疲勞而變質，機件受熱脹冷縮及超負荷的變化而變形等。後者是不可避免的，只有使用到期，給予淘汰換新，前者是可以預防的，其方法為定期檢修，加強保養。

16.1　常見之故障

內燃一般常見的故障有以下幾種：

1.　起動系統常見之故障

(1)　啓動起動馬達時，不能發動引擎

①　可能是起動馬達外部接頭接觸不良，檢查起動馬達所有外部之連接(external connection)是否有鬆動，加以鎖緊並清除接頭間之污垢。

②　可能是蓄電池(battery)電力不足，或是接頭鬆動，檢查蓄電池並測定電瓶水溶液之比重(specific gravity)80°F約爲 1.28～ 1.30(每超過 2.5°F則比重需加 0.001，相反地每低 2.5°F時比重減 0.001)。

③　可能是起動馬達之碳刷及整流子損壞或是太髒，檢查起動馬達之碳刷及整流子，如果是損壞，給予更新，如果是太髒加以清潔之。

④　可能是汽缸積水或活塞卡死，拆下火星塞檢視，如果活塞卡死，必須送廠修理。

⑤　可能是汽缸中沒有燃油，檢查燃油系統是否故障或燃油用完。

(2)　啓動起動空氣開關，引擎不轉動

①　可能是起動空氣氣壓不夠，檢查起動空氣之壓力是否在 450 psi～600 psi之間，如果太低先啓動空氣壓縮機，使其壓力達到規定的磅數。

②　可能是被起動之汽缸排氣門未關閉，如果未關閉先找出原因，加以排除。

③　可能是起動空氣分配器之閥失靈，檢查該閥是否失靈。

④　可能是燃油沒有進入汽缸，檢查燃油系統是否故障或燃油用完了。

2.　滑油系統常見之故障

(1)　滑油壓力過低(立即停止機器運轉)

①　可能是油盤(oil pan)失去作用，檢查油盤之供油情形。

②　可能是滑油太稀，檢查滑油之黏度是否合規定。

③　可能是滑油過濾器或冷卻器閉塞，檢查過濾器及冷卻器是否閉塞，由過濾器兩端之壓力錶可以測得，如果是入口端之壓力很高而出口端之壓力很低，表示過濾器閉塞，應加以清潔之或更換濾心。

④　可能因滑油通至引擎進口之彈簧保險閥(spring loaded relief valve)失效，應檢查清潔並重新調整，使引擎在規定速率時有適當壓力。

⑤　可能因滑油泵上之壓力保險閥(pressure safety valve)局部漏油，應檢查並清潔之。

⑥　可能因滑油泵使用過久而磨蝕，應檢查並局部更換新配件。

⑦　可能是滑油錶失靈，檢查通入滑油壓力錶之管路是否堵塞。

(2)　滑油消耗過多

①　可能是噴射器之排放墊環(drain seal ring)漏油或遺失，應檢查並換新。

②　可能是活塞環與汽缸套(cylinder jacket)磨蝕，應檢查並測量活塞環與汽缸套之間隙，照規定換新。

③　可能是汽缸蓋之滑油排放閥之墊環漏油，應檢查並換新。

④　可能是滑油箱底殼放油孔螺絲鬆動而漏油，檢查該螺絲並鎖緊或換新。

⑤　可能是滑油經冷卻器而漏入冷卻水中，應檢查並修理之。

(3)　滑油滲燃油

①　柴油機可能是柴油噴油嘴之油管破裂或接頭墊損壞，應檢查並修理之。

②　可能是柴油過濾器墊圈漏油，應檢查並修理之。

③　可能是活塞環黏著，以致使汽缸內之燃油進入曲軸箱，應檢查活塞環並清潔之。

④　可能是燃油噴射器漏油，應檢查並修理之。

(4)　滑油溫度過高

①　可能是滑油壓力過低，以致不能循環而導致溫度升高，檢查滑油壓力並調整使滑油循環。

②　可能是冷卻水溫度過高，應檢查並調整之。

③　可能是冷卻水流量微弱，應檢查水壓並調整之。

④　可能是滑油冷卻器堵塞，應檢查並清潔之。

3.　冷卻系統常見之故障

(1)　冷卻水壓力過高

①　可能是冷卻器的流量不足應檢查水壓是否正常，並調整水壓。

②　可能是溫度調節器(regulator)失效，應檢查並換新。

(2)　冷卻水壓力過低

①　可能是抽水泵內進入空氣，應檢查並放出空氣。

② 可能是冷卻水管路破裂，應檢查並修理之。

③ 可能是冷卻器阻塞或淤泥，應檢查並修理之。

(3) 冷卻水結冰

① 環境溫度過低，應檢查並使冷卻水退冰。

② 可能是冷卻水中未加防凍劑，應檢查並加入防凍劑。

4. 進排氣系統常見之故障

(1) 各汽缸排氣溫度不齊

① 可能是噴油嘴滑連桿上之測微尺螺絲釘位置不對，應檢查後並調整之。

② 可能是噴油嘴控制軸之滑連桿(slip link)或齒桿(rack)黏著，應檢查並清潔之。

③ 如果某汽缸之溫度太低，可能該汽缸之噴油嘴故障，噴油量不夠，應拆下噴油嘴並修理之。

④ 可能是各汽缸之壓縮力不同，應檢查毛病並調整之。

(2) 引擎之壓縮力過低(壓縮力在 450 psi 以下)

① 可能是排氣門黏著，應檢查並清潔之。

② 可能是活塞環黏著，應檢查並清潔之。

③ 可能是汽缸蓋與汽缸套間之整圈漏氣，應檢查並換墊圈封閉汽缸。

(3) 排氣門黏著

① 可能是排氣門桿被黏著，應檢查後並清潔之。

② 可能排氣門桿彎曲，應檢查並換新。

(4) 引擎無力(吸氣效率過低)

① 可能是進氣系統堵塞，減低了吸氣效率，應該檢查空氣過濾器是否良好。

② 可能是排氣系統堵塞，應檢查滅音器是否不通，影響排氣或排氣岐管積碳，並加以清理之。

③ 也可能是進氣排氣管漏氣，減低了引擎的壓縮力。

5. 燃油系統常見之故障

(1) 燃燒壓力過低

① 可能是燃油供應不足，檢查燃油之供給來源。

② 可能是燃油分道器上之計量閥被震動而鬆動，應檢查計量閥之位置。

③　可能是燃油分道器上之洩放閥阻塞，應檢查該閥是否污穢，並清潔之。

④　可能是燃油泵傳動軸失靈，檢查燃油泵之傳動軸。

⑤　可能是燃油過濾器阻塞，應檢查燃油過濾器，並清潔之。

(2)　引擎忽然停機

①　可能是燃油過濾器被污物突然堵住而油路不通，應檢查過濾器。

②　可能是排氣門黏著，而開縫使汽缸壓力降低不過發火，應該查排氣門並清潔之。

③　可能是噴油嘴噴油時間不適當，應檢查噴油時間。

④　可能是高壓線因振動而跳脫，應檢查高壓線。

6.　控制系統常見之故障

(1)　速率不穩定

①　可能是燃油壓力不規則，忽大忽小，以致於使引擎之速率不合規定，造成此故障之原因，可能是燃油分道器上之洩放閥被聚積空氣所塞住，應檢查洩放閥，並將空氣放出。

②　可能是調速器調節響導閥(pilot valve)失靈，應檢查該閥是否能在各種速度之下均能連續旋轉。

③　可能是噴油嘴之控制軸連桿(control shaft linkage)不靈活，應檢查控制軸連桿是否被束縛不能活動。

④　可能是調速器補充針閥，調整不當，應檢查並調整之。

⑤　可能是化油器油路不順，應檢查化油器，並清潔之。

(2)　引擎不能閉歇

①　可能是噴油嘴之齒板黏著或是噴油嘴之齒板與小齒輪嚙合不當，應該檢查噴油嘴，並清理之。

②　可能是噴油嘴連桿調查不當，應檢查並調整之。

(3)　引擎過度振動

①　可能是震動制止器(vibration damper)關閉或受其他附屬管系阻礙，應檢查並開啓之。

②　可能是主軸承與連桿蓋鬆動，應檢查並鎖緊之。

③　可能是排氣溫度變化太大，應檢查排氣溫度，如果排氣溫度變化太大，應找出變化的原因，並排除之。

④　可能是燃油燃燒時產生爆振現象，應檢查並加以排除之。

16.2 點火系統之故障排除

　　內燃機中最大的故障是引擎不能發動，引擎不能發動之兩大常見故障，一為點火系統之故障；二為燃油系統之故障。遇到引擎不發動首次依照圖 16.1 引擎不能發動檢修流程，研判故障原因，然後著手排除故障。

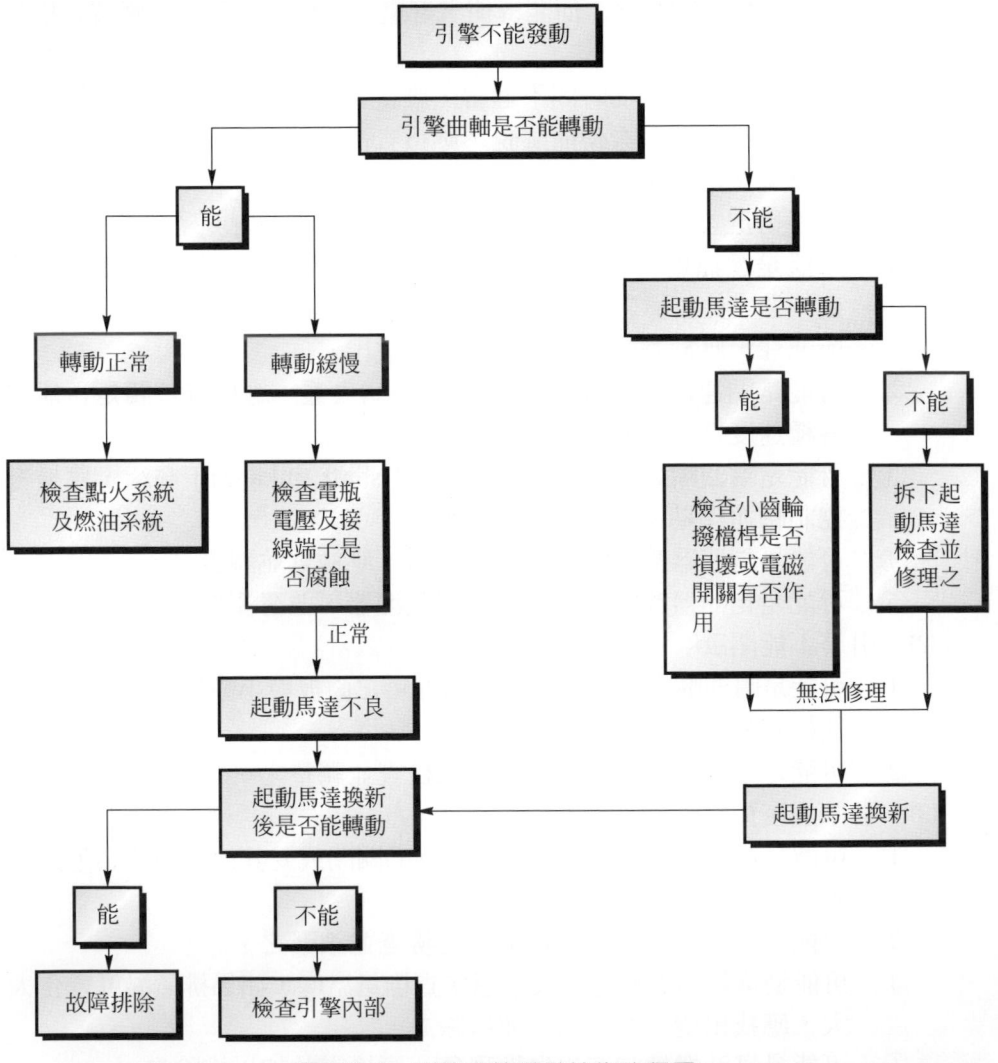

圖 16.1　引擎不能發動檢修流程圖

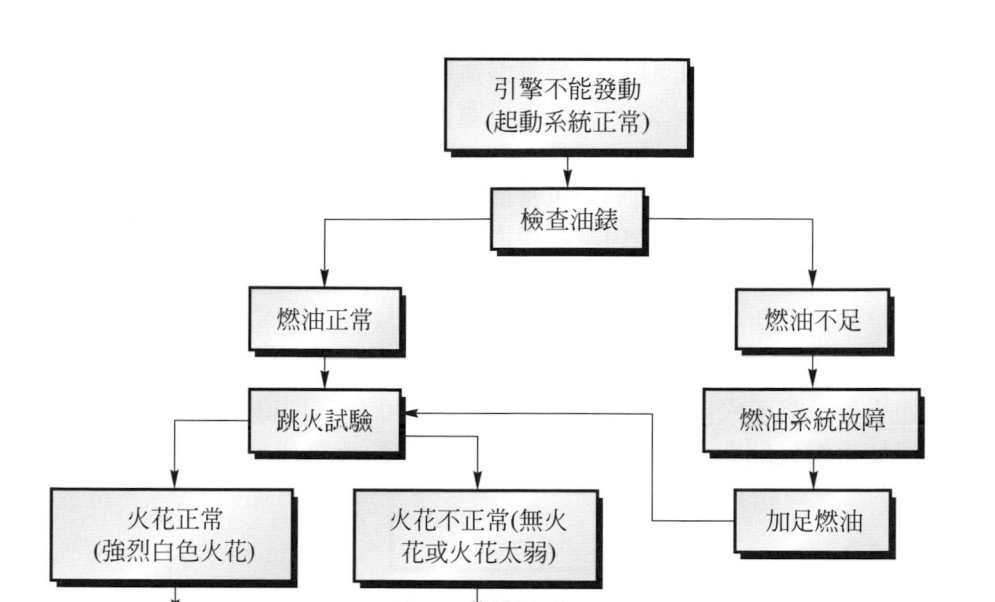

圖 16.2　引擎不能發動研判原因流程圖

　　起動引擎後，引擎不能發動，但起動系統一切正常，包括電瓶充放電正常，起動馬達正常，由起動馬達帶動曲軸運轉正常等，引擎就是不發動，此時研判有可能是點火系統或燃油系統故障，首先要判斷到底是點火系統出了毛病還是燃油系統出了毛病，有經驗的專業維修人員，可憑起動馬達轉動曲軸之聲音便可知道是點火系統有了故障還是燃油系有了故障。正常的方法是依圖 16.2 引擎不能發動研判原因流程圖。

　　跳火試驗：跳火試驗是最常用來試驗點火系統是否正常的方法之一，其方法很簡單，只要拔下任何一個汽缸之火星塞高壓線，使其距離搭鐵處約 3/8"，扭開點火開關，轉動引擎，並檢查有無火花發生，若有強烈白色火花，則可能是燃油系統故障，若火花微弱或無火花，則可能是點火系統故障。一但判定為點火系統故障，依照圖 16.3 點火系統故障排除流程，繼續檢查真正故障所在，並加以排除。

　　排除點火系統故障的方法，由任一火星塞上拔下高壓導線，使靠近搭鐵良好處，打開點火開關，發動引擎，如果可以看到正常的火花(強烈白色火花)，在高壓導線端與搭鐵之間產生，表示點火正常。如果沒有火花產生，將分電盤蓋打開，用一螺絲起子抵住接近分電盤蓋中央碳刷部份搭鐵，如果沒有火花產生，表示毛病不是在分火頭，就是在分電盤蓋本身，檢查有否潮濕，渣質或裂縫。如果有強烈的火花產生，起動引擎，觀查白金斷點是否能保持閉與開之間不停的作用。如果白金開閉一切正常而且間隙合規定。轉動曲軸使白金在打開位置，打開低壓電路開關，用電錶量取白金移動的點與良好的搭鐵處是否有電壓。如果有電壓，表示白金接觸點太髒或燒壞，將之清潔或換新。如果沒有電壓或電壓不足，檢查低壓電路。利用電錶分段檢查低壓電路各段間是否短路或接點鬆動造成接觸不良。如果一切正常，檢查點火線圈內高低壓線圈是否斷路。如果有斷路現象，將點火線圈換新。如果正常，則檢查點火開關是否接觸不良。如果點火開關正常，則最後檢查是否電瓶無電或電瓶供電不足。

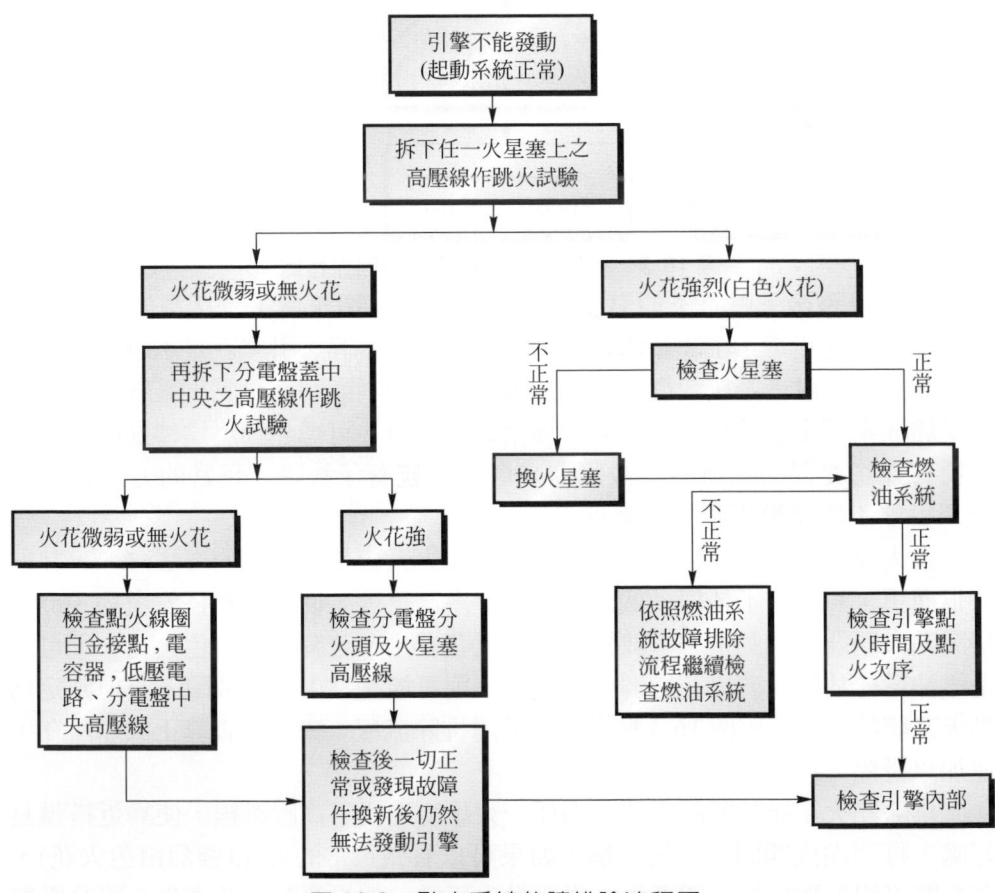

圖 16.3　點火系統故障排除流程圖

16.3　燃油系統之故障排除

　　當啓動引擎時，無法使引擎發動，首先要依照圖 16.2 引擎不能發動研判原因流程圖，研判故障原因，除了已經確定是燃油系統發生故障，否則必須先檢查點火系統或點火正時及點火次序。一旦判定是燃油系統故障，就要依照圖 16.4 燃油系統故障排除流程圖，繼續進行檢查眞正故障所在，並加以排除。

　　燃油系統之故障排除方法：如果引擎很難起動，可能是燃油沒法到達化油器，因此先檢查化油器以前的油路是否通暢，將化油器的進油管卸下，並將卸下的燃油管放入一個空瓶中，如果是電動式的燃油泵，就將點火開關打開使燃油泵運轉，如果是機械式燃油泵，就用手往復推動燃油泵之手搖臂，看燃油是否流出。如果是燃油流出，毛病一定在化油器，如果沒有燃油流出，表示毛病不一定在化油器，先檢查燃油泵，將燃油泵之進油管卸下，將手指弄濕堵住燃油泵的進油口，打開點火開關或推動搖臂，如果沒有感到有呼氣現象，將進油口接一根軟管，用口吹氣，清除活門的阻塞。如果感覺到有吸氣現象，用一根軟管接住來自燃油箱之油管，用壓縮空氣吸管口，清除油管內之堵塞。

　　當引擎起動後，運轉不正常或油路不順，可能是加油機構故障，怠速調整不當，進排氣管有毛病或化油器故障，如果是加油後容易熄火，檢查加油機構。如果是怠速不良，調整怠速螺絲。如果是高速不順，檢查排氣管。如果以上三者均正常，就要檢查化油器。

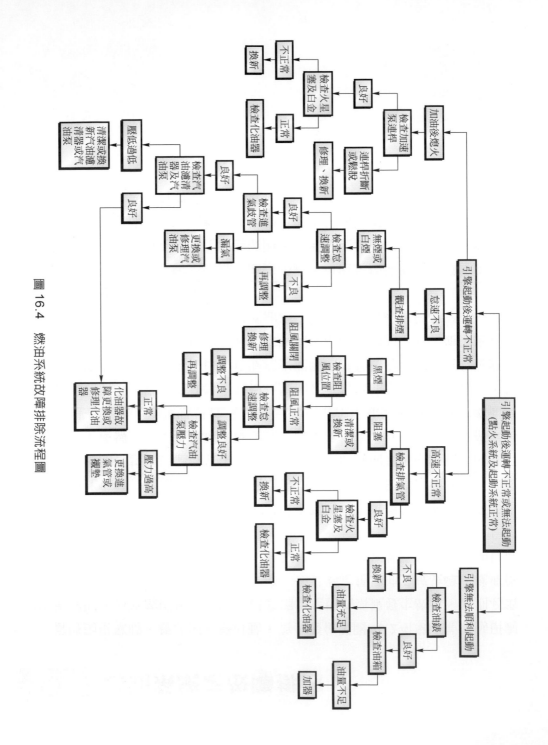

圖 16.4　燃油系統故障排除流程圖

16.4　化油器之故障排除

　　一但發現化油器有毛病，必須要由專門技術人員來維修，因為化油器之構造複雜，種類繁多，材質較軟容易損壞，拆御時需要特殊工具，安裝時許多部位需要調整，因此就是更新也需要專門技術人員來執行。如果已經判定是化油器故障，必須拆下化油器，依照圖 16.5 化油器的例行檢查流程圖，進行化油器之調校及保養。

　　引擎發動後又迅速熄火，這可能是阻風門的作用不正常，發動以後運轉很不順，忽快忽慢，甚至引擎已達工作溫度後依然如此，那極可能是因為阻風門仍在關的位置，空氣無法順利進入化油器。除此之外，檢查浮子針的活門是否受阻。如果受阻，則化油器內得不到燃油正常供應，引擎就無法順利運轉，如果浮子針活門正常，但浮筒如有小縫，無法關閉浮子室的進油口，化油器內過滿的燃油，會流入引擎。此外若受纖維物質或相似的毛髮夾在浮子針與針座間，使油口無法關閉，也會造成化油器燃油泛濫，使引擎運轉不順。

　　化油器檢查步驟：

(1)　拆下化油器：通常為了方便檢查及拆卸，將化油器整個卸下。

(2)　分解化油器上下部份：大多數的化油器，必須要將上半部卸下，才能檢查浮子室的內部，注意安裝的螺帽，螺栓的順序位置。

(3)　卸下浮筒：一般浮筒非常輕，很容易受損，拆下時要特別小心，通常浮筒是一個小的扣銷吊住，必須先小心卸下扣銷，才能將浮筒拆下。

(4)　拆下浮子針活門：拆下浮筒，才能看到浮子針活門，用正確合適的扳手輕拆下螺絲，凹槽部位有襯圈墊在下面。避免使螺帽受損，不可用大力硬扭。

(5)　清除內部渣質或沉澱物：一般渣質或沉澱物多累積在活門上，或者在出油孔口，阻塞進油或阻塞浮子針回復原位，導致燃油溢滿現象。用壓縮空氣或用口吸走渣質或沉澱物，若發現有損壞，必須換新。

(6)　清潔其他各油路：御下各油路之調整螺，注意內有彈簧，不能掉了或受損，用壓縮空氣吹淨內部的渣質或沉澱物。

(7)　檢查阻風門：一般阻風門分自動控制及機械操作兩種。自動控制式有一個雙金屬彈簧來控制阻風門，如果此彈簧受髒物粘著無法作用，必須清除髒物，使阻風門恢復正常，如果損壞必須換新。機械式阻風門

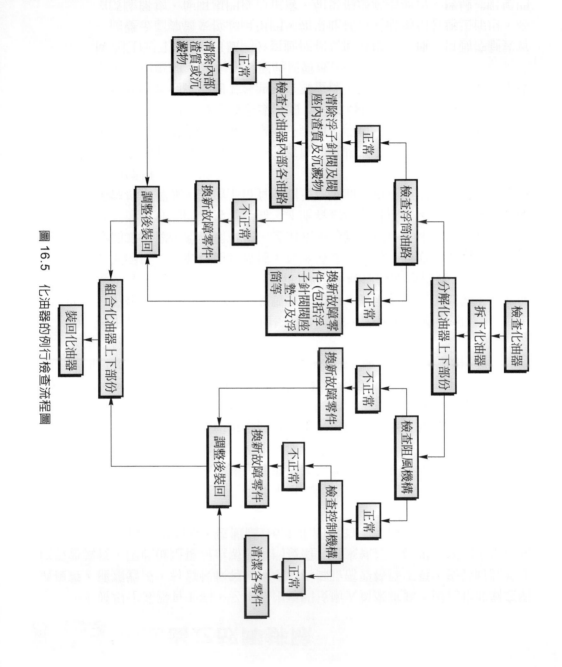

圖 16.5　化油器的例行檢查流程圖

之動作，是靠化油器下方的槓桿使風門關閉，清潔槓桿各部髒物，使槓桿能自由動作，以利控制阻風門開關作用。

化油器檢查保養後，必須要調整，其調整的方法依各種不同型式之化油器而有所不同，今舉固定噴油嘴式化油器說明調校過程：化油器經過查檢保養後，維持引擎的轉速較怠速稍快一點，其次調整混合汽控制螺，向左或向右轉都可以，直到引擎逐漸有不正常的聲響，也就是聽起來快要熄火的聲音，立即迅速向剛才轉動方向之反方向轉動該控制螺，此時必須記住轉動的圈數，一直轉到像剛才快要熄火的聲音為止，然後回轉此混合汽控制螺。使其停在剛才兩者之間的中間位置。必須記住螺絲旋轉的圈數是很重要的。如果能調整在兩者之中間，可以得到最穩定的引擎轉速。然後回來調整節流閥固定螺(如圖 16.6)，使引擎恢復正常的怠速運轉，有時還可以憑經驗稍許調整混合汽控制螺，可使引擎得到更好怠速運轉，但在調整混合汽控制螺時，絕對不可以旋到底或旋的

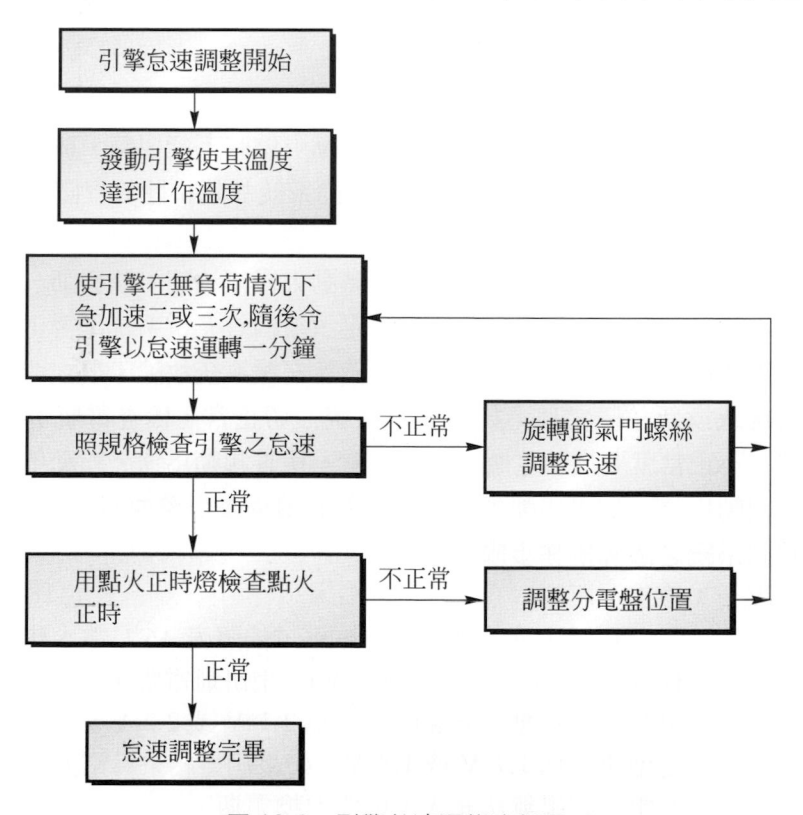

圖 16.6　引擎怠速調整流程圖

太緊，因爲此控制螺的前端是圓錐形端點，與一個小出油孔配合，用力太大兩者都可能受損。如果調整混合氣，不易使引擎達到平穩時，將調整螺及彈簧全部御下，檢查圓椎形端點是否已損壞，如果壞了就必須換新。再將新的控制螺先輕輕裝上，輕旋到最深處，再向後轉一圈半，然後起動引擎，依前述步驟，再重新調整一次。如果換新控制螺後，仍然無法使引擎平穩怠速運轉時，可能是氣門間隙不正確，進氣岐管漏氣，或氣門不密合等毛病，此時必須請專門技術人員用特殊儀器檢修。

16.5　其他部份之故障排除

16.5.1　起動系統故障排除

1.　起動系統之故障

　　起動系統的故障，常見者有，起動引擎時不能運轉，或轉動太慢無法使引擎發動，必須依照圖 16.7 起動系統故障排除流程圖，檢查故障所在，並給予排除之。

　　起動引擎不能使引擎發動，或轉動太慢無法使引擎發動，必須先檢查電瓶是否有電，如果沒電或電不足，須檢查充電系統是否正常，通常充電系統故障時充電指示燈會亮，確定充電系統故障，須立即檢修充電系統或換新故障零件。如果充電系統一切正常，檢查電瓶本身是否正常，不正常就要換新電瓶。如果正常，檢查起動馬達，起動馬達故障，換起動馬達。如果起動馬達正常，就必須檢查引擎內部。

2.　起動系統之故障排除步驟

步驟一：檢查電瓶

　　　　利用比重計測量電水比重，依照表 16.1 電水比重與充電程度對照表(溫度以 80°F爲準)，來硏斷電瓶狀況。再用電錶測量分電池電壓，充滿時電壓爲 2.1 V 或 2.2 V，完全放電後分電池電壓爲 1.7 V 或 1.8 V。如果測得結果爲電力不足，拆下充電。如果無法充入，則需要換電瓶。

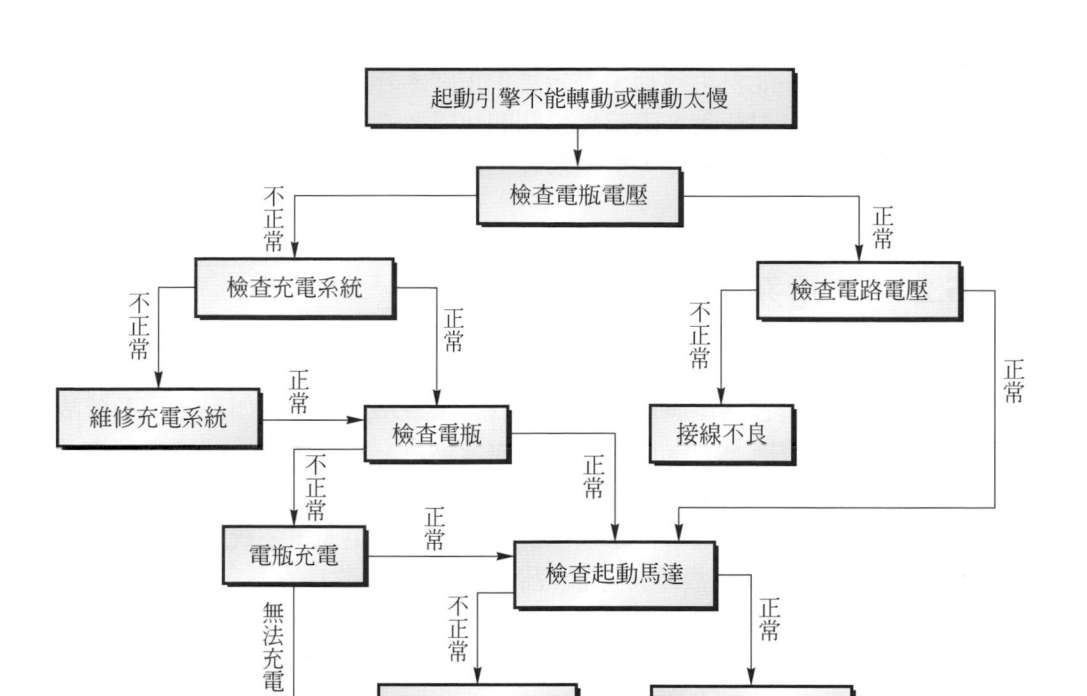

圖 16.7　起動系統故障排除流程圖

表 16.1　電水比重與充電程度對照表

充電程度	完全充滿	3/4 充電	1/2 充電	1/4 充電	完全放電
充電比例	100 %	75 %	50 %	25 %	0 %
電水比例	1.280	1.250	1.220	1.190	1.120

步驟二：檢查搭鐵線路

檢查電瓶線及搭鐵線，是否連接良好，或拆下清潔後再裝回，將螺栓扭緊。再檢查線路是否有破皮漏電，並用電工膠布包紮。

步驟三：檢查起動馬達開關及馬達

拆下起動馬達及馬達開關，用電瓶直接接通起動馬達，若無法轉動，表示起動馬達故障，拆下馬達檢修或換新。若起動馬達能自由轉動，表示馬達正常。若將起動馬達開關短路，馬達可以起動，表示馬達開關故障，必須換新。如果不能起動，表示馬達故障，拆下修理或換新。如果馬達一切正常，須要檢查引擎內部。

16.5.2　充電系統之故障排除

1.　充電系統之故障

充電系統包括：發電機、調整器、電錶及電瓶等，如果充電系統故障，將會使電瓶電力很快用完，造成低壓電力不足，無法感應高壓電，使火星塞跳火，引擎將會停止。充電系統線路狀況之好壞，也會影響整個電路系統的每一個零件之使用壽命。如果發現充電系統故障，必須依照圖 16.8 充電系統故障排除流程圖，檢查故障之所在。

2.　充電系統之故障排除步驟

步驟一：檢查充電系統內導線

利用電錶檢查充電系統內所有導線連接是否良好，若有故障，包括接觸不良，導線漏電，導線斷路等，加以修理之。

步驟二：檢查調整器

檢查調整器前，先要識別調整器上之接點，B(BAT)點接電極，A(ARM)點接發電機火線，F(FLD)點接發電機磁場線圈。當引擎發動後充電指示燈一直亮著，表示充電系統有故障，此時將引擎停止運轉，但發火開關，仍在 IGN 位置，用電錶來量調整器 F 線頭，如果沒電，但發火開關之 IGN 位置保持有電，表示調整器故障，排除的方法，更換調整器。

步驟三：檢查充電指示燈

打開發火開關轉至 IGN 位置，充電指示燈始終不亮，用電錶測量指示燈是否正常，如果指示燈故障，排除方法，更換指示燈。

步驟四：檢查發電機

將引擎熄火，發電開關轉至 IGN 位置，用電錶測量調整器 F 接頭，如果有電，發動引擎後，充電指示燈一直亮著，表示發電機故障，排除方法，換新發電機。

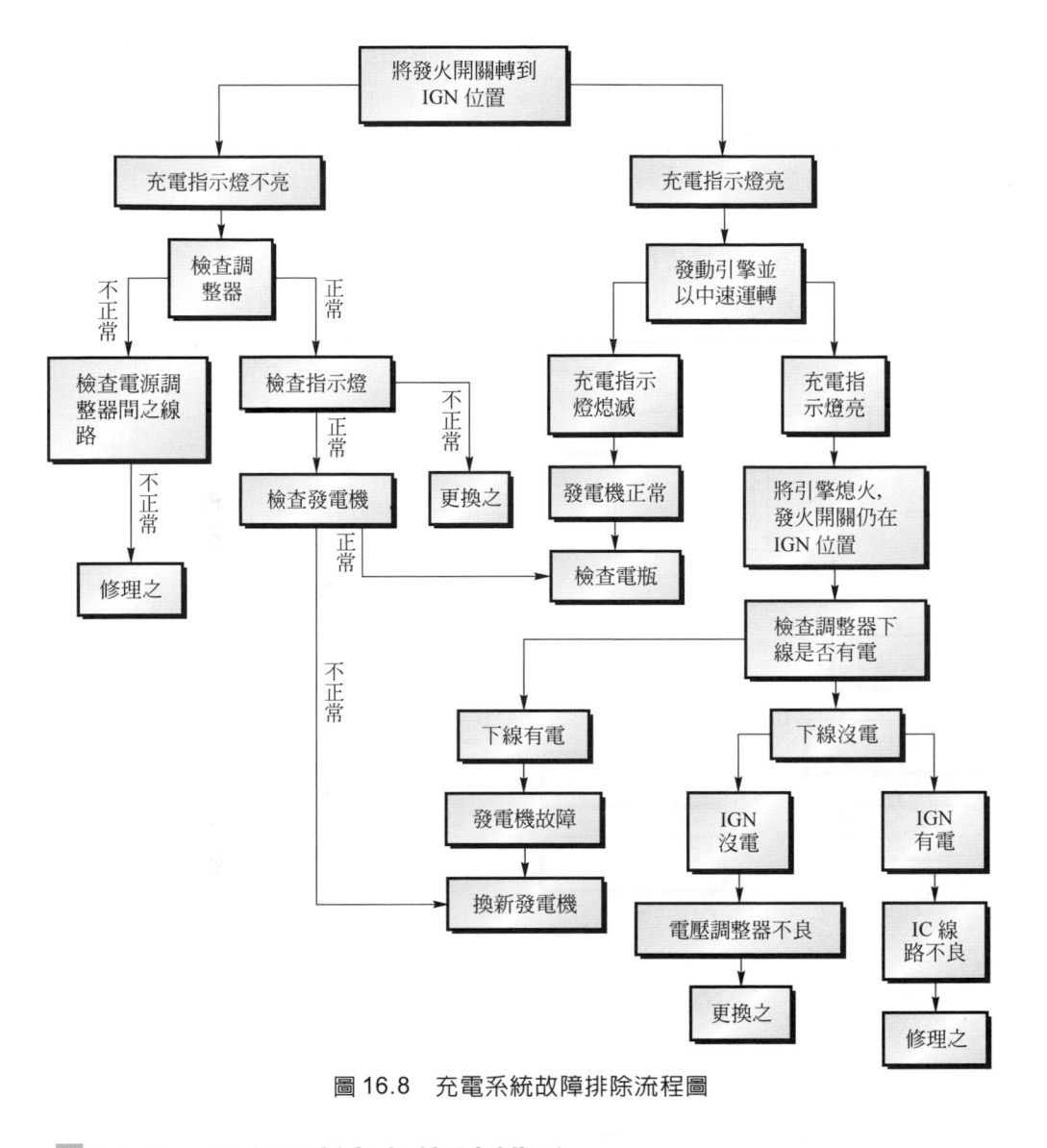

圖 16.8　充電系統故障排除流程圖

16.5.3　潤滑系統之故障排除

1.　潤滑系統之故障

　　潤滑系統之故障，將導致引擎之潤滑不良，造成溫度過高，磨損零件，甚至會造成引擎咬死，無法運轉，其故障的原因，使用潤滑油的號數不對，或使用過久而變質。另外一個原因是潤滑油太少，造成潤滑不良，此兩種原因均可依照圖 16.9 流程檢查而避免之。

　　為了要確保引擎機件之良好潤滑，必須依照規定，定期更換潤滑油，有時雖然沒有運轉，但是達相當的時間後，也須要更換新潤滑油，因為潤滑油受環境的影響，如溫度、濕度等會造潤滑油變質。換潤滑油時機油濾清器是無法清洗的，必須每次換新。通常變速箱內的齒輪潤滑油用久，會有很多的金屬屑渣，混在其中，當引擎運轉到相當期間時，也應該依照規定，更換新齒輪油。

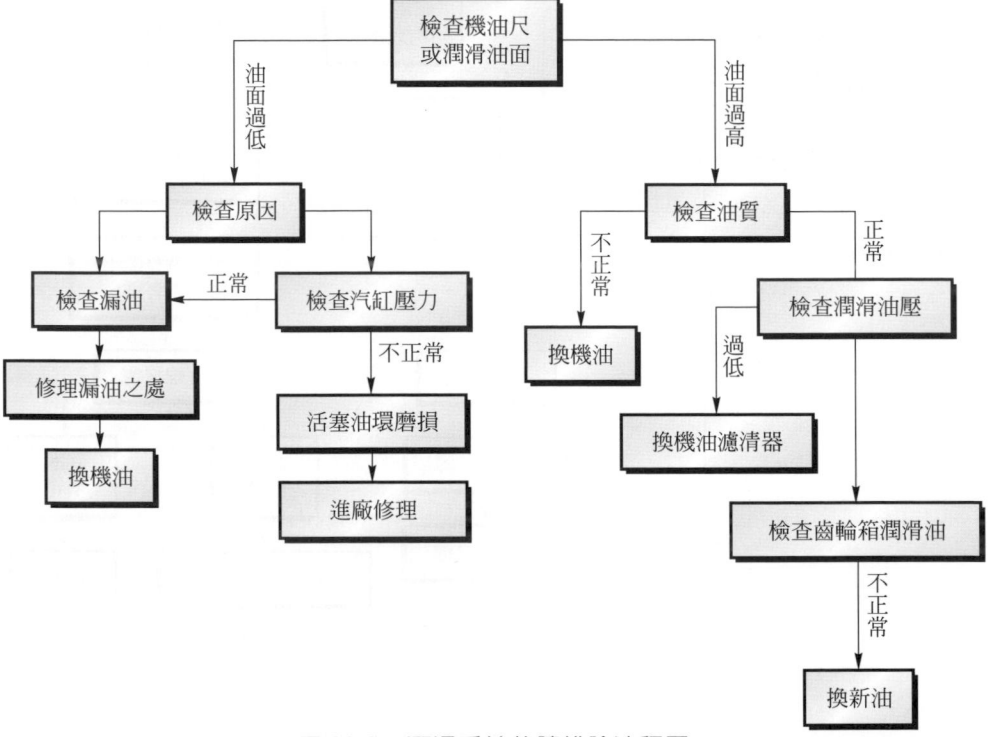

圖 16.9　潤滑系統故障排除流程圖

2.　潤滑系統之故障排除步驟

步驟一：檢查潤滑油油量

　　　　　　檢查油尺或油面是否在規定的範圍(上下限)內，若油量減少，必須檢查原因，一般潤滑油減少的原因有兩種：一為漏油，在潤滑系統管路中有損壞而造成漏油，另一種是活塞油環損壞或太鬆，使潤滑油進入汽缸中燃燒，前者需要檢漏，並修理之，後者就要進廠檢修。

步驟二：檢查潤滑油油質

先看潤滑油的顏色是否正常，如果成乳白色或成泥巴狀時，潤滑油已經變質。再檢查其黏度是否正常，如果黏度不夠變稀或內含雜質，均為不正常，需要更換潤滑油，換潤滑油時，必須注意使用潤滑油的號數是否正確及所加的量是否適當，同時一定要將潤滑油過濾器一齊換新。

步驟三：檢查齒輪箱潤滑油

齒輪箱潤滑油，用久了會有因磨損的金屬渣，如果發現潤滑油不太乾淨，就必須換新，在換齒輪箱潤滑油時，也要特別注意所加之油量，不能過多也不能過少。用於自動變速箱內之潤滑油需要非常的清潔，否則將會影響變速箱中機件之壽命。

16.5.4　冷卻系統之故障排除

1.　冷卻系統之故障

冷卻系統之故障將造成引擎之過熱或過冷現象，導致引擎過熱或過冷的原因很多，一般可分為，系統缺水、水泵作用不良、節溫器作用不良、冷卻系統內積垢等，這些屬於冷卻系統方面。另外排氣系統不良、散熱片散熱不良、點火時間不當等也會造成引擎之過熱現象，冷卻系統的故障檢查，可依照圖 16.10 之流程圖，研判故障所在，並加以排除之。

2.　冷卻系統之故障排除步驟

步驟一：檢查冷卻水

打開水箱蓋檢查冷卻水位，注意在高溫時，先轉開水箱蓋的第一段，使高壓蒸汽溢出後再打開第二段取下水箱蓋，否則沸騰的水會噴出傷人，如果水位過低缺水，表示有漏水現象，進一步檢查漏水原因，一般失水的原因有兩種，一是冷卻水系統中有破洞漏水，找到後加以修理之，另一種是引擎長期過熱，使水蒸發，這時必須檢查引擎過熱原因。

步驟二：檢查節溫器

　　如果發現引擎運轉會過熱或過冷現象，檢查冷卻水位正常，這時就要檢查節溫器，正常的節溫器是會隨著冷卻水溫度變化而自動調整其流量，使引擎保持在正常運轉溫度，有些調節器是可以調整其調節溫度的，如果不能調整或無法調至所需的溫度者，應該換新節溫器。

步驟三：檢查冷卻水泵

　　當檢查冷卻水位、節溫器均正常時，就必須檢查冷卻水泵是否正常，如果冷卻水泵不良，也就是無法使冷卻水正常循環時，會造成引擎過熱而故障。如果發現冷卻水泵正常，而引擎仍然過熱，清洗冷卻系統，並換冷卻水後，引擎還是過熱，可能已經不屬冷卻系統的問題，必須檢查排氣系統是否良好及點火正時是否正確。

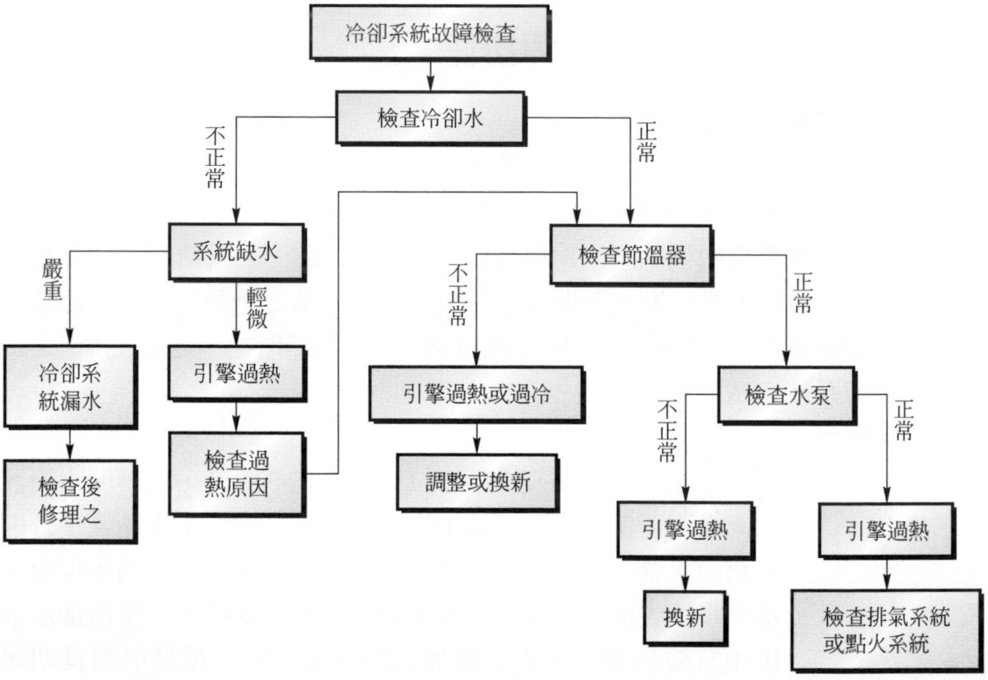

圖 16.10　冷卻系統故障排除流程圖

習　題

1. 內燃機故障的原因有那兩大項？
2. 起動系統常見之故障有那些？
3. 潤滑系統常見之故障有那些？
4. 冷卻系統常見之故障有那些？
5. 進排氣系統常見之故障有那些？
6. 燃油系統常見之故障有那些？
7. 控制系統常見之故障有那些？
8. 請說明引擎不能發動檢修流程圖？
9. 請說明點火系統故障排除流程圖？
10. 請說明燃油系統故障排除流程圖？
11. 請說明化油器的例行檢查流程圖？
12. 請說明引擎怠速調整流程圖？
13. 請說明起動系統故障排除流程圖？
14. 請說明充電系統故障排除流程圖？
15. 請說明潤滑系統故障排除流程圖？
16. 請說明冷卻系統故障排除流程圖？
17. 簡述起動系統故障排除步驟？
18. 簡述充電系統故障排除步驟？
19. 簡述潤滑系統故障排除步驟？
20. 簡述冷卻系統故障排除步驟？

CHAPTER 17

INTERNAL CONBUSTION ENGINE

內燃機實習(GM6-71 柴油 機拆裝說明)

　　本章是採用 GM6-71 柴油機作為實習的材料，該柴油機一般用來作為船上發電機之用，有 225 匹馬力/每分鐘 2100 轉，六個直線排列汽缸，其大小很適合學生實習用，本章主要的是介紹，內燃機的拆裝、檢查、試車等說明及步驟，其中插入老師發問，學生作答，增加學生的實際經驗，使學生實習後對內燃機有更進一步的認識，其中，包括 GM6-71 柴機裝復說明及 GM6-71 柴油機試車說明，本章僅供參考，學者可自選其他各種內燃機，參考本實習說明步驟，撰寫內燃機實習說明。

17.1　GM6-71 柴油機規格說明

　　目的：使學生熟習 GM6-71 柴油機、拆卸、檢查、裝復、調整、起動及運轉步驟

17.1.1　規　格

1.　汽缸數：六個直線排列。

2. 汽缸直徑與衝程長度：4 1/4″×5″。
3. 活塞總排氣量：425 立方英吋。
4. 制動馬力：225 匹馬力/每 2100 轉。
5. 壓縮比：16：1。
6. 點火次序：
   (1) 左轉 1.5.3.6.2.4.
   (2) 右轉 1.4.2.6.3.5.

17.1.2 機器構造

1. **機體**
   (1) 型式：長方－體型。
   (2) 材料：鐵與合金鑄造而成。
2. **端板**
   (1) 材料：平滑鋼板。
   (2) 固定方位：用螺絲固定。
   (3) 用途
       ① 前端板用以固定平衡重鐵與曲柄箱。
       ② 後端板用以接裝飛輪室及曲柄箱。
3. **汽缸套：採用乾式汽缸套**
4. **主軸瓦**
   (1) 型式：精細型。
   (2) 材料：鋼製瓦背，表面鍍以銅鉛合金。
   (3) 用尖釘固定以防活動。
   (4) 下軸瓦沒有油槽，故拆裝時上下瓦不可互換。
   (5) 所有上瓦均相同，所有下瓦亦均相同，但拆裝時不可換裝，主軸瓦帽
       上刻有號碼。
   (6) 靠近飛輪之軸上裝有推力墊片。
5. **曲柄軸**
   (1) 材料：由高熱處理過之鍛鋼製成。
   (2) 軸頸精細且表面光滑。
   (3) 軸衍第 1 與第 6 裝有反震重鐵以平衡旋轉各部份之重量。

(4)　有油孔可使滑油流通。

(5)　有凸緣輪以裝飛輪。

6.　飛輪

(1)　較一般機器所用者爲輕。

(2)　能加強機器之彈性。

(3)　齒輪可做起動用。

7.　減震器：減低曲柄軸運動時所發生之側推力

8.　活塞

(1)　型式：幹式。

(2)　上頂成碗形，形成燃燒室。

(3)　冷卻方式：由噴射滑油所冷卻。

(4)　採用全浮動式活塞梢。

(5)　活塞環

①　壓縮環四個。

②　油環二個。

9.　連桿軸承片

(1)　上瓦有部份油道並有油孔。

(2)　下瓦有完全油道。

(3)　上下瓦不可互換使用。

10.　齒輪系

(1)　位於機器之後端。

(2)　包括五個齒輪：

①　曲柄軸輪。

②　惰輪。

③　平衡軸輪。

④　凸輪軸輪。

⑤　鼓風機帶動輪。

11.　凸輪軸與平衡軸

(1)　位於機器兩邊。

(2)　每組凸輪之間有軸承支持。

(3)　每缸凸輪有三個：

①　噴油嘴一個。

② 排氣門二個。
(4) 平衡鐵用來平衡機器之往復衝力。

12. 汽缸蓋

(1) 型式：一體鑄造而成。
(2) 由螺絲及螺帽固定於機體上。
(3) 汽缸頭包括：
　① 凸輪從動柱三個(每一個缸)。
　② 閥導管二個(每一個缸)。
　③ 排氣門二個(每一個缸)。
　④ 搖臂三個(每一個缸)。
(4) 排氣門座係經加熱方法固定於汽缸頭內。

13. 排氣聚歧管

(1) 型式：一體鑄造而成。
(2) 引導排氣至消音器。
(3) 用螺絲固定於汽缸頭上。
(4) 由海水冷卻。

17.1.3 滑油系統

1. 型式

(1) 壓力式或稱強壓系統。
(2) 油幫浦輸送滑油至各運動部份。

2. 各要件與功用

(1) 油槽：滑油總儲集處。
(2) 進油過濾網：
　① 進油過濾網裝於油槽深度，幫浦之進口端。
　② 阻止新物，不使進入滑油系統。
(3) 滑油幫浦：
　① 型式：正排量齒輪式。
　② 功用：使滑油加壓後送至機器各部份。
　③ 幫浦內裝有安全閥，壓力定為 110 psi。
(4) 滑油冷卻器：

　　　① 裝於滑油進入機器各部份之前，以淡水冷卻之。

　　　② 裝有「差動旁路閥」當冷卻器阻塞時使滑油由旁路流通。

　　⑸ 總油道：

　　　① 與機器平行。

　　　② 由此油道供油至各部份。

　　⑹ 油壓調節閥：

　　　① 由彈簧與柱塞組成。

　　　② 保持油壓為 45 psi。

　　⑺ 上油道：由上油道傳輸滑油至上部機件。

　　⑻ 上升油道：

　　　① 由總油道輸送滑油至上油道。

　　　② 共有四個上油道。

　　⑼ 曲柄軸油道：曲軸頸至曲柄頸之間有油道鑽通。

　　⑽ 過濾器：過濾滑油中不潔之物。

　　⑾ 儀表：

　　　① 壓力表：指示機器內之滑油壓力。

　　　② 溫度表：指示機器內之滑油溫度。

　　　③ 量油桿：量度油槽中之滑油量。

3. 過濾：採用旁路系統

　　⑴ 有一小部份滑油由滑油幫浦排至過濾器後返回油槽。

　　⑵ 限制通至過濾器之油量是為保持機器內有足夠配油量。

4. 滑油之通風

　　⑴ 空氣箱

　　　① 空氣箱中之空氣由壓力送至進氣孔。

　　　② 部份空氣經活塞上之小孔流至活塞底部。

　　⑵ 油孔：活塞上之油孔傳導空氣至曲拐箱。

　　⑶ 齒輪室：

　　　① 空氣由齒輪室至搖臂蓋。

　　　② 空氣由第 6 缸向前流。

　　⑷ 調速器控制室：

　　　① 空氣由汽缸頭流至調速器。

　　　② 由滑油潤滑控室內之機件。

(5) 鼓風機：
　① 調速器與鼓風機之間有小管相通。
　② 鼓風機將空氣送至汽缸內。

5. 安全守則
(1) 滑油失壓即須停機。
(2) 油壓太高時應檢查調壓閥彈簧是否黏性。
(3) 滑油溫度太高，檢查冷卻器是否阻塞。

17.1.4 進排氣系統

1. 進氣目的
(1) 供給空氣使燃油燃燒。
(2) 供給足夠的空氣使燃燒完全。
(3) 使空氣品質良好，減低活塞與缸套磨損達最小限度。

2. 進氣系統各要件及功用
(1) 進氣消音器：阻止粗糙物質進入並減低雜音。
(2) 鼓風機：掃清汽缸中燃燒過之氣體並重新充入新鮮空氣。
(3) 空氣箱：儲存空氣並將空氣分佈至各汽缸。
(4) 進氣孔：
　① 主要功用：在進氣
　② 次要功用：使空氣旋轉產生旋流。

3. 排氣系統之功用與條件
(1) 功用在引導排氣由汽缸排至大氣中。
(2) 具備之條件為：
　① 必須使聲音減低，使人聽來不討厭。
　② 減少背壓力，回壓愈少愈佳。

4. 排氣系統之要件與功用
(1) 汽缸與活塞：活塞如同進氣門，開關汽缸套上之進氣孔。
(2) 排氣門：
　① 使廢氣在機器衝程之適時時間排出。
　② 採用圓形閥，閥邊角為 75°角。

(3) 排氣聚歧管：
　① 為各汽缸之排煙總會。
　② 由各汽缸吸聚排氣。
　③ 海水冷卻。
(4) 排煙管：將煙引導至消音器，並由消音器輸至大氣中。
(5) 消音器：
　① 減低排氣噪音。
　② 型式：
　　❶ 濕式：海水噴入冷卻。
　　❷ 乾式：無水、排氣經隔板後消失聲音。

5. 衝程與曲柄軸轉動關係
(1) 二行程：
　① 上行進氣與壓縮。
　② 下行動力與排氣(當動力衝程時排氣門較進氣孔先開)。
(2) 曲柄軸每轉一週。
　① 發火一次。
　② 噴油的時間隨速度不同而變更。
(3) 每一週：
　① 活塞行兩次。
　② 曲柄軸轉乙轉。
　③ 凸輪軸轉乙轉。

17.1.5　冷卻系統

1. 型式
(1) 封閉式。
(2) 淡水(35 公升)在機內循環。
(3) 海水冷卻淡水。

2. 海水系統通路之要件
(1) 海底吸孔：位於船殼吸進海水
(2) 海水閥：當機器進行修理時，用以關閉海水，不使海水進入。
(3) 過濾器：

① 防止雜物進入系統。

② 須時常檢查保持清潔。

(4) 海水泵浦：膠質，正排量齒輪式。

(5) 淡水冷卻器。

① 海水冷卻淡水。

② 包括平管及殼。

③ 淡水在管內流，海水在管外。

④ 鋅棒控制電化作用。

(6) 排氣聚歧管：由海水冷卻，冷卻後即排於船外。

3. 淡水系統之要件與功用

(1) 淡水泵浦：

① 型式：離心式。

② 由於鼓風機軸前端帶動。

③ 從滑油冷卻器將淡水吸出送入機體。

(2) 機體：淡水由機體上之鑄孔進入冷卻汽缸。

(3) 汽缸頭：淡水由機體進入，在汽缸頭上冷卻排氣門及噴油嘴。

4. 淡水總管

(1) 用螺絲固定於汽缸頭上。

(2) 聚集汽缸頭內之冷卻水。

(3) 包括兩個調溫器及溫度表的接頭。

5. 調溫器

(1) 控制淡水溫度在 160～185 度 F。

(2) 調溫器關閉時，淡水總管之水不經膨脹櫃及淡水冷卻器而直接流至滑油冷卻器，使滑油很快的加熱。

(3) 若機器溫度高，調溫器開放，淡水便進入淡水冷卻器冷卻。

6. 旁路管：此管位於淡水總管與滑油冷卻器之間

7. 膨脹櫃

(1) 位於淡水總管與滑油冷卻器之上。

(2) 上有水孔。

(3) 可容熱水膨脹。

17.2 GM6-71 柴油機拆卸說明

17.2.1 注意事項

1. 密切的遵守工作程序，不可變更工作步驟。
2. 務求明瞭所拆之機件之功用與構造。
3. 檢查各拆下之螺絲及螺帽，粗細紋螺絲裝復時不可弄錯，以免損壞螺紋。
4. 使用扳手時尺寸必須與螺絲帽相同，拆裝時亦不可用力太大。
5. 保持雙手及工具的清潔，用完後放回適當位置。
6. 不可把工具放在機器上，機器內或地上亂丟。
7. 對拆裝須用特殊技巧的地方須特別注意，並作筆記以防遺忘，如裝活塞梢及主軸瓦螺絲等。
8. 不瞭解的地方隨時發問，不要自己亂弄。
9. 拆裝前注意聽教官之講解。
10. 拆裝時掉落任何東西於機器內時，立即報告教官處理，不可自行伸手去取，以免受傷。
11. 分組實習，自己拆裝自己的機器，不要自作聰明幫助別組拆裝，以免零件混在一起。
12. 聽從教官的指導及吩咐進行拆裝。

17.2.2 步　驟

1. 教官講解 GM6-71 引擎之一般說明，機器構造及各種系統。
2. 對教官之講解有任何不明白之處即提出發問。
3. 辨認以下機器部份
   (1) 進氣消音器。
   (2) 機器名牌。
   (3) 滑油過濾器。
   (4) 加油孔。
   (5) 柴油細濾器。

(6) 柴油粗濾器。

(7) 燃油供應泵浦。

(8) 柴油進油及出油管。

(9) 曲柄箱洩油孔。

(10) 鼓風機。

(11) 起動馬達。

(12) 控制桿。

(13) 淡水泵浦。

(14) 海水泵浦。

(15) 膨脹水櫃。

(16) 海水洩放孔。

(17) 淡水洩放孔。

4. 拆卸。

5. 裝復。

17.2.3 拆 卸

1. 拆起動馬達及各管路系統

(1) 拆下起動馬達。

(2) 拆離排氣管。

(3) 洩放滑油系統之滑油。

(4) 洩放滑油過濾器內之滑油。

(5) 洩放海水系統之海水(開啓海水泵浦排水端之洩放閥,並將海水盛於桶內)。

(6) 洩放海水系統之淡水(洩放閥在燃油泵浦後之機體上)。

(7) 拆下燃油泵浦進油管。

(8) 拆下燃油系統之回油管,洩放燃油過濾器內之燃油,並拆下過濾器。

(9) 抹乾淨工作地方之滑油及燃油,保持清潔。

(10) 拆下滑油溫度表,注意將較大的 Bushing 留於油底殼。

(11) 拆下淡水溫度表。

(12) 拆下轉速表及帶動頭。

(13) 拆下儀表板。

2. 拆鼓風機及其附件

(1) 拆離海水泵浦排水管之凸輪，並將至淡水冷卻管之海水管拆下，並倒盡管中之水。

(2) 拆下自調速器至消音器間之空氣管。

(3) 拆下空氣消音器。

(4) 由齒輪拆下轉速表帶動室，並檢查後小心放好。

(5) 抽出鼓風機帶動軸，包裹好存放之。

(6) 移去汽缸頭蓋。

(7) 鬆下調速器控制室蓋螺絲。

(8) 抽出差動桿及控油管之銅梢。

(9) 拿出連接桿。

(10) 鬆下固定控制室之螺絲。

(11) 輕敲控制室與飛球室間之四個長螺絲，使其鬆動。

(12) 輕敲控制室，慢慢的由汽缸頭上取下調速器控制室，同時將其下部零件由飛球室拆下。

(13) 鬆開淡水泵浦至滑油冷卻器間軟接頭夾子。

(14) 拆下淡水吸入管。

(15) 鬆下淡水泵浦至機體間凸緣上的螺絲(注意凸緣與機體間之橡皮墊)。

(16) 鬆下固定鼓風機室之固定螺絲，用手按住鼓風機。

(17) 取下鼓風機至機體間之墊子並清潔其進口處。

(18) 拆下手孔蓋。

(19) 問題

　① 鼓風機如何潤滑？

　　答：由凸輪軸溢出之潤滑油潤滑之。

　② 拆鼓風機應注意些什麼事項？

　　答：(1)保護機械面不使雜物進入(2)抽出帶動軸。

　③ 鼓風機帶動些什麼附件？

　　答：(1)調速器(2)淡水泵浦(3)轉速表帶動室(4)燃油供給泵浦。

　④ 為什麼要蓋住鼓風機殼的開口？

　　答：保護機械面。

　⑤ 為什麼要用手孔蓋？

　　答：(1)檢查清潔空氣箱(2)檢查進氣孔或活塞環(3)檢查機體。

⑥　什麼時候使用電熱器？

　　答：冷天時使用電熱器，提高進氣溫度，幫助起動。

3.　拆冷卻系統

⑴　拆離海水泵浦進口之軟管夾子。

⑵　拆下海水泵浦至淡水冷卻器及排煙管之水管。

⑶　拆下排煙管旁之排水管。

⑷　拆下排煙歧管。

⑸　拆下冷卻器之滑油管。

⑹　拆下總水管至滑油冷卻器間淡水管。

　　問：此管有何作用？

　　答：在較冷天氣使滑油很快的加熱。

⑺　檢查加水口彈簧，並拆除膨脹水溢流管。

⑻　鬆下淡水總管固定膨脹水櫃之螺絲。

⑼　鬆開冷卻器下部支架上螺絲。

⑽　鬆下膨脹水櫃至前支架上螺絲。

⑾　將冷卻系統整體取下清潔各螺絲桿。洩放存水。

　　問：本機器冷卻系統是什麼型式？

　　答：封閉式。

⑿　自淡水總管取出調溫器。

　　問一：什麼溫度下此調溫器開放？

　　答：160°F～180°F。

　　問二：調溫的功用是什麼？

　　答：保持淡水溫度近於定值。

⒀　拆離滑油過濾器進出口管。

⒁　鬆下機體上固定過濾器之螺絲，拆下過濾器及油管。

⒂　拆下發電機帶動滑輪。

⒃　拆下齒輪室上發電機帶動板。

⒄　拆下海水泵浦。

⒅　拆下海水泵浦帶動接頭。

　　問一：海水泵怎樣帶動？

　　答：由於特製接頭接於凸輪軸之齒輪上，由凸輪軸帶動。

　　問二：海水泵浦及其車輪是什麼材料做的？為什麼？

答：是一種橡膠質的混合物製成，爲了防止海水中雜質的作用。

4. 拆汽缸頭

(1) 拆下固定噴油嘴操縱管支架螺絲。

問：操縱管操縱什麼？

答：燃油量。

(2) 鬆下四個大頭螺絲，兩個固定前吊環於平衡室上，兩個固定後吊環於齒輪室上。

(3) 鬆下汽缸頭螺絲。

(4) 用滑車慢慢將汽缸頭吊下，並放於木墊上。

(5) 取下汽缸頭墊子，並清潔之。

問：此汽缸墊子是什麼型式？

答：摺疊鋼片及石棉式。

5. 吊開機體

(1) 將吊架固定於汽缸頭螺絲桿上，掛上滑車鏈條。

(2) 鬆下機體與底架間螺絲。

(3) 用滑車吊起機器，轉 90 度放下，排氣管邊向下。

(4) 拆下吊架。

(5) 放下活塞套夾，放於雙數汽缸頭螺絲上，一夾可固定兩個汽缸套(夾子螺絲用手上緊即可)。

問：爲什麼要固定汽缸套？

答：不使其滑動。

(6) 鬆下固定平衡鐵室至前端板之螺絲。

問：裝置平衡鐵之目的是什麼？

答：平衡或抵制凸輪軸之旋轉震動力。

6. 拆滑輪及減震器

(1) 鬆下曲柄軸頭端之固定螺絲。

(2) 將滑輪拆出，滑輪與軸間有一鐵梢，以防滑動。

(3) 用木製牛皮槌敲打滑輪邊緣，以鬆外圓錐環。

① 需要重敲方可鬆下，但不可在同一部位敲打，應當時常變換敲打部位。

② 注意鬆開後即取出，不可掉在地上。

(4) 自軸上抽出減震器及內圓錐環。

問一：內外圓錐環一樣嗎？

答：不一樣。

問二：有何不同？

答：外圓錐環是銅質，內圓錐環亦是銅質並有缺口。

7. 拆前機架

⑴ 鬆下前支架螺絲(此螺絲位於機架與機體之間或機架與油底殼之間)。

⑵ 取下前支架(注意油擋之位置)。

8. 拆滑油系統

⑴ 鬆下進油管凸緣至泵浦間之螺絲。

⑵ 鬆下油底殼至機體間之螺絲，並清潔後存放之。

⑶ 鬆下過濾網架至主軸瓦帽的螺絲。

問：過濾網有什麼功用？

答：過濾較大雜質。

⑷ 鬆下固定調壓閥螺絲(注意其出口凸緣墊子上之偏心孔，此偏心孔不可裝錯)。

⑸ 倒淨管內之滑油並存放之。

⑹ 將螺絲刀插入鏈條之後，將泵浦及鏈條一同取出。

9. 拆飛輪

⑴ 用夾鉗夾斷固定飛輪之六個螺絲的開口梢。

⑵ 當拆螺絲時，為防止曲柄軸隨之旋轉，放一塊木板於平衡重鐵與曲柄軸之間，並旋轉飛輪，使木板被夾緊。

⑶ 鬆下飛輪固定螺絲。

⑷ 用兩 J-1904 螺絲上於飛輪凸緣內直至飛輪移出，拿出並存放之。

10. 拆飛輪室

⑴ 拆下齒輪室之螺絲。

⑵ 鬆下固定端板與殼間螺絲。

⑶ 鬆下固定惰輪及啞輪螺絲。

⑷ 鬆下飛輪室與機體間螺絲。

⑸ 取下飛輪室。

⑹ 檢查油擋。

⑺ 活動邊向著機體。

(8)　檢查齒輪系：裝上曲柄軸螺絲帽，用起動手柄盤車直至各齒輪之記號
　　　對正如下：

①　曲柄軸輪至惰輪 H-R。

②　惰輪至平衡軸輪 R-R。

③　平衡軸至凸輪 O-O。

　　　問一：那一齒輪不須對時？

　　　答：鼓風機齒輪。

　　　問二：此齒輪系用什麼齒輪？

　　　答：螺旋齒。

　　　問三：左斜輪與右斜輪怎樣分別？

　　　答：從起點看。

11.　齒輪系之拆卸

(1)　鬆下啞輪內殼螺絲。

(2)　鬆下惰輪內殼螺絲。

(3)　取出內殼及齒輪。

　　　問：惰輪內殼如何潤滑？

　　　答：壓油。

(4)　檢查惰輪軸承表面有否裂痕及磨損情況。

12.　凸輪與平衡輪軸重鐵之拆卸

(1)　放木塊於重鐵與機體之間，鬆下螺絲。

(2)　取下平衡重鐵。

　　　問：平衡重鐵與平衡軸是一體構成的嗎？

　　　答：不是，有0.012″間隙。

(3)　拆下凸輪軸。

　　　問一：凸輪的中間軸承是什麼質料製成的？

　　　答：鉛質。

　　　問二：中間軸承的功用為何？

　　　答：加強支持力量。

　　　問三：它們如何潤滑？

　　　答：中空凸輪軸。

　　　問四：凸輪軸輪上有重體嗎？

答：有。

問五：推力由什麼承受？

答：前籠式軸承。

(4) 拆下平衡軸。

問一：平衡軸有中間軸承嗎？

答：沒有。

問二：平衡軸上有平衡重鐵嗎？

答：有。

問三：推力由什麼承受？

答：前籠式軸承。

問四：輪齒由什麼潤滑？

答：溢油。

13. 端板與凸輪及平衡軸軸承之拆卸

(1) 鬆下凸輪及平衡軸前端推力軸承螺絲。

(2) 取下軸承。

(3) 鬆下端板至機體螺絲。

(4) 取下端板，注意不要碰壞，並取下墊子。

(5) 取出空氣洩放清潔器(位於機體之空氣洩放通道內)。

14. 活塞與連桿之拆卸

(1) 用小刀刮去汽缸套上端之積垢(注意不可將汽缸套刮壞或劃痕)。

問：為什麼在拆出活塞以前先要刮去積垢？

答：為了防止活塞環拆斷及防止活塞塞住。

(2) 旋轉曲柄軸，直至要拆之缸在下死點。

問一：連桿軸瓦有號碼嗎？

答：有。

問二：號碼在那一邊？

答：鼓風機邊。

(3) 拆下兩個固定連桿軸瓦螺絲上之銅梢。

(4) 用牛皮木槌敲軸承帽並取下之。

(5) 取下連桿螺絲。

(6) 拆下軸瓦之下半部(有油槽的軸瓦)。

　　問：軸瓦之凸釘朝著那一邊？

　　答：鼓風機邊。

(7)　轉動曲柄軸 180 度，使活塞到達上死點。

(8)　繼續轉動 90 度，拆下軸瓦之上半部(有油孔軸瓦)。

(9)　將活塞與連桿由機體之上部抽出(注意：不要劃壞汽缸套)。

　　問一：如果上下軸瓦裝錯了，會發生什麼現象？

　　答：沒有滑油到活塞梢處冷卻活塞及滋潤活塞。

　　問二：軸瓦是什麼型式？

　　答：精確型。

　　問三：軸瓦的那半邊負擔機器之負荷？爲什麼？

　　答：上半邊，因爲動力衝程活塞向下推連桿，連桿經半軸瓦推曲柄軸。

15. 活塞與連桿之拆卸與檢查(由教官示範)

(1)　用長鼻鉗，取下活塞銷限制圈。

(2)　取下活塞梢蓋。

(3)　取出活塞梢。

(4)　將活塞與連桿分開。

(5)　用活塞環擴張鉗，取下壓縮環及油環。

　　問一：活塞梢套上，爲什麼有螺旋紋？

　　答：加強潤滑。

　　問二：此機器所用活塞梢是什麼型式？

　　答：完全浮動式。

　　問三：一個活塞有多少活塞環？

　　答：6 個，壓縮環 4 個，油環 2 個。

　　問四：油環的括油面應向那個方向？

　　答：向下。

　　問五：在活塞下部有許多小孔是做什麼用的？

　　答：曲柄軸箱通風用。

　　問六：各缸活塞可以互相換裝嗎？

　　答：新的可以，舊的不可以。

　　問七：活塞頂內之間隔有何功用？

答：加強堅固性與冷卻效果。

(6) 測量活塞環開口間隙(標準的壓縮環為0.20″～0.25″之間，標準的油環為0.10″～0.20″之間)。

(7) 測活塞直徑(以180度交叉法量活塞之直徑數次，求其平均值)。

(8) 將活塞及連桿裝復。

16. 拆汽缸套

(1) 取下汽缸套夾子。

(2) 取下汽缸套(可以使用特種工具 J-1918，取出)。

(3) 檢查汽缸套是否有劃痕或損壞之處。

(4) 測汽缸套內徑(由教官示範)。

　　① 由汽缸套頂端一英吋處做前後量。

　　② 由汽缸套頂端一英吋處做交叉量。

　　③ 進氣孔上前後量。

　　④ 進氣孔上交叉量。

　　⑤ 由汽缸套底端一英吋處做前後量。

　　⑥ 由汽缸套底端一英吋處做交叉量。

　　⑦ 求出活塞與汽缸套上之間隙。

　　問一：汽缸套是什麼型式？

　　答：乾式。

　　問二：汽缸套上有多少孔？

　　答：舊式有 64 孔，新式有 15 孔。

　　問三：何以此等孔成功線式？

　　答：可使進氣有力旋轉產生旋流，加強驅氣作用。

17. 拆曲柄軸及主軸瓦

(1) 用剪鉗鉗掉主軸瓦螺絲之銅梢。

(2) 鬆下主軸瓦螺絲帽。

(3) 所有軸承帽都有記號在鼓風機邊，當取下軸承時須注意不可碰壞插梢，第7軸瓦承受推力，拆它時注意，不可將兩片推力墊片掉落地下。

(4) 取下主軸瓦帽(使用特種工具 J-1472)。

(5) 轉出上軸瓦(注意上軸瓦尖釘位置)。

　　問一：尖釘朝向那一邊？

答：鼓風機邊。

問二：上下主軸瓦是一樣嗎？

答：不一樣。

問三：上下主軸瓦可以交換嗎？

答：不可以。

問四：爲什麼？

答：下瓦沒有油槽式油孔。

問五：假使自排氣管邊裝主軸瓦帽可以裝上嗎？

答：裝不上，因爲軸瓦帽對不齊。

問六：那一個軸瓦承受推力？

答：第 7 個。

問七：不先拆主軸瓦可不可以拆出推力墊子來？

答：可以。

問八：按放上軸瓦時須移出曲柄軸嗎？

答：不需要。

問九：怎樣裝它們？

答：滑進滑出便可。

問十：那一片軸瓦負擔壓力？

答：下軸瓦。

17.2.4　教官講解：(問答方式)

1.　滑油系統

問一：此機使用什麼號碼之滑油？

答：9250。

問二：滑油細濾器是什麼型式？

答：可換包心式。

問三：滑油及濾器多少時間換一次？

答：502 作小時。

問四：滑油泵浦是什麼型式？

答：齒輪式。

問五：在泵浦上之閥是什麼名稱，多少壓力？

答：安全閥，壓力為 110 psi。

問六：40 psi 差動閥裝在什麼地方？功用為何？

答：裝在滑油冷卻器殼上，其功用為使阻塞之冷卻器旁通。

問七：旁通至過濾器的滑油，其百分比為多少？

答：大約 10 ％。

問八：連桿軸頸及活塞如何潤滑？

答：鑽孔，壓油流通。

問九：滑油怎樣潤滑凸輪軸？

答：由機體內之油道。

問十：滑油怎樣從主油槽到次油槽？

答：由機體內之油道。

問十一：中間軸承怎樣潤滑？

答：由中空凸輪軸。

問十二：搖臂軸承之壓油自何處來？

答：由中空支架與中空搖臂軸。

問十三：推桿支點軸承也是壓油潤滑嗎？

答：是。

問十四：鼓風機如何潤滑？

答：油凸倫袋溢油。

問十五：齒輪系如何潤滑？

答：溢油。

問十六：為什麼齒輪室與平衡鐵室之下部均與曲拐箱相通？

答：洩油及通風。

問十七：說明調壓閥之位置與功用？

答：其位置在機體右下方，功用為洩放超過 45 psi 之滑油。

2. 機體部份

(1) 教官指示冷卻水之通路。

問：在機體內循環是海水還是淡水？

答：淡水。

(2) 檢查空氣箱之構造。

問一：什麼地方是空氣箱範圍？

　　　　答：環繞進氣孔之部份。

　　　　問二：進氣孔由何處查？

　　　　答：由手孔蓋。

　　　　問三：檢查機體時，檢查些什麼？

　　　　答：裂痕。

　　⑶　機體內有曲柄軸，凸輪軸，平衡軸等三種軸。

17.3　GM6-71 柴油機裝復說明

17.3.1　注意事項

1. 選擇螺絲時須留心不可將細紋螺絲上粗紋孔，亦不可用粗紋螺絲上細紋孔。

2. 機器不可因螺絲太長或太短弄壞。

3. 在裝軸瓦時，其表面須先塗上滑油。

17.3.2　裝軸瓦

1. 裝軸瓦前，先檢查機體是否清潔。

2. 換新瓦時應換新所有上下瓦，以防各軸承的壓力平均。

3. 檢查機體上之軸瓦螺絲桿。

4. 裝復上軸瓦。

5. 裝復上推力墊子，銅面對著軸瓦。

6. 主軸瓦帽上有 1、2、3……等記號者表示其位置。

7. 取下下軸瓦，清潔後塗上油，裝入下軸瓦帽中。

8. 裝下軸瓦帽，塗一些油於螺絲桿上，用膠質木槌敲打軸瓦帽，使其位置接合良好。

9. 用磅表上緊螺絲，磅表磅數為 175～180 呎磅。

10. 裝上新的銅梢。

11. 轉曲柄軸以檢查其鬆緊度。

12. 量曲柄軸間隙，規定 $0.025''$～$0.075''$。

17.3.3　裝前端板

1.　放上空氣洩放清潔器。
2.　墊子上塗上一層士敏土，放於機體上，並用工具 J-1927 裝上前端板。
3.　裝上端板至機體間兩個螺絲及螺絲墊，裝上冷卻系統支架。

17.3.4　裝籠式軸承

1.　裝凸輪及平衡軸籠式軸承前端板內，注意不可用力。
2.　籠式軸承螺絲上緊時必須平均，以防一邊掀起。

17.3.5　裝凸輪及平衡軸輪推力墊片

1.　用牛油塗推力墊片，放好銅面與籠相對，軸之前後頭各裝一推力墊片。
2.　裝上凸輪軸平衡重鐵，用固定螺絲上緊。
3.　裝上平衡軸平衡重鐵，用固定螺絲上緊。
4.　插木塊於重鐵之間以防轉動。
5.　上緊固定螺絲，規定最少 200 ft-lb 扭力。
6.　量重鐵至軸殼間隙
　⑴　規定爲0.1″～0.16″。
　⑵　實際：凸輪軸爲＿＿＿＿平衡軸爲＿＿＿＿。
7.　量軸間隙
　⑴　規定0.08″～0.14″。
　⑵　實際爲＿＿＿＿。
　　問：平衡室上的螺絲都上於端板之內嗎？
　　答：不。
8.　裝上平衡室。

17.3.6　裝惰輪

1.　塗一層牛油於間隔片上，放上間隔片，油孔與端板對正。
2.　裝上惰輪，時時記號對正。

3.　裝惰輪內殼，殼上有油管必須與端板上之洞對正。

4.　使內殼與端板靠近，然後裝上螺絲。

5.　裝上啞輪並固定之。

6.　測量推力軸承面與內殼間隙。

　(1)　規定0.03″～0.06″。

　(2)　實際：＿＿＿＿。

7.　檢查齒輪系定時。

17.3.7　裝汽缸套與活塞

1.　擦乾淨汽缸與汽缸套。

2.　放上汽缸套，輕推即可放上。

3.　放上汽缸套夾子，用手緊汽缸頭螺絲即可。

4.　轉動曲柄軸，使所裝之缸連桿軸頸在上死點。

5.　用油塗汽缸套。

6.　取出連桿軸帽螺絲，上瓦及下瓦。

7.　檢查連桿油孔，不可有髒東西阻塞。

8.　放油環於活塞上，使成 180 度間隔，加滑油於活塞環上，用活塞環壓縮套 KMO-231 套於活塞下部。

9.　轉動活塞及連桿，連桿記號應對於鼓風機邊。
　　注意：為避免活塞環拆斷，當覺得其力量有不同時，拆出活塞檢查之。

10.　將連桿頭拿開，以防刮壞汽缸套，將汽缸套擠進，用木塊墊在活塞頂上然後用特質木槌敲下。

11.　檢查壓縮環是否活動自由，活塞環缸口前後交疊，塗上一層機油，向上移活塞環壓縮器。

12.　在活塞進入汽缸套之前，四個氣環必須都包在壓縮器中，用手拿著連桿底部以免碰壞軸頸。

13.　輕敲活塞裝於汽缸套中，直至連桿距離頸[Ⅰ]處。

14.　將上軸瓦加油後放入連桿大端中，輕敲活塞直至軸承與軸頸相接(注意油孔對準)。

15.　上緊連桿螺絲。

16.　裝下軸瓦於軸瓦帽中，裝前先塗於軸殼上。

17. 裝軸殼帽於連桿軸上。
18. 放上軸承帽螺絲。
19. 上緊螺絲(65～70 尺磅)。
20. 裝上新銅插梢。
21. 盤伸檢查曲柄軸運轉是否正常。
22. 檢查連桿軸在軸頸的間隙。
23. 裝上滑油泵浦,曲柄軸上泵浦帶動輪及鏈條,上緊螺絲於主軸瓦螺帽中(注意(1)檢查鏈條鬆緊度。(2)鏈條應有5/8″之鬆緊度)。
24. 裝上進油網。
25. 檢查墊子,裝上進油管與泵浦接頭之螺絲。
26. 裝出油管,墊子不佳時應換新,上緊螺絲(注意:墊子必須適合,否則影響滑油壓力)。
27. 裝上滑油調整閥。

17.3.8　裝飛輪室

1. 檢查油檔,如發現油檔凸邊損壞須換新。
2. 油檔凸邊,須對著曲拐箱。
3. 加油於齒輪上。
4. 放油檔擴張器(J-358)於曲拐端頭端之尖釘上。
5. 將飛輪室滑入位置。
6. 裝上四個端板至室殼間螺絲。
7. 裝上三個啞輪內殼螺絲及墊子。
8. 裝上三個惰輪內殼螺絲墊。
9. 裝上端板至殼室之螺絲及墊子。
10. 裝上六個殼室至機體間螺絲及墊子。
11. 裝上發電機帶動板及墊子。

17.3.9　裝油底槽

1. 檢查油槽內是否有任何東西或工具未取出。
2. 檢查墊子,如果損壞須換新,換時先塗一層牛油於機體上,再把新墊子放上。

3. 兩個人把油槽對上，第三人上螺絲，但不必上緊。
4. 裝上機器前支架，固定油底殼。
5. 上緊油底殼螺絲，注意不要將螺絲拆斷亦不可扭曲油底殼。
6. 裝回飛輪(使用 J-1904 號工具)，用力矩表上緊螺絲，約 120～125 尺磅。
7. 固定安全鋼絲，裝上飛輪蓋，吊正機器。
8. 滑車將機器吊起，轉 90 度落下，小心對準螺絲孔。
9. 插入並固定 16 個固定螺絲與墊子(注意：在螺絲上緊之前不可將滑車脫掉)。
10. 拆去吊架。

17.3.10　裝減震器

1. 檢查檢震器表面及內殼，有無損壞。
2. 將後圓錐體(鋼質)放於其位置。
3. 鬆下曲柄軸滑輪。
4. 裝上檢震器。
5. 裝前內椎體(鋼質)放於內殼中。
6. 裝上曲柄軸滑輪(注意：梢嵌入曲柄軸中)。
7. 上緊滑輪固定螺絲。

17.3.11　裝汽缸頭

1. 檢查汽缸頭並清潔之，擦乾機體，最好換新鋼墊。
2. 裝上汽缸頭擋油軟木墊子。
3. 取下汽缸頭固定夾子，當此夾子取去之後，至螺絲上緊之前不可盤伸。
4. 裝上鋼墊，捲邊處朝上，不可塗油。
5. 調整所有的推桿向其樞軸內轉數轉後並用螺絲固定。
6. 裝汽缸頭吊具，吊起汽缸頭。
7. 檢查並清潔汽缸頭內部，各孔道中是否有雜物，並看從動柱輪是否無礙。
8. 慢慢而平均的放下汽缸頭，不使螺絲彎曲，拆下吊具。
9. 上緊汽缸頭螺絲(注意：上螺絲前先塗上一層油)。
10. 用磅表 EQ-204 上緊汽缸頭螺絲，冷機時 160～170 尺磅，熱機時 180 尺磅，上緊次序以對角線交叉方式如 1、11、3、8、2、12、6、14、4、10、7、9、5、13、次序。

11. 上緊四個汽缸頭上的吊架螺絲，並裝上二個至平衡鐵室螺絲及二個至飛輪室螺絲。

12. 盤伸看機器是否運轉良好。

17.3.12　裝回柴油細濾器及所有的管路

請參閱第 17.2.3 小節第 1 項第(8)小項(P17-13 頁)。

17.3.13　裝冷卻系統總體

1. 指證以下各部分名稱
   (1) 膨脹水櫃。
   (2) 淡水冷卻器。
   (3) 鋅棒。
   (4) 滑油冷卻器。
   (5) 指出淡水、海水滑油，在此總體中之通路。

   問題一：裝置鋅棒的目的是什麼？

   答：防止電化。

   問題二：使用多久須更換新鋅棒一次？

   答：30 天。

   問題三：腐蝕到什麼程度須更換它？

   答：約 50％時。

   問題四：調溫器關閉後有水流通嗎？

   答：有。

   問題五：調溫器的孔是作什麼用的？

   答：放淡水中的空氣。

   問題六：當冷卻系統裝上後，可以單獨再拆淡水冷卻器嗎？

   答：可以。

2. 放調溫器於淡水總管。
3. 裝上冷卻系統總管，旋上支架至滑油冷卻器螺絲。
4. 旋上六個排煙管至膨脹水櫃間螺絲。
5. 檢查滑油管及墊子，不良時換新。
6. 裝上至冷卻管油管，旋緊四個至冷卻室之螺絲。
7. 裝上四個油管至機體間螺絲。
8. 上緊支架至冷卻器室之螺絲及支架至機體間螺絲。
9. 上緊固定水管至膨脹水櫃間螺絲。
10. 上緊固定支架至膨脹水櫃間螺絲。
11. 放上淡水旁路管，換新墊子，上緊管與冷卻器間螺絲，上緊淡水總管上之螺絲。
12. 裝上溢水管。

17.3.14　裝鼓風機及附件

1. 檢查鼓風機內部，看是否有破布及雜物，用手旋轉其轉子，看其運轉是否正常。
2. 裝鼓風機墊子並塗上一層牛油於機體邊。
3. 裝上兩個空氣箱蓋。
4. 裝上鼓風機，淡水泵浦，調速器飛輪室等(注意：淡水泵浦出口凸沿上之膠皮墊子必須裝好)。
5. 上緊鼓風機室至機體間螺絲。
6. 裝上鼓風機帶動軸，裝時不可用力，必要時可盤俥。
7. 將淡水泵浦排水凸沿機體上層，牛油塗於膠墊上，平均的上緊螺絲以防損壞凸沿。
8. 裝回泵浦進口端至冷卻器間吸水軟管。
9. 裝上調速器控制室及墊子，務要使推力襯墊在其適當位置，上緊至汽缸頭上的螺絲，上緊控制室與飛輪室間螺絲。
10. 用油灌洗轉速表帶動室，裝上轉速表帶動室，上緊至輪殼上各螺絲。
11. 裝柴油泵浦至細濾器之油管，用手上緊其螺絲。
12. 裝海水泵浦及中間帶動接頭。
13. 裝帶動發電機之滑輪。

14. 盤俥看機器轉動是否正常。

17.3.15　裝噴油嘴操縱管

1. 把操縱管總體放於汽缸體上，用手上緊其螺絲。
2. 將彈簧一端掛於控制桿上，另一端鉤於支架上。
3. 上緊螺絲，試驗其是否正常彈簧的力量應使齒桿回復無油位置。

17.3.16　裝調速器控制桿

1. 取下彈簧及墊子(注意：不可掉於控制室中)。
2. 放上控制桿，平墊片在上，並插入彈簧。
3. 連接控制桿與控制管插入釘柱並固定之。
4. 裝上調速器蓋及墊子並用螺絲刀上緊其圓邊螺絲。

17.3.17　裝消音器

1. 取下鼓風機蓋板。
2. 裝上墊子，過濾網及消音器。
3. 上緊消音器至鼓風機之螺絲。
4. 放上調速器呼吸管，上緊其螺絲。

17.3.18　裝其他零件

1. 放海水泵浦至熱交換器呼吸之海水管及墊子，上緊管子至泵浦上的螺絲，上緊管子至熱交換器之六角螺絲。
2. 放上手孔門，檢查其墊子。
3. 裝上起動馬達。
4. 連接機體上之滑油通路管。
5. 放上滑油過濾器總體，用手上其六角螺絲。
6. 連接過濾器上之滑油通路管。
7. 上緊過濾器及油管。
8. 裝上排煙總管。

9. 上緊排煙總管至汽缸頭上的六角螺絲。

10. 裝上熱交換器至排煙管之海水管，墊子如損壞時應換新，上緊其六角螺絲。

11. 連接柴油泵浦進油管。

12. 裝回海水泵浦進水管，並上緊其螺絲。

13. 裝回並上緊海水泵浦出水管及排煙管之海水管。

14. 裝上排煙軟管。

15. 裝上儀表板，裝在吊架上並固定之。

16. 連接滑油溫度表接頭於油底殼上。

17. 連接滑油壓力表接頭於機體上。

18. 連接轉速表接頭。

19. 連接淡水溫度表接頭於淡水總管上。

20. 裝淡水於膨脹櫃中，水離上頂約為3/4″。

21. 檢查淡水系統有無漏水處。

22. 加滑油至油尺[U]處並用 1 加侖滑油澆於汽缸頭上。

17.4　GM6-71 柴油機試車說明

17.4.1　檢　查

1. 檢查下列各接頭
   (1) 轉速表。
   (2) 油壓表。
   (3) 起動接鈕。
   (4) 水溫表。
   (5) 蓄電池。
   (6) 轉動曲柄軸。
   (7) 試驗噴油嘴操縱管彈簧。
2. 檢查以下各項
   (1) 滑油高度及漏油處。

(2) 冷卻系統高度及漏油處。

(3) 柴油系各接頭是否漏油。

(4) 調速器與控油桿活動情形。

3. 檢查清掃機器上下附近之工具及雜物。

4. 檢查控油桿是否在無油位置。

17.4.2 調 整

1. 調整排氣門間隙。

2. 噴油嘴對時。

3. 調整調速器及操縱管。

17.4.3 起 動

1. 盤俥兩次。

2. 接上電瓶線。

3. 打開海水出水閥。

4. 打開海水進口閥。

5. 起動機器。

6. 看滑油壓力表,如滑油無壓力需立即停俥檢查研究其原因。

7. 控制控油桿使機器轉速為 1000 r.p.m.看油溫及水溫慢慢上升。

8. 觀察機器之運轉情況並聽其聲音。

9. 使機器淡水溫度到 140℉。

10. 調整惰速為 400 r.p.m.。

11. 記錄下列各項:

(1) 400 r.p.m.時之滑油壓力。

(2) 1000 r.p.m.時之滑油壓力。

(3) 淡水溫度。

12. 裝上汽缸蓋子。

13. 停機。

14. 檢查並交還所供之工具。

15. 清潔機器及工作場所。

遙控模型飛機引擎 (OS引擎)實習

本章的目的是使同學能自己 DIY 親自動手組裝遙控飛機，引起對內燃機學習的興趣。作者特別採用最新的 OS 引擎，因爲該引擎麻雀雖小、五臟俱全，尤其從它的爆炸圖，可以清楚看出內部的構造及作用原理，本章簡單的介紹OS引擎及針閥調整、怠速調整、油/氣混合閥調整等，最後提供三種可以安裝 OS 引擎的飛機及 OS 引擎的網站。[附錄]爲 OS 引擎的原文說明書。

18.1　概　說

古人告訴我們「百聞不如一見」，這句話對一個學習者是非常有用的，學習者若只在紙上談兵、埋頭苦幹，還不如邊學邊實際的親手DIY，因此本章主要的目的是讓同學能利用遙控模型飛機的引擎(OS 引擎)，以便增加同學對內燃機的認識及興趣。

目前有關遙控模型飛機所使用的引擎有很多的廠牌，日本 OS 引擎可算是比較簡單，價格也較便宜。OS 引擎本身的種類有 30、40、50、60、70 等系列作者選用 40 系列中的OS 46AX型引擎，因爲該產品爲新品，而且價錢也不貴，OS 46AX 引擎是屬於二行程以木精(甲醇)爲燃料的熱容引擎(Glow Play Engine)，此引擎麻雀雖小、五臟俱全的小型引擎，非常適合學生自己 DIY。

18.2 OS 引擎簡介

1. OS 引擎是日本人 Ogawa Shigeo 發明的,所以稱為 OS 引擎。OS 46AX 引擎的外觀圖,如圖 8.1 及圖 8.2。

圖 18.1 OS 46AX 二行程木精引擎

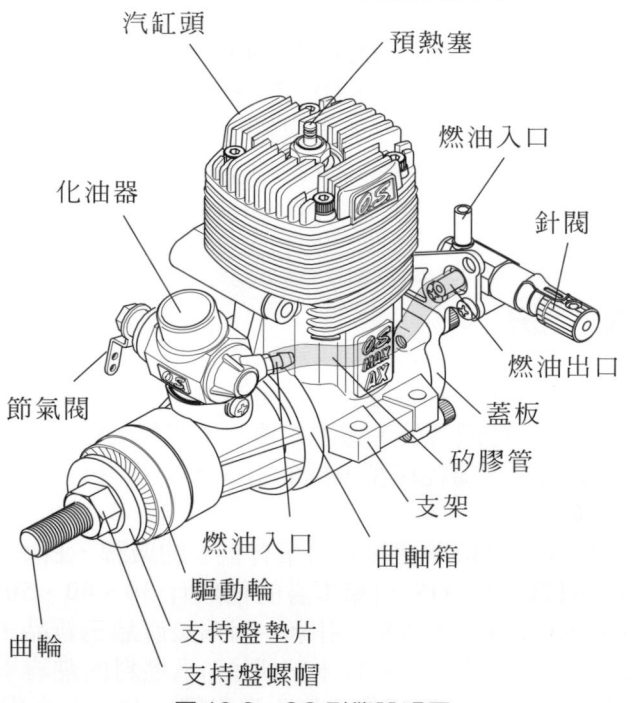

圖 18.2 OS 引擎說明圖

2.　OS 46AX 引擎規格

排氣量：0.455 cu in(7.5 cc)

輸出：1.65 bhp@16,000 rpm

轉速：2,000～17,000

重量：17.2 oz(489 g)

內含物：火星塞 E-3010 排氣管

建議螺旋槳規格：10.5×6，11×6-8，12×6-7

18.3　OS 引擎爆炸圖

如圖 8.3 所示。

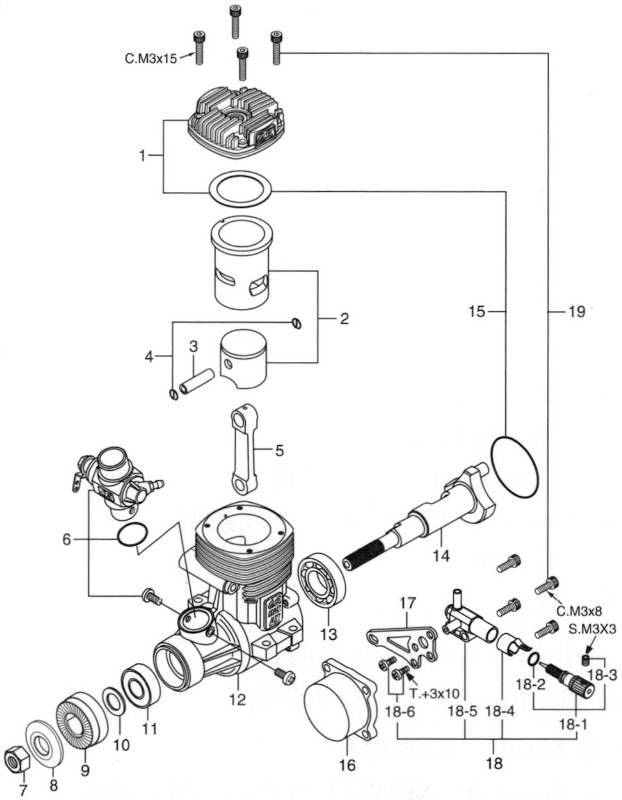

圖 18.3　OS 引擎爆炸圖

說明：

1 Cylinder head 氣缸頭

2 Cylinder & piston Assembly 氣缸套及活塞組

3 piston pin 活塞梢

4 piston pin Retainer 活塞梢扣環

5 Cannecting Rod 連桿

6 Carburetor Complete (Type 40G) 4G 化油器

7 propeller Nut 支持磐螺帽

8 propeller washer 支持磐墊片

9 Drive Hub 驅動輪

10 Thrust Washer 推力墊片

11 Crank Shaft Ball Bearing (*F*) 曲柄軸(前)球軸承

12 Crank case 曲柄軸外殼

13 Crank Shaft Ball Bearing (*R*) 曲柄軸(後)球軸承

14 Crank Shaft 曲柄軸

15 Gasket Set 襯墊組

16 Cover Plate 端板蓋

17 Needle Stay 針閥制止

18 Needle valve unit Assembly 針閥組合

18-1 Needle Assembly 針閥

18-2 "O" Ring (2PCS) O 型環(2 片)

18-3 Set Screw 固定螺絲

18-4 Ratchet Spring 控制輪彈簧

18-5 Needle valve unit Body 針閥本體

18-6 Needle valve cemict Retaining 針閥鎖扣

19 Screw Set 螺絲組

其他① Glow Pluy A3 發熱塞子

② E-3010 Silencer Assembly 消音器

③ pressure Fitting (No.7) 壓力附件

④ Assembly Screw 組合螺絲

⑤ Retaining Screw(C. M3X 35 2PCS) 固定螺絲

18.4 40G 型化油器(Type 40G Carburetor)

如圖 18.4 所示。

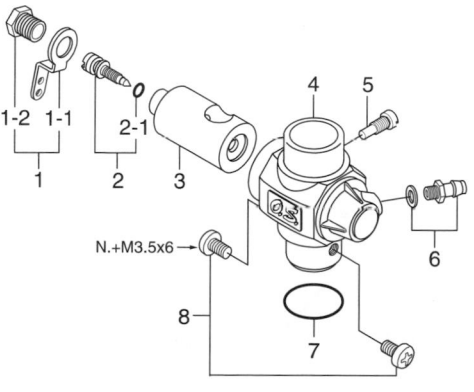

＊Type of screw
C...Cap Screw M...Oval Fillister-Head Screw
F...Flat Head Screw N...Round Head Screw S...Set Screw

圖 18.4 40G 型化油器

說明：

1 Throttle Lever Assembly 節氣閥組

1-1 Throttle Lever 節氣閥

1-2 Throttle Lever Fixing Screw 節氣閥固定螺絲

2 Mixture Control valve 油氣混合控制閥

2-1 O-Ring O 型環

3 Carburetor Rotor 化油器轉子

4 Carburetor Body 化油器本體

5 Rotor Guide Screw 轉子導螺

6 Fuel inlet (No.1) 燃油進口

7 Carburetor Gasket 化油器油封

8 Carburetor Retaining Screw 化油器固定螺

18.5　針閥調整步驟

如圖 18.5 所示。

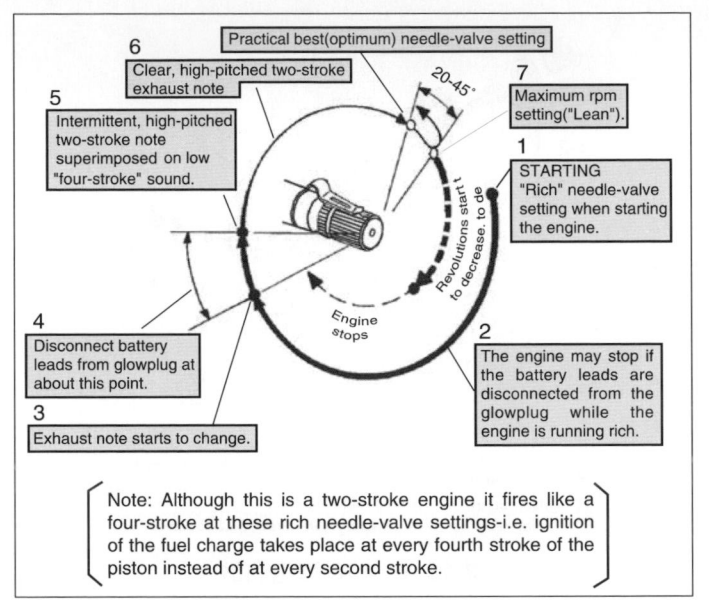

圖 18.5　針閥調整步驟

18.6　怠速調整程序

如圖 18.6 所示。

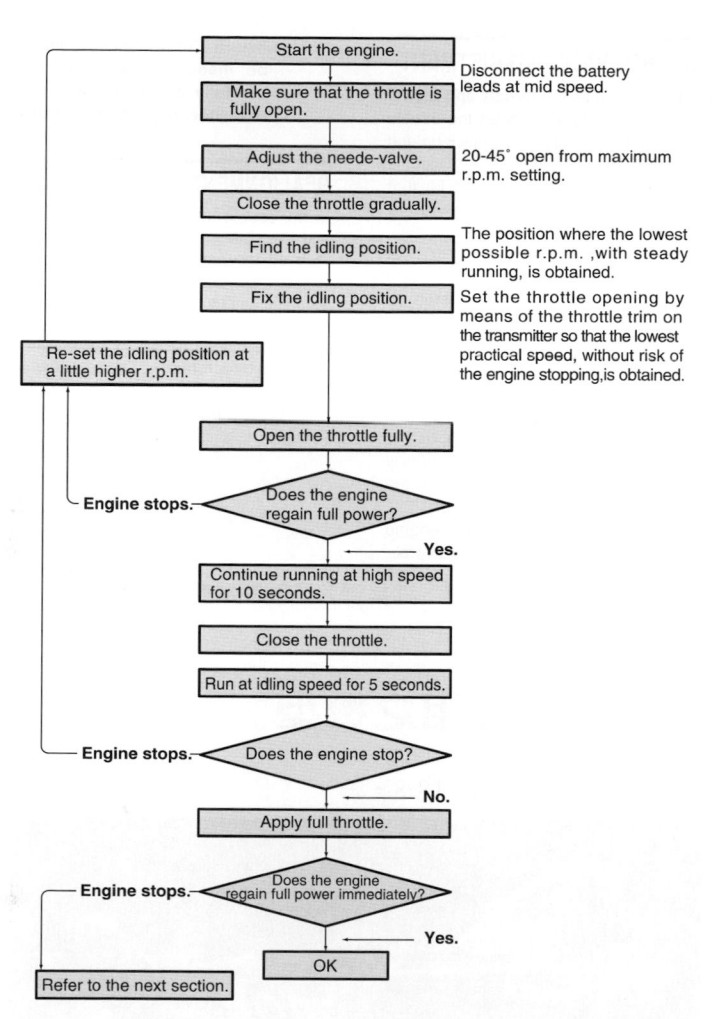

圖 18.6　怠速調整程序

18.7　燃油與空氣混合控制閥調整

如圖 18.7 所示。

MIXTURE CONTROL VALVE ADJUSTMENT

With the engine running, close the throttle and allow it to idle for about five seconds, then open the throttle fully. If, at this point, the engine is slow to pick up and produces an excess of exhaust smoke, the mixture is too rich. Correct this condition by turning the Mixture Control Screw clockwise 15-30˚. If the mixture is excessively rich, engine rpm will become unstable: opening the throttle will produce a great deal of smoke and rpm may drop suddenly or the engine may stop. This condition may also be initiated by excessively prolonged idling.

If, on the other hand, the mixture is too lean, this will be indicated by a marked lack of exhaust smoke and a tendency for the engine to cut out when the throttle is opened. In this case, turn the Mixture Control Screw counter-clockwise 90˚to positively enrich the idle mixture, then turn the screw clockwise gradually until the engine regains full power cleanly when the throttle is reopened.

Carry out adjustments patiently until the engine responds quickly and positively to the throttle control.

Note: Mixture Control Valve adjustments should be made in steps of 15-30˚ initially, carefully checking the effect, on throttle response, of each small adjustment.

REALIGNMENT OF MIXTURE CONTROL VALVE

In the course of making carburetor adjustments, it is just possible that the Mixture Control Valve may be inadvertently screwed in or out too far and thereby moved beyond its effective adjustment range.

Its basic setting can be re-established as follows:

Close the throttle rotor gradually from the fully opened position until it is just fully closed.

(Do not turn further.) Then, screw in the Mixture Control Screw until it stops. Now unscrew the Mixture Control Screw approx. 3/4 turn. This is the basic position.

圖 18.7 油氣混合控制閥調整

18.8 OS 引擎適用之機型

1. 噴火 40 級像真機，如圖 18.8。

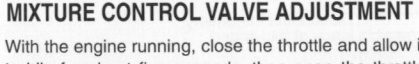

圖 18.8 噴火 40 級像真機

規格

翼展：1390 mm

翼面積：33.9 dm (526 sp in)

全重：2.4～2.6 kg

全長：1220 mm

動力：二行程 40～46 級、四行程 52～70 級

遙控系統：四動作、五伺服器

2.　46 級高翼教練機，如圖 18.9。

圖 18.9　46 級高翼教練機

規格

翼展：1445 mm

機長：1145 mm

機翼面積：3600 平方公分

全重：2250 公克

全長：1220 mm

動力：40～46 級二行程引擎

遙控系統：四動作

3. 40 級特攻機，如圖 18.10。

圖 18.10　40 級特攻機

規格
翼展：1400 mm
總長：1372 mm
全重：2100～2250 公克
機頭罩尺寸：52 mm
動力：二行程 40～46 級、四行程 52～70 級
遙控系統：四動作、五伺服器

18.9 附錄 OS 引擎發動說明書(原文)

OS 引擎發動說明書

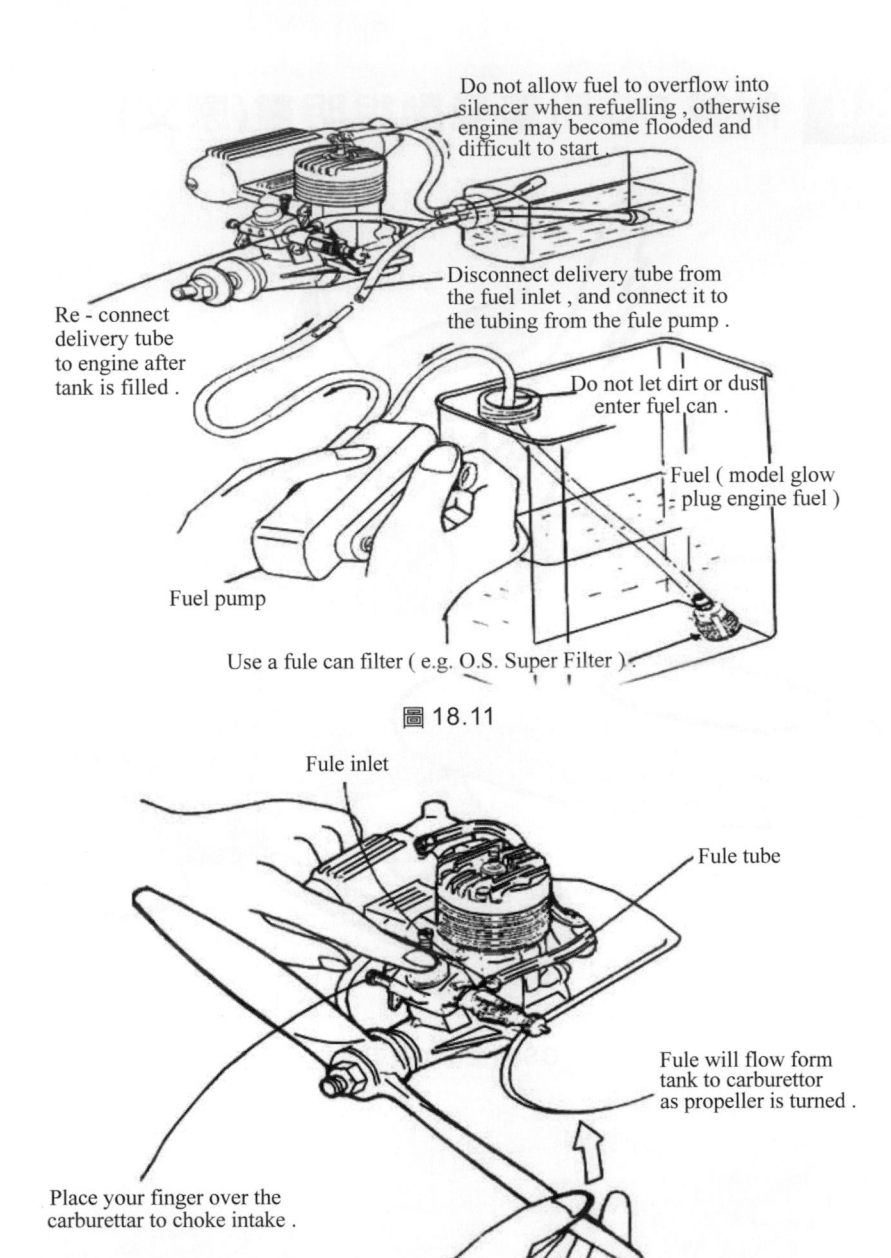

Do not allow fuel to overflow into silencer when refuelling , otherwise engine may become flooded and difficult to start .

Disconnect delivery tube from the fuel inlet , and connect it to the tubing from the fule pump .

Re - connect delivery tube to engine after tank is filled .

Do not let dirt or dust enter fuel can .

Fuel (model glow - plug engine fuel)

Fuel pump

Use a fule can filter (e.g. O.S. Super Filter) .

圖 18.11

Fule inlet

Fule tube

Fule will flow form tank to carburettor as propeller is turned .

Place your finger over the carburettar to choke intake .

Turn the propeller two revolutions while watching fule tube .

圖 18.12

Do not connect the battery to the glow plug .

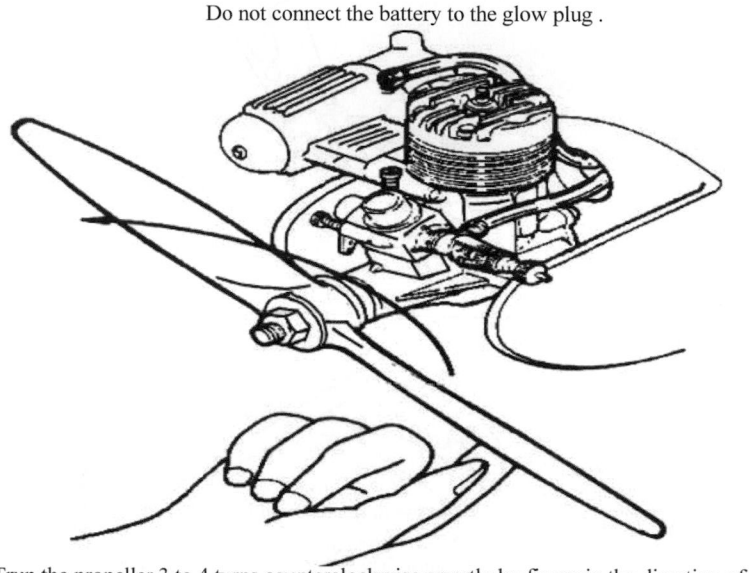

Trun the propeller 3 to 4 turns counterclockwise smartly by finger in the dircetion of arrow .
Turn approx . 10 turnsinstead when the engine is cold .

圖 18.13

Disconnect the battery leads from the engine with care so
that the plug clip does not touch the rotatong propeller .

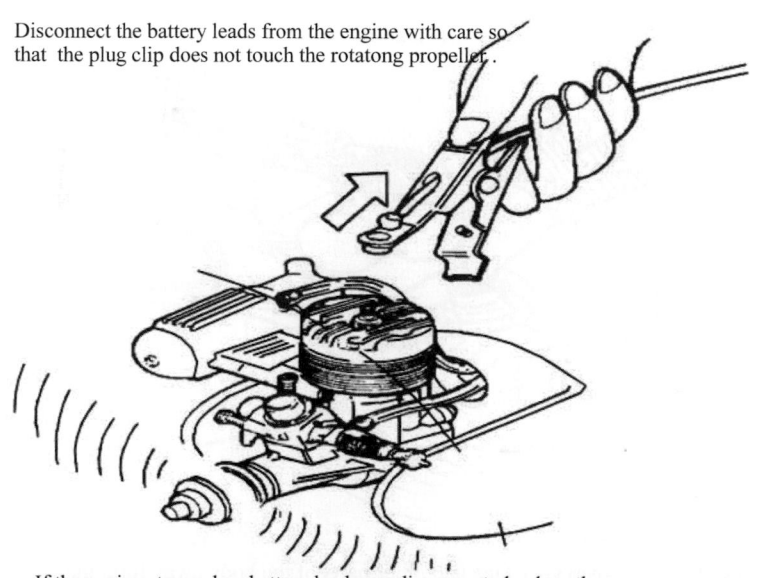

If the engine stops when battery leads are disconnected , close the
needle-valve a little (approx . 30°) further , and restart the engine .

圖 18.14

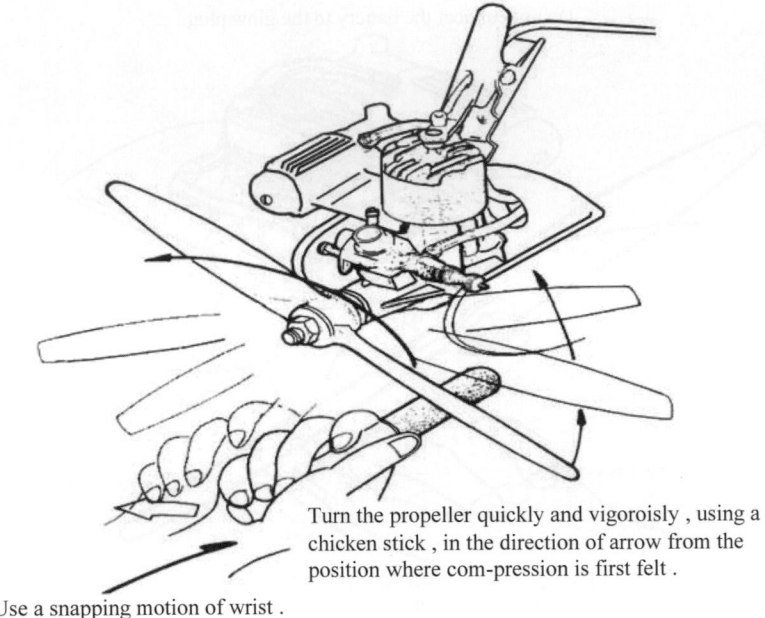

Turn the propeller quickly and vigoroisly , using a
chicken stick , in the direction of arrow from the
position where com-pression is first felt .

Use a snapping motion of wrist .

圖 18.15

The engine will start after a few flips . (If it does not , refer to the " TROUBLE SHOOTING "
chart later in these instructions .

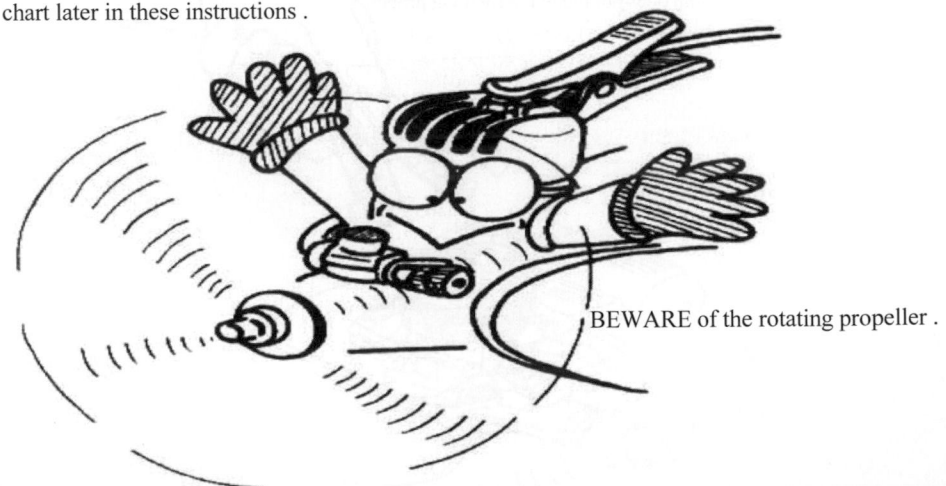

BEWARE of the rotating propeller .

In the interests of safety , keep your face and other parts of the body away form the vicinty
of the propeller .

圖 18.16

18.10　OS 引擎網站

www.os-engines.co.JP

18.11　附錄(OS MAX-46AX 引擎原文說明書)

如以下圖所示。

MAX-46AX

OWNER'S INSTRUCTION MANUAL

It is of vital importance, before attempting to operate your engine, to read the general **'SAFETY INSTRUCTIONS AND WARNINGS'** section on pages 2-6 of this booklet and to strictly adhere to the advice contained therein.

- Also, please study the entire contents of this instruction manual, so as to familiarize yourself with the controls and other features of the engine.

- Keep these instructions in a safe place so that you may readily refer to them whenever necessary.

- It is suggested that any instructions supplied with the aircraft, radio control equipment, etc., are accessible for checking at the same time.

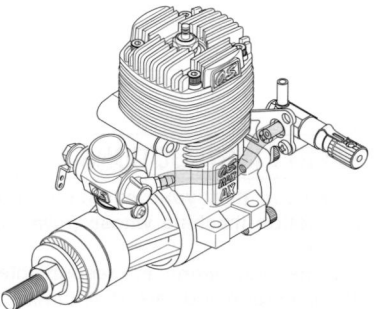

CONTENTS

1

SAFETY INSTRUCTIONS AND WARNINGS ABOUT YOUR O.S. ENGINE

Remember that your engine is not a "toy", but a highly efficient internal-combustion machine whose power is capable of harming you, or others, if it is misused.

As owner, you, alone, are responsible for the safe operation of your engine, so act with discretion and care at all times.

If at some future date, your O.S. engine is acquired by another person, we would respectfully request that these instructions are also passed on to its new owner.

■ The advice which follows is grouped under two headings according to the degree of damage or danger which might arise through misuse or neglect.

⚠ WARNINGS	⚠ NOTES
These cover events which might involve serious (in extreme circumstances, even fatal) injury.	These cover the many other possibilities, generally less obvious sources of danger, but which, under certain circumstances, may also cause damage or injury.

2

⚠ WARNINGS

- Never touch, or allow any object to come into contact with, the rotating propeller and do not crouch over the engine when it is running.

- A weakened or loose propeller may disintegrate or be thrown off and, since propeller tip speeds with powerful engines may exceed 600 feet(180 metres) per second, it will be understood that such a failure could result in serious injury, (see 'NOTES' section relating to propeller safety).

- Model engine fuel is poisonous. Do not allow it to come into contact with the eyes or mouth. Always store it in a clearly marked container and out of the reach of children.

- Model engine fuel is also highly flammable. Keep it away from open flame, excessive heat, sources of sparks, or anything else which might ignite it. Do not smoke or allow anyone else to smoke, near to it.

- Never operate your engine in an enclosed space. Model engines, like automobile engines, exhaust deadly carbon-monoxide. Run your engine only in an open area.

- Model engines generate considerable heat. Do not touch any part of your engine until it has cooled. Contact with the muffler (silencer), cylinder head or exhaust header pipe, in particular, may result in a serious burn.

3

⚠ NOTES

- This engine was designed for model aircraft. Do not attempt to use it for any other purpose.

- Mount the engine in your model securely, following the manufacturers' recommendations, using appropriate screws and locknuts.

- Be sure to use the silencer (muffler) supplied with the engine. Frequent exposure to an open exhaust may eventually impair your hearing.
  Such noise is also likely to cause annoyance to others over a wide area.

- If you remove the glowplug from the engine and check its condition by connecting the battery leads to it, do not hold the plug with bare fingers. Use an appropriate tool or a folded piece of cloth.

- Install a top-quality propeller of the diameter and pitch specified for the engine and aircraft. Locate the propeller on the shaft so that the curved face of the blades faces forward-i.e. in the direction of flight. Firmly tighten the propeller nut, using the correct size wrench.

4

⚠ NOTES

- Always check the tightness of the propeller nut and retighten it, if necessary, before restarting the @engine, particularly in the case of four-stroke-cycle engines. If a safety locknut assembly is provided with your engine, always use it. This will prevent the propeller from flying off in the event of a "backfire", even if it loosens.

- If you fit a spinner, make sure that it is a precision made product and that the slots for the propeller blades do not cut into the blade roots and weaken them.

- Preferably, use an electric starter. The wearing of safety glasses is also strongly recommended.

- Discard any propeller which has become split, cracked, nicked or otherwise rendered unsafe. Never attempt to repair such a propeller: destroy it. Do not modify a propeller in any way, unless you are highly experienced in tuning propellers for specialized competition work such as pylon-racing.

- Take care that the glow plug clip or battery leads do not come into contact with the propeller. Also check the linkage to the throttle arm. A disconnected linkage could also foul the propeller.

- After starting the engine, carry out any needle-valve readjustments from a safe position behind the rotating propeller. Stop the engine before attempting to make other adjustments to the carburetor.

5

⚠ NOTES

- Adjust the throttle linkage so that the engine stops when the throttle stick and trim lever on the transmitter are fully retarded. Alternatively, the engine may be stopped by cutting off the fuel supply. Never try to stop the engine physically.

- Take care that loose clothing (ties, shirt sleeves, scarves, etc.)do not come into contact with the propeller.Do not carry loose objects (such as pencils, screwdrivers, etc.) in a shirt pocket from where they could fall through the propeller arc.

- Do not start your engine in an area containing loose gravel or sand.
The propeller may throw such material in your face and eyes and cause injury.

- For their safety, keep all onlookers (especially small children) well back (at least 20 feet or 6 meters) when preparing your model for flight. If you have to carry the model to the take-off point with the engine running, be especially cautious. Keep the propeller pointed away from you and walk well clear of spectators.

- Warning! Immediately after a glowplug-ignition engine has been run and is still warm, conditions sometimes exist whereby it is just possible for the engine to abruptly restart if the propeller is casually flipped over compression WITHOUT the glowplug battery being reconnected. Remember this if you wish to avoid the risk of a painfully rapped knuckle!

6

INTRODUCTION

- This engine is ideally suited to a variety of R/C aircraft, including trainer, sports, aerobatic and scale types.
- A separate precision-made needle-valve unit is installed at the rear, where manual adjustment is safely remote from the rotating propeller.
- The needle-valve assembly can be installed either horizontally or vertically.

Standard accessories

- Glow Plug A3
- E-3010 Silencer Assembly
- Silicone Tube
- Instruction Manual

Note :
With these engines, the piston will feel tight at the top of its stroke when the engine is cold. This is normal. The piston and cylinder are designed to achieve a perfect running clearance when they reach their intended running temperature.

BEFORE INSTALLING THE ENGINE

Installing the glowplug
Carefully insert plug, with washer, fingertight only, before final tightening with the correct size plug wrench.

Glow plug
Washer

Connecting fuel tubing
Connect the short length of fuel tubing (supplied) securely between the needle-valve outlet and carburetor inlet as shown in the illustration on the next page.
In the event of the tubing becoming damaged, it should be replaced with 54-56mm length of 5mm ODx2mm ID silicone tubing. Use similar material to connect the fuel inlet nipple to the fuel tank.

7

BASIC ENGINE PARTS

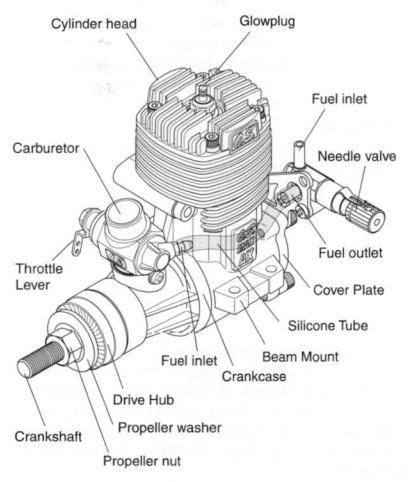

Cylinder head
Glowplug
Fuel inlet
Needle valve
Carburetor
Fuel outlet
Throttle Lever
Cover Plate
Silicone Tube
Fuel inlet
Beam Mount
Crankcase
Drive Hub
Propeller washer
Crankshaft
Propeller nut

NEEDLE-VALVE LOCATION

The procedure for relocating the needle-valve is as follows:

1. Remove the two cover-plate screws which secure the needle-valve assembly bracket, then carefully remove the two screws by which the needle-valve unit is attached to the bracket.

2. Rotate the needle-valve unit through 90° and re-attach it to the bracket in the required position (see sketch right).

Note:
As self-tapping screws are used for unit attachment, screw them in carefully so that screw threads match those of the unit body precisely.

3. Finally, secure the complete assembly to rear cover plate as before.

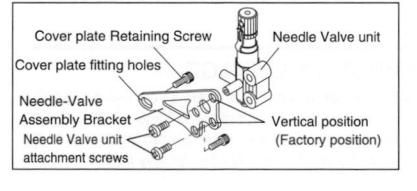

Cover plate Retaining Screw
Needle Valve unit
Cover plate fitting holes
Needle-Valve Assembly Bracket
Needle Valve unit attachment screws
Vertical position (Factory position)

8

INSTALLATION OF THE ENGINE

Installation in the model

A typical method of beam mounting is shown below, left.

O.S. radial motor mount (Available as an optional extra part. See parts list)

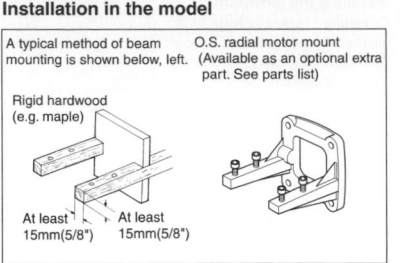

Rigid hardwood (e.g. maple)

At least 15mm(5/8") At least 15mm(5/8")

O.S. radial motor mount
For 46AX, 50SX, 40/46FX (Code No. 71913100)

Make sure that the mounting beams are parallel and that their top surfaces are in the same plane.

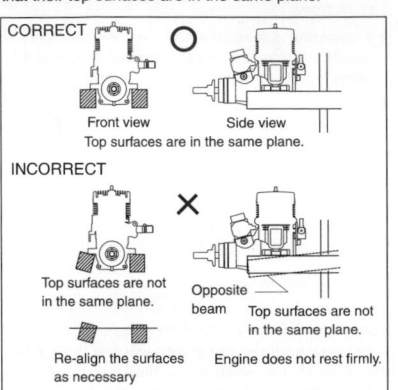

CORRECT ⭕

Front view Side view
Top surfaces are in the same plane.

INCORRECT ❌

Top surfaces are not in the same plane.

Opposite beam Top surfaces are not in the same plane.

Re-align the surfaces as necessary

Engine does not rest firmly.

9

How to fasten the mounting screws.

Hardwood mounting beams

3mm steel nuts

Tighten second nut firmly down onto first nut.

Spring washer or lock washer

Tighten this nut first.

Hardwood such as cherry or maple.

3mm steel screw

Steel washer

O.S. radial motor mount (cast aluminum)

3.5mm steel Allen screw

Spring washer

- Set the throttle lever linkage so that the throttle rotor is (a) fully open when the transmitter throttle stick is fully advanced and (b) fully closed when the throttle stick is fully retarded.
  Adjustment of the throttle rotor opening at the idling position can then be made with the throttle trim lever on the transmitter.
  (Select throttle-lever and servo-horn hole positions that will avoid excessive pushrod travel causing the throttle to bind at either end.)

Throttle Lever Fixing Screw

Note:
When adjusting the throttle lever angle, relative to the rotor, hold the rotor at about half-way between the open and closed positions while loosening and tightening the fixing screw, otherwise the rotor, rotor guide screw, throttle stop screw or carburettor body may become burred and damaged.

THROTTLE LINKAGE

- Before connecting the throttle-lever / servo linkage, make sure that no part of the linkage interferes with the internal structure of the aircraft or wiring, etc., when the throttle is fully open or fully closed.

10

SILENCER

Secure the silencer to the engine by means of two fitting screws supplied after the engine is securely fixed to a test bench or a model.

The exhaust outlet of the silencer can be rotated to any desired position in the following manner:

1) Loosen the locknut and assembly screw.
2) Set the exhaust outlet at the required position by rotating the rear part of the silencer.
3) Re-tighten the assembly screw, followed by the locknut.

It is recommended to seal the fitting faces of engine exhaust and silencer with silicone sealant.

NOTE :
The standard expansion-chamber type silencer is quite effective, but reduces power to some degree.

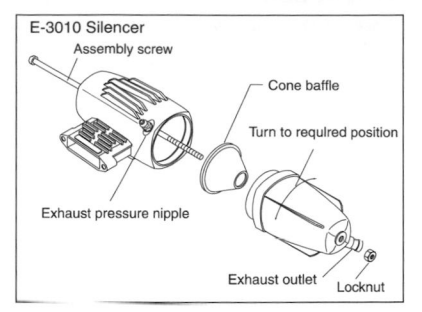

E-3010 Silencer
Assembly screw
Cone baffle
Turn to required position
Exhaust pressure nipple
Exhaust outlet
Locknut

Reminder!

Model engines generate considerable heat. Do not touch any part of your engine until it has cooled. Contact with the muffler (silencer), cylinder head or exhaust header pipe, in particular, may result in a serious burn. Keep your hands and face away from exhaust gas or you will suffer a burn.

11

FUEL TANK LOCATION

Suggested fuel tank capacity is approx 300cc.
These will allow 12-13 minute flights.
Locate the fuel tank so that the top of the tank is 5-10mm (1/4-3/8") above the level of the needle-valve.

• Be sure to use a pressurized fuel system by connecting the muffler pressure nipple to the vent-pipe of the fuel tank.

Attention to tank height

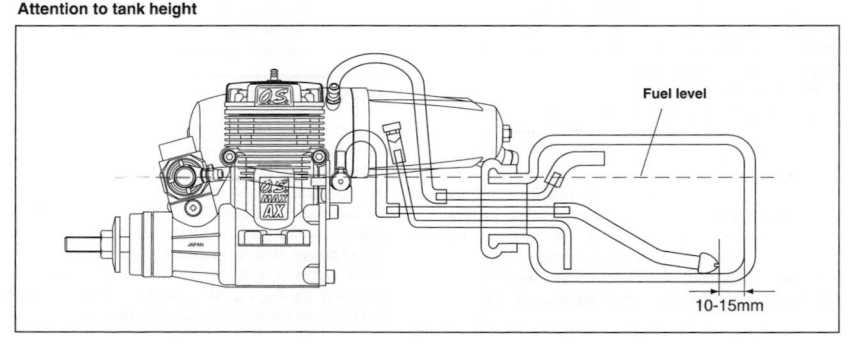

Fuel level

10-15mm

12

GLOWPLUG

Since the glowplug and fuel combination used may have a marked effect on performance and reliability, it would be worthwhile to experiment with different plug types. An O.S. A3 glowplug is supplied with the engine. Other Recommended O.S. plugs are No.8 and A5. Carefully install plug finger-tight, before final tightening with the correct size plug wrench.

The role of the glowplug

With a glowplug engine, ignition is initiated by the application of a 1.5-volt power source. When the battery is disconnected, the heat retained within the combustion chamber remains sufficient to keep the plug filament glowing, thereby continuing to keep the engine running. Ignition timing is 'automatic' : under reduced load, allowing higher rpm, the plug becomes hotter and, appropriately, fires the fuel/air charge earlier; conversely, at reduced rpm, the plug become cooler and ignition is retarded.

Glowplug life

Particularly in the case of very high performance engines, glowplugs must be regarded as expendable items.

However, plug life can be extended and engine performance maintained by careful use, i.e.:

- Install a plug suitable for the engine.
- Use fuel containing a moderate percentage of nitromethane unless more is essential for racing events.
- Do not run the engine too lean and do not leave the battery connected while adjusting the needle.

When to replace the glowplug

Apart from when actually burned out, a plug may need to be replaced because it no longer delivers its best performance, such as when:

- Filament surface has roughened and turned white.
- Filament coil has become distorted.
- Foreign matter has adhered to filament or plug body has corroded.
- Engine tends to cut out when idling.
- Starting qualities deteriorate.

13

FUEL

Select, by practical tests, the most suitable fuel from among the best quality fuels available in your country for model use. For the best performance, a fuel containing 5% to 20% nitromethane is preferable. Lubricants may be either castor-oil or a suitable synthetic oil (or a blend of both) provided that they are always of top quality.

For consistent performance and long engine life, it is essential to use fuel containing AT LEAST 18% lubricant by volume. Some fuels containing coloring additives tend to deteriorate and may adversely affect running qualities.

Once a satisfactory fuel has been selected and used for a while, it may be unwise to needlessly change the brand or type. In any engine, a change of fuel may cause carbon deposits in the combustion chamber or on the piston head to become detached and lodged elsewhere, with the risk of this causing unreliable operation for a while. If, however, the adoption of a different fuel is unavoidable, check the engine for the first few flights on the new fuel, by temporarily reverting to the running-in procedure.

Reminder!

⚠ **Model engine fuel is poisonous. Do not allow it to come into contact with the eyes or mouth. Always store it in a clearly marked container and out of the reach of children.**

Reminder!

⚠ **Model engine fuel is also highly flammable. Keep it away from open flame, excessive heat, sources of sparks, or anything else which might ignite it. Do not smoke, or allow anyone else to smoke, near to it.**

PROPELLERS

Suggested propeller sizes are listed on page 15. The suitability of the prop depends on the size and weight of the model and type of flying. Determine the best size and type after the engine has been run in. Check the balance of the propeller before fitting it to the engine. Unbalanced propellers cause vibration and loss of power. Wooden propellers are to be preferred. Some nylon propellers are not strong enough to withstand the high power output of these engines and a thrown blade can be very dangerous.

14

Sport
10.5x6, 11x6-8, 12x6-7

Reminder!

⚠ Never touch, or allow any object to come into contact with, the rotating propeller and do not crouch over the engine when it is running.

MIXTURE CONTROLS

Two mixture controls are provided on this Carburetor.

- **The Needle Valve (at rear of engine)**
  When set to produce maximum power at full throttle, this establishes the basic fuel/air mixture strength. The correct mixture is then maintained by the carburetor's built-in automatic mixture control system to cover the engine's requirements at reduced throttle settings.

- **The Mixture Control Valve (carburetor)**
  This meters fuel flow at part-throttle and idling speeds to ensure reliable operation as the throttle is opened and closed. The Mixture Control Valve is factory set for the approximate best result. First run the engine as received and readjust the Mixture Control Screw only if necessary.

BEFORE STARTING

Tools, accessories, etc.
The following items are necessary for operating the engine.

1 Fuel
Model glowplug engine fuel of good quality, preferably containing a small percentage of nitromethane.

2 Glowplug
Fit a glowplug to the engine. O.S. A3 plug is supplied with the engine.

3 Propeller
Suggested size is 11X6.

4 Glowplug battery
The power source for heating the glowplug may be either a large heavy-duty 1.5volt dry cell, or preferably, a 2-volt rechargeable lead-acid cell (accumulator).

If a 2-volt cell is employed, use a resistance wire, as shown, to reduce applied voltage, otherwise element will overheat and burn out.

1.5 volt heavy-duty or 2 volt rechargeable dry battery   lead-acid cell (at least 5Ah)

Warning (Very hot)
Never touch the nichrome wire while the battery is connected.

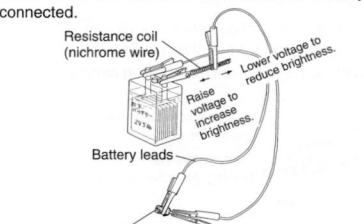

Adjust applied voltage by changing the position of clip on resistance coil until glowplug element is glowing bright red.

5 Battery leads   Battery leads
These are used to conduct current from the battery to the glowplug. Basically, two leads, with clips, are required, but, for greater convenience, twin leads with special glowplug connectors, as shown on the right, are commercially available.

6 Fuel tank

For installation in the model a 300cc (10.6oz.) tank is suggested.

7 Fuel bottle or pump

For filling the fuel tank, a simple, polyethylene "squeeze" bottle, with a suitable spout,is all that is required. Alternatively, one of the purpose-made manual or electric fuel pumps may be used to transfer fuel directly from your fuel container to the fuel tank.

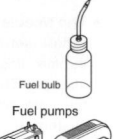

Fuel bulb

Fuel pumps

Electric   Manual

8 Electric starter and starter battery

An electric starter is recommended for starting.

Starter

12V Battery

9 Fuel can filter

Fit a filter to the outlet tube of your refuelling container to prevent entry of foreign matter into the fuel tank.

Fuel Can Filter

10 Silicone tubing

This is required for the connection between the fuel tank and engine.

11 Plug wrench

Used for tightening glowplug. The O.S. long plug wrench is available as an optional accessory.

For tightening glowplug

STARTING

1. Install appropriate propeller and tighten securely.

2. To facilitate electric starting, Install an O.S. solid aluminium alloy spinner-nut for centering the rubber drive insert of the starter. Alternatively, a good quality spinner, enclosing the propeller boss, may be used, but make sure that it is of precision-made and sturdy construction so that the spinner shell cannot loosen when the starter is used. Close the throttle.

17

3. Fill the fuel tank. Do not allow fuel to overflow into the silencer, otherwise the engine may become flooded and difficult to start.

4. Check that the needle-valve is closed. (Do not overtighten.) Now open the needle-valve counter-clockwise 1½-2 turns to the starting setting .

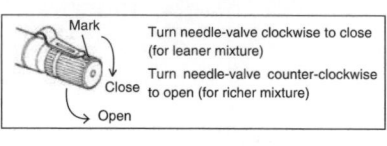

Mark

Turn needle-valve clockwise to close (for leaner mixture)

Turn needle-valve counter-clockwise to open (for richer mixture)

Close

Open

5. Open the throttle approx. one-quarter.

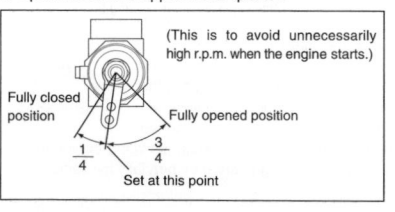

(This is to avoid unnecessarily high r.p.m. when the engine starts.)

Fully closed position

Fully opened position

$\frac{1}{4}$ $\frac{3}{4}$

Set at this point

6. Connect battery leads to glowplug.

7. Bring electric starter into contact with spinner-nut or spinner and depress starter switch for one or two seconds. Repeat if necessary.
   When the engine starts, withdraw the starter immediately.

Attention :
Do not choke the carburettor air intake when applying the starter. This could cause an excessive amount of fuel to be drawn into the cylinder which may initiate an hydraulic lock and damage the engine.
If the engine does not start within 10 repeat applications of the starter, remove the glow-plug, check that it glows brightly and that the cylinder is not flooded with fuel. (To eject excess fuel, close needle-valve and apply starter with glowplug removed.) Then try again.

VERY IMPORTANT!
Before being operated at full power (i.e. at full-throttle and with the needle-valve closed to its optimum setting) the engine must be adequately run-in, otherwise there is a danger of it becoming overheated and damaged.

18

RUNNING-IN ("Breaking-in")

All internal-combustion engines benefit from extra care when they are run for the first few timesknown as running-in or breaking-in.

This allows the working parts to mate together under load at operating temperature. Therefore, it is vitally important to complete the break-in before allowing the engine to run continuously at high speed and before finalizing carburetor adjustments.

However, because O.S. engines are produced with the aid of the finest modern precision machinery and from the best and most suitable materials, only a short and simple running-in procedure is called for and can be carried out with the engine installed in the model. The process is as follows.

1. Install the engine with the propeller intended for your model. Open the needle-valve to the advised starting setting and start the engine. If the engine stops when the glow plug battery disconnected, open the needle-valve to the point where the engine does not stop.Run the engine for one minute with the throttle fully open, but with the needle-valve adjusted for rich, slow "four-cycle"operation.

2. Now close the needle-valve until the engine speeds up to "two-cycle"operation and allow it to run for about 10 seconds, then reopen the needle-valve to bring the engine back to "four-cycle"operation and run it for another 10 seconds. Repeat this procedure until the fuel tank is empty.

3. Re-start and adjust the needle-valve so that the engine just breaks into "two-cycle" from "four-cycle" operation, then make three or four flights, avoiding successive "nose-up" flights.

4. During subsequent flights, the needle-valve can be gradually closed to give more power.
   Howover, if the engine shows signs of running too lean, the next flight should be set rich. After a total of ten to fifteen flights, the engine should run continuously, on its optimum needle-valve setting, without loss of power as it warms up.

5. After the completion of the running-in adjust the carburetor at optimum setting referring to MIXTURE CONTROL VALVE ADJUSTMENT section and SUBSEQUENT READJUSTMENT section.

19

Optimum needle setting(1)

Slowly advance the throttle to its fully open position, then gradually close the needle-valve until the exhaust note begins to change. (4-cycle to 2-cycle) At this point, disconnect the battery from the glowplug, taking care that the battery leads or glowplug clip do not come into contact with the rotating propeller. If the engine stops when the battery is disconnected, close the needle-valve about 30° and restart.

Optimum needle setting(2)

As the needle-valve is closed slowly and gradually, the engine r.p.m. will increase and a continuous high-pitched exhaust note, only, will be heard. Close the needle-valve 10-15° and wait for the change of r.p.m. After the engine r.p.m. increases turn the needle-valve another 10-15° and wait for the next change of r.p.m. As the speed of the engine does not instantly change with needle-valve readjustment, small movements, with pauses between, are necessary to arrive at the optimum setting.

20

Needle-valve adjustment diagram

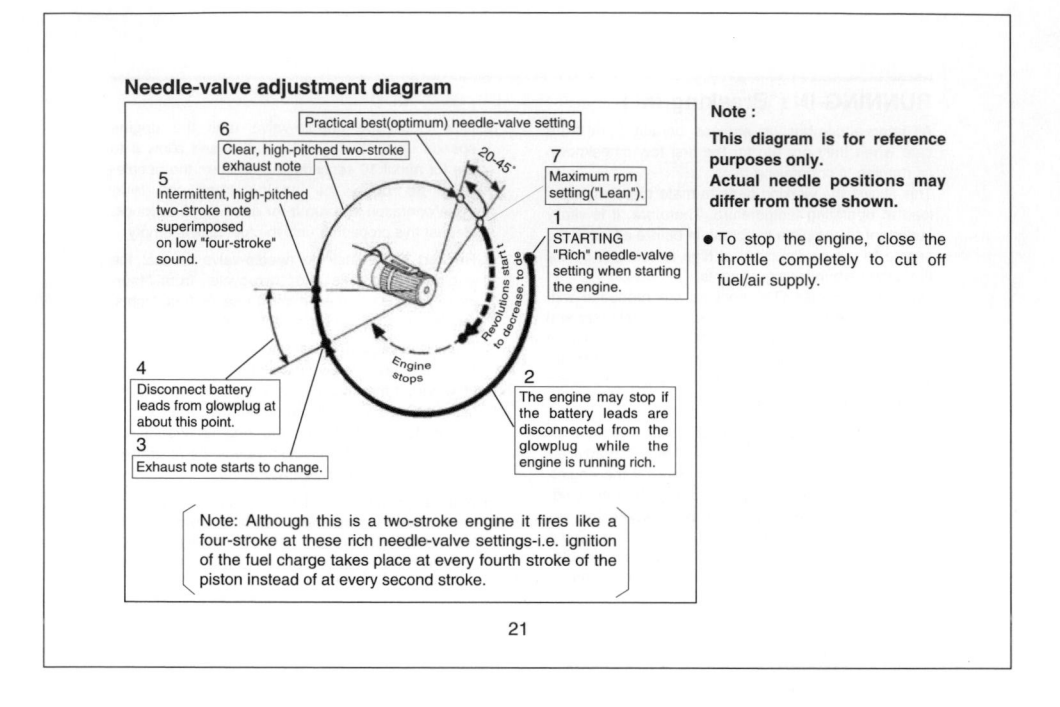

6 Clear, high-pitched two-stroke exhaust note

Practical best(optimum) needle-valve setting

7 Maximum rpm setting("Lean").

5 Intermittent, high-pitched two-stroke note superimposed on low "four-stroke" sound.

20-45°

1 STARTING "Rich" needle-valve setting when starting the engine.

Revolutions start to decrease, to de

Engine stops

4 Disconnect battery leads from glowplug at about this point.

3 Exhaust note starts to change.

2 The engine may stop if the battery leads are disconnected from the glowplug while the engine is running rich.

Note: Although this is a two-stroke engine it fires like a four-stroke at these rich needle-valve settings-i.e. ignition of the fuel charge takes place at every fourth stroke of the piston instead of at every second stroke.

Note :

This diagram is for reference purposes only.
Actual needle positions may differ from those shown.

● To stop the engine, close the throttle completely to cut off fuel/air supply.

21

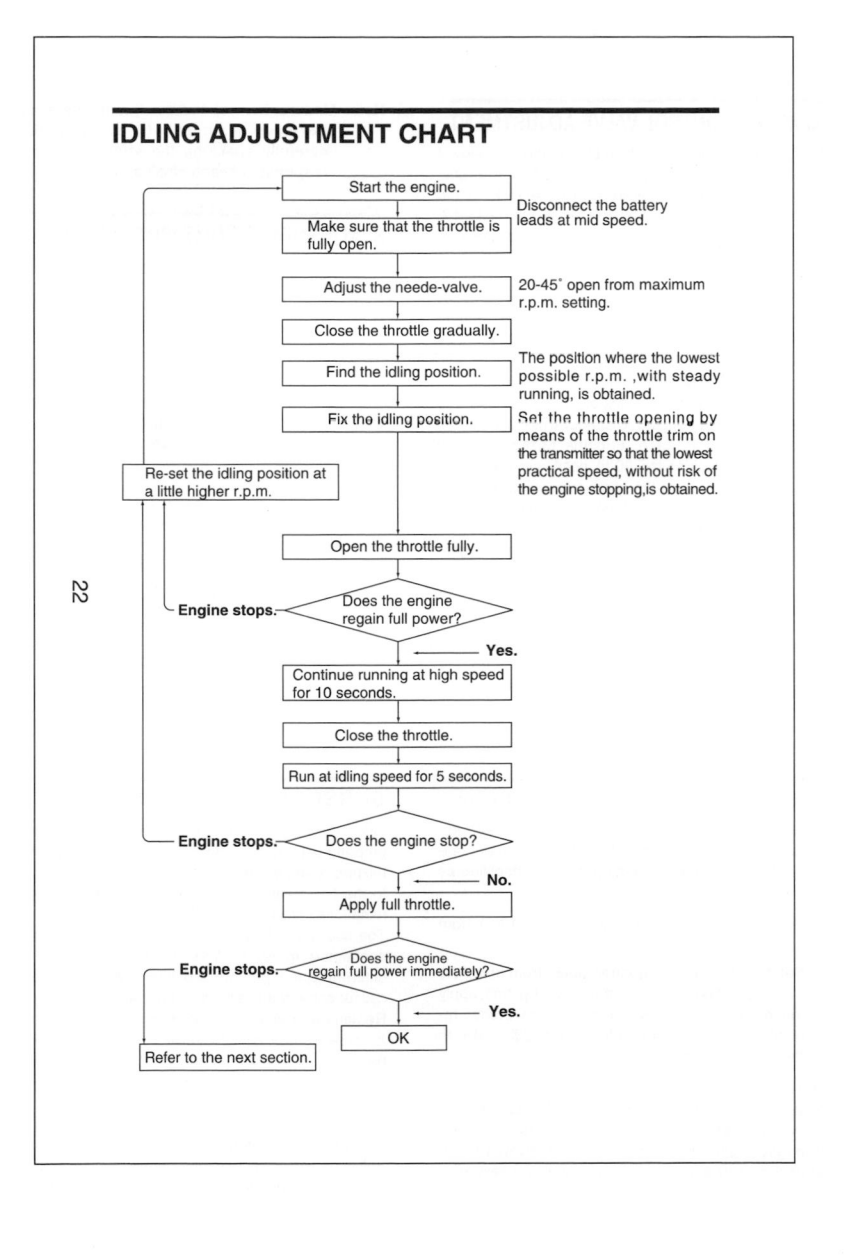

IDLING ADJUSTMENT CHART

Start the engine.

Disconnect the battery leads at mid speed.

Make sure that the throttle is fully open.

Adjust the neede-valve.

20-45° open from maximum r.p.m. setting.

Close the throttle gradually.

Find the idling position.

The position where the lowest possible r.p.m. ,with steady running, is obtained.

Fix the idling position.

Set the throttle opening by means of the throttle trim on the transmitter so that the lowest practical speed, without risk of the engine stopping,is obtained.

Re-set the idling position at a little higher r.p.m.

Open the throttle fully.

Does the engine regain full power? — **Engine stops.**

Yes.

Continue running at high speed for 10 seconds.

Close the throttle.

Run at idling speed for 5 seconds.

Does the engine stop? — **Engine stops.**

No.

Apply full throttle.

Does the engine regain full power immediately? — **Engine stops.**

Yes.

OK

Refer to the next section.

22

MIXTURE CONTROL VALVE ADJUSTMENT

With the engine running, close the throttle and allow it to idle for about five seconds, then open the throttle fully. If, at this point, the engine is slow to pick up and produces an excess of exhaust smoke, the mixture is too rich. Correct this condition by turning the Mixture Control Screw clockwise 15-30°. If the mixture is excessively rich, engine rpm will become unstable: opening the throttle will produce a great deal of smoke and rpm may drop suddenly or the engine may stop. This condition may also be initiated by excessively prolonged idling.

If,on the other hand, the mixture is too lean, this will be indicated by a marked lack of exhaust smoke and a tendency for the engine to cut out when the throttle is opened. In this case, turn the Mixture Control Screw counter-clockwise 90°to positively enrich the idle mixture, then turn the screw clockwise gradually until the engine regains full power cleanly when the throttle is reopened.

Carry out adjustments patiently until the engine responds quickly and positively to the throttle control.

Note: Mixture Control Valve adjustments should be made in steps of 15-30° initially, carefully checking the effect, on throttle response, of each small adjustment.

REALIGNMENT OF MIXTURE CONTROL VALVE

In the course of making carburetor adjustments, it is just possible that the Mixture Control Valve may be inadvertently screwed in or out too far and thereby moved beyond its effective adjustment range.

Its basic setting can be re-established as follows:

Close the throttle rotor gradually from the fully opened position until it is just fully closed. (Do not turn further.) Then, screw in the Mixture Control Screw until it stops. Now unscrew the Mixture Control Screw approx. 3/4 turn. This is the basic position.

SUBSEQUENT STARTING PROCEDURE

Once the optimum needle-valve setting has been established (see page 21, Needle-valve adjustment diagram) the procedure for starting may be simplified as follows.

1. Open the needle-valve one half-turn (180°) from the optimum setting.

2. Set the throttle one-quarter open from the fully closed position, energize the glowplug and apply the electric starter. When the engine starts, re-open the throttle and re-adjust the needle-valve to the optimum setting.

Note:
When re-starting the engine on the same day, provided that atmospheric conditions have not changed significantly, it may be practicable to re-start the engine on its optimum(running) setting.

SUBSEQUENT READJUSTMENT

Once the engine has been run-in and the controls properly set up, it should be unnecessary to alter the mixture settings; except to make minor adjustments to the Needle-Valve occasionally, to take account of variations in climatic conditions.

The use of a different fuel, however, particularly one containing more, or less, nitromethane and/or a different type or proportion of lubricating oil, is likely to call for some readjustment of the Needle-Valve.

Remember that, as a safety measure, it is advisable to increase the Needle-Valve opening by an extra half-turn counter-clockwise, prior to establishing a new setting. The same applies if the silencer type is changed.

A different silencer may alter the exhaust pressure applied to the fuel feed and call for a revised Needle-Valve setting. The use of a different glowplug may also require compensating carburetor readjustments.

CARBURETOR CLEANLINESS

The correct functioning of the carburetor depends on its small fuel orifices remaining clear. The minute particles of foreign matter that are present in any fuel, can easily partially obstruct these orifices and upset mixture strength so that engine performance becomes erratic and unreliable.

O.S.'Super-Filters'(large and small) are available, as optional extras, to deal with this problem.

One of these filters, fitted to the outlet tube inside your refueling container, will prevent the entry of foreign material into the fuel tank.

It is also recommended that a good in-line filter be installed between the tank and needle-valve.

Do not forget to clean the filters regularly to remove dirt and lint that accumulate on the filter screen.

Also, clean the carburetor itself occasionally.

ENGINE CARE AND MAINTENANCE

1. At the end of each operating session, drain out any fuel that may remain in the fuel tank.

2. Next, energize the glowplug and try to restart the engine to burn off any fuel that may remain inside the engine. Repeat this procedure until the engine fails to fire. Remove the glowplug and eject any residue by rotating the engine with an electric starter for 4 to 5 seconds while the engine is still warm.

3. Finally, inject some after-run oil into the engine. Rotate the engine a few times by hand, to make sure that it is free, and then with an electric starter for 4 to 5 seconds to distribute the oil to all the working parts.

Note:
Do not inject after-run oil into the carburetor as this may cause the O-ring inside the carburettor to deteriorate.

These procedures will reduce the risk of starting difficulties and of internal corrosion after a period of storage.

25

ENGINE EXPLODED VIEW

C.M3x15

C.M3x8
S.M3X3

T.+3x10

1
2
3
4
5
6
7
8
9
10
11
12
13
14
15
16
17
18
18-1
18-2
18-3
18-4
18-5
18-6
19
26

✱Type of screw
C...Cap Screw M...Oval Fillister-Head Screw T...Tapping Screw
F...Flat Head Screw N...Round Head Screw S...Set Screw

ENGINEN PARTS LIST

No.	Code No.	Description
1	24604000	Cylinder Head
2	24603000	Cylinder & Piston Assembly
3	24806301	Piston Pin
4	24817100	Piston Pin Retainer
5	25305002	Connecting Rod
6	24681000	Carburetor Complete (Type 40G)
7	23210007	Propeller Nut
8	23209003	Propeller Washer
9	24608000	Drive Hub
10	46120000	Thrust Washer
11	26731040	Crankshaft Ball Bearing (F)
12	24601000	Crankcase
13	26730040	Crankshaft Ball Bearing (R)
14	24602000	Crankshaft
15	24614000	Gasket Set
16	24607000	Cover Plate
17	24682930	Needle Stay
18	24681900	Needle Valve Unit Assembly
18-1	22681980	Needle Assembly
18-2	24981837	"O" Ring (2pcs.)
18-3	26381501	Set Screw
18-4	26711305	Ratchet Spring
18-5	24681910	Needle Valve Unit Body
18-6	26582920	Needle Valve Unit Retaining Screw
19	24613000	Screw Set
	71605300	Glow Plug A3
	24625000	E-3010 Silencer Assembly
	22681957	Pressure Fitting (No.7)
	25425310	Assembly Screw
	25425400	Retaining Screw (C.M3x35 2pcs.)

The specifications are subject to alteration for improvement without notice.

CARBURETOR EXPLODED VIEW & PARTS LIST

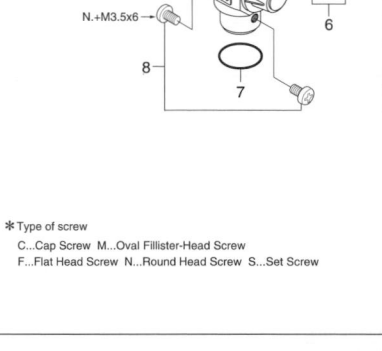

N.+M3.5x6

No.	Code No.	Description
1	24681410	Throttle Lever Assembly
1-1	22681419	Throttle Lever
1-2	22781420	Throttle Lever Fixing Screw
2	24681610	Mixture Control Valve
2-1	22781800	"O"Ring
3	24681200	Carburetor Rotor
4	24681100	Carburetor Body
5	45581820	Rotor Guide Screw
6	22681953	Fuel Inlet (No.1)
7	46215000	Carburetor Gasket
8	25081700	Carburetor Retaining Screw

The specifications are subject to alteration for improvement without notice.

* Type of screw

C...Cap Screw M...Oval Fillister-Head Screw
F...Flat Head Screw N...Round Head Screw S...Set Screw

28

O.S. GENUINE PARTS & ACCESSORIES

■ **RADIAL MOTOR MOUNTS**
(71913100)

■ **O.S.
GLOW PLUGS**

No.8
(71608001)

A5
(71605100)

■ **NEEDLE VALVE EXTENSION
CABLE SET**
(72200080)

■ **SPINNER NUT**
1/4"-28(L)
(23024009)

■ **LONG PROPELLER
NUT SETS**

1/4"-28
(73101000)

■ **PROPELLER NUT SETS
FOR TRUTURN SPINNERS**
(73101020)

■ **SUPER SILENCER**
873S (25425020)

29

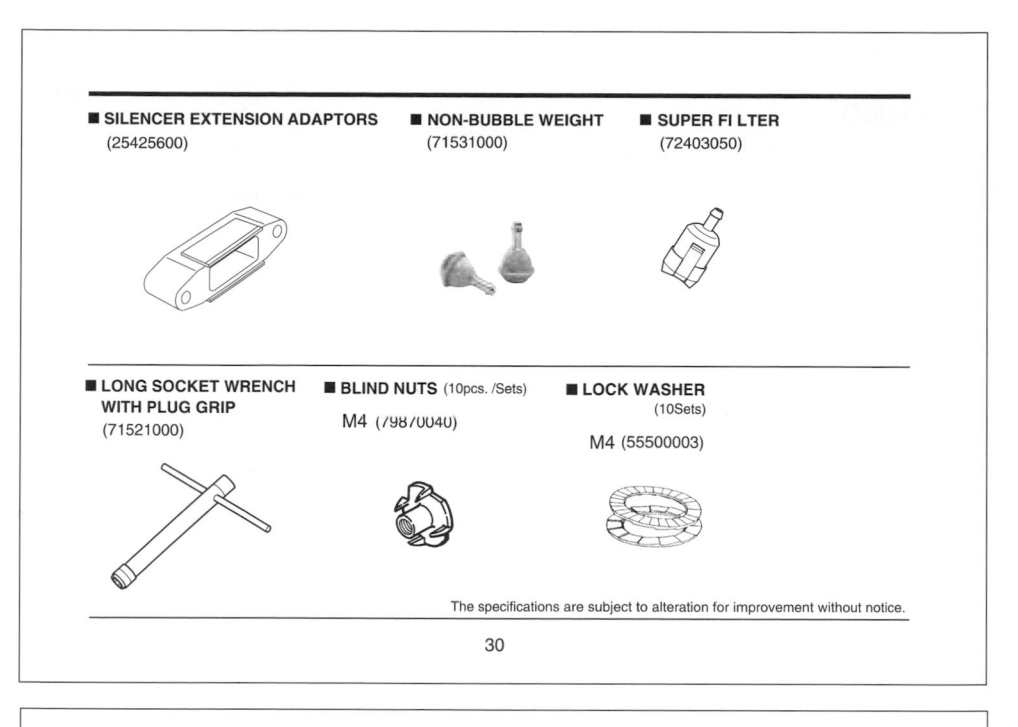

■ SILENCER EXTENSION ADAPTORS
(25425600)

■ NON-BUBBLE WEIGHT
(71531000)

■ SUPER FILTER
(72403050)

■ LONG SOCKET WRENCH WITH PLUG GRIP
(71521000)

■ BLIND NUTS (10pcs. /Sets)
M4 (79870040)

■ LOCK WASHER
(10Sets)
M4 (55500003)

The specifications are subject to alteration for improvement without notice.

30

THREE VIEW DRAWING

SPECIFICATIONS

■ Displacement 7.45cc / 0.455cu.in.
■ Bore 22.0mm / 0.866in.
■ Stroke 19.6mm / 0.772in.
■ Practical R.P.M. 2.000-17.000r.p.m.
■ Power output 1.65ps / 16.000r.p.m.
■ Weight 375g / 13.2oz.

E-3010 Silencer Assembly
114g / 4.02oz.

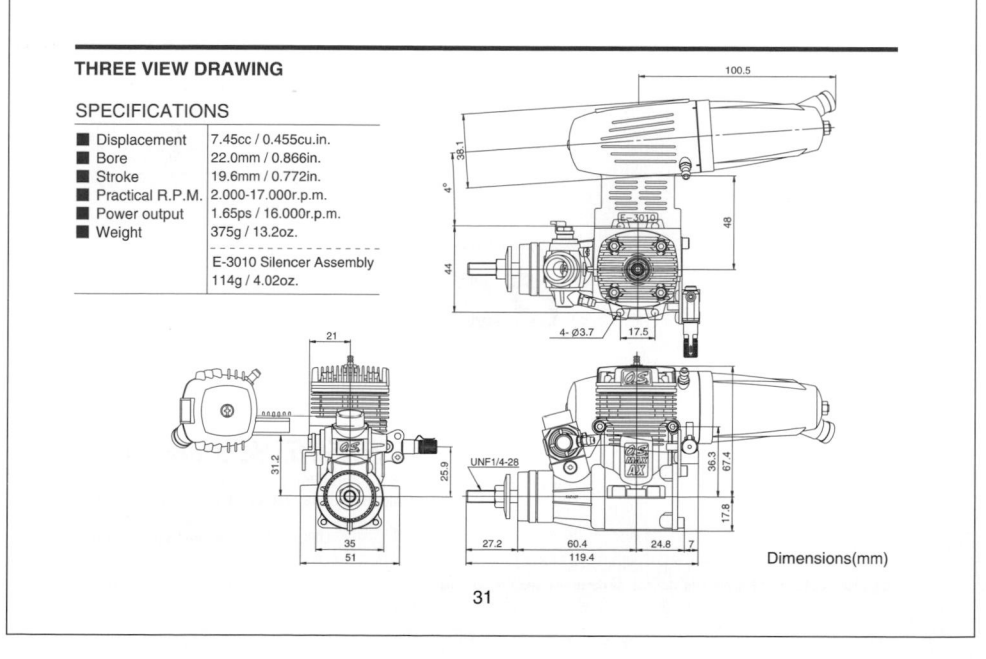

Dimensions(mm)

31

MEMO

....

....

....

....

....

....

....

....

....

O.S.ENGINES MFG.CO.,LTD.

6-15 3-Chome Imagawa Higashisumiyoshi-ku
Osaka 546-0003, Japan TEL. (06) 6702-0225
FAX. (06) 6704-2722
URL : http://www.os-engines.co.jp

090300

勘　誤　表

書　號			書　名	作　者
頁　數	行　數		錯誤或不當之詞句	建議修改之詞句

我有話要說：（其它之批評與建議，如封面、編排、內容、印刷品質等‧‧‧‧）

讀者回函卡

掃 QRcode 線上填寫 ▶▲▶

姓名：＿＿＿＿＿　　生日：西元＿＿＿年＿＿月＿＿日　　性別：□男 □女

電話：（　）＿＿＿＿＿　　手機：＿＿＿＿＿

e-mail：（必填）＿＿＿＿＿

註：數字零，請用 Ø 表示，數字 1 與英文 L 請另註明並書寫端正，謝謝。

通訊處：□□□□□

學歷：□高中‧職　□專科　□大學　□碩士　□博士

職業：□工程師　□教師　□學生　□軍‧公　□其他

學校/公司：＿＿＿＿＿　科系/部門：＿＿＿＿＿

‧需求書類：

□A. 電子 □B. 電機 □C. 資訊 □D. 機械 □E. 汽車 □F. 工管 □G. 土木 □H. 化工
□I. 設計 □J. 商管 □K. 日文 □L. 美容 □M. 休閒 □N. 餐飲 □O. 其他

‧本次購買圖書為：＿＿＿＿＿　書號：＿＿＿＿＿

‧您對本書的評價：

封面設計：□非常滿意 □滿意 □尚可 □需改善，請說明＿＿＿＿＿

內容表達：□非常滿意 □滿意 □尚可 □需改善，請說明＿＿＿＿＿

版面編排：□非常滿意 □滿意 □尚可 □需改善，請說明＿＿＿＿＿

印刷品質：□非常滿意 □滿意 □尚可 □需改善，請說明＿＿＿＿＿

書籍定價：□非常滿意 □滿意 □尚可 □需改善，請說明＿＿＿＿＿

整體評價：請說明＿＿＿＿＿

‧您在何處購買本書？

□書局　□網路書店　□書展　□團購　□其他

‧您購買本書的原因？（可複選）

□個人需要　□公司採購　□親友推薦　□老師指定用書　□其他

‧您希望全華以何種方式提供出版訊息及特惠活動？

□電子報　□DM　□廣告（媒體名稱＿＿＿＿＿）

‧您是否上過全華網路書店？（www.opentech.com.tw）

□是　□否　您的建議＿＿＿＿＿

‧您希望全華出版哪方面書籍？＿＿＿＿＿

‧您希望全華加強哪些服務？＿＿＿＿＿

感謝您提供寶貴意見，全華將秉持服務的熱忱，出版更多好書，以饗讀者。

填寫日期：　　/　　/

2020.09 修訂